永定河文库

（乾隆）永定河志

（清）陈琮 纂

永定河文化博物馆 整理

學苑出版社

编辑委员会

总　　序

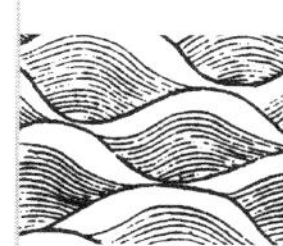

永定河是北京的母亲河，是华北最大的一条河流，是中华民族人类起源、诞生、成长、交融、发展的重要文化带，号称“天府雄流”、“神京巨川”。

据最新的考古成果表明，永定河流域自约200万年以前就开始有了人类生存、劳动的遗迹，是世界东方人类的诞生地区之一。在永定河漫长的成长、迁徙和流变的历程里，人类在认识、适应和改造环境过程中，利用自然资源、人文资源和社会资源，创造和积累了丰富多彩的永定河文化。

北京市门头沟区，地处永定河的中游，负载着承上启下、连接北京与塞外、服务首都的责任和义务。1988年，永定河文化博物馆的前身门头沟区博物馆率先提出了永定河文化的研究命题，并组织区内外文史研究者和爱好者，开始了第一批永定河文化的社会考察，编辑发行了《永定河文化》内部期刊。进入本世纪以来，门头沟区和北京市的永定河文化发掘、探索和资料编辑工作，全面发展起来。2005年，成立了北京永定河文化研究会，为北京地区专业和业余永定河文化的研究与推广，搭起了桥梁和平台。

近年来，我们将永定河文化作为本地区的主体文化，投入资金和专业人员，深入开展永定河文化资源的发掘、整理和研究工作，在区内外众多专家、学者和文史爱好者的多年努力下，相继收获了一些丰硕的果实，编辑出版了一些永定河文化相关的书籍和资料集成，受到了社会各界的欢迎。

2011年8月15日，经区委、区政府研究，并报经北京市文物局批准注册，门头沟区博物馆正式更名永定河文化博物馆，并挂牌，标志着门头沟区永定河文化资源的整理、研究和展示、推广、应用，进入了一个新阶段。

《（乾隆）永定河志》、《（嘉庆）永定河志》和《（光绪）永定河续志》，三部清代官修的永定河专项志书，详细地记录了截止到清末以前，特别是有清一代近200年永定河的治理档案、史实和研究成果，是研究永定河文化，发掘永定河资源，开发治理永定河和发展永定河沿岸社会经济重要的历史典籍。永定河文化博物馆聘请专家学者和相关工作人员，经过一年多的认真辛苦工作，圆满地完成了这三部书整理编辑和出版，使其成为门头沟区永定河文化史籍资料整理和研究的最新成果。对此，我表示热烈的祝贺。

历史古籍的标点整理工作，是一项非常认真、辛苦和严肃的工作，也是当代学者学习、使用和发掘中国古代文化资源的重要过程，对于我区开展永定河文化的研究和利用必将产生深远影响。本次标点整理工作聘请了北京市的水利专家、博物馆专业研究者和历史学者，按照严格和全面古籍整理的程式及要求，分别进行了标点、注释、校勘和简化字横排等工作，达到了雅俗共赏，在保证质量的基础上，最大可能的方便学者和地方广大文史爱好者阅读使用。我以为，这种工作态度和精神，是值得大力提倡和推广的。

当前，门头沟区正全面学习和落实中国共产党第十八次代表大会的工作报告和会议精神，努力实现"五位一体"党的建设总体布局和中国特色社会主义事业的总体布局，坚持中国特色社会主义理论，实践科学发展观，落实功能定位，紧抓新机遇，大力推进旧城改造，实施以旅游文化创意产业为主体的生态新区整体规划，实现跨越式发展。古籍整理工作，可以更加深入地开阔我们的视野，发掘和利用文化资源，推动文化创意产业向中华传统文化的纵深发展，我们期待着更多新成果的涌现。

永定河文化是一个丰富的文化宝藏。三部《永定河志》的编辑出版，仅仅是《永定河文库》的第一批资料文献。我们相信，永定河文化博物馆的同志们，一定会再接再励，进一步团结区内外研究、探索永定河文化的专业和业余专家、学者、爱好者，以及社会团体，促进永定河文化的研究和资料收集整理工作不断取得新进步，以文化的发掘、弘扬和利用的最新成果，投身到全区社会经济发展的大潮中，做出积极的贡献。

中共北京市门头沟区委常委、宣传部长

石军

2012年12月

总　目

① 此附录文章原书无，整理时添增。本目录与原目录略有差别，其中总序、序言、整理说明、陈琮传略及“增补附录”、跋均为整理时添增。

序　言

清代的乾隆时期，是北京治水史上一个重要时期。可以说，乾隆年间对北京的水利工程建设是有清一代建得最多、最为集中的一个历史时期。乾隆可不是一个整天吃喝玩乐、不务正业的花花皇帝，而是对北京的水利建设尤其对永定河的治理非常关心，并有颇多建树。因此，我认为，出版这部水利典籍十分必要。

谈到乾隆治理永定河的业绩，先要从康熙治理永定河说起。永定河本是多泥沙的河流，俗称桑干河、浑河。它从山西高原和内蒙古高原一路奔流下来，又经过河北山地，到达北京平原，形成坡陡流急、泥沙夹泄、枯洪水量悬殊、中下游摆动不定、尾闾不畅等特点，经常造成灾害。康熙三十七年［1698］于卢沟桥以下两岸修筑长堤，以堤束水，以水冲沙，曾经顺轨安澜一段时间。但几十年后，由于泥沙淤高河槽，使中下游河道形成“地上河”，经常满口决堤，灾害不断。乾隆二年［1737］，他刚刚坐上皇位，永定河流域就下了一场历史上罕见的大雨。据有关资料记载，那年六月二十八日、二十九日，大雨如注，山水迸发，永定河道涨水两丈有余，石景山漫过石堤三百多丈，河水东趋，威胁城区；下游河南岸漫堤十八处，北岸漫堤二十二处，均成泽国，给这位刚刚坐上皇位的青年皇帝以极大的考验。据史书记载，他从这一年开始，连续六年修建永定河防汛工程，包括勘修南北大堤，开挖引河，疏浚下口，扩建金门闸，年年施工，不遗余力。还进一步加强河道管理，修订相应的堤防维修管理、堤防植树等规定。在总结康熙、雍正筑堤束水的经验和教训的基础上，他提出了永定河的治河方略，即治河“亦无一劳永逸之策”、“惟有疏中弘、挑下口，以畅奔流；坚筑两岸堤工，以防冲突；犹恐大汛时盈薄之患，深浚减河，以分其盛涨。”他还注意永定河全流域上、中、下游的防灾兴利问题。早在乾隆九年［1744］，根据大臣的建议，他批准从山西大同至河北西宁［今阳原］，修建50多里长的桑干河灌渠，倡导在河北利用永定河凌汛推行“引洪淤灌”等，以利农业增产。还曾在永定河的官厅山峡和合铺附近，修筑过缓洪的玲珑石坝，以煞上游供水，虽然只有三年即被洪水冲毁。后来，经过20多年，他仍未放弃在山峡地区寻求缓洪煞水的措施。乾隆三十六年［1771］，他又派直隶总督周元理去此地“详加相度”，经周考察后认为“水小则无需抵御，水大则易于冲坍，坝工自难经久，自可无庸修复”，乾隆只好作罢。然而，他的良苦用心却给后世留下启示。从民国时期开始，一些水利专家考察并提出建立官厅水库规划。新中国建立后不久，国务院即投资兴建起既可防洪又兼灌溉、发电的大型水利工程——官厅水库。

《（乾隆）永定河志》留存有乾隆时期的上谕和御制诗多篇，可以大体反映出乾隆皇帝“勤政”、“恤民”的足迹和身影。兹录数例，以见一斑。

（一）乾隆四年［1639］去永定河下游视察时的一首诗《赵北口水围罢，登陆之作》，诗中有一段小注称：“永定河下游党淤，允督臣之请，亲临视之，以商疏浚事。”这大概是永定河的洪水刚退下，在下游赵北口召开一次“清淤”的“现场会”，会前做视察了解情况。［原诗略］

（二）在另一首《过永定河作》，诗中写道：“取道阅河干，浮桥度广滩。汛凌过柱箭，水涝未桑干。四载由来仰，尾闾今度看。敬绳仁祖志，永定冀安澜。”

（三）还有一首《忘晴》诗，称：“喜晴才六日，愁霖复连朝。……所虑在永定，漫堤筑未牢。此时不放晴，盛涨何时消？哀哉固邑民，风雨所飘摇。赈恤诏屡颁，补救心烦劳。万户若失安，九重岂可骄”。固邑，当指永定河南岸的固安县。

（四）有一首作于乾隆三十八年［1773］的《阅永定河下口以示裘曰修、周元理、何煟》的七言律诗。诗中有一段乾隆的注文称：“此次初阅头工、二工，今复示下口，于全河首尾情形略见梗概。兹命裘曰修、周元理、何煟三人，由此寻流而上，查至头工。沿河再加讲求，斟酌具议以闻。”［原诗略］

（五）还有早在乾隆六年［1741］正月十八日的上谕，也值得一读。此上谕是乾隆五年［1740］，直隶总督孙家淦未作踏勘，在乾隆的同意下，从“数十年未经行的故道”放水，致使第二年永定河凌汛时两岸被灾。乾隆写下一道谕旨以示自责。全文称：“昨因永定河放水，经理未善，以固安、良乡、新城、涿州、雄县、霸州各境内村庄地亩多有被淹之处，难以播种。居民迁移，不无困乏。朕与孙家淦不能辞其责也。用是寝寐难安，深为廑念。著大学士鄂尔泰、尚书讷亲，会同总督孙家淦，详细查明被水处所，应免钱粮若干，速行奏请豁免。先将此旨晓谕百姓知之。”看来这位皇帝对于工作中的“瞎指挥”，敢于公开“自责”，百姓自然信服。

关于这部《（乾隆）永定河志》的编纂者陈琮，他是一位乾隆中后期在永定河下游几个县担任过县丞［**管治河的县官**］和永定河道的道台。我对此人虽有所闻但知之不多。2010年10月，我应邀参加中国水利出版社召开的关于《中国水利史典》

编纂方案专家评审会，见到中国水利史研究专家蒋超先生，他对陈琮有较多了解，在他的一篇《李逢亨并非第一个编纂永定河志的人》的文章中，对陈琮有较多的文字记载。按：陈琮［1731—1789］，字华国，号蕴山，四川南部县人。曾任永清县丞、固安县令、永定河南岸同知、永定河道台等职。他在任期间，“遇事敢为，于河工尤留心，胼手胝足，不辞劳苦”。乾隆三十四年［1769］，陈琮升为固安知县。在任三年，两年遭遇永定河水灾，他“查看灾情，代请赈济灾民，亲自发放米钱。”乾隆三十八年［1773］，乾隆阅视永定河堤防工程，第一次召见陈琮，他对奏永定河事宜，皇帝十分满意。其后又几次召见，并受到奖励。乾隆四十七年［1782］，被任命为东安县知县［该县位于永定河下游］。此后，他用了三年的时间完成了《永定河志》的编纂工作。直隶总督刘峨看后，称赞说：“浑河工程莫备于是。”还将该书呈报乾隆皇帝。乾隆在驻跸地汤山接见陈琮，并予奖慰。其后不久，陈琮猝然离世。乾隆得知，嗟悼久之，连称可惜。对军机大臣说：“陈琮自任永定河以来，今经五年，浑河安澜无恙，皆琮之力，不料其遽溘逝也。”

关于《永定河志》，过去只知有嘉庆年间李逢亨编纂的一种，上世纪七八十年代我曾看过未校点本。乾隆时期陈琮编纂的《永定河志》是第一部永定河志，比嘉庆年间李逢亨所编《永定河志》早26年。该志有四种版本，均为抄本。一是故宫博物院图书馆藏乾隆进呈抄本，凡十九卷，卷首一卷，收入《故宫珍本丛刊》。二是北京大学图书馆藏乾隆五十四年内府抄本，内容与故宫藏本同，收入《续修四库全书》。此外还有国家图书馆藏十二卷节选本及北京大学四卷节选本。这次校点以《续修四库全书》本为底本。

该志刊有四种地图，颇具特色，包括《永定河简明图》《永定河源流全图》《永定河屡次迁移图》和《永定河州县分界图》。其中《永定河屡次迁移图》又分绘《未建堤以前河图》《初次建堤浚河图》《二次接堤改河图》《三次接堤改河图》《四次改河加堤图》《五次改下口河图》《六次下口改河图》等七图，把永定河河道迁移与堤坝修建情况非常直观地描绘出来。同时，每幅图前都配有序言性质的简明说明文字。卷一正文永定河古河考、今河考部分的文字说明，如果配合《永定河简明图》《永定河源流全图》比照阅读，会更加容易理解，给人印象深刻。图文并茂，相得益彰，使人一目了然，可以说是本志的一大特色。

段天顺

2011年12月

整理说明

永定河是华北最大的一条河流。其本为海河水系，自北运河入海河，经天津城区入海。1970年到1971年，国家在天津市区的北部开挖永定新河，自屈家店北拐，至北塘镇，北运河、潮白新河等汇入，再往东，经宁河县地，与蓟运河汇流，直接注入渤海。永定河成为一条有独立出海口的内陆河流。1985年，永定河被国务院列入全国四大防汛重点江河之一。

永定河上源来自桑干河与洋河两大支流。南源桑干河上游恢（灰）河，始自山西省宁武县管涔山天池（分水岭），历来多被称为正源。北源洋河始自内蒙古自治区兴和县。新中国成立后，官厅水库以下至天津出海口称永定河，以上仍称桑干河和洋河，全河统称永定河。其流经山西、内蒙、河北、北京、天津五省市57个区县，总长747公里，流域总面积47016平方公里。其上游属黄土高原东部、内蒙古高原南缘，流经大同盆地、怀来盆地，至官厅水库。中游出官厅水库，穿过军都山蜿蜒曲折的西山峡谷地带，至三家店出山前。从三家店以下，至地势低平坦荡的北京小平原，在河北省中东部地区汇合拒马河、白沟河、大清河、子牙河等多条河流入海，是为永定河下游。

永定河是人类和华夏民族起源和诞生的重要地区之一，东方人类的发祥地泥河湾，北京人的遗迹，东胡林人的墓葬；中华人文先祖神农、黄帝、蚩尤的城寨遗址，就在永定河及其支流的沿岸，中华远古三大部落在此经过征战而融合，奠定了华夏文明的肇始之基。

永定河是北京的母亲河，她创造了北京冲积扇平原，诞生了北京城。她哺育了北京地区的先民，给人类带来丰沛的水资源、不粪而肥的沃土。流域内茂密的森林，丰富的煤炭、石材、沙粒，既为北京地区（乃至整个华北地区）最初文明的发祥奠定了物质基础，更为北京、天津等城市的形成和发展提供了生存空间。

中国北方古老的游牧民族，诸如犬戎、匈奴、东胡、乌丸、鲜卑、高车、突厥、契丹、女真、蒙古等各部，由永定河上游桑干河、洋河源，经大同盆地、怀来盆地进入华北地区。自先秦至明清，中国历史上多次民族大融合，无一不是借助永定河河道走廊而完成。如果从更宏大的角度来审视，中华古老文明又是借助这条通道播向更遥远的地方，西北向晋陕，直达西亚；北向内外蒙古，通达欧洲；东北向东三省，乃至远东、北美。因此，永定河流域既是华夏文明的发祥地之一，又是华夏文明传播之源头。

永定河形成于300万年以前的第四纪更新世后期。自古以来名称多变，曾经有浴水、治水、灅水、湿水、清泉水、高梁河、桑干河、卢沟河、浑河、小黄河等名称。自康熙三十七年（1698）始，钦赐"永定"至今三百多年，成为关乎京津冀三地民生最为重要的河流。

12世纪初叶（辽末金初）以前，流域中上游植被丰厚，河水清澈，有"清泉河"之称。"历史文献中亦少有水灾的记载，还能载舟行船，有航运之利。"（吴文涛《历史上永定河筑堤的环境效应初探》引自《中国历史地理论丛》2007年第四期）其河道出西山后，在北起今北京城海淀区清河，西南到今河北省涿州市小清河—白沟河的扇形地带摆动，形成广阔的洪积冲积扇。"商以前，永定河出山后经八宝山，向西北过昆明湖入清河，走北运河出海。其后约在西周时，主流从八宝山北、南摆至紫竹院，过积水潭，沿坝河方向入北运河顺流达海。春秋至西汉间，永定河自积水潭向南，经北海、中海斜出内城，经由今龙潭湖、萧太后河、凉水河入北运河。东汉至隋，永定河已移至北京城南，即由石景山南下到卢沟桥附近再向东，经马家堡和南苑之间，东南流经凉水河入北运河。唐以后，卢沟桥以下永定河分为两支：东南支仍走马家堡和南苑之间；南支开始是沿凤河流动，其后逐渐西摆，曾摆至小清河—白沟一线。自有南支以后，南支即成主流。"（段天顺等《略论永定河历史上的水患及其防治》。《北京史苑》第一辑，北京出版社，1983年。）

金元以后，由于人口的繁衍，城市规模的不断扩大，人们为了生存发展，向永定河流域无限量的索取木材、石材、煤炭、水力……等资源，人类赖以生存和发展的自然生态环境遭到了极为严重的破坏。"大都出，西山突"，茂密森林砍伐殆尽，植被破坏，水土流失。永定河"清泉河"的美名不复存在，代之以"浑河"、"小黄河"、"无定河"令人生畏的恶名。她以"善淤善决"而著称。母亲河暴怒了，她以无比凶悍的力量冲毁城市，吞没村庄，荡平河湖沼泽，吞噬无数生命，一次次报复性的惩罚她所养育的儿女！人们热爱永定河，感激她的养育之恩，既对她充满着不可名状的恐惧，又对她怀着无限的企盼，希望她由"无定"而"永定"。于是，金元明清近千年以来，人们筑堤防，造闸坝，建水库，疏浚挑挖，盼望她"顺轨安澜"，兴水利营田，为亿万生民谋福祉，祈福于河神龙王庇护保佑。

千百年来，人们为治理永定河始终不渝地奋斗着，因而有总结治理永定河经验的文论、书籍和志书问世。特别是清代，有关永定河的研究成果在中国有关河湖水利、水害及其治理的古代文献中占有突出位置，无论从数量，还是内容涉及范围，均称之最。自清代康熙年始，先后有王履泰撰《畿辅安澜志》、佚名撰《永定河水利事宜》、汪曰暐撰《京省水道考》、齐召南《水道提纲》、傅泽洪《行水金鉴》、黎世序等《续行水金鉴》、蒋时进著《畿辅水利志》、胡宣庆纂《皇朝舆地水道源流》、黄国俊撰《直省五河图说》、佚名撰《直隶五大河源流考》等20余种。其中乾隆《永定河志》、嘉庆《永定河志》和光绪《永定河续志》，为永定河单本文字最多、内容最丰富、涉及最全面的专业文献。

有清一代，永定河下游防汛抢险进入高潮期。“参稽史志，搜录诸书，用资考证”（本志《例略》），永定河修志应运而生。这一套三部《永定河志》，详细记载了清廷近200年治理永定河的方略政策、规章制度、建制沿革、职官河兵、技术方法、经费筹集使用、工程绩效的考成与问责，水利水害与民生运道的关系。特别是，着重地记录了清廷从昌盛到晚清半殖民地半封建社会条件下，永定河治理的发起、论争、探索的实践与困境，乃至因技术条件的限制，人们面对自然界不可抗拒力时，由无奈与无助而产生的河神祭祀文化等等。客观地说，清朝统治者对于永定河的治理是极为重视的，甚至是不遗余力。康熙、乾隆、嘉庆三帝，曾多次亲临河工“指示机宜”，康熙帝甚至亲自参与测量河工地形。然而，就总体而言，有清一朝治理永定河是失败大于成功的。“康乾盛世”的一百多年，永定河下游六次改道，平均约二十余年一次，其他较小的溃堤决口，更是不计其数。至晚清，治河状况可谓每况愈下。但是，清朝治理永定河成功的经验和失败的教训，对于我们今人来说，都是可资借鉴、弥足珍贵的历史文化遗产。

《（乾隆）永定河志》，开创了永定河官方修志成书的先河。主纂者陈琮，长期在永定河工任职，从县丞、汛员做起，历经县令、南岸同知，直至永定河道道台。他经常深入汛工，甚至长期吃住在永定河工第一线，巡视汛期河堤险情，以及堤坝维护抢修工程进展情况。寒冬腊月，酷暑炎夏，一如既往。尤其是凌、夏、麦、秋汛期，沿河经常出现险情，其亲临指挥抗洪抢险，兢兢业业，不辞劳苦，多次受到乾隆皇帝的朝见和奖励。因此，《（乾隆）永定河志》，与其说是自清康熙三十七年（1698）开始，至乾隆末年，大规模治理永定河的记录和总结，不如说是这一时期内，以陈琮为代表的清代皇帝、官员和学者，关于永定河以致当时国内大河治理亲身实践的政策、制度、决议、考据、研究、体会等史实的集萃和铭刻。

《(乾隆)永定河志》，依照陈琮在例略中指出的：全书“分纪、图、表、考、奏议、附录，六体为纲”，基本收齐了当时的档案及其相关资料。以致后来李逢亨编纂嘉庆《永定河志》时，这一段资料很少有突破。

《(乾隆)永定河志》虽然只有二十卷，但各卷的内容不比《(嘉庆)永定河志》的三十二卷少，而且在三部“永定河志书”中，以引文翔实清晰、分类严格清楚，图文并茂相得益彰，历史考据、防汛工程记述细致为特色。该志开创了永定河修志的先河，奠定了三部《永定河志》选择资料的范围，记述内容的分类基础。对于后人了解永定河历史，探寻清代康雍乾盛世大河治理等相关重大事宜，提供了重要的知识宝库，是今天研究和学习我国古代社会大河水利、清代政治经济史，以及永定河文化不可多得的古代专业资料典籍。

清代陈琮纂《永定河志》，成书于乾隆五十四年(1789)。该书稿进呈乾隆皇帝后，已知抄录四部(其中含两部简捷本)，现分别藏于故宫博物院一部，国家图书馆一部(十二卷本)，北京大学图书馆两部(含一部四卷本)。1995—2001年，上海古籍出版社出版《续修四库全书》，收入北京大学图书馆藏十九卷、卷首一卷抄本影印。2000—2001年，故宫博物院编，海南出版社出版《故宫珍本丛刊》，收入原藏故宫懋勤殿进呈本影印。本次整理，以《续修四库全书·永定河志》为底本标点，参照北京大学图书馆藏抄本和《故宫珍本丛刊》影印本，进行校勘。并援引清嘉庆李逢亨纂《永定河志》等相关史籍和工具书，对有关水工术语、地名、事件进行了简要注释，对原书中的部分差误，进行了校勘。

本次整理工作坚持如下原则：1. 古籍整理必须严格遵循原著的体例、风格和分类，尽可能地忠实原著。2. 古籍整理要服务当代读阅、使用方便。3. 古籍整理要坚持认真、严谨、实事求是。

本书的标点工作由北京市水利局原局长、老专家段天顺先生初点。排版前，请北京市地方志编纂办公室研究室的刘宗永博士复核一遍，并在录入一校以后又看一遍。李士一先生在注释、校勘过程中，查阅大量资料，逐段逐字核对、勘误。继而又由执行主编对三校、四校样并排版格式核对两遍，最后请著名水利专家蒋超先生协助通盘审核。

为了区别嘉庆时期李逢亨纂的《永定河志》，我们将陈琮纂的《永定河志》定名为《(乾隆)永定河志》。为了便于今人阅读，在整理过程中，对原书的一些格式

做了适当的调整：

一、本志原为竖排印左行，并按清代尊崇皇帝有关用字抬格，臣字小字避让，皇帝名讳改字或缺笔等格式，改为当代通行格式排印。一律改为横排右行，并恢复改字缺笔字的原字。

二、原刊本采用的繁体、古体、异体字，此次再版时斟酌：如果是人名、地名用字仍其旧，不予改动，如果因繁改简而引起误解的也按原字排印；简体字均按国家语言文字工作委员会正式颁行的规定排印。繁、简字如音义不通假的，按原繁体字排印。

三、本志行文出现的上谕、朱批等文字，区分以下情况：凡属奏议原文摘引的上谕、朱批，只加引号不加括号，视同原文；凡属原刊本批示性的文字，原件为朱批（红字）刻版时为小字，并抬格写有“朱批……”者的均以（“……”）表示为对奏议的批示，而非奏议原文。

四、本志行文中凡上谕、奏议，援引他人语句均加引号“”或单引号‘’，单双引号只套用两次，以明示语出何人。其他原文不加引号。

五、底文本字的缺失、错讹、辨认不清的，我们参考李逢亨《（嘉庆）永定河志》、《光绪顺天府志》、《光绪畿辅通志》、《日下旧闻考》等酌加考订，以及本志前后行文互校。

六、本志原有双行小字，属注释性文字，如果是援引古籍（如《水经注》等）陈琮有的加注“原注”字样，改排单行同号字，并保留“原注”字样，以（）标记。由于陈琮所引用版本与现在改版时引用版本不同，注释文与正文混杂不清，经考订后按同号字排印，在校勘记中说明，以楷体字记于正文中；陈琮自注文一般前加“谨按”或“按”字，现均按同号字排印，并以（）标记。

七、刊本援引二十四史资料的文字，均据中华书局点校本加以校正。《水经注》引文采用王先谦集校，光绪二十三年（1897）新化三味书室刊印，巴蜀书社影印（1985 年 6 月）版校订。

八、所用年号、干支纪年，均按《辞海》的《中国历史纪年表》加注，在正文中用［ ］标注；干支纪年只标注年号，不注日月。历史年号或干支纪年后，加注公元纪年用［ ］标注，当页重复使用，只标注一次。

九、此次整理时，所用地名有古今变化的，其沿革按有关《地理志》、《元和郡县志》等出处，参照谭其骧主编《中国历史地图集》、郭沫若主编的《中国古代史历史地图集》、北京市文物局编《北京文物历史地图集》（中国科学出版社版），以及中国地图出版社出版的山西、内蒙古、河北、天津、北京等省市自治区的地图加以校订，并采用《辞海》、《辞源》、《中国古今地名大辞典》（商务印书馆香港分馆1982年重印版）的资料补充说明，有关情况都加注释。凡地名疑有误而无法确证者以“?”号或“待考”标记。

十、书中注释一般放在当页下角，正文中以①②……标记。卷一“永定河全图”的注释放在该图以后。校勘记放在各卷末页，以“xx卷校勘记”标注，正文中以[1][2]……标记。

十一、原刊本刊印时已出现的错别字，因传抄过程中产生的错讹误认字，均在本志上下行文互校，确认后改为正字，并在卷末校勘记中说明理由，正文中以[1][2]……标记；如无确实证据在校勘记中仅说明而不改动。

十二、原刊本中谕旨和奏议中引用的他人奏折名称，有的用简化短语，有的加内容意思，不很严格。为了读者查阅方便，此类情况不加书名号，而是加双引号“”，说明是一个处理过的奏折名称。

十三、为方便读者阅读本志，此次出版时增补附录了原作者陈琮好友撰写的《诰授中宪大夫永定河道韫山陈公墓志铭》与《清代官府文书习惯用语简释》、《清代诏令谕旨简释》、《清代奏议简释》、《清代水利工程术语简释》、《永定河流经清代州县沿革简表》等文章放在原书正文后，供参考。

十四、为表示对原著的尊重，我们查阅相关资料，编成原编纂者陈琮的传略，刊登于本志目录前面。

十五、为区别原著与整理新加上文字，全书原著文用宋体字和楷体字，整理新加文字用黑体字和仿宋字。原著注释和说明，用圆括号（）标注，整理注释和说明，用方括号[ ]标注。

乾隆《永定河志》的整理工作，是永定河文化博物馆学术研究和资料积累工作的基础工程，作为《永定河文库》的起步之作，必将为今后的健康发展打开良好的开端。

因整理者学识水平有限，可能存在某些差误，敬请读者斧正。

永定河文化博物馆

2012年12月

陈琮传略

陈琮（1731—1789）字国华，号蕴山，四川省南部县人。清代治河、水利专家。陈琮年少时，“为人沉毅，慷慨多智略，好读书，尤熟习诸史，其为文渊深雄伟，甫弱冠即游泮中”（清代李调元《中宪大夫永定河道蕴山陈公墓志铭》）。乾隆二十二年（1757）中乡试丙子科副榜。

乾隆二十八年（1763），补任直隶永清县丞，始任永定河南岸五工汛员。永清县地处永定河下口，曾多次改道迁河，汛期险情迭出。陈琮长期驻扎工地，指挥抢险抗洪，兢兢业业，不辞劳苦。

乾隆三十四年（1769），升任固安县令。在任三年，两年遭遇永定河水灾。他查看灾情，驻巡河堤，代请赈济灾民，亲自发放钱米。三十七年（1772），升任永定河南岸同知。陈琮对辖区内河防工程精心筹划，汛期抢险多见功效，深受时任工部尚书兼管顺天府事的裘日修赏识。三十八年（1773）三月，乾隆皇帝阅视永定河堤防工程。经裘日修举荐，乾隆皇帝就永定河河防工程的情况和治理方面的问题，征询陈琮意见。其一一奏对，调理清晰简明，乾隆皇帝十分满意。其后又几次召见，并受到奖励。

乾隆四十年（1775）九月，陈琮因丁祖忧，请求回原籍奔丧。乾隆皇帝做出“夺情”处理，下旨给时任直隶总督周元理：“河工不比军工，此人断不可少。准回家治丧，百日即赴直（隶）听用。”（清制官员丁忧例行守丧三年，“夺情”即提前起复。）陈琮于次年春回到直隶，以河工委同知衔，督办永定河务。（参见嘉庆《永定河志》卷二十五收录乾隆四十一年十二月，周元理《为奏明请旨事》一折。）

乾隆四十二年（1777），陈琮再任南岸同知，承修门头沟戒台寺工程，次年完工。因祖母病故再次丁忧。期间，其夫人何氏去世。后于乾隆四十六年（1781）起复，赴直隶候补。四十七年（1782），一度调任直隶东安县知县。

乾隆四十八年（1783），陈琮被提升为永定河道道员，全面主管永定河事物，直至五十四年（1789）五月卒于任内。其在任期内，细致考察永定河全河情况，包括干流、支流的源头，流经地域的地形地貌，河道的宽窄、深浅变化，流域内降雨情况等。据此，提出治理永定河的具体方案。乾隆五十三年（1788）春，乾隆皇帝巡幸天津，特地召见陈琮。其详细汇报永定河全河情况，特别是提出永定河下口治理的建议，并进呈精心绘制的《永定河全图》。“天颜大悦”，乾隆皇帝当场给以嘉奖。

陈琮在永定河道任上，多方收集古今有关永定河的资料，包括历代河道变化情况、受灾情况、治理的经验教训等等，编纂成《永定河志》一书。其历时三年，精心考证和校订成书，于乾隆五十四年（1789），报请直隶总督刘峨代为进呈朝廷。刘峨阅后盛赞：“浑河工程莫备于是。”后将该书报呈乾隆皇帝。乾隆皇帝在驻跸地汤山接见陈琮，并予奖慰。乾隆皇帝御览《永定河志》后，予以很高的评价，认为，可给以后治理永定河和其他河流提供重要参考，遂下旨将该书交懋勤殿收藏。

其后不久，陈琮猝然病逝。乾隆得知，嗟叹良久，连称可惜。对军机大臣说：“陈琮自任永定河以来，今经五年，浑河安澜无恙，皆琮之力，不料其遽溘逝也。”

陈琮为官清廉，多年管理河防工程，经手经费数以钜万，但他洁身自好，两袖清风，对百姓、民伕、河兵关心爱护。“遇事敢为、于河工尤留心。胼手砥足，不辞劳苦。”（蒋超《李逢亨并非第一个编纂“永定河志”的人》引自《北京水务》杂志 2012 年第四期。）受到众口赞誉。

陈琮所纂《永定河志》，为清代永定河道官方修成的第一部志书，因陈琮进呈清廷后不久病逝，未公开刊行，故后世鲜为人知。就连李逢亨、朱其诏等后任永定河道官员，在编纂《永定河志》和《永定河续志》时也称没有见到该书。但陈琮开创的永定河治理的修志专书，其功绩是不可磨灭的。无论其编纂体例、收集上谕、奏章等重要资料的详审，古今河考的考订古史、地方志书的广博，以及工程技术、职官沿革、经费运用核销等等内容详备，后两部《永定河志》都未能出其右。可以说“不约而同”，为后世修志奠定了良好的基础。该书是研究明清以来永定河治理史不可或缺的著作，为我们继承发扬中华优秀传统、深入研究永定河文化提供了宝贵资料。

本传略所引资料参见《（乾隆）永定河志》和《（嘉庆）永定河志》奏议、职官表，清代李调元《中宪大夫永定河道蕴山陈公墓志铭》，蒋超《李逢亨并非第一个编纂《永定河志》的人》引自《北京水务》杂志 2012 年第四期。

永定河志例略

河渠本史志之一门，今勒为专书，原以备掌故而资考镜也。永定河自石景山以下，地平土疏，其流挟沙拥泥，惟善淤，是以善徙，昔人所以称“无定”也。圣祖仁皇帝①轸念畿南时被水患，特命兴修堤堰，疏筑兼施，赐名“永定”，永赖万世矣。世宗宪皇帝②暨我皇上③，圣圣相承，善继善述。屡遣王、大臣相度经画，指示机宜，大工频举。发帑动以数十万计，其间因时制宜。

堤防宣泄之方，官民修守之策，至周至密，毕具于谕旨、宸章及臣工奏议中，敬谨备录。用昭一代章程，即为万世法守。顾永定河旧无成书，九十余年来卷牒不无残缺。据现存者，参稽史志，搜录诸书，用资考证。分纪、图、表、考、奏议、附录，六体为纲，每体各依类分门为目。总以河防工程为要领，据事直书为体裁，备录原文，不敢妄参末议。

谕旨纪，凡为永定河颁发者，按年月恭录。批示臣工奏折，及折内奉有朱批，随折恭录，以昭宸断。其原奏缺者，仍恭录于纪。凡抬写格式，悉照《畿辅通志》④。

---

① 圣祖仁皇帝：清朝第四代皇帝，爱新觉罗玄烨，康熙元年——六十一年［1662—1722］在位，习称康熙帝。

② 世宗宪皇帝：清朝第五代皇帝，爱新觉罗胤祯，雍正元年——十三年［1723—1735］在位，习称雍正帝。

③ 我皇上，或称今上、当今皇上。指清朝第六代皇帝，爱新觉罗弘历。乾隆元年——六十年［1736—1795］在位，习称乾隆帝。

④ 《畿辅通志》：清直隶省通志。康熙十一年［1672］，直隶巡抚于成龙聘郭棻创编。雍正七年［1729］田易等重修，后由李卫等总其成，十三年［1735］成书，一百二十卷。例略所指即此书。其后，同治十年［1711］李鸿章、黄彭年等重修，增至三百卷。

宸章[①]纪，敬录永定河碑刻，御制诗文，祠庙匾联。御制诗集内，凡为永定河所作篇什，俱按年恭录。

巡幸纪，恭逢銮辂阅视河工，按年恭录。

治河先览大局图，其起讫可得领要，故绘永定河简明图于诸图之前。

永定河发源山西宁武，至京西西山出口，凡一千里。经行之处，注地以实之。两涯会入之水，注水以别之。出山而南，经石景山，至天津入海，亦凡三百里。自建堤修防以来，一切堤埽闸坝，汛界衙署，祠庙馆舍，及两岸减水引河，下游汇流河淀，随地附载。庶寻源竟流，瞭如指掌。故绘源流全图。

永定河自建堤以来，下口迁移凡六次。如统绘一图，注说滋繁，形势易混，转不得所以迁移之故。按次分绘，庶流览分明，兼可悟因时制宜之意。故绘屡次迁移图。

永定河流经宛、良、涿、霸、固、永、东、武境内，沿河八州县与有协防之责。顾犬牙相错，必正其经界，斯知堤河所隶，即民社所关。况附堤十里村庄，拨归汛员管辖，亦必划清，以昭修守。故绘沿河州县分界图。

职官表，因康熙三十七年［1698］总河而下初设分司、同知、笔帖式等官，雍正四年［1726］改设河道、同知、通判、佐杂等员，前后异职，故分为二表。其异官同格者，尺幅无多，则以类相次。用《汉书·百官公卿表》式，表前叙设官裁复各由，及驻扎地方，所管工段，表后附列各官俸廉额数、支给衙门、吏役名额、工食银数。

河之上游，累代无大迁改。出山而南，始迁徙不可胜纪。然治、㶟之称名既异，㶟、漯之书写亦殊[②]，会入经行，遂致支离。又河所经行，必纪其地以实之。而累代郡县沿革不同，概注，则近于志地而非志河；不注，则虽知所经之地，而究不知其地之实在何处。自汉以来，志水之家，郦道元《水经注》[③]最为详确，且以魏人注㶟水更为亲切，取以为经，而以史册诸水分段纬之。为古河考。凡汇入诸小水，双

---

① 宸章：宸代指帝王居所，引申为帝王。故宸章指皇帝的文章、诗篇、书法墨迹、匾联等。甚至皇帝的思虑、裁决、谋略都可以前冠宸字。

② 㶟、漯都是永定河定名之前桑干河的古称，详见卷三古河考，有详细辨析。

③ 郦道元《水经注》。郦道元［466或470—527］北魏地理学家，字善长，范阳涿县［今河北涿州］人。历任东荆州刺史等官。旧有东汉桑钦作《水经》，记述河流137条，每条寥寥数语。郦道元作《水经注》增至1252条，成《水经注》四十卷。为水文历史地理巨著。

行附注，以免繁杂。凡所引经由古地名，以今地名附注其下，或注在今某处某方若干里，庶几一望了然。今河源流，其上游，则以前礼部侍郎齐召南所著《水道提纲》[①] 为经，证以前总督方观承遣员弁赴晋所查真源，会入经行诸图说，晋省直省诸图志，颇相符合。出山而南，则工程案牍所载丈尺，炳然可据。下口六次迁改旧迹，亦皆可指数。而分泄之减河，会流之河淀，现在朗如列眉。古之河流如彼，今之河流如此，则此河之不可不治与此河之所以难治，固已较然可睹矣。

工程考，按现今石景山同知、南岸同知、北岸同知、三角淀通判四厅所辖，分为四段。每段前叙堤工起止总数，并所辖汛属，后按各汛挨号编次。每号内如有月堤、旧堤、废堤、闸坝、旧闸坝，俱从附列。其十里村庄既归汛管，原为堤防亦附隶焉。疏浚船只，虽时设时裁，亦关利导，附录以存其概。修守事宜，则现在遵循者种柳，岁报虽有额数，而活枯、淤刷难定。又间有火毁风拔，以及工用，不能如数赅存。其桥、闸、浚船诸式，及永定道成规，按工编入，以备稽考。

经费考，详载道库钱粮，以稽出入。凡岁修、抢修、疏浚，及另案工程动用银两，赴部请领。河淤、险夫、柳隙各地亩租银，由州县征解。香火地租附入，以从其类。祀神公费、香灯银两、河院饭银，分列备考。兵饷，则州县地丁按季批解者。

建置考，纪碑亭、祠庙、文武官署及防汛公廨，奏建年月，地方房屋间数，估销银两。

奏议，因年久卷残，有原奏存而部覆缺者，有部覆存而原奏缺者，皆录存之。凡录奏议，前具年月，以便查览。

永定河自发源归海，千有余里。前人著述，罄竹难书。今采石景山至三角淀古迹碑记有关河务者，汇为附录。

署直隶永定河道臣陈琮谨拟

乾隆五十四年［1789］岁次己酉

① 齐召南《水道题纲》。齐召南［1703—1768］字次风，号琼台，晚号息园，浙江天台人。雍正十一年［1733］命举博学鸿词，以副榜贡生被荐。累官至礼部侍郎。参与纂修《大清一统志》。所著《水道题纲》，专述全国水道原委。以巨川为纲，所受支流为目，故称提纲。全书二十八卷。书成于乾隆二十六年［1761］。

卷首　恭　纪

谕旨纪　宸章纪（碑文　记　诗　匾　联）　巡幸纪

谕 旨 纪

圣祖仁皇帝［康熙］谕旨

康熙三十一年［1692］二月　上谕：

浑河堤岸，久未修筑，各处冲决河道，渐次北移。永清、霸州、固安、文安等处，时被水灾，为民生之忧。可详加察勘，估计工程，动正项钱粮修筑。不但民生永远有益，贫民借此工值，亦足以养赡家口。钦此。

康熙三十七年［1698］二月二十五日　谕内阁：

霸州、新安等处，此数年来水发时，浑河之水与保定府南之河水，常有泛涨。旗下及民人庄田①皆被淹没。详询其故，盖因保定府南之河水与浑河之水汇流于一处，势不能容，以致泛滥。此二河道，著左都御史于成龙往，保定府南河，著原任总督王新命往。作何修治，令其水自分流，详看绘图议奏。今值农事方兴，不可用百姓之力，遣旗下丁壮备器械，给以银米，令其修筑。伊等往时，部院衙门司官、笔帖式，酌量奏请带往，于十日之内即令启行。钦此。

---

① 清代被编入旗籍的人称为“旗下”或“旗人”。清初，清军入关后在北京周边州县圈占土地，分配给满族“正身旗人”。这些土地称作旗地［另有内务府所占的皇庄、王公贵族所占王庄不计其内。］由满州贵族役使旗下壮丁［实为农奴］耕种，其地亩数量所在州县在户部备案，并向地方官缴纳旗租，除地方留用部分其余上解户部。旗主所占土地称旗下庄田［与汉民庄田相区别］不得买卖。康乾以后，此禁令逐渐放宽，民国初彻底废除。

康熙四十一年［1702］六月初三日　大学士伊桑阿、马齐、张玉书、吴琠、熊赐履，学士来道、常寿、铁图、纪尔塔浑、王九龄、曹鉴伦、刘光美等奉上谕：

朕因永定河南岸不时冲坍，特旨令将南岸修筑石堤，看来甚有裨益。今黄河南岸自徐州以下至于清口，通行修筑石堤，可否永远有益？若果有益，现在国帑不为缺少，朕于钱粮一无所惜。修筑此堤，应于何处采取石料？作何转运？约几年可以告成？著张鹏翮齐集河员详议具奏。钦此。

康熙四十二年［1703］二月初五日　谕永定河分司：

朕观黄河险要地方，应下挑水埽坝。现今永定河，朕亲指示挑水等工，俱有裨益。尔遵照朕指示式样，前往烟墩、九里冈、龙窝三处，筑挑水坝数座。试看有无裨益，虽被冲坏无妨。完工之日，令该地方官尽心防守。如有蛰陷，不时修葺。可将此旨传与总河[①]张鹏翮，速派贤员，令其多备物料、夫匠，于朕回銮之前完工。需用钱粮与尔无涉，不可经手。工完，将用过钱粮记明具奏。如遇桃汛水发，即行停止。钦此。

康熙四十三年［1704］四月二十四日　吏部尚书兼直隶巡抚李光地奉上谕：

永定河分司已经另补有人。分司郭治著补为南岸同知。新设同知汤彝著改为北岸同知。俱令掌管钱粮收发。如雇夫办料有应行文地方官之处，分司行同知转行料理。钦此。

康熙六十年［1721］二月初四日　大学士马齐等议复[②]工部、东抚李树德折本启奏，奉旨：

这事情，九卿遣堂官甚是。朕屡次南巡，曾细阅河道，留心于此，是以于河道

① 总河：河道总督的省称。设置沿革详本书卷二《职官表》。

② 议复：清制对内外官员的奏报一般须经相关的部、院、大学士、九卿、军机处、内阁等主管官员审议答复，审议的过程叫做“议奏”，结论称“议复”。议复如果同意奏报请求，称“议准”，不同意称“议驳”，不予讨论称“毋庸议”。所有议复要缮写成奏折报请皇帝最后审核裁定，再由相关部门拟定谕旨下发。

情形，知之甚悉，此处不让他人，虽欲不言而不得。如山东运河，自西河之水流入此河。从前，百姓以为宜开通，具呈，亦曾开过。后又具呈，亦曾堵过。开者何意？堵者又何意？务使悉此等缘故，方可以定其应开与否。不然，则虚耗钱粮矣。山东运河俱系引入滕县、峄县等湖之水，以为运粮之助。历年来，运河之水至于浅少者，皆因沿河傍湖一带添闸，于山东地方水田虽觉有益，而未必有益于他处。朕屡次往河道看来，汶河之水，自修分水龙王庙分流之后，七分南流，三分北流。南流之水有一闸，将此闸堵塞，水俱北流。古人相地方之形势，就其高下，随其水性，而能为此者，实属善策。再，洪泽湖有民之村庄、坟墓、田宅甚多，修高家堰堤以聚水，使其自上流下，以拒洪泽湖之水，更为神妙。此处，即朕躬亦不能承当。即如畅春园一带之河水，俱入田内，是以流至京城者甚少。永定河之水，亦俱引入田内，是以每年四、五月间，水干流绝，河身沙壅，倘有大水流入，被壅沙堵塞以致泛溢。为此，查得牤牛河将清水引入永定河内，此水长流不绝，不但不致沙壅，即大水来时，亦不致泛溢。此处巡抚不知，即九卿大臣亦俱不知，或张鹏翮大略晓得。将此旨尔等传与九卿。钦此。

世宗宪皇帝［雍正］谕旨

雍正元年［1723］九月初六日　兵部右侍郎牛钮奉旨：

直隶巡抚李光地，将永定河下口柳岔之处河身淤塞甚高、堤岸加高等因启奏。尔前往会同巡抚、分司，或加高堤岸，或挑引河，或另挑河之处，通同确勘具奏。此去，尔所知贤能章京、笔帖式，挑选带去。钦此。

雍正二年［1724］九月十九日　九卿议奏①：“河工应行奏销钱粮俱于年内题销”。奉上谕：

九卿议，将康熙六十年、六十一年［1721、1722］河工用过钱粮、未经题销各案，速行查明，于岁内造册题销。朕思此事难行。令河臣查奏，果系今年断不能完。如将此事交于伊等，能于岁内完结乎？九卿并未计及便与不便，遽行如此。议奏者

---

① 九卿议奏：九卿各代所指不一，清制九卿常与六部合称，但不含六部尚书。九卿有宗人府、太常寺、太卜寺、光禄寺、鸿胪寺、詹事府诸卿、国子监祭酒、左右春坊庶子、顺天府尹，但无明文规定。这些部门参予审议朝奏，称为九卿议奏。

特谓年内如不能题销，河道总督等自必题请展限，姑且推诿。内外事情，俱属一体，凡事皆当揆情度理，酌量事宜。似此推诿议奏，不但事件不能结案，往返行文题奏，反致多事。年内果否能造册奏销之处，著问九卿。钦此。

雍正三年［1725］十二月二十三日　奉上谕：

直隶地方向来旱涝无备，皆因水患未除，水利未兴所致。朕宵旰轸念，莫释于怀。特命怡亲王[①]及大学士朱轼前往查勘。今据查明绘图陈奏，所议甚为明晰。且于一月之内冲寒往返，而能历勘周详，区画悉当。以从来未有之工程，照此措置，似乎可收实效，具见为国计民生尽心经画，甚属可嘉。著九卿速议具奏。至于工程应用人员，若交与九卿拣选，恐有掣肘，即令怡亲王及朱轼拣选请旨。其从前差往修城、修堤之员，俱著于水利工程处一同办理。钦此。

雍正四年［1726］六月初九日　工部奉旨：

尔部每年派司官前往石景山看守堤工，殊属无益。应否交与地方官，或永定河道管理之处，尔部会怡亲王议奏。钦此。

雍正四年［1726］十月二十日　奉上谕：

怡亲王等督率官员兴修水利，今年已有功效。夏秋以来，地方悉无水患。而新种稻田，又皆收获。览怡亲王等所奏，朕心深为慰悦，著发于内阁九卿等公看。其在工人员，或于此时议叙，以示鼓励，或俟工程告成之日议叙。著内阁九卿会议具奏。钦此。

雍正五年［1727］七月二十一日　大学士朱轼奉上谕：

看天气不似无雨的，各处河道工程要紧。尔可说与怡亲王多委人员竭力防护，毋得懈弛。其已经冲溃之处，务须作速抢修完固，勿致疏虞。钦此。

雍正五年［1727］八月初四日　和硕怡亲王面奉上谕：

治河一事，虽宜顺水之性，然水性亦有万不能顺之处，全凭堤岸坚固以资捍御。

---

① 怡亲王即爱新觉罗允祥，康熙帝第十三子。在雍正年间主持直隶永定河修防和水利营田事务。著有《怡贤亲王疏钞》，论述河防水利，收入《畿辅河道水利丛书》［清吴邦庆编］。

凡漫溢之水，不能夺溜，大抵各处冲漫，皆由堤岸不坚所致。更有民间车道碾损堤岸，一遇水泛，每多冲漫。嗣后，遇有此等堤岸紧要损伤之处，略加石工，所费亦自无多。尔等可将此事传与江南、山东、河南，但有堤工之处，一体遵奉。钦此。

雍正五年［1727］八月十八日　和硕怡亲王、大学士朱轼请旨查河，奉上谕：

张灿、陈仪等身居工次，必能经画。诚恐尔等往查，伊等不无卸责。且直隶地方辽阔，尔等岂能遍历。但行文各该局、各河道等，令其将所管地方现今加修工程，查看明白，作速报来。尔等商榷妥当，冬底再行覆勘。至于直隶地方，向来众水散漫，今则并归一处，或恐水大难容。堤堰之卑薄者，亟宜酌量加高培厚。然堤岸之不固者，工员多以沙多土碱为词。殊不知土性虽有不齐，功到自能坚实。此承修堤工者必以坚实为主，而堤工之坚与不坚，只在遇水之决与不决。则承修堤工者，务期永固，不致溃决，乃为尽善耳。钦此。

雍正六年［1728］五月二十二日　谕工部：

从前朕意，凡遇堤岸道路，似应略加石工，以防车辆践踏等弊。此朕一时之见，曾经询问怡亲王及齐苏勒，皆以为可行，是以颁发谕旨。今田文镜奏称："河南两岸堤工，车道久经加土修垫，以防践踏，不必更加石工。若土石兼用，转不坚固。"等语，所奏甚为明晰。具见实心任事，深为可嘉。著将田文镜所奏及朕此旨，传与直隶、江南、山东凡有堤工之处。该管大臣因地制宜，酌量办理，不可迎合朕旨，强行误事。钦此。

雍正十二年［1734］四月十四日　奉上谕：

据直隶河道总督顾琮等奏称："永定河浑流汹涌，全赖下口深通，庶上流得以畅注入淀。乃淘河以南，渐积填淤，河流梗塞。正拟挑浚疏通，以资宣泄，仰蒙天赐引河，自然开刷。二十余里之程，畚锸不劳民力；四千余丈之远，疏排悉出天工，显著嘉祥，万民欢忭，"等语。朕因畿辅河渠关系重大，时时轸念，莫释于怀。今于河臣筹议挑浚通疏之地，仰蒙天赐引河，自然开刷，不劳民力，顺轨通流，河神福佑群生功用显著。应虔诚展祀，以答灵贶，其应行典礼，该部察例具奏。钦此。

雍正十三年［1735］七月二十八日　工部议覆直隶河道总督朱藻奏："官民捐纳土方，应请分别议叙[①]。"奉上谕：

向来，沿河文武官弁有种柳苇议叙之例。遵行已久，不便停止。今若又添土方物料议叙之例，恐奉行不善，将来必致滋弊累民。凡本地方现任官弁捐输土方物料者，尤为不可。概不准行。若绅衿民人等情愿捐输者，著分别定例议叙。钦此。

皇上［乾隆］谕旨

乾隆元年［1736］四月十七日　总理事务王大臣等奉上谕：

直隶不必设立副总河，定柱著回京候旨另用。直隶河务，虽有专办之总河，著总督李卫兼行管理。钦此。

乾隆元年［1736］五月初一日　内阁奉上谕：

朕惟抚安百姓，必严察胥吏，而修筑工程之地，弊端尤多，关系更属紧要。闻直隶永定河每夏、秋间有冲缺，修筑堤岸，夫役物料不能不取办于民间。胥吏朋比作奸，其人工物料价值，肆意中饱，毫无忌惮。且将物料令民运送工所，往返动经百里，或数十里不等，脚价俱系自备。种种扰累吾民，其何以堪。嗣后，河工诸臣与协办河务州县官，皆宜实心筹画，严行稽查。无论岁、抢修，凡民夫物料，应给价值，务照实数给发，不得听信胥吏，丝毫扣刻，以致贻累百姓。如有漫不经心，仍蹈前辙者，或经朕访闻，或被人题参，必从重处分。特谕。钦此。

乾隆二年［1737］八月十九日　奉上谕：

直隶河道水利，关系重大。若但为目前补救之计，而不筹及久远，恐于运道民生总无裨益。前览顾琮、李卫所奏，尚非探本清源之论。著大学士鄂尔泰亲往详勘形势，筹度机宜。应如何改移、开浚、修筑之处，熟商妥议，酌定规模。仍交与顾琮、李卫，督率所属该管官员遵照办理。钦此。

---

① 清制官员有功交吏部审议，决定功赏等级称"议叙"。方法有二：记录和加级，功多的称"从优议叙"。

乾隆三年［1738］四月初十日　内阁奉上谕：

直隶总督事件繁多，难以兼顾河务，李卫不必管理。其一切河工事宜，应交与总河专办。俾事权归一，方有裨益。顾琮仍著前往，会同朱藻一体悉心办理，毋得迟误。钦此。

乾隆四年［1739］三月十二日　内阁奉上谕：

国家兴修工作，雇募人夫，原欲使小民实受价值，以为赡养身家之计。至于荒歉之年，于赈济之外修举工程，俾穷民赴工力作，不致流移，更非平时可比。其安全抚恤之心，亦良苦矣。凡为督抚大吏及地方有司，自当承宣德意，敬谨奉行，使闾阎均沾实惠，方不愧父母斯民之职。朕访闻得，各省营缮、修筑之类，其中弊端甚多，难以悉数。或胥役侵渔，或土棍包揽，或昏庸之吏限于不知，或不肖之员从中染指。且有夫头扣克之弊，处处皆然。即如挑浚河道一事，民夫例得银八分者，则公然扣除二分；应做土一丈者，则暗中增加二尺；或分就工程用夫一千名者，实在止有八、九百人。以国家惠养百姓之金钱，饱贪官污吏奸棍豪强之欲壑，其情甚属可恶。是不可听其积弊相沿，而不加意厘剔者。嗣后，凡有兴作之举，著该督抚，转饬该管官员实力稽查。务使工价全给民夫，无丝毫扣克侵蚀之弊。倘该管官员稽查不力，督抚即行严参。如徇庇属员，或失于觉察，朕必于该督抚是问。钦此。

乾隆四年［1739］八月十八日　内阁奉上谕：

今年六月间，豫省地方大雨如注，川泽交盈，分泄不及，以致开封等属被水之州县甚多。小民困苦，朕心深为轸念。已屡降谕旨，多方筹画，赈恤抚字，因思济饥拯溺。目前之补救维殷，而陂泽河渠善后之经营，宜亟查。豫省地方有淮、颍、汝、蔡诸水经纬其间。凡旧有河道俱达江湖。第或因故道被堙，或无支河导引，是以水无容纳之区，势必旁溢，下有壅塞之处，涝即难消。闻抚臣尹会一现在檄令各属，勘估兴修，但愚民无知，上游方事挑浚，而下游填塞阻拦，仍致水无去路，于事何益？著抚臣尹会一、河臣白钟山、布政司朱定元细心熟筹，专委管理河道明晰水利之大员，亲勘全局，通盘计算。务使一律疏浚深通，毋令各分疆界稍有阻滞。再，豫省之贾鲁河，原由江南地方全注入淮。是庐、凤等处，即豫省之下流也。此时，现有钦差大臣兴修庐、凤河渠，亦当同为留意。从来疏浚河道，上游十分用力，而下游百计阻挠。各处人情如此，不独豫省为然。是在封疆大臣洞悉其弊，勿为所欺。庶几原委畅流，永无泛溢之患。该部可将朕旨即行文豫省，并有河道之各省督抚。钦此。

乾隆六年［1741］正月十八日　奉上谕：

永定河工，关系重大。著大学士伯鄂尔泰、尚书公讷亲乘驿前往，会同总督孙嘉淦、总河顾琮，悉心查勘。钦此。

同日又奉上谕：昨因永定河放水，经理未善，以致固安、良乡、新城、涿州、雄县、霸州各境内，村庄地亩多有被淹之处，难以耕种。且居民迁移，不无困乏。朕与孙嘉淦不能辞其责也。用是寤寐难安，深为廑念。著大学士鄂尔泰、尚书讷亲会同总督孙嘉淦，详细查明被水处所，应免钱粮若干，速行奏请豁免。先将此旨晓谕百姓知之。钦此。

乾隆九年［1744］五月二十四日　吏部尚书协办大学士刘於义、直隶总督高斌会议修举水利。本月二十六日奉旨：

依议畿辅兴修水利，乃地方第一要务。必简用得人，始能有益无弊。总督高斌事件繁多，难以专心水利之事。协办大学士吏部尚书刘於义，曾任直隶总督及布政使，于阖省情形素所练习。若与高斌悉心筹画经理，自可成利济之功，而收永远之效。此时著刘於义前往保定，会同高斌详加计议，酌定规条。将来兴修之时，二人同心合力，督率办理，务期有成，以副朕望。钦此。

乾隆十二年［1747］四月初十日　内阁奉上谕：

大学士高斌现在奉差江南，其直隶河道总督印务①，交与总督那苏图暂行管理。钦此。

乾隆十二年［1747］四月二十八日　内阁奉上谕：

直隶水利，关系綦重。是以，皇考②特命怡贤亲王及大学士朱轼等督修，欲营水

---

① 印务，印信是官员职权的凭证，印务代指职权、职务。因此代行管理印务也是代理职务。本志有一些词语如护印、守、署、护理都与印务关联。

② 皇考是已故父亲的称谓，也称先考。此皇考指乾隆帝的父亲雍正帝。

田，以备不虞。后以南、北地利异宜，难臻绩效。朕于乾隆九年［1744］复准言臣条奏，特命大学士高斌、协办大学士吏部尚书刘於义相度。今据奏，顺天、保定、河间、天津等府，及顺德、广平、大名、赵州等处各工，俱先后告竣。高斌、刘於义屡次亲诣工所，往返勤劳，及任事员弁，皆著交部议叙。但兴举大工，必期实有成效，可垂永久，方为有益。朕为畿辅生民永图利赖，是以不得已开捐，期于去水之害，收水之利。如淫潦泛溢，浚之而使有所归，则涸出者皆成沃壤，而受水之区，即可得灌溉之益。今用项至七十余万两，然何处积害已除，何处实效已著，曾未详晰确查具奏。至筹画善后良图，亦非仅付之地方有司，即可永远保守弗堕者。目今如何成效，日后作何保固之处，著军机大臣等会同高斌、刘於义详查议奏。钦此。

乾隆十四年［1749］三月二十九日　内阁奉上谕：

直隶河道事务，近年以总督兼理，不过于伏、秋汛至之时，往来率属防护工程，俱已平稳。所有直隶河道总督不必设为专缺，即于总督关防敕书内添入“兼理河道”字样。其一应修防工程，向系河道等官派办者，俱照旧饬委办理。现在纂修《会典》①，将此载入。钦此。

乾隆十五年［1750］二月二十九日　直隶总督方观承面奉上谕：

朕见永定河身之内建有房屋，询系穷民就耕滩地，水至则避去。虽不为害，但其筑墙叠坝，未免有填河之患。可即查明现在户数，姑听暂住，嗣后不得复有增添。② 钦此

---

① 《清会典》，书名。清康熙年间初修，雍正、乾隆、嘉庆、光绪各朝迭加改纂，最终成书于光绪二十五年［1899］。光绪本会典一百卷，事例一千二百二十卷，图二百七十卷。记述各级行政机构的职掌事例，为研究清代典章制度的重要资料。乾隆上谕提到纂修“会典”即指第二次修订，始将典章与事例分别编列。

② “河身内民居不得复有增添”的政策，与本卷乾隆御制诗《阅永定河堤工因示直隶总督方观承》诗句：“河中有居民，究非长久计，相安姑勿论”及自注文相联系。于乾隆十八年［1753］二月二十三日上谕，提出具体政策措施。以后，乾隆三十七年、四十六年、四十七年上谕一再重申此项政策，强调这一问题的严重性，反映永定河河工与民生关系的复杂性。这一问题在清朝未能根本解决。

乾隆十五年［1750］二月二十九日　直隶总督方观承面奉上谕：

朕阅永定河培堤取土，类在堤外。是以近堤多有坑坎，甚属非宜。嗣后，总令于河身内取土，俾堤增高而河愈下，庶为一举两得。但须层方层起，不得任挖成坑。该督即传谕所属河员，一体遵照办理。钦此。

乾隆十五年［1750］六月初十日　内阁奉上谕：

永定河南岸三工，五月二十九日河水骤长，漫开月堤。已命尚书汪由敦驰驿前往，会同总督方观承悉心相度。有应抢筑、疏浚之处，现令熟筹妥办。惟是附近固安县一带洼地，猝被涨漫，其间禾稼不免损伤，民房不免倒塌，深轸朕怀。亟应加意抚绥，俾无失所。所有酌借籽种及一切应行赈恤事宜，即著公同筹画，一面奏闻，一面办理。务令被水居民得沾实惠。钦此

乾隆十五年［1750］七月初四日　廷寄[①]工部侍郎三和、直隶总督方观承内开，奉上谕：

永定河三工漫口，初拟合龙，尚易为力。该督方观承董率河员，驻工抢筑，期于速告厥成。俾被水田禾早得涸出，尚可补种荞麦杂粮，穷黎藉以糊口。乃迄今匝月，昼夜施工，竭尽人事，而时当伏汛，水势旋消旋长，抢护桩埽屡被冲刷。此时已届立秋，即令积水全消，亦已补种无及。所有赏给口粮及将来查办赈恤，业已屡颁。谕旨自可遵照办理。至播种秋麦，则不妨俟至秋高潦尽，为期尚早。该督驻工日久，通省案件应办者甚多，未便专顾堤工，稽留下邑。按察使玉麟曾任永定河道，工程素所熟习，可调至工所，该督将堵筑情形详悉交明，令与署道僧保住在工抢筑。日内天气渐有霁色，河流长落无常，或于旨到以后，玉麟来工之时，溜平沙涨，仰赖天庥，可以就绪合龙。不过三五日间，三和、方观承俱可竣事。言旋如非旬日可了，著交玉麟率同僧保，往调集物料在工办理。玉麟到后，方观承回至保定办事，

① 廷寄，清代制度。朝廷给各省高级官员谕旨，有“内阁明发”和“军机处廷寄”之分。自雍正以来，凡属诰戒臣下，指示方略，查核政事，责问刑罚不当等机要文书，为防泄露，不便由内阁明发，交由军机大臣专办。发出时密封，加盖军机处银印，签书“军机大臣准字寄某官开拆”或“传谕某官开拆”，交给兵部捷报处“以四百里或六百里”速递往各省，称做廷寄。［四百里、六百里是指驿站马日行速度，以表示谕令的紧急程度。］

仍可不时稽察。三和即著回京。钦此。

乾隆十五年［1750］七月初十日　工部侍郎三和面奉谕旨：

著寄信于直督方观承。令按察使玉麟同署永定河道僧保住等，度量水势情形，应缓应急，如何加埽护理之处，接续办理。或现今情势平缓，即加埽合龙。或俟白露前后，水性平定，进埽合龙之处，并保护堤岸埽坝。务期详慎妥协，坚固进埽合龙，将水分入引河，复归故道。钦此。

乾隆十八年［1753］二月二十三日　内阁奉上谕：

缘河堤埝内为河身要地，本不应令民居住。向因地方官不能查禁，即有无知愚民，狃于目前便利，聚庐播种，罔恤日久漂溺之患。曩岁朕阅视永定河工，目击情形，因饬有司出示晓谕，并官给迁移价值，阅今数年于兹。朕此次巡视，见居民村庄仍多有占住河身者。或因其中积成高阜处所，可御暴涨。小民安土重迁，不顾远徙，而将来或至日渐增益，于经流有碍，不可不严立限制。著该督方观承，将现在堤内村民人等，已经迁移户口房屋若干，其不愿迁移之户口房屋若干，确查实数，详悉奏闻。于南、北两岸刊立石碑，并严行通饬。如此后村庄烟户较现在奏明勒碑之数稍有加增，即属该地方官不能实力奉行。一经查出，定行严加治罪。特谕。钦此。

乾隆十九年［1754］六月十三日　奉上谕：

方观承奏："本月初七日，永定河水盛涨。随饬将旧河身内穿堤，引河头开放，分流北注，工程均各平稳。再，河身内旧有董家务、惠元庄居民瓦土草房，悉被淹淤。恳量为赏给每户仓谷一石，"等语。穿堤引河，惟藉分减盛涨。此次开放，自因水势陡涨，一时难以宣泄。但只可偶一行之。今盛涨既消，即仍应坚固堵闭，令大溜由南堤行走，方为妥协。至董家务、惠元庄二处居民，从前屡经晓谕，虽伊等不愿迁移，亦彼时经理各员未能周妥，因循贻害。此番既被淹浸，宜乘此时给予搬移之资，务令迁徙堤外。若有仍行庐处河身，藉称不愿迁徙者，将来惟该督是问。著将穿堤引河于何日堵闭，董家务等处居民如何迁移之处，仍具折奏闻。至所请每户赏给仓谷一石，著准其赏给。钦此。

乾隆十九年［1754］六月十八日　奉上谕：

方观承奏："永定河下口南埝以内，武清县属之王庆坨、东沽港[①]二村，其洼处被淹者，现有九百四十余户，此等居民例无赈恤。但此次被水较甚，可否恩准借给口粮，"等语。堤内居民，屡经传谕，该督令其迁移。但王庆坨、东沽港二村人民稠密，且有苫盖瓦房，历有年所。虽不能迁徙，亦应有所界限，不可再令附村人民占居河地。其猝经被水之户，情堪悯恻，著加恩。令该督按户查明，借给米粮以资接济。至堤内零星各户，不过草土房间，原非必不可徙，该督务遵前旨，逐一查明，于此次被水，给予搬移之资，令其迁移堤外，不得姑息。钦此。

乾隆二十四年［1759］闰六月十二日　内阁奉上谕：

据方观承奏："各属屡次大雨之后，唐河、沙河、白沟、拒马诸水同时并涨，下游悉归淀内，以致大清河尾闾不能宣泄，转由凤河倒漾，阻遏浑流。而宣化上游雨后涨发，坌涌旁溢。南岸四工堤顶漫开数丈，现在驰往确勘，"等语。入夏以来，直属大雨时行，各河涨发，而山西上游诸路，亦均得透雨。山水下注，永定河堤埝致有漫冲。著派安泰、赫尔景额即速驰驿，前往看视情形。并留赫尔景额在彼，协同该督将漫口刻日堵筑，毋致再有侵溢。其水过村庄，现在有无淹浸及应行加恩抚恤之处，著方观承一面勘明妥办，一面奏闻。该督职司河道，不能先事预防，著交部照例察议。其疏防之河道各员，俟查参到日，一并交部察议。钦此。

乾隆三十二年［1767］四月十七日　奉上谕：

前因阅视河淀情形，见凤河有断流之处。于回銮驻跸南苑时，令查勘上游，疏浚以达河流。今据阿里衮等查奏，团河下游即为凤河，一亩泉下游，即归张家湾运河，俱应行开挖深通。已有旨给发帑金，及时修浚矣。但此二河下游，皆系地方官应行经理之事，闻其中亦不无淤浅阻塞。今上游既议修治，而下游若仍听其淤梗，是尾闾不能畅达。即疏浚水源，亦属无益。著传谕方观承，即派委明习妥员前往查勘。将应行开挑之处，及时兴工，务使一律畅流，以资宣泄。仍将勘估情形，据实

---

① 王庆坨在今天津市武清区西南境。东沽港在今廊坊市（清东安县）南境。这则上谕又重申"迁村"政策。

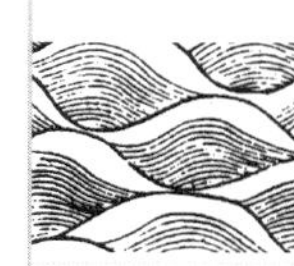

覆奏。钦此。

乾隆三十六年［1771］十月十二日　奉上谕：

本日据高晋等奏，陈家道口漫工已于十月初七日合龙。高晋于初九日自工次起身北上。已批谕，令其顺路先勘南运河、北运河而来。昨杨廷璋曾面奏，差人在景州一带探听高晋来信，会同查勘。今既先勘南运河，自应在德州取齐，于路为顺。至周元理于直省河务，亦称熟悉，东省现在又无应办要务。该抚或带印公出，或将抚篆交藩司海成护理[①]，即至德州与高晋、杨廷璋相会，协同查勘南运河。至天津，即同往勘永定河。如计算时日尚宽，仍可将北运河一并查勘，竣事再行来京。总以十一月十七、八等日到此未迟。如永定河勘毕，为期已紧，则北运河不妨暂缓，俟庆典礼成[②]，再行前往。可即将此传谕高晋、杨廷璋、周元理，彼此订定日期，会同妥办。再，南运河一带，春间曾派令裘曰修同杨廷璋等会办。而永定河、北运河工程，前谕高晋时，亦有令裘曰修同往查勘之旨。今裘曰修现在近畿，董查疏消积水。著传谕裘曰修，亦前往迎晤高晋等，一体会勘。钦此。

乾隆三十六年［1771］十二月二十六日　内阁奉上谕：

据高晋、裘曰修、周元理等，查勘永定河、南北运河各工事竣，来京复命，将应行疏筑事宜详晰议奏，已依议行矣。至所称："估需工银四十九万六千余两，现在直隶藩库无款可动，请敕部拨发济用，"等语。此项工程关系紧要，著户部，即于部库内拨银五十万两，令周元理即日委员赴领，以便及时鸠工兴筑。该部遵谕速行。钦此。

乾隆三十七年［1772］六月十八日　内阁奉上谕：

裘曰修奏《验收永定河工程》一折，并除近水居民与水争地之弊。据称："淀泊所以潴水，乃水退一尺则占种一尺。既报升课，则呈请筑埝。有司见不及远，以为粮地自当防护，堤埝直插水中被淹更甚。请敕所司，一切淀泊，毋许报垦升课，

---

① 直省指直隶省，东省指山东省。"该抚"指山东巡抚周元理。"抚篆"指巡抚印信（印信多为篆字故称），交给山东布政使海成护理［即护印，又称护篆，也就是代理］。

② 庆典指乾隆帝60寿辰典礼。乾隆帝生于1711年，乾隆36年恰为60岁寿辰。

并不得横加堤埝，”等语。所见甚是。淀泊利在宽深，其旁间有淤地，不过水小时偶然涸出，水至，仍当让之于水，方足以畅荡漾而资潴蓄。非若河海沙洲，东坍西涨，听民循利报垦者可比。乃濒水愚民，惟贪淤地之肥润，占垦效尤，不知所占之地日益增，则蓄水之区日益减。每遇潦涨，水无所容，甚至漫溢为患。在闾阎获利有限，而于河务关系匪轻，其利害大小，较然可见。是以，屡经降旨饬谕，冀有司实力办理。今裘曰修既有此奏，是地方官前此奉行，不过具文塞责。且不独直隶为然也，即浙江西湖等地，居民占者亦多。前日虽曾申禁，恐与直隶之玩忽大略相同，而他省滨临河湖地面类此者，谅亦不少。此等占垦升课之地，一望可知。存其已往，杜其将来，无难力为防遏，何漫不经意若此。著通谕各督抚，凡有此等濒水地面，除已垦者姑免追禁外，嗣后务须明切晓谕，毋许复行占耕，违者治罪。若不实心经理，一经发觉，惟该督抚是问。[①] 钦此。

乾隆三十七年［1772］十二月初八日　奉上谕：

永定河下口，自康熙年间筑堤之始，原就南岸。雍正年间，因河身渐淤，改由北岸。近自乾隆癸酉［1753］间，又改从冰窖，南出两河之间。是以，康熙年间之北堤，转为南堤，雍正年间之南堤，转为北堤。嗣后，节次兴工修治，地势屡更。是冰窖之故道，又已不免今昔异形。著传谕周元理，将康熙年间初次筑堤，沿至于今，中间改移地名、次数，并议改缘由，详细确查，列一简明清单，即行附折奏闻。[②] 钦此。

乾隆三十八年［1773］三月初三日　督臣周元理面奉上谕：

两岸堤里近河之堤根，以及软滩之上，应多种叵罗柳枝。钦此。

乾隆三十八年［1773］三月二十日　直隶总督周元理面奉上谕：

“调和头”改“条河头”。其北岸之越埝，改为北堤，即承北岸六工。将上、

---

① 此条上谕重申严禁农民私自占种淀泊暂时涸出土地的禁令，以保持淀泊蓄水功能。突出反映“与水争地”的弊端之严重性。实质是水患引发农民无地可种的现实问题，单靠行政禁令难以解决。

② 此条上谕要周元理奏报康熙中期以来永定河下游改河情况。周元理即于同年十二月十二日有奏折上报，见本书卷十七奏议所收录。本书卷一《永定河屡次迁移图》及初次至六次改河图并图说，与周元理奏折内容大体一致。

中、下三汛，依次改为七、八、九工。南埝改为南堤，其三汛亦改为七、八、九工。钦此。

乾隆三十八年［1773］六月初二日　奉上谕：

口外自五月二十一、二等日雨后，滦河及潮白等河水俱骤长。连日热河雨觉稍稠，闻滦河水复大。畿辅一带雨水情形大略相仿。未审永定河今年水势如何，是否不致盛长？河流能否循赴中泓？甚为注念。著传谕周元理，即速查明，据实覆奏。至该处设立浚船，以供浚刷淤沙之用。春间，亲临阅视，时见船舣河中，尚未睹有成效。彼时即曾谕及，如果实力淘浚，使中泓沙不停淤，于河防不无小补。若徒视为具文，自难冀其得益。添设浚船一事，原出自裘曰修之意。彼身若在，自必加意董办，不虞废弛。今裘曰修已故，恐满保等未必复肯认真董办。徒有浚船之名，而无挑浚之实，则是虚縻工帑制造，岂不可惜？永定河原系周元理专责，而浚船之事，周元理亦同会奏。著周元理留心督办，毋任作辍因循，致成虚设①。仍将现在办理情形若何，一并覆奏。钦此。

乾隆三十八年［1773］六月初九日　内阁奉上谕：

周元理奏："五月二十二日以来，永定河水势虽有增长，大溜直走中泓，迅趋下口，两岸堤工稳固。"一折览奏，稍慰廑念。至所称："各处河水旋长旋消，初一日辰刻，金门闸过水六寸，巳时即已断流，"等语。金门闸宣泄永定河盛涨，其形与南河之毛城铺相似。永定河挟沙而行，与黄河水性亦同。向来毛城铺于过水后，即将口门及河流去路随时疏浚，以免淤停，实为利导良法。金门闸自当仿而行之。著传谕周元理，督饬河员于金门闸过水之处，即为挑浚。务使积淤尽除，水道畅行，以资疏泄。嗣后，金门闸每遇过水，永远照此办理。仍将永定河长落情形随时奏闻。钦此。

---

① 关于浚船之事，始于乾隆三十七年［1772］四月，裘曰修、周元理《为设立浚船以重河务》奏折［卷十七收录］提出的建议。此后浚船用于淀河疏浚，然而收效有限，争议很多，时兴时停。直至晚清曾国藩于同治八年［1869］九月，在《酌办工程请拨款疏》的附片中提出引进西洋机器疏浚船，用于疏浚永定河下游。近百年时间一直未能解决这一同题。

乾隆四十年［1775］八月十八日　内阁奉上谕：

周元理奏《永定河岁、抢修等工请仍循旧例》一折。因乾隆三十八年报销疏浚、抢修等工银两，工部以所报之数，与尚书裘曰修议定大工章程案内，较有浮多，驳令删减。周元理复将历来通融办理缘由，据实声明，吁请仍旧。朕阅此案工部之驳，固属照例。而周元理之请，自亦实情。今朕为之准酌折衷，所有此案动用工程银两，仍准其照旧报销，不必复行驳减。惟是永定河岁、抢修、疏浚等工，每年定额三万四千两，并准节年通融办理，不逾此数。虽若示以限制，实听仅数开销，未为允协。夫永定河水势非常，工程亦因而增减，即如岁修一项，水大之年，粘补必多，水小之年，费用较省，此理之一定者。又如抢修量工之平险疏浚，视淤之浅深，亦虽绳以一律。若如向时所定，笼统发银，不问工之巨细、多寡，任其牵匀销算，则与庖人揽办筵席何异？殊非核实办工之道。治河所以卫民，果属紧要工程，于闾阎实有裨益，经费原所不靳。若永定，旧例未妥，以致每年浮耗。久之，不但用涉虚糜，且恐工无实济。何如随时确核，实用实销之为愈乎！除业经办过工程，事属已往，毋庸另议外，嗣后，应如何删去旧额，核实办理，酌定章程之处，著军机大臣会同周元理悉心妥议具奏。钦此。

乾隆四十年［1775］闰十月初四日　奉上谕：

吴嗣爵题《岁报河道钱粮》一疏，尚系乾隆三十七年分动支、收存之数，办理太迟。河道钱粮等项，例应按年造报。原欲周知一岁河道工程之多寡巨细，以凭核实稽查。即云俟各司道，陆续造送，查核需时，则三十七年之案，亦应在三十九年正月出本，断无查办不及之理。今迟至四十年冬间具题，中间几阅三载，实属迟延。吴嗣爵著交部议处。嗣后，河工岁报钱粮，俱著次年全数查明，于第三年正月开印后具题。如有逾期，该部即查明参奏。钦此。

乾隆四十五年［1780］八月十一日　奉上谕：

据袁守侗奏："永定河漫口，督率道、厅等赶紧堵筑，加工下埽。该道兰第锡等，驻工赶办不遗余力，于初九日酉刻合龙，"等语。今夏，永定河因上游涨盛，致堤工漫溢，文武各员本有应得疏防处分。今该督袁守侗，于一月内督率道、厅赶紧堵筑，克期合龙。其办理迅速，亦应甄叙。所有在工员弁，功过各不相掩。著加恩，仍行交部议叙，以示分别劝惩，并行不悖之至意。钦此。

乾隆四十六年［1781］十二月二十日 奉上谕：

本日，据大学士、九卿等会议《黄河水势情形》一折，已依议行矣。内胡季堂所称："河滩地亩，尽皆耕种麦苗，并多居民村落，一遇水发之时，势必筑围打坝，填塞自多。是河身多一村庄，即水势少一分容纳。请敕下河南、山东、江南各省督抚确查，令其拆去，迁居堤外，"等语，所见甚是。河滩地亩，居民日就耕种，渐成村落，一遇水势增长，自必筑墙叠坝，填塞河身。此弊由来已非一日，最宜严禁。从前，朕阅永定河堤，即见有民人在彼耕种居住者，特谕方观承，令其嗣后严行禁止，勿使增益。彼时，闻南河亦有此弊，曾于《阅永定河堤示方观承》诗内再三谆训。今河南、山东等省聚居河滩者，村庄稠密，更非永定河可比。若听其居住垦种，于河道甚有关系。著传谕萨载等，即行确加履勘。其堤外地处高阜无碍河身者，自不妨听其照常居住耕种。若堤内地方，不便占居填塞，有碍水道，所有村庄、房舍，该督抚等务须严切晓谕，令其陆续迁移，徙居堤外。俾河身空阔，足资容纳。仍须遴委干员，不动声色，妥为经理，使迁徙贫民毋致扰动失业，方为尽善。著将此传谕萨载等，并谕阿桂、英廉知之。钦此。

乾隆四十七年［1782］正月二十五日 内阁奉上谕：

前据胡季堂奏："黄河淤出地亩，多居民村落，并皆耕种麦苗。一遇水发，势必筑围打坝，填塞自多。且河身多一村庄，即水势少一分容纳。请敕下河南、山东、江南各督抚，令其迁居堤外，"等语。河滩地亩，居民开垦日久，必致填塞河身，于水道甚有关系。且居民庐舍占据滩地，猝遇水涨之时，势必淹浸，于民居亦多未便。因特降谕旨，令萨载等确加履勘。其堤外地居仍阜者，仍听照常居住耕种。若占居堤内，于水道有碍，即行明切晓谕，俾陆续迁徙。并令该督抚等妥为经理，毋致贫民失业。昨已据韩镤覆奏，遵照筹办。自应如所奏，即行迁徙。但此事当为之以渐，持之以久。因思，滩地居民垦地结庐已非一日，小民自谋生计，亦必非当冲刷之滩聚居垦种。若偶然河徙冲刷，是伊自取，即水退亦不可复。令居住若其目前无事，安居已久，不免安土重迁。且河堤以外均属民田，亦无隙地可以迁徙。所有旧居堤内滩地无碍河身者，民人已经筑室垦种，仍加恩准。其各守旧业，毋庸押令移居，以副朕廑念穷黎之意。至此后，河南、山东、江南、直隶等省，凡遇濒河堤内滩地，该督抚河臣等必当严加查禁，毋许再行居住占种。如有仍前侵占滩地阻遏水道者，惟该督抚河臣等是问。将此通谕知之。钦此。

乾隆五十二年［1787］十一月二十九日　奉上谕：

直隶永定河堤工，朕于庚午、乙亥［1750、1779］年间，曾经亲临阅视。明春，巡幸天津，亦当顺道经临。但该处堤岸工程，近年以来，是否稳固之处，著刘峩详细查明具奏。并将该处堤工情形，开具略节，绘图呈览，所有庚午、乙亥御制诗，并著抄寄阅看。将此谕令知之。钦此。

宸章纪（碑文　记　诗　匾　联）

圣祖仁皇帝［康熙］御制文

卢沟桥碑文（康熙八年［1669］十一月二十七日）

朕惟国家定鼎于燕，山河拱卫。桑干之水，发源于大同府之天池，伏流马邑，自西山建瓴而下，环绕畿南，流通于海。此万国朝宗要津也。自金明昌年间，卢沟建桥伊始，历元与明，屡溃屡修。朕御极之七年，岁在戊申［1668］，秋霖泛溢，桥之东北水啮而圮者，十有二丈。所司奏闻，乃命工部侍郎罗多等，鸠工督造，挑浚以疏水势，复架木以通行人。然后庀石为梁，整顿如旧。自此万国梯航，及民间之往来者，咸不病涉。实藉河伯之灵丕，慰通济之怀，盖万世永赖焉。爰勒丰碑，用垂不朽。

永定河神庙碑文（康熙三十七年［1698］十二月十六日）

朕劳心万民，于农田水利诸务，常切讲求大要。仿古之决河浚川，而因势利导。度有可行，期于必济。惟动丕应乐观厥成。念兹永定河，其初也无定，盖缘所从来也远。发源太原之天池，经朔州、马邑，会雁云诸水，过怀来夹山而下。至都城南，土疏冲激，数徙善溃，颇坏田庐，为吾民患苦，朕甚愍之。蠲赈虽频，告菑如故，永图捍御之策，咨度疏浚之方。特命抚臣于成龙董司厥事，庀役量材，发帑诹日，具告于神。乃率作方兴，庶民子来，畚锸云集，汤汤之水，湍波有归，横流遂偃。嘉此新河，既潴既平。计地自宛平之卢沟桥，至永清之朱家庄，汇郎城河，注西沽以入于海。计里延袤二百有余，广十有五丈。计工始于康熙三十七年三月辛丑，即工于五月己亥。自今蓄泄交资，高毕并序，民居安集，亦克有秋。夫岂人力是为，抑亦神庥是赖。宜永有秩于兹土，以福吾民。用是赐河名曰永定，封为河神。新庙奕奕，丹雘崇饰；更颁翰墨，大书匾额，以答神贶。岂特于祈报之典有加，尚俾知水利有必可兴，水患有必当去，而勤于民事，神必相之。以劝我长吏，凡一渠一堰，咸当尽心，爰揭诸碑纪兹实事，监于后人，视永定河所自始。

世宗宪皇帝［雍正］御制文

石景山惠济庙碑文（雍正十年［1722］四月）

永定河，古所称桑干河，出太原，经马邑，合雁、云诸水，奔注畿南。发源既高，汇流甚众，厥性激湍，数徙善溃。康熙三十七年［1698］，我皇考圣祖仁皇帝亲临，指授疏导之方。新河既潴，遂庆安澜，爰赐嘉名，永昭底定。立庙卢沟桥南，题额建碑，奎文炳燿。河神之封，实自此始。朕缵绍洪基，加意河务，设官发帑，深筹疏筑之宜。比年以来，永定河安流顺轨，无冲荡之虞。民居乐业，岁护有秋。岂惟人事之克修，实赖神功之赞佑。念石景山据河上游，捍御宜亟。爰命相择善地，作新庙以妥神。朕弟和硕怡亲王躬往营治，度地庞村之西，鼎建斯庙。长河西绕而南，萦峰岭北纡而左骛，控制形胜。负山临流，殿宇崇严，规制宏敞。护以佛阁，界以缭垣。经始于雍正七年［1719］。役竣，复以卢沟桥神庙皇考圣迹所在，再加崇饰，丹雘维新。并增建荣阁，翼如焕如，称朕敬神惠民之意。爰赐庙名曰惠济。靳文贞珉[①]，以纪其事。《诗》称："怀柔百神，及河乔岳。"河之有神，备载祀典。况永定为畿辅之名川，灵应夙著，田畴庐舍，绣错郊圻。其得安耕凿而乐盈宁者，胥荷皇考方略昭垂。而神明显灵，默相孚佑，蒸黎邀福孔多，宜加崇敬。今兹数十里内，庙貌相望，虔修秩祀，尚其妥侑歆飨。俾斯民康阜乂安，以宏我国家无疆之庆。岂惟朕承兹惠贶，我皇考平成之骏烈，实嘉赖焉。

① 贞珉，石刻碑铭的美称。

皇上［乾隆］御制文　记

安流广惠永定河神庙碑文（乾隆十六年［1751］十一月十一日）

国家怀柔百神，岳、渎、海、镇而外，名山大川之祭，视历代为加隆。矧郊圻近甸，洪流巨浸，经行迄于千里，利赖存于万姓。昭德报功，曷敢弗钦崇厥祀？永定河，古桑干河也，发源天池，伏流马邑。汇云中、雁门诸水，穿西山而注卢沟，亦曰卢沟河。西山而上，冈峦夹峙，无冲激之患。卢沟而下，地平土疏，波激湍悍，或分或合，迁徙弗常。而固安、霸州之间，輙至溃溢。我皇祖圣祖仁皇帝亲临指示，大修堤堰，肇赐嘉名。我皇考世宗宪皇帝兴举水利，疏、浚兼施。盖自康熙三十七年［1698］至今，永庆安澜。民资作乂，平成底定[①]之绩，迈越前古。而神庥协应，灵贶屡彰，已五十年于兹矣。康熙、雍正间，卢沟、石景均建有龙王之庙，而神宇之嘉称未定。朕缵膺鸿绪，躬阅河防，仰惟谟烈之显承，敬念明神之孚佑。深筹捍御之宜，备举尊崇之典。爰敕督臣，式轮式奂，新定斯名。平野临其前，长河绕其侧。堂基爽垲，栋宇宏深。礼臣请敕文贞珉，以纪岁月。朕惟《诗》曰："允犹翕河。"又曰："世德作求，永言配命。"惟永定河之顺轨，经两朝之方略，翕犹之功既著，世德之盛弥昭。今兹庙貌维新，以妥以侑。既荐明德之馨，弥深绍庭之念。神其益懋丰功，降康兆庶。俾三辅之内，庐井恬熙，咸安作息，以慰朕怀。保万民之意，以宏我国家无疆之庆。将亿万斯年，实嘉赖焉。

阅永定河记（乾隆三十八年［1773］三月）

永定河之本无定也，此气数[②]之可以授其权于人事者也。无定河之求永定也，此人事之不可以诿其权于气数者也。自前岁夏秋，濒河田户被潦。特命高晋、裘曰修、周元理等，会勘利病所由，发帑五十余万金，大加疏筑，浃岁讫功，农臻倍稔。遂俞所请，以今春省成事而诏之。曰：河之工，兹式集矣。虽然，朕能遽信为一劳永

---

① "民资作［zhá］乂［ɑí］，平成底定"：民，百姓；资，凭借、依靠；作［zhá］通乍［zhá］，开始；乂［ɑí］，平安；平，平息、平定；成，成全、形成；底定、奠定，多用作平安。故全句为：百姓靠［河神］始得安宁，［风波］平息成全安定［局面］。

② 气数旧谓命运、运气。

逸计乎？昔之河，故无工也。惟我皇祖圣祖仁皇帝蒿目民艰[①]，为畿甸东南，勤求保惠之政，莫若兴建堤工。溯自康熙三十七年始事，迄今亿兆蒙休，沦浃肌髓。中间偶值水旱不齐，此溢彼淤，迁流递易。自安澜城，而柳岔口，而王庆坨，而冰窖草坝，而贺老营。而今之条河头，或北，或复南，凡六徙。皆审时度势，善为相导。惟务顺小变以归大常，而于成规罔敢稍斁。斯诚皇考世宗宪皇帝，以暨朕躬数十年来，继志绳武[②]之苦心，不容自已者，何者？在河，固无一劳永逸之方，在治河，实有后乐先忧之责也。或者，耳食汉田蚡天事非人力[③]，及晋杜预请决诸陂之肤见[④]，谓弃地与水，可听无定者之所之。嘻何其戾耶！夫以水故弃地犹可，若以地故弃人，可乎？子舆氏[⑤]称："神禹行所无事"。无事而曰行，则必有无事之事。所为疏沦决排者，非耶？以黄河证之积石龙门，故迹可按。而商患五迁，周移千乘[⑥]，即已世近而事殊。厥后赴海南趋，殆更燕、齐与吴之境，虽神禹复生，亦难力挽，以从其朔第。更一境即治一境，乃与当年导源之绩等耳。岂竟以不治治之耶！桑干流经近圻，势若建瓴，非挟沙将一泄而无余，惟挟沙又四出而莫遏。运道民生，无堤何赖。前此，督臣孙嘉淦建议，开金门闸。上游中亭河，遂不能容，所至村庄漫溢。幸急饬堵闭，民获安居，尤近事之足为炯戒者。且朕非直为爱护已成之工起见也。假令是河在今日尚无堤工，而筹运道，策民生，朕亦必自为始事之举。易地以观，益知我皇祖皇考默鉴今日之发帑疏筑，有深许为后先克绍者矣。不然者，恶劳惜费，朕宁

---

① 蒿目的本意是指极目远望。《庄子·骈拇》："今世之仁人，蒿目而忧世之患。"故后称对世事忧虑不安为"蒿目时艰"。

② 继志、绳武：继志是指继先人遗志；绳武语出《诗经·大雅·下武》："绳其祖武"，朱熹《诗集传》释绳为继承。武本有足迹之意，绳武、绳祖为沿着先辈开创的道路前进之意。

③ 耳食，听说之意。《史记·河渠书》：汉武帝元光三年［前132］黄河决瓠子河，东南注入钜野泽，通入淮、泗、梁、楚之地，数年时间堵塞失败。当时丞相田蚡上言："江河之决皆天事，未易以人力强为塞，塞之未必应天。"汉武帝听信后，二十余年未曾堵塞决口。瓠子河在今河南濮阳县南。

④ 杜预［222—285］，字元凯，京兆［今陕西西安东南］人。西晋著名政治家、军事家和学者。曾镇守襄阳，兴建水利工程。事见《晋书·杜预传》及该书《食货志》、《河渠志》。

⑤ 子舆氏：先秦有孔子弟子曾参字子舆，孟子名轲字子舆。此似指孟子。

⑥ "商患五迁，周移千乘"两句。商汤灭夏，还都于亳［今山东曹县］，传至第十代阳甲、盘庚兄弟时，已迁都四次。阳甲死后盘庚迁都于殷亳。"复成汤之故居、无定处。"［《史记·殷本纪》］所迁之都在黄河［或其支流］两岸。但是否因"河患"而迁并无确实证据。又千乘是春秋时齐国古邑名，因齐景公有马千乘会猎于青田［在山东高青县高苑镇北］而得名。先秦古黄河曾流经其地。而千乘并非海口。因此这两句不可拘泥，只是说黄河下游善于迁徙而已。

必有矫乎人情，而甘为是汲汲也哉？是行也，往复周谘，既嘉大吏，能体朕意，犹虑其不克，坚持定识，勉继前功。爰特揭大旨，锲之河上。其他条具规制，存乎神而明之者，皆不书。[①]

重葺卢沟桥记（乾隆五十一年［1786］二月）

文有视若同而义则殊者，不可不核其义而办之也。余既核归顺、归降之殊，于土尔扈特[②]之记辨之矣。若今卢沟桥之重修、重葺之异，亦有不可不核其义而辨之者。盖今之卢沟桥，实重葺非重修也。夫修者，倾圮已甚，自其基以造其极，莫不整饰之，厥费大。至于葺，则不过补偏苦弊而已，厥费小。夫卢沟桥体大矣。未修之年亦久矣，而谓这葺补费小者何？则实有故。盖卢沟桥建于金明昌年间，自元迄明，以至国朝，盖几经葺之矣。自雍正十年［1732］逮今又将六十年，帝京都会，往来车马杂还，石面不能不弊坏，行旅以为艰。而桥之洞门，间闻有鼓裂，所谓纲兜者（谓下垂也）。司事之人有欲拆其洞门而改筑者，以为非此不能坚固。爰命先拆去石面，以观其洞门之坚固与否。既拆石面，则洞门之形毕露，石工鳞砌，锢以铁钉，坚固莫比。虽欲拆而改筑，实不易拆。且既拆，亦必不能如其旧之坚固也。因只令重葺新石面，复旧观。而桥之东、西两陲接平地者，命取坡就长，以便重车之行，不致陡然颠仆，以摇震洞门之石工而已。朕因是思之，浑流巨浪，势不可当，是桥经数百年而弗动，非古人用意精而建基固，则此桥必不能至今存。然非拆其表而观其里，亦不能知古人指意之精，用工之细，如是其极也！夫以屹如石壁之工，拆而重筑，既费人力，又毁成功，何如仍旧贯乎？则知自前明以及我朝，皆重葺桥面而已，非重修桥身也。即康熙戊申［1668］所称水啮桥之东北而圮者，亦谓桥东北陲之石堤而已，非桥身也。以是推之，则知历来之葺，或石面，或桥陲之堤，胥非其本身洞门可知矣。夫金时巨工，至今屹立，而人不知。或且司工之人张大其事，图有所侵冒于其间焉。则吾之此记，不得不扬其旧，过去之善，而防其新，将来之

---

① 此碑阐述乾隆帝继承康熙、雍正积极治理永定河的大政方针，强调“在河固无一劳永逸之方，在治河实有后乐先忧之责”，反对听命天事，不治而治的消极态度。认为自康熙以来治理永定河的功绩与当年大禹“遵源之绩”相等。颇有自信心和坚持筹运道民生的决心。

② 土尔扈特为清卫拉特蒙古四部之一。明末清初由塔尔巴哈台游牧地西迁伏尔加河流域，因不堪沙皇俄国统治，于乾隆三十六年［1771］由首领渥巴锡率部冲破重重阻挠，不远数千里回归伊犁牧地，清廷妥善安置。乾隆接见渥巴锡，并于热河行宫立碑以志其事。

弊。是为记以详论之。

圣祖仁皇帝［康熙］御制诗

驻跸石景山

驻跸荒亭日欲斜，潺湲石溜滴云霞。
鸾旗飘动连香草，龙骑骖騑映野花。
岩洞幽深无鸟迹，峰崖高处有人家。
青山绿水谁能识，怀古登临玩物华。

石景山东望

车书混一业无穷，井邑山川今古同。
地镇崚嶒标秀异，凤城遥在白云中。

石景山望浑河

石景遥连汉，浑河似带流。
沧波日滚滚，浩淼接皇州。

察永定河（康熙四十年［1701］十一月）

源从自马邑，溜转入桑干。
浑流推浊浪，平野变沙滩。
廿载为民害，一时奏效难。
岂辞宵旰苦，须治此河安。

阅河长歌（有序　康熙五十五年［1716］）

朕阅河出郊，自南苑过卢沟。顺永定河之南岸，见十五年前泥村水乡，捕鱼虾而度生者，今起为高屋新宇，种谷黍而有食矣。水淀改成沃野，流沙变为美田。因思古人云："有治人无治法。"斯言信哉！若治之不早，民至于今未知何似也。故有感而作长歌一篇，以示善后之计云尔。

春风春社艳阳天，雪尽尘清遍路阡。
曾记当时泊舟处，今成沃土及膏田。
十年之前泛黄水，民生困苦少人烟。
历历实情亲目睹，老转少徙益难抚。
挟男抱女走马前，皆云此河不可堵。
桑干马邑虽发源，山中诸流数难数。
吾想畿内不能防，何况远治淮与黄。
数巡高下南北岸，方知浑流为民伤。
春末无水沙自涨，雨多散漫遍汪洋。
若非动众劳人力，黎庶无田渐乏食。
庙谟不惜费帑金，救民每岁受饥溺。
开河端在辨高低，堤岸远近有准则。
未终二年永定成，泥沙黄流直南倾。
万姓方苏愁心解，从此乡村祝太平。
昔日宵旰尝萦虑，将来善后勿纷更。

舟中观耕种

四野春耕阡陌安，徐牵密缆望河干。
土肥原系黄沙过，辛苦先年挽异澜。
（永定河泛溢之际，遍地黄水。自治河之后得以耕种。）

晓发卢沟

有闰春深淑景迟，长桥冰泮未流澌。
徘徊风景思畴昔，千里金堤保旧规。

阅永定河堤（有序）

康熙四十年［1701］，永定河告成。至今十六载，堤岸坚固，并无泛滥。去岁，山水骤长，几不能保。所以春幸回銮，便道察阅。方知昔年修筑有益于民生，永保安澜矣。故赋七言近体，以记其事。

豫定安澜在事前，每逢雨潦自心牵。

帑金不惜筹耕种，膏土惟思广陌阡。
堤老失防愁剥蚀，岸坚长护幸安全。
肩舆频视桃花水，滚滚浑波通碧涟。

皇上［乾隆］御制诗

永定河，云有故道，由中亭、玉带以达津归海。总督孙嘉淦建议疏复，及时兴作。览奏，水已循轨，民情欢跃。爰成一律（乾隆五年［1740］秋）

永定原无定，千年卫帝京。
有源安可障，无事自然行。
玉带清流合，中亭故道并。
只台恒自凛，宵旰望平成。

过卢沟桥（乾隆九年［1744］正月二十五日）

滑笏新波泛薄凌，春山蓊郁有云兴。
无边诗景卢沟道，半拂吟鞭忆我曾。
冯舆历历好韶光，麦始攒青柳欲黄。
只有忧怀同潟坏，几时一例沃天浆。

过卢沟桥（乾隆十一年［1746］九月）

薄雾轻霜凑凛秋，行旌复此度卢沟。
感深风木睽逾岁，望切鼎湖巍易州。
晓月苍凉谁逸句，浑流萦带自沧洲。
西成景象今年好，又见芃芃满绿畴。

卢沟桥（乾隆十三年［1748］二月）

长虹亘浑河，石栏接芳埒。
东风已解冻，洪波流决决。
聒耳松泛涛，夺目花飞雪。
计偕指日来，晓月应聊辙。

刖足志孰甘，点额中纷热。
驱车几度过，兴会一番别。

卢沟桥（乾隆十三年［1748］八月）

秋深原减涨，潦尽未澄波。
直接沧溟月，横陈永定河。
往来常岁屡，感慨此番多。
回首石栏畔，伤心春仲过。
（今春幸山东，亦经此桥有咏。）

过卢沟桥（乾隆十四年［1749］二月）

石桥雁齿度卢沟，两岸来牟绿正稠。
风里菰蒲飐远溆，春来鸥鹭满横洲。
间心无那悲欢绪，野水依然左右流。
东去直教沧海达，谁能一叶放扁舟。

卢沟桥（乾隆十五年［1750］二月）

春光奄幰车，春水乐鸢鱼。
冰先（去声）桃花解，波含柳色如。
峣峰明积素，甫野润新畲。
绝胜常年景，诗成庆慰余。

赵北口水围罢登陆之作

三日舟围足悦心，归途六辔听如琴。
河防要欲筹疏浚，民瘼还因便酌斟。
（永定河下流觉淤，允督臣之请，亲临视之，以商疏浚之策。）
平野新看麦苗长，环堤背指柳烟深。
风光此处留余兴，吴越明年待畅吟。

过永定河作

取道阅河干，浮桥度广滩。
汛凌过竹箭，水潦未桑干。
四载由来仰，尾闾今度看。
（适以下口应筹疏浚，故度河迁道阅之。）
敬绳仁祖志，永定冀安澜。
（永定河自皇祖时始为堤障之，而赐今名。）

阅永定河堤因示直隶总督方观承

水由地中行，行其所无事。
要以禹为师，禹贡无堤字。
后世乃反诸，只惟堤是贵。
无堤免冲决，有堤劳防备。
若禹岂不易，今古实异势。
上古田庐稀，不与水争利。
今则尺寸争，安得如许地。
为堤已末策，中又有等次。
上者御其涨，归槽则不治。
下则卑加高，堤高河亦至。
譬之筑宽墙，于上置沟渠（叶）。
行险以徼幸，几何其不溃。
胡不筹疏浚，功半费不赀（叶）。
因之日迁延，愈久愈难试。
两日阅永定，大率病在是（叶）。
无已相咨询，为补偏救弊。
下口略更移，取其趋下易。
培厚或可为，加高汝切忌。
多为减水坝，亦可杀涨异。
取土于河心，即寓疏淤义。

（向来河臣治堤，率以加高培厚为请。朕以培厚尚可，加高则堤高，而河亦日与俱高，非长策也。其培堤取土，类取之堤外。朕谓就近取堤外之土，以益堤，堤增而地愈下。宜取河中淤出新土用之。则培堤即寓浚淤之义，似为两得。）

河中有居民，究非长久计。
相安姑勿论，宜禁新添寄。

（河中淤地，穷民辄就播种，搆草舍以居。水至则避去，虽不为害，而筑墙叠坝，未免有填河之患。只以迁徙，非民所愿，不得已姑听之。而禁其后勿附益增廓云。）

条理尔其稪，大端吾略示。
桑干岂巨流，束手烦计议。
隐隐闻南河，与此无二致。
未临先怀忧，永言识吾意。[①]

回銮作

台麓祝厘虽素志，淀池试猎偶乘间。
此行正务因河道，两日详观历柳湾。
无作聪明随水性，惟怀恻隐廑民艰。
骈骈四牡催归辔，南苑春光指顾间。

喜　晴

霖雨频渥沾，黍稻均怒长。
时若正宜旸，迩日晴未放（叶）。
永定遭漫溢，赈救不惜帑。
筑堤始安澜，南望萦愁想。
痴云渐露空，朱日旋腾朗。
豁然天宇开，吾心与俱广。

---

① 此诗内容与乾隆十五年七月初四日上谕、乾隆十八年二月十三日上谕、四十六年十二月二十日、四十七年正月二十五日上谕，相关联。反映清廷治理永定河，严禁河堤内私自耕种河滩淤地和盖房、筑民埝，实行“给资、迁村、另拨土地”等政策的一贯性。

望　晴

喜晴才六日，愁霖复连朝。
忆昨从香山，夹道看良苗。
便雨未为害，况复滋新荞。
云何肠展转，不解予烦焦。
所虑在永定，漫堤筑未牢。
此时不放晴，盛涨何时消。
哀哉固邑民，风雨所漂摇。
赈恤诏屡颁，补救心频劳。
万户苟失安，九重岂足骄。
晚来西北风，浮云碎欲飘。
檐喜乾鹊鸣，池敛官蛙嚣。
宜赐愿及时，南望心神翘。

过卢沟桥（乾隆十五年［1750］八月）

石桥跨浑波，坚久谁所制。
过此为桑干，古以不治治。
筑堤讵得已，皇祖为民计。
经世未疏浚，疏浚劳不易。
加以沙性淤，骑墙行必致。
今春清苑回，临堤一亲视（叶）。
束手苦乏策，无已示大意。
入夏霖雨溢，遂告堤云溃。
南望弥戚忧，阡陌成弃置。
赈恤岂有吝，排筑筹次第。
秋分潦势杀，狂澜庶由地。

徒怀瓠子歌[①]，实逊涂山义。

卢沟桥（乾隆十六年［1751］正月）

石桥卧冻波，来往行人渡。

乘时每断流，狂澜归何处。

去岁决畿南，至今困沮洳。

固愧人力为，讵云委诸数。

疏浚付河臣，古今重防护。

久闻（乾隆十六年［1751］初秋）

久闻黄河尾渐淤，审然民瘼亟宜虑。

去岁春月越永定，骑墙行水吁可惧。

不啻尾淤河半淤，夏霖堤溃果旁骛。

泛溢空怀瓠子歌，至今未涸怜沮洳。

尔时南望增戚忧，未识金堤何以护。

兹来两度剪黄流，水由地中直东注。

回干奔腾势雄放，云梯达海须臾赴。

盛涨云或时拍岸，要亦归川得其故。

人言纷纭难尽信，解疑要在目亲睹（叶）。

因思永定原无尾，不疏则淤理所固。

九曲源从天上来，宋元以后夺淮据。

（古之黄河在齐冀为归墟。自宋元以后渐南徙夺淮水之路，并行入海云。）

齐驱赴壑有归墟，苇荡宽深延套巨。

（自云梯关以下苇荡延袤。南岸为十巨，北岸为十套。而清口淮水畅流，会黄东注，趋海之势，既专攻沙之力益劲矣。）

迥异浑流善变更，去岁过忧今始悟。

---

① 瓠子遗歌，见《史记·河渠书》。汉武帝在瓠子决口二十年以后，下令堵塞决口。亲临河工，令大臣从官将军以下“负薪填决河”，“悼功之不成，乃作歌”，前二句：“瓠子决兮将奈何？晧晧旰旰兮闾殚为河”，故称“瓠子遗歌”。

（去岁阅永定，有未临先怀忧之句。）

卢沟晓月（乾隆十六年九月）

茅店寒鸡咿喔鸣，曙光斜汉欲参横。
半钩留照三秋淡，一蛛分波夹镜明。
入定衲僧心共印，怀程客子影犹惊。
迩来每踏沟西道，触景那忘黯尔情。
（易州建泰陵，往来必由之道。）

过卢沟桥

飒景石桥头，怆人是凛秋。
丹邱瞻玉剑，黑水渡沙沟。
波幸今年靖，民苏昨夏忧。
导川怀圣迹，永定赖贻谋。

过卢沟桥（乾隆十八年［1753］二月）

石梁黑水此鸣鞭，前度回思正隔年。
西指桥山程四日，系予心在岭云边。
惊蛰初临凌汛过，层冰浦溆积嵯峨。
俯栏识得浑流猛，行水思量究若何。
阅堤前岁叹行墙，瓠子遗歌恝若伤。

（庚午［1750］春，阅永定河堤。知其每岁加高，河底淤填。如以墙东水，是夏浑河决溢，因命改浚下口。）

南徙尾闾赖稍定，亦惟茭土慎修防。
无定何如永定乎，千秋疏治仰神谟。
便将纡辔观输尾，稿事民生总要图。

将取路霸州视永定河，恭送皇太后车驾之作

水猎博慈欢，春池极畅观。
又将遵甸陆，为复阅桑干。

简众清前跸，归途奉大安。
吉祥云拥处，直北帝都看。

乘舟观永定河下口之作

夜雪忽已收，朝雾未云歛。
策马遵遥堤，永定全势览。
下口欲其畅，浑流利泛滥。
前者欢行墙，一线奚归坎。
无已筹下策，让地稍避险。
中处徙流移，向南听泇渐。

（乾隆十五年［1750］春，阅永定河，以下口宜略更移，令其易于趋下。且于流涸时，浚中泓引河，而流民占居河中淤地者，亦劝导徙就堤外。年来次第修举，下口益畅。爰取道重阅，倏已三载余矣。）

今来阅尾闾，三岁惊荏苒。
舍陆命进舟，恬波春湙湙。
虽逊洪泽阔，微山已不减。
荡漾有余地，巨浸乃澄澹。
慰兹忧即兹，积高车鉴俨。
补偏斯不无，永逸则岂敢。

堤上四首

有雾不妨寒里去，无花漫道雾中看（是日雾）。
日高旋辔澄雰翳，近墅遥村入览宽。

新浦嫩芷集鴐鵞，西淀驱来果信无。
闻道昔年行水猎，每于近此放黄舻。

浑流千里去堤遥，滩地芊芊茁绿苗。
疏易尾闾筹目下，穷黎或得免漂摇。

雪融膏润麦含含，馺娑春堤镜影涵。
一夜踟躇今慰念，况看佳景似江南。

癸酉（乾隆十八年［1753］）二月，沿堤行三十里，观永定河新移下口处，兼示总督方观承、永定河道白钟山

旧时北岸今南岸，近旧南堤今北堤。

（桑干于康熙年间筑堤之始，原就南。雍正年以河身淤故，改从北。近又以河身渐淤，改从冰窖南出，在两河之间。故康熙年之北堤为今南堤，而雍正年之南堤为今北堤矣。）

迁就向宽资荡漾，已看汛过积淤泥。

旧识黄河利不分，挟沙东注向瀛渍。

浑流今有清流亘，此策思量未易云。

（黄河全流入海，其力较专。至清口会淮，攻沙之力益劲。永定下流不能独行入海，有运河、凤河横亘于中，因散入诸淀，水过沙停，故特易淤。）

新口疏通颇吸川，安澜自可保当前。

都来六十年三改，长此经行正未然。

（河自圣祖中年，始筑堤修防，赐名永定。六十年间，已南北三改矣。）

给资拨地迁村墅，让水还听一麦耕。

安土不难事姑息，那知深意训盘庚。

石景山初礼惠济庙（乾隆十八年［1753］十月）

崇祠依石堰，像设谒金堂。

云壁瞻初度，蚁轮届小阳。

（永定河自此地始有修防。以上乃万山东流，无事修防也。）

河防慎有自，神佑赖无疆。

疏凿非经禹，唯虔永定方。

阅永定河堤有泛溢处诗以志怀（乾隆十九年［1754］七月）

永定古桑干，荡漾延数县。

虽获一麦收，难免三伏漫。

制堤以束之，其初颇循岸。

无何淤渐高，泛溢乃频见。

下口凡屡更，扬沸岂长筭。
今夏雨略多，盈壑致旁灌。
或云听其然，功倍于事半。
试看无堤初，何无冲决患。
近是究难从，哀哉彼饥洊。

过卢沟桥（乾隆二十年［1755］二月）

卢沟桥北无河患，卢沟桥南河患频。
桥北堤防本不事，桥南筑堤高嶙峋。
堤长（上声下同）河亦随之长，行水墙上徒劳人。
我欲弃地使让水，安得余地置彼民。
或云地亦不必让，但弃堤防水自循。
言之似易行不易，今古异宜难具论。

阅永定河（乾隆二十年［1755］）

永定河，古所称一水一麦之地。康熙三十七年［1698］，始事筑堤。而下流入淀挟沙易淤，故下口数徙。康熙年间由柳岔口，雍正年间由三角淀，近年改由冰窖，今复渐淤。总督方观承建议移下口于北堤之东，因亲临视，诗以纪之。

永定本无定，竹箭激浊湍。
长流来塞外，两山束其间。
挟沙下且驶，不致为灾患。
一过卢沟桥，平衍渐就宽。
散漫任所流，停沙每成山。
其流复他徙，自古称桑干。
所以疏剔方，不见纪冬官。
一水麦虽成，亦时灾大田。
因之创筑堤，圣人哀民艰。
行水属之淀，荡漾归清川。
其初非不佳，无奈历多年。
河底日以高，堤墙日以穿。

无已改下流，至今凡三迁。
前岁所迁口，复欢门限然。
大吏请予视，蒿目徒忧煎。
我无禹之能，况禹未治旃。
讵云其可再，不过为补偏。
下口依汝移，目下庶且延。
复古事更张，寻思有所难。

过卢沟桥（乾隆二十三年［1758］二月）

拱极城[1]西度石桥，春风客路故相撩。
谒陵指日知程近，程近吾心越觉遥。
汛遇桃花涨影退，上流犹自易堤防。
北南下口屡迁就，惭愧终无永逸方。
桑干节近敛洪波，沙积川中兀几多。
大抵有源要求尾，小黄河剧大黄河。

过卢沟桥（乾隆二十六年［1761］）

今年凌汛无积冰，潜融默化浑流平。
司事额手庆佳瑞，斯偶然也何足称。
桥上无修防，亦不见迁徙。
桥下慎修防，自兹多事矣。
卅年下口已四更，无已救弊疏其尾。
云斯可以延卅年，三十年后将谁诿。
呜神禹已去几千载，补苴罅漏而已耳。

过卢沟桥书怀（乾隆二十八年［1763］）

微波春水涨沙滩，讵啻春微桑且乾。

---

① 拱极城。明崇祯年间建，位于今北京市丰台区卢沟桥东岸。清宛平县县署曾设于城内，故后代亦称宛平城。

只以浑流非一往，每防夏汛有千难。

作堤已逮骑墙势，输尾惟图措大安。

（下口运河为之阻，浑流既不可入运，惟使荡漾于淀池及洼地。自乾隆元年以来，已三易其处矣。今之下口，据方观承以为可行二十余年。知其非长策，而实无计可图也。）

博览从来治河策，不宁斯矣为长欢。

礼北惠济庙叠癸酉旧作韵[①]（乾隆二十九年［1764］二月）

寺碑建雍正，皇考辟神堂。

清宴资垂佑，实枚侐向阳。

不愆秩宗祀，恒奠冀州疆。

蒿目一劳计，难言永逸方。

过卢沟桥咏冰解（乾隆二十九年［1764］）

水黑为卢冰亦然，隆冬冻合泽腹坚。

东风一夜入长川，解之只在须臾间。

青气鼓动橐签宣，元英不得施其权。

层叠黝玉巨如山，累而置之河两边。

其高峨峨长连延，黄流在中泻激湍。

方当初解奇可传，礌硠碑磕声喧阗。

快马斫阵鸷击鸢，似神而非三似焉。

亦不冲荡石桥堧，信非人力斯由天。

襟带皇州亿万年。

过卢沟桥（乾隆三十年［1765］）

通闰迟节候，河冰尚未开。

径行谁病涉，堤防（去声）似虚堆。

（冰上行人往来，竟似不知有河。）

① 旧作指乾隆十八年［1753］十月所作《石景山初礼惠济庙》。叠韵即按旧作的韵脚押韵。

（两岸上积土成堆，盖夏秋以备不虞。）

因悟乘时要，难言永定该。

遥源溯代地，西北万山崔。

过卢沟桥道中即事（乾隆三十一年［1766］）

拱极城边度石桥，桥亭碑记仰神尧。

赐名永定垂千古，敢不修防廑旰宵。

一道黄流宛在中，金堤夹辅峙犹崇。

桃花水送层冰下，下口新河宛转通。

（浑河下口屡易，自乙亥年［1755］方观承奏请改由北岸大堤之外，下注沙淀、叶淀十余年来，河水安流，两岸巩固，颇资新河宣泄之力。）

过桥村店号长新，旅馆居停比接邻。

试问于中投宿者，阿谁不是利名人。

柳陌风前金缕缕，麦塍雨后绿芊芊。

见耕犁者教传问，云近清明种大田。

过卢沟桥（乾隆三十二年［1767］）

津门莅旌始，春仲启銮期。

又自石桥过，回思江国时。

浑流初赴壑，裂凌（去声）远铺涯。

层叠堆苍玉，神哉谁所为。

过中亭河纪事

中亭入玉带，玉带即清河。

中亭泄浑涨，河窄难容多。

荡漾沙远留，至此为澄波。

受小不受大，此理信不磨。

嘉淦（孙）督直时，（在乾隆庚申年）谬听人言讹。

谓浑河故道，即此实非他。

建议放乎此，千村叹沦涡。

知误乃改为，民已嗟蹉跎。

（嘉淦议开永定南岸，复浑河故道，后浑河下注，浸溢田庐，旋于辛酉春堵塞。）

不十不变法，语诚不我诧。

经过得亲见，悔过成新哦。

（中亭河受永定金门闸盛涨分减之水，消纳无多。及至玉带河，则已成清水。孙嘉淦误听人言，于金门闸之上开放南岸，水由牤牛诸河下注中亭，至不能容，遂趋洼地，村民受潦。因命急堵筑决口，方不为患。今亲临阅视，益知孙嘉淦前议之谬。向曾有诗纪事，因详志而正之。）

过卢沟桥（乾隆三十三年［1768］）

卢沟来往过多年，蝃蝀卧波镇巩然。

上接遥源资束刷，下成巨壑事防宣。

（永定河自石景山以上，两岸并有冈峦夹峙，迨过桥，则皆漫流平沙，是桥实为上游锁钥。）

春回解冻沙犹弱，东去河横运恐穿。

（永定河下游为运河横亘所隔，不能直达于海。无已，开宽下口，资其荡漾澄清，然后归凤河，由直沽入海。所以避运一带，工程最关紧要。）

无奈漾流筹下口，一劳永逸正难焉。

过武清县（乾隆三十六年［1771］）

驱车过雍奴[①]，广甸甚沮洳。

去岁夏行潦，此地被灾遽。

永定既决堤，北运亦漫淤。

（永定河北岸二工因去夏雨水骤涨，堤口溃决。武清村庄被淹，成灾较重。北运河西岸漫溢，武清亦被淹浸。因敕大吏善为抚恤，急赈大赈视他处为优。今春仍降旨加赈。幸所见民无菜色。且二麦广种，可望有收，意为稍慰。）

大田普无收，曷以卒岁度。

是用赈济施，更敕勤宣布。

---

① 雍奴，汉置县。详见本书增补附录《永定河流经清代州县沿革简表（五）》武清条。

今来细体察，老幼欢夹路。
庶几免流离，未见仍廑虑。
秋麦亦已苗，禾黍云种布。
设以此池论，惧雨宜晴煦。
虽然彼高田，宁无望雨处。

瞻谒永定河神祠

茭薪非不属，堤堰聿观成；
终鲜一劳策，那辞五夜萦。
凭看虽曰慰，追忆尚含惊。
旧壑原循轨，新祠已丽牲。
连阡麦苗嫩，围野柳条轻；
惭乏安澜术，事神敢弗诚。

阅永定河作

庚寅夏决口，补筑旋归旧。

（乾隆三十五年［1770］闰五月，北岸二工涨决。特命侍郎德成会同督办，于漫口处取直，培筑大堤，刻日奏报合龙。）

辛卯秋冲堤，障波俾回溜。

（三十六年［1771］，卢沟桥上游发水，南岸头工处漫口甚广。仍命德成会办，取直筑堤，亦克期奏报合龙。）

长此竟安穷，是必病久受。
南河节相宣，（高晋）中朝司空赴。
（裘曰修）方伯共踏勘，（周元理）穷源委以究。
分流盛涨泄，疏淤中泓走。

（河之受害，端在淤高堤薄。应通行浚治，以规永图。高晋素谙河务，同尚书裘曰修、督臣周元理悉心相度，自中泓逢湾取直，以及应疏、应堵、应引、应泄之处，发帑大加营治。）

发帑五十万，次第工云就。
去岁幸时若，安澜庆丰收。

今来阅堤成，仍拟下口观。

（去年春，工告竣。岁幸报稔。周览各工，实为欣慰。将以回程，仍视下口。）

既已昧几先，宁不筹善后？

万民勿言谢，追思心尚疚。

怵哉榭三首

永定河神祠东厢，地方官洒扫为憩息之所。因反苏辙《快哉亭》之意，名之曰怵哉，而系以诗。

瞻拜因祈恬佑来，波流浸灌近堤隈。

江湖廊庙心诚异，梦得快哉我怵哉。

流细春波已激湍，明知时节近桑干。

夏秋无定亟靳定，蒿目一劳永逸难。

浑水由来易淀淤，中流因置浚船疏。

（裘曰修、周元理于永定河大工告成时，筹办善后事宜。设浚船一百二十只，分布各工。即令河兵以时淘浚中泓，使无停淤阻溜之患。今亦舣河中备览。如果实力行之，无稍作辍，不致视为具文，未必无小补。所谓有治人无治法，惟在司事者董察弗懈耳。）

无遑平日尚勤尔，遮莫一时备览予。

阅金门闸作

浑河似黄河，性直情乃曲。

顺性防其情，是宜机先烛。

而此尤所难，下流阻海属。

杀盛蓄厥微，在泄复在束。

金门仿毛城，减涨资渗漉。

然彼去路遥，（谓毛城铺）此则去路促。

（闸下减河，自黄家河分支，由津水洼达淀，仅一百四十余里。路近势促故，沙易停淤。）

遥者尚回澜，促者横流速。

（毛城铺去路既远，且有倒勾。引河使减下之水澄清缓泻，故资宣泄之利，而无他患。非若此，浑流直下一往莫遏也。）

斯诚非善策，惊见心粥粥。

亟筹救急方，谓当挑坝筑。

（水既直下，势难骤挽。命于闸上作挑水坝，逼其回溜，成倒勾之势，然后舒徐归淀。庶几补偏之一策耳。）

倒勾抵金门，余溜俾归谷。

非不图屡阅，终弗如亲目。

然予试絜矩，九寓廓员幅。

一人岂遍及，滋用增惕恧。

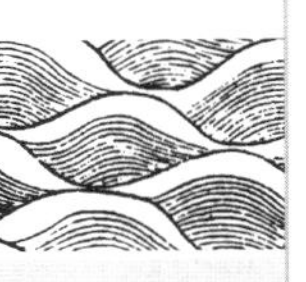

金门闸堤柳一首

堤柳以护堤，宜内不宜外。

内则根盘结，御浪堤弗败。

外惟徒饰观，水至堤仍坏。

此理本易晓，倒置尚有在。

而况其精微，莫解亦奚怪。

经过命补植，缓急或少赖。

治标兹小助，探源斯岂逮。

中亭河二首

中亭原是淀支流，偶泄浑河水涨秋。

误听人言昔致患，未经亲见事难筹。

（乾隆庚申［1740］，朕误听孙嘉淦建议，于金门闸之工开放南岸水，由牤牛诸河下注中亭，至不能容，洼地村庄受潦。随于辛酉［1741］春堵塞，及丁亥［1767］亲临阅视，益知前议之谬。有诗纪事。）

万事都胥亲见之，当无暇给应（去声）为迟。

重华[1]明目达聪者，未必劳劳日若斯。

往阅永定河下口舆中作

下河南北任流迁，壅则伤多导使宣。

（永定河自康熙三十七年［1698］筑堤之始，下口由安澜城。后因原道渐淤，至三十九年［1700］改由柳岔口。雍正四年［1726］改由王庆坨。乾隆十六年［1751］改由冰窖草坝。二十年［1755］改由贺老营。三十七年［1772］改由条河头。计前后迁流六度。以冰窖草坝而论，康熙间之北堤转为南堤，雍正间之南堤转为北堤。以今条河头而论，凡康熙雍正间之南北堤，又均在河之南矣。）

絜矩邱明别知惧，防民之口甚防川[2]。

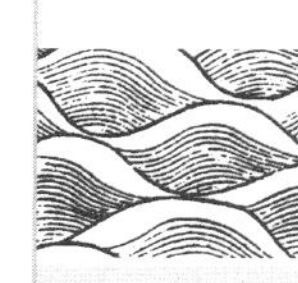

阅永定河下口以示裘曰修、周元理、何煟

七十年间六度移，即今下口实权宜。

（永定河下口，初由安澜城，复改由柳岔口，而王庆坨，而冰窖草坝，而贺老营，及今之条河头，或北或南，凡六徙。）

便微盈酌虚剂者，不过补偏救弊斯。

煟则扈舆资博采，禹之行水在无为。

（何煟素习河务，于行水机宜，具有见解。兹以河南巡抚至天津迎銮，即命扈随阅视下口，以资询访。）

委源源委勘一再，同事诸人共勖其。

（此次初阅头工、二工，今复视下口，于全河首尾情形，略见梗概。兹命裘曰修、周元理、何煟三人，由此寻流而上，查至头工，沿河再加讲求勘酌，具议以闻。）

---

① 重华，帝舜的名字。古史传说舜的眼睛双瞳子，故诗中云“明目达聪”。

② “絜矩邱明别知惧，防民之口甚防川”句，相传左邱明为鲁国太史，大约与孔子同时人，著《春秋左氏传》、《国语》。《国语·周语上》：“防民之口，甚于防川，川雍而溃，伤人必多，民亦如之。”絜（xié）矩：絜，度量。矩，制方形的工具。连用意为象征道德示范。全句是告诫统治者要懂得：不要堵塞人民的言论，堵塞人民的言论比堵塞洪水决口还要危险。

暮春启跸，恭谒泰陵

顺途先阅永定河前岁所筑缺口。仍以回銮之便，遂奉皇太后安舆，历览淀池、运河诸工，及永定河下口，诗以志事。（有序　乾隆三十八年［1773］）

神皋连右塞，轩邱勤荐酭之思；沃壤控东瀛，禹甸课剔釐之效。维桑落流经采卫，讵辞税驾咨谋；而析津景属水乡，宜奉安舻清胜。疆吏达封章于邮匭，云畿民近日弥殷；候人营顿置于帷宫，报跸路观河甚便。爰自转易西之旆，恰符三昔迎銮；扬赵北之旌，频轸重堤揽辔。觇淀汇白洋似镜，群知候鸟来同；溯墟归碧海如门，屡省沈牲告绩。欣曩岁，楗茭并集，虽有异涨旋消；喜昨年，襟带胥恬，实获康功大稔。由节相暨司空递遣，惟期策定一劳；令水衡，偕工府兼筹，肯靳输逾五亿。迨葳役，而官不烦乎鼛鼓；洎巡行，而户悉效夫香盆。顾勤民者，意岂惮于再三；而奉上者，费虞縻其百一。减番休之陪扈，何须舰笮联衔；裁承应之采灯，勿侈馆垣特缮。庶几闰添凤琯，九十春百二增长；抑且恩沛鸡竿，一万寿十千永祝。用胪吟于发轫，将纪帙乎行编。

春露萦思合上陵，阔行况阅两年曾。

（朕六旬以前，率隔岁一行谒陵礼，兹隔二年矣。）

撰长兹发旧程熟，便道先瞻筑堰增。

黄染丝条笼柳陌，绿抽针毯坦辫塍。

清明已近拜瞻切，上巳宁关宴赏征。

（是日上巳）毕礼翕河仍劼毖，别途启辇豫居兴。

观民问俗无非事，惜费禁繁有所应。

叠幸舫舆体益适，间（去声）陈歌舞乐逾胜。

（有旨禁地方官结彩张灯。而总督周元理亟以祝厘奉慈豫为请，因只今于杨芬港一处，略陈点缀其天津，亦但从监商，因旧备庆典者，申其悃愿，余概弗准。）

惟希长奉大安御，亿万斯年福履膺。

直隶总督周元理奏报永定河安澜并雨水田禾情形，诗以志慰。

未接驰询早奏来，田禾茂长助如催。

（前因五月下旬，口外雨后，潮、白、滦诸河水俱骤长。六月初，热河雨复稍稠。廑念永定河势是否安澜，并闻京城雨水较大，恐近畿田禾不无妨碍。因谕询周

元理。而周元理于未接传谕之前，已奏到。近京州县，雨正及时，禾苗益滋长发，并无积潦云。）

兹称永定澜安也，虽泄金门流断哉。

（周元理复奏：“五月下旬以后，永定河水势虽猛，大溜直走中泓，迅趋下口。六月初一日，金门闸过水六寸。未逾时，即已断流。”览奏为慰。仍谕于闸下仿南河毛城铺之例，于水过后，疏浚淤沙，俾无壅阻。）

并拟浚船归实用，敢惟竹楗恃长材。

（周元理并奏。“浚船一项，原系与袁曰修会商添设。且河道专责，尤不可因循。春间，即饬道厅督率兵丁，往来挑挖。过有淤嘴阻碍，复为裁切。此次溜走中泓，直达下口，即资浚船之益。”）

治河永逸惭无策，救弊相将忖度该。

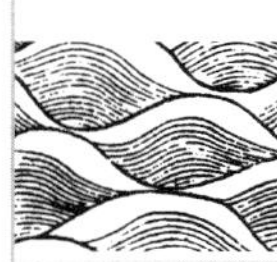

永定河惠济祠瞻礼（乾隆四十一年［1776］二月）

庙宇维新恒赖后，神灵妥佑久经前。
落成此日瞻苞茂，肃拜一时致敬虔。
巩固玉鳞堤护甸，安恬金镜浪归川。
嘉名永定贻皇祖，惠济畿封亿万年。

过卢沟桥

冰解卢沟浑水披，长桥虹亘复经之。
幸逢耆定告成日，况值清明拜扫时。
宿按东来那敢滞，山遥西望已含悲。
凭兴俯视洪波浩，修筑宣防有所思。

过卢沟桥（乾隆四十三年［1778］）

昨夜复霏雪，今晨乃作风。
启程宁虑冷，卜岁可希丰。
冻渚仍积素，元冰尚未融。
永筹安晏策，不外得人中。

石景山礼惠济祠因成一律（乾隆四十四年［1779］）

两岁经过惟致叩，兹来未可复兴言。

翕川犹弗事修堰，隔省因之溯远源。

一自过桥虞氾滥，恒殷礼庙惠黎元。

亭中皇考穹碑峙，庆祝安澜意永存。

过卢沟桥作

卢沟桥下溶溶水，冻解元冰流顺轨。

凌汛桃汛相继来，伏秋二汛大于此。

河高堤亦随之高，骑墙艰致永逸尔。

咨之督臣及河道，惟曰救弊而已矣。

下口聊可数年延，数年已后如何理。

（永定河素称难治。自乾隆乙亥年亲临阅视，改由下口六工。彼时方观承奏云：“计二十年可无河患。”今已二十余年，河流仍得循轨。顷召见督臣周元理及河道兰第锡，询及永定河情形。据奏：“下口近年逐渐淤高，遇伏、秋大汛，防护颇为不易。惟于冬间挑挖河身二千余丈，深以四尺、六尺为率，宽以八丈至十八丈为率。俾盛涨时，河溜可以循行不致旁溢。然亦不过补偏救弊之法，约计尚可延数年”云云。永定河工欲期一劳永逸，实无善策。只可尽人力补苴，惟祈天佑神助，庶得长庆安澜耳。）

自问实亦乏善策，何以责人蒿目视。

过卢沟桥作

数节逮桑干，浑流只细澜。

祥符[①]欣日近，巩护幸堤宽。

（永定河至桑椹时必干数日。其干之日少，为夏至无暴涨之征。今岁只干二日，河道兰第锡以为幸云。）

① 祥符，宋置祥符县与开封县同城而治，同为开封府治所。明开封县废入祥符县。1913 年改为开封县。即今开封市。仪封，废县名，今属兰考。

敢恃兹波宴，而忘夏潦漫。

南瞻更缱虑，虔祝大河安。

（豫省仪封漫口，自去秋至今春屡筑屡开。及移引河向上，工完放溜将届垂成。昨忽狂风浪激，于新筑北坝口门，复冲塌二十余丈。兹复改挑引溜沟谕令宽深，并命自坝台进埽斜向西南，成挑溜之势。逼大溜趋注东北，以期引河顺利。现令加紧赶办，冀速合龙。惟吁天佑神助，早得蒇工耳）

过卢沟桥（乾隆四十五年［1780］）

撰吉启行旌，南巡第一程。

东风石桥嫩，积雪野田明。

灯节烟村近，韶年象物亨。

春冰犹未解，元玉镜光平。

永定河漫口合龙诗以志慰

秋霖永定汛情形，据报北堤漫水汀。

（袁守侗奏，永定河北堤堵筑漫口，于初九日开放引沟，赶紧堵口。大溜水势已由引河畅达大河。）

幸是楗柴夙有备，遂教堵筑刻无停。

（此次永定河漫口，料物夙有储备。该督董率道、厅等堵筑该道，兰第锡驻工赶办，不遗余力，于八月初九日酉刻合龙。其文武各员，虽有应得疏防处分，而蒇工迅速，仍敕交部议叙。分别劝惩，使功过各不相掩）

由来功过不相掩，只愧宣防乏善经。

曰慰何曾真是慰，尚余殷念望睢宁①。

团河行宫作

团河本是凤河源，疏浚于傍筑馆轩。

断手三年未一到，临看此日识长言。

（团河出南苑墙，酾为凤河。又东南流资涤永定河之浊，由大清河归海。既经疏

① 睢宁，今属江苏省徐州市辖县。

浚，因于傍构筑数宇，以供临眺。惟登览无暇故工成三年，兹始因路便一到耳。）

非关疏懒身无暇，惟爱朴淳志弗谖。

流出清波刷浑水，资安永定意斯存。

过卢沟桥

东曰归心西已悲，拜瞻犹迟（去声）四朝期。

过桥絜矩怀南渎，遇涨冲堤亦北陲。

（时陈辉祖奏："睢宁郭家渡漫工，东、西两坝同时进埽。拟于九月十五以前赶堵合龙，似可不日蒇工。"而季奉翰奏："考城芝麻坝工合龙后，张家油房新刷沟槽又塌十余丈等语。是河南新工，又不知何日方可合龙矣。"昨据袁守侗奏："永定河北堤头工，于七月中旬因雨大河水涨发，水过堤头，冲宽七十余丈。幸料物夙储，督率道厅等赶紧堵筑，于八月初九日已报合龙。"）

幸即合龙成不日，尚思漏蚁剧前兹。

由来永定原无定，救弊补偏而已而。

过卢沟桥（乾隆四十六年［1781］）

今时名永定，古曰桑干河。

历传有明征，卜涨曾无讹。

桑熟必致乾，多少期弗差（叶）。

乾少霖必少，乾多霖定多。

去岁桑干际，乃延一月过。

以此秋霖盛，冲堤害田禾。

幸虽排沦成，民已昏垫歌。

兹来遇石桥，长虹接岸拖。

春水颇满川，桑时或有波。

（桑时弗乾，则无盛涨也。）

五字识民艰，蒿目叹若何。

惠济祠二首（乾隆四十八年［1783］二月）

马邑来源本不宽，过卢沟乃滥其湍。

补偏救弊乏长策，惟吁神庥永定澜。

桥南亦自有崇祠，桥北兹因过礼寅。
此即百千化身义，诚之所在佑随之。

过卢沟桥车中观永定河即事有作

伊古未闻堤障之，东坍西涨任迁移。
畿南何处弗沙积，洼地常年叹潦滋。
只以饥寒廑黎庶，遂教修筑始康熙。

（永定河向无堤工。畿南霸州、文安等处，无岁不被水。自康熙三十七年［1698］，我皇祖轸念畿甸东南黎庶，始筑堤防，赐名永定。虽下口仍迁徙无定，而民被水沴诸已少，不无补救也。）

于无定者求其定，（永定河，旧亦名无定河。）皇祖爱民心永垂。

过卢沟桥（有序　乾隆五十一年［1786］二月）

卢沟桥建自金明昌间，历元迄明，屡经整葺。我皇祖于己酉年［1705］，皇考于壬子年［1732］，复加葺治。长桥绵亘，径涂荡平。阅今又将六十年。桥西二洞孔，云有垂下似纲兜。又桥西及两陲，亦有稍圮裂者。因命大臣和珅等勘明重葺，易愁新石。并于桥东、西两陲加长石道。凡新、旧百四十三丈。发帑和雇，以乙巳秋蠲吉兴工，至丙午春工竣。兹恭谒泰陵，展礼五台。跸路经临，石梁巩峙，万方归极，九轨同亨。此亦余《知过论》所云不可已者也。因赋五言，勒石以纪。

谒陵因礼佛，启跸西南行。
长桥亘卢沟，路按拱极城。
往来之通衢，建金修元明。
康熙己酉年，雍正壬子并。
胥曾以时葺，行旅歌途亨。
今复五十载，石版或圮倾。
发帑给雇值，曾弗力役征。

（明正统元年［1436］，命工部侍郎李庸修葺。庸请令宛平县自石径山至卢沟桥役民兴作。又四年［1440］，小屯厂西堤决发，附近丁未修筑。又弘治三年

[1490]，修筑卢沟桥，其时并役用民力。未有如我朝内外，大小工程，悉发帑和雇，从不肯轻役一人也。）

轻车过桥上，大工已告成。

知过论有言，不可已者仍。

（论语观过知仁。又：过而不改，是谓过矣。予向著《知过论》，以不知过，其失小；过而弗改，又役而为之辞，其失大。继自今，予惟视其不可已者，仍酌行之。其介于可已、不可已之间者，率已之而已耳。兹卢沟桥为国门往来通衢，发帑兴葺，又岂事之可已者乎?）

五字同碑记，以勒石之贞。

过卢沟桥作（乾隆戊申［1788］仲春月）

迩岁卢沟晏，神哉沛厚恩。

（永定河自辛卯［1771］漫水南岸头工处，取直筑堤，旋即合龙。至庚子［1780］秋，复有漫口。亦即堵筑蒇事。近年以来，仰赖河神默佑，大溜直走中泓，顺轨安流，堤工巩固。）

堤防惟益慎，修治可轻言。

桥葺亭涂坦，冰消细溜潺。

（卢沟桥，建自金时，历元迄明，屡经修治。本朝康熙己酉［1705］、雍正壬子［1732］，复两次施工。今又六十余年，桥面及两陲有稍圮裂者。己巳［1749］秋发帑兴工，重加葺治。并于桥东、西两陲加长石道。详见丙午［1786］过卢沟桥诗序。）

行将观下口，疏委自安源。

（自乙亥年［1755］阅视永定河，将下口改由条河头入海。至己亥［1779］因下口逐渐淤高，命挑挖河身以消盛涨。此次复将亲临阅视。虽不能一劳永逸，而疏委则源自安。只可尽人力以为，补偏救弊之计耳。）

乾隆戊申［1788］季春月上澣观永定河下口入大清河处成什

乙亥阅永定，熟议移下口。

（永定河，自康熙三十七年［1698］刱筑两岸堤工，由安澜城入淀。嗣后，下口改由柳岔口，及王庆坨、冰窖草坝、贺老营，屡经迁徙，总以堤形紧束，未能畅泄。乾隆二十年［1755］亲临阅视，将下口移今条河头之南，入沙家淀下注。）

南北仍存堤，不过遥为守。

中余五十里，荡漾任其走。

水散足容沙，凤河清流有。

以浑会清南，入大清河受。

（河下口南、北两堤，仍令加高培厚，遥为保障，中宽五十里，任其荡漾，足以散水容沙。自此，会凤河而南，遂成清流，入大清河，达津归海。）

幸此卅年来，无大潦为咎。

然五十里间，长此安穷久？

（近年夏秋，雨水调匀，未致火潦，故水不为害。堤外田地，岁获有秋。但自乙亥［1755］改移下口以来，此五十里之地，不免俱有停沙。目下固无事，数十年后，殊乏良策，未免永念惕然也。）

五字志惕怀，忸怩增自丑。

圣祖仁皇帝［康熙］御制匾

南岸头工玉皇庙（康熙三十二年［1693］）“万象同瞻”

卢沟桥永定河神庙（康熙三十七年［1698］）“安流润物”

世宗宪皇帝［雍正］御制匾

石景山惠济庙（雍正十年［1732］五月）“安流泽润”

皇上［乾隆］御制匾　联

卢沟桥惠济庙（乾隆三年［1738］四月）“永佑安澜”

石景山惠济庙（乾隆十六年［1751］）“畿辅安流”

北岸二工河神庙（乾隆三十八年［1773］三月）“顺轨贻庥灵昭保障资惟固，馨报恬波祝有恒”

北岸二工河神庙内　“怵哉榭”　“利策河防常惕若　勤求民隐倍殷然”

南岸头工玉皇庙　“利普平成”　“元功佑辑横流定　大德帡资兆姓安”

南惠济庙（乾隆四十一年[1776]）“巩固藉灵昭惠同解阜，馨香凭报祀济普安恬”

巡幸纪

圣祖仁皇帝［康熙］巡幸

康熙三十二年［1693］，临视浑河。驻跸石景山。

三十五年［1696］夏五月，阅视浑河。驻跸武清县杨村。

三十七年［1698］春三月，阅视浑河。命抚臣于成龙兴筑堤堰。

三十八年［1699］十月，阅视永定河堤。

三十九年［1700］，阅视永定河。

四十年［1701］夏四月，永定河堤工告成，临阅放水。

四十三年［1704］四月，阅视永定河堤。

四十九年［1710］春正月，巡幸五台山，回銮水围毕。二月十七日，自霸州至固安县柳泉店尖营，由北十里铺浮桥北渡永定河。驻跸宛平县属胡林店。

五十五年［1716］，阅视永定河。

皇上［乾隆］巡幸

乾隆十五年［1750］春三月，巡幸五台山，回銮由赵北口水围，顺道阅视永定河。

十八年［1753］春二月，恭谒泰陵，由霸州水围回銮，阅视永定河。沿堤行三十里，至新移下口处。驻跸。

十八年［1753］冬十月，巡幸戒坛，礼北惠济庙。

二十年［1755］春三月，恭谒西陵，回銮，阅视永定河下口。

二十九年［1764］，临石景山，礼北惠济庙。

三十八年［1773］春三月，阅视永定河。自北岸二工九号浮桥渡河，循南岸二工，至头工，礼玉皇庙，驻跸黄新庄。恭谒西陵，由天津回銮。至东安县，驻跸洛图庄。阅视永定河下口。

五十三年［1788］二月，巡幸天津，阅视河工。观永定河下口入大清河处，驻跸天津县属王家厂大营。

卷一　图

简明图　源流全图　屡次迁移图　沿河州县分界图

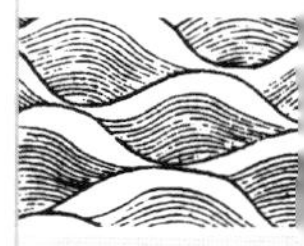

永定河发源山西马邑，汇雁门、云中及宣化塞外诸水，迸集而下，其势浩瀚。然皆行万山中，群峰夹峙，不虞泛溢。至石景山以下，地平土疏，漫衍无定。我朝康熙三十七年［1698］，筑长堤以束之。环绕畿南，为神京襟带。下游则入大清河，汇子牙、南北运河，达津归海。治河者周览须明起讫，作简明图。流注须详脉络，作源流图。欲知决徙所由，作迁移图。欲知州县所隶，作分界图。灵源千百余里，约于尺幅中，庶几了若指掌焉。①

① 陈琮《永定河志》绘制的地图未采用比例尺，河流、山脉、村庄等位置多为示意，不太准确。读图习惯也和现代人不同，表示永定河从西向东流，南北方向正好相反。图中注记文字也是从右向左读。各图中州、县以上地名可从本书附录《永定河流清代州县沿革简表》中查找其古今变化的情况，一般不单独在本卷中注释。屡次迁移图图中文字为陈琮所记的图说。

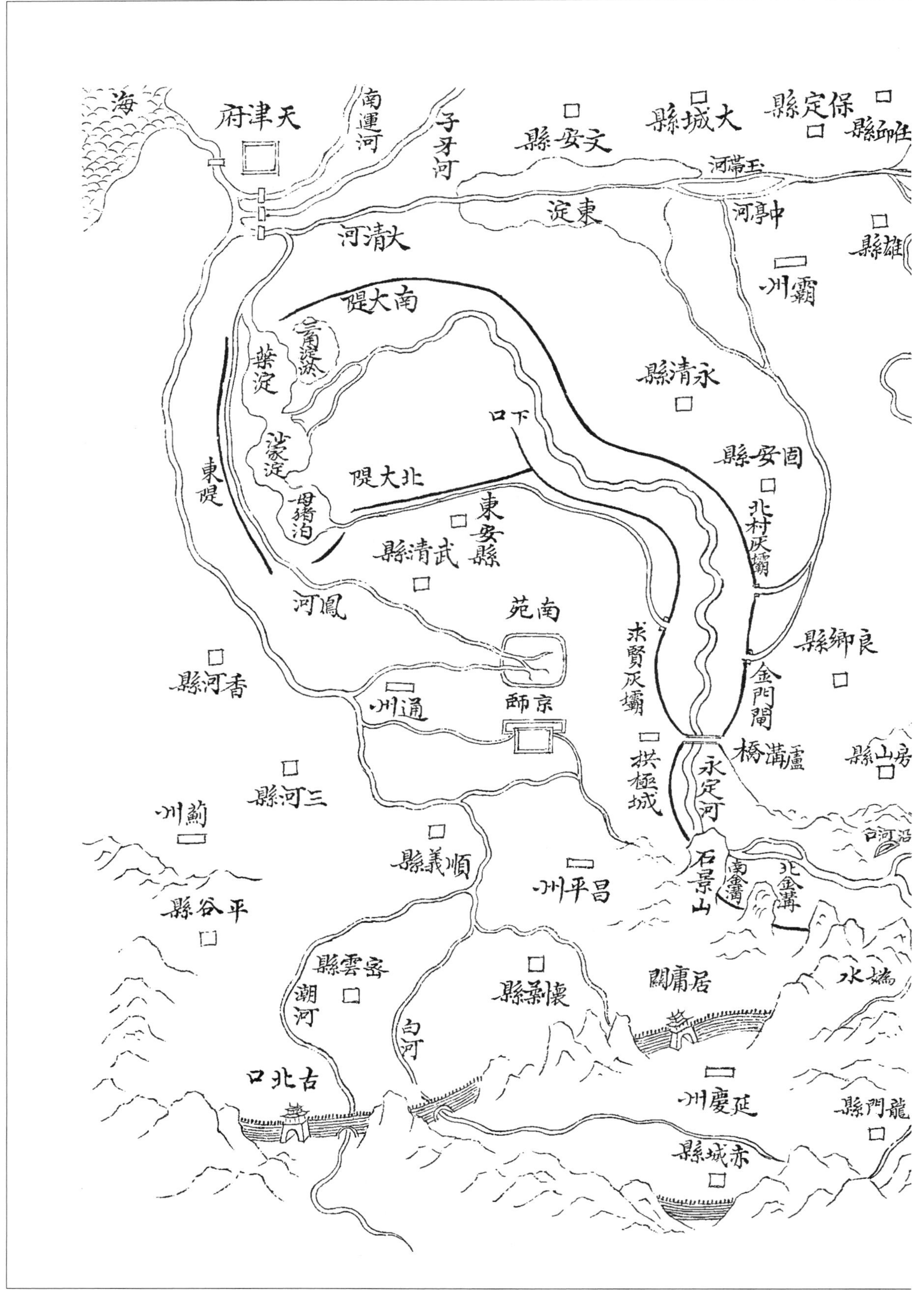

海
天津府
南運河
子牙河
文安縣
大城縣
保定縣
任邱縣
玉帶河
東淀
中亭河
雄縣
大清河
南大隄
霸州
葉淀
永清縣
下口
沙家淀
固安縣
東隄
北大隄
母豬泊
東安縣
北村灰壩
武清縣
鳳河
南苑
求賢灰壩
良鄉縣
金門閘
香河縣
通州
京師
盧溝橋
房山縣
拱極城
永定河
三河縣
薊州
順義縣
昌平州
石景山
南金溝
北金溝
平谷縣
密雲縣
懷柔縣
居庸關
媯水
潮河
白河
古北口
延慶州
龍門縣
赤城縣

永定河简明图

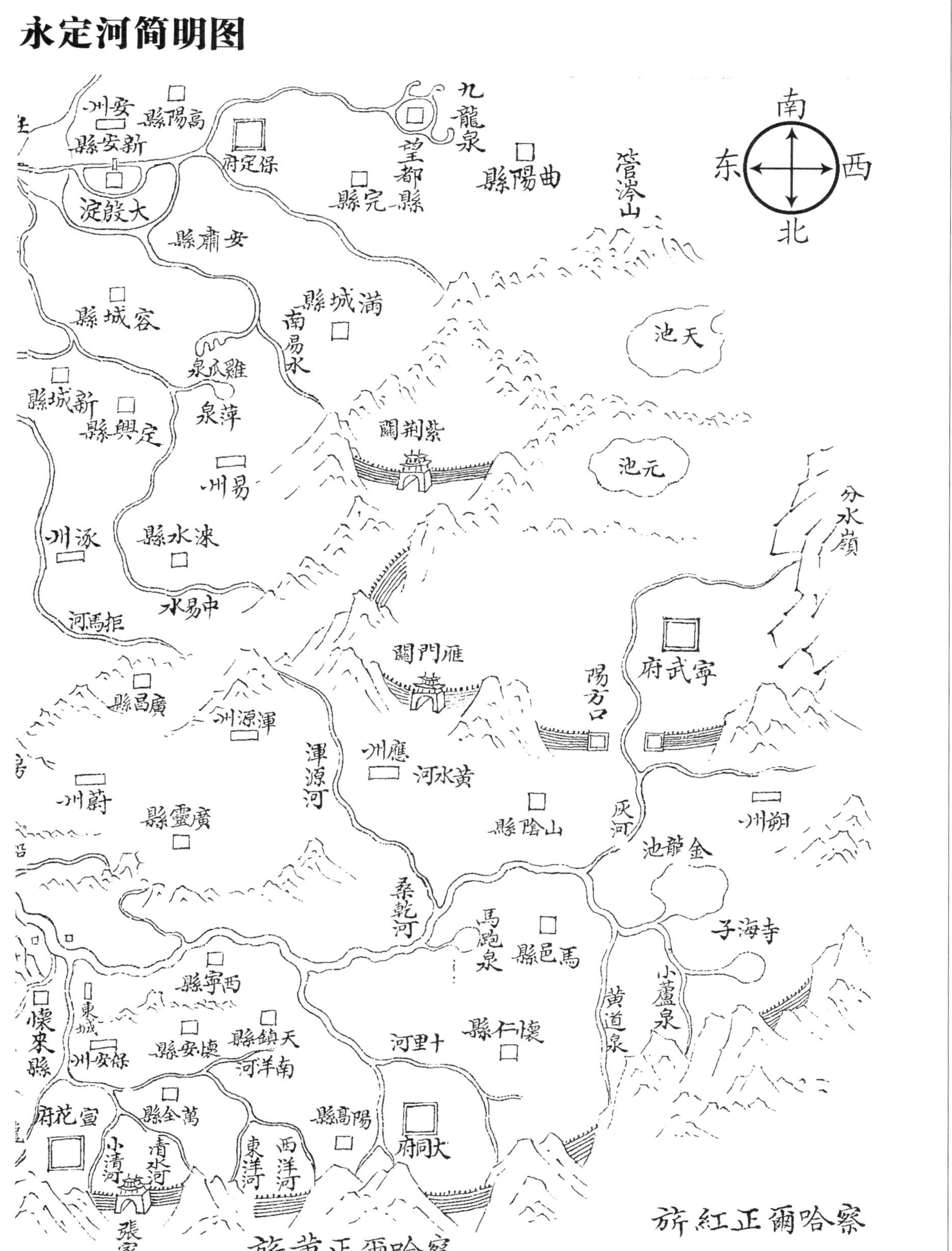

图一

永定河源流全圖

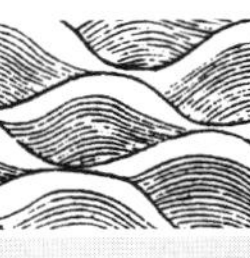

图二[1]

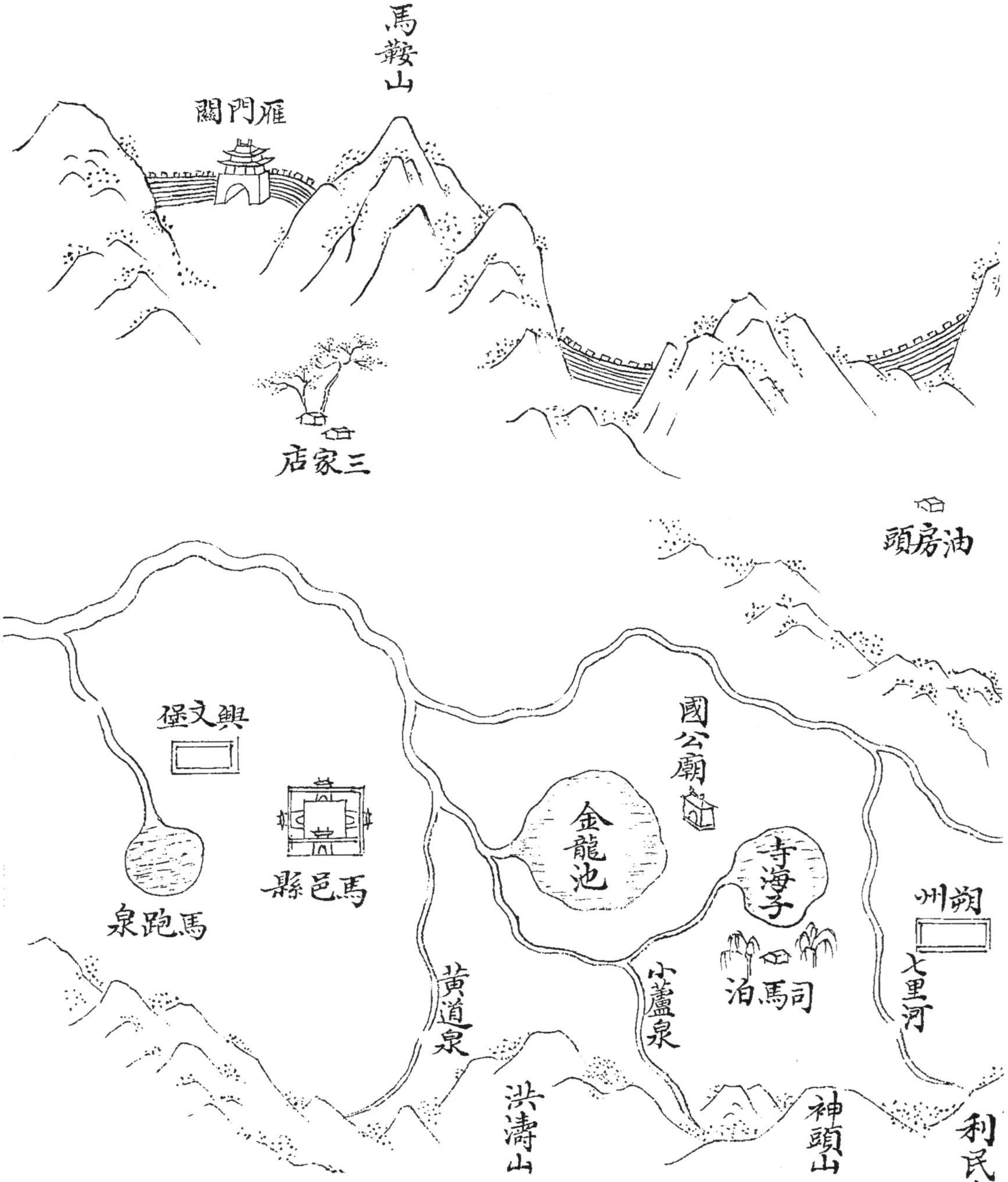

馬鞍山
雁門關
三家店
油房頭
興文堡
國公廟
金龍池
海子寺
馬邑縣
馬跑泉
朔州
司馬泊
黄道泉
小蘆泉
七里河
洪濤山
神頭山
利民山

图三②

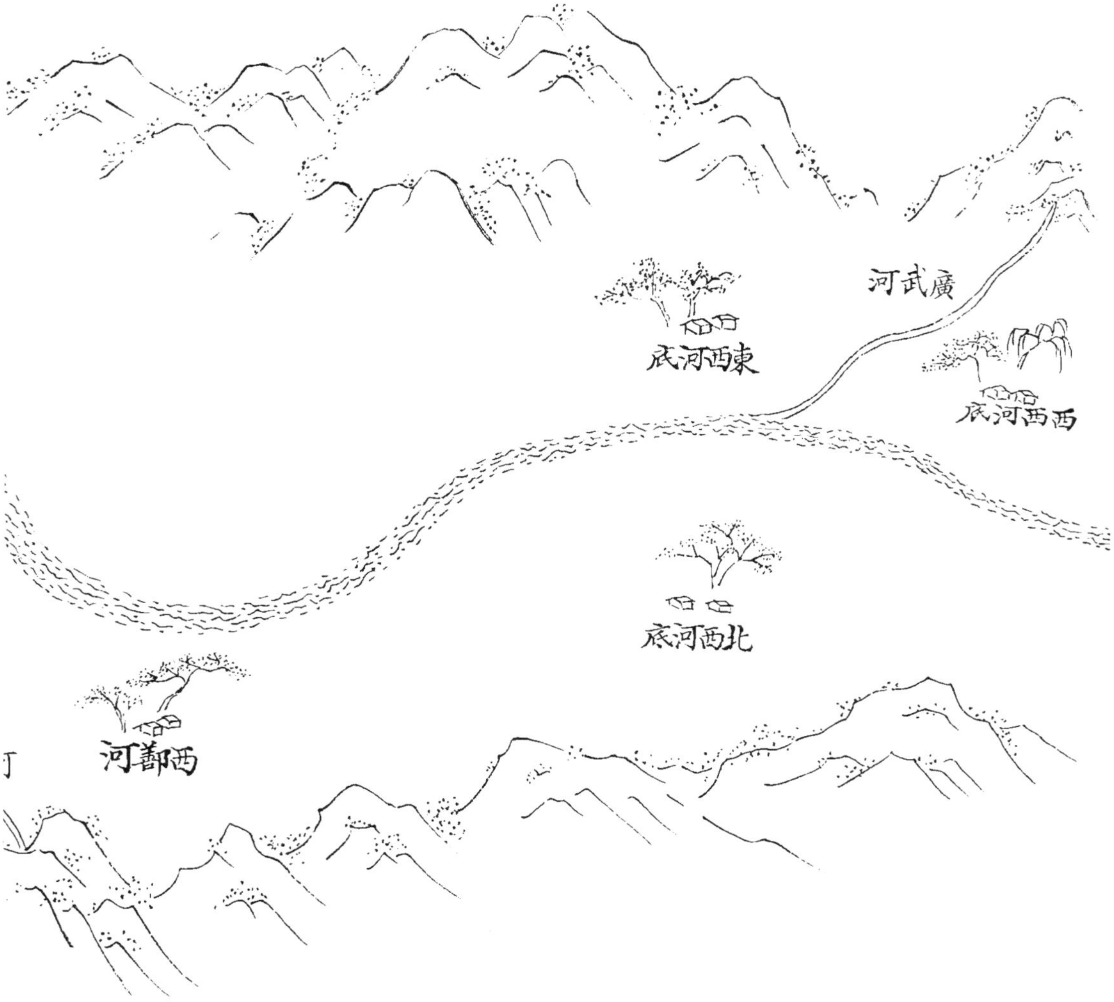

河武廣

底河西東

底河西西

底河西北

河鄱西

图四[3]

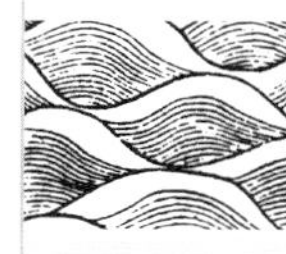

图五[4]

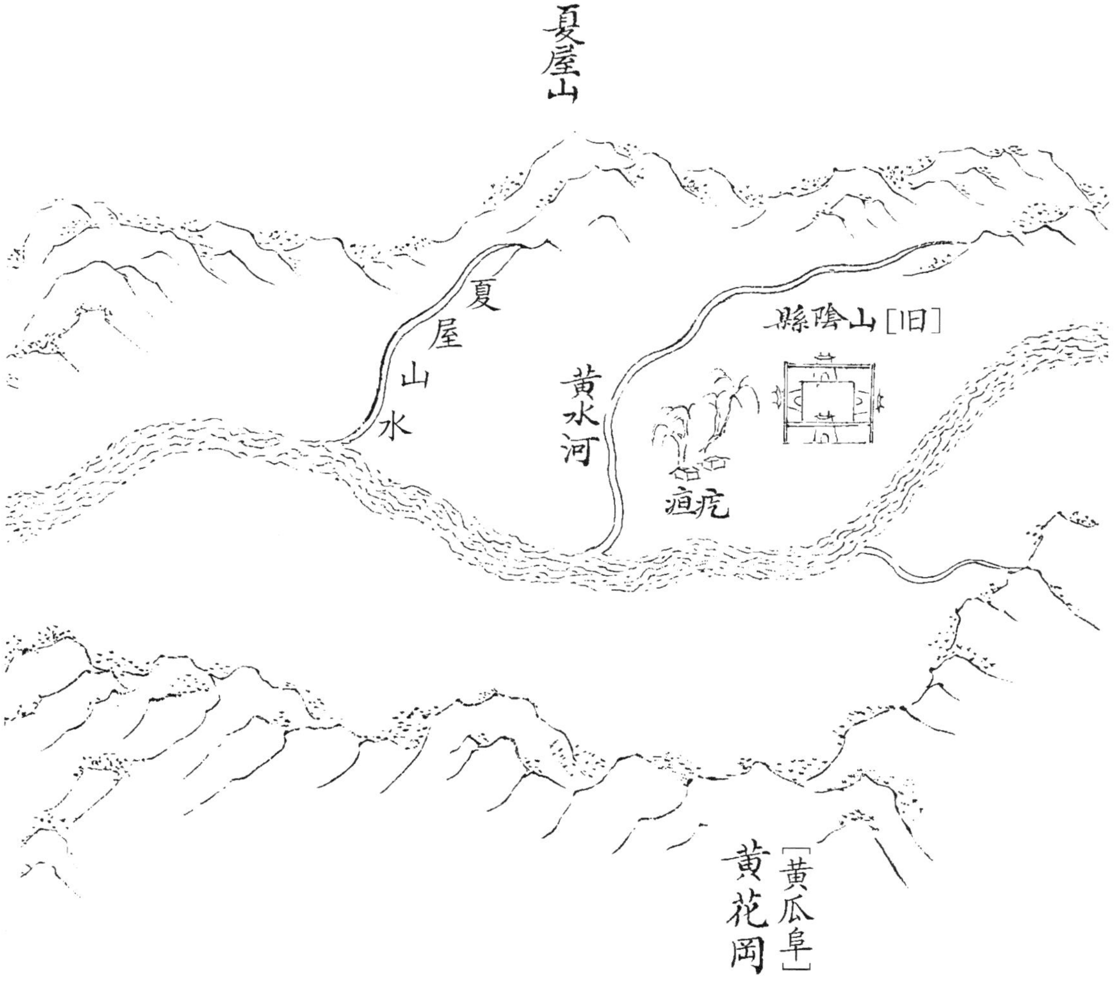

夏屋山

夏屋山水

黄水河

縣陰山[旧]

洹疕

黄花岡

[黄瓜阜]

图六[5]

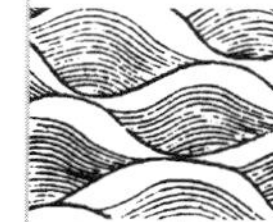

图七⑥

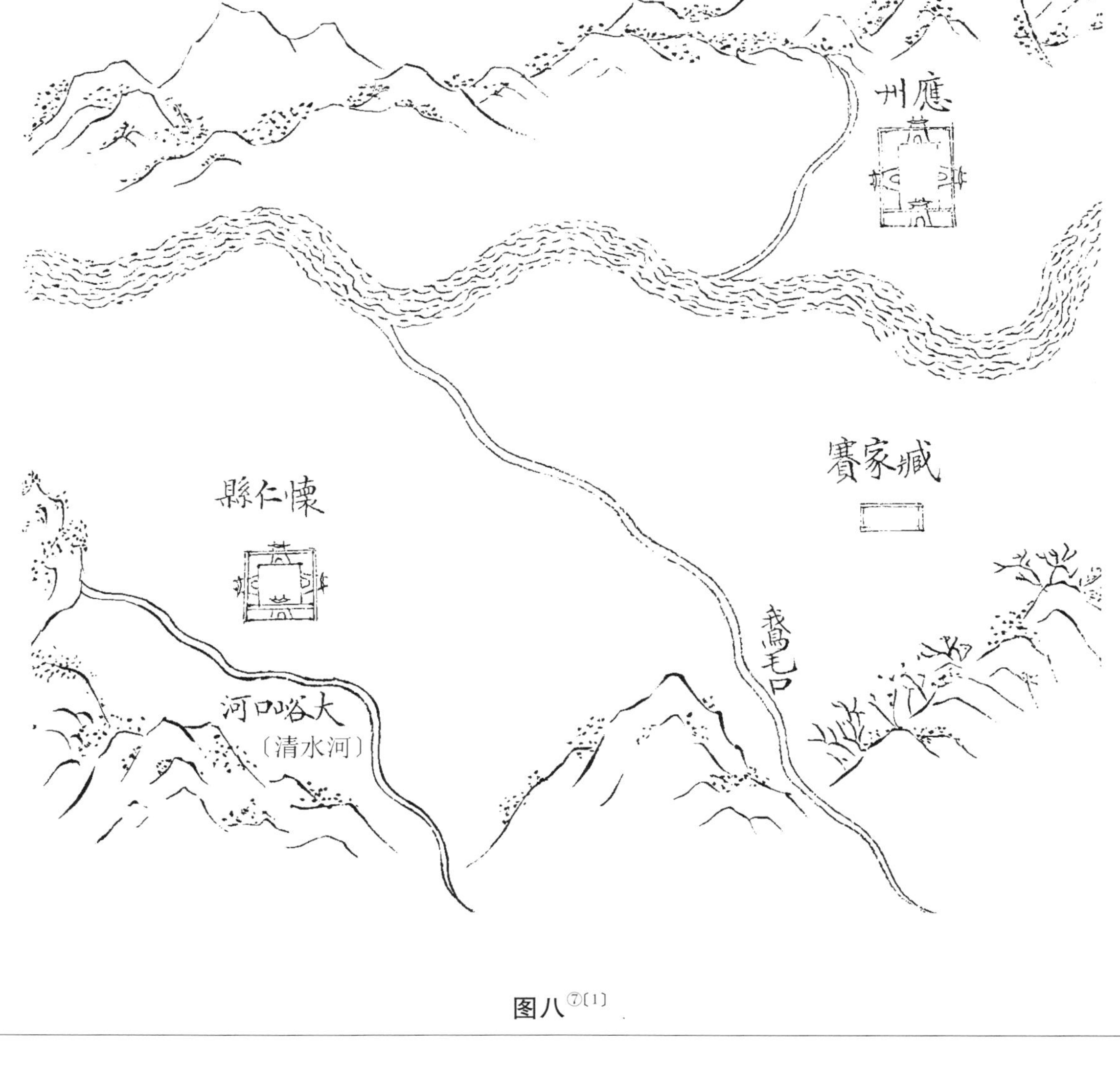

图八⑦[1]

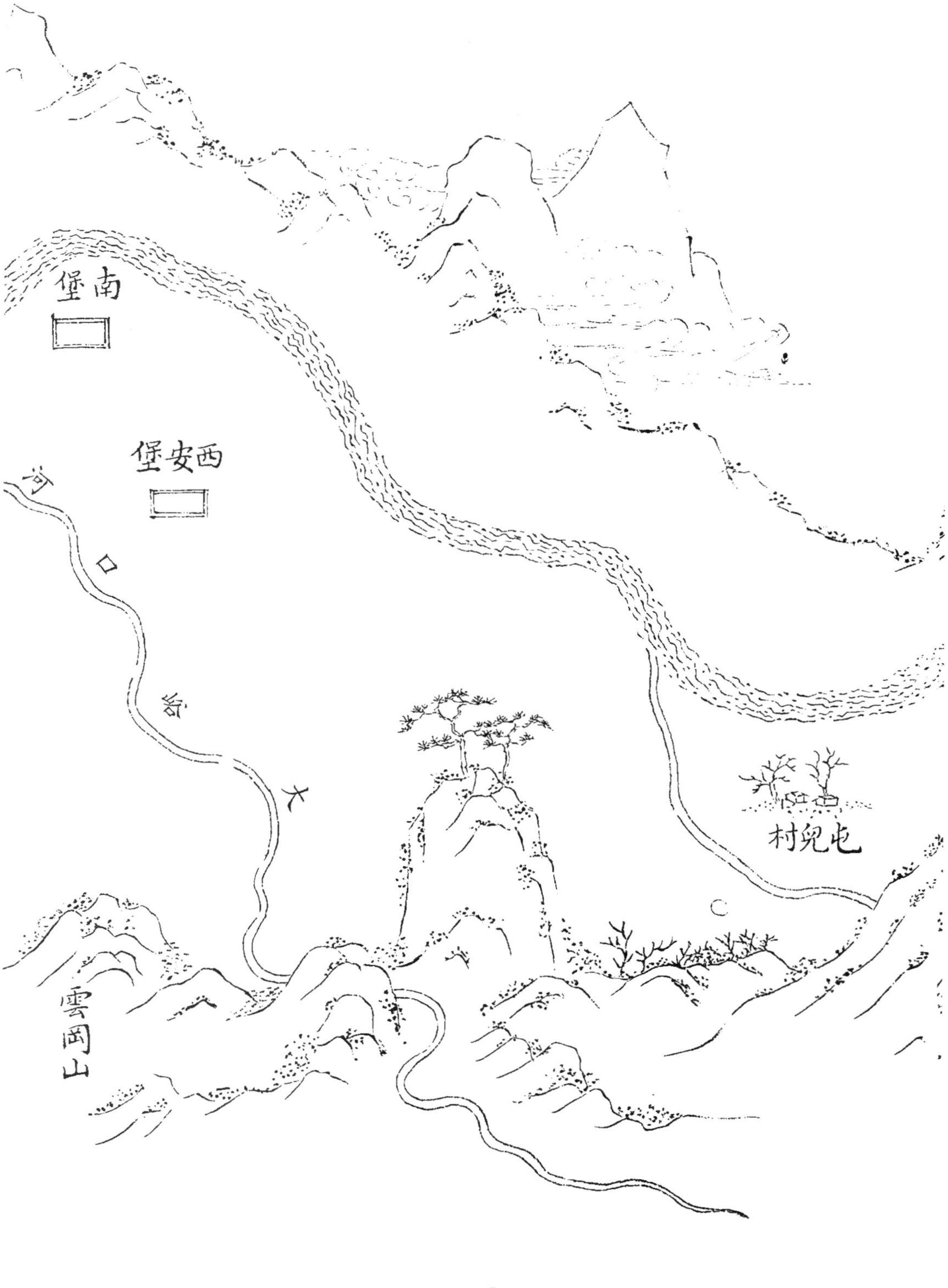

南堡

西安堡

大谷口河

屯兒村

雲岡山

图九⑧

图十[9]

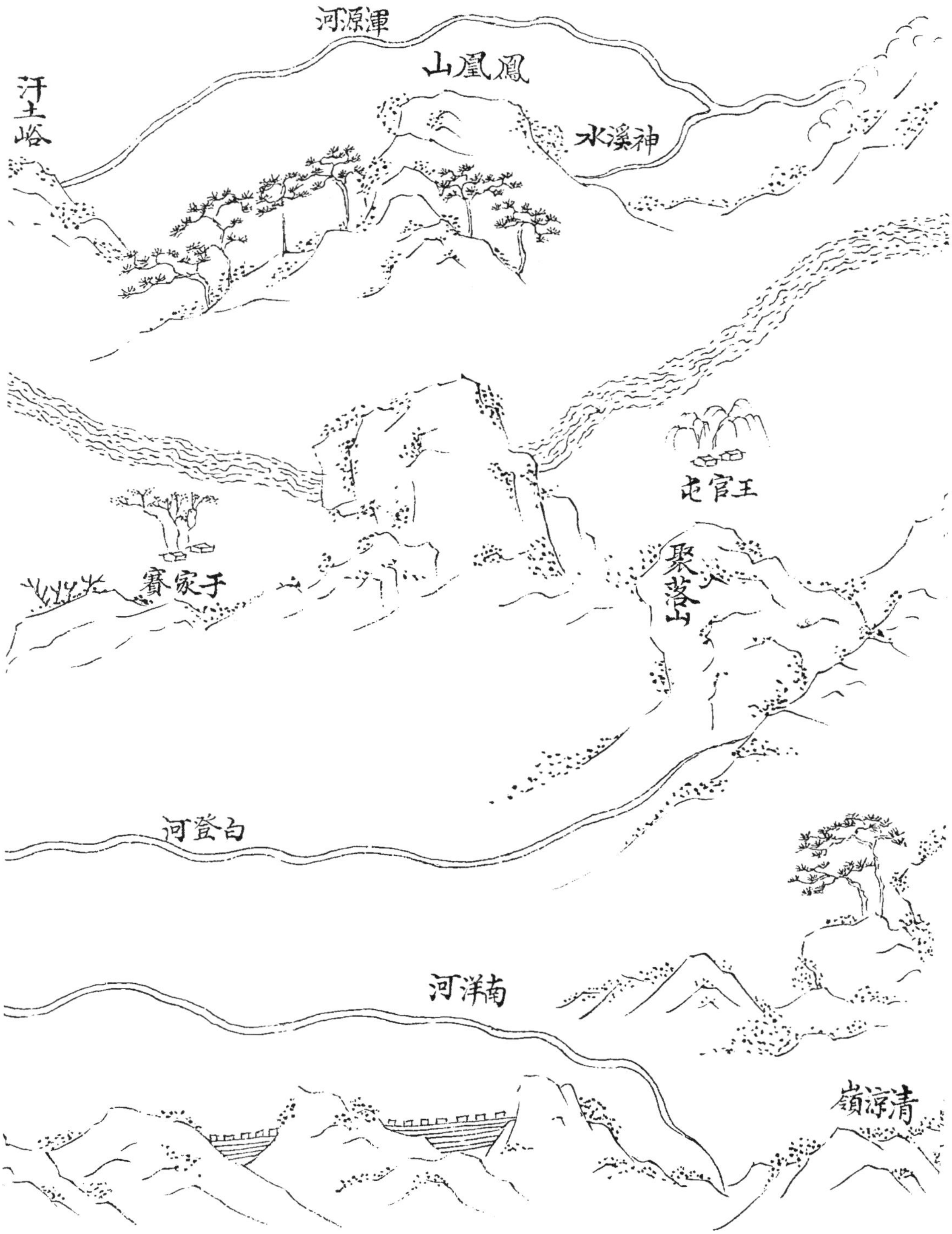

图十一[10]

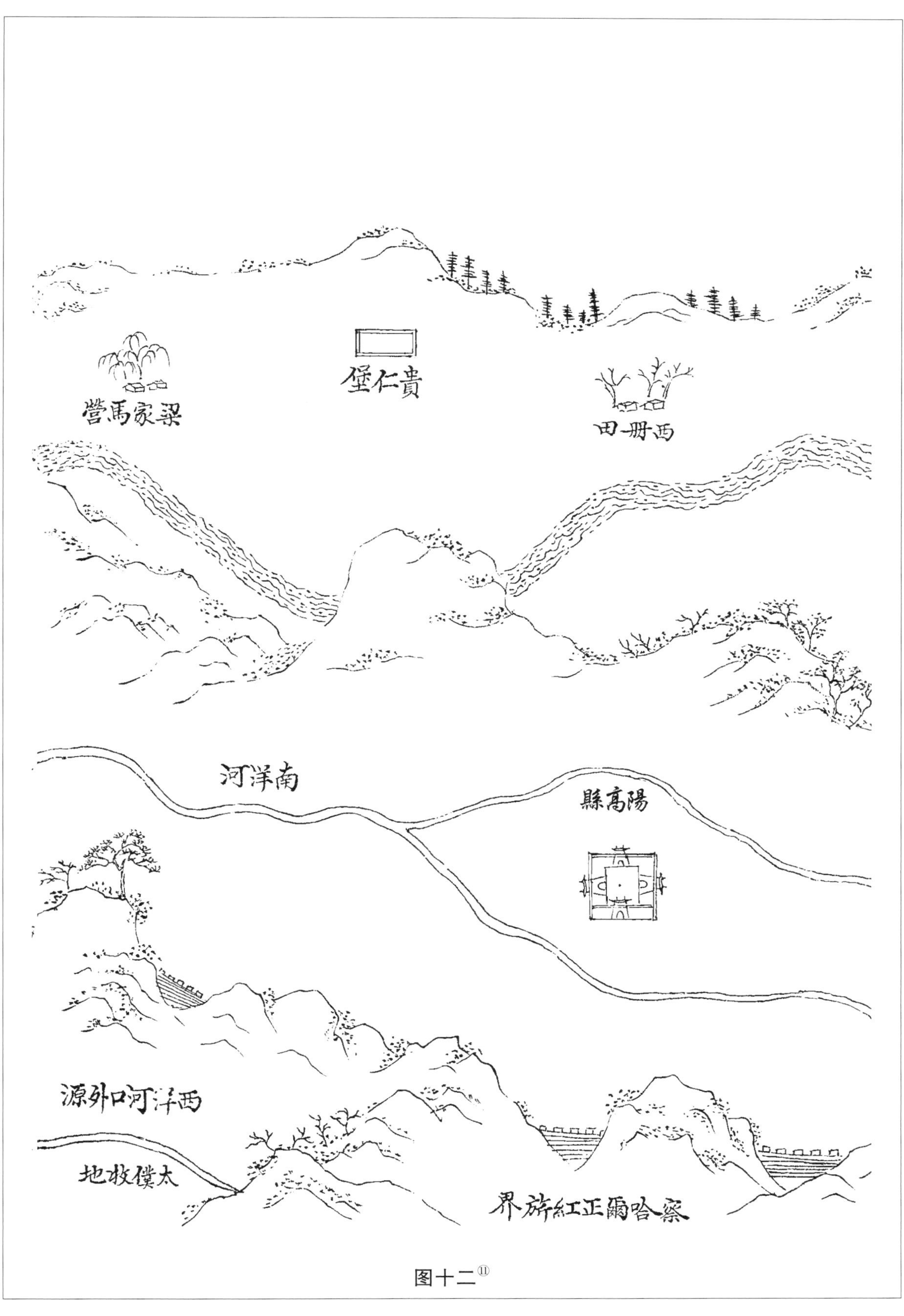

图十二[11]

图十三[12]

图十四[13]

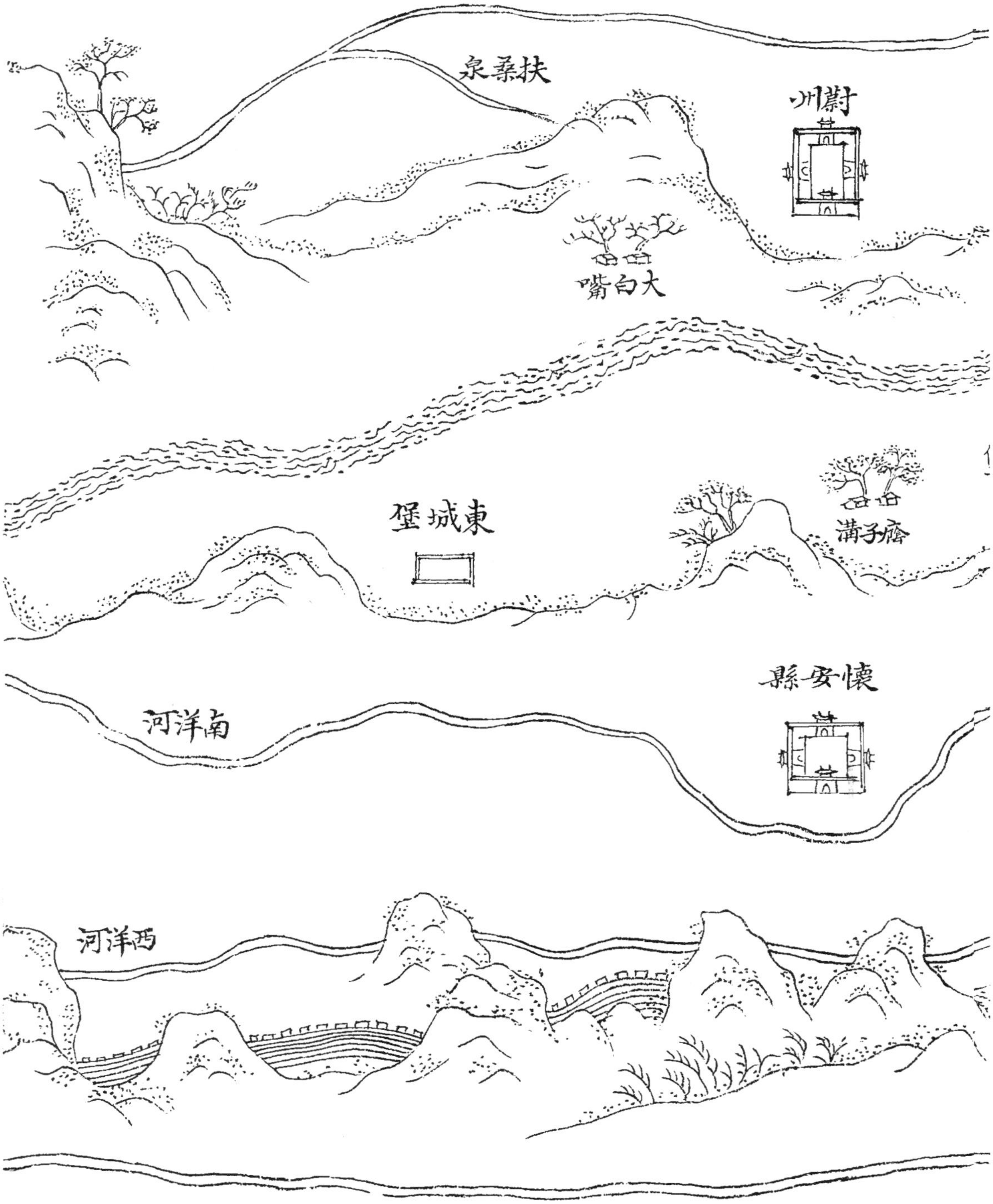

图十五[14]

图十六[15]

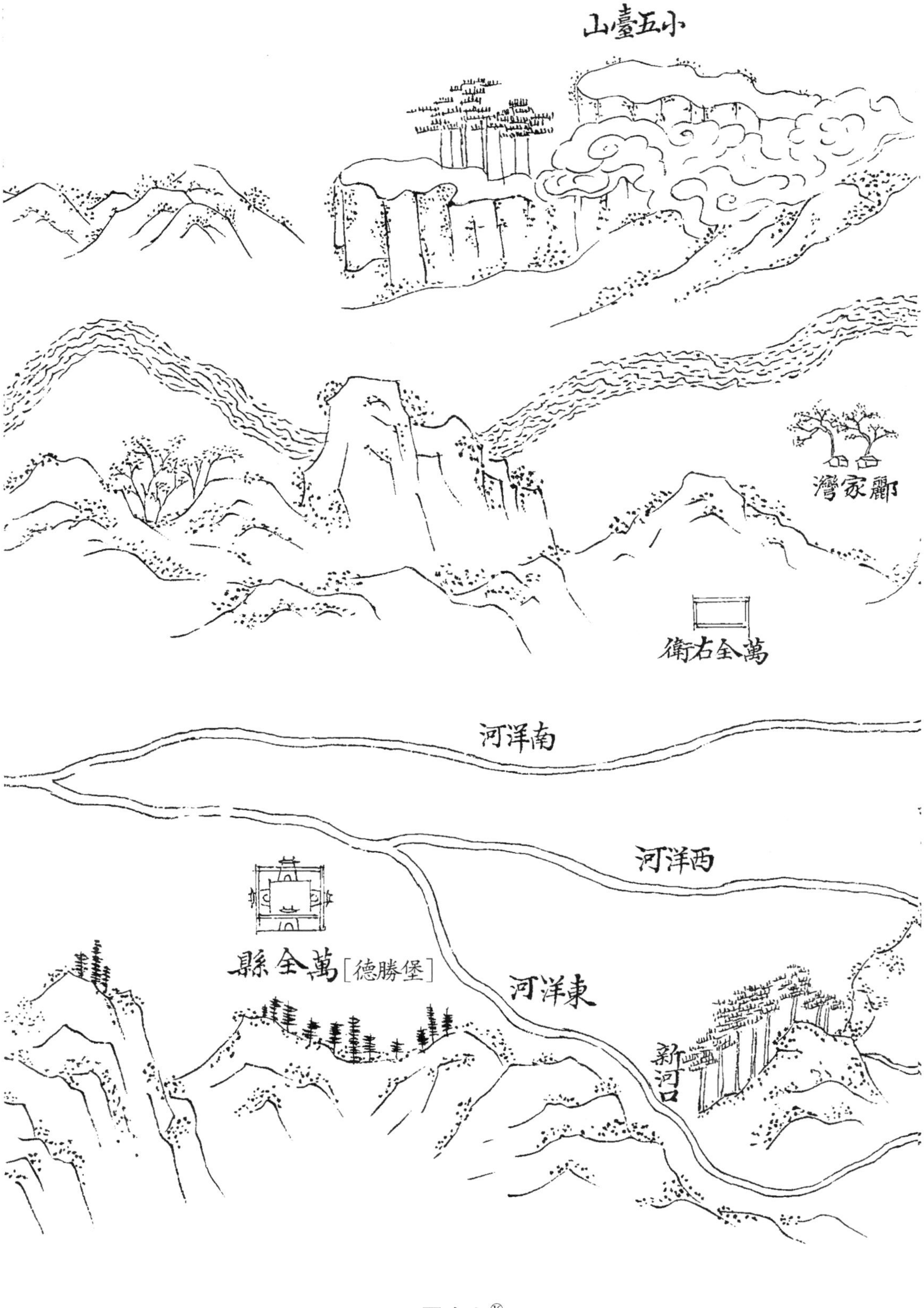

图十七[16]

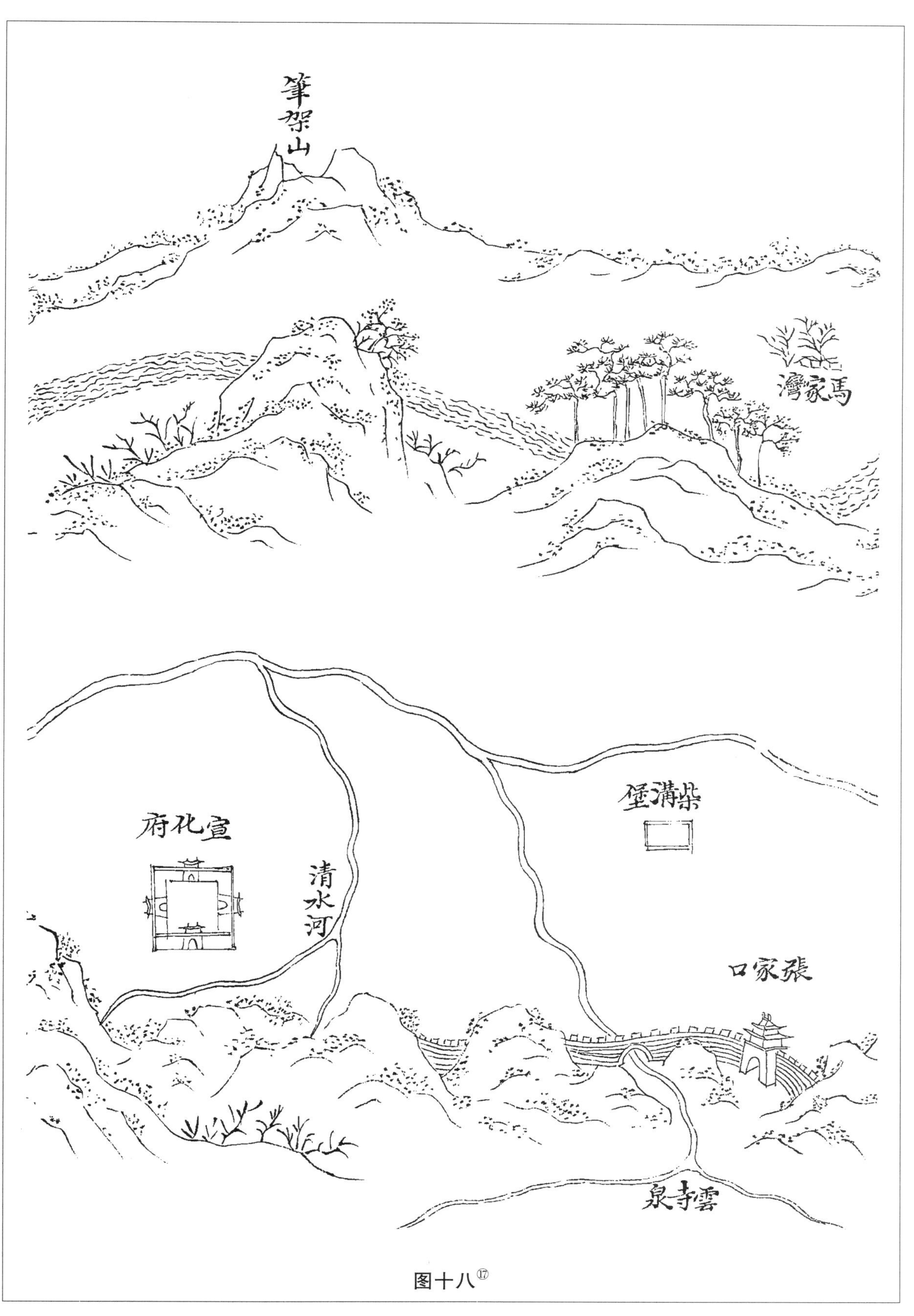

图十八[17]

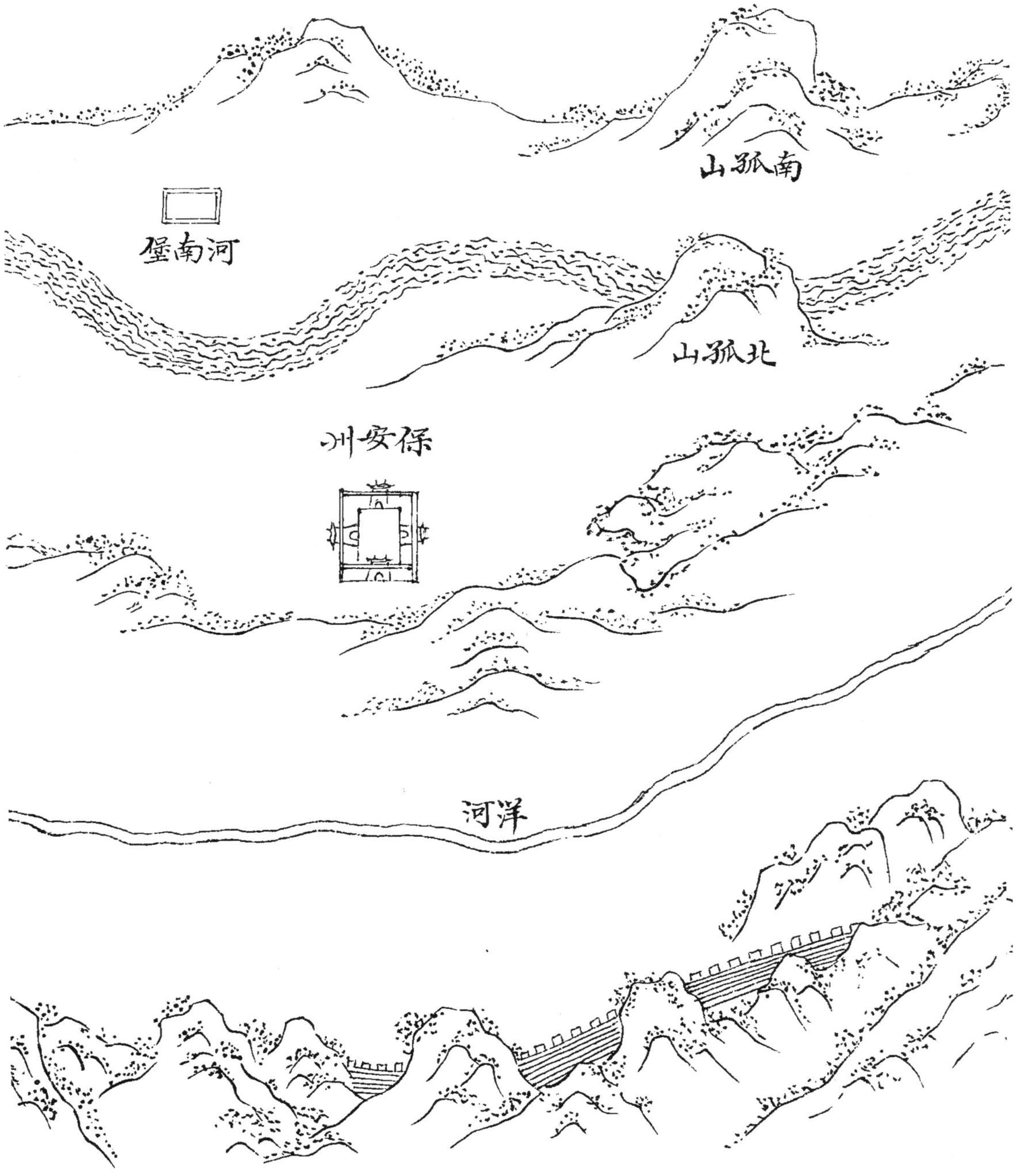

图十九[18]

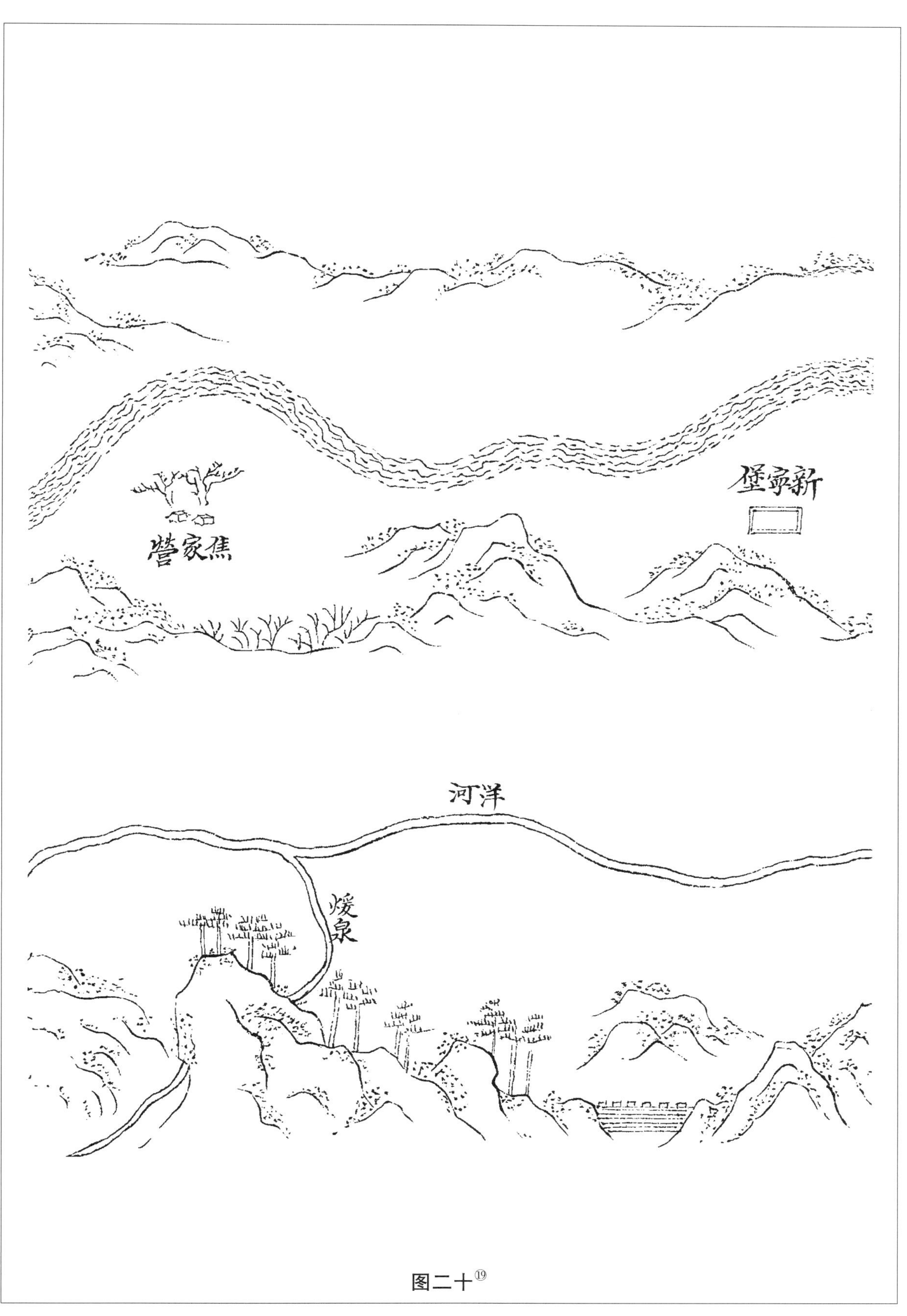

图二十[19]

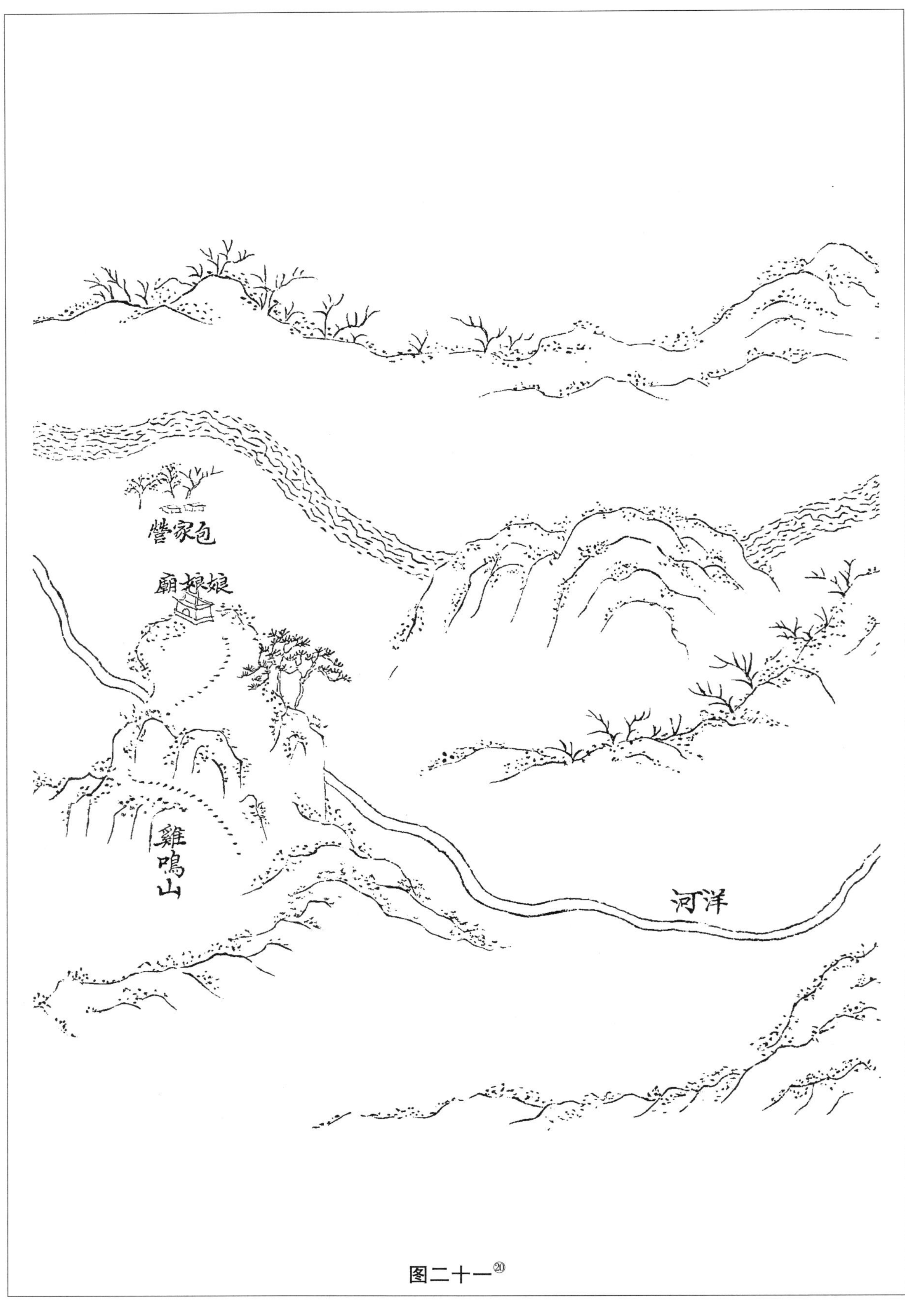

图二十一[20]

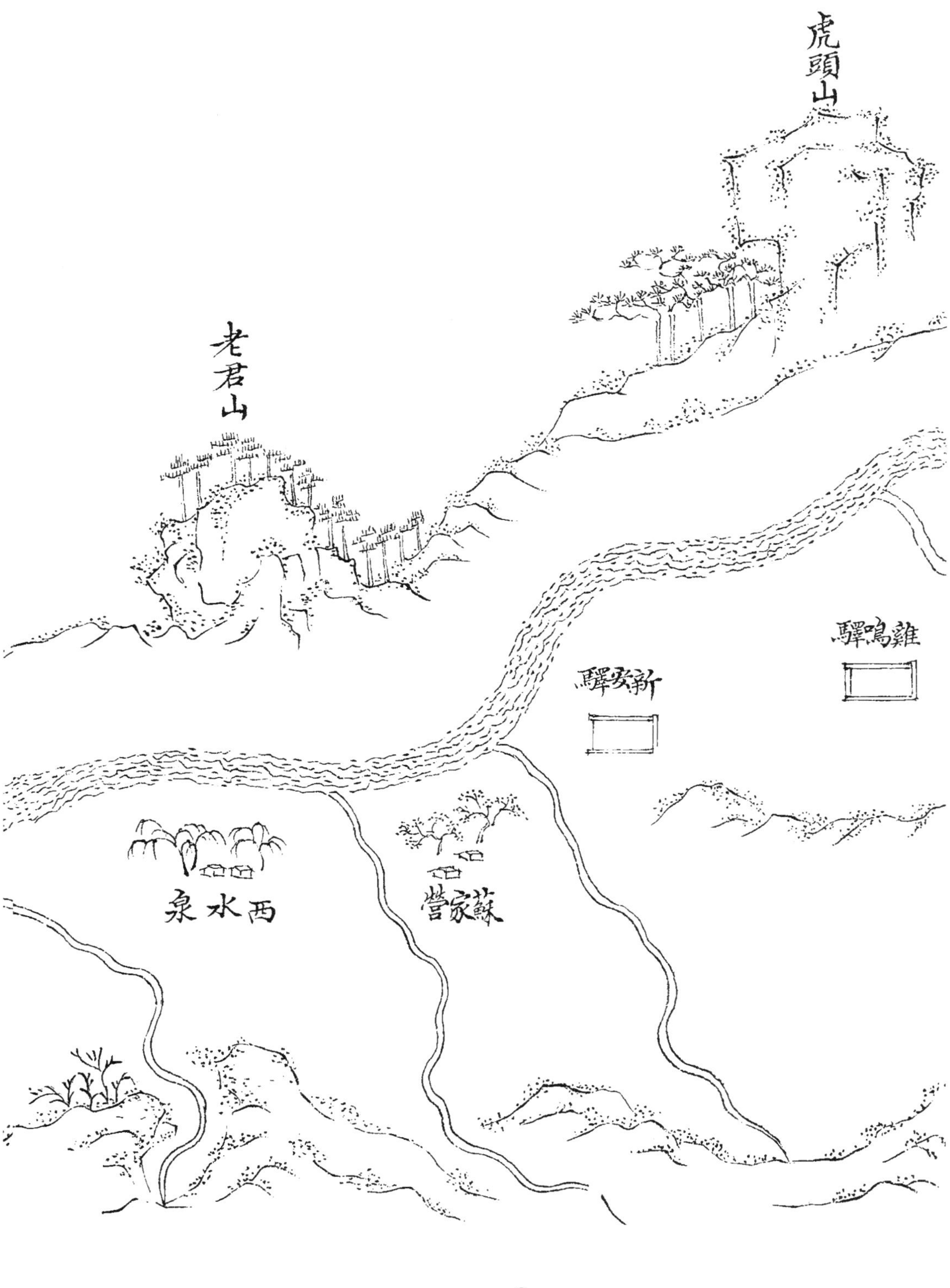

虎頭山

老君山

雞鳴驛

新安驛

西水泉

蘇家營

图二十二[21]

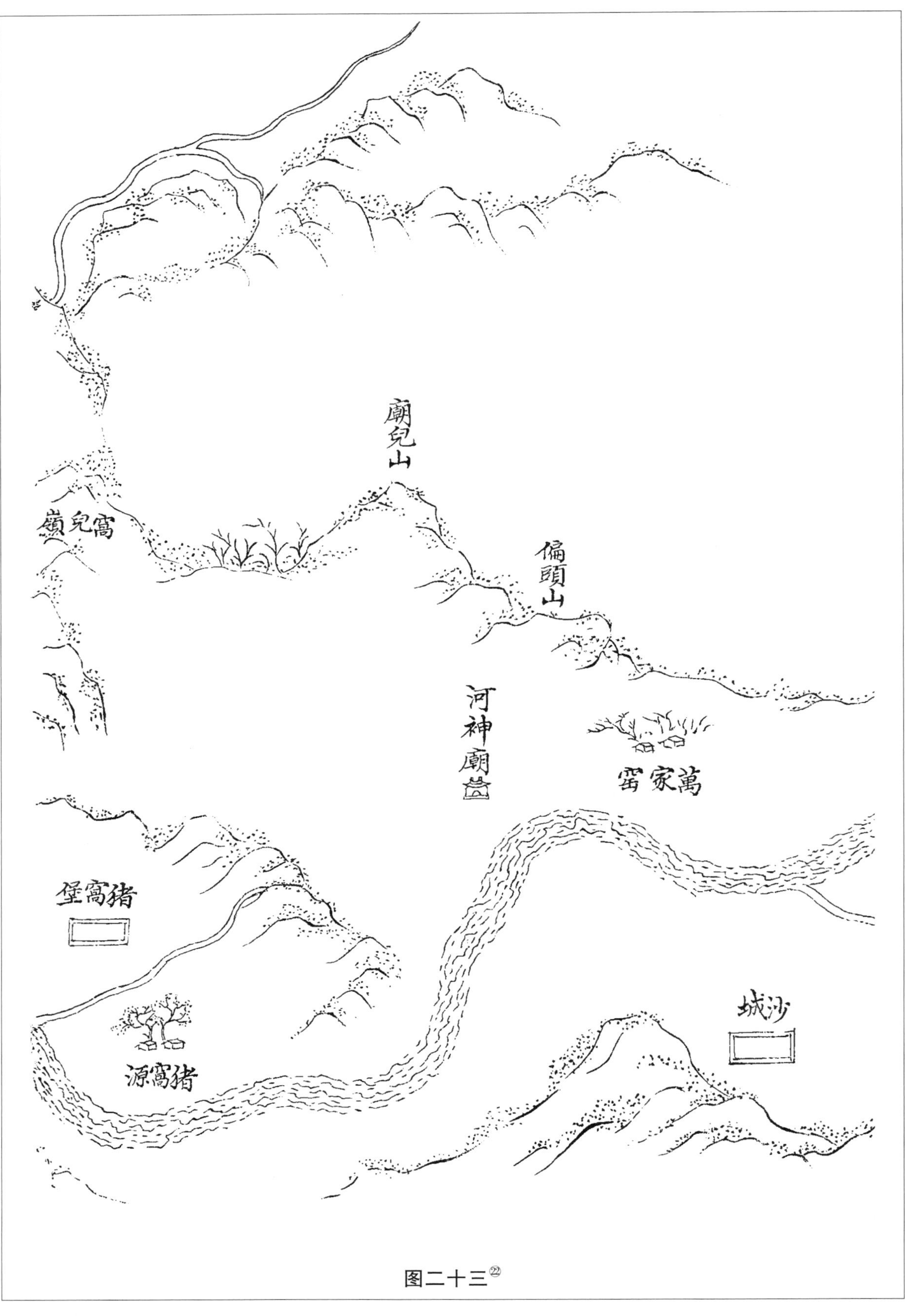

图二十三[22]

图二十四[23]

图二十五[24]

图二十六㉕

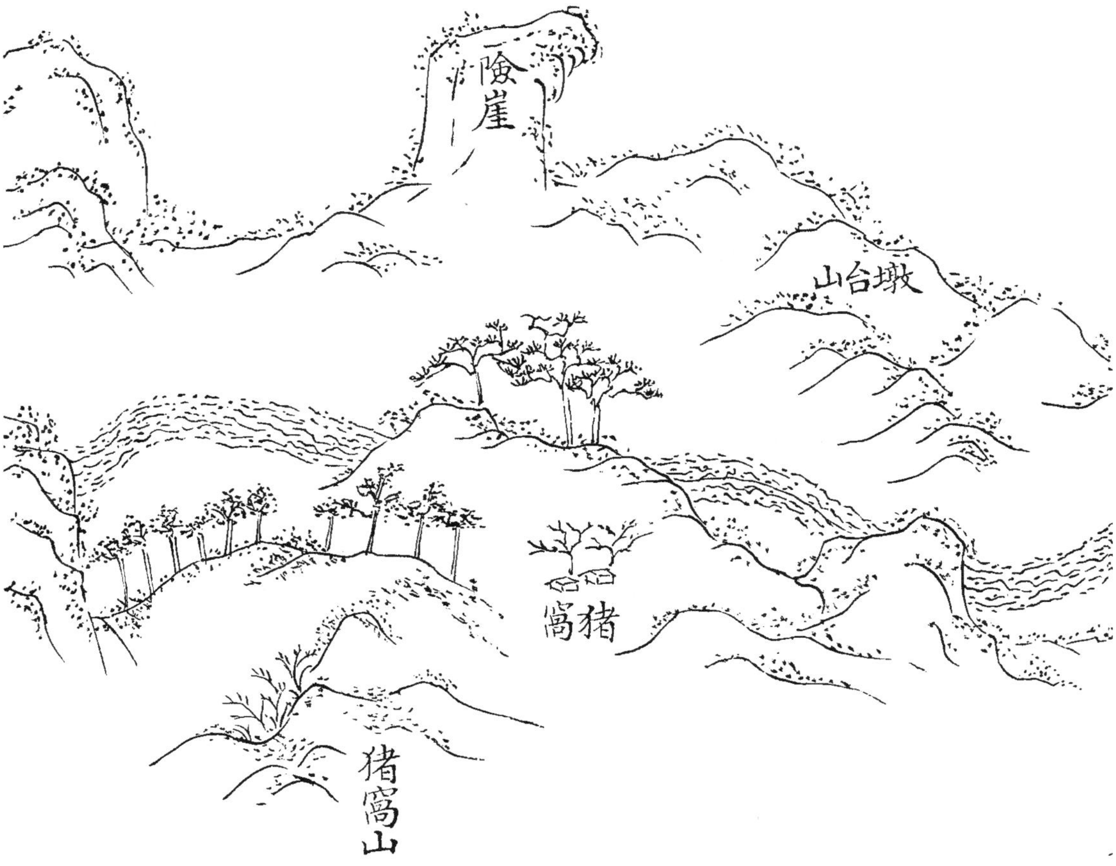

图二十七㉖

图二十八[27]

图二十九㉘[2]

图三十[29]

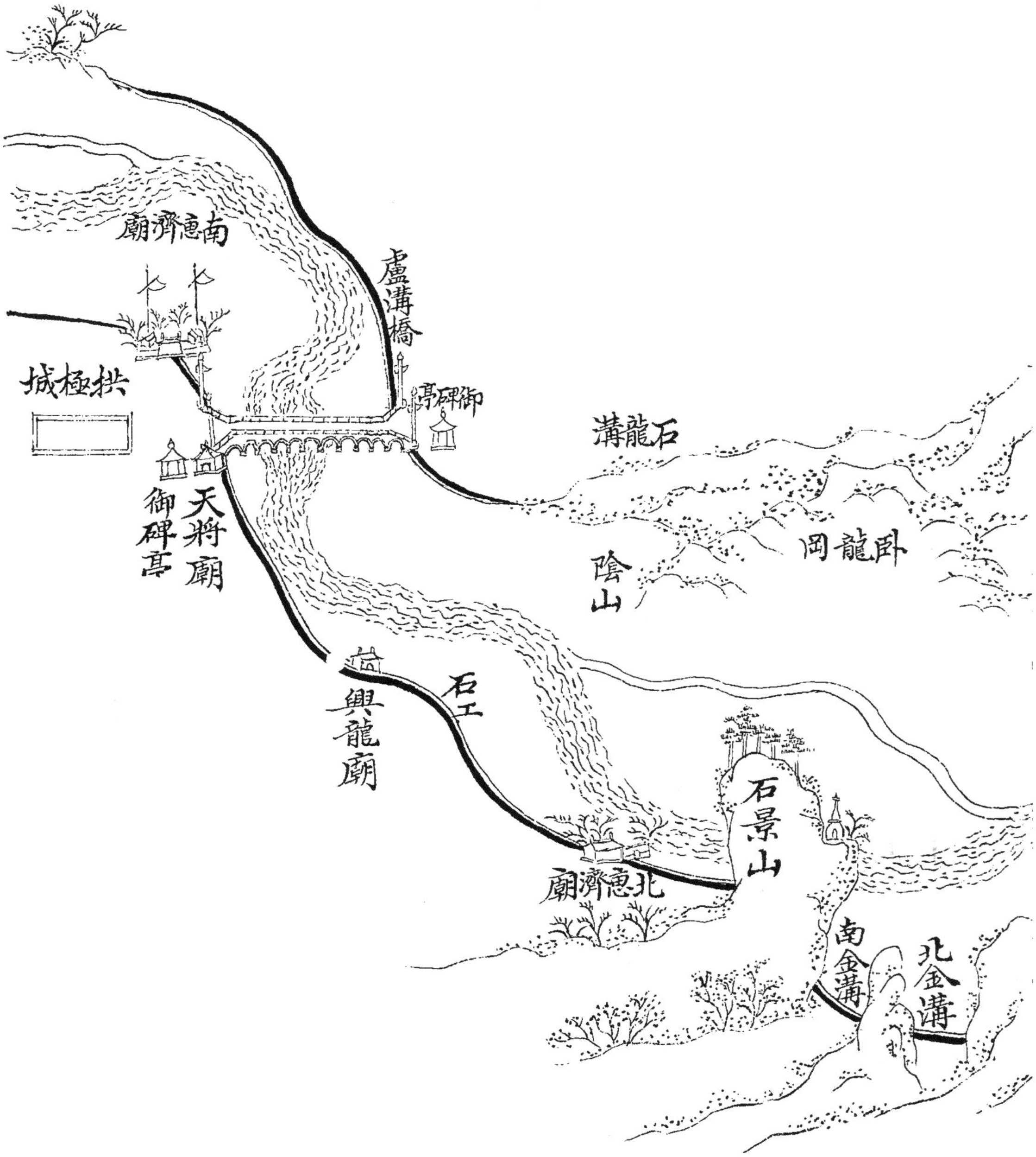

图三十一[30]

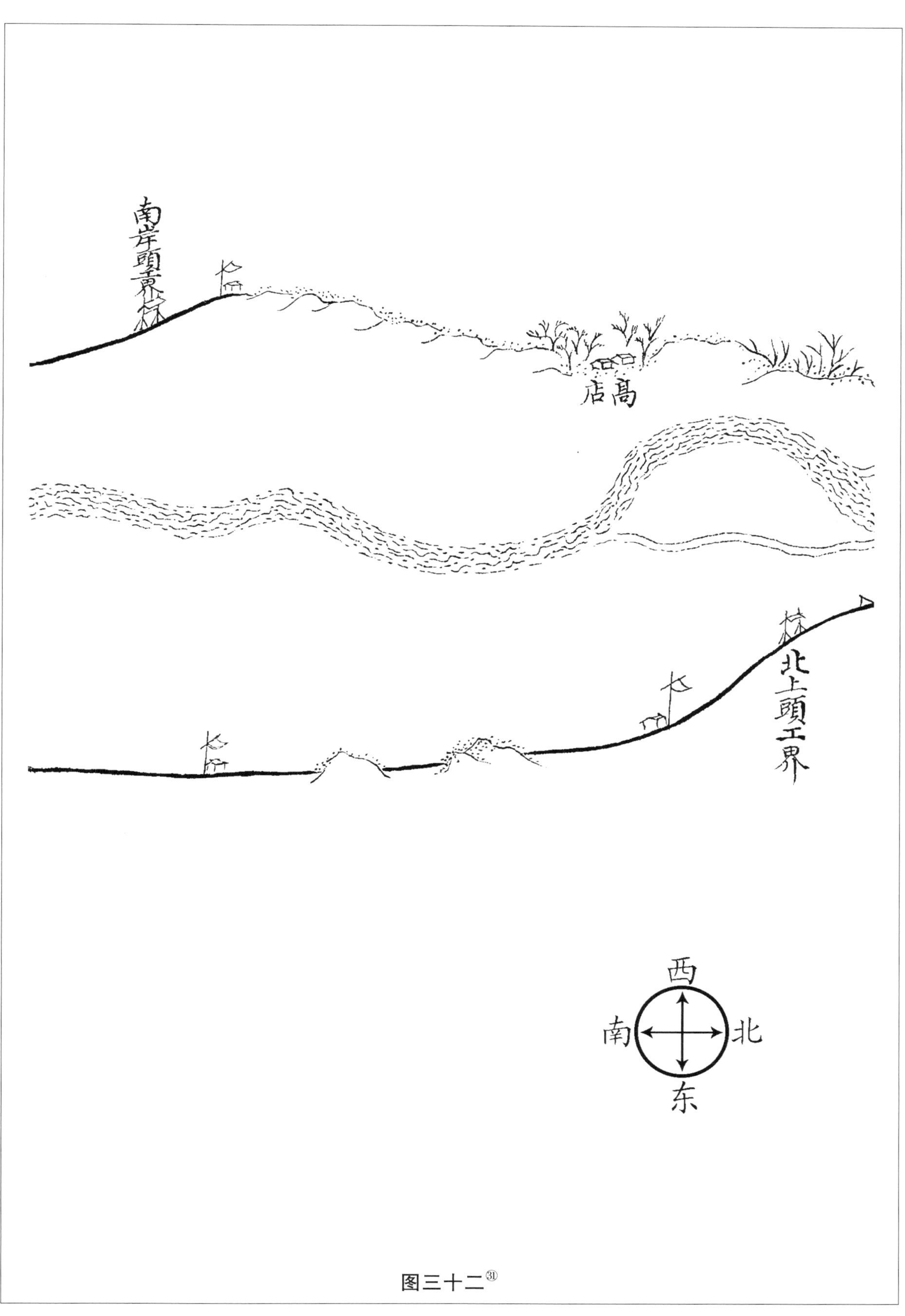

图三十二㉛

图三十三㉜

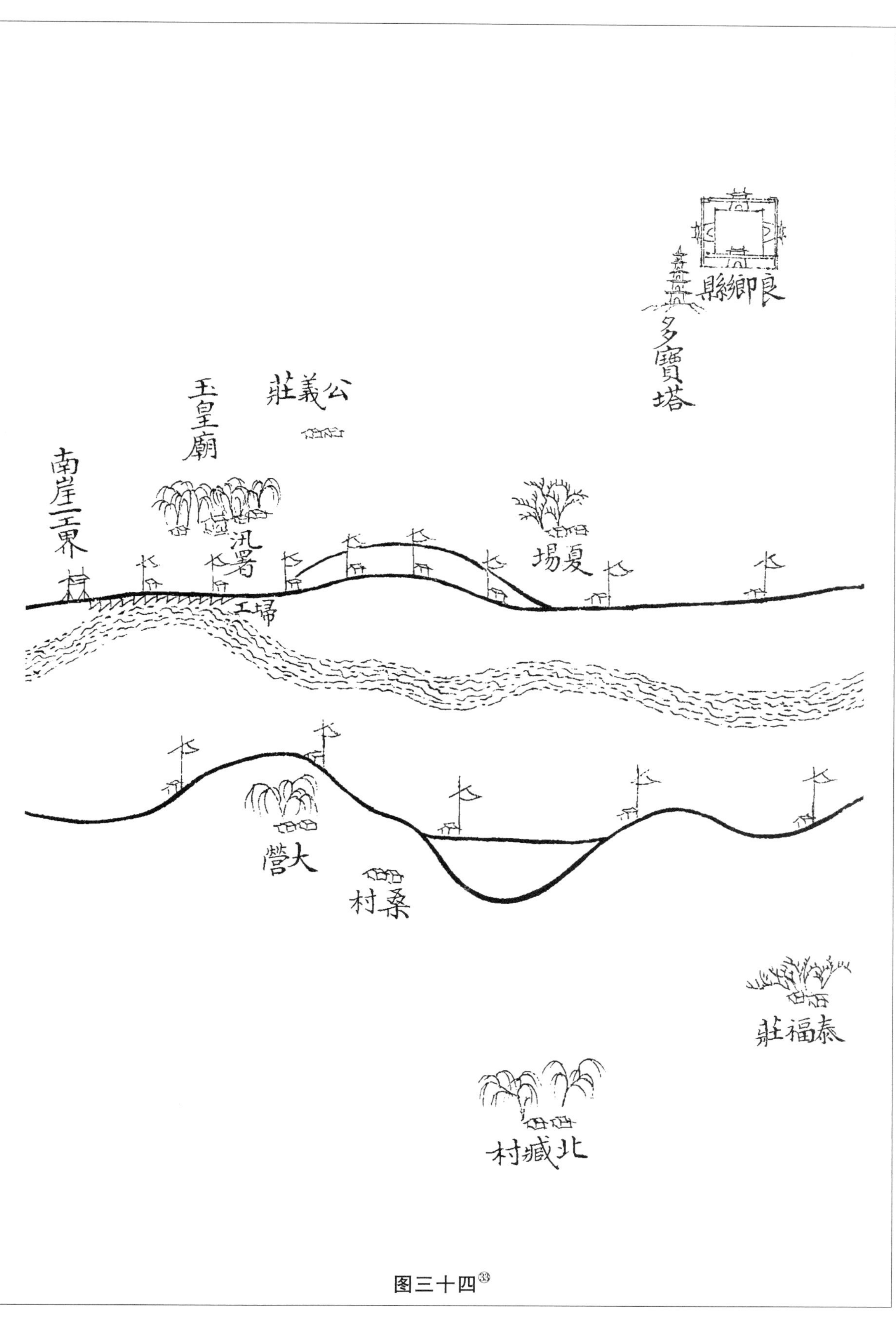

图三十四[33]

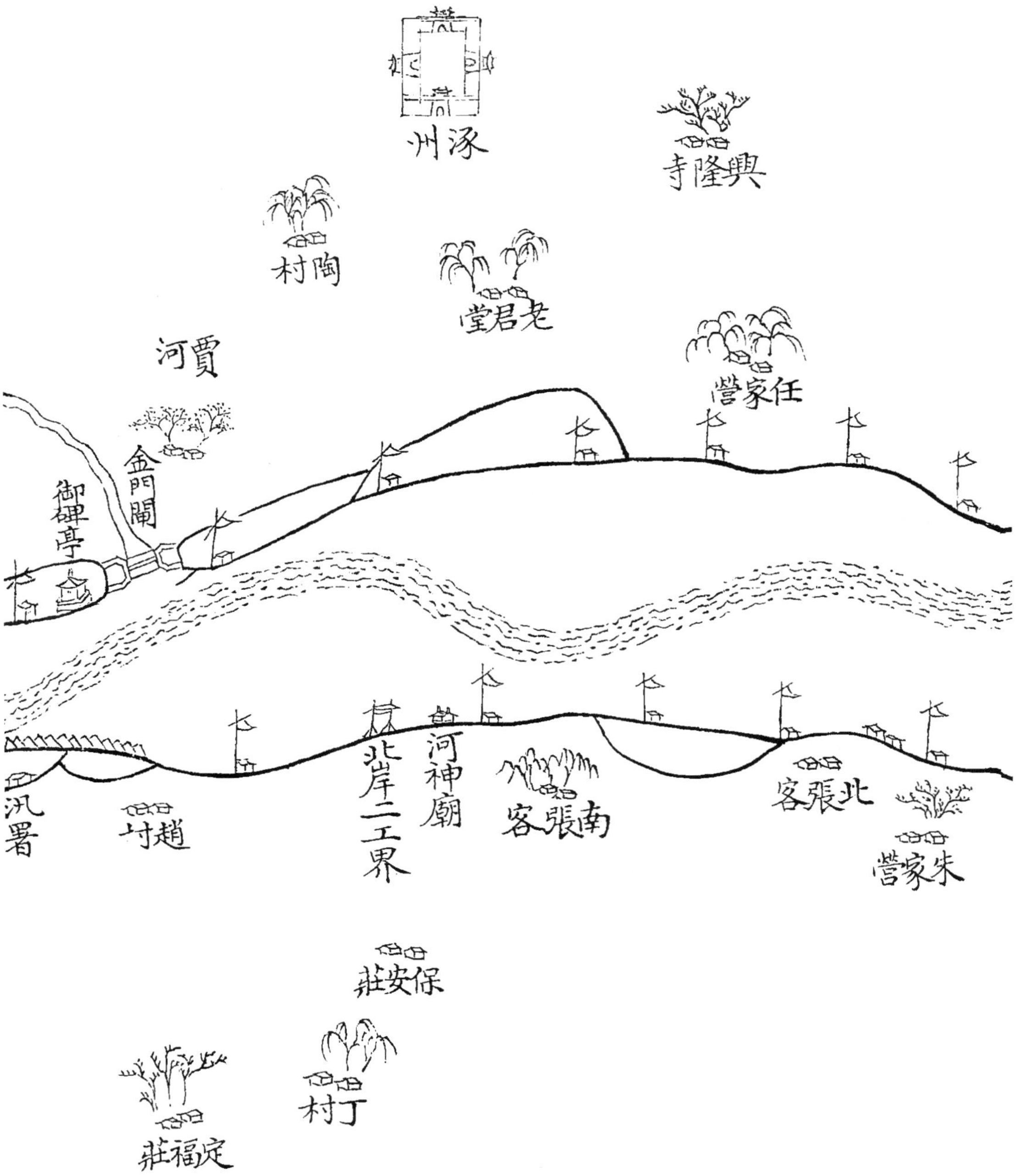

涿州
興隆寺
陶村
老君堂
賈河
任家營
金門閘
御碑亭
汛署
趙村
北岸二工界
河神廟
南張客
北張客
朱家營
保安莊
丁村
定福莊

图三十五[34]

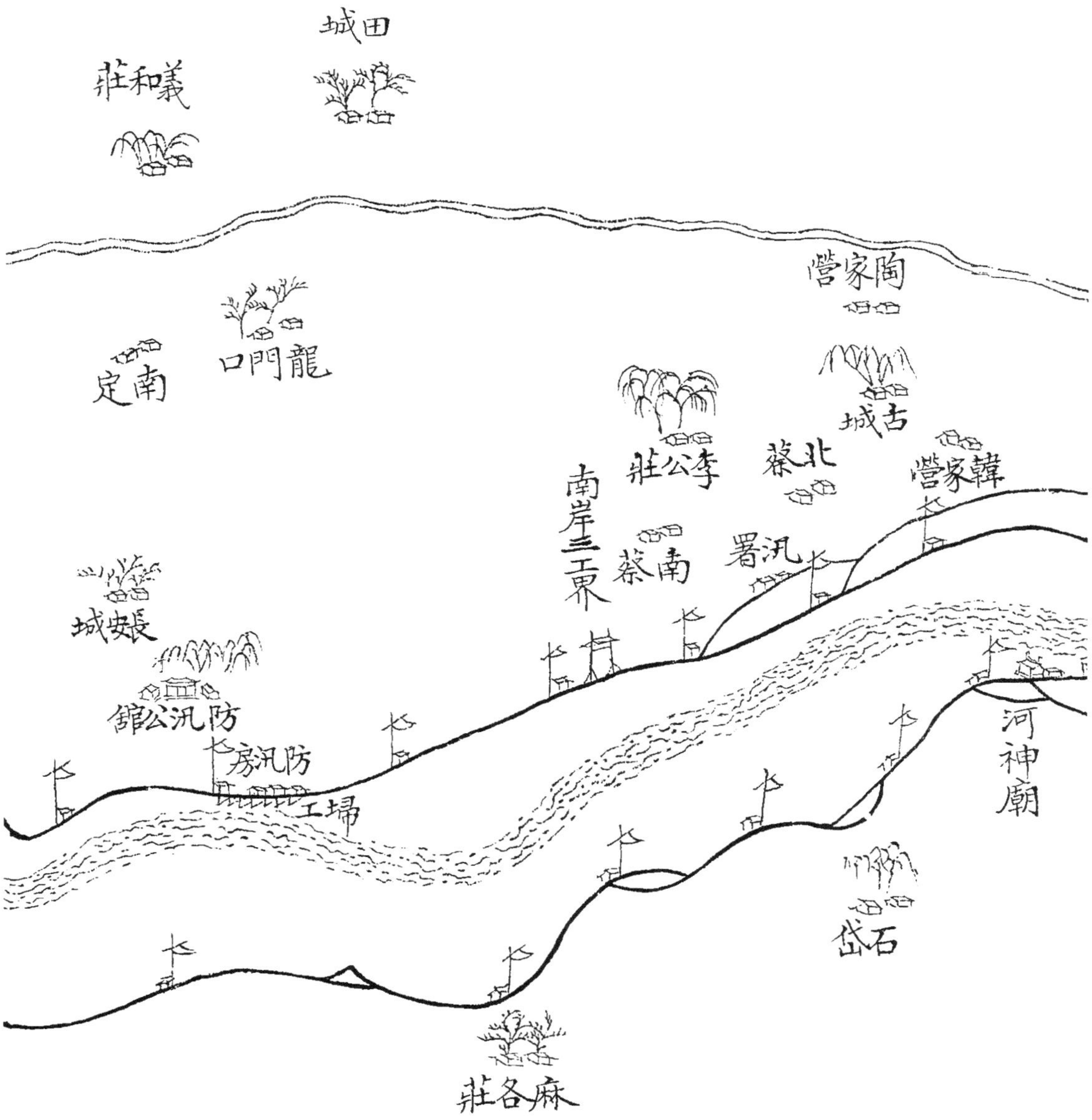

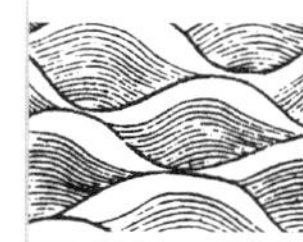

義和莊
田城
陶家營
龍門口
南定
古城
李公莊
北蔡
韓家營
南岸三工界
南蔡
汛署
長安城
防汛公館
防汛房
埽工
河神廟
石岱
麻各莊

图三十六㉟

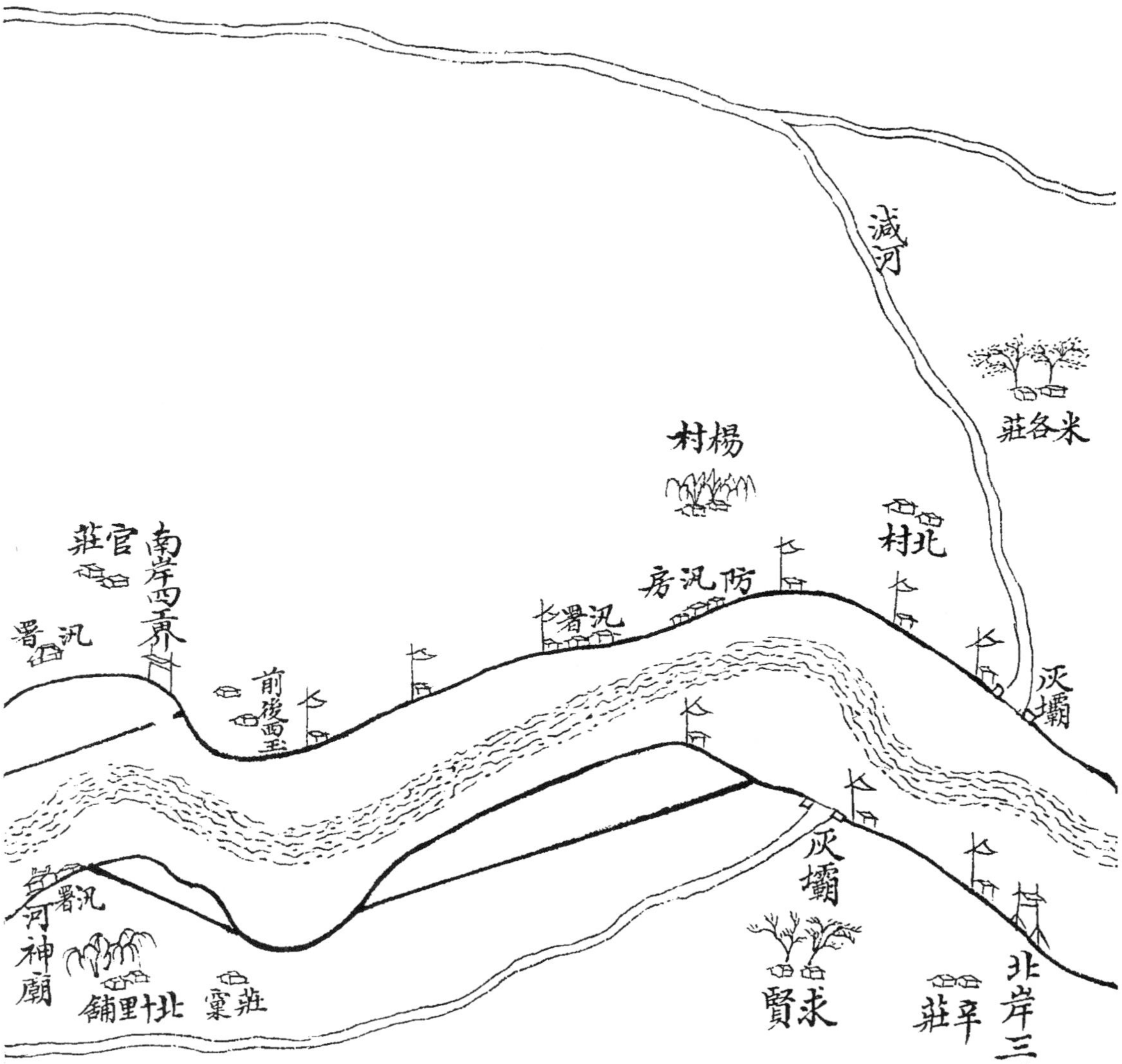

图三十七[36]

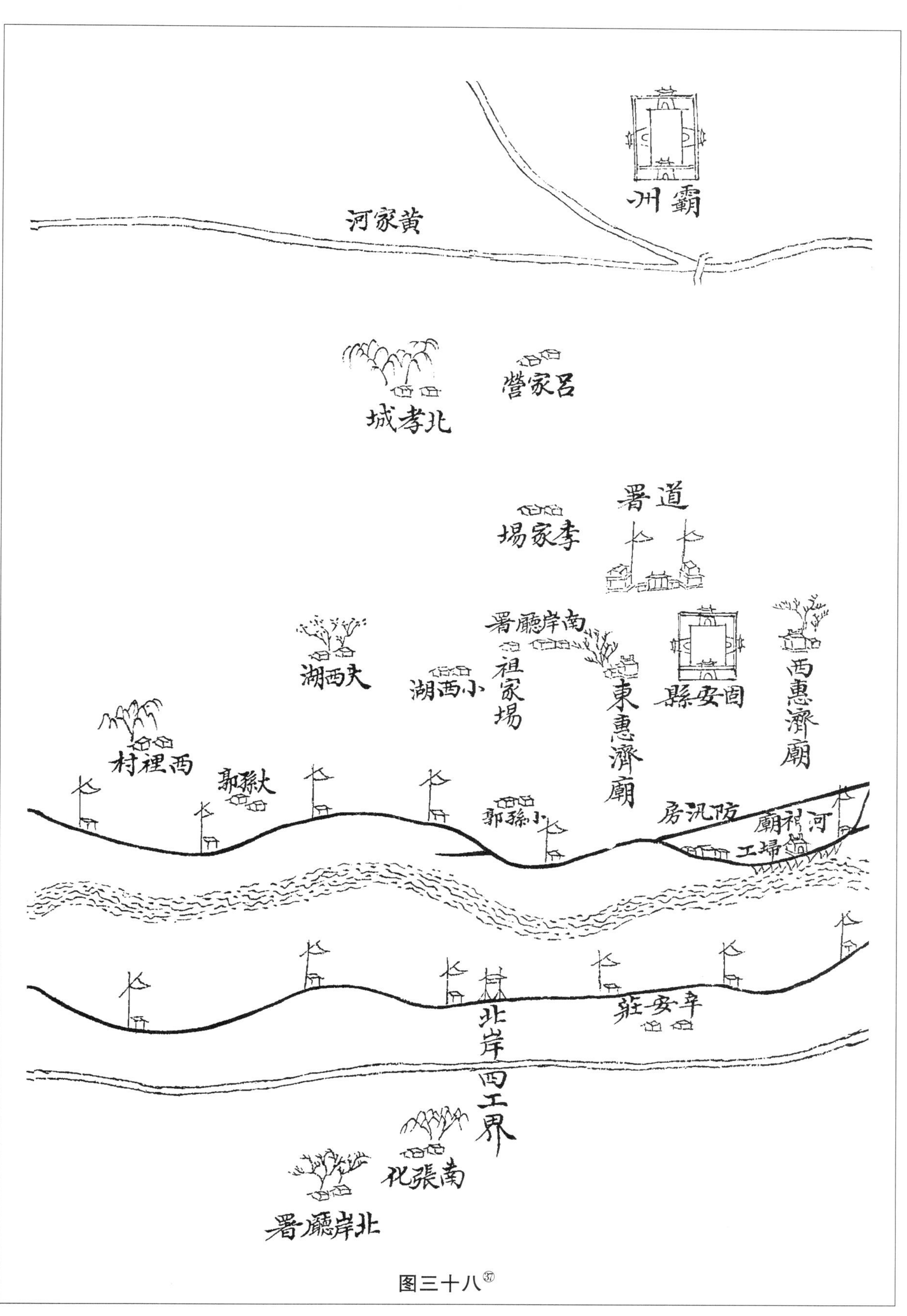
霸州
黄家河
吕家營
北孝城
道署
李家場
南岸廳署
大西湖
小西湖
祖家場
東惠濟廟
固安縣
西惠濟廟
西裡村
大孫郭
小孫郭
防汛房
河神廟
埽工
辛安莊
北岸西工界
南張化
北岸廳署

图三十八[37]

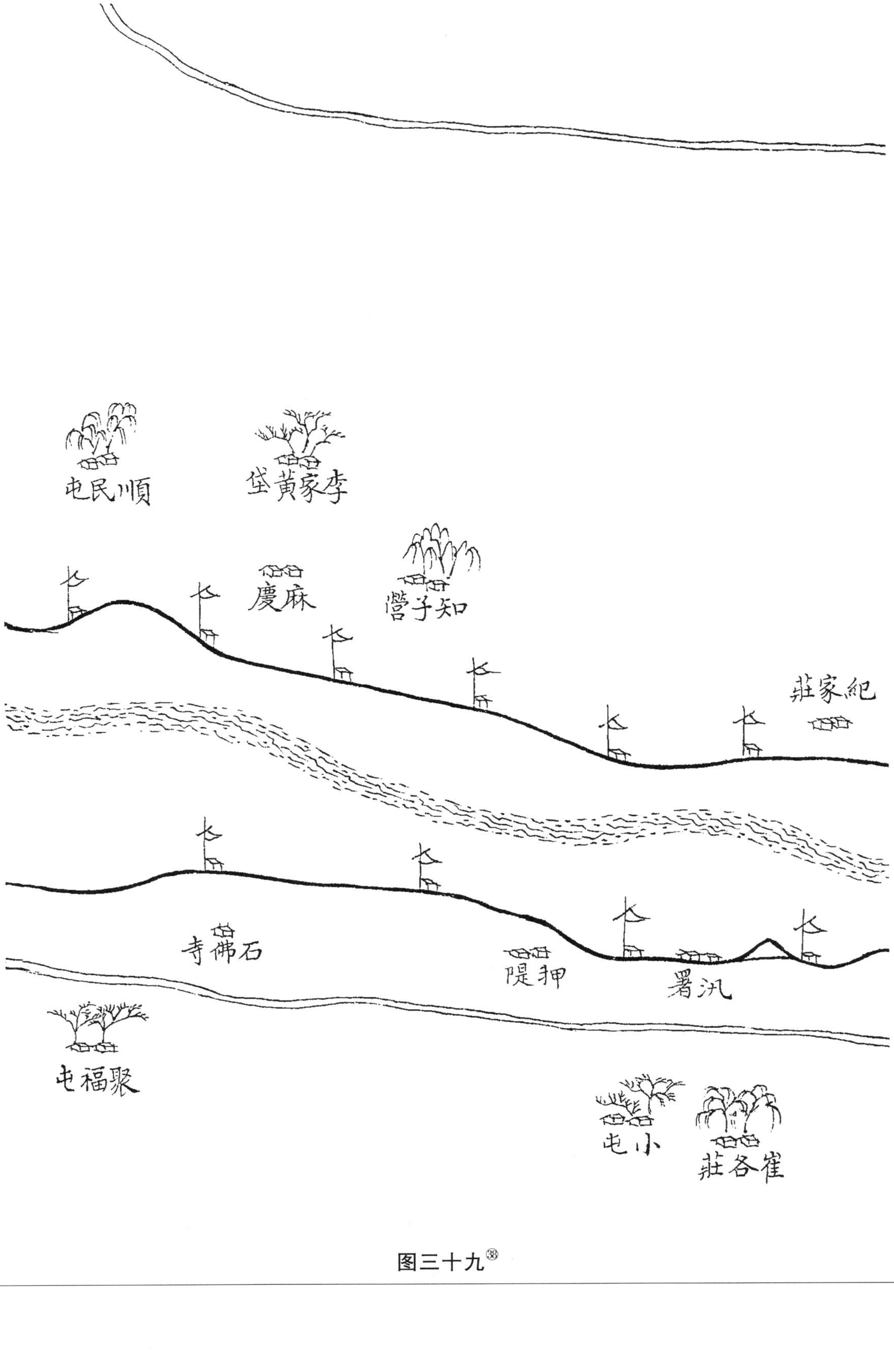

图三十九[38]

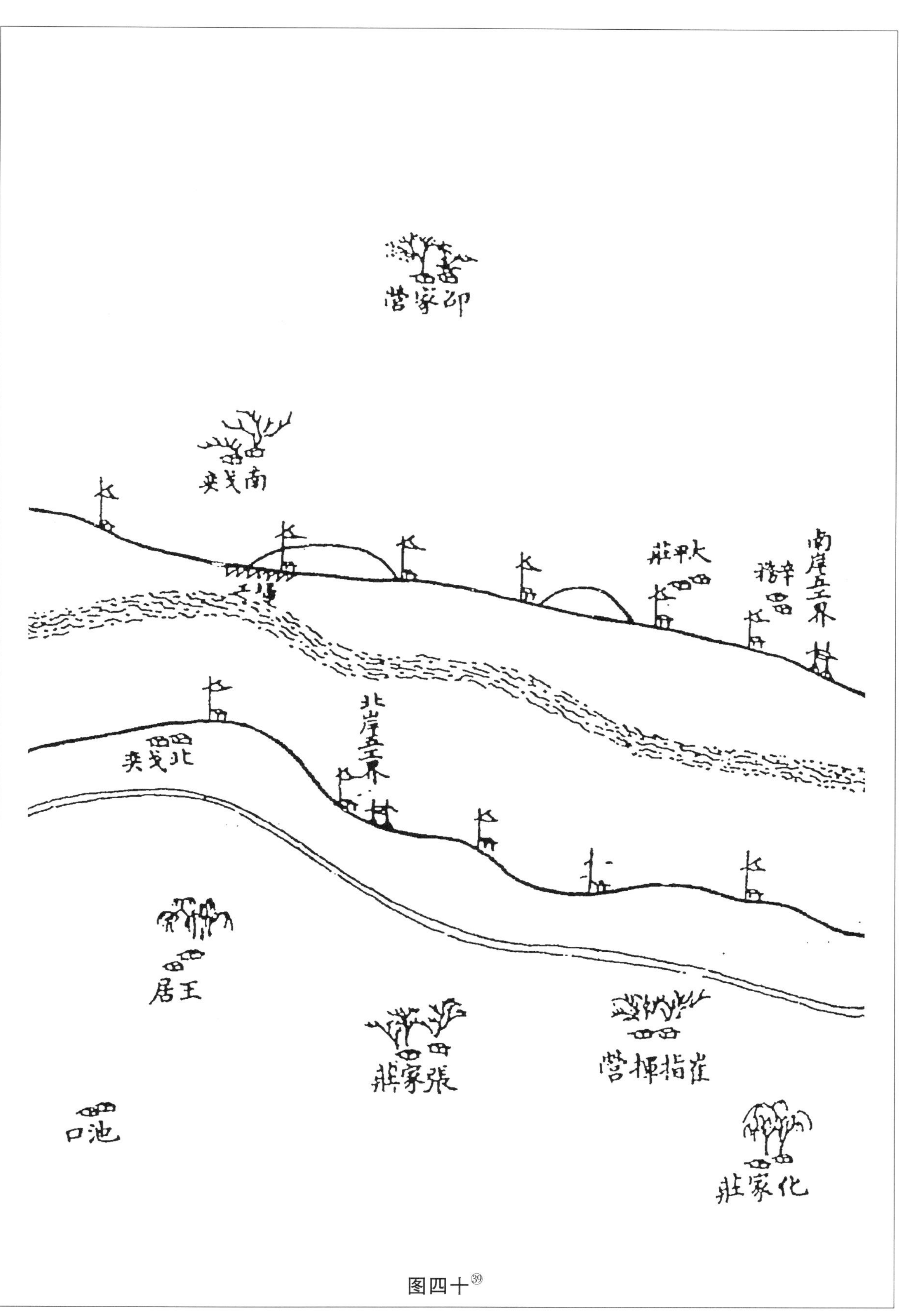

图四十[39]

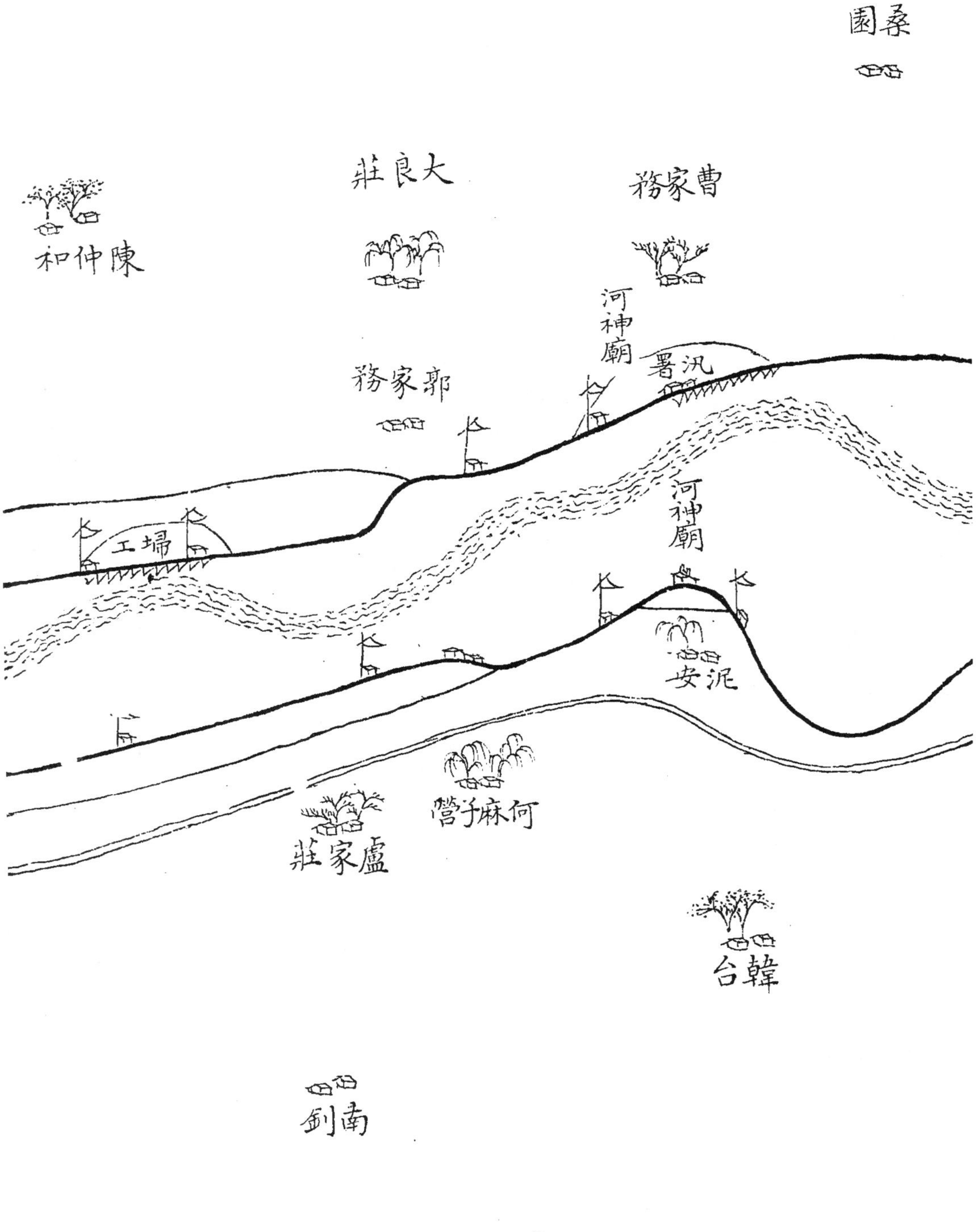

桑園

大良莊

曹家務

陳仲和

河神廟

汛署

郭家務

埽工

河神廟

泥安

何麻子營

盧家莊

韓台

南釗

图四十一㊵

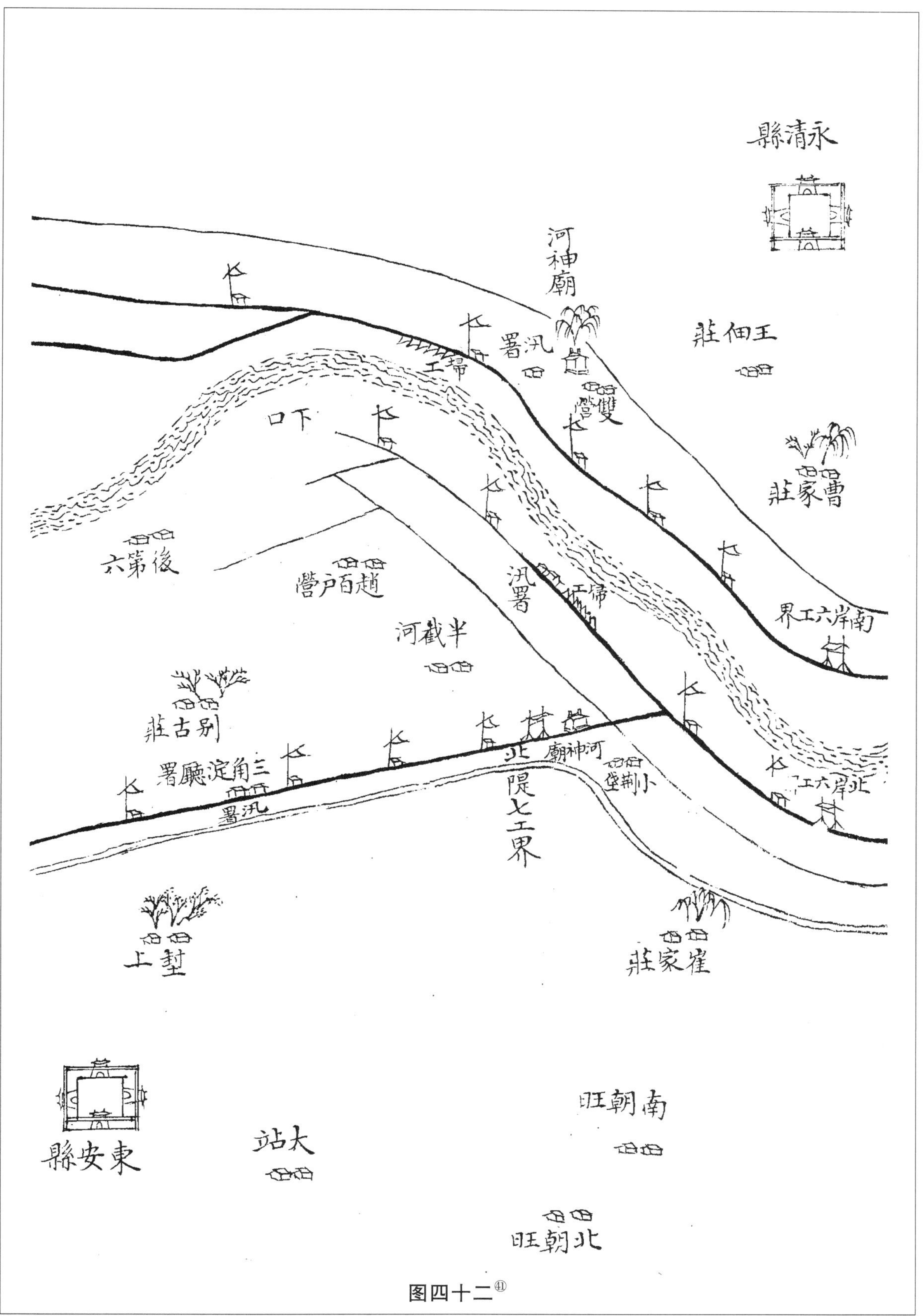
永清縣
河神廟
王佃莊
汛署
埽工
雙營
下口
曹家莊
後第六
趙百户營
汛署
埽工
半截河
南岸六工界
別古莊
三角淀廳署
河神廟
北隄七工界
小荆垡
北岸六工
汛署
崔家莊
上埝
東安縣
大站
南朝旺
北朝旺

图四十二[41]

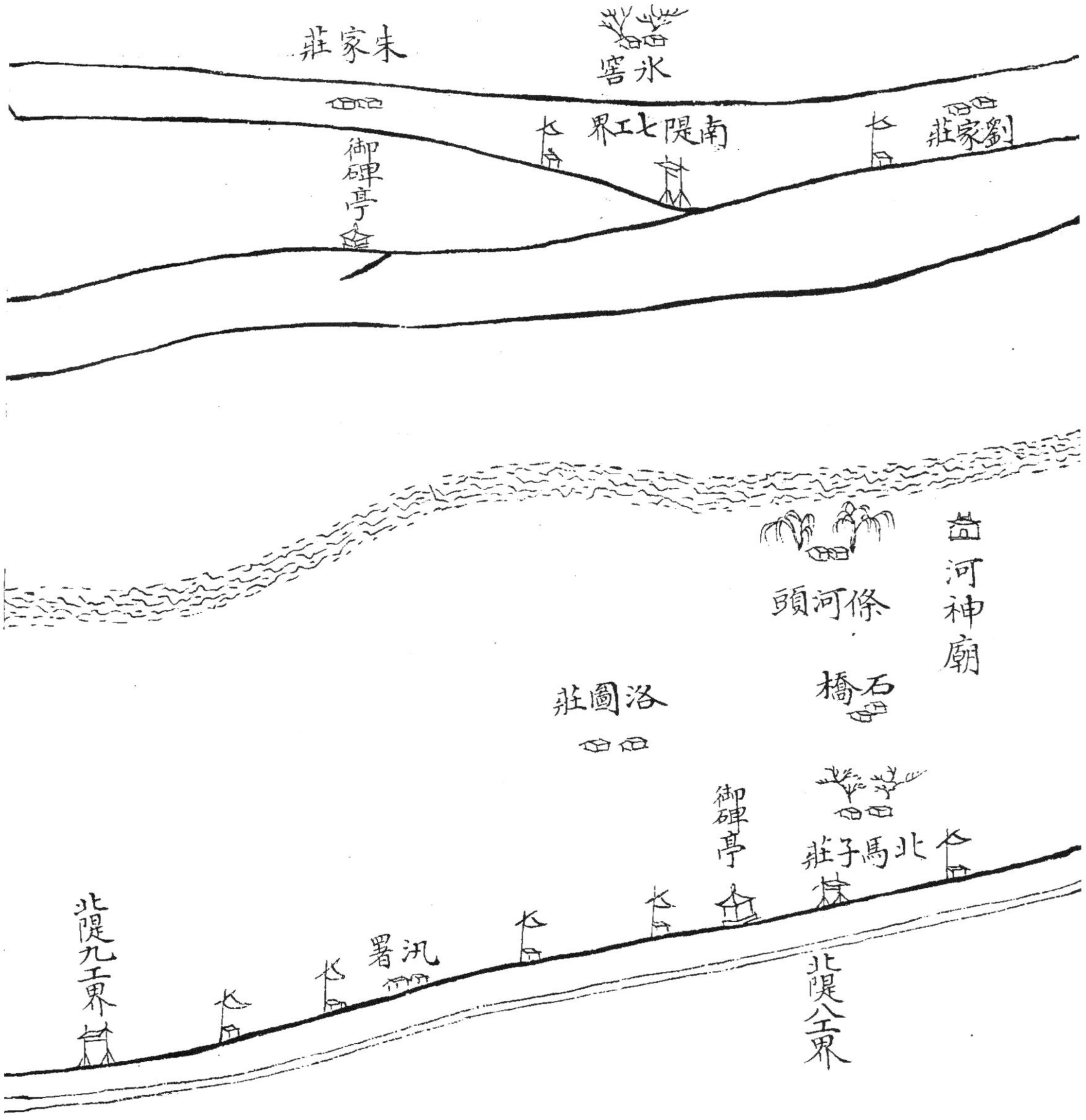

图四十三[42]

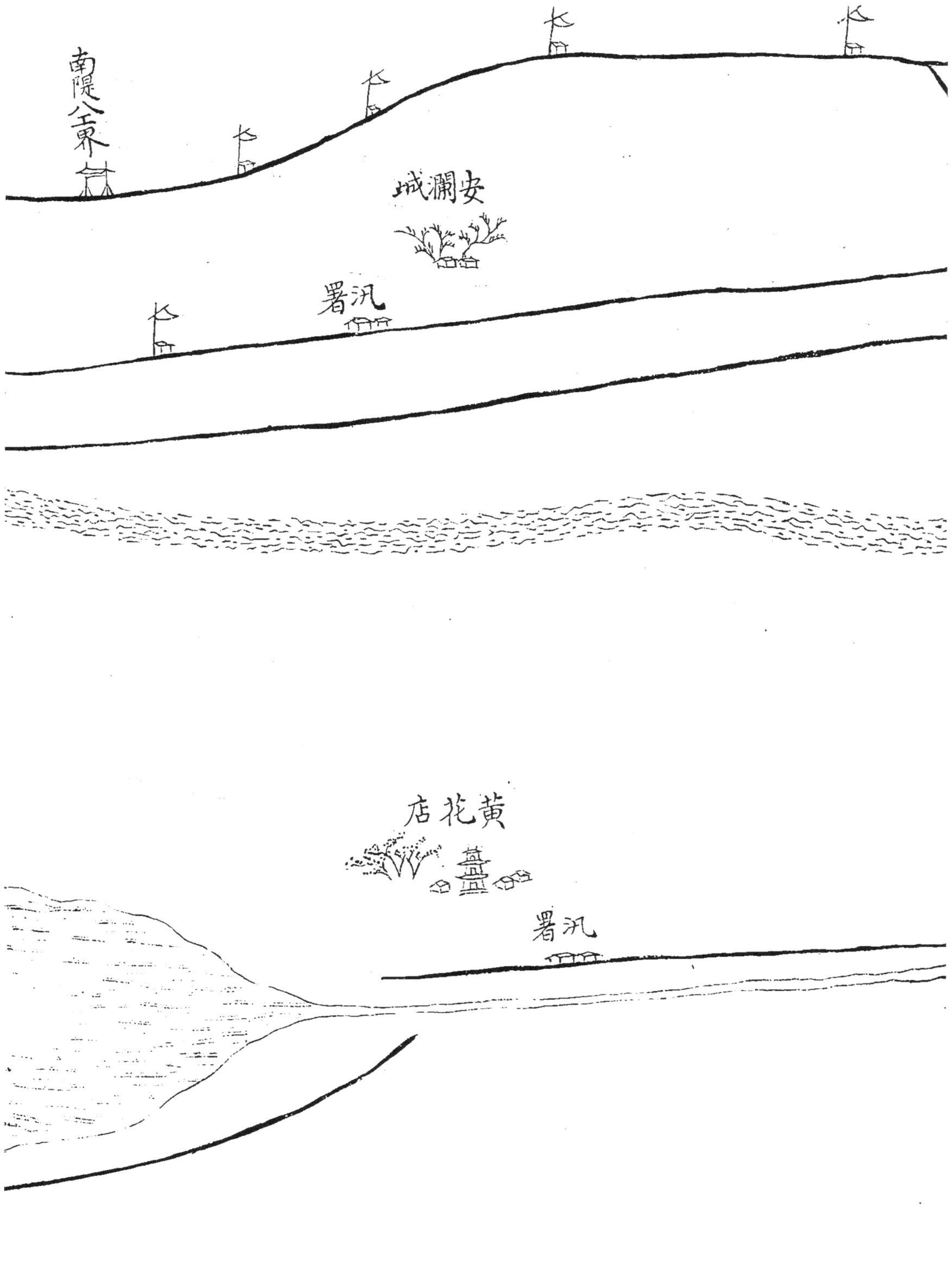

南隄八工界

安瀾城

汛署

黄花店

汛署

图四十四[43]

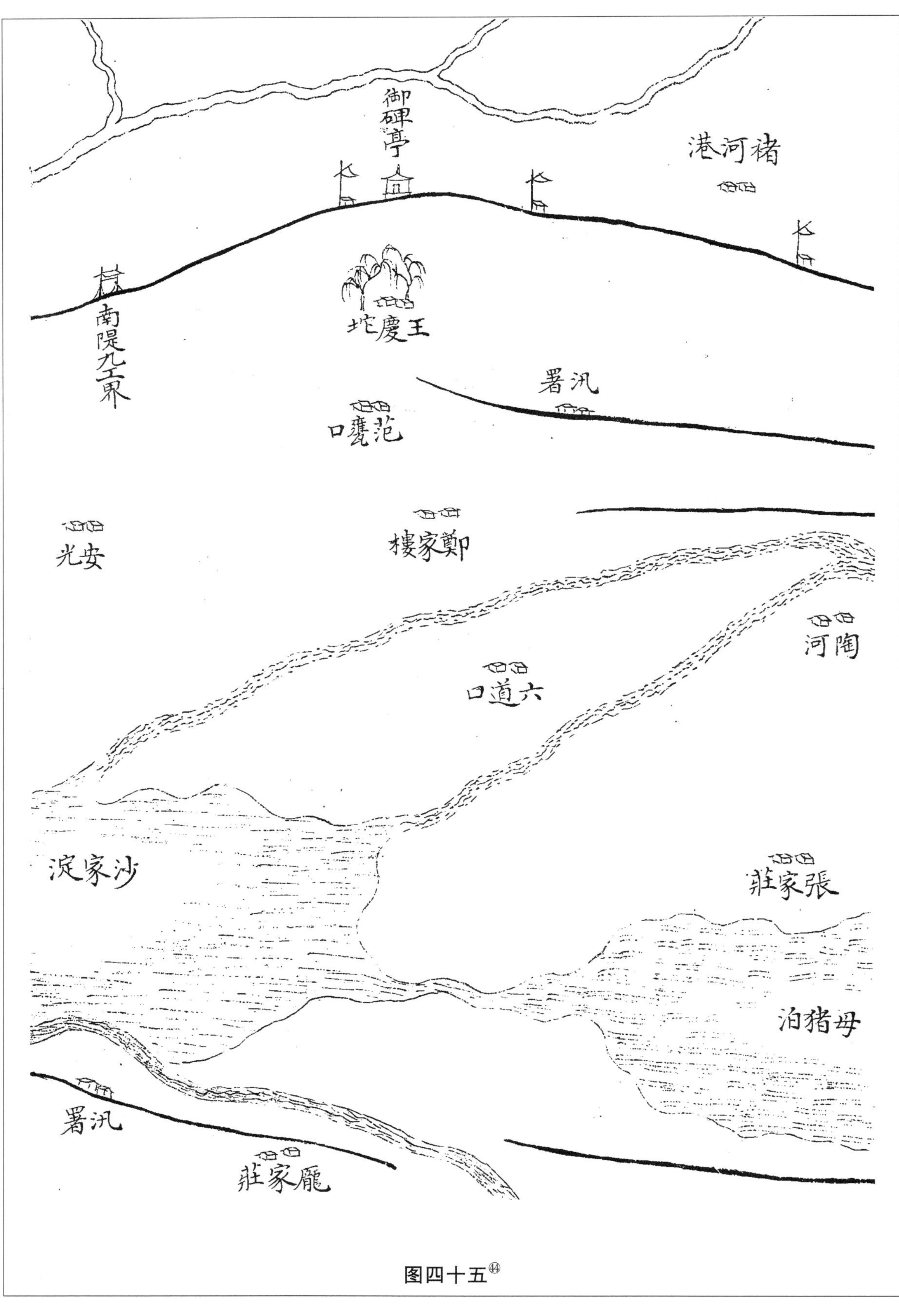

图四十五[44]

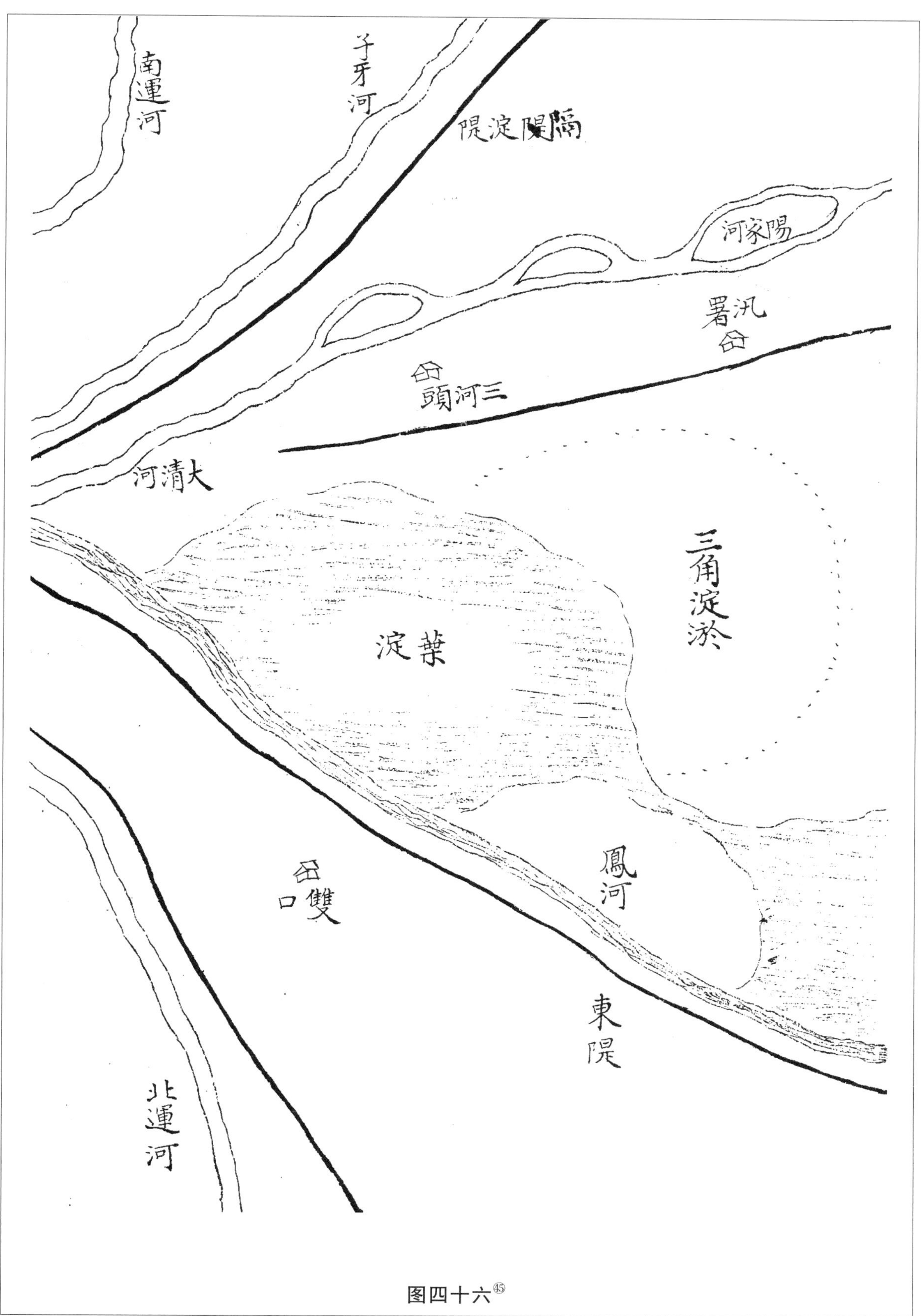

图四十六[45]

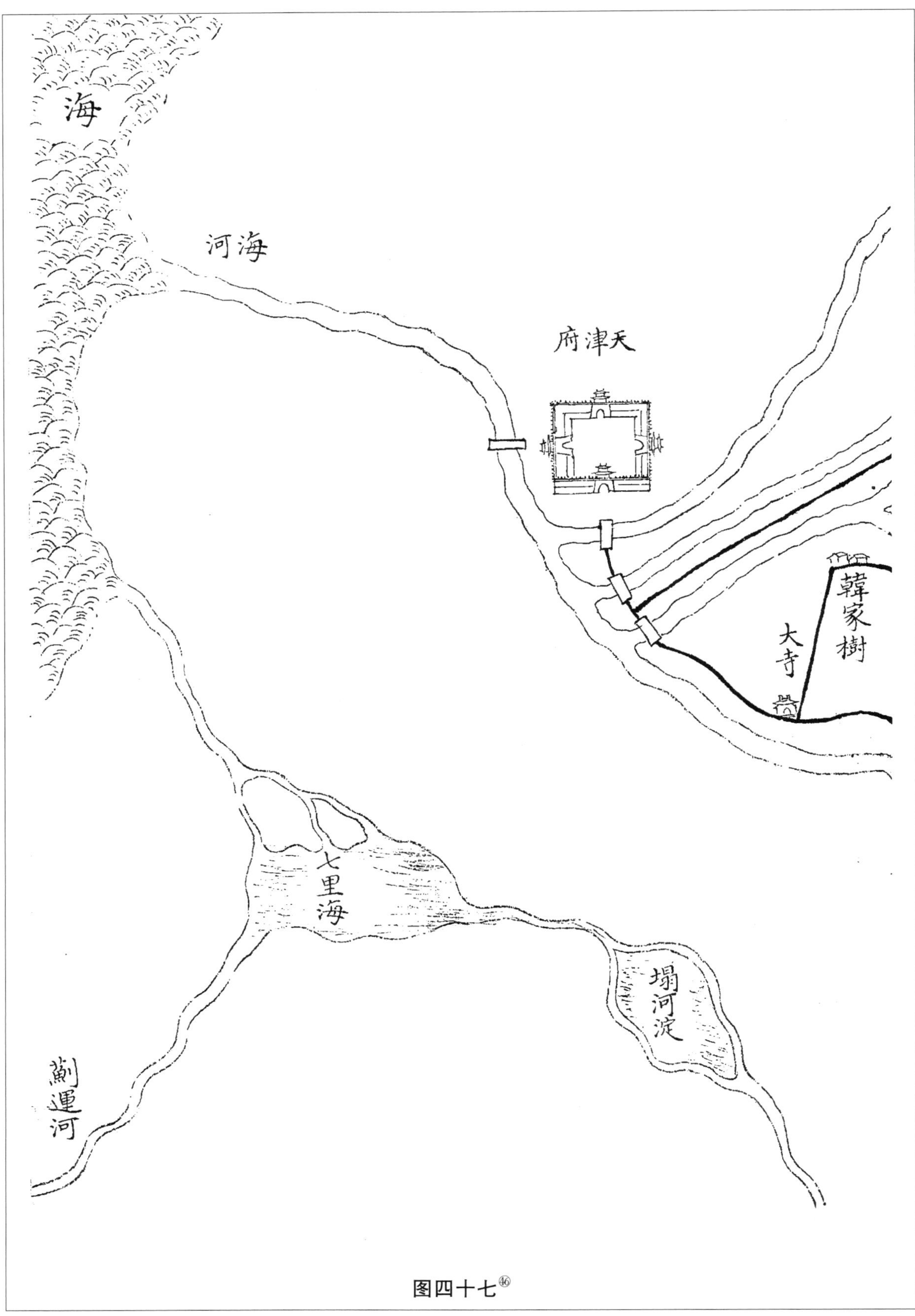

图四十七[46]

[永定河源流全图注释]

①图二，管涔山，在山西省宁武县西南六十里，主峰卧羊场（2603 米）；分水岭在宁武县西南四十里，其东为恢河河源，其西为汾河河源。

②图三，马邑县指山西省朔州市朔城区东北四十里，桑干河北岸的今马邑乡，元、明、清马邑县故治，清嘉庆元年（1796）废入朔州，改为马邑乡。洪涛山在马邑乡北二十里，在山西《朔州市水系图》（朔州市水利局 2011 年五月版）及《山西省地图册 · 朔州市区图》中标高 1460 米。《水经注》谓之“㶟水出于累头山”即此。

③图四，在今朔州市朔城区东境有陈西河底（桑干河北）、南西河底（桑干河南）、肖西河底地名（见上引《朔州市水系图》），当与图中之东西河底、北西河底、西西河底有关。东鄯河（见下图）、西鄯河两村在今山西省山阴县西境，为鄯河流经地。鄯河在今《朔州市水系图》尚有标记。广武河（嘉庆《永定河志》名为雁门关水）。

④图五，西施院今名西寺院；阳和堡今名河阳堡；罗家庄今名罗庄，又名南罗庄；安营子又名安银子。泥河、在上引图中也未见标记。又东鄯河、西鄯河在本图中同位于鄯河西岸，而嘉庆《永定河志》则分列于两岸。

⑤图六，山阴县是指今旧山阴县（古城镇）在桑干河南；夏屋山在山阴县南，东与恒山相连，西与勾注山相连。“黄水河在应州西自朔平府马邑县东北流入山阴县界，又东北流入州（应县）西北八里庄入桑干河（即古㶟水也）见（《大清一统志》）”。

⑥图七，桑干河经黄花岗（黄瓜阜）东南又东流，有木瓜河绕大营村自西北注入桑干河（木瓜河源于山阴县东北，大营村在应县西北）。桑干河又东转南流有磨道河经曹娘子堡、北贾家寨来会（参见《山西省地图册 · 应县图》

⑦图八，鹅毛口河（嘉庆《永定河志》记为清水河）自怀仁县西北，转东南流，经臧家寨（在应县境）东入桑干河。大峪口河见下页注（8）。鹅毛口河当为里八庄河，里八庄河与清水河的源流见卷四今河考有注释辩别之。

⑧图九，图中在云冈山西南的大峪口河，据《清一统志 · 大同府 · 山川》云：“武周寨水在怀仁县南七十里，源出县西新桩村，东流经薛家庄，又东流县东南入桑

干河，一名新庄河，又名南河”。武周塞水实际源于左云县东南，入怀仁县境，东南流至大峪口，始名大峪口河。今名大峪河。又《水经注》：“桑干河又东左合武周塞水，水出故城，东南流出山，经日没城南……东日中城……在黄瓜阜北曲中，其水又东流，注桑干河。”考日没城、日中城在今怀仁县西南金沙滩乡。两书都说武周塞水东流注入桑干河。今《山西省地图册》怀仁县图大峪口河经高镇子东入桑干河。而《朔州市水系图》则标记在应县北部，屯儿村西南入桑干河。图中屯儿村东未标名的河流，嘉庆《永定河志》标记为里八庄河。

⑨图十，图中镇羌水口在今大同市城北七十里的镇羌堡，得胜河在其南由得胜堡注入如浑河（即御河，又名玉河），在大同府城东兴云桥下南流，至塔儿村附近十里河注入，玉河又东南流至高家店与桑干河会。

⑩图十一，浑源河（源于浑源州东汗土峪）由东向西流至西安堡（见图十）南的新桥入桑干河（见上页）。高家店、王官屯、于家寨在今阳高县境。白登河源于今大同县东流至阳高县南，东流至天镇县始名南洋河，后流入直隶境。

⑪图十二，西册田今属山西大同县；贵仁堡、梁家马营在今属山西阳高县。

⑫图十三，李芳山在今山西天镇县西南三十余里；六棱山在阳高县东南与今河北阳原县西北交界处；芦子屯、嘴儿图在今河北省阳原县境。

⑬图十四，西宁县即今河北阳原县；广灵县属山西，治所壶流泉镇，壶流河源于县西南，东流入河北蔚县，又北流入阳原县汇入桑干河。

⑭图十五，怀安县指今河北怀安县旧治怀安城镇，在今县治柴沟堡南四十六里。东城堡在阳原县东部，今称东城镇；蔚州今河北蔚县。

⑮图十六，西洋河堡在今怀安县西境的西洋河水库北岸；大渡口、小渡口在阳原县东部，桑干河两岸，壶流河至此入桑干河。

⑯图十七，图中万全右卫，元宣平县地，明洪武年间置为德胜堡，永乐年间移万全右卫治此，清康熙三十二年改置为万全县，隶属宣化府（见嘉庆《清一统志》三十八宣化府一）。图中西洋河与东洋河相会于德胜堡西，又东流南洋河来会。洋河三大支流汇合地及汇合先后顺序，历来史志有不同说法。谭其骧《中国历史地图集》七、八两册直隶、山西图汇合地均在柴沟堡东；《河北省地图册》怀安县图汇合地也在柴沟堡东。万全县清嘉庆时移治于张家口下堡，今治在孔家庄镇。两地都在柴沟堡东。

⑰图十八，宣化府治所在今宣化县（区），现为张家口市辖县（区）。图中源于

口外的云寺泉下游未标记河名，嘉庆《永定河志》记为清水河，清水河记为葛峪河。

⑱图十九，保安州今涿鹿县。

⑲图二十，新宁堡今名清宁堡。暖泉在怀来县境。

⑳图二十一，鸡鸣山又称鸣鸡山、摩笄山。桑干河、洋河由西北东南流出宣化县界。

㉑图二十二，本图标记洋河在鸡鸣驿西南汇入桑干河。按此说实际有误，洋河自鸡鸣驿东南流，经朱官屯至夹河才汇入桑干河（见《河北省地图册》怀来县图。

㉒图二十三，沙城今河北怀来县县治沙城镇，猪窝源今名珠窝园，在官厅水库西岸。

㉓图二十四，接上图，水门在猪窝源南，在官厅水库西岸。有源于延庆县的，怀来河（当为妫河）经怀来县旧治西流至水门入桑干河，其上游没入今官厅水库。旧庄窝、安家悬、横岭、水峪沟，清《顺天府志》载属宛平县，今属怀来县。

㉔图二十五，幽州（今名小幽州）清属宛平县，今属怀来县。桑干河经幽州进入宛平县（今北京市门头沟区）界。

㉕图二十六，信阳山、信阳村、林台子、沿河口在今门头沟区境，今名为向阳山、向阳村、林子台，沿河口仍旧，《顺天府志》同此。

㉖图二十七，猪窝今名珠窝，清属宛平县，今属门头沟区。

㉗图二十八，图中群鱼口今名芦峪口，其余地名如图。

㉘图二十九，盐池今名雁翅。老婆岭今名落（方言音 lao）坡岭。标记于老婆岭东的清水涧沟，在位于老婆岭西的清水涧村入桑干河，本图所记有误

㉙图三十，石瓮崖今名石古岩（方言音 nie）。其余地名如图。三家店以下桑干河进入平原地区。

㉚图三十一，接上图，桑干河自麻峪始称永定河，并分为东西两股，至阴山两股合流。其西股是今门头沟区和石景山区的界河。本图永定河流向基本上是西北—东南走向。石景山始有石堤。

㉛图三十二，本图永定河基本上是北—南走向，北岸头工上汛界，

实际是永定河东岸，对岸自高店至南岸上头工界是西岸。清代河工文献习惯称之为北岸和南岸。

㉜图三十三，河流走向同前图。图中立垡又名栗垡；高岭又名高陵；老堤庄、鹅房、长羊店、朱家岗仍旧。此河段属宛平县。

㉝图三十四，河流仍北—南走向。夏场又名下场。河西岸属良乡县（今北京房山区），东岸属宛平县（今北京大兴区）

㉞图三十五，河流走向同前图。南张客、北张客，今名南章客、北章客，其余仍旧。西岸金门闸属良乡县，其余属涿州（今河北涿州市）。东岸属宛平县。

㉟图三十六，河流仍北—南走向，西岸属涿州。东岸属宛平县。

㊱图三十七，辛庄、求贤两村以上永定河北—南走向，以下转西—东走向。南岸属固安县；北岸属宛平县。

㊲图三十八，永定河西—东走向。图中南岸在固安县。北岸属宛平县。

㊳图三十九，河流向同前图。南岸属固安县；北岸属宛平县。

㊴图四十，河流向同前图。本图各地名属永清县。

㊵图四十一，河流向同前图。本图各地名属永清县。何麻子营为本志卷一绘图所载第三次改河工程北堤的起点，东至武清县范瓮口，由郭家务开放引河，经王庆坨归淀。见三次改河图。

㊶图四十二，永定河西北转东南流，再转东北流。

㊷图四十三，冰窖属永清县，是卷一第四次改河地。第五次改河地贺尧营当在永清县境，本图未画出。条河头是第六次该河地，属东安县（今廊坊市）。

㊸图四十四，安澜城（又名狼城、郎城）属永清县，第一次改河地。第二次改河地柳岔口（又名牛眼）在霸州，本图未画出。

㊹图四十五，本图各地属武清县（今天津武清区）

㊺图四十六，汇流淀泊及诸河自北向南依次为北运河、凤河、大清河、子牙河、南运河。淀名如图。

㊻图四十七，接上图南运河、子牙河、大清河、凤河、北运河于天津府北依次相汇入海河，转东南流入渤海。

永定河屢次遷移圖

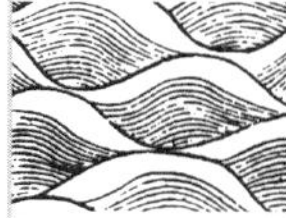

未建隄以前河圖

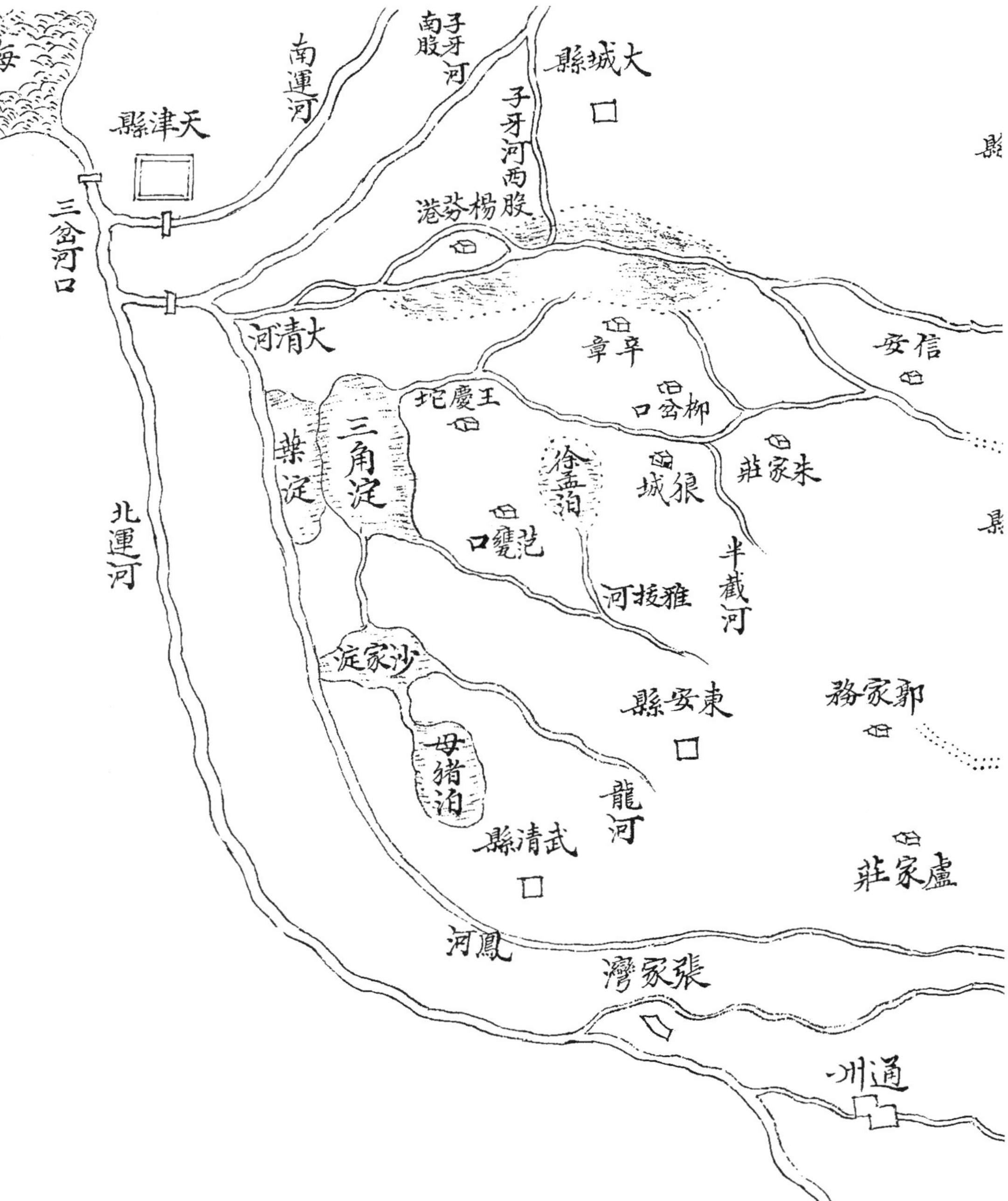

京南以水为固。金元以来，浑河垒入，所至輙淤，遂迁移无定。为宛平、良乡、涿州、新城、雄县、固安、霸州、永清、东安、武清等州县田庐患，非建堤浚河，因势利导不能治也。然不明未建堤以前之形势，亦不显既建堤以后之利赖万世也。爰绘旧河形势于六次迁改河图之前。

图四十八

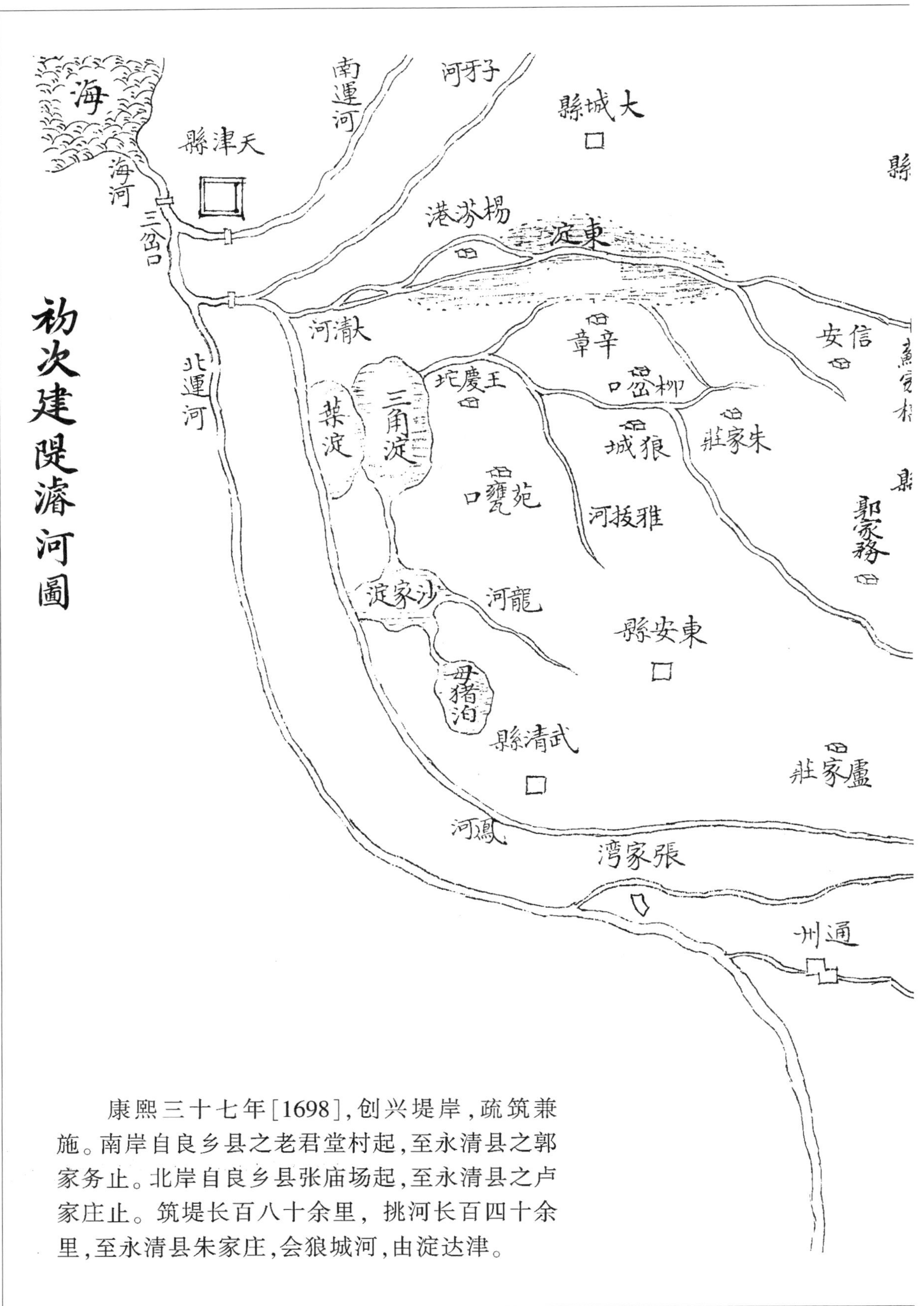

康熙三十七年[1698]，创兴堤岸，疏筑兼施。南岸自良乡县之老君堂村起，至永清县之郭家务止。北岸自良乡县张庙场起，至永清县之卢家庄止。筑堤长百八十余里，挑河长百四十余里，至永清县朱家庄，会狼城河，由淀达津。

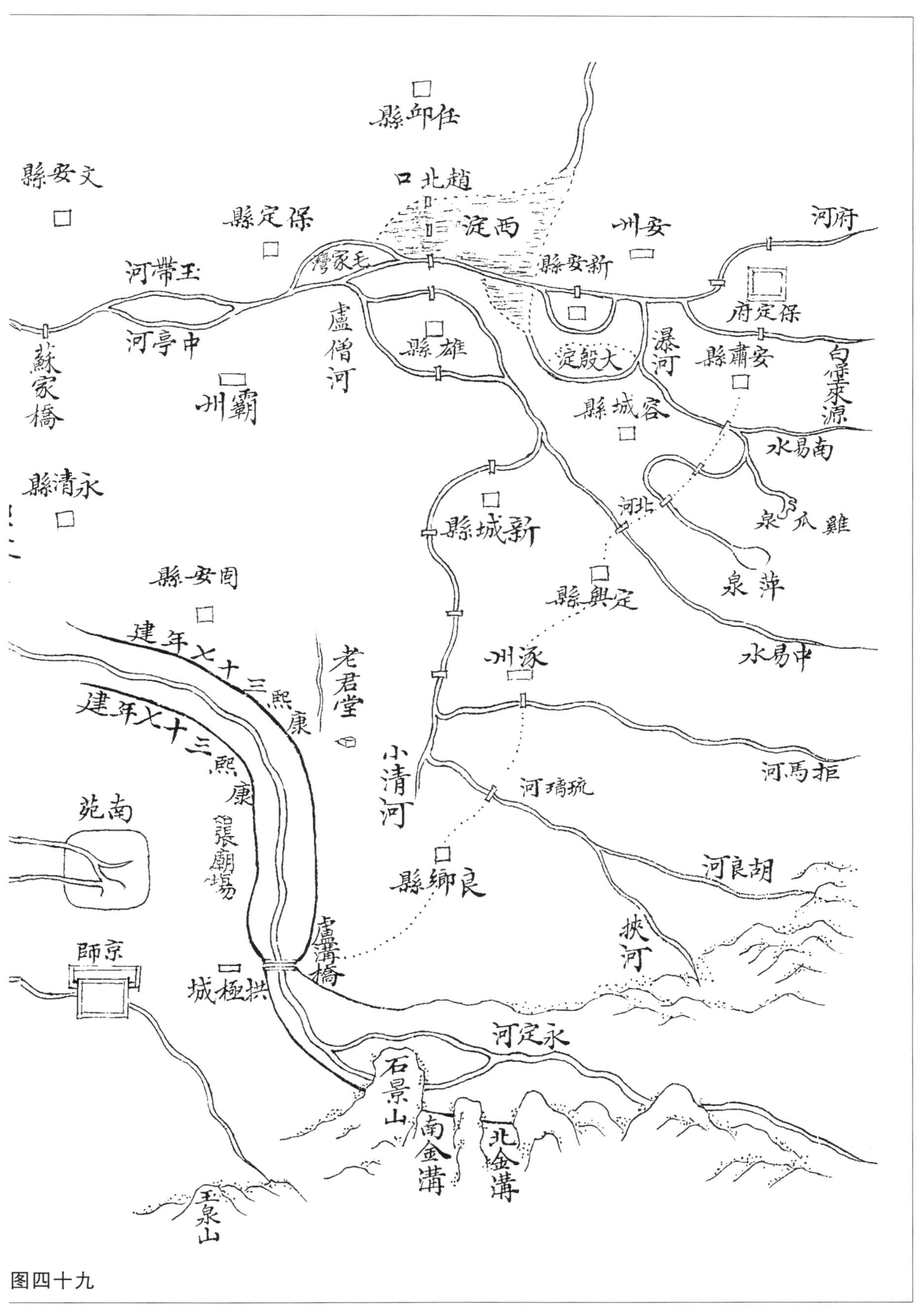
任邱縣
文安縣
趙北口
保定縣
西淀
安州
府河
王帶河
毛家灣
新安縣
中亭河
盧僧河
雄縣
大般淀
瀑河
保定府
安肅縣
蘇家橋
霸州
容城縣
南易水
永清縣
北河
雞爪泉
新城縣
萍泉
固安縣
定興縣
中易水
涿州
老君堂
康熙三十七年建
康熙三十七年建
拒馬河
小清河
琉璃河
南苑
張廟場
良鄉縣
胡良河
挾河
京師
盧溝橋
拱極城
永定河
石景山
南金溝
北金溝
玉泉山
图四十九

二次接隄改河圖

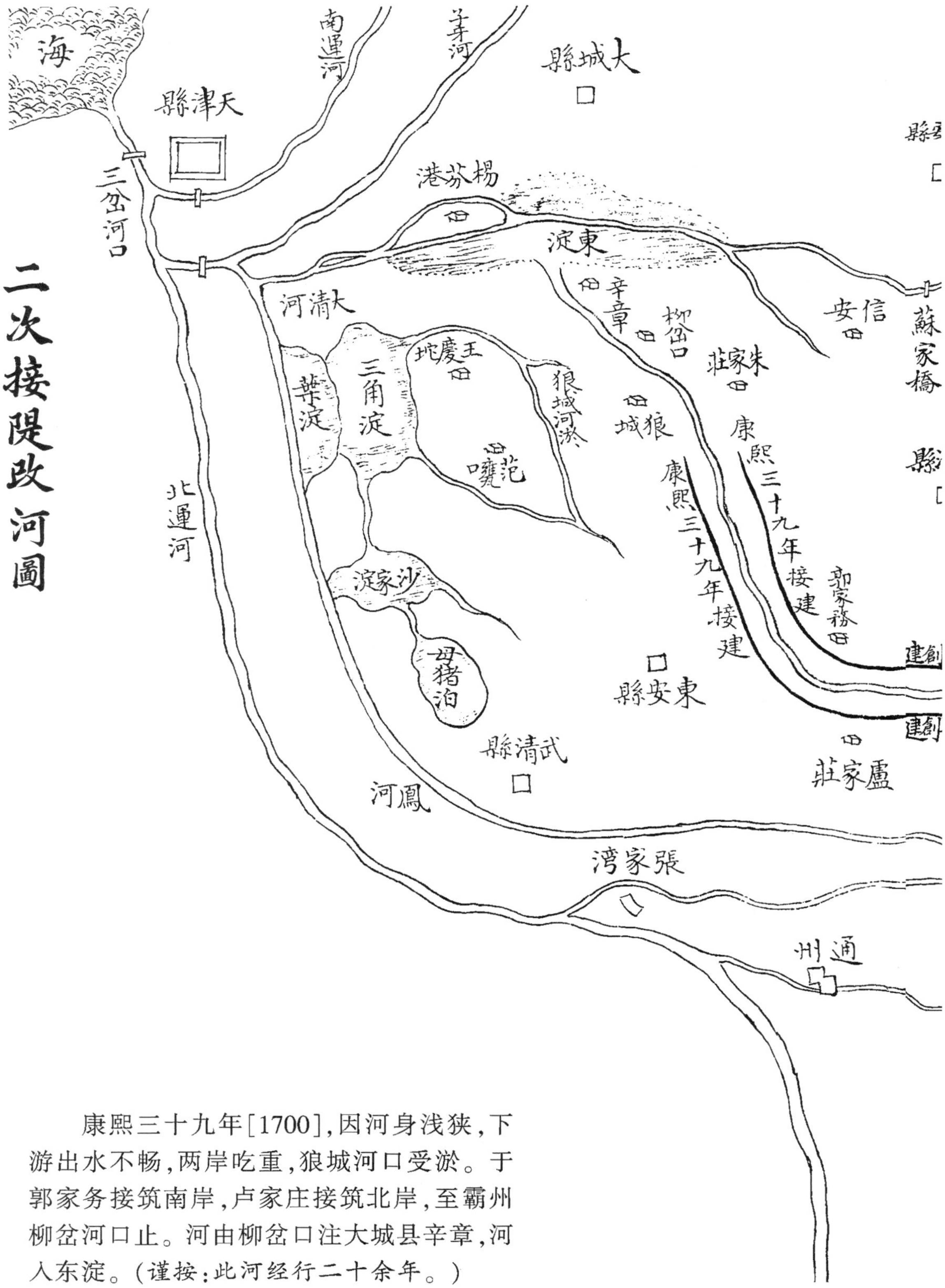

康熙三十九年[1700]，因河身浅狭，下游出水不畅，两岸吃重，狼城河口受淤。于郭家务接筑南岸，卢家庄接筑北岸，至霸州柳岔河口止。河由柳岔口注大城县辛章，河入东淀。（谨按：此河经行二十余年。）

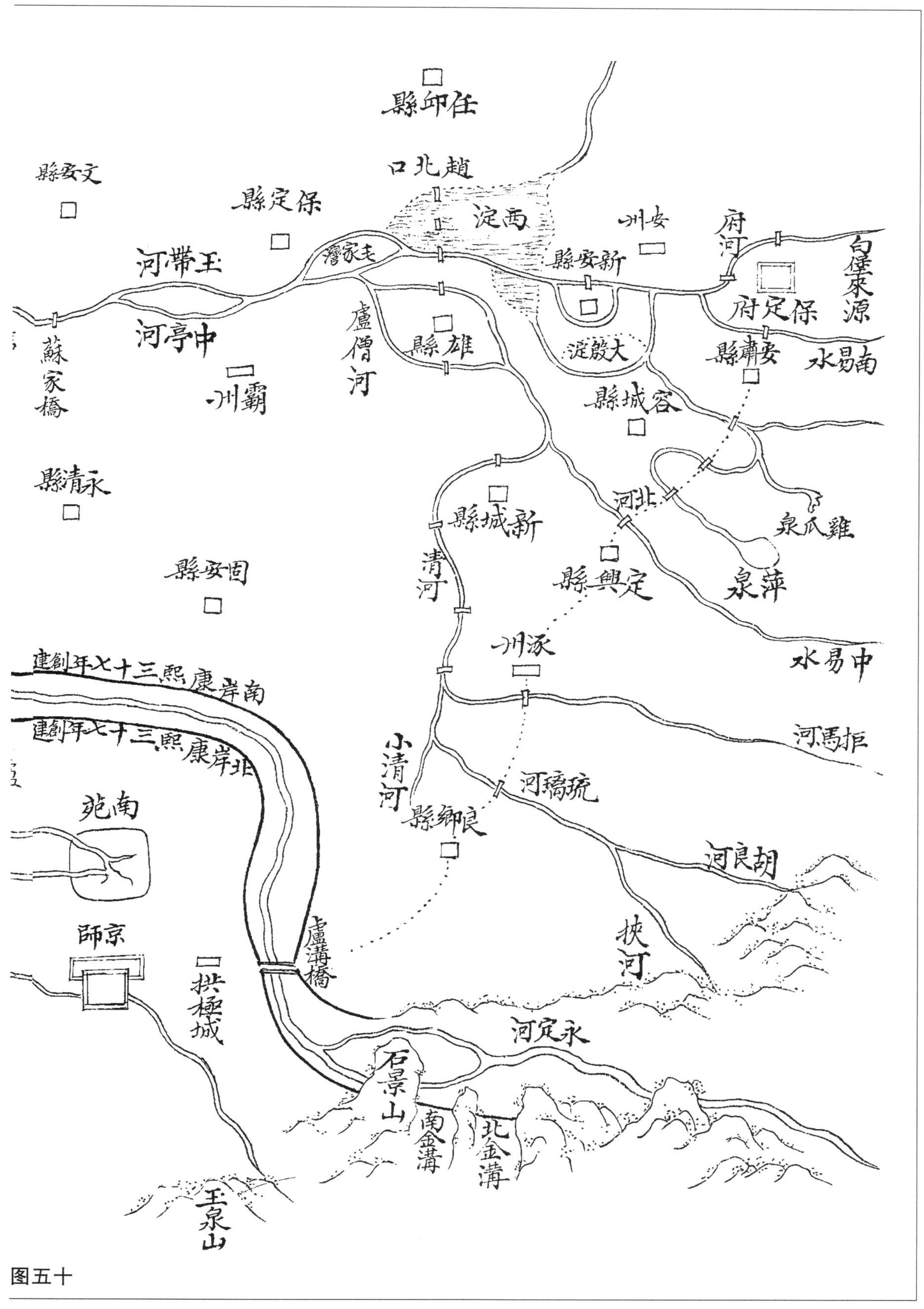
任邱縣
趙北口
文安縣
保定縣
西淀
安州
府河
玉帶河
毛家灣
新安縣
保定府
中亭河
蘇家橋
盧僧河
雄縣
大般淀
安肅縣
南易水
霸州
容城縣
永清縣
北河
新城縣
雞爪泉
萍泉
固安縣
清河
定興縣
涿州
中易水
南岸康熙三十七年創建
北岸康熙三十七年創建
拒馬河
小清河
琉璃河
良鄉縣
南苑
胡良河
京師
盧溝橋
拱極城
挾河
永定河
石景山
南金溝
北金溝
玉泉山
图五十

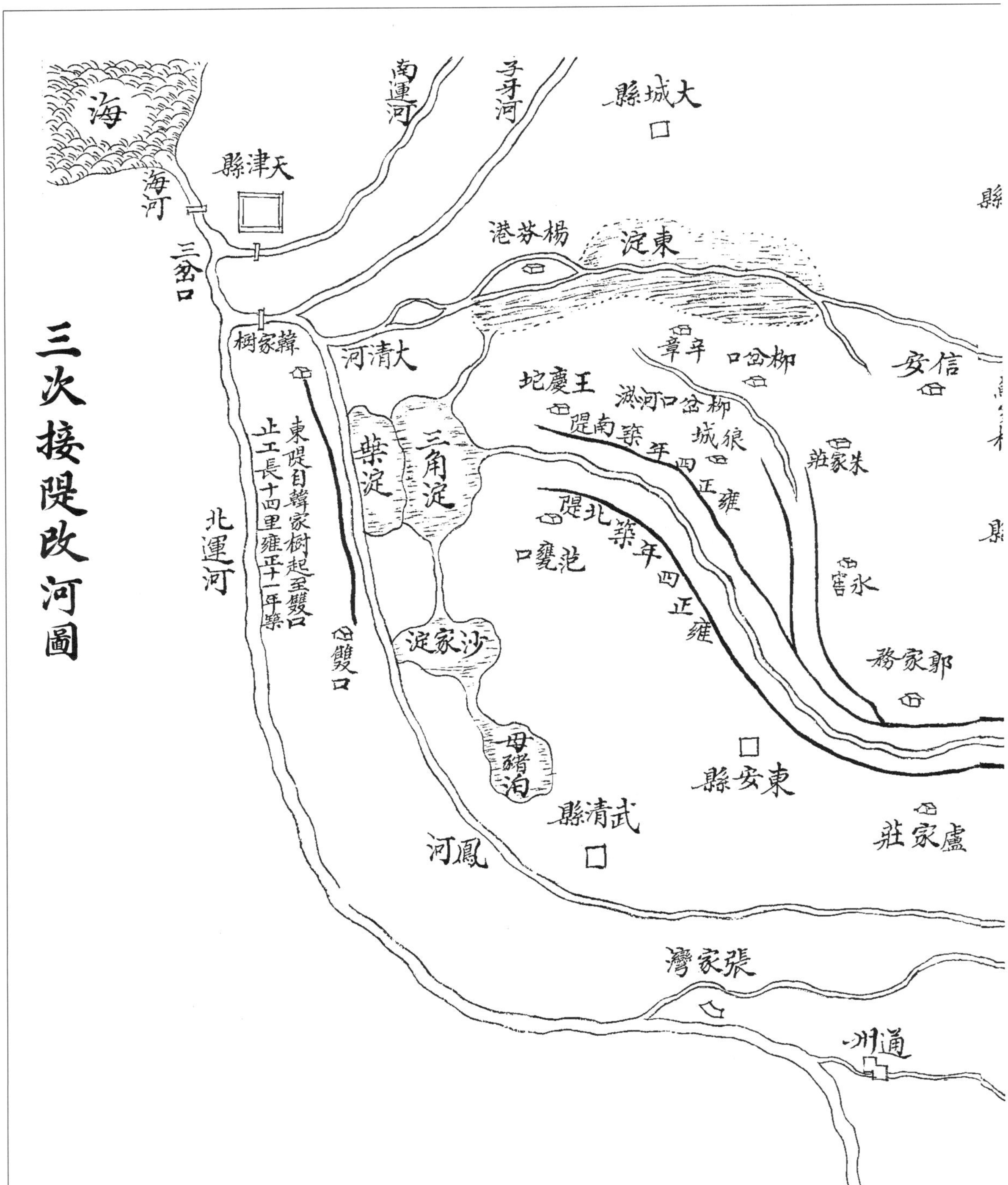

三次接隄改河圖

雍正四年[1726]，辛章、胜芳一带淀池被淤，阻清水达津之路。议筹河淀分流，遂自永清县冰窖村改筑南岸，至武清县王庆坨止；自卢家庄接筑北岸，经冰窖村北至武清县范雍口止。挑河入三角淀，达津归海。（谨按此河经行二十五年）

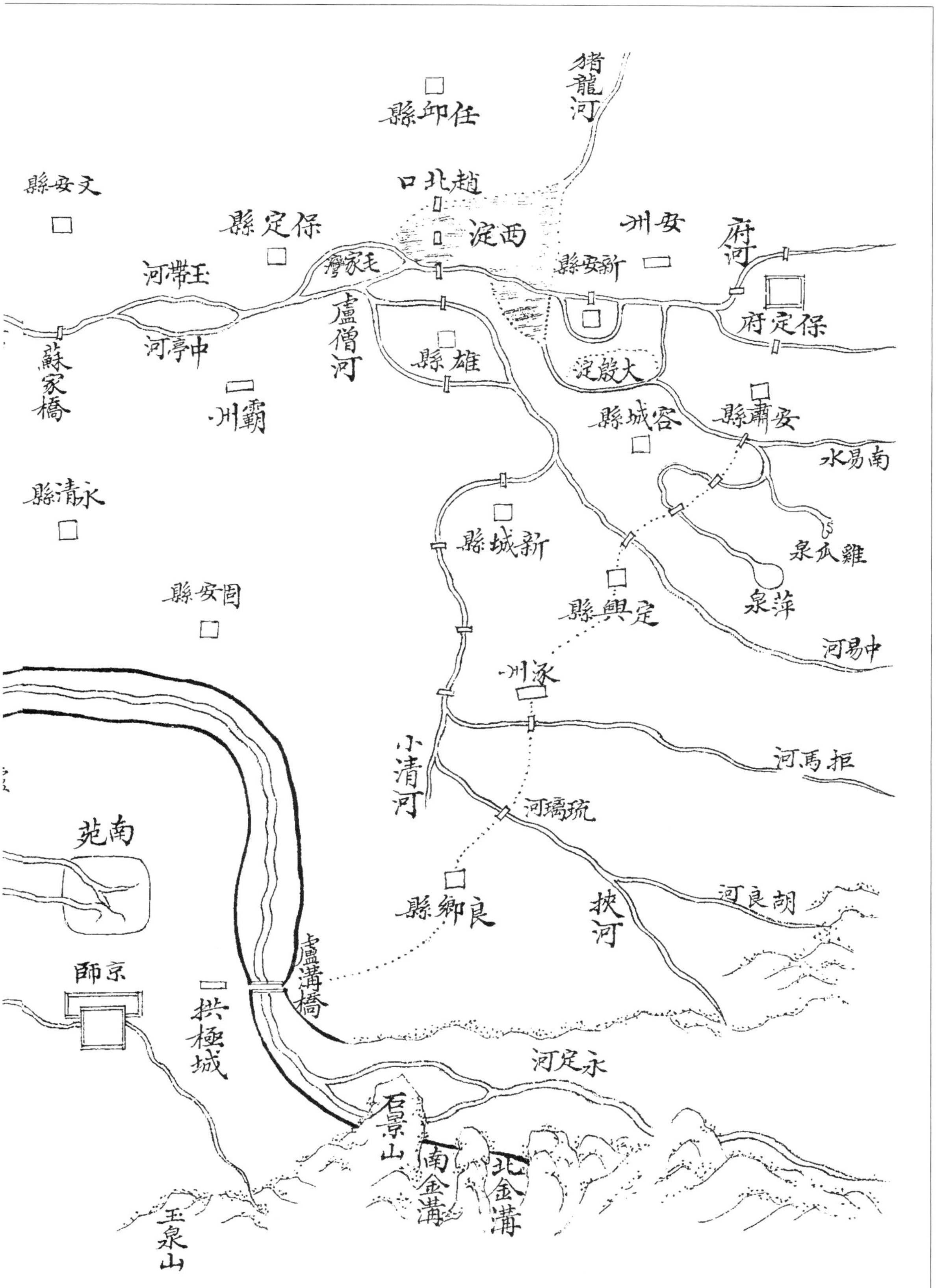

猪龍河
任邱縣
文安縣
趙北口
保定縣
西淀
安州
府河
王帶河
毛家窪
新安縣
盧僧河
保定府
蘇家橋
中亭河
雄縣
大殷淀
霸州
容城縣
安肅縣
南易水
永清縣
新城縣
雞瓜泉
萍泉
固安縣
定興縣
中易河
涿州
拒馬河
小清河
琉璃河
南苑
良鄉縣
挾河
胡良河
盧溝橋
京師
拱極城
永定河
石景山
南金溝
北金溝
玉泉山

图五十一

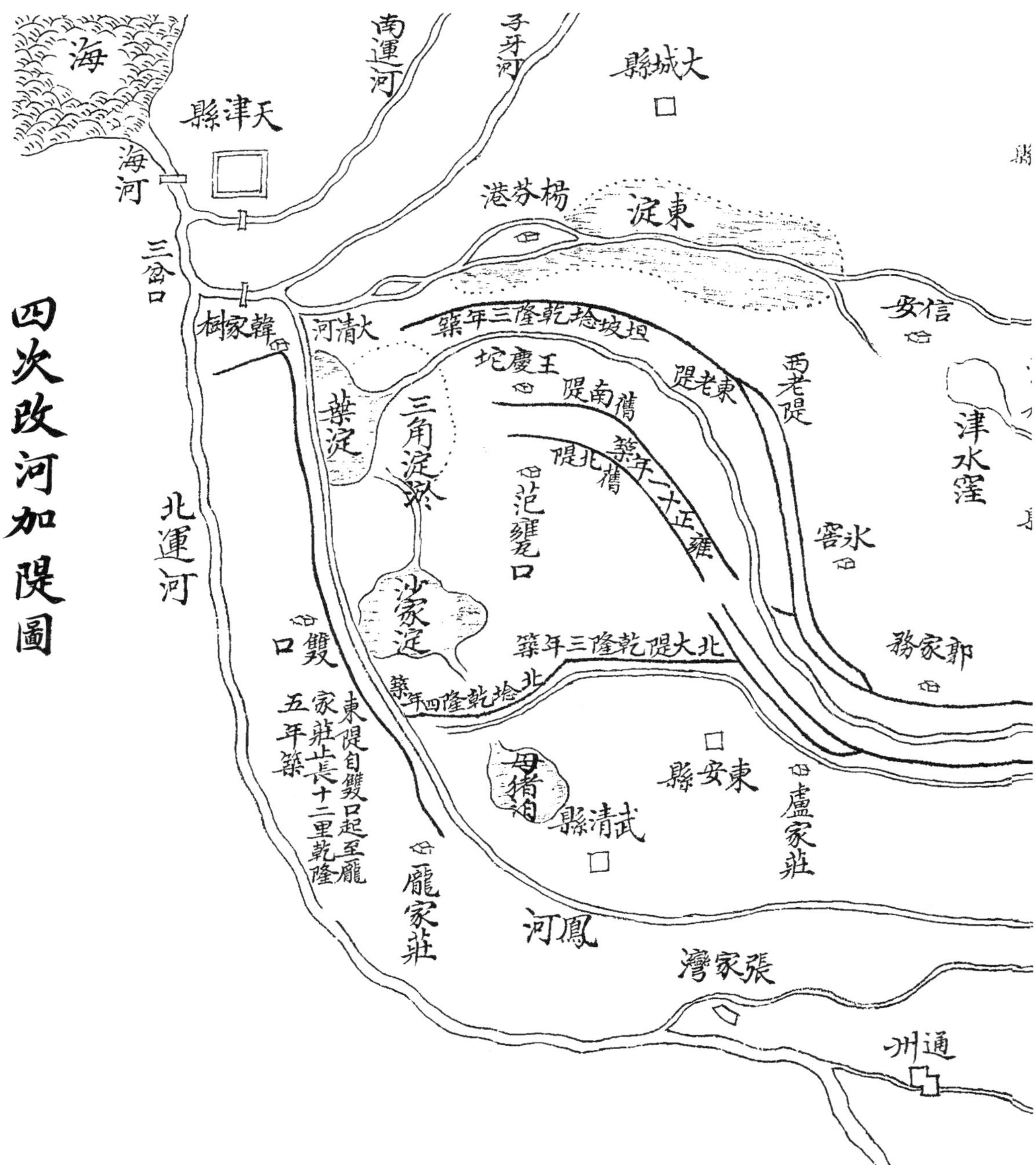

四次改河加隄圖

乾隆十六年[1751]，三角淀一带淤成高仰之势。南岸七工，冰窖、草坝、凌汛夺溜，河由南岸外行，东入药淀，循凤河会入大清河。遂加培康熙三十九年[1698]接筑之北堤，并乾隆三年[1738]所筑之南坦坡埝为南埝，以乾隆四年所筑之北大堤为北埝，分员防守。(谨按：此河经行五年)

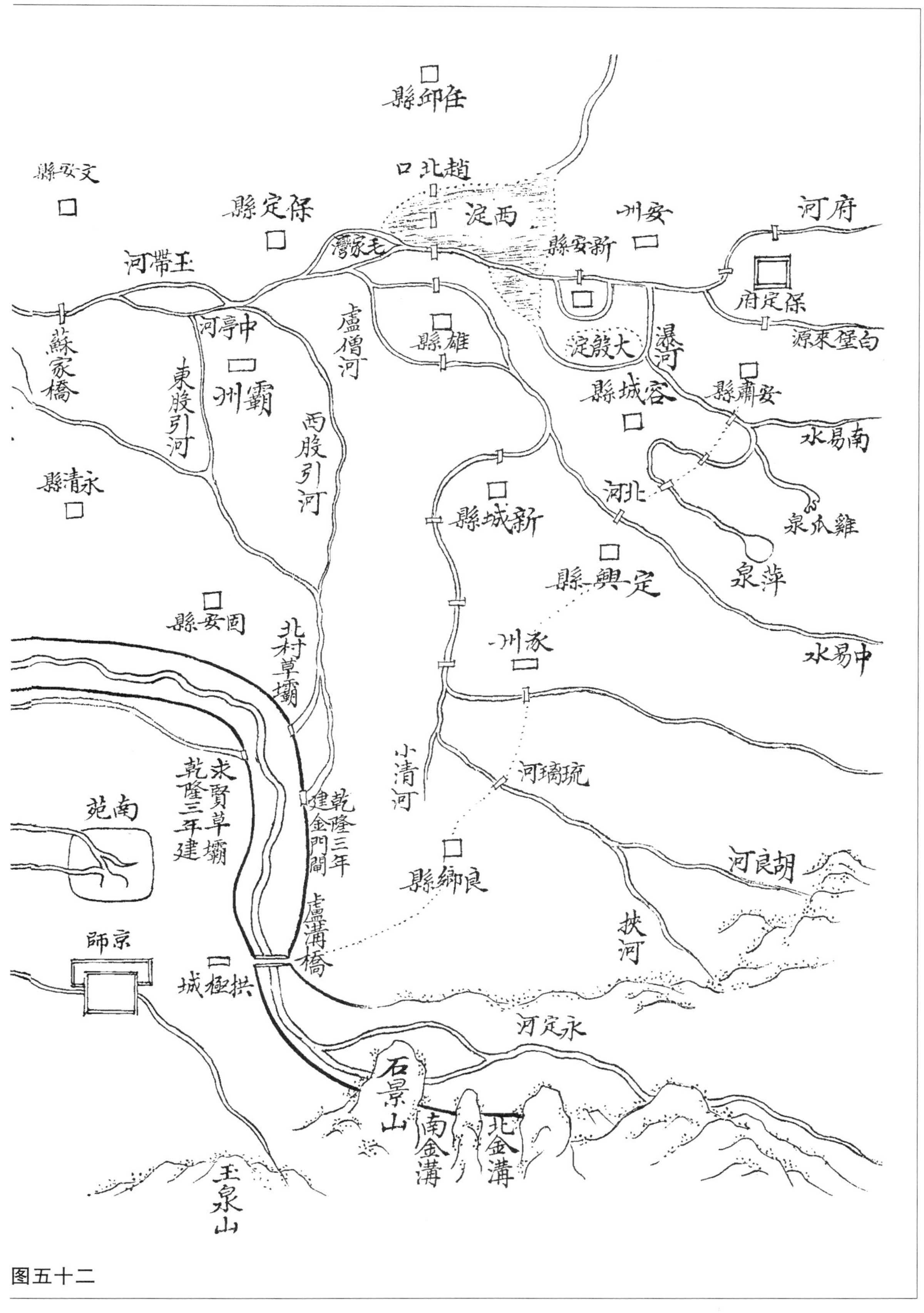
任邱縣
趙北口
文安縣
保定縣
西淀
安州
府河
新安縣
毛家灣
王帶河
保定府
中亭河
盧僧河
雄縣
大殷淀
瀑河
白溝東源
蘇家橋
東股引河
霸州
西股引河
容城縣
安肅縣
南易水
永清縣
北河
新城縣
雞爪泉
萍泉
定興縣
固安縣
排草壩
涿州
中易水
小清河
琉璃河
南苑
求賢草壩
乾隆三年建
乾隆三年建金門閘
良鄉縣
胡良河
盧溝橋
挾河
京師
拱極城
永定河
石景山
南金溝
北金溝
玉泉山

图五十二

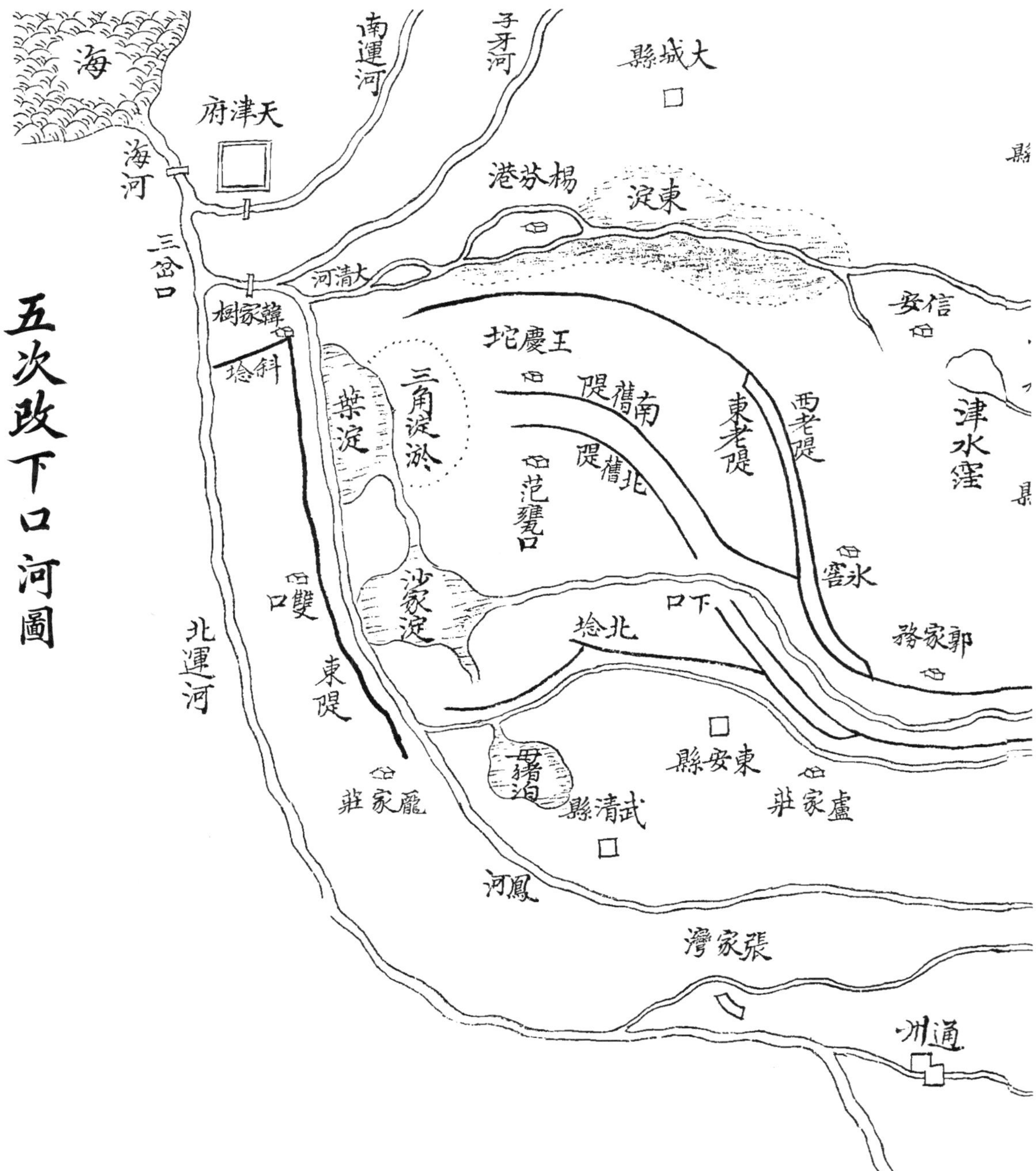

五次改下口河圖

乾隆二十年[1755],因南堤外地面窄狭,汛过輒淤,皇上临阅,指示机宜,于北岸六工二十号开堤放水,改为下口,河流东注,畅入沙家淀。循风河南会大清河,达津归海。(谨按:此河自乾隆二十年至三十七年已经行十七年。)

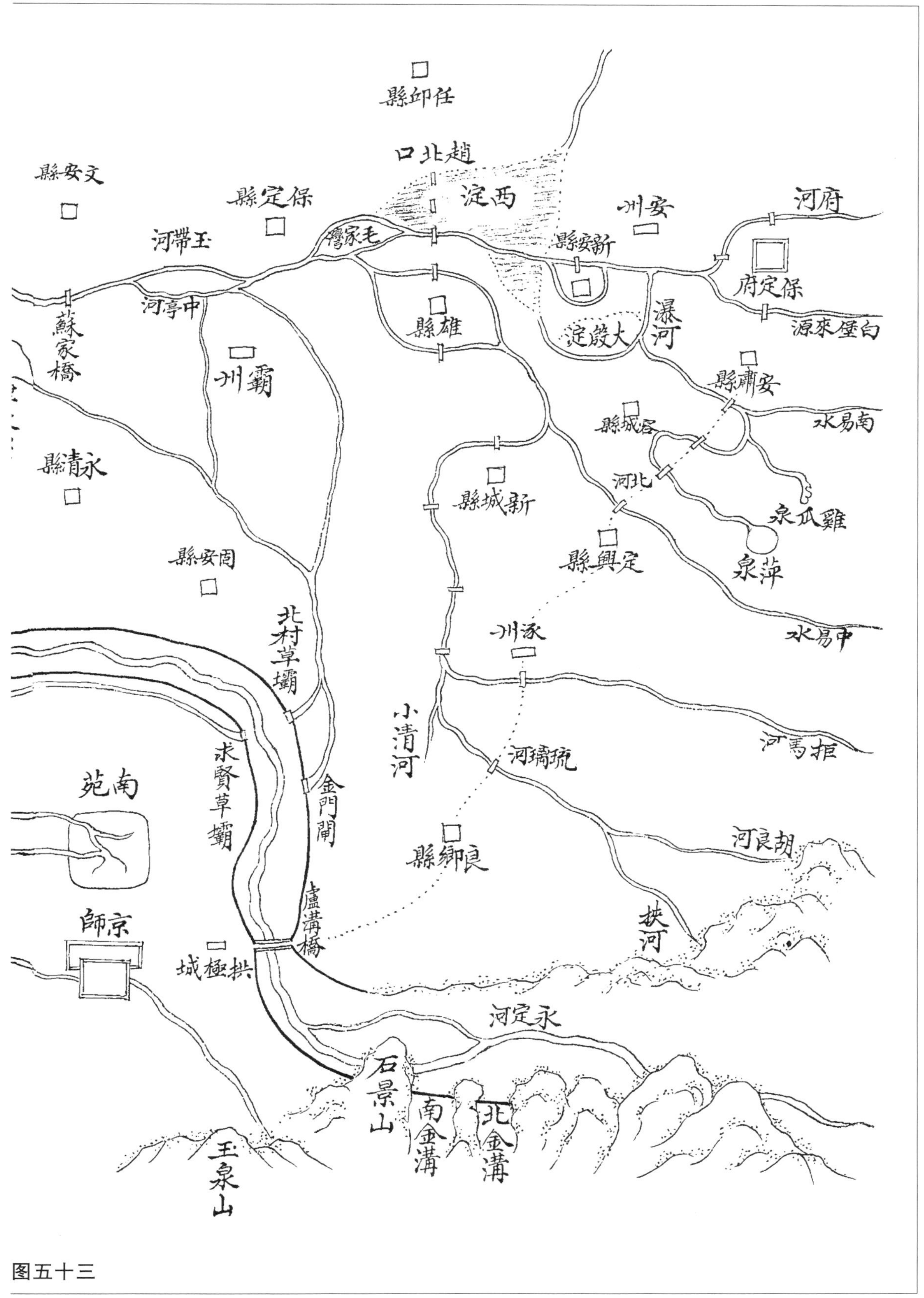
任邱縣
趙北口
文安縣
保定縣
西淀
安州
河府
王帶河
毛家灣
新安縣
保定府
中亭河
蘇家橋
雄縣
大毁淀
瀑河
白溝來源
霸州
安肅縣
容城縣
南易水
永清縣
新城縣
北河
雞瓜泉
固安縣
定興縣
萍泉
北村草壩
涿州
中易水
小清河
琉璃河
拒馬河
求賢草壩
金門閘
南苑
良鄉縣
胡良河
京師
盧溝橋
挾河
拱極城
永定河
石景山
南金溝
北金溝
玉泉山

图五十三

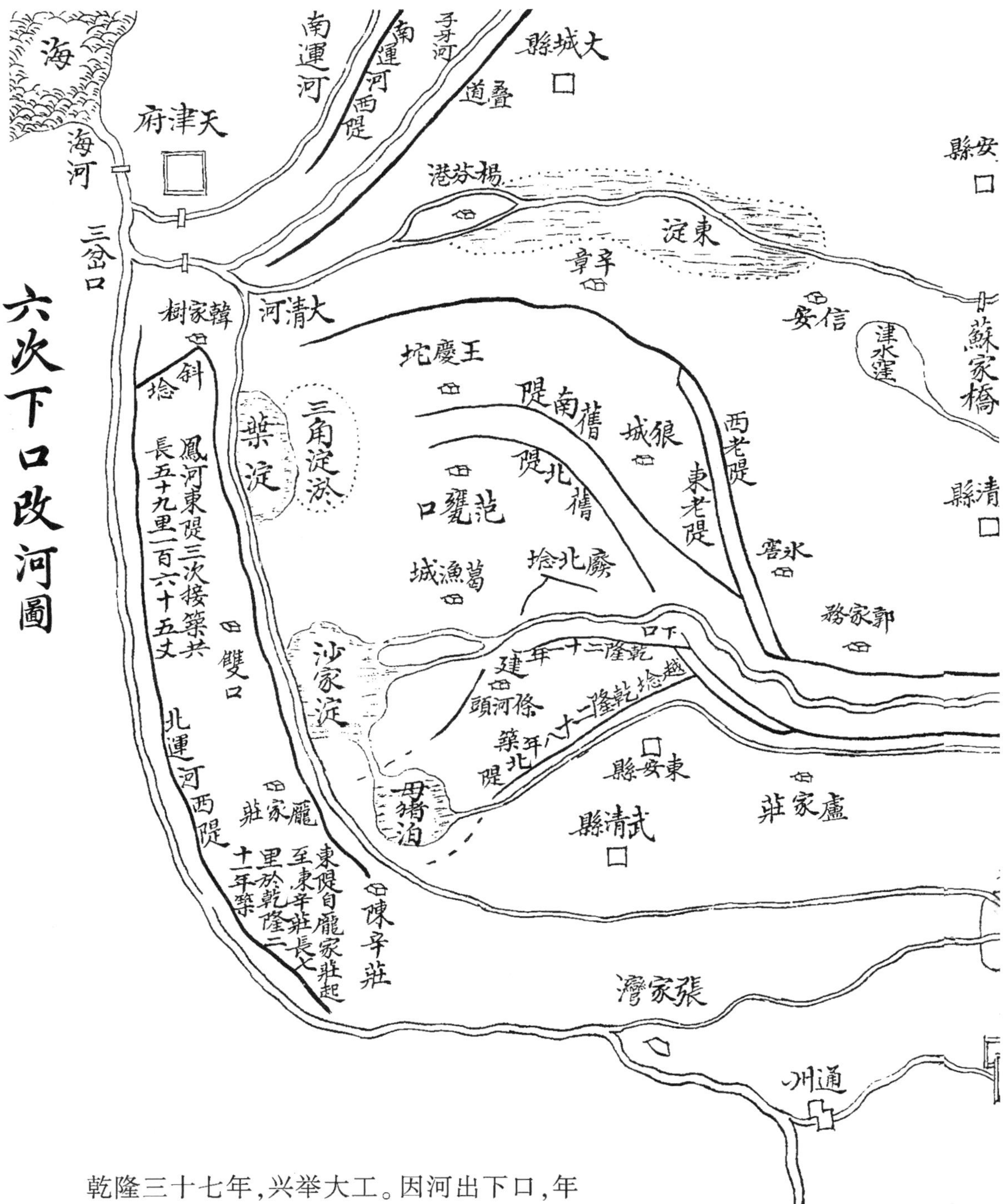

六次下口改河圖

乾隆三十七年，兴举大工。因河出下口，年久地淤，形势迂曲，于东安县之条河头挖河，经毛家洼直入沙家淀。（谨按：此次所挖之河虽在条河头村南，而上承下口，下入沙家淀，仍是乾隆二十年[1755]所改下口经行之地。迄今又十七年，安流顺轨，统计共三十四年矣。）

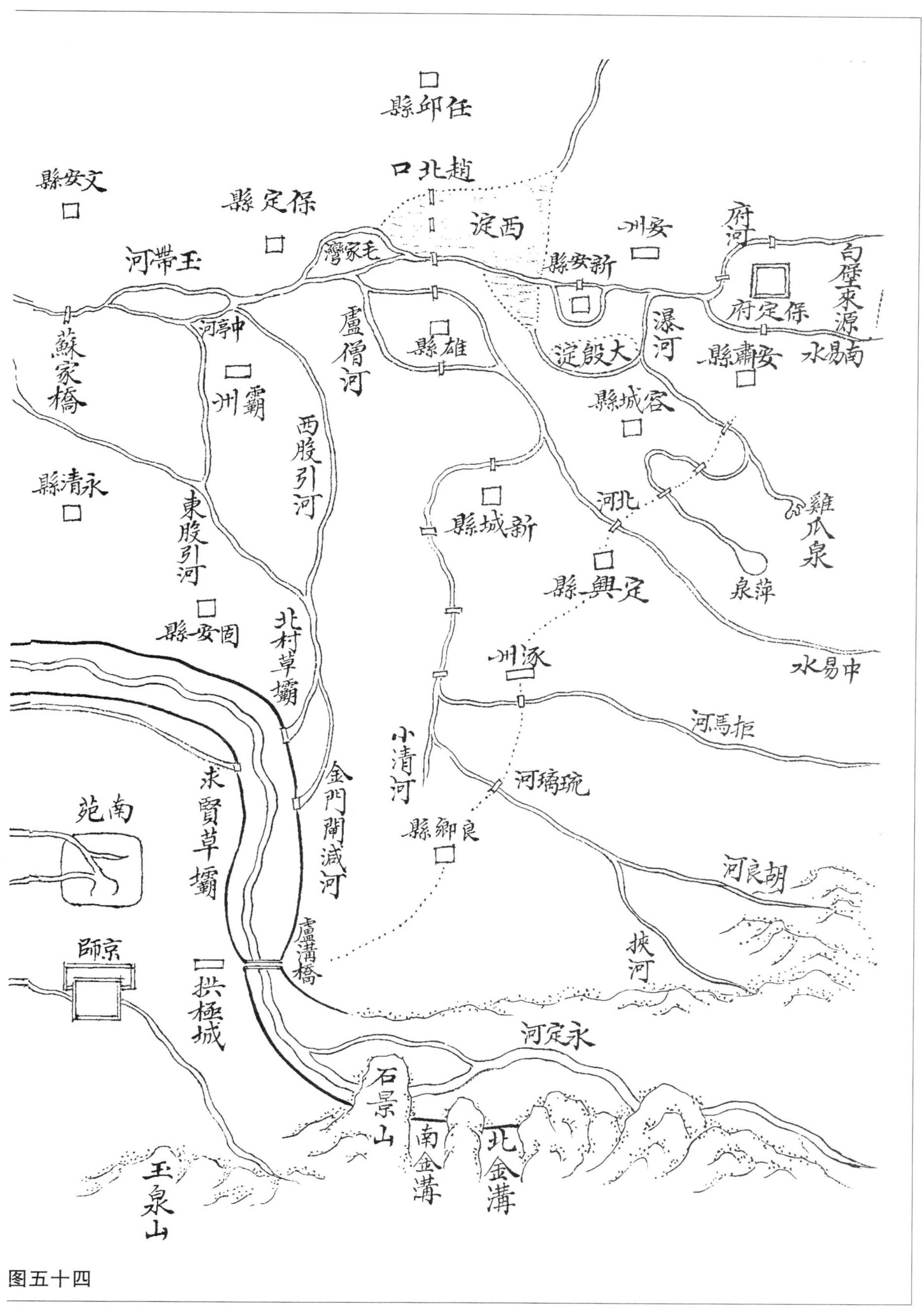
任邱縣
趙北口
文安縣
保定縣
西淀
安州
王帶河
毛家灣
新安縣
府河
白溝河
保定府
來源
南易水
蘇家橋
中亭河
盧僧河
雄縣
大𤄊淀
瀑河
安肅縣
霸州
容城縣
西股引河
永清縣
北河
雞爪泉
新城縣
東股引河
定興縣
萍泉
固安縣
北村草壩
涿州
中易水
拒馬河
小清河
金門閘減河
琉璃河
南苑
求賢草壩
良鄉縣
胡良河
京師
盧溝橋
挾河
拱極城
永定河
石景山
南金溝
北金溝
玉泉山
图五十四

卷一 图

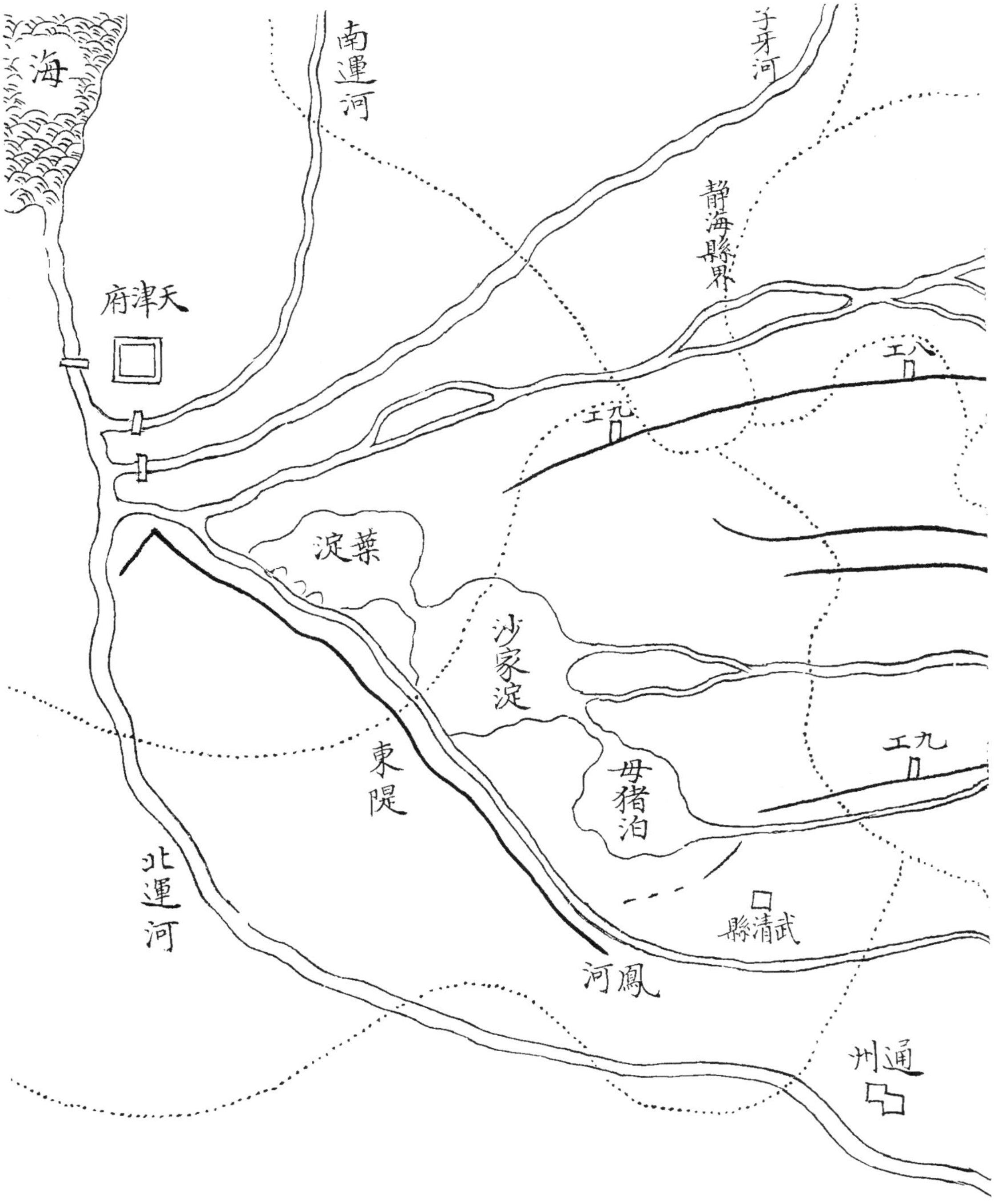

永定河沿河州县分界图[3]

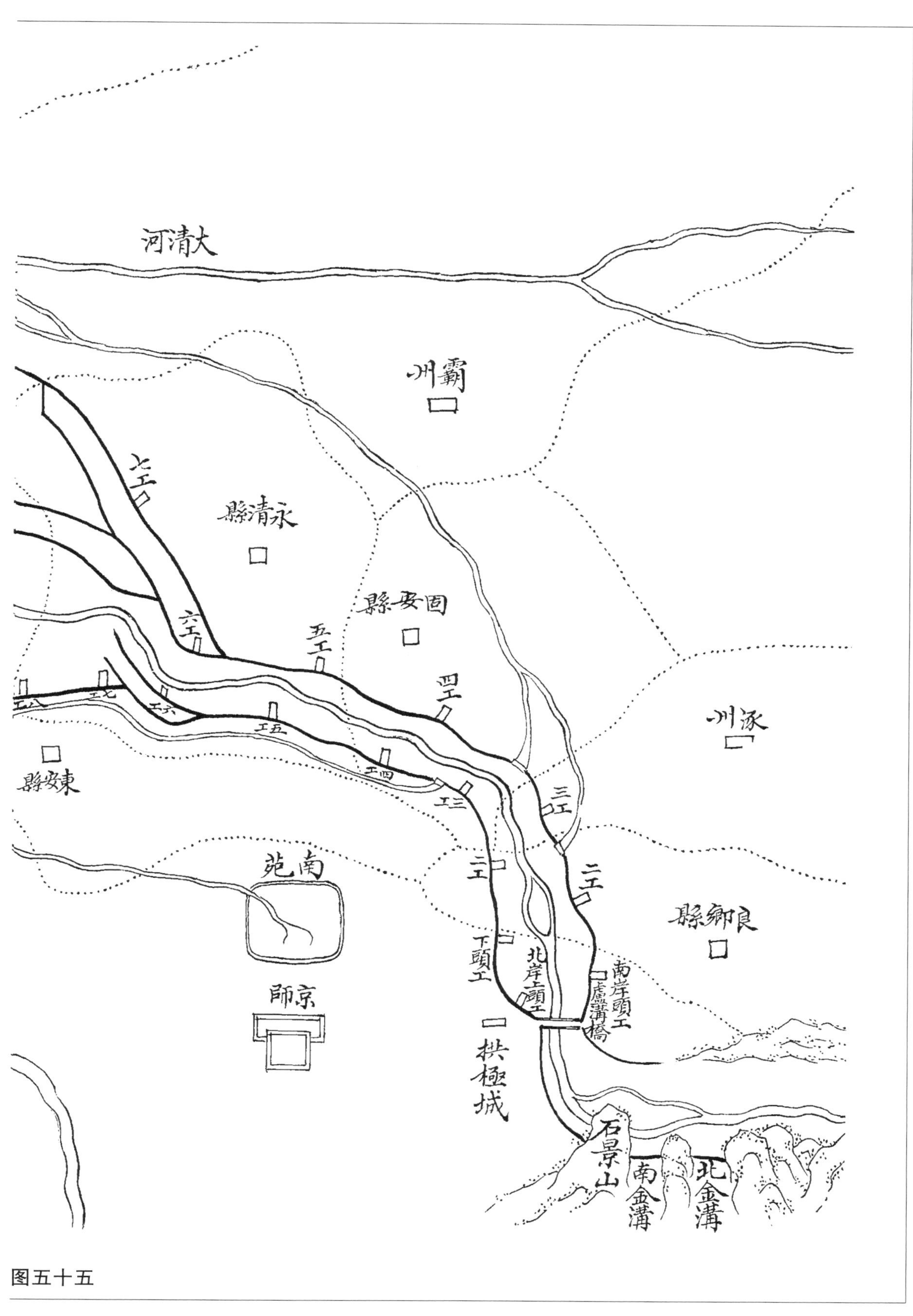

大清河
霸州
永清縣
七工
固安縣
六工
五工
四工
涿州
東安縣
南苑
三工
二工
二工
良鄉縣
下頭工
北岸頭工
南岸頭工
盧溝橋
京師
拱極城
石景山
南金溝
北金溝

图五十五

永定河州县分界图

永定河，原名桑干河，一名卢沟河。其水挟沙拥泥，因名浑河。以其迁徙靡常，俗又谓之无定河。辽、宋以前，河在京北，元、明以后河在京南，浸淫及于雄县、新城、霸州，其故迹可考也。自石景山麓至卢沟桥南，金、元及明，建有土石堤工，为京城障卫。国朝因之。以下则向无修防，水势散漫，屡为畿南田庐患。康熙三十七年［1698］，我圣祖仁皇帝轸念民艰，亲临指授，疏筑兼施，设官分理，赐名永定。此建堤修防之始也。堤工既建，水行地中，两岸设桩埽，以防其冲激，疏中泓，以利其宣泄。又建闸坝，挑减河，以分异涨。治河之法备矣。而下游不免数次迁改者，水过沙停，尾闾不畅，不得不另筹去路耳。盖永定河不能独自达海，必东会凤河，南入大清河，又东会子牙、南北运河，而后达津归海。天津三岔河口，为诸河总汇。伏、秋汛期，永定河泥沙正盛，各河水势亦正涨。清流前亘，众水横趋，浑流不能畅达，而泥沙遂停矣。故欲筹治水，必先筹治沙。如束其挟沙拥泥之势，使之南注东淀，则淤东淀，而清河为之阻。东注凤河，则淤凤河，而浑流不能行。是永定河有泄水之尾闾，无泄沙之尾闾。此其所以难治也。康熙三十九年［1700］以后，水由柳岔口直入东淀，经行二十余年，淀池受淤。我世宗宪皇帝雍正三年［1725］，特命和硕怡亲王、大学士朱轼兴修直隶水利，面承谕旨。令引浑河别由一道，遂改由柳岔口稍北东入三角淀。从此，河自河，而淀自淀。诚治永定河一大关键也。经行既久，三角淀又复淤平。河尾出水不畅，遂致冰窖夺溜。我皇上屡经亲临，指授机宜。乾隆二十年［1755］，于北岸六工二十号改为下口，使河流东入沙家淀。嗣又以南、北两埝为下口关束。两埝相距四十余里，地面甚宽，听其荡漾，以散水匀沙。澄清之水，始由沙家淀会凤河，入大清河。沙治而水因以治。迄今三十余年，安流顺轨。河淤地亩，且收一水一麦之利。此又治永定河一大关键也。惟是历年既久，南淤则水北漾，北淤则水南漾。凡偏隅低洼之区可以停沙者，每岁疏浚引导，渐次淤平。非复昔时畅达之势矣。下口淤高，上游河底随之而高，两岸堤工遂形毕矮，难资捍御。五十一年［1786］，督臣刘峩奏请加培上游堤工，堤身加高，下口地面自形低洼。遇有盛涨，仍自畅流。此亦权宜补救之一法也。司河务者，按籍稽考，凡建堤疏河之故，下口变迁之由，皆可悉其原委。若夫挟沙拥泥，善徙易淤，水性然也，而因势利导，权宜变通，精义悉具。于谕旨宸章中，敬谨紬绎，知救弊补偏，即经久不易之策。至疏筑、修防，成法备载、简编，是在人参酌行之。

臣陈琮谨识

[卷一校勘记]

〔1〕图八中桑干河北的三条河，在云冈山由西北而南的是大峪口河，标记大峪口河的当是里八庄河，而标鹅毛口的当是清水河。里八庄河、清水河的源流参见卷四注释。

〔2〕图二十九中清水涧在老婆岭东入桑干河，而实际是老婆岭西入桑干河。

〔3〕原图题手写竖排，单占一页。为读者阅图方便改字体标注此处。

卷二　职官表

总述　增改　裁复

职官表一（总河　副总河　巡抚　南北岸分司　南北岸同知　笔帖式　千总　把总）

职官表二（总督　河道　同知　通判　南北岸十三汛　南北堤六汛　河营守备　千总　把总　三角淀经制外委　凤河东堤经制外委）

附：官俸　吏役名额　工食[1]（听差经制外委　兵额　道厅书吏　道厅汛备千把俸工养廉　经制外委养廉马干钱粮　道厅汛衙役民壮工食支给）

总述　增改　裁复[2]

官有职守不可缺，亦不容滥，因时因地，自古然已。矧河工迁徙靡定，今昔异宜。自康熙三十七年［1698］建堤以来，上自总河，下及汛弁，或增设，或改设，或裁或复，靡不因时因地以制其宜。考康熙年间分司、笔帖式，皆部员奉差，往来靡定。雍正初，始设河道及州县佐贰为汛员，遂有专司。今自康熙三十七年起，至雍正三年［1725］止，为职官表一。雍正四年［1726］以后为职官表二。总述、增改、裁复之由于表前，附列各官俸工、吏役名额、工食于表后。以志本朝慎重河防，建官分职，无缺无滥之至意。

直隶总督兼管河道

顺治元年［1644］，原设总河，辖直隶、山东、河南、江南、浙江等处河务，驻扎济宁州。雍正九年［1731］，添设直隶正、副总河，驻扎天津府，专管直隶河务。乾隆元年［1736］，裁副总河，十四年［1749］，裁正总河。直隶河务归总督管理。①

永定河道

康熙三十七年［1698］，原设南、北岸两分司。雍正元年［1723］，裁南岸分司，以北岸分司兼管南岸分司事。四年［1726］，改设永定河道②，原辖南岸同知一员，州判、县丞、主簿、吏目十六员，千总二员，把总二员。今辖石景山、南岸、北岸同知三员，三角淀通判一员，州判三员，县丞七员，主簿七员，吏目[3]□员，河营守备一员。石景山南、北岸千总各一员，南、北岸把总各一员，浚船把总一员，凤河东堤分防经制外委一员，浚船经制外委二员，随辕经制外委九员，额外外委六员。③

① 河道总督的设置始于明成化七年［1471］，命王恕为工部侍郎总理河道，后以都御史总督河务。清顺治元年［1644］设河道总督［省称总河］，管理直隶、山东、河南、江南、浙江等处河务。驻扎济宁。雍正二年［1724］设河道副总督。七年［1728］设江南河道总督，驻清江浦［今江苏淮阴市］，专管江南河道，省称南河。光绪二十八年［1902］裁撤。雍正七年［1728］设山东、河南河道总督，驻济宁，专管山东、河南、黄、淮、运等河务，省称东河；咸丰八年［1858］裁撤。雍正九年［1730］添设直督河道水利总督及副总督，专管直隶永定河及其它河流河务，省称北河，驻天津府；乾隆十四年［1749］裁撤。其直隶河务改由直隶总督兼管。乾隆《永定河志》职官表的记载始于康熙三十七年［1698］。

② 永定河道设置始于雍正四年［1726］，代替原设的南、北两岸分司。道的品级低于督抚、布政使、按察使，省之“三宪”，高于知府，为四品官员。

③ 清代河道官员的设置，道员以上均由清廷特旨简任。而厅、汛等中、下级官员，分别由地方州县［文职］、或绿营兵［武职］调任，或另由清廷部院衙门临时派任。现综述如下：文职系列有：同知［知府的佐官］，通判［知府的佐官，兼监督主官之责］担任分司［厅］级河务，州同知［即州同］，州通判［即州判］，县丞［知县属官］，主簿［知县属官］，吏目［州、县管刑狱的佐官］。他们在州、县分管农田、水利、粮运、河工等诸多事务［在清代文献中通常称为“佐贰”、“佐杂”、“丞倅”，或由地方州县派出协防河务，或正式调任河工］，均冠原地方州县之名。武职系列：初由绿营兵调任，后专设河营，体制与绿营兵略同。计有都司、守备、千总、把总，为五、六品至八、九品低级武官。另有“外委”官［即额外委派的低级武官］，外委千总［正八品］、外委把总［正九品］，额外外委从九品。所谓“经制外委”则是经兵部核准编制的外委。“随辕外委”则是留在督、抚行辕［驻札地］随时派差的外委。河营武官派驻各工汛统辖河兵担任守护河堤抢险任务等。另有本属地方州县节制，担任地方治安的巡检，在河工中负责管理附堤十里村庄民夫征募，协调河工与地方治安等事务，汛员往往加巡检衔。

石景山同知

雍正八年［1730］设。雍正十一年［1733］，原辖石景山水关外委一员，乾隆十九年［1754］，调管凤河东堤，今辖石景山千总一员。

南岸同知

康熙四十三年［1704］设。雍正元年［1723］，兼管北岸同知事，十一年［1733］，仍专管南岸同知。前辖南岸八汛。乾隆十六年［1751］，改移下口，七、八两汛拨隶三角淀通判。今辖南岸头工，宛平县县丞二工，良乡县县丞三工，涿州州判四工，固安县县丞五工，永清县县丞六工，霸州州判六员，千总一员，把总一员。

北岸同知

康熙四十三年［1704］设，雍正元年［1723］裁。十一年［1734］复设。前辖北岸八汛。乾隆十六年［1751］，改移下口，七、八两汛拨隶三角淀通判。今辖北岸上头工，武清县县丞下头工，宛平县主簿二工，良乡县主簿三工，涿州吏目四工，固安县主簿五工，永清县主簿六工，霸州吏目二员，千总一员，把总一员。

三角淀通判

雍正十二年［1734］设。原辖三角淀武清县县丞、东安县主簿二员。乾隆三年［1738］，添设霸州州同、州判二员，并归管辖。今辖淀河，霸州州判南堤七工，东安县县丞八工，武清县到丞北堤七工，东安县主簿八工，武清县主簿九工，东安县主簿六员，浚船把总一员，凤河东堤分防经制外委一员，浚船经制外委二员。

分防汛员

康熙三十七年［1698］设。南岸八汛，北岸八汛。由部院笔帖式[①]及效力人员

---

① 笔帖式。官名，源自蒙古语“必阇式”或满语“巴克什”，清顺治入关后汉译为笔帖式。康熙时各部院衙门都设置笔帖式，掌管满汉奏章翻译、部院文书缮写等事务，七、八、九品官职，多由满、蒙、汉军旗人担任。笔帖式出任河工多为“历练”、“升迁”，故清廷规定，笔帖式出任河工，须由其所隶属的八旗都统出具“家道殷实”的具结［证明］，方可赴任。

内拣发正、副共三十六员，分工题补。四十年［1701］，改建郭家务新堤，三圣口以下添设南、北两岸九工、十工、四汛，即于副笔帖式内拣补。四十三年［1744］裁汰案，内留正笔帖式十一员，副笔帖式十一员，共二十二员。以二员管钱粮档案，二十员分派两岸防守，永为定额。雍正元年［1723］，议裁八员，留十四员。四年［1726］，笔帖式全撤，改设州判、县丞、主簿，吏目十六员。十二年［1734］，添设县丞、主簿二员。乾隆三年［1738］，添设霸州州同、州判二员；七年［1742］，州同分隶子牙河通判。十五年［1750］，十八汛员俱兼巡检衔，分管附堤十里村庄，现在分防十九汛。

南岸头工宛平县县丞

南岸二工良乡县县丞

南岸三工涿州州判

南岸四工固安县县丞

南岸五工永清县县丞

南岸六工霸州州判

以上六汛，俱雍正四年［1726］设，隶南岸同知。

南堤七工东安县县丞

雍正四年［1726］设，初隶南岸同知。乾隆十五年［1750］，改移下口，改为南埝上汛，隶三角淀通判。三十八年［1773］，改称南堤七工。

南堤八工武清县县丞

雍正四年［1726］设，隶南岸同知。乾隆十五年［1750］，改移下口，改为南埝中汛，隶三角淀通判。三十八年［1773］，改称南堤八工。

南堤九工武清县县丞

雍正十二年［1734］设，隶三角淀通判。乾隆十六年［1751］，改移下口，改为南埝下汛。三十八年［1773］，改称南堤九工。四十六年［1781］，奏调北岸上头工，隶北岸同知。

淀河汛霸州州判

乾隆三年［1738］添设，管理清河垡船，隶三角淀通判。二十九年［1764］，裁垡船，州判经理疏浚。三十八年［1773］，设浚船，分拨三角淀船只归其管理。四十六年［1781］，兼管南堤九工事务。四十九年［1784］，裁浚船仍归疏浚。

北岸上头工武清县县丞

乾隆四十六年［1781］由南堤九工调管，隶北岸同知。

北岸下头工宛平县主簿

北岸二工良乡县主簿

北岸三工涿州吏目

北岸四工固安县主簿

北岸五工永清县主簿

北岸六工霸州吏目

以上六汛，雍正四年设，隶北岸同知。

北堤七工东安县主簿

雍正四年［1726］设，初隶北岸同知。乾隆十五年［1750］，改移下口，改为北埝上汛，隶三角淀通判。三十八年［1773］，改称北堤七工。

北堤八工武清县主簿

雍正四年［1726］设，初隶北岸同知。乾隆十五年［1750］，改移下口，改为北埝中汛，隶三角淀通判。三十八年［1773］，改称北堤八工。

北堤九工东安县主簿

雍正十二年［1734］设，隶三角淀通判。乾隆十六年［1751］，改移下口，改为北埝下汛。三十八年［1773］，改称北堤九工。

河营守备

乾隆四年［1739］设，所辖千总、把总、经制外委、额外外委员。数详河道辖下。

石景山千总

乾隆三年［1738］设，隶石景山同知。

南岸北岸千总

康熙三十七年［1698］，原设把总四员。四十四年［1705］，以二员加千总衔。雍正四年［1726］，撤加衔千总，留把总二员。八年［1730］仍加千总衔，一为南岸加衔千总，随辕管兵；一为北岸加衔千总，管北岸上七工汛。乾隆三年［1738］，撤回七工，加衔千总与南岸加衔千总分管南、北岸河兵。巡查堤柳，分隶南、北岸同知。

南岸北岸把总

康熙三十七年［1698］，原设把总四员。四十四年［1705］，以二员加千总衔，把总止留二员。雍正四年，撤加衔千总二员。八年将原留把总二员加千总衔，另补把总二员，一为北岸把总，管石景山工程；一为南岸把总，管南岸下七工汛。乾隆三年［1738］，调北岸把总管北岸上七工汛。十六年［1751］，改移下口，南、北两岸把总俱撤回。分巡南、北岸堤柳，分隶南、北岸同知。

浚船把总

乾隆三年［1738］，三角淀原设把总四员，管理垡船。十一年［1746］，分隶保军、津军、子牙三厅。三角淀厅止留把总一员。二十九年［1764］裁。三十七年［1772］设浚船，奏调格淀堤把总管理，隶三角淀通判。四十七年［1782］裁浚船，仍司疏浚事务。

凤河东堤分防经制外委

雍正十一年［1738］，原设石景山水关外委。乾隆十九年［1754］，调管凤河东堤，隶三角淀通判。

浚船经制外委

乾隆三十八年［1773］增设，管理浚船。四十七年［1782］，裁浚船，仍司疏浚事务。

经制外委

雍正八年［1730］，设外委千总一员，外委把总三员。乾隆三年［1738］，添设外委千总一员，外委把总三员。七年［1742］，添设外委千总一员，共九员，随辕差委。

额外外委

乾隆二十七年［1762］，奏调额外外委六名，督标留二名，本河四名，随辕差委。[①]

---

① 至此，河道官员体系形成，四厅：石景山、北岸、南岸、三角淀，设同知或通判主管；一营：河营，设都司、守备主管；下设十九工（汛），由州判、州同、县丞、主簿、吏目、巡检分管；河营所属千总、把总、外委等，分派各汛，管理河兵抢险、护堤、植柳、堆土、浚船、浚河等。

职官表一　康熙三十七年至雍正三年［1698—1725］

纪年	总河	直隶巡抚	北岸分司	南岸分司	北岸同知笔帖式	南岸同知笔帖式	千总把总
康熙三十七年［一六九八］	于成龙（奉天人。廕生，由保定巡抚升。）	于成龙（见上。是年升总河。） 李光地（福建安溪，进士。）	吴鲁礼（正白旗人。由郎中任。）	朱成格（镶蓝旗人。由吏部郎中任。）			南岸把总 佟世禄（旗人） 南岸把总 田勇（新城县［今河北高碑店市］人） 北岸把总 尹联璧（永清县人）
康熙三十八年［一六九九］			敦拜（正白旗人，由工部郎中任。）	刚五达（镶红旗人，由刑部郎中任。） 齐苏勒（正白旗人，由主事任。）			北岸把总 范友成（天津县人）
康熙三十九年［一七〇〇］	张鹏翮（四川遂宁人。进士。）						

续表

纪年	总　　河	直隶巡抚	北岸分司	南岸分司	北岸同知笔帖式	南岸同知笔帖式	千总把总
康熙四十年〔一七〇一〕			色图浑（正红旗人，由吏部郎中任。）		笔帖式 汪　静 笔帖式 甘　都 笔帖式 黑达色 笔帖式 刘　鑑 笔帖式 穆利浑 笔帖式 佛隆吾 笔帖式 傅登阁 笔帖式 刘　鎔（正白旗人） 笔帖式 佟　济（正白旗人）	笔帖式 王　图（镶蓝旗人） 笔帖式 佛　喜 笔帖式 索　辛 笔帖式 向　麟 笔帖式 阿尔布 笔帖式 陈恩荣 笔帖式 乌索柱 笔帖式 武达哈（正红旗人） 笔帖式 何　麟（正红旗人）	南岸把总 田福生

续表

纪年	总　　河	直隶巡抚	北岸分司	南岸分司	北岸同知笔帖式	南岸同知笔帖式	千总把总
康熙四十一年〔一七〇二〕					笔帖式 色尔白（正红旗人） 笔帖式 葛　鋐（镶蓝旗人） 笔帖式 关　泰 笔帖式 赫尔忒（正黄旗人） 笔帖式 西　安（镶黄旗人） 笔帖式 年哈里（正蓝旗人） 笔帖式 刘永澄（镶白旗人）	笔帖式 崔廷栋（镶蓝旗人） 笔帖式 赛章阿（镶红旗人） 笔帖式 佛罗科 笔帖式 艮七亨（镶蓝旗人） 笔帖式 伊　林（镶红旗人） 笔帖式 索　柱（镶蓝旗人）	

纪年	总河	直隶巡抚	北岸分司	南岸分司	北岸同知笔帖式	南岸同知笔帖式	千总把总
康熙四十二年［一七〇三］			是年裁北岸分司	郭　治（山东聊城，进士，由正定府知府调任，兼北岸分司，旋改南岸同知。）		笔帖式 刘鸿图	
康熙四十三年［一七〇四］			色图浑（见前，以内阁学士再任，是年复设。）	皂　保（镶蓝旗人，由工部主事任。）	同知 汤　彝（浙江仁和［今杭州市］人，由河北乐亭县升，是年设。） 笔帖式 张定策（正黄旗人，俊秀。） 笔帖式 卓佛和 笔帖式 济　兰（镶白旗人）	同知 郭　治（见前，是年设。） 笔帖式 尼哈里（正蓝旗人） 笔帖式 葛图根（镶白旗人）	

纪年	总河	直隶巡抚	北岸分司	南岸分司	北岸同知笔帖式	南岸同知笔帖式	千总把总
康熙四十四年[一七〇五]		赵弘燮（甘肃宁夏[今宁夏银川]，监生。）					北岸千总 尹联璧 北岸千总 田福生 南岸千总 王应全
康熙四十六年[一七〇七]					同知 路永龄（河南修武举人，署。） 同知 刘天观（奉天人）		南岸把总 田大有（新城县[河北高碑店市]人）
康熙四十八年[一七〇九]				根泰（镶黄旗人，由户部郎中任。）			

续表

纪年	总河	直隶巡抚	北岸分司	南岸分司	北岸同知笔帖式	南岸同知笔帖式	千总把总
康熙四十九年[一七一〇]			吴图洛(镶黄旗人)		同知 郑善述(福建侯官人,署。) 笔帖式 巴三	同知 路永龄(河南修武,举人。) 笔帖式 梁霈杞 笔帖式 满岱	
康熙五十年[一七一一]					同知 戴铎(奉天[辽宁沈阳]人,由昌平州升。)		南岸把总 田荣宗(新城县[河北高碑店市]人)
康熙五十一年[一七一二]					同知 陈超	同知 杜于藩(江南[江苏]江都县人)	

纪年	总河	直隶巡抚	北岸分司	南岸分司	北岸同知笔帖式	南岸同知笔帖式	千总把总
康熙五十二年[一七一三]			孙泰(正红旗人,由户部郎中任。)		同知 郎鑑(奉天[辽宁沈阳]人,由巨鹿县升。) 笔帖式 赵喜 笔帖式 巴海 笔帖式 索柱	笔帖式 鲁苏浑 笔帖式 卢均 笔帖式 伊桑阿	
康熙五十三年[一七一四]			齐苏勒(正白旗人)				
康熙五十五年[一七一六]	赵世傑						南岸把总 闫国秀(霸州人)

续表

纪年	总河	直隶巡抚	北岸分司	南岸分司	北岸同知笔帖式	南岸同知笔帖式	千总把总
康熙五十六年〔一七一七〕							南岸千总 田荣宗 （见前） 南岸把总 陈留才 （新城县［河北高碑店市］人）
康熙五十八年〔一七一九〕				雅思海 （正红旗人，由宗人府理事任，雍正元年［1723］裁归北岸。）			
康熙五十九年〔一七二〇〕					笔帖式 温　拜 笔帖式 七　格 笔帖式 阿音达 笔帖式 公　爱	同知 李峻德 （正黄旗汉军，贡生。） 笔帖式 席　柱 笔帖式 存　柱 笔帖式 张廷采 笔帖式 文　泰	

续表

纪年	总河	直隶巡抚	北岸分司	南岸分司	北岸同知笔帖式	南岸同知笔帖式	千总把总
康熙六十一年[一七二二]		赵之垣（甘肃宁夏人［宁夏银川］，贡生。）	苏敏（正黄旗人）	全宝（镶白旗人，甲午科副榜。）	同知 王开运		北岸千总 王凤冈（文安县人） 南岸把总 田大用（新城县［河北高碑店市］人）
雍正元年[一七二三]		李维钧（浙江嘉兴人。是年升总督，裁巡抚。）			同知 张汉（镶黄旗人。是年七月裁归南岸。） 笔帖式 关福 笔帖式 德宗 笔帖式 席林 笔帖式 五十九 笔帖式 黄海	同知 全宝（镶白旗人。甲午科副榜） 笔帖式 福寿 笔帖式 费扬阿 笔帖式 哈什泰 笔帖式 德勤 笔帖式 常寿	

续表

纪年	总河	直隶巡抚	北岸分司	南岸分司	北岸同知笔帖式	南岸同知笔帖式	千总把总
雍正二年[一七二四]	李维钧（见前由巡抚升）					笔帖式 艾朝阳	
雍正三年[一七二五]	蔡 珽（奉天[辽宁沈阳]人，进士。）		明 寿（正红旗人。由刑部员外任，旋改永定河道。）			同知 李峻德（见前。再任。）	

职官表二　雍正四年至乾隆五十四年[1726—1789]

纪年	直隶总督	河　道	厅　员	沿河州县[①]	南岸汛员	北岸汛员	三角淀汛员	河　营
雍正四年[一七二六]	（乾隆元年总管河务，十四年裁，总河河务归并总督管理。） 总河（顺治元年驻扎济宁州，管理直隶、山东、河南、江南、浙江等省河务。雍正九年，添设直隶总河，驻扎天津。乾隆十四年裁。） 副总河（雍正元年设，乾隆元年裁。） 总督 宜兆熊 （奉天人。署。） 总督 刘师恕 （江南[江苏]，宝应人，进士。）	（康熙三十七年设南、北岸分司，雍正元年罢南岸分司，以北岸分司兼管南岸分司事，四年改设永定河道。） 河道 明　寿 （满洲正红旗人）	石景山同知（雍正八年设） 南岸同知（康熙四十三年设，雍正元年兼管北岸同知事，十一年仍专管南岸同知。） 北岸同知（康熙四十三年设，雍正元年裁，十一年后设。） 三角淀通判（雍正十二年设） 南岸 李峻德 （正黄旗，贡生。）	宛平县 良乡县 涿州 固安县 永清县 霸州 东安县 武清县 东安 徐裕庆 （陕西蒲城，进士。） 武清 赵日瑛 （山西文水人）	头工宛平县丞 二工良乡县丞 三工涿州州判 四工固安县丞 五工永清县丞 六工霸州州判	上头工武清县丞（乾隆四十六年以南九工汛员） 下头工宛平县主簿（原称北岸头工，因工段绵长，四十六年添设，上头工改为下头工。） 二工良乡县主簿 三工涿州吏目 四工固安县主簿 五工永清县主簿 六工霸州吏目	南七工东安县丞 南八工武清县丞 南九工武清县丞（乾隆四十六年移驻北岸上头工） 淀河汛霸州州判 北七工东安县主簿 北八工武清县主簿 北九工东安县主簿	守备 石景千总 南岸千总 北岸千总 南岸把总 北岸把总 淀河把总 淀河外委 凤河外委（乾隆四十六年兼管南岸九工汛务） 北岸把总 王　义 （沧州人）

① “沿河州县”一栏职官表一无，职官表二从雍正三年始列此栏，陈琮在职官表总述中未提及此栏设置。此栏记述永定河沿河州县正印官，当是表明沿河印官有协助河防之责。

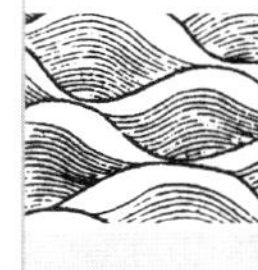

续表

纪年	直隶总督	河道	厅员	沿河州县	南岸汛员	北岸汛员	三角淀汛员	河营
雍正五年[一七二七]	总督 李绂 (江西临川,进士。)		南岸 骆为香 艾朝阳 (镶红旗汉军)	永清 骆为香 东安 戴谟 (浙江钱塘,贡生。)	头工 佟士龙 (镶红旗,监生。) 二工 袁松龄 (镶白旗,监生。) 三工 李坛 (山东寿光人,监生。) 四工 宋模 (江南[江西]新建,贡生。) 五工 刘启 (江南[安徽]青阳,吏员。) 六工 蔡学颐 (河南虞城,廪贡。)	头工 朱明琦 (浙江义乌,监生。) 二工 祝兆书 (镶红旗汉军,监生。) 三工 洪时行 (江南[安徽]歙县,监生。) 四工 王元卿 (山西怀仁人) 五工 顾广生 (江南[江苏]吴江,监生。) 六工 逯天锦 (山东历城[今属济南],监生。)	南七工 李泰阶 (江南[江苏]昆山,监生。) 南八工 杜煾 (陕西礼县,监生。) 北七工 恽源浚 (江南[江苏]武进,监生。) 北八工 陈培 (浙江钱塘,监生。)	北岸千总 王义 (见前)

纪年	直隶总督	河道	厅员	沿河州县	南岸汛员	北岸汛员	三角淀汛员	河营
雍正六年[一七二八]	总督 何世瑾[4] (山东新城[今桓台],进士。)	石柱 (镶黄旗人)	南岸 黄英 (正白旗汉军)	宛平 王国英 (湖北蕲水人) 涿州 彭人杰 (安邑,进士。) 永清 朱檠 (浙江海宁,进士。) 东安 石声闻 (山东长山,举人。)	四工 张大宏 (固安县,吏员。)			
雍正七年[一七二九]	总督 杨鲲 (山西宁武,荫生。由古北口提督署。) 总督 唐执玉 (江南[江苏]武进,进士。署。)			涿州 许恒 ([江苏]江宁,监生。) 固安 倪岱 (安徽合肥,岁贡。)	头工 吕福 (江南[安徽]旌德供事,由卢沟桥巡检署。)		北七工 满源清 (四川峨眉[5],吏员。)	

纪年	直隶总督	河　道	厅　员	沿河州县	南岸汛员	北岸汛员	三角淀汛员	河　营
雍正八年［一七三〇］				涿州 黄理中（山东即墨，举人。）		二工 张大宏（固安县，吏员。）		北岸把总 韩昌（永清县人）
雍正九年［一七三一］	总督 刘於义（江南［江苏］武进，进士，由刑部尚书署。） 总河 刘於义（见前。是年新设，由总督兼，署。） 副总河 徐湛恩（奉天［辽宁沈阳］，进士，是年新设。） 总河 沈廷正（奉天［辽宁沈阳］人）	定柱（正黄旗人）	石景山 齐格（镶黄旗人）	永清 蔡学颐（河南虞城，廪贡。） 东安 刘逊（山东沂水人）	头工 杨振清（山东济阳，贡生。） 四工 王熊采（浙江会稽，监生。）	四工 葛士达（山西大同，吏员。） 六工 朱云林（山西永宁，贡生。）	南八工 王元卿（山西怀仁人） 北七工 陈琦（浙江宣平［武进］，吏员。）	

续表

纪年	直隶总督	河道	厅员	沿河州县	南岸汛员	北岸汛员	三角淀汛员	河营
雍正十年［一七三二］	总督 李卫 （江南［江苏］徐州人。由浙江总督调。） 总河 王朝恩 （奉天［辽宁沈阳］人）			固安 单铉 （山东高密，举人。） 永清 杨仁育 （云南，举人。） 东安 张拔 （山东平阴，举人。）				
雍正十一年［一七三三］	总河 顾琮 （满洲人） 副总河 定柱 （由永定道协任）	八十 （正白旗人）	南岸 鲁锡久 （直隶赵州人） 北岸 李坛 （见前。由南三工署。此缺，是年后设。）	固安 张泰 （江苏山阳［淮安］，监生。） 永清 丁廷植 （山东诸城，进士。）	二工 劳大受 （浙江山阴［绍兴］，监生。） 三工 洪时行 （江南［安徽］歙县，监生。）	三工 李登瀛 （江南［安徽］桐城人）		

续表

纪年	直隶总督	河道	厅员	沿河州县	南岸汛员	北岸汛员	三角淀汛员	河营
雍正十二年［一七三四］		博恩岱（正黄旗人）	北岸 张泰（由固安县知县署） 三角淀 朱光锳（江南［安徽］宣城人。此缺是年新设。）	涿州 梁万稷（［山西］绛州人）	四工 朱明琦（浙江义乌，监生。）	头工 许廷璧（江南［江苏］江都人） 四工 来惟宽（浙江萧山人） 六工 敖焕	南八工 朱云林（山西永宁人） 南九工 李登瀛（江南［安徽］桐城人。此缺是年新设。） 北七工 张人鉴（四川金堂人） 北九工 徐文龙（山西大同人。此缺是年新设。）	

续表

纪年	直隶总督	河道	厅员	沿河州县	南岸汛员	北岸汛员	三角淀汛员	河营
雍正十三年[一七三五]	总河 朱藻 （奉天正蓝旗人） 总河 刘勷 （山西人）	齐格 （镶黄旗人）	石景山 八十 （正白旗，监生。） 北岸 丁廷植 （山东诸城，进士。） 北岸 张泰 （江苏山阳[淮安]，监生。） 三角淀 彭景曾 （浙江海盐人。署。） 三角淀 姚孔廞 （江南[安徽]桐城，监生。） 三角淀 闫有信 （山东博兴人。署。）	宛平 蔡书绅 （浙江德清，进士。） 涿州 许自召 （安徽歙县人） 固安 李之蓉 （举人）	头工 李和永 （河南光山，监生。） 三工 黄必成 （浙江会稽，监生。） 四工 郝念祖 （陕西武功[6]，监生。） 五工 张景仲 （大举县，监生。） 六工 杜熄 （甘肃檀县，监生。） 六工 逯天锦 （山东历城[今属济南]，监生。）	三工 胡君友 （直隶景州，监生。） 四工 吴端起 （直隶钜鹿，监生。） 五工 张日煜	南七工 胡惟正 （正黄旗汉军） 南八工 王邴 （甘肃檀县人） 南九工 方策 （江南[安徽]桐城人） 北七工 周岐熊 北七工 詹暟 北七工 张学守 （江南[江苏]如皋人） 北八工 李大成 北八工 葛光祖 北九工 李逸客 （陕西三原人）	南岸千总 陈留才 （新城县[河北高碑店市]人） 南岸千总 魏景铨 （文安县人） 南岸把总 卢文成

续表

纪年	直隶总督	河　道	厅　员	沿河州县	南岸汛员	北岸汛员	三角淀汛员	河　营
乾隆元年[一七三六]	是年，裁副总河，总督兼管河务。		南岸 萨　槎 （正白旗人） 南岸 任振功 南岸 吕崇信 （镶蓝旗汉军，监生。） 三角淀 徐文灿	宛平 王廷净 （安徽全椒人） 固安 黄元枢 （广东澄海，监生。） 武清 陈　惕 （浙江山阴[绍兴]人）	头工 姚孔鏚 （江南[安徽]桐城，监生。） 二工 姜之瑜 （浙江山阴[绍兴]，监生。）	头工 唐　纲 （江南[安徽]歙县，监生。） 二工 牛兆乾 （天津，监生。） 三工 吴端起 （见前） 三工 黄维藩 （大兴县，监生。） 四工 吴廷瑞 （江南金匮[今江苏无锡]，监生。） 六工 胡君友 （见前）	南七工 李逸客 （见前） 南八工 李光昭 （浙江山阴[绍兴]，监生。） 南八工 李和永 （河南光山，监生。） 北八工 王永任 北八工 邢绍周 （直隶东光，监生。） 北九工 邢绍周 （见前） 北九工 李光昭 （见前）	南岸把总 李　功 （永清县人） 南岸把总 王　芝 （文安县人）

纪年	直隶总督	河道	厅员	沿河州县	南岸汛员	北岸汛员	三角淀汛员	河营
乾隆二年[一七三七]	总河 顾　琮 （见前）		石景山 吕崇信 （见前） 南岸 张　泰 （见前）	宛平 曹　涵 （山东安邱人） 涿州 张德荣 （湖广，监生。） 固安 王者辅 （安徽天长廪生） 永清 徐开第 （山西[7]保德，进士。）	二工 沈承绪 （浙江会稽，监生。） 二工 杨恕英 （江南通州[江苏南通]人） 四工 劳大受 （见前） 五工 龙廷栋 （江南[安徽]望江人） 六工 闫有信 （山东博兴人） 六工 蔡学颐 （见前）	头工 谢有忠 （浙江余姚人） 二工 蒋　麟 （浙江金华人） 三工 吴　峰 （直隶河间，监生。） 三工 吴敬胜 （浙江山阴[绍兴]，吏员。） 四工 董　溶 （直隶丰润人） 五工 袁锟化 （江南[江苏]宝应，监生。） 六工 柯成锦 （福建南安[8]，贡生。）	南七工 胡君友 （直隶景州人） 北七工 龙廷栋 （江南[安徽]望江人） 北七工 韩　极 （直隶交河，监生。） 北八工 蔡亨宜 （福建龙溪，监生。） 北八工 王　镛 （大兴县，监生。） 北八工 满　保 （镶白旗，监生。）	

纪年	直隶总督	河道	厅员	沿河州县	南岸汛员	北岸汛员	三角淀汛员	河营
乾隆三年〔一七三八〕	总河 朱藻 （见前） 总河 顾琮 （见前） 总督 孙嘉淦 （山西兴[9]县，进士。）	六格 （镶黄旗藻军）	石景山 陈起唐 （江南［江苏］甘泉人。署。） 北岸 陈起唐 （见前） 三角淀 永寿 （镶黄旗人）	固安 吴翀 （江苏如皋，拔贡。）	头工 汪世灿 （湖北蕲水，监生。） 头工 姜之瑜 （见前） 二工 张镇 （山东海丰，监生。） 三工 劳大受 （见前） 四工 端木长浤 （江南［江苏］长洲，监生。） 五工 吴汝义 （直隶，监生。）	头工 邱维植 （福建沙县，监生。） 头工 蒋麟 （见前） 二工 赵廷臣 （直隶庆都［河北望都］，监生。） 三工 李汝堂 （河南柘城，监生。） 四工 陈之纪 （东安县，监生。）	淀河汛 胡惟正 （见前。此缺是年新设。） 北七工 吴廷宏 （江南金匮［江苏无锡］，监生。） 北八工 吴汝义 （直隶，监生。） 北八工 胡惟正 （见前） 北八工 李光昭 （见前） 北九工 邓维植 （福建沙县，监生。）	石景山千总 李功 （见前。此缺是年新设。） 北岸千总 郭景荣 （良乡县人） 南岸把总 杨金璧 （永清县人） 南岸把总 邵自龙 北岸把总 宁建威 （固安县人）

续表

纪年	直隶总督	河　道	厅　员	沿河州县	南岸汛员	北岸汛员	三角淀汛员	河　营
乾隆四年〔一七三九〕			石景山 吕崇信 （见前。再任。） 南岸 卢承琦 （镶黄旗汉军）	固安 韩国瓒 （山西广灵，举人。） 永清 袁鲲化 （江南〔江苏〕宝应，监生。） 东安 林鹏飞 （广东，进士。） 东安 庄学愈 （江南〔江苏〕武进，举人。） 武清 吴　翀 （见前）	三工 黄必成 （见前。再任。）	头工 吴敬胜 （见前）	南七工 刘　杰 （镶白旗，监生。） 南八工 黄守义 （浙江余姚，监生。） 北七工 韩　极 （见前） 北八工 金　燃 （浙江钱塘，监生。）	守备 魏景铨 （见前。此缺是年新设。） 石景山千总 赵义武 （新城县〔河北高碑店市〕人） 南岸千总 侯延祚 （固安县人）

续表

纪年	直隶总督	河道	厅员	沿河州县	南岸汛员	北岸汛员	三角淀汛员	河营
乾隆五年［一七四〇］				宛平 冷岐晖（四川乐山人） 固安 郑鸣岐（福建侯官，拔贡。） 永清 李缵（江南［江苏］常熟，监生。） 东安 徐世斌（江西德化［今九江县］，拔贡。）	二工 满保（镶白旗，监生。） 四工 陈之纪（东安县，监生。）	四工 高自伟（直隶宁晋，监生。） 四工 朱廷和（浙江上虞人）		

纪年	直隶总督	河　道	厅　员	沿河州县	南岸汛员	北岸汛员	三角淀汛员	河　营
乾隆六年［一七四一］	总督 高　斌 （镶黄旗满洲人）		北岸 马日炳 （镶红旗汉军） 三角淀 胡君友 （直隶景州，监生。）	宛平 杨龙文 （山东历城［今属济南市］人。署。） 宛平 吴　铨 （江苏上元人） 固安 魏德茂 （福建漳浦，监生。） 东安 张鸿畴 （江南［安徽］桐城，监生。）	六工 朱云林 （山西永宁人）	六工 李和永 （河南光山，监生。）	南九工 郑　发 （浙江钱塘人） 南九工 李光昭 （见前） 北七工 唐　纲 （江南［安徽］歙县，监生。） 北八工 谢　璋 （湖北潜江，监生。）	
乾隆七年［一七四二］				东安 袁鲲化 （见前）	五工 韩　极 （直隶交河，监生。）	二工 修　礼 （镶蓝旗人，监生。） 三工 张景衡 （大兴县，监生。）	北七工 张　永 （江南山阳［江苏淮安］，监生。）	南岸把总 张素奇 （固安县人）

续表

纪年	直隶总督	河道	厅员	沿河州县	南岸汛员	北岸汛员	三角淀汛员	河营
乾隆八年［一七四三］	总督 史贻直（江南［江苏］溧[10]阳，进士。署。）			东安 李和永（河南光山，监生。）	二工 赵自瑞（天津，监生。） 三工 胡玠（山东济宁，举人。）	六工 刘授（江南南茂，监生。）	南九工 邓维植（见前） 北七工 顾之岑（江苏如皋，监生。） 北八工 黄维藩（浙江山阴［绍兴］，监生。） 北九工 刘思忠（山东栖霞人）	
乾隆九年［一七四四］				永清 李和永（见前） 霸州 冯章宿 东安 李光昭（浙江山阴［绍兴］，监生。）	四工 修礼（镶蓝旗人，监生。）	二工 陈阳瑛（武清县，监生。） 四工 邓维植（见前）	南九工 朱廷和（浙江上虞，监生。） 北八工 陈吉亨（天津，监生。）	

纪年	直隶总督	河道	厅员	沿河州县	南岸汛员	北岸汛员	三角淀汛员	河营
乾隆十年〔一七四五〕		八十 （正白旗人） 永宁 （正红旗人）	北岸 蔡学颐 （河南虞城，廪贡。） 三角淀 刘杰 （镶白旗，监生。）	宛平 陈基 （浙江海宁人） 固安 李缵 （见前）	头工 吴敬胜 （浙江山阴[绍兴]，吏员。）	头工 谢有忠 （见前） 五工 何士豫 （江南[江苏]丹徒，监生。）		北岸千总 赵景元 （永清县人） 南岸把总 王大林 （河南阳武人）
乾隆十一年〔一七四六〕	总督 刘於义 （见前。署。）	吴谦志 玉麟 （正蓝旗人）		涿州 李钟俾 （[福建][11]安溪，进士。署。）	三工 王南珍 （福建漳浦，监生。）	二工 蔡明任 （湖北[12]潜江，监生。） 三工 虞炳 （固安县，吏员。） 六工 金燃 （浙江钱塘，监生。）	南七工 徐大纲 （正蓝旗人） 南七工 张景衡 （大兴县人） 淀河汛 张柏山 北八工 甘士琮 （正蓝旗，监生。）	石景山千总 孙廷锡 （河南阳武人）

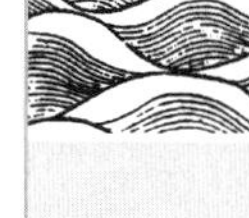

续表

纪年	直隶总督	河道	厅员	沿河州县	南岸汛员	北岸汛员	三角淀汛员	河营
乾隆十二年［一七四七］	总督 那苏图（满洲人）			宛平 顾鸿（四川阆中人） 涿州 张志奇（山东,进士。） 霸州 杜兰（江南［安徽］贵池,举人。） 武清 丁昌平（山东诸城）	五工 管骅駥（江南阳湖［江苏武进］,监生。） 六工 庄钧（江南［江苏］武进,监生。）			守备 孙廷锡（见前） 石景山千总 宁建威（见前）
乾隆十三年［一七四八］				宛平 邱云城（江苏无锡人） 固安 李和永（见前） 永清 张士英（山东利津,监生。）	头工 管骅駥（见前） 三工 黄必成（见前） 四工 冯翩飞（浙江余姚,举人。） 五工 吴敬胜（见前）	四工 刘权（镶白旗,监生。） 五工 张壬仕（湖北汉阳,监生。）		南岸千总 刘铤（武清县人） 南岸千总 王大林（见前） 北岸千总 吴永善（武清县人）

纪年	直隶总督	河道	厅员	沿河州县	南岸汛员	北岸汛员	三角淀汛员	河营
乾隆十四年[一七四九]	总督 方观承 (江南[安徽]桐城人。由浙江巡抚升任,是年裁总河,总督兼管河务。)	僧保住 (正蓝旗人)	南岸 闫有信 (山东博兴人)	霸州 杨世昌	二工 蔡明任 (湖北潜江,监生。) 三工 顾之岑 (江苏如皋,监生。)	头工 张永 (江南山阳[江苏淮安],监生。) 二工 冯诚 (镶黄旗,监生。)	北七工 刘授 (江南[安徽]南陵,监生。)	石景山千总 韩铛 (武清县人)
乾隆十五年[一七五〇]		英廉 (镶黄旗汉军,举人。) 僧保住 (见前。由清河道兼署。) 白钟山 (正白旗人,由江南总河降。)	石景山 陈之纪 (东安县,监生。) 南岸 李和永 (河南光山,监生。)	宛平 孙寯 (山西盂县人) 涿州 李钟僎 (见前)	头工 佟国楷 (正蓝旗,监生。) 二工 甘士琮 (正蓝旗,监生。) 三工 张景衡 (大兴县,监生。)	二工 刘思忠 (山东栖霞,监生。) 四工 张法曾 (直隶景州,监生。)	南七工 仇致远 (永清县人) 北九工 张鸣凤 (宛平县人) 北七工 于琪 (山东商河,监生。) 北八工 谢璋 (见前)	南岸把总 李功 (见前。由石景山千总任内撤回,是年再任。宛平县人。)

续表

纪年	直隶总督	河　道	厅　员	沿河州县	南岸汛员	北岸汛员	三角淀汛员	河　营
乾隆十六年[一七五一]			三角淀 甘士琛 (正白旗,监生。)	宛平 蒋棆 (江苏常熟人) 固安 张　柏 (山西汾阳,监生。) 东安 马国镦 武清 吴山凤 (湖北汉阳人) 武清 沈守敬 (浙江海宁人)	二工 刘思忠 (山东栖霞,监生。) 四工 黄守义 (浙江余姚,监生。)	头工 张壬仕 (见前) 二工 邵世球 (东安县,监生。)	(是年,南岸七、八工、北岸七、八工,俱改隶三角淀。) 淀河汛 吴敬胜 (浙江山阴[绍兴]人)	

续表

纪年	直隶总督	河道	厅员	沿河州县	南岸汛员	北岸汛员	三角淀汛员	河营
乾隆十七年［一七五二］				宛平 罗如伦 （甘肃中卫［今属宁夏］人） 永清 任宝坊 （安徽萧县人，副榜。） 霸州 钟邦秀 （安徽舒城人，监生。） 霸州 刘嘉诰 （湖北江陵人，举人。） 东安 刘　授 （江南［安徽］南陵，监生。） 武清 保　宁 （镶白旗人）	头工 卫德炘 （山西凤台人，廪贡。） 二工 张法曾 （直隶景州人，监生。） 三工 冯仲舒 （山东濮州［今河南濮阳］，监生。） 四工 陶兆麟 （直隶平乡，拔贡。）	四工 陈鹏举 （江南山阳［江苏淮安］，吏员。） 六工 陈安世 （见前） 六工 叶书云 （江苏嘉定［今属上海］，监生。）	南八工 赵曾裕 （江苏常熟人）	

续表

纪年	直隶总督	河道	厅员	沿河州县	南岸汛员	北岸汛员	三角淀汛员	河营
乾隆十八年[一七五三]		宋宗元（江南[江苏]长洲人。由清河道署。） 迈拉逊（正蓝旗，荫生。）	北岸 张人鑑（四川金堂人）	涿州 程有成（江南华亭[今上海松江区]，道士。） 永清 蒋式瑜（广西灌阳，监生。） 武清 朱馥（江苏靖江人） 武清 王锡命（奉天[辽宁]海城人）		二工 章晋杰（直隶清苑，吏员。）	北七工 谢璋（见前） 北七工 陈龙文（江苏吴江人） 北八工 邵世球（东安县人）	北岸把总 朱三重（固安县人）
乾隆十九年[一七五四]		宋宗元（见前） 鲁成龙（正红旗人）		宛平 郑鸣岐（福建侯官，拔贡。） 霸州 张士权（四川盐亭，附生。） 东安 庄钧（江南[江苏]武进，监生。）	三工 陈铎（东安县人，监生。） 四工 朱崇诰（山东历城[今属济南市]，监生。） 五工 陶兆麟（见前）	二工 陈龙文（江苏吴江，监生。）	南九工 徐忠弼（安徽桐城人） 北七工 章晋杰（直隶清苑人） 北七工 陈龙文（见前）	南岸千总 宋嘉宾（固安县人）

纪年	直隶总督	河道	厅员	沿河州县	南岸汛员	北岸汛员	三角淀汛员	河营
乾隆二十年［一七五五］	总督 鄂弥达（由刑部尚书署）		南岸 王锡命（奉天［辽宁］海城，进士。） 北岸 庄钧（见前。东安县署。） 北岸 满保（镶白旗人） 三角淀 徐大纲（正蓝旗汉军） 三角淀 陈铎（东安县人。由南三工署。） 三角淀 谷起（直隶丰润人。由通州州同署。） 三角淀 卫德炘（山西凤台人）	涿州 邱锦（湖北汉阳人） 固安 王焴章（浙江山阴［绍兴］，监生。） 武清 庄钧（见前）	头工 冯廷俊（江苏华亭［今上海松江区］，吏员。） 二工 蒋烇（浙江仁和［今杭州］，供事。） 六工 卫德炘（见前）	二工 张光曾（江苏长洲，监生。） 三工 蔡士鼎（浙江会稽，监生。） 四工 徐传韩（江苏昆山，监生。）	北八工 萧拔（广东平远人） 北八工 章晋杰（见前） 北九工 虞炳（固安县人）	南岸把总 吴道行（固安县人） 凤河外委 田耕（涿州人）

续表

纪年	直隶总督	河道	厅员	沿河州县	南岸汛员	北岸汛员	三角淀汛员	河营
乾隆二十一年［一七五六］	总督 方观承 （见前）			宛平 单烺 （山东高密，进士。） 涿州 黄元圯 （广东临桂，监生。） 武清 狄咏篪 （江苏溧阳，举人。）	六工 张法曾 （见前）	六工 王梓 （浙江山阴［绍兴］，监生。）	南九工 高文谟 （江苏武进人）	南岸把总 田耕 （见前） 凤河外委 申廷璋 （大城县人）
乾隆二十二年［一七五七］			石景山 张景衡 （大兴县，监生。）	涿州 吴世臣 （陕西浦城人）		三工 王廷楫 （江南［安徽］婺源，监生。） 五工 蔡士鼎 （见前）	淀河汛 赵曾裕 （见前）	石景山千总 赵得成 （永清县人）

纪年	直隶总督	河道	厅员	沿河州县	南岸汛员	北岸汛员	三角淀汛员	河营
乾隆二十三年[一七五八]				霸州 狄咏篪 (见前)	头工 朱曾敬 (山东历城[今属济南市],监生。) 三工 徐传韩 (江苏昆山,监生。)	四工 余明德 (湖南平江,贡生。) 五工 陈际宁 (江宁上元[今江苏南京]人)	南七工 萧拔 (见前) 南八工 高文谟 (见前) 南八工 徐德颐 (江苏昆山人) 淀河汛 冯廷俊 (江苏华亭[今上海松江区]人) 北八工 单奇龄 (浙江萧山人)	
乾隆二十四年[一七五九]			石景山 麻廷敬 (江西卢陵,监生。) 南岸 张景衡 (见前。调任。)	固安 蒋烇 (江苏无锡,监生。) 武清 单作哲 (山东高密人)		四工 陈熙志 (湖南武陵,拔贡。)		南岸千总 杜焕章 (永清县人) 北岸千总 任永安

续表

纪年	直隶总督	河道	厅员	沿河州县	南岸汛员	北岸汛员	三角淀汛员	河营
乾隆二十五年［一七六〇］				东安 王道亨（江苏吴县，副榜。） 东安 张俨（山东蓬莱，举人。）	二工 萧拔（广东平远，吏员。） 三工 方闾（安徽天长，贡生。） 四工 陈龙文（江苏吴江，监生。） 五工 张壬仕	头工 王居琏（陕西蒲城，监生。）	南七工 徐传韩（江苏昆山人） 南七工 方典（安徽怀远人） 北七工 蔡士鼎（浙江会稽人） 北七工 吴国伟	南岸把总 杜恺（天津县人）
乾隆二十六年［一七六一］				固安 张光曾（江苏长洲，监生。） 永清 王元常（陕西长安，进士。）	头工 张光曾（江苏长洲，监生。） 三工 朱曾敬（见前）	二工 王廷楫（安徽婺源，监生。） 三工 江廷枢（江苏丹徒，监生。署。） 三工 王湘若（江苏阳湖［武进］，供事。）	北七工 刘括（安徽南陵，监生。）	石景山千总 杜焕章（见前） 南岸千总 赵得成（见前）

纪年	直隶总督	河　道	厅　员	沿河州县	南岸汛员	北岸汛员	三角淀汛员	河　营
乾隆二十七年［一七六二］				张昌祺（浙江仁和［今杭州］人） 涿州 李化南（四川罗江，进士。） 固安 朱履翱（浙江长兴，贡生。） 固安 蒋　煃（浙江仁和［今杭州］，供事。） 武清 黄良栋（安徽桐城人）		二工 李再绅（湖南湘潭，贡生。） 六工 汪廷枢（见前）	南八工 方　典（见前） 南八工 汤嗣新（贵州铜仁，拔贡。） 淀河汛 黄维藩（见前） 淀河汛 陶兆麟（直隶平乡人） 北七工 葛立经（江苏昆山人）	

续表

纪年	直隶总督	河　道	厅　员	沿河州县	南岸汛员	北岸汛员	三角淀汛员	河　营
乾隆二十八年［一七六三］			南岸 李　绛 （宛平县，举人。） 三角淀 朱曾敬 （山东历城［今属济南市］，监生。）	宛平 刘　峩 （山东单县，附贡。） 涿州 吴山凤 （湖北汉阳人） 永清 兰第锡 （山西吉州，举人。） 霸州 吴龙光 （浙江钱塘，副榜。） 东安 边来献 （贵州青谿，拔贡。） 武清 何　燧 （安徽凤阳人）	二工 张壬仕 （见前） 五工 陈　琮 （四川南部，副榜。）		南七工 沈士濂 （浙江慈溪人） 淀河汛 单奇龄 （见前） 淀河汛 方　典 （见前） 北八工 王湘若 （江苏阳湖［武进］，供事。） 北八工 陈　仑 （江苏江都，监生。） 北九工 徐德颐 （见前）	

续表

纪年	直隶总督	河道	厅员	沿河州县	南岸汛员	北岸汛员	三角淀汛员	河营
乾隆二十九年〔一七六四〕			石景山 王荣勋 （直隶正定，举人。）		二工 何启绪 （浙江山阴〔绍兴〕，监生。） 三工 白子玉 （贵州施秉，拔贡。）	三工 白树贤 （正白旗人） 五工 王湘若 （见前）	南七工 白子玉 （贵州施秉，拔贡。） 南七工 沈士濂 （见前） 南七工 刘民牧 （江南〔安徽〕颍上，吏员。） 南九工 刘世第 （湖北公安人）	守备 宋嘉寘 （见前） 南岸把总 王朋 （固安县人）
乾隆三十年〔一七六五〕				涿州 周礼 （江西南昌人） 永清 陈琮 （四川南部，副榜。） 永清 陈龙文 （江苏吴江，监生。）	南七工 金湣 （浙江山阴〔绍兴〕，贡生。） 四工 刘民牧 （安徽颍上，吏员。）	三工 王灏 （浙江山阴〔绍兴〕，监生。）	南七工 金湣 （浙江山阴〔绍兴〕，贡生。） 北七工 王梅 （河南睢州人）	

续表

纪年	直隶总督	河道	厅员	沿河州县	南岸汛员	北岸汛员	三角淀汛员	河营
乾隆三十一年［一七六六］				宛平 李炯（四川清溪人） 霸州 冯履咸（山西代州，进士。）				北岸千总 王朋（见前） 南岸把总 高进孝（永清县人）
乾隆三十二年［一七六七］		克尔图（满洲正红旗人）		宛平 赵尔玺（江西吉水人） 霸州 李汝琬（陕西咸宁［今长安］，附生。） 东安 王治岐（甘肃固原［今属宁夏］，拔贡。） 武清 甄克允（山西平定人）		六工 白树贤（见前）	南七工 曾成勋（湖南兴宁人） 南七工 王湘若（见前） 淀河汛 熊岩（江西新昌人） 北七工 曾成勋（见前）	

续表

纪年	直隶总督	河　道	厅　员	沿河州县	南岸汛员	北岸汛员	三角淀汛员	河　营
乾隆三十三年［一七六八］	总督 杨廷璋	李　湖 （江西南丰进士，由清河道署。） 满　保 （镶白旗人）		良乡 吴　鳌 （安徽全椒，廪贡。） 固安 张光曾 （见前） 东安 郭麟绂 （山东汶上，贡生。）	头工 刘世第 （湖北公安人） 二工 张兆旭 （江苏江都人） 四工 汪廷枢 （江苏丹徒，监生。） 六工 徐敬儒 （山西五台，举人。）	头工 张兆旭 （江苏江都人） 头工 金闻洽 （江苏太仓，监生。） 三工 吴祖吉 （湖北蕲水，监生。） 五工 李光璧 （山西曲沃，贡生。） 六工 张　习 （山西汾阳，监生。）	南九工 陆以通 （广东高要人） 北九工 王　灏 （浙江山阴［绍兴］人）	石景山千总 曹景贤 （静海县人）

纪年	直隶总督	河道	厅员	沿河州县	南岸汛员	北岸汛员	三角淀汛员	河营
乾隆三十四年［一七六九］			石景山 朱曾敬（见前。署任。） 南岸 张光曾（江南［江苏］长洲人。由固安县署。） 南岸 吴刚（安徽桐城人） 北岸 兰第锡（山西吉州，举人。） 三角淀 徐敬儒（山西代州，举人。）	宛平 顾朝泰（江苏无锡人。署。） 宛平 恽庭森（江苏阳湖［武进］人） 固安 陈琮（见前） 永清 刘民牧（安徽颍上，吏员。） 霸州 王道亨（江苏吴县，副榜。）	三工 王湘若（江苏阳湖［武进］，供事。） 五工 左涛（安徽桐城，监生。）	二工 刘豹（湖南凤凰厅，拔贡。） 四工 张钧（广东嘉应［梅州市］，吏员。） 五工 张习（见前） 六工 钱璜（江苏嘉定［今上海嘉定区］，监生。）	南七工 陈仑（见前） 淀河汛 陈熙志（湖南武陵，拔贡。） 北八工 章佩瑜（安徽贵池，监生。）	守备 王朋（见前） 南岸千总 许兆元（固安县人）

纪年	直隶总督	河　道	厅　员	沿河州县	南岸汛员	北岸汛员	三角淀汛员	河　营
乾隆三十五年［一七七〇］			石景山 王荣勷（见前。复任。）	宛平 沈承业（浙江会稽，举人。） 东安 商　衡（浙江会稽，进士。） 东安 王治岐（见前） 武清 李汝琬（见前） 武清 阮芝生（江苏山阳［淮安］，进士。）	四工 吴祖吉（湖北蕲州，监生。） 六工 陈熙志（湖南武陵，拔贡。）	二工 顾　森（四川华阳，监生。） 三工 陈起鸿（浙江山阴［绍兴］，监生。）	南八工 曾成勋（见前） 淀河汛 雷声远（陕西朝邑人） 北八工 李光理（安徽庐江，拔贡。） 北九工 陆以通（见前） 北九工 高士俊（江南阳湖人）	石景山千总 高进孝（见前） 北岸千总 曹景贤（见前） 北岸千总 安　成（永清县人） 南岸把总 王元勋（固安县人） 北岸把总 张宗禹（固安县人） 凤河外委 李如兰（固安县人）

续表

纪年	直隶总督	河道	厅员	沿河州县	南岸汛员	北岸汛员	三角淀汛员	河营
乾隆三十六年〔一七七一〕	总督 周元理（浙江仁和〔今杭州〕，举人。由山东巡抚升。）		石景山 朱曾敬（见前） 北岸 王荣勛（见前） 三角淀 李汝琬（陕西咸宁〔今长安〕，附生。） 三角淀 张壬仕（湖北汉阳人）	良乡 张璿（江苏吴县，监生。） 涿州 王锦林（浙江萧山人）	头工 杨奕绣（江苏山阳〔淮安〕，监生。）	六工 汪世兰（江苏山阳〔淮安〕，监生。）	南九工 杨奕绣（江苏山阳〔淮安〕，监生。） 南九工 刘世第（见前） 南九工 李再绅（湖南湘潭，贡生。）	石景山千总 许兆元（见前）
乾隆三十七年〔一七七二〕			南岸 陈琮（四川南部，副榜。）	涿州 李浚源（浙江山阴〔绍兴〕人） 涿州 刘民牧（见前） 固安 王湘若（江苏阳湖〔武进〕，供事。） 永清 刘懋（安徽歙县，监生。）	三工 蒋烇（见前）		南八工 章佩瑜（见前） 淀河汛 曾成勋（见前） 南九工 汪廷枢（见前） 北八工 王善基（山东福山人）	淀河把总 李如兰（见前。此缺是年新。） 淀河外委 吴尚德（永清县人） 淀河外委 王义（永清县人） 凤河外委 陈廷琏（固安县人）

纪年	直隶总督	河道	厅员	沿河州县	南岸汛员	北岸汛员	三角淀汛员	河营
乾隆三十八年[一七七三]			三角淀 李光理(安徽庐江,拔贡。由北七工署。) 阮芝生(江苏山阳[淮安],进士。)	东安 雷定淳(福建宁化,举人。) 武清 李如琬(见前)	二工 陆耀(浙江仁和[今杭州],监生。)	三工 王凝才(山西汾阳,监生。)	北七工 王凝才(山西汾阳,监生。) 北七工 李光理(见前) 北八工 汤嗣新(见前)	
乾隆三十九年[一七七四]				涿州 张在(山西榆次,举人。署。) 涿州 刘民牧(见前) 霸州 丁日升(江苏吴县,监生。署。) 东安 杨奕绣(江苏山阳[淮安],监生。)	头工 李光璧(山西曲沃,贡生。)			

续表

纪年	直隶总督	河道	厅员	沿河州县	南岸汛员	北岸汛员	三角淀汛员	河营
乾隆四十年[一七七五]			南岸 徐敬儒 (山西五台,举人。)	良乡 陆燿 (浙江仁和[今杭州],监生。) 涿州 归景照 (江苏常热人。署。) 霸州 张元济 (山西浮山,贡生。) 武清 丁志振 (安徽怀宁,举人。)	二工 金闻洽 (江苏太仓,监生。) 三工 张习 (山西汾阳,监生。) 四工 汪廷枢 (见前) 五工 王三杰 (甘肃宁朔[宁夏青铜峡市],副榜。) 五工 郑重 (浙江余姚,吏员。)	头工 王三杰 (甘肃宁朔[宁夏青铜峡市],副榜。) 二工 王凝才 (见前) 三工 陈佩兰 (浙江临海,监生。) 四工 陶世名 (江西彭泽,监生。) 五工 汪世兰 (见前) 六工 冯瑛 (浙江山阴[绍兴],监生。)	南九工 张钧 (广东嘉应[梅州市]人)	南岸千总 王元勋 (见前) 南岸把总 陈廷琏 (见前) 凤河外委 侯干城 (固安县人)

纪年	直隶总督	河道	厅员	沿河州县	南岸汛员	北岸汛员	三角淀汛员	河营
乾隆四十一年[一七七六]			南岸 王湘若 (由固安县署) 北岸 刘楙 (安徽歙县人)	宛平 黄瑞鼎 (江苏溧阳人) 涿州 郝琏 (奉天[辽宁]开源人)			南八工 贾然 (山西崞县人。署。) 南八工 李光理 (见前) 北七工 贾然 (见前)	
乾隆四十二年[一七七七]			南岸 陈琮 (见前。再任。) 北岸 阮芝生 (见前) 三角淀 曾成勋 (湖南兴宁[今资兴]人。由淀河州判署。) 三角淀 沈鹤源 (浙江湖州,监生。)	涿州 郭守璞 (山东潍县人) 永清 周震荣 (浙江嘉善,举人。)		六工 殷长经 (山东滕县,附贡。)		

续表

纪年	直隶总督	河道	厅员	沿河州县	南岸汛员	北岸汛员	三角淀汛员	河营
乾隆四十三年[一七七八]		沈鸣皋（江苏元和[南京]人。由清河道署。） 兰第锡（山西吉州，举人。）	南岸 王湘若（江苏阳湖[武进]，供事。） 三角淀 董杰（浙江山阴[绍兴]，监生。）	良乡 张习（山西汾阳，监生。） 涿州 张钝（贵州安顺，举人。）	三工 孙孝则（山西兴县，贡生。）	头工 马毓秀（山东东平，拔贡。）	北八工 顾森（四川华阳，监生。）	淀河外委 李朝栋（固安县人）
乾隆四十四年[一七七九]	总督 英廉（镶黄旗汉军，举人。由协办大学士署。） 总督 杨景素（江苏江都人。由浙闽总督调任。） 总督 周元理（见前。署。）		北岸 杨奕绣（江苏山阳[淮安]，监生。）	良乡 沈麟昌（浙江德清，监生。） 固安 谭钧（江苏阳湖[武进]，监生。） 东安 郭守璞（见前） 东安 蒋云师（江南[江苏]青浦[今属上海市]，举人。） 东安 张习（见前）	三工 章佩瑜（安徽贵池，监生。）		南八工 张颜（江苏如皋，贡生。署。）	石景山千总 张宗禹（见前） 北岸千总 李文（固安县人） 北岸把总 陈坦（天津县人）

纪年	直隶总督	河道	厅员	沿河州县	南岸汛员	北岸汛员	三角淀汛员	河营
乾隆四十五年[一七八〇]	总督 袁守侗 (山东长山,举人。由兵部尚书河东河道总督任。)		石景山 贾　惪 (山西阳曲,进士。)	宛平 沈麟昌 (见前) 良乡 林煜堂 (广东平远,贡生。) 涿州 刘民牧 (见前) 霸州 王　安 (山西安邑,贡生。) 武清 李　策 (山东安邱人) 武清 赵大经 (山东德州,举人。)	头工 王凝才 (山西汾阳,监生。) 二工 顾　森 (四川华阳,监生。) 三工 李光璧 (见前) 四工 汪廷枢 (见前)	二工 吴元吉 (江苏如皋,监生。) 三工 周永照 (江苏泰州,附监。) 四工 陈佩兰 (见前)	南七工 章佩瑜 (见前) 淀河汛 姚　荡 (安徽桐城,监生。) 淀河汛 金闻洽 (江苏太仓,监生。) 冯　瑛 (浙江山阴[绍兴]人。署。) 北八工 邹　试 (湖北汉阳人) 北九工 吴元吉 (江苏如皋,监生。) 北九工 陶世名 (江西彭泽,监生。)	

纪年	直隶总督	河　道	厅　员	沿河州县	南岸汛员	北岸汛员	三角淀汛员	河　营
乾隆四十六年[一七八一]	总督 英　廉 （见前。再署。） 总督 郑大进 （广东进士，由湖北巡抚升。）			良乡 戴山年 （山东济宁，监生。） 涿州 盛　鐞 （江苏元和[南京]，监生。）	二工 张　颜 （江苏如皋，贡生。署。） 三工 汪廷枢 （见前） 四工 贾　然 （山西崞县，监生。） 五工 马毓秀 （山东东平，拔贡。） 五工 李恒仁 （河南商水，监生。署。） 五工 吴元吉 （江苏如皋，监生。） 六工 郑　重 （见前）	上头工 张　钧 （见前。是年分上、下南汛，由南九工武清县县丞移驻。） 下头工 雷春天 （四川华阳，监生。） 二工 殷长经 （见前） 六工 冯　瑛 （见前）	是年，淀河霸州州判移驻南九工，南九工武清县县丞移驻北岸上头工。 北七工 赖永泽 （江西上犹，监生。）	北岸把总 张克宽 （固安县人） 淀河外委 秦国林 （永清县人） 淀河外委 王　升 （永清县人）

续表

纪年	直隶总督	河道	厅员	沿河州县	南岸汛员	北岸汛员	三角淀汛员	河营
乾隆四十七年[一七八二]	总督 英廉 （见前。再署。）			良乡 薛学诗 （江苏如皋，监生。） 涿州 戴山年 （见前） 固安 余昌祖 （湖南临湘，举人。） 固安 马光辉 （安徽怀宁，廪贡。） 东安 陈琮 （见前。由同知署。） 东安 张国珍 （江苏金山[今属上海]，监生。）		五工 张颜 （江苏如皋，贡生。）	北七工 李恒仁 （河南商水，监生。）	石景山千总 陈兴宗 （天津县人） 北岸千总 李如兰 （见前）

续表

纪年	直隶总督	河道	厅员	沿河州县	南岸汛员	北岸汛员	三角淀汛员	河营
乾隆四十八年〔一七八三〕	总督 袁守侗 （见前。再任。） 总督 刘墉 （山东诸城，进士。） 总督 刘峩 （山东单县人。由广西巡抚升。）	陈琮 （四川南部，副榜。）		宛平 吴璟 （江西南昌，举人。） 涿州 范清滏 （山西介休，监生。） 武清 张亨 （湖南安仁，举人，署。） 武清 周桀 （江苏常熟） 武清 龙文镳 （江西吉水人）	三工 余昌祖 （湖南临湘，举人。）			石景山千总 邢文进 （固安县人） 淀河把总 石环 （武清县人）

纪年	直隶总督	河道	厅员	沿河州县	南岸汛员	北岸汛员	三角淀汛员	河营
乾隆四十九年[一七八四]				宛平 张仕廷(贵州石阡,拔贡。) 良乡 王朋(山西人) 固安 王湘若(由南岸同知署) 固安 李光理(安徽庐江,拔贡。) 霸州 德克精额(镶黄旗,进士。) 霸州 王鸿誉(山西临汾,监生。) 东安 俞凤(安徽婺源,副榜。署。) 武清 尹名选(江西玉山,廪贡。署。) 武清 黄开性(湖南桂东,监生。)	头工 殷长经(山东滕县,附贡。) 二工 傅友龙(贵州贵筑,举人。)	二工 邹试(湖北汉阳人) 六工 姚芴(安徽桐城人)	南八工 顾森(见前) 北八工 王三杰(甘肃宁朔[宁夏青铜峡市],副榜。) 北九工 吴士泓(江南元和[江苏南京],监生。署。)	

续表

纪年	直隶总督	河道	厅员	沿河州县	南岸汛员	北岸汛员	三角淀汛员	河营
乾隆五十年〔一七八五〕			石景山 黄碧海（福建莆田，举人。）	宛平 将云师（见前） 良乡 章佩瑜（安徽贵池人） 涿州 宋鋆（山西安邑，监生。） 东安 黄开性（见前） 武清 刘德荣（山西徐沟人）	三工 马毓秀（见前）	下头工 周永照（见前） 三工 曹瑗（浙江海盐人） 二工 李元林（四川成都，供事。） 六工 许长烜（安徽歙县，监生。）	南七工 雷春天（四川华阳，监生。） 北八工 蓝枝美（四川新津人） 北九工 周安国（广东南海，监生。）	淀河把总 杨贾成（良乡县人） 凤河外委 李朝栋（见前） 淀河外委 谢成（固安县人）
乾隆五十一年〔一七八六〕			南岸 杨奕绣（见前。由北岸同知署。）	武清 王仲（奉天〔辽宁〕义州，举人。）		下头工 姚祖善（浙江钱塘，监生。署。） 下头工 陆之灿（浙江仁和〔今杭州〕，监生。署。） 四工 顾三秀（江苏如皋，副榜。）	南七工 宋德鸿（湖北汉川，拔贡。） 南七工 陈佩兰（见前）	守备 刘悦（见前） 南岸千总 侯干城（固安县人）

续表

纪年	直隶总督	河道	厅员	沿河州县	南岸汛员	北岸汛员	三角淀汛员	河营
乾隆五十二年[一七八七]			石景山 李炳(甘肃皋兰,拔贡。) 南岸 李光理(安徽庐江,拔贡。由固安县署。) 南岸 嵇承孟(江苏无锡,监生。) 北岸 董杰(见前。由三角淀通判署。) 北岸 杨奕绣(见前)	良乡 吴元吉(江苏如皋,监生。署。) 良乡 章佩瑜(见前) 霸州 章佩瑜(见前。由良乡县署。) 霸州 嵇承孟(江苏无锡,监生。由南岸同知兼署。)	五工 姚昉(安徽桐城,监生。署。) 五工 宋德鸿(湖北汉川,拔贡。) 六工 冯瑛(浙江山阴[绍兴],监生。署。)	下头工 袁玑(浙江诸暨,监生。)		南岸把总 冯士宗(天津县人) 凤河外委 吴之华(固安县人) 淀河外委 张德荣(固安县人)

纪年	直隶总督	河道	厅员	沿河州县	南岸汛员	北岸汛员	三角淀汛员	河营
乾隆五十三年［一七八八］			石景山 刘斌 （江苏阳湖［武进］，监生。） 南岸 李光理 （见前。再署。）	霸州 戴治 （四川中江，举人。） 东安 杨名馨 （云南太和，举人。） 武清 唐汝风 （广东，举人。）	头工 李恒仁 （见前。署。） 四工 张颜 （见前） 六工 贾然 （见前） 头工 王凝才 （见前） 二工 蓝枝美 （四川新津，监生。）	二工 李元林 （见前） 三工 石秉玉 （浙江会稽人。兵部五军道黑表北馆议叙，从工九品。） 五工 石秉玉 （见前。署。） 五工 汪世兰 （江苏山阳［淮安］，吏员。）	南八工 金闻治 （由淀河州判兼署） 南八工 邹试 （见前） 北七工 冯瑛 （见前。署。） 北七工 李恒仁 （见前） 淀河汛 邹试 （见前） 北八工 冯瑛 （见前） 淀河汛 傅友龙 （贵州贵筑，举人。）	

续表

纪年	直隶总督	河　道	厅　员	沿河州县	南岸汛员	北岸汛员	三角淀汛员	河　营
乾隆五十四年〔一七八九〕					头工 顾三秀 （江苏如皋，副榜。）	四工 李培林 （山西介休，监生。）		

［注］：表内多次出现江南某地。江南原为清顺治二年［1645］改明南直隶置江南省，辖今江苏、安徽两省，治江宁府（今南京市）。康熙六年［1667］分置为江苏、安徽两省。原表内所注记“江南桐城”，应为安徽桐城，“江南婺源”应为“安徽婺源”。而在康熙六年以前记者并非误记，以后则为误记，故在该地名标出今属省份。

［附：官俸　吏役名额　工食］

河道衙门

额设俸银一百五两，由固安县按季批解。额设养廉银[①]二千两，按季咨布政司支领。额设心红、蔬菜银一百四十四两。额设南岸巡捕工食银二十四两。额设北岸巡捕工食银二十四两。额设听差经制外委九名，每名新设养廉银十八两，每年支本身名粮一分，银十四两四钱。额设听差额外外委四名，每名每岁各支本身名粮一分，银十四两四钱。以上俱在估饷项下支给。

额设吏房典吏二人，户房典吏二人，库房典吏二人，礼房典吏二人，兵房典吏二人，兵算房典吏二人，刑房典吏二人，工案房典吏二人，工算房典事二人，承发

① 养廉银，按养廉本义是为保持和养成廉洁的操守。宋朝已有“诸路职官各有职田，所以养廉也。”［见《宋史·职官志·十二职田》］。清代实行养廉银制度，于官吏正俸之外按职等级另给银钱，称为养廉银。文官始于雍正五年［1727］，武职始于乾隆四十七年［1782］。

房典吏二人，每岁纸张银二十四两。额设门子一名，皂隶十二名，快手十六名，军牢四名，伞夫一名，扇夫一名，旗夫二名，轿夫四名，门吏一名，听事一名，阴阳生一名，铺司四名，鼓手二名，更夫五名，水夫一名，灯夫二名，共五十八名，每名每年工食银六两。俱在估饷项下支给。

石景山同知衙门

额设俸银八十两，在宛平县地粮项下按季支给。额设养廉银七百两，按季呈布政司库支领。额设吏、户、礼、兵、刑、工六房典吏六人。额设门子二名，皂隶十二名，快手八名，轿夫四名，伞扇夫三名，民壮十八名，共四十七名，每名每年工食银六两。内民壮工食银十二名，由宁津县批解，布政司库按季呈领，四名在永清县地粮项下批解，二名在肃宁县地粮项下批解，其余役食俱在宛平县地粮项下批解。

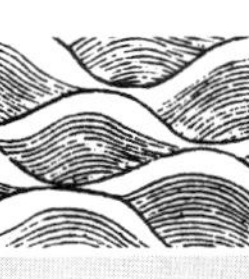

南岸同知衙门

额设俸银八十两，在固安县地粮项下按季批解。额设养廉银八百两，按季呈布政司库支领。额设吏、户、礼、兵、刑、工典吏六人。额设门子二名，皂隶十二名，快手八名，轿夫四名，伞扇夫三名，共二十九名。每名每年工食银六两，俱在固安县地粮项下按季批解支给。

北岸同知衙门

额设俸银八十两，在固安县地粮项下按季批解。额设养廉银八百两，按季呈布政司库支给。额设吏、户、礼、兵、刑、工典吏六人。额设门子二名，皂隶十二名，快手八名，轿夫四名，伞扇夫三名，共二十九名。每名每年工食银六两，俱在固安县地粮项下按季批解支给。

三角淀通判衙门

额设俸银六十两，在武清县地粮项下按季批解。额设养廉银六百两，按季呈布政司库支给。额设吏、户、礼、兵、刑、工典吏六人。额设门子二名，皂隶十二名，快手八名，轿夫四名，伞扇夫三名，民壮十八名，共四十七名。每名每年工食银六两，在武清县地粮项下批解支给。

州判衙门

额设俸银四十五两，养廉银四十五两，俱在本州地粮项下按季支领。额设攒典一缺。额设门子二名，马夫一名，皂隶六名，伞夫一名，民壮四名，共十三名，（淀河州判衙门，少皂隶二名，伞夫一名。）每名每年工食银六两。内南岸三工、涿州州判衙门民壮四名，在永清县支给，其余俱在本州地粮项下支给。

县丞衙门

额设俸银四十两，养廉银四十两，俱在本县地粮项下支给。额设攒典一缺。额设门子一名，马夫一名，皂隶四名，民壮四名，共十名，每名每年工食银六两。内南岸二工、良乡县县丞衙门民壮四名，在文安县支给，南堤八工、武清县县丞衙门民壮三名，在涞[13]水县支给，一名在平谷县支给。北岸上头工，武清县县丞衙门民壮四名，在容城县支给，其余俱在本县地粮项下按季支给。

主簿衙门

额设俸银三十三两一钱一分四厘，养廉银三十三两一钱一分四厘，俱在本县地粮项下按季支给。额设攒典一缺。额设门子一名，马夫一名，皂隶四名，民壮四名，共十名，每名每年工食银六两。内北岸二工、良乡县主簿衙门民壮四名，在大城县支给。北堤八工、固[14]安县主簿衙门民壮三名，在固安县支给，一名在宝坻县支给。北堤九工、东安县主簿衙门民壮四名，在宁河县支给，其余在本县地粮项下支给。

吏目衙门

额设俸银三十一两五钱二分，养廉银三十一两五钱二分，俱在本州地粮项下按季支给。额设攒典一缺。额设门子一名，马夫一名，皂隶四名，民壮四名，共十名，每名每年工食银六两。内北岸三工、涿州吏目衙门民壮四名，在容城县支给，其余俱在本州地粮项下按季支给。

守备衙门

新设养廉银二百两。岁支俸薪银六十六两七钱八厘。岁支心红银二十四两。岁支马干银五十两四钱。

千总

新设养廉银一百二十两。岁支俸薪银四十八两。岁支马干银二十五两二钱。

把总

新设养廉银九十两。岁支俸薪银三十六两。岁支马干银二十五两二钱。

经制外委

新设养廉银十八两。岁支本身名粮一分，银十四两四钱。

浚船经制外委

新设养廉银十八两。岁支本身名粮一分，银十四两四钱。

以上武职俸薪、马干、本身名粮，在河道库估饷项下按季支给，养廉在布政司库耗羡项下拨给。

凤河东堤经制外委

新设养廉银十八两，在布政司库耗羡项下拨给，月支马粮银二两，每年共二十四两。例不于兵饷内估报，系于扣存建旷项下支给，裁汰坐粮一分，亦在建旷项下扣除，仍归兵马奏销案内报销。

[卷二校勘记]

〔1〕根据职官表序言增补。

〔2〕本标题据职官表序言增补。

〔3〕“吏目”，误为“史目”，二字后缺一字，据前后文改为“吏目”。缺字以“□”代，该字为数字。

〔4〕“堪”字误为“基”，“堪”［qī］与“基”音义都不同。据《清史稿·疆臣年（一）》及《清代职官年表》册二、总督年表皆为“堪”，故改。

〔5〕“峩眉”误为“峩督”，据实而改。

〔6〕“陕西”误为“山西”，查武功属陕西。据实而改。

〔7〕“山西”误“山东”，查保德属山西，据实而改。

〔8〕“南安”误为“安南”，查福建无安南，当为“南安”，书写颠倒，据实而改。

〔9〕“兴”误为“举”，查山西无举县，有兴县，据《清史稿·孙嘉淦传》：“孙嘉淦，字锡公，山西兴县人。”改“举”为“兴”。

〔10〕江苏“溧阳”误为“漂阳”，江苏无漂阳县，《清史稿·史贻直传》云：“史贻直，字儆弦，江苏溧阳人”，据以改。

〔11〕安溪前脱“福建”二字。据实增补。

〔12〕“湖北”误为“湖南”。

〔13〕“涞”字误为“渌”，据实改正。

〔14〕“固”字误为“萬”，原刊本影印字迹不清，据上下文改正。

卷三（考一） 古河考

河考　古河考

河　考

桑干河自发源至西山北，历代罕有变迁。出山而南，挟沙壅泥，所至淤垫。自元迄明，迁变靡常。始而蓟北，继而畿南，浸淫及于雄涿，在辽、宋前资其灌溉者，金元后且急堤防矣。盖惟善淤，是以善徙。容受之地既少，漫衍之地自宽也。兹节录汉魏以来，史志记传，以备折衷，为古河考。现在经行及堤防宣泄之处，为今河考。合而观之，可以见本朝建堤设官，规模宏远，非前代补苴之为，所可比拟也。

古河考

《说文》："㶟水出雁门阴馆县累头山，东入海。"（谨按：《说文》㶟从水，累声，力追切，音累，与灅㶚二水别源。灅，力轨切，音累。《说文》、《前汉书·地理志》、《水经注》皆曰，水出右北平俊靡县，东入庚水[1]。㶚他合切，音沓。《说文》：出东郡东武阳入海。说文有㶚无漯。㶚，即济漯之漯，本字也。隶改曰为田又省一系作漯，而㶚转沿为燥溼之溼。俗本《水经》、《汉志》又误以漯为㶚，《通雅》遂谓㶚、溼、漯形相类。《集韻》又谓：㶟、灅、㶚音义同。而灅、㶚因与漯混矣。庶吉士臣戴震得《永乐大典》内，《水经注》古本详加订正，而㶟水之义始明。）①

① 㶟（lěi）、灅（lěi）、㶚（tá）、漯（tá）。音义本不相同，古史志久经传抄致以相互混淆，而㶚字又因古今字的变化讹变为溼（shì 即湿字）。清学者戴震根据《永乐大典》收录的古本《水经注》详加考订。明确指出：㶟水即桑干河、永定河古称；灅水是沙河的古称，沙河源于河北遵化，流入庚水（即沽河）；漯水即㶚水，本古黄河下游的一条支流，在河南至山东境内。均与溼（湿）字无关。

《汉书地理志》雁门郡阴馆县注："累头山治水所出，东至泉州入海。过郡六，行千一百里。"（谨按：治水有三，一《说文》："出东莱曲城阳邱山"；一《汉书·地理志》："泰山郡南武阳冠石山"，治水所出，俱音持。其一则累头山所出之治水。《汉志》师古曰："累，力追翻，治弋之翻。《燕荆王传》作台。"《集韻》："汤来切，音胎。"胡三省《通鉴注》："水出累头山"，疑当时亦有累水之名。）①

《水经》㶟水，出雁门阴馆县，东北过代郡桑县南。[2]（《汉书地理志》："雁门郡注泰置阴馆。注：楼烦乡，景帝后三年置。"大清《一统志》大同府表：山阴县，汉阴馆县地。）郦氏注：㶟水出于累头山。（《马邑县志》："洪涛山在雷山之侧，俗名神头山。又名漯头山，周围里许。"）一曰治水，泉发于山侧，沿波历涧，东北流出山。迳阴馆县（《大同府志》："今山阴应州地"。）故城西，（《寰宇记》："阴馆在句注陉②北"。《郡国志》："句注陉，即雁门山"。《大同府志》："雁门山在山阴县西南，故城当在山阴代州之间。"[3]）县故楼烦乡也。（《大同府志》："楼烦地甚广，今山阴及崞宁武府属，皆其故处。"谨按：《汉书·地理志》，有楼繁县，故于阴馆县注楼繁乡以别之。）㶟水又东北流，左会[4]桑干水。县西北上平洪源七轮，谓之桑干泉。即溹涫水者也。耆老云：其水潜通承太原、汾阳县[5]北，燕京山之大池。（谨按：道元《汾水注》："燕京山亦管涔山之异名也"。《宁武府志》："山在宁武县西南六十里"。）池在山原之上，世谓之天池，方里余[6]，澄渟镜净，潭而不流，……阳熯不耗，阴雨不滥，无能测其渊深也[7]。池东隔阜，又有一石池，方可五、六十步。清深镜洁，不异天池。桑干水自源东南流，右会马邑川水。水出马邑西川，东迳马邑县故城南。（谨按：《马邑志》邑南有土堡，堡东有土城，周八里，或即马邑故城。）其水[8]东注。桑干水，又东南流，右会㶟[9]水。乱流枝水南分。

隋《诸道图经》③："㶟水，即桑干河。"《金史·地理志》："马邑有洪涛山㶟

---

① 此段注释文考订治水有三说，前二说在山东，与本志无关。第三说治水，治字的古音有台、胎、累等异读。经考订，治水源出累头山，是桑干河、永定河古称之一。而关于泉州、阴馆县参见本书增录《永定河流经清代州县沿革简表》（一）代县条、（六）武清条。

② 句注陉，即句（gōu）注山，又名径岭、西径山。西与雁门山相接，东与夏屋山相接。在今山西代县西北。因山形勾转、水势流注而得名。古为北方军事要地，唐置雁门关。故也有雁门之称。楼烦、应县、代县参见本书增录《永定河流经清代州县沿革简表》。

③ 从《隋诸道图经》起，至《马邑县》"恢河即灰河"条，共十四条资料，考订桑干河三个源头，为清晰起见可先参阅本志卷四今河考第一小节。其中马邑县故城位置，在今朔州市朔城区东北三十余里有马邑［乡］地名，其北十里有洪涛山。

水，又曰桑干河。”大清《一统志》：“黄水河源出朔州东南，东北流迳马邑县。又东北流入大同府山阴县界，即古治水。一名㶟水。”《金史·地理志》：“马邑县有㶟水。”（按：治水乃㶟水。溹涫水乃桑干水。二水各出而合流，或以治水即桑干水误。）

《宁武府志》：“天池在宁武县西南四十里天池山。元池在天池东，俗谓之雌雄海子。冈麓相间[10]，而津脉潜通……天池方广可十余里，元池方广可五、六里[11]。”《太原府志》：“天池即祁连泊”。《马邑县志》：“天池伏雷至县雷山之阳，（在县西北十里）汇为七泉。曰上源、曰玉泉、曰三泉、曰司马洪涛（一曰司马泊）、曰金龙池（在司马泊鄂国公庙前）、曰小卢（又名细卢湾泉，又云戏龙湾。）、曰小泊（一日小蒲），七泉合而为一，是为桑干。又，桑干发源于黄道泉（在县西北八里洪涛山下）、金龙池二水合流，喇河复注之。流经县西、南、东三面，至鄯河（在县东三十里），东抵山阴县界。”（谨按：桑干河源，各志皆云七泉。前升任北岸同知王荣绩《上源考》云：“神头村泉一处，曰玉泉。发源至河不及一里，距县十里。龙池村泉三处，曰三泉，曰司马洪涛，曰金龙池，发源至河约二里，距县十里。小泊村泉三处，曰上源，曰小卢，曰小泊，距河半里，至县五里。以上七泉，城西合为一股，流至县南，会西来之恢河，始名桑干河。”又按：《马邑县志》：“小泊泉在县西北五里，细卢湾泉与金龙池一脉相通。三泉一在县南五十里，一在县东五十里，并不汇入金龙池。其上泉、玉泉俱未指明，询之土人亦不得其处。”）

马邑县令王日新《建金龙池卷棚记》：“池名金龙。旧传：二龙出，化为马。其水清澈，可鉴眉睫。东流稍折而南约二射，即产马处，深莫得其底。”马邑县霍之琯《建桑干河永济桥记》：“桑干河，发源于城西北黄道泉、金龙池，会喇河口诸水，绕城之西南，而东直达卢沟。其势建瓴而下，每夏秋水涨，怒涛惊天，奔雷殷地。此洪涛山之所以名也。”

大清《一统志》：“恢河在朔州西南，自宁武府宁武县流入，又北至马邑县，南入桑干河，即古马邑川。”《一统志》：“泥河，在朔州北，东流入马邑县界，入桑干河。”《一统志》：“鄯河，在朔州东，东流入马邑县界，入桑干河。”马邑县霍熼《募建恢河桥疏》：“桑干河冬暖、恢河伏流，为邑八景之二。桑干著名远迩，而恢河旁流，则远未之知也。桑干冬暖，以近水之源从黄道泉，泉水从不结水。恢河派出神池，去邑百二十里，至邑之南而东，而后与桑干合流。今文笔峰下曾有龙王庙一座，庙前即二水汇流处，驾桥其上。”《宁武县志》：“恢河源出县西南四十里分水岭。岭西为汾河，岭东为恢河源。东北流经郡城南门外，又东北[12]流出阳方口，入朔州境。”齐召南《水道提纲》：“马邑西南有灰河，西南自朔州来会。恢河实桑干南源，较洪涛稍远①。”《马邑县志》：“恢河即灰河，在县南五里。发源于宁武山口，北经流红崖村，伏流十五里至塔底村复出。经朔州，至邑南，东流而北折入桑干河，合流而东。”

《一统志》：“七里河在朔州北七里。源出洪涛山，流经酸刺村，东南入灰河。又，腊河在朔州北二十里，洪涛山之阳。南流合岍山间河，注灰河。又沙楞河，在朔州东南三十里，朝夕有潮。流迳贾家庄，引水灌田，东入灰河。”（谨按：以上诸水会入桑干河，在今宁武、朔平二府属，东北流入大同府山阴县境。）

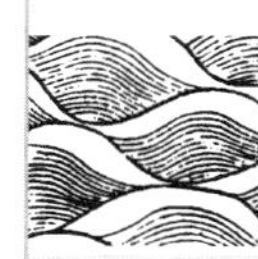

《水经注》桑干水，又东，左合武州塞水。水出故城东，（《宁武府志》：在故武州县北边，今平鲁县地，因武州山故称武州塞。州一作周②。）南流出山，迳日没城南。（《大同县志》：“今县西南百三十里有黄昏城，疑即古日没城。”）又东流，右注桑干水。桑干水又东南，迳黄瓜阜曲西[13]，（《大同府志》：“在山阴县北。”）又屈迳其堆南，又东，右合枝津。枝津上承桑干河，东南流，迳桑干郡北，（原注：大魏因以立郡③。按：《魏书·地形志》无桑干郡。）又东北，左合夏屋山水。（《大同府志》：“在山阴县南。”）水南出夏屋山之东溪，西北流，迳故城北，又西北入桑干枝水。桑干枝水又东流，长津委浪，通结两湖。东湖西浦，渊潭相接，水至清深，俗谓之南池。南池水又东南注桑干水，为灅水。并受通称矣。”

《大同府志》：“武周塞水，即鹅毛小峪、大峪、红山峪诸口之水。东南入桑干者，在黄花冈之北。盖古武周塞，在今大朔二府界，盘踞数十里。其自武周塞北出

---

① 关于桑干河正源问题，古今说法不一。郦道元《水经注》是以“灅水出于累头山，作为桑干河正源。”而灰河实际上远于洪涛泉，故明请以来以恢河为正源。桑干河另一河源源子河，发于左云县南，流经右玉东南，经山阴县西北，南入朔州会入桑干河，其源虽长，但为季节河。故不视为桑干河正源。

② 武州山古要塞，在今山西左云县至大同市西一带。北魏时又名武周塞。云岗石窟即在此塞东端。武州县西汉置，［故城在今左云县北古城，一说在左云县南］东汉末废。武州塞水在“故武州北”，因武州山得名。武州塞水即今十里河。“故武州”则指辽重熙九年［1040］置，辖境相当神池、五寨等县地，州治神武（今神池东北）。清代平鲁县原同为汉武州辖地。与下页引《大同府志》注①连读即明晰，“武州塞水”与“武周塞水”实为两水。

③ 桑干郡与桑干县问题。郦道元《水经注》原注云：“大魏因以立郡”句，大魏指北魏。郦氏为北魏人，故知桑干郡因桑干河而立。“按《魏书·地形志》无桑干郡”句，也是实情，这是《魏书》作者治史的疏忽。《水经注》云：“桑干郡”在山阴县东。

东转。又东注如浑水者，曰羊水，一水也。自灵岩南，又东南流出武周塞口者，谓之武周川，又一水也。”①

《大同府志》：“黄水河源出朔州东南之三泉。流迳辛村、元英村，寖散乱，复聚于黑圪塔。疑即《水经注》所称桑干枝津也。”《山西通志》：“怀仁县近汉汪陶县地②。今县东十五里高镇子堡③，旧为镇子海。周回四十五里，居民决水转流于桑干河，遂涸。疑即古南池也。”

《水经注》㶟水，又东北迳石亭西（原注：魏天锡三年［406］建），又东北迳白狼堆南（《大同府志》：“在应州西北。”），又东流四十九里，东迳巨魏亭（《大同府志》：“在应州之北。”），又东，崞川水注之，水南出崞县故城南。（《大同府志》：“在浑源州西二十里，横山左侧，遗址尚存，今名麻家庄山。”）又西出山，谓之崞口。北流，迳繁峙县故城东，（《大同府志》：“当在今应、浑二州之间④。”）又北，迳巨魏亭东，又北，迳剧阳县故城西，（《一统志》：“在应州东北。”）又东注于㶟水。

《宁武府志》：“崞川水⑤，源出今浑源州东北二十里汗土峪，今名神头村。循州城西北流，至应州界，又折而北入桑干。”

《水经注》㶟水，又东，迳班氏县南（《大同府志》：“当在大同县南界”），如浑水注之。水出凉城旋鸿县西南五十余里。（谨按：《魏书》：“魏置梁城郡，领参合、祇鸿二县”，郦注作凉城、旋鸿，未详。）东流，迳故城南北，俗谓之独谷孤城。（《大同府志》：“在塞外牧地永旺庄左近。”）水亦即名焉。东合旋鸿池水，水出旋鸿县东山下，水积成池。北引鱼水，水出鱼谷，南流注池。池水吐纳川流，以成巨沼。东西二里，南北四里，北对凉川城之南池。池方五十里，西南流，迳旋鸿县南。右合如浑水，是总二水之名矣。如浑水又东南流，迳永固县，（《魏志》：“属代郡”。

---

① 武周塞水是指发源于左云县东南的各桑干河支流的总称。《大同府志》所提及的鹅毛口、小峪口、红山峪口，均在怀仁县境汇入大峪河，后东流注入桑干河。与前页注②所指武州塞水相区分，该河今名十里河，流入大同府境，与如浑河［下游名御河］相会后流入桑干河。武州塞［北魏时又称武周塞］在大同府、朔州府盘踞数十里。

② 原作洼陶县，洼（wang）为汪的古体，汉置汪陶县，治所在今山阴县东。

③ 高镇子堡在今怀仁县境东南部大峪河畔，今名高镇子。

④ 崞县，汉置。在今山西省浑源县西，浑源河北岸。横山属恒山山脉。繁峙故城在应县县东现有遗址。

⑤ 崞（guō）川水，即浑源河，又名浑河。

《宁武府志》："今偏关、神池，代之永固县地。"）右会羊水，水出平城县之西苑外。（《府志》："平城即今府治。"）武州塞北出东转，迳燕昌城南，（《府志》："城在今府西北得胜堡之南。"）羊水又东注如浑水。乱流迳方山南，（《大同府志》："南距府治五十里，如浑水北来注之。"）又南至灵泉池，枝津东南注池。池东西百步，南北二百步。如浑水又南分二水。一水西出，南屈入北苑，中历诸池沼。又南，迳虎圈东，又迳平城西郭内。（谨按：魏太祖天兴初［398］，定都平城。营宫室，建城郭，治苑囿，故郦注于此盛陈，池台亭馆之美。兹第录水所经之处。）又南屈，迳平城县故城南，（谨按：《魏书》魏筑新平城，故以汉平城为故城。今大同府城东五里，本汉平城地。）其水夹御路南流，迳蓬台西，又南，迳皇舅寺西。（《原注》皇舅寺，昌黎王冯晋国造。）又南，迳永宁七级浮图，又南，远出郊郭一水，南迳白登山西。（《大同府志》："白登山，今名马铺山，在大同县东七里。"）其水又迳宁先宫，又南，迳平城故城东，自北苑南出，历京城内。又南，迳藉田及药圃西、明堂东，如浑水又南，与武周川水会。水出县西南，山下二源，俱导俱发一山，东北流合成一川。北流，迳武周县故城西，（《宁武府志》："在大同府境"。）又东北，右合黄水。水西出黄阜下。（谨按：《大同府志》："古名黄瓜堆，亦作黄瓜阜。"后讹瓜为花，又称黄花冈、黄花岭，今在应州北四十里。）东北流，圣山之水注焉。（谨按：《大同府志》："灵邱东北二十里有圣水山，山下出泉，名龙泉山。"）水出西山，东流注于黄水。黄水又东注武周川。又东，历故亭北，右合火山（谨按：原注火山有火井、汤井、风穴、石炭等语。今惟天镇县西南二十里，丰稳山有风洞。大同县西南坤云山有古井一，东北流注武周川水，名口泉。其西山犹产石炭，余俱无考。）西溪水，水导源火山，西北流。又东北流，注武周川水。武周川水又东南流，东转迳灵岩南川水，又东南流出山。自山口枝渠东出入苑，溉诸园池。一水自枝渠南流，东南出火山水注之。水发火山东谷，东北流出山。又东注武周川，迳平城县南，东流注如浑水。如浑水又南流，迳班氏县故城东，又东南流，注于瀔水。

《一统志》："如浑水，在大同县东北四十里，自塞外南流入。又南至县东同入桑干河，今名御河。"《大同府志》："如浑水，导源察哈尔正红旗游牧之葫芦海。东南流，入丰镇厅北，又南，迳慈老沟，又东南，迳新城河，灵泉自左注之。又南，迳河口滩，行厅境，凡五十余里。由镇羌边墙水口南流，入大同县界。又南，迳孤山村，得胜河西来注之。左得八墩口之水，又南，迳白马城，又东南，迳紫阁村西，又南，迳府东门外之兴云桥，亦名玉河。"《金史·地理志》："大同县有如浑水、玉河，实一水也。其溢而西出者曰柳港，今已涸。如浑水又折而南，迳独觉冈，又南合武周川水，入桑干河。历县境凡百四十里。今如浑水自方山南渐趋而东，又逶迤而南，其西出而南之枝津泉池，大概涸塞。”录之，以见拓拔魏①建都时，其水道通行如此。

《大同府志》：“灵泉，出丰镇厅②东石元山麓，东北百步许，迳新城湾西，注如浑水，灵泉池在麓山下。《一统志》：“武周川水自朔平府左云县东流，入怀仁县北，又东南流，至大同县③东南，入御河，今名十里河。”《大同府志》：“武周川水俗名十里河。源发塞外菱角海，由左云内城入杀虎口④，东南迳左云县云冈石窟寺南，其东一窟，灵泉出焉。南流数十步，洼之川水，东入大同县境。”又东，迳佛字湾，《水经注》武周川水东南流，水侧有石祗洹舍并诸窟室。又东转灵岩南，凿石开山，因崖结构，山堂水殿，烟寺相望，即其处矣。川水又东南，迳东、西十里河村，口泉谷之水西来注之，又东南，至合河口⑤，如浑水合焉。沿河各村居民开渠引水，资以灌溉。

〔《蔚县志》：“圣水泉，在城北圣水泉堡。”〕[14]《大同府志》：“口泉，导源坤云山北口泉峪，汇为方池。池上有桥，历桥陟磴数十梯而上有泉神庙。庙左古井一，乃泉源也。其水东北流，迳烟村岭，又东北迳口泉村，又东注武周川水。”

《水经注》㶟水，又东，迳平邑县故城南，（《后汉书·郡国志》：“代郡有北平邑”。《大同府志》：“今天镇县南七十里有大古城门，疑即古平邑故城。”）又东，迳沙陵南，（《大同府志》：“沙陵，当在阳高、天镇县之南，西宁县之西。”）又东，迳

---

① 拓拔魏，即北魏，又称后魏、元魏。386年鲜卑拓拔部首领拓拔珪于内蒙古南部、山西北部重建代国，拓拔珪称王改国号为魏。389年迁都平城［今大同市］，旋称帝。439年统一北方，与南朝对峙。493年孝文帝迁都洛阳，改拓拔氏为元氏。534年分裂为东、西魏（东魏后为北齐所代，西魏为北周所代）。557年西魏亡。北魏都平城一百余年，对平城水道建设极为重视。《水经注》详加陈述。

② 丰镇厅，即今内蒙古自治区丰镇市。参见本书增录《永定河流经清代州县沿革简表》。

③ 关于大同府、大同县地名，古今变化较大，本志所称大同县并非今大同县。详见本书增录《永定河流经清代州县沿革简表》。

④ 云内州，辽清宁［1055—1065］初，升代北云朔招讨司置。治所柔服［今内蒙古土默特左旗东南］，辖境约相当今内蒙古固阳县、土默特左旗、土默特右旗一带；杀虎口为山西右玉县与内蒙古和林格尔县间长城的关口。由和林格尔入右玉县境的河流在今内蒙地图册标注为红河，而右玉县境称苍头河。

⑤ 合河口在今大同市辖城区东南隅，是十里河（即武州塞水）与如浑河（即御河、玉河）相会处，当在塔儿村。

狋氏县故城北，（《日下旧闻》引《十三州志》："在高柳南百三十里。"）又东，迳道人县故城南，又东，迳阳城县故城南，又东流，安阳水注之。水出县东北潭中，谓之太拔。回水自潭东南流注于灅水，又东，迳安阳故城北。（《大同府志》："今桑干由阳高东流入天镇县境，至小盐场入直隶西宁境。又东，至保安州境，与洋水合。"则阳原当在西宁，狋氏、道人俱当在县南迤东。西汉代郡领县十八，以今地界考之，高柳东安阳近阳高。延陵、平舒近广灵。且如参合近丰镇，皆与县毗连。又《宣化府志》："西宁，前汉代郡之阳原，东安阳桑干地故城当在西宁。"）

《大同府志》："郡之川以桑干为经，府属丰镇。大同及怀仁、山阴、应州、广灵、阳高、天镇之水，浑源西流之水皆汇焉。"其水自泥河村东南，流迳山阴县西三十里之河阳堡，入府境。东流，迳安银子村北，迳安居坊，又东北迳新旧岱岳村北，折而东，迳黄花岭南之后小圪塔。《水经注》所谓桑干水，迳黄瓜阜曲西，又屈经其堆南者也。又东，新庄子河出，大于口，自左注之。又东，迳安昌寺、麻合疃、东湖岭诸村，入应州界。东迳州西三十里之凉亭村，其右黄水、白泥二河，由师家坊东北流注之。又东，迳大营村，木瓜河西来注之。又东，迳北贾家寨、曹娘子村，左得磨道河之水。又东，左得清水河，复折而北，迳白塘子村。又东，盐、碱二河纳南山诸口之水，自右注之。又北，迳屯儿村，里八庄河南流注之。又东，迳西安堡、南堡，在怀仁县东南三十里，顺治六年［1679］，大同县所移治也。其左崞川水循边耀山北流注之，又东北，迳郑家庄，入大同县界，左得大峪口、红山峪之水。又东，迳新桥村、古家坡，与如浑水会①。又东，迳瓮城驿[15]古定桥北，明嘉靖间，御史宋仪望请开桑干河，言源发金龙池下，瓮城驿古定桥即此。又东，迳徐疃[16]。又东北，迳于家寨、补村，《明史》作卜村，所谓大同卜村有业石者也。又东，迳西册田、贵仁村，东册田、乱石村，西堰头、梁家马营，入阳高县南川界。又东南，迳黄土梁南。又东，迳东偃头、大柳树②、小石庄南。又东，至西马营，入天镇县南川界。又东，迳芦子屯北、嘴儿图南，五泉河石门沟之水自左注之。又东，迳六稜山小盐场南。又东，至直隶西宁县白家泉出境，与壶流河合。又东北，流至保安州

① "又北，径屯儿村，里八庄河南流注之"有误，说见本书卷四 227 页注释②；"迳郑家庄，入大同县界"句，此处大同县是指今怀仁县部分地方。其原因如下文所云，大同县治移驻西安堡，怀仁县部分地方改隶大同县；"又东，迳新桥村、古家坡，与如浑水会"，合河地在怀仁县与今大同县相邻处的高家店。见卷四 228 页注释④。

② 东堰头、大柳树，在今阳原县［清西宁县］境，清至民国初这一地区属天镇县。

东南，与洋河合。阳原即今西宁县。黄瓜阜，在山阴县北，夏屋山在县南。武周塞水即大于口水，与武周川别。白狼堆在应州西北，巨魏亭在州北，如浑水由今府治南三十五里，会武周川入桑干。则班氏当在大同县南，而北平邑、沙陵、狋氏，当在阳高天镇县南。西宁之西，皆桑干河经流之府境也。阳高县小石庄渠一道，由大同县西堰头引入，灌田数十顷。天镇县东太保、西太保村，小渠六道，灌田二、三、四顷。又，小盐场村小渠三道，引水灌田三、四顷。（谨按：以上诸水会入桑干河，在今大同府属，东北流入直隶宣化府境。）

《水经》㶟水，东北过代郡桑干县南①。（《一统志》：“桑干县汉属代郡，今直隶蔚州及西宁县地。”）郦氏注：㶟水东迳昌平县，（《宣化府志》：“今西宁地，汉之昌平县。今昌平州，则东魏天平［534—537］中侨置之邑。”）温泉注之。水出南坟下，三源俱导合而南流，东北注㶟水。㶟水又东，迳昌平故城，（《一统志》：“在蔚州，北魏太和［477—499］中置。”）㶟水又东北，迳桑干故城西，（《畿辅通志》：“在蔚州北，汉置，属代郡。”）又屈迳其城北。（谨按：原注引《魏土地记》曰：“代城北九十里，有桑干故城。”）城西渡桑干水，去城十里有温汤，疗疾有验，经言出南，非也。（谨按：今蔚州北九十里属西宁地，则故城当在西宁县之西南为正。）《西宁县志》：“温泉在城东八里，去顺圣废县二里，冬夏可浴。”

《水经注》㶟水，又东流，祁夷水②注之。水出平舒县东③，（《一统志》：“今广灵县”。）迳平舒县之故城，（《大同府志》：“今广灵县西十里有平水村，故城在其南，舒水，或音近之讹。”）南泽中其水控引众泉，以成一川……祁夷水又东北，迳兰亭南。（《大同府志》：“汉志沙兰县有兰池城，今怀仁县本沙兰地，亭城注多通用。”）又东北，迳石门关北，（《五代史》：“石门峪，山路狭隘，一夫可以当百。”《蔚州志》：“石门关在城西南四十里”。）……又东北，得飞狐谷……（《蔚州志》：“在州东南六十里，隶广昌县。”）《魏土地记》：“代城南四十里，有飞狐关。”（《畿辅通志》：“在代城南四十里”。）关[17]水……西北流，注祁夷水。祁夷水又东北流，

① 这句正文是《水经》原文，本应与前文中校勘记〔2〕所示“㶟水出雁门阴馆县”连接。陈琮将两句分开引用。见《水经注》王先谦校注本。巴蜀出版社 1985 年版，248 页下栏。

② 祁夷水，今名壶流河。

③ 按此为西平舒县，汉置，故城在今广灵县西；东平舒亦汉置，在今天津静海县。

迳代城西，(《宣化府志》:“在蔚州东，后魏以平城地为代郡，以此为东代[①]……。”)又东北，热水注之，水出绫罗泽。(未详所在）东北流，注祁夷水。祁夷水又东，北谷水注之。水出昌平县故城南，又东北，入祁夷水。祁夷水右会逆水，水导源将城东。(原注：在代郡东北十五里，疑即东代。) 西北流，迳将城北，又西注于祁夷之水。逆之为名，以西流故也。祁夷水东北迳青牛渊，(原注：有龙出于兹，浦形类青牛，故渊潭受名焉。) 水自渊东注之。祁夷水又北，迳一故城西，又迳昌平郡东，(谨按：《魏地形志》:“太和中［477—499］，分恒州东部置燕州，领昌平郡。”昌平县注，有龙泉，当即青牛渊也。又注云：孝昌中［525—527］，陷天平中［534］寄幽州宣都城，今郡城无可考。而郦注又作昌平郡，未详所在。) 又北，连水入焉。水出鸲瞀县[②]东，(《前汉书地理志》:“属上谷郡”。) 西北流，迳鸲瞀县故城南。(未详所在）又西，迳广昌城南，(《畿辅通志》:“秦置属代郡，今属易州。”) 又西，迳王莽城南，(《宣化府志》:“在蔚州东”。) 又西，到剌山水注之。(《畿辅通志》:“在蔚州东八十里”。) 水出到剌山西，其水北流，迳一故亭东，西北注连水。(未详所在）连水又北，迳当城县[③]故城西，(《畿辅通志》:“在蔚州东”。) 又迳故城东，而西北流，注祁夷水。祁夷水又北，迳桑干故城东，而注于漯水。《畿辅通志》:“祁夷水即壶流河，在蔚州城北一里，东北流百里，至西宁县东城界小度口入桑干。”

《山西志》:“壶流河，在广宁县南，源出沙泉，其形如壶，经蔚州入桑干河。”《宣化镇志》:“暖泉，在蔚州城西二十五里，夏凉冬暖，或即热河。”

《水经注》漯水，又东北，得石山水口（未详何地)。水出南山，北流，迳空候城东。(原注:《魏土地记》:“代城东北九十里有空候城”，《宣化府志》:“蔚城东北八十里为宣化县，西南界则城，在县地可知。”) 其水又东北流，注漯水。水又东，

① 以代名郡国、州县者有：东代，河北蔚县境战国时代国；汉为诸侯国，孝文帝即位前封此，有代王城遗址尚存，后置为代郡。西代，北魏建国前建代国，在今内蒙古南部及山西北部；后改称魏国，都平城，置代郡，其故址在今大同市区东，后废。由雁门郡、县改称代州、代县者，其治所即今山西代县。故代不止“东代”“西代”，且辖境交错。

② 雊瞀县，汉置，属上谷郡。晋废。故址在今河北蔚县东。

③ 当城，汉置，属代郡。晋废。故址在今河北蔚县东。

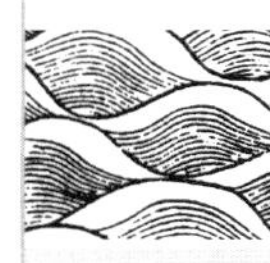

迳潘县①故城北，（《畿辅通志》：“在保安州西南七十里舜乡堡”。《怀来县志》：“怀戎故城，即潘县故地，即今治也。”）水合协阳关水。（《宣化府志》：“在保安州西”。）水出协谷，其水东北流，历笄头山，（《宣化府志》：“在保安州西”。）又北，迳潘县故城，左会潘泉故渎。（渎上承潘城中泉，纵广十数步，东出城。注关水，雨盛则通，注阳旱则不流，惟泙泉而忆。）关水又东北流，注于㶟水。㶟水又东，迳雍洛城南，（《一统志》：“在保安州西”。）又东，迳下洛故城南，（《畿辅通志》：“在保安州西”。）又东，迳高邑亭北，又东，迳三台北，（三台无考）又东，迳无乡城北，（《畿辅通志》：“在保安州南”。）又东，温泉水注之。水上承温泉于桥山②下，（《畿辅通志》：“在保安州东南”。）北流，入于㶟水。

《水经注》㶟水，又东，左得于延水③口。水出塞外柔玄[18]镇西④，长川城城南小山。（《大同府志》：“柔元镇，近长川城，在今正黄旗五禄户滩。城南小山，即《山海经》梁渠山。”）东南流，迳且如县故城南，（《大同府志》：“在今丰镇厅东北界，亦作沮洳。”）即修水⑤也。修水又东南，迳马城故城北。（《畿辅通志》：“在怀安县北”。《大同府志》：“在今察哈尔正黄旗哈洮河之南”。）又东，迳零丁城南，（《畿辅通志》：“在万全县北”。）又合延乡水，（《大同府志》：“今丰镇厅地”。）出县西山。东迳延陵县故城北，（《天镇县志》：“在新平堡”。）又东，迳罗亭，（《天镇县志》：“魏书号罗候城，当在今平远堡。”）又东，迳马城南，右东注脩水。又东南，于大宁郡北。（谨按：汉宁县，晋改置广宁郡，北魏因之，今万全县地。）又注雁门水。水出雁门山⑥，东南流，迳高柳故城北，（《大同府志》：“今丰镇厅地，故

① 潘县，汉置，属上谷郡。东汉初废，和帝十一年［公元99年］复置。晋改隶广宁郡，北魏省。故址在今涿鹿县西保岱古城，古协阳关峪之北口。下洛城，即下洛县，汉置，隶上谷郡。晋为广宁郡治，北魏分恒州，置燕州，治此，故址在涿鹿县西。今涿鹿县地汉置涿鹿、潘、下洛三县。雍洛县在涿鹿县西。

② 温泉水在今河北涿鹿县南十五里。桥山在今涿鹿县南。《魏书·太宗记》：“泰常七年［422］辛酉，幸桥山，遣使者祠黄帝、唐尧庙。”即此。

③ 于延水，今名东洋河。永定河最长支流，即后文所说修水。

④ 柔元镇，应为柔玄镇，军镇名。北魏六镇之一。故址在今内蒙古兴和县境，正黄旗察哈尔牧地东南。

⑤ 修水，《山海经》卷三《北山经·次二山》：“曰梁渠之山，无草本，多金玉，修水出焉，而东注于雁门水。”《汉书·地理志》下：代郡且如县，于延水。

⑥ 此处雁门山是指阳高县西北境与内蒙古丰镇市相邻处的雁门山。详见后文各志书的解释。

城当在斤界东。”）又东南流，屈迳一故城，背山面泽，俗谓吒险城。（《大同府志》：“在今阳高县东”。）雁门水又东南流，屈而东北，积而为潭，敦水注之。其水导源西北少咸山之南麓，（《大同府志》：“在大同县东北”。）东流，迳参合县故城南，（《大同府志》：“当在阳高县西”。）又东泌水注之。水出东阜下，西北流，迳故城，又北合敦水乱流，东北注雁门水。雁门水又东北，入阳门山，谓之阳门水，与神泉水合。水出苇壁北，水有灵焉。又东北，台水注之，水上承神泉于苇壁。（《大同府志》：“在天镇县五家山北”。）东迳阳门山南托台谷，（《天镇县志》：“阳门即城东南诸山，托台谷在阳门山南。”）谓之托台水，没引泉谷，浑涛东注，行者间十余渡，东迳三会城南。（《大同府志》：“当在天镇县姜前屯”。）又东，迳托台亭北，（《畿辅通志》：“在托台水南”。）又东北，迳马头亭北，（《畿辅通志》：“在托台亭东”。）东北注雁门水。雁门水又东，迳大宁郡北，脩水注之，即《山海经》所谓脩水，东流，注于雁门水也。自下通谓之于延水矣。于延水又东，迳冈城南，（《畿辅通志》：“在怀安县东北”。）又左与宁川水合，水出西北，东南流，迳小宁县故城南，（《畿辅通志》：“在宣化府城北”。）又东，黑城川水注之。水有三源，出黑土城（即黑土台）西北奇源，合注总为一川。东南，迳黑土城西，又东南流，迳大宁县西，而南入延河。又东，迳大宁县故城南，又东南，迳茹县故城北，（《畿辅通志》：“在宣化府城东”。）又东南，迳鸣鸡山西，（《畿辅通志》：“在宣化府城东南，一作鸡鸣，又云在鸡鸣驿北五里。”谨按：郦注引磨笄、鸣鸡二事，而未定。今考各志多作鸡鸣，当以鸡鸣为是[①]。）又南，迳且居县故城南，（《畿辅通志》：“在宣化府城东”。）东南注于㶟水。

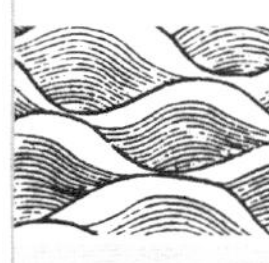

《一统志》：“洋河亦名东洋河，源出边外。自山西天镇县界流入，东流，迳怀安县北，又东，迳万全县、保安州，东合桑干河，即古于延水也。”《大同府志》：“于延水，一名修水，即今东洋河也。”由察哈尔正黄旗五禄户滩发源，南流，迳大青山，又南，迳黑土台，屈而东，迳碾房窑谓之二道河。又东，入直隶张家口葛河

---

① 《史记·赵世家》：“赵襄子击杀代君，兴兵平代地。其姊［代君夫人］，泣而呼天，磨笄自杀。代人怜之，所死之地名为磨笄之山。”《史记·正义》引《括地志》云：“磨笄山，亦名鸣鸡山，在蔚州飞狐县东北五十里。”《魏土地记》云：“代郡东南二十五里有马头山，赵襄子既杀代王，使人迎其妇，代王夫人曰：‘以弟慢夫，非仁也；以夫怨弟，非义也。’磨笄自刺而死。使者遂亦自杀。”可知磨笄山、鸣鸡山、马头山，在北魏郦道元时就已经说不清了。但可以肯定，三名实为一地，当在蔚县境内离古代国［即前注所称之东代］不远。

合流，南至怀安县柴沟堡西北，汇西洋河。《一统志》："西洋河，在怀安县北，自山西天镇县平远堡流入，迳西洋河堡南五里，又东，至柴沟堡西北，入东洋河，古延乡水也。"《明史·地理志》："大同府阳高县有雁门山，雁门水出焉。雁门水即十里河，由开山口入，绕城而东，折而南入白登河。"自阳高县云门山北丰镇界南流，入开山口东北，绕城而东与白登河会。又东，入天镇县境，又东，右得三沙河水，折而北，名十里河。又东，迳永嘉堡入直隶怀安县界，合西洋河。《一统志》："南洋河，在怀安县西，亦自天镇县界流入柴沟堡西南五里，又东，入东洋河，即古雁门水也。"《大同府志》："敦水，源出大同县东北七十八里聚落山南，俗名河儿头。东北注雁门水。"又云："即今白登河，发源山下河儿头。"

《宣化府志》："泌水，按《隋志》怀戎县有郭泌水，今未知所在。"《大同府志》："五家山西北，距天镇县治六十里，左界沙河源。又界神泉，中起托台谷，又北起阳门山。"《广灵县志》："神泉，即雁门山下水也。"《畿辅通志》："托台水即水沟口河，在怀安县北，自山西天镇县流入。迳县西北合柳河，至万全左卫界入洋河。"《万全县志》："宁川水即清水河。源出塞外鸳鸯湖，南汇正北沟、东西沙沟诸水，流入张家口溉田甚广。"《畿辅通志》："宣化县东十五里泥河，即古黑城川水。"《一统志》："清水河，源出边外，自张家口流入。南流，迳万全县东，又南至宣化县界，入洋河。即古宁川水也。"（按：今清水河发源张家口外，二派分流。其东北有水自独石口外，西南流合焉。南流入边，迳张家口堡东北五里，又南至宣化县西界入洋河。乃古宁川水也。又有一河，亦名清水河，自葛峪堡西流，合小水泉，西南流，绕府城北而西入洋河。此则别是一水，旧志混为一误。）①

《水经》灅水，又东，过涿鹿县北。（《畿辅通志》："汉置下落、涿鹿、潘三县，皆属上谷郡，今保安州地。"）

《水经注》涿水，出涿鹿山，（《畿辅通志》："在保安州南"。）世谓之张公泉。东北流，迳涿鹿县故城南，（《畿辅通志》："在保安川南，昔黄帝所都。"）又东北与

---

① 以上十余条资料详述洋河三源原委，归结一点三河于柴沟堡西先后相会。合河处在柴沟西。但也有异说，例如现代地图《河北省地图册》71页怀安县图（中国地图出版社2005版）合河处在柴沟堡东。谭其骧《中国历史地图集》也标注在柴河堡东。古今河道变迁，各家史志所见可能不同，志此存疑。

阪泉合①。其水导源县之东泉，泉水东北流，与蚩尤泉合[19]。水出蚩尤城，（《畿辅通志》："在保安州东南"。）泉水[20]渊而不流，淫雨并则流，注阪泉乱流，东北入涿水。涿水又东[21]，迳平原郡南，（原注，魏徙平原之民置此，故侨郡以处之②。《畿辅通志》："在保安州东南"。）又东北，迳祚亭北（未详所在）而东，入于灅水。《宣化府志》："涿水，在保安州东南。"《畿辅通志》："阪泉，在保安州东南。"《保安州志》："矾山堡西南十里有七旗里泉，即阪泉③。"东北流合黑龙池、水头寺津、龙王堂池诸水，又东环堡地北，又东南入缙山河，即蚩尤泉也。

《水经注》灅水，又东南，左会清夷水④，亦谓之沧河也。水出长亭南，西迳城村故城北，（无考）又西北，平乡川水注之。水出平乡亭西，西北流注清夷水。清夷水又西北，迳阴莫亭。（《畿辅通志》："在延庆州南"。）……又西会牧牛山水，（《魏土地记》："沮阳城东八十里有牧牛山"。）山下有九十九泉，即沧河之上源也。九十九泉积以成川，西南流，谷水与浮图沟水注之，水出夷舆县⑤故城西南。（《畿辅通志》："在延庆州东北"。）其水[22]俱西南流入沧水。沧水又西南，右会地裂沟，（《宣化府志》："在延庆州东"。）南流入沧河。沧河又西，迳居庸县⑥故城南，（《宣化府志》："在延庆州东"。）有粟水入焉，水出县下城西。枕水又屈迳其县南，南注沧河。沧河又西，右与阳沟水合，水出县东北，西南流，迳居庸县故城北，西迳大翮、小翮山南。（《一统志》："在延庆州北二十五里"。）右出温汤……其水东南流，左会阳沟水，乱流南注沧河。沧河又左得清夷水口……清夷水又西，灵亭水注之。水出马兰西泽中……泽水所钟以成沟渎。渎水又左，与马兰溪水会。水导源马兰城……东南入泽水。泽水又南，迳灵亭北，又屈迳灵亭东，其水[22]又南流，注于清夷

---

① 涿水，即今北沙河，在河北涿鹿县东南矾山镇；张公泉今名七旗泉，在涿鹿县矾山镇上七旗村；涿鹿山即连绵于怀来西南、涿鹿东南至门头沟西部的山地。涿鹿故城，《史记·正义》引《括地志》云："……又有涿鹿故城，在妫州东南五十里，本黄帝所都也。"又引《晋太康地理志》："涿鹿城东一里有阪泉。"阪泉详见后文《保安州志》。

② 平原郡，本西汉置。辖地原为今山东平原县［郡治］、陵县、禹城、齐河、临邑、商河、惠民、阳信及河北吴桥等市县。东汉、魏、晋或郡、或为国，南朝宋改为郡。北魏废，移其民于涿鹿县东南，置"侨郡"以处之，故称平原郡。异地置郡、县称"侨郡"、"侨县"。

③ 阪［bǎn］泉，又称黄帝泉。在今河北涿鹿县矾山镇，《保安州志》指七旗里泉为阪泉。一说在红泉村北，即黑龙泉。

④ 清夷水，今名妫河。源出北京延庆县东北，西南流，更名清水河，经怀来县入桑干河。

⑤ 夷舆县，西汉置，属上谷郡，后汉省。故址在今延庆县东北。

⑥ 居庸县，西汉置县，魏上谷郡治，在今北京延庆县东。

水。清夷水又西南，得桓公泉水。源出沮阳县[①]东，（《宣化府志》："延庆州，汉沮阳县地。"）而西北流入清夷水。清夷水又西，迳沮阳县故城北，（《宣化府志》："在怀来县南"。）又屈迳其城西，南流注于灅水。灅水南至马陉山谓之落马洪。[②]（谨按：隋《诸道图经》桑干水，出马陉山，谓清泉河。亦曰干泉。今马陉山无可证。郦注：俗谓干水，非。）

《一统志》："妫河，自延庆州东北发源，西流，迳州城南，又西，迳怀来县界南，又西南流入桑干河，本古清夷水也。"今讹曰妫河。《册说》："妫河，在延庆州南半里，自永宁县流入，又西，迳怀来县南一里，又西南流五十五里，入缙山河。"（按：《括地志》妫水，在怀戎，本汉潘县，在今保安州西南界，此自是清夷水。）《辽史》谓妫泉，在可汗州城中。《宣镇志》谓出延庆海陀山。《册说》又谓出永宁龙湾水屯，皆不察。怀戎移治清夷而误指也。（谨按：今延庆州，汉置居庸县，属上谷郡。后魏天平［534］，改为怀戎县地，唐析置妫川县，属妫州。今怀安县，齐、隋为怀戎县地，唐垂拱中［685—688］置清夷军。长安二年［202］，始移怀戎县及妫州怀来治。）[③]

《延庆州志》："妫河，自州西北大海陀山发源，为州境后河。流经一堵山、韩家河、绛家河、马蹄潭、金刚山前。至州东北古城南数里，分支流灌上花园、双营堡后，田地若干顷。绕州治南归于大河。今自双营南即堙塞流竭，旧道犹存，干河东南流数里，入于地，伏流十余里复出。至永宁界，旧有水碾、水磑四座。流迳曹家营林、王全营、莲花池，州南南新堡。绕城过小河屯、白龙庙、西南大营、张老营、黑龙庙、平房，西入怀来，合洋河，入桑干。"《畿辅通志》："溪河，自延庆州南流出团山，西南流，迳永宁县城，西流入州界，合妫河，即古沧河也。"《延庆州志》："百眼泉，在州南三里，百窍涌出故名。今湮，疑即古九十九泉。"

《畿辅通志》："粟水，在延庆州西，源出州北十里屈家堡。西南流，迳城西，

---

① 沮阳县，秦置，上谷郡治，历西汉、魏、晋，北魏时省。故址在河北怀来县大古城村，官厅水库南岸。

② 马陉山，今河北怀来县东南老君山、老虎背、桃树港诸山。落马洪，一称落马河，在今怀来县南，官厅水库西岸下至北京门头沟沿河口，永定河的官厅山峡（一称西山山峡）河段。

③ 怀戎县，原汉置沮阳县地，北魏废。北齐置为怀戎县，治在今涿鹿县西南七十里，唐移治于旧怀来县（在今官厅水库境）。辽改称怀来县，金改为妫川县，元复旧。明改为怀来卫，清复置为怀来县。

又屈迳城南门外，南入妫河，即粟水，非沽河也。”《畿辅通志》：“阪桥河，在延庆州西北十里[①]，源出阪泉，西南流入妫河。《水经注》阳沟水即此。”《畿辅通志》：“温汤，在延庆州西北三十里。源出佛谷山，南流入妫河。”《畿辅通志》：“桓公泉，在怀来县南。”《畿辅通志》：“桑干河，自山西天镇县流入西宁县[②]，与蔚州分界，迳县南二十里，又东，迳顺圣城南，又东，迳宣化南界，又东，迳保安州南，至州东南二十里，与洋河合为燕尾河。又东南流，迳缙山[③]，又南流，与妫水合为合河口。又东南，迳沿河口入顺天府宛平县界。”《辽史》：“圣宗十一年［993］六月，大雨，秋七月，桑干河溢居庸关西，害禾稼殆尽。奉圣（今保安州）、南京（今顺天府）居民多垫溺者。”[④]（谨按：妫水即沧河。在今延庆州东南，居庸关东北三十里。西南流入怀安境，与《水经注》大略相符。第所迳之北村、平乡，及九十九泉、浮图沟等水，皆无可考。即州志所载百眼泉、韩家河、绛家河、马蹄潭，下流亦云湮塞。岂是年桑干河溢，居庸关遂被垫溺耶？不敢附会，录存以备参考。谨按：以上诸水会入桑干河，在今宣化府属，东南流入顺天府宛平县境。）

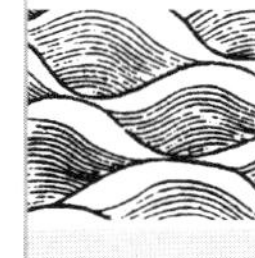

《水经》㶟水，又东南出山。《水经注》㶟水，又南出山，瀑布飞梁，悬河注壑，崩湍十许丈，谓之落马洪。抑亦孟门之流也[⑤]。㶟水自山南出，谓之清泉河。俗亦谓之曰干水，非也。《宛平县志》：“故桑干河道，石子盈焉。山曰卢师山，寺曰卢师寺。”（《畿辅通志》：“卢师山在宛平县三十里”。谨按：卢师山，在石景山西北

---

① 阪桥河即《水经注》所称云阳沟水。《延庆州志》亦曰蔡河。俗谓阪桥河即板桥河乃附会。板桥河出延庆州西北中羊房村，汇大海陀水，西流至西羊房南，折而南出，径上下板桥，又南过常里营，西至大营西，南入妫河。

② 西宁县即河北省阳原县。顺圣城得名于顺圣川，在阳原县境。辽置顺圣县，明废。天顺中［1461］筑顺圣川东城［今省称东城］，在阳原县东六十里。后又筑顺圣川西城［今省称西城，即今县治］。此处当指东城。

③ 缙山，据《怀来县志》，距县西四十里；西距涿鹿矾山堡三十五里。这一段桑干河也称缙山河。此处缙山非延庆州境的缙阳山。

④ 《辽史》：“圣宗（耶律隆绪）统和十一年［993］，桑干河溢居庸关西……”此说不实。泛溢者当为妫河。奉圣州即明、清时保安州，今涿鹿县。南京指辽南京析津府。契丹会同元年［938］升幽州为幽都府，开泰元年［1012］改称析津府，建为燕京，为辽五京之一，称南京。其辖地稍大于明清顺天府。《辽史》为元朝人脱脱等撰，成书仓促，疏略失误颇多。

⑤ 孟门山绵延于山西吉县西、陕西宜川县东北，龙门之北，黄河自北而南流，因上、下游河床高低相差悬殊，水势如壶口直下，故称为壶口。《吕氏春秋·有始览》、《淮南子·地形训》称之为天下九山之一。《山海经·北山经》说：“孟门之山，其上多苍玉、多金，其下多黄垩、多涅石。”此处说落马洪与孟门山地势相类似。

二十里。）《畿辅通志》：“清泉河在大兴县东南，亦曰浑河旧渠。自宛平县东流入境，又东入张家湾，入白河。”（按：清泉，古浑河正流也。）元时，浑河自东麻谷[①]分为二支。故其流渐弱，至明时，益断续不常。正统中，常浚三里河以入之。三里河在城南。曹学佺《名胜志》[②]：“卢沟河在府西四十里，即桑干河也。府西百里有清水河，流迳大台村，又西百余里，有小溪流迳青口村，俱入之[③]。”

《水经注》㶟水，又东南迳良乡县[④]之北界，（《汉志》属广阳图。《魏书》属燕郡。今属顺天府。）历梁山，（谨按：宛平县西北百二十里有菩萨崖。崖南有二梁山，再南则大梁山，桑干河迳其西南。再，南则清水沟、王平口，而《通志》及府县志皆未载梁山，或有遗误。[⑤]）高梁之水出焉。

《畿辅通志》：“高梁河，在宛平县西，源出昌平州沙涧，东南流，迳高梁店，又东流入都城积水潭。”《水经》㶟水，过广阳蓟县北。（《畿辅通志》：“大兴县周初蓟国，秦置蓟县，汉属广阳郡治。”）郦氏《注》，㶟水又东，迳广阳县故城北，（唐《括地志》：“广阳县故城，在良乡东北三十七里。”）又东北，迳蓟县故城。（《畿辅通志》：“今大兴县治”。[⑥]）南魏《土地记》：“蓟城南七里有清泉河，而不迳其北。”盖经误证矣。㶟水又东，与洗马沟水合。水上承蓟水，西注太湖。湖有二源，水俱出县西北平地，道源流结西湖。湖东西二里，南北三里，盖燕之旧池也。湖水东流

---

① 东麻谷［yù］，今名麻峪，在北京石景山区。《元史·河渠志一》：“卢沟河，其源于代地，名曰小黄河，以流浊故也。自奉圣州界流入宛平县境，至都西四十里东麻谷，分为两派。”按其东股经麻峪村西、石景山西、侯庄子东、四道桥东、庞村西、白庙村南；西股经城子东、大峪东、坝房子西、曹各庄东、上岸东、西新秤东、卧龙岗北，至东河沿（芦井）北与东股合，出北京门头沟区。进入石景山与丰台区界。（此为石景山与门头沟两区分界）

② 曹学佺［1574—1647］明朝人，字能始，福建侯官人，号石仓，万历二十三年［1595］进士，官至四川按察使。因私撰《野史记略》被魏忠贤劾削去职，家居二十余年。唐王在闽中称帝授礼部尚书。清兵入闽自缢于山中。藏书甚丰，著有《石仓诗文集》、《蜀中广记》、《石仓十二代诗选》；《名胜志》是其著述之一。

③ 小溪，现名清水河。源于东灵山东麓，经江水河村、东南流经洪水口、双塘涧等村南流，经齐家庄、张家庄东流至杜家庄，转东北流至上清水、下清水，又东北流至西斋堂、东斋堂，又东北流至青白口入桑干河（其先有南北多条支沟汇入，从略）。清水河现名清水涧，源于大寒岭东麓，东北流经千军台、庄户、东、西板桥、宅舍台、大台村、东、西桃园至清水涧村东、落（lǎo）坡岭（本书卷一《永定河源流全图》标注为老婆岭）西，北汇入桑干河。

④ 良乡参见本书增录《永定河流经清代州县沿革简表》（四），房山条。

⑤ 陈琮注文，参见《永定河源流全图》图十五。

⑥ 大兴参见本书增录《永定河流经清代州县沿革简表》（四），大兴条。

为洗马沟，侧城南门东注，又东入于㶟水。《宛平县志》："洗马沟，在城西四十五里。"曹学佺《名胜志》："太湖，在府治西四十里，南流入洗马沟，与玉渊潭、燕家泊诸水汇而为西湖。"明《一统志》："太湖在城西四十五里，广袤十数亩，旁有泉涌出，经冬不冻，东流为洗马沟。"《宛平县志》："西湖在城西三十里玉泉山下，清泉澎湃，潴而为湖。"《桂文襄萼奏议》："昌平州神山泉，南会一亩、马眼二泉，绕出瓮山，复汇七里泺，即今之西湖。东入都城西水门，贯积水潭，即今之海子。"

《水经注》㶟水，又东，迳燕王陵南。（原注是二陵，竟不知何王陵也。《水经注》释。按：《金史·蔡珪传》，初两燕王墓，旧在中都东城门外。海陵广京城，围墓在东城内。大定九年［1169］，诏改葬于城外。及启圹东墓之柩，题曰燕灵王。旧古柩字通用。乃西汉高祖子刘建墓也。其西，盖燕康王刘嘉之墓。）又东南，高梁之水注焉。水出蓟城西北，平地泉流，东迳燕王陵北，又东，迳蓟城北，又东南流。《魏土地记》曰："蓟东十里有高梁之水者也。"其水又东南，入㶟水。《水经》㶟水，又东，至渔阳雍奴县，西入笥沟。（《汉书·地理志》："渔阳郡，有渔阳路、雍奴、泉州。"《一统志》："后魏省泉州入雍奴，为渔阳郡治，唐天宝初［742—756］改武清。"）郦氏注，笥沟，潞水之别名也。魏《土地记》曰："清泉河上承桑干河，东流与潞水合。㶟水东入渔阳，所在枝分。故俗谚云：高梁无上源，清泉无下尾。盖以高梁微涓浅薄，裁足通津，凭藉涓流方成川甽；清泉至潞，所在枝分，更为微津，散漫难寻故也。"

隋《诸道图经》㶟水，即桑干河。至马陉山为落马河，出山谓之清泉河，亦曰干泉，至雍奴入笥沟，谓之合口。（谨按：以上诸水，与桑干河会入潞河。在今京城北宛平、大兴、武清、通州境。[①]）孙国敉《燕都游览志》："分水岭在府西四十五

---

① 关于高梁河的源委综述如下：

［一］高梁河又称高梁水、高良河，源于今北京西直门外紫竹院公园，东流至德胜门外，东南流斜穿北京内外城，至今十里河村东注入古㶟水。内城之积水潭、什刹海、北海、中南海等是其所经遗迹。专家认为这是"永定河从晚更新世以来延续到全新世的古河道"。（见孙秀萍，赵希涛：《北京平原永定河古河道》，载《科学通报》1986年第16期。）

［二］三国时魏刘靖修筑戾陵堰，开车厢渠，自石景山向东北至紫竹院接高梁河上源，又自德胜门外分流向东注潞河，也称高梁河、高梁水，北魏时河道犹存，唐宋已不见诸记载。

［三］金元开金口漕渠，自石景山北麓金口导桑干河水，入金中都北护城河东至通州北入潞水。这一水道也称高梁河、高梁水。由此可知，高梁河上源实际上就是古永定河，或者说高梁河是永定河一部分。

里，诸水至此，分而为二。一入卢沟河，一入房山县界。”周辉《北辕录》：“卢沟河亦谓黑水河，河色最浊，其急如箭。”《畿辅通志》：“顺天府西南十里丽泽关，平地有泉十余穴，汇而成溪。东南流为柳林河，下流注于卢沟河。”

《金史·河渠志》：“大定十年［1170］，议决卢沟以通京师漕运。上欣然曰：‘如此，则诸路之物，可径达京师，利孰大焉。命计之。’当役千里内民夫。上命免被灾之地，以百官从人助役。已而敕宰臣曰：‘山东岁饥，工役兴则妨农作，能勿怨乎？开河本欲利民，而反取怨，不可。其姑罢之。’十一年［1171］十二月，省臣奏复开之。自金口，疏导至京城北入壕，而东至通州之北入潞水。及渠成，以地势高峻，水性浑浊，峻则奔流漩洄，啮岸善崩[23]；浊则泥淖淤塞，积滓成浅，不能胜舟。其后，上谓宰臣曰：‘分卢沟为漕渠，竟未见功。若果能行，南路诸货皆至京师，而价贱矣。’平章政事驸马元忠曰：‘请求识河道者按视其地。’竟不能行，而罢。”

二十五年［1185］五月，卢沟桥决于上阳屯。先是决显通寨，诏发中都三百里内民夫塞之，至是复决。朝廷恐枉费工物[24]，遂令且勿治。

二十七年［1187］三月，宰臣以孟家山金口闸，下视都城高一百四[25]十余尺，止以射粮军①守之，恐不足恃，倘暴涨，人或为奸，其害非细。若固塞之，则所灌稻田俱为陆地，种植禾麦，亦非旷土。不然，则更立重闸，仍于岸上置埽官廨署及埽兵之室，庶几可以无虞也。上是其言，遣使塞之。

明昌三年［1192］六月，卢沟堤决。诏速遏塞之，无令泛滥为害。右拾遗路铎上疏言：“当从水势分流以行，不必补修玄同[26]口以下，丁郸以上旧堤。”上命宰臣议之，遂命工部尚书胥持国及路铎，同检视其堤道。

苏天爵②《元名臣事略》：“至元二年［1336］，都水少监郭公言：‘金时，自燕京之西麻峪村，分引卢沟一支东流，穿西山而出，是谓金口。其水自金口以东，燕

---

① 射粮军：金初，诸部之民无它徭役，壮者皆为兵，平居听之佃渔射猎，习为劳事。其后于诸路募十七岁以上，三十岁以下强壮者，为射粮军，刺面，兼充杂役。每五百人设一指挥使司，设指挥使。官兵皆月给例物。［见《金史·兵志》］

② 苏天爵［1294—1352］元真定［今河北正定］人，字伯修，人称滋溪先生。国子学生出身，官江南行台监察御史。顺帝初历任淮东、山东肃政廉访使，又宣抚京畿。大事兴革，为宰相所忌。罢官后再起为浙江行省参政。至正十二年［1352］在饶信［在江西东北部］等地镇压红巾军起义，死于军中。熟悉元代文献，辑《国朝文类》，著《国朝各臣事略》；又有《滋溪文稿》。

京以北，溉田若干顷。兵兴以来，以大石塞之。今若按视故迹，使水通流，上可以致山西之利，下可以广京畿之漕。’又言：‘当于金口西预开减水口，西南还大河，令其深广，以防涨水突入之患。’上纳其议。”①

《元［史］·世祖本纪》：“至元三年［1266］，凿金口，导卢沟水，以漕西山木石。”

《元［史］·成宗本记》：“大德六年［1302］四月，修卢沟上流石陉山河堤[27]。”

《元史·河渠志三》金口河，至正二年［1342］正月，中书参议孛罗帖睦尔、都水傅佐（《许有壬传》作襄加庆善八及孛罗帖木儿献议）建言：“起自通州南高丽庄，直至西山石峡，铁板开水，古金口一百二十余里，创开新河一道。深五丈，广十五丈。放西山金口水东流，至高丽庄合御河，接引海运至大都城内输纳。”是时，脱脱为中书右丞相，以其言奏而行之。廷臣多言其不可，而左丞许有壬言尤力。脱脱排群议不纳，务于必行。有壬因条陈其利害……丞相不从。遂以正月兴工，至四月功毕。起闸于金口，水流湍势急，泥沙壅塞，船不可行。而开挖之际，毁民庐舍坟茔，夫丁死伤甚众。又费用不赀，卒以无功。继而御史纠劾，建言者孛罗帖木儿。传佐俱伏诛。

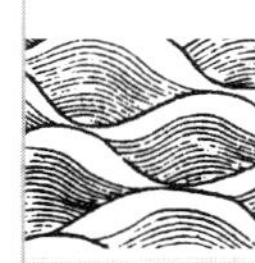

《元史·河渠志一》：[28]“卢沟河，其源出于代地，名曰小黄河。以流浊故也。自奉圣州流入宛平县境，至都城四十里东麻谷[29]分为二派。”太宗七年岁乙未［1235］[30]八月敕：“近刘冲禄言：‘率水工二百余人，已依期筑闭。卢沟河元破牙梳口，若不修堤固护，恐水不时[31]涨冲坏，或利徒盗决灌溉，请令禁之[32]。’刘冲禄可就主领，毋致冲塌盗决。犯者以违制论，徒二年，决杖七十。如遇修筑时所用丁夫器具，应差处调发之。其旧有水手、人夫内五十人差官存留不妨。已委管领常切巡视体[33]究，岁一交番，所司有不应副[34]者罪之。”

《元史·河渠志一[35]》：“浑河，本卢沟水，从大兴县流至东安州、武清县，入漷州界。至大二年［1309］十月，浑河水决左都威卫营西大堤，泛溢[36]南流，没

① 都水少监郭公，指元朝著名天文学家、水利学家、数学家郭守敬［1231—1316］，字若思，顺德邢台（今属河北）人，曾任都水少监、太史令、兼提调通惠河漕运事等。曾兴浚西夏滨河五州诸渠，开大都运粮河，与许衡、王恂等修《授时历》，施行三百六十年。著有《历议拟稿》、《仪象法式》、《推步》等著作，创制多种天文仪器，主持大地测量等。至元二年［1265］倡议重开金口河，“使水得能流，上可至西山之利，下可广京畿之漕。”得到元世祖赞赏，次年开凿了金口河，为兴建大都工程“漕西山木石”创造了有利条件。

左、右二翊及后卫屯田麦。由是左都威卫言：‘十月五日水决永清县王甫村堤，阔五十余步，深五尺许。水西南漫平地流环圆[37]营仓局，不没者无几。恐来岁春冰消，夏雨作，冲决成渠，军民被害。或迁置营司，或多差军民修塞，庶免垫溺。’三年［1310］二月，省准[38]下左、右翊及后卫、大都路委官，督工修治，五月工毕。”

皇庆元年［1312］二月十七日[39]，东安州言：“浑河水溢决黄蜗堤一十七所”，都水监计工物，移文工部。二十七日[40]枢密知院塔失帖木儿奏：“左卫言，浑河决堤口二处，屯田浸[41]不耕种，已发军五百修治。”臣等议，“治水有司职耳。宜令中书戒所属用心修治。”从之。七月，省委工部员外郎张彬言：“巡视浑河，六月大雨水涨及[42]丈，决堤口二百余步，漂民庐，没禾稼，乞委官修治，发民兵刈杂草兴筑。”

延祐元年［1314］六月十七日[43]，左卫言：“六月十四日，浑河决武清县刘家庄堤口，差军七百，与东安州民夫协力同修之[44]。”

三年［1316］三月，省议浑河决堤堰，没田禾，军民蒙害。既已奏闻差官相视，自石陉山金口下至武清县界旧堤，长计三百四十八里，中间因旧修筑者大小四十七处，涨水所害合修补者一十九处，无堤创修者八处，宜疏通者二处，计工三十八万一百，役军夫三万五千九，九[45]十六日可毕。如通筑，则役大难成。就令分作三年为之。省院差官先发军民夫匠万人，修其要处。是月枢府奏，拨军三千，委中卫佥事督修治之。

七年［1320］五月，营田提举司言：“去岁十二月，屯户巡视广武屯北，浑河堤二百余步将崩，恐春首土解水涨，浸没为患，乞修治。”都水监委濠寨营田提举司官、武清县，官督夫修完。广武屯陷薄堤一处，永兴屯北低薄一处，落垡郙西冲圮一处，永兴屯北崩圮一处，北王屯庄西河东岸，北至白坟儿，南至韩村西道口，创邢庄西河东岸，北至宝僧百户屯，南至白坟儿，总用工五万三千七百二十二。

泰定四年［1327］四月，省议，三年六月内大雨，山水暴涨，泛没大兴县诸乡桑枣田园。移文枢府，于七卫屯田及见有军内，差三千人修治。

《元［史］·成宗本纪》：“大德六年［1302］四月，修卢沟上流石径山河堤。乙亥，修永清县南河。”

《元［史］·仁宗本纪》：“延祐元年［1314］六月，涿州范阳、房山二县浑河溢，坏民田四百九十余顷。七月乙亥，武清县浑河堤决，淹没民田。发廪赈之。二年［1315］春正月丙寅大雨，坏浑河堤堰，没民田，发卒补之。七年［1320］，浑河溢，坏民田庐。”

《元［史］·英宗本纪》：“至治元年［1321］六月己巳，浑河溢，被灾者二万三千三百户。霸州大水，浑河溢，被灾者三万余户。秋七月乙酉大雨，浑河防决。二年［1322］六月，修浑河堤。”

《元［史］·泰定帝本纪》：“泰定元年［1324］夏四月甲子，发兵民筑浑河堤。三年［1326］七月，浑河决。四年［1327］三月，浑河决。发军民万人塞之。”

《固安县志》：“元至元三年［1266］，发民夫筑浑河堤。九年［1272］再筑，以防河水。大德六年［1302］，筑浑河堤，长八十里，仍禁豪家毋侵旧河，令屯军及民耕种。延祐二年［1315］大水，坏浑河堤堰，发卒补之。泰定三年［1326］，浑河决，发军民万人塞之。”

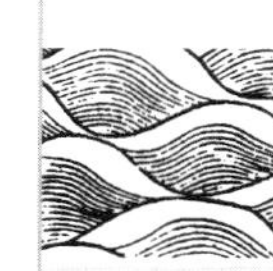

《元［史］·顺帝本纪》：“至元年［1346］六月辛巳，大雨自是日至癸巳不止，浑河水溢，没人畜庐舍甚众。”

顾祖禹《读史方舆纪要》①：“卢沟河在东安县西，自固安县流入境。元皇庆初［1312—1313］，浑河水溢，决东安境内黄蜗堤一十七所是也，又东南，合霸州之巨马河。”

《明史·河渠志》：“桑干河，卢沟上源也。穿西山，入宛平县界。东南至看丹口分为二：其一东流，由通州高丽庄入白河；其一南流霸州，合易水，南至天津丁字沽入漕河，曰卢沟河。亦曰浑河。初过怀来，束两山间不得肆，至都城西四十里石景山之东，地平土疏，冲激震荡，迁徙弗[47]常。《元史》名卢沟，曰小黄河，以其流浊也。上流在西山后者，盈涸无定不为害；下流在西山前者，泛溢害[48]稼，畿封病之，堤防急焉。洪武十六年［1383］，浚桑干河，自固安至高家庄八十里，霸州西支河二十里，南支河三十五里。永乐七年［1409］，决固安贺家口。十年［1412］，坏卢沟桥及堤岸，没田庐，溺死[49]人畜。洪熙元年［1425］，决东狼窝口。宣德三年［1428］，溃卢沟堤，皆发卒治之。六年［1431］，顺天府尹李庸上言：‘永乐中[50]浑河决新城[51]，高从周口，遂致淤塞。霸州桑园里上下，每年水涨无所

① 顾祖禹［1631—1692］明末清初历史地理学家。字景范，江苏无锡人。少承家学，熟谙经史，好远游。值明朝覆灭乃隐居著作，从清顺治十六年［1659］始，直至临终，历三十年撰成《读史方舆纪要》一书。该书参考二十一史和一百多种方志编纂而成。首叙历代州域形势，再以明、清直隶江南等十四省，叙述府、州、县疆域沿革、名山大川、关隘、古迹等，着重考订古今郡县变迁及山川险要战守利害。共一百三十卷，是研究中国军事史及历史地理的重要参考文献。

泄，漫涌倒流，北灌海子凹、牛栏佃，请急修筑。’从之。九年［1434］，决东狼窝口，命都督郑铭往筑。正统元年［1436］，复命侍郎李庸修筑，并及卢沟桥小屯厂溃岸，明年工竣。越三年，白沟、浑河二水俱溢，决保定县、安州堤五十余处，复命庸治之，筑龙王庙南石堤。七年［1442］，筑浑河口。八年［1443］，筑固安决口。成化七年［1471］，霸州知州蒋恺言：‘城北草桥界河，上接浑河，下至小直沽，注于海。永乐间，浑河改流，西南经固安、新城、雄县抵州，屡决[52]为害。近决孙家口，东流入河，又东抵三角淀、小直沽，乃其故道。请因其自然之势，修筑堤岸。’诏顺天府官，相度行之。十九年［1483］，命侍郎杜谦督理卢沟河堤岸。弘治二年［1489］，决杨木厂堤，命新宁伯谭祐、侍郎陈政、内官李兴等，督官军二万人筑之。正德元年［1506］，筑狼窝决口，久之，下流支渠尽淤。嘉靖十年［1531］，从郎中陆时雍言，发卒浚导。三十四年［1555］，修柳林至草桥大河。四十一年［1562］，命尚书雷礼修卢沟河岸。礼言：‘卢沟东南有大河，从丽庄园入直沽下海，沙淀十余里。稍东，岔河从固安抵直沽势高，今当先浚大河，令水归故道。然后，筑长堤以固之。决口地，下水势急，人力难骤施，西岸故堤绵亘八百丈，遗址可按宜并筑。’诏从其请。明年讫工。东西岸石堤凡九百六十丈。”

《明成祖实录》：“永乐二年［1404］十月，修顺天府固安县浑河决岸。七年［1409］六月，固安县浑河决贺家口，伤禾稼，命工部即遣官修筑。十五年［1417］闰五月，修固安县孙家口堤岸。”

刘侗《帝京景物略》①：“明永乐十年［1412］，卢沟河溃岸八百丈，修焉。”

《明仁宗实录》：“洪熙元年［1425］七月，水决卢沟桥东狼窝口岸一百余丈，命行后军都督府行部发军民修筑。”

《明宣宗实录》：“宣德四年［1429］二月，修卢沟桥凌水所决河口。四月，命侍郎罗汝敬往督。六年［1431］五月壬申，顺天府奏：‘霸州、保定县地低洼，边临浑河，往者河岸缺坏，皆是保定、文安、大城诸县民夫同军卫修筑。今河水冲缺，岸土渐薄，且有坍塌之处。若水溢决溃，必伤田苗。请如旧集众预修，庶几有备无患。’从之。六月丁未，顺天府固安县奏：‘今夏久雨，浑河涨溢，冲决徐家等口。’上命工部发民[53]修理之。七年［1432］三月壬戌，浑水决固安县马庄等处堤岸，命

---

① 《帝京景物略》明北京地方志，八卷，刘侗、于奕正合撰。内容包括北京园林、寺观、陵墓、祠宇、名胜、山川、桥堤、草林虫鱼，间及人物故事。现存明刻本及清纪昀删削刻本。

顺天府发民修筑。九年［1434］六月，水决浑河东岸，自狼窝口至小屯厂，行在工部请修治，从之。命都督郑铭董其役。”

《明英宗实录》：“正统元年［1436］七月，命行在工部左侍郎李庸修狼窝口等处堤。二年二月，李庸请建龙[54]神祠于堤上，‘且令宛平县复民二十户，自石径山至卢沟桥，往来巡视’。从之。四年［1439］六月，小屯厂西堤决，诏发附近丁夫修筑。八年［1443］六月，浑河水溢，决固安县贾家口、张家口等到堤，诏邻近州县协力修筑。十一年［1446］六月，浑河泛溢，贾家口、张家口堤决，命有司筑之。”

《明宪宗实录》：“成化七年［1471］二月，拨官军五千，以少监高通、都督鲍政、工部侍郎李颙，修筑卢沟桥堤岸。十二年［1476］二月，工部言：‘保定等县言，各县河岸冲决数多，有妨耕种，乞存留原借通惠河人夫，以便修筑。本部委官徐九思等亦各言，卢沟桥及直沽、天津迤北，南营耍儿渡口一带，河道冲决淤塞，有妨漕运，比之通惠河尤急。’宜即如所奏，准其存留。‘其直沽、卢沟一带河岸道路，亦宜酌量缓急，暂拨通惠河人夫用工’，从之。”

《明武宗实录》：“正德元年［1506］二月庚申，命工部筑[55]卢沟桥堤岸。以去年六月为水冲坏六百余丈故也。”

顾祖禹《读史方舆纪要》：“正德中［1506—1521］，浑河堤决，禾黍悉为巨浸。又嘉靖初［1522—1531］，徙流固安县北十里，入永清县界。”

《明世宗实录》：“嘉靖十一年［1532］五月，太仆寺卿何栋言：‘看得涿州有胡良河，自拒马河分流至涿州，东入浑河。良乡有琉璃河，发源磁家务，潜入地中，至良乡东入浑河，皆其故道。近以浑河沙壅阻塞，二河下流，遂致平地淹没瀰漫，至数千余顷。勘得下流壅塞之沙，仅四、五里，用力颇易，计费不多，所当亟[56]为疏浚。’工部复奏，得旨允行。”

《武清县志》：“嘉靖三十三年［1554］六月，卢沟桥口又溃，海子墙大水无涯。”

《明世宗实录》：“嘉靖四十一年［1562］八月，卢沟西南堤坏，命工部尚书雷礼往视。礼还，上言[57]修筑事宜。又言：‘当委干局九人，分任九区，并力责成。’又言：‘桥东西岸甃石不坚，当俟决堤工完之日，加工缮治。’报可。”

周萝暘《水部备考》：“永乐、正统间，狼窝口大决，为京师屡患，尝修筑。弘治二年［1489］，发军、民夫治之。嘉靖三十年［1551］以后，东堤决几二十处。

于是以三十五年［1556］兴工，次年桥工告成，是以安流者数岁。四十一年［1562］，西南又决，复行修理，堤岸始坚。”

袁黄《皇都水利考》“嘉靖十年［1531］，命工部郎中陆时雍修卢沟河，以支流导入于海。三十四年［1555］命修卢沟，从柳林通鹅房，导入大河。四十一年［1562］命工部尚书雷礼修卢沟河，先导大河，令岔河水归故道，从庄丽园入直沽下海。凡三易治，终世宗朝，卢沟无患也。”

《固安县志》：“明天顺初［1457—1464］，浑河在固安县西二十余里，时遭水溢。县丞王瑛请借邻境夫万余，助修东岸堤堰。北自良乡界，南抵霸州界百余里，直亘如引绳。成化初［1465—1469］，甄家等口溃决，水患相仍。邑令量借屯粮军，并力筑砌，堤防复固。嘉靖初［1522—1527］，从县北十余里东流，至县东纪家庄北，分为二。万历二年［1574］，又徙县西十余里，东南流，迳黄垡之北，而东南入霸州界，寻又徙城堤下。万历四十一年［1615］，泛涨弥甚，水与堤平。邑令与邑绅郭光复率合城士民，日夜修筑，水未入城。复又徙县北之虞垡店，又北徙庞家庄。国朝顺治八年［1651］，浑河从固安迤西几七十里，与白沟河合。十一年［1662］，由县西宫村与清水合，南入新城县界。”

《东安县志》：“万历八年［1580］，春旱无麦。夏秋，浑河溢。十一年［1591］，浑河决堤口，水失故道。四十年［1631］，浑河徙逼县城。四十五年［1636］六月，暴雨，浑河溢西城下。天启六年［1626］夏，浑河溢入城，架巢而居。又云卢沟水至东安，过耿就桥，一分东至界河，入土楼东南；一分西至界河，入左奕西南。今自卢沟桥下流徙固安县，经永清县北东注，自孙家垡一分派永清之南，一分派东安之西。至隆庆末年［1572］，分派于东安者，又分为二。一由韩村至管家屯迤东，自有奔县之势。然离县二十里，即停不行，止在本屯前后左右为害。一从韩村东，南下历衡亭，左奕朱村、马子庄至桃河头。万历二年［1574］，积雨水溢，人畜漂没。知县洪一谟力请筑堤，成，赖以无患。万历六年［1578］，马子庄堤口决，淹骆驼湾，知县韩景闵塞之。九年［1581］，旧口复决，知县张汝蕴修之。自是屡修屡决。至二十三年［1595］七月，河徙于霸州泥河旧址，尽成沃壤矣。”

《永清县志》：“嘉靖三十一年［1552］水溢，漂没庐舍。至万历三年［1575］，巡抚王一鹗、监司钱藻筑堤，延袤五十余里。障之，使东县人稍宁。及二十二年［1597］后，复抵县界，直逼城垣。三十五年［1556］，淫雨四十余日，城垣堤岸俱崩。国朝顺治八年［1651］辛卯，一夕风雨骤作，河遂迁徙。固安迤西凡七十里，合白沟河南下，河患暂息。康熙三十一年［1692］，直抚郭世隆修筑河堤。”

《霸州志》：“顺治十一年［1657］，浑河决白家庄。由涿州入新城，又屡决于固安之叵罗垡。由城西北东入清河后，更决于新城之九华台南里诸口。霸州西南成巨浸矣。”

《武清县志》：“康熙七年［1668］，浑河水溢，徙凤河至武清城下。平地水深丈许，三门皆塞。二十五年［1686］，浑河改流固安之米各庄，直入霸州之苑家口。”

《一统志》：“广阳河，在良乡县东（即今琉璃河），旧入圣水。自卢沟南决，遂东注桑干河。”

《良乡县志》：“广阳河，自房山北公村至县境，南流注桑干河。又，监沟河，发源宛平县龙门口，东南经县陶村入桑干河。”（谨按：今牤牛河即广阳、监沟二水之会流也。二水至县城东南合流为三叉口，南流至任村，西南入大清河。一遇水涨，奔腾冲突，故土人谓之牤牛河。良乡、固、霸之间屡被其害。雍正四年［1726］，怡亲王于任村南开浚新河，东南迳涿州东、固安县西北，循卢沟故道南，过霸州之南孟等村、栲栳圈，入中亭河，长二百余里。自是潦水有归，即今之金门闸下减水引河也。）

《涿州志》：“巨马河（巨一作拒）在州北五里，即涞水易源。易州广昌县至房山境分二支，一东流涿州，经固安县东南入桑干河；一南流经新城，入白沟河。又挟河（挟一作侠），在州北二十里。”（《方舆纪要》：“自房山县流入涿州界，与胡良河合入于琉璃河。”

《一统志》：“琉璃河，源出房山县西北，东同，迳良乡县，又东南，迳涿州东，又南，入保定府新城县界，即古圣水也。”（谨按：今琉璃河发源房山县西北黑龙潭及孔水洞，俗名卢村河。东流，迳县东南二十里入良乡界，始名琉璃河。经县西南四十里，又南入涿州界，亦名清河。自琉璃桥东行可四、五里，折而东南，可二、三里得侠河口。又东南，可二十里得巨马河口。又东南，可七、八里为茨村。正西去涿州三十里，东岸有浑河决口。土人云：旧时浑河从固安之故城村西南，至茨村东北，合琉璃河。遂直南卫茨村，分为二，后浑河渐徙而至东。康熙戊辰［1688］，始尽堙塞，不复相通，而琉璃河遂南入新城县界。）

《新城县志》：“浑河，旧在县东二十五里，后徙固安岁久。顺治十年［1653］癸巳，忽泛涨，由东北固安之故城村，冲决大河一道，直入新城境内。东北罗里庄、齐王务，及东南口头村、昝哥庄，正南十里铺、高桥，尽为泽国。垂二十年，至康熙十一年［1672］壬子，乃东徙，复归固安霸州。”

《雄县志》：“康熙七年［1668］七月，浑河决，遂东奔雄。《旧志》在县东北三十里，经新城东南，由何哥庄入天津，后迁宛平之庞哥庄。”

《一统志》：“会同河，即滱、易诸水下流，自保定府雄县流入，名玉带河。东流保定县北，又东经霸州南，为会通河。又东南，迳东安县南，又东，入天津县界，注于西沽。本古巨马河故道也。（旧注：玉带河上源有二派，一西北，自新城县来，曰北九河；一西南，自任邱县五官淀来，曰南六河。俱会于雄县之毛儿湾。流入保定县界为玉带河。）又东入霸州界，经州南十三里，至县东南二十里，与浑河合，名会通河，亦名苑口河。又东分二流，入文安县界。其正流至州东四十里田家口南，名边家河。又东，至东安县，为吕公河。东经县南五十里，又东入武清县界，为王庆坨河。分为二，俱经王庆坨镇，而入三角淀。（《册说》：“玉带河自毛儿湾东流三里许，至保定县界张家口。”）又六、七里，经县城北。又东北十余里，经十王堂入霸州界。又东北流二十里许，为善来营。其旁为浑河口。又东五里为苑家口，又东五里为苏家桥。河流至此分为三道，正流东行至直沽；一东北行五十余里，从信安出；一东南行通运盐河，流浅易涸。其正流东北行，不及三十里为王家庄，自苏家桥而下，俱谓之淀泊。水发则漫无涯矣，水退则芦荻弥望。东北可十二里，与信安镇之支河会。又东可十余里得新开河口，即盐河也。又东可二十余里为褚河港，南岸有河口，谓之长子河。分流三十里，合于王庆坨河。又东北曲折可八里为东河港。又东可十余里为王庆坨。有河口，亦盐河分派也。自王庆坨又东迤南二十里，即三角淀也。”（谨按：诸河后多淤改。惟中亭一支与玉带河南北相望。其下，自霸州东三岔口分为三派，一东北流，迳台山，会中亭河，又东出纪家淀，迳胜芳镇曰胜芳河，为北派。一东流，由赵家房迳托运淀，出郭家洼，会胜芳河，为中派。一东流，由下马头迳崔家房、张家嘴，抵左各庄泊，曰石沟河。南派三派并至台头会流，曰台头河。子牙河自西南来注之。又东，迳天津杨家河，达西沽。由霸州三岔口至杨家河，凡百四十里，中皆淀池。康熙三十九年［1700］以后，永定河下流自西北来，由柳岔口迳辛章河入淀。虽河庆安澜而二十余年，浑流注入胜芳、辛章一带，淀池未免受淤，恐阻清水达津之路。雍正四年［1726］，怡贤亲王兴修水利，请将子牙河并归东股，引永定河北入三角淀，使河自河，而淀自淀，浑流无复散入为患矣。又于上游开中亭河四十里，以分玉带河之水。下游开胜芳河十七里，其张青口石沟河淤浅之处，概加疏浚。淀池之蓄纳既宽，而七十二清河遂至今遄驶达津云。）

《一统志》："古惟三角淀最大，又当西沽之上，故诸水皆会入于此。今渐淤而小，新志合相近诸淀泊，总谓之东淀云。"

《天津府志》："东淀袤延霸州、文安、武清、东安、静海境，盖七十二清河之所汇也。永定河自西北来，子牙河自西南来，咸入之。"（谨按：子牙河，今由大城王家口。永定河，今入武清县沙家淀。）

《天津卫志》："三角淀在武清县南，周二百里。或云即古雍奴水。"

《方舆纪要》："其源曰范瓮口、王庆坨河、口河、越深河、刘道口河、鱼儿里河"，诸水皆聚于此，东会于直沽入海。

《武清县志》："三角淀在县南八十里，名笥沟，一名苇洵。周围二百里，即雍奴水也。"（谨按：《水经注》邕奴者，薮泽之名。四面有水曰雍，不流曰奴，南极滹沱，西至泉州。邕奴，东极于海，谓之邕奴薮。其泽野有九十九淀。旧志：淀在武清县南八十余里，东西五、六里，南北十余里。又按：桑干河下游汇流诸水，迁徙于京城以南，在宛、良、涿、霸、新、雄、固、永、东、武境内，会归天津入海。）

[卷三校勘记]

〔1〕"水"字原脱。此段自注文与李逢亨《（嘉庆）永定河志》注文相近，李注"庚"后有"水"字，《水经注》王先谦集注本亦有"水"字，据以增补（以下均以李本、王注简称标记。）

〔2〕此句为《水经》正文，陈琮未录入。据王先谦校注本增补。

〔3〕此段注文中"句注陉"，句逗有误，原将"句注"与"陉"断开则不成语句，据实改正。按"句"［音 gòu］与"勾"通，古也称勾注山，因与雁门山相接，也通称雁门山。

〔4〕"左会桑干水"原为"合桑干水"，李逢亨嘉庆《永定河志》同此。据王注本增补左字，改合为会。

〔5〕此句"其水"后原为"源"字，"太原"之后脱一"之"字，"汾阳"后脱一"县"字。据王注本改"源"为"潜"，补所脱的"之"与"县"字。

〔6〕方字后原衍一个"八"字，李逢亨本无"八"字。王先谦注本亦无，据以

删“八”字。

〔7〕“阳熯”之前有删节，以“……”标记（以后不注），阴雨后“不滥”两字原为“不溢”，“渊深”作“源深”。均据王注本改。

〔8〕“其水”二字原脱。

〔9〕“灅”原误为“漯”。据王注改为“灅”。

〔10〕“雌雄海子，冈麓相间”陈志引文作“雌雄水、冈峦相间”，今据《宁武府旧志集成》收录《宁武府志》魏元枢原本，周景柱纂、乾隆十五年刊本，巴蜀书社2010年版改。

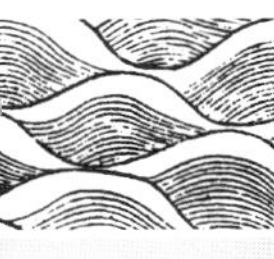

〔11〕《宁武府志》记天池、元池面积与《水经注》所记相差很大，可能是古今水文变迁所致。

〔12〕“北”字误为“南”，据《宁武府志》改。

〔13〕“西”字误为“南”，据《水经注》王先谦集校本改。

〔14〕此条由何处窜入不详，与上下文意不御接，加〔　〕记于此。

〔15〕瓮城驲［ri］，卷一《永定河源流全图》图幅十标记为瓮城驿。驲为驿站所用的车，驿则指马，驲、驿均与驿相关，卷四作瓮城驿，据以改“驲”为“驿”。

〔16〕“徐疃”后衍一“南”字。考“徐疃”在桑干河南岸（现为册田水库南岸），据实改删。

〔17〕“有飞狐关”前《水经注》引《魏土地记》：曰代城南四十里。后脱一关字，关水后有删节。故句剔除《畿辅通志》……为“《魏土地记》曰：代城南四十里，有飞狐关，关水……西北流注祁夷水。”据《水经注》王先谦集校本改补。

〔18〕“柔玄”原因避讳改作“柔元”，据以改回为“柔玄”。

〔19〕“泉会”二字误作“水合”，据《水经注》王先谦集校本改。

〔20〕“泉水”二字原脱，据上引书增补。

〔21〕“东”字误为“连”，据上引书改。

〔22〕“涿水”二字脱，据上引书改。

〔23〕“峻则奔流洲洄，啮岸善崩”句中“洄”误为“泗”，“啮”误为“齿”。据《金史·河渠志》改正。

〔24〕“工物”二字原误作“物力”，据前引书改。

〔25〕“下视都城高一百四十余尺”，“一百四十”误为“一百二十”，据前引书改。

〔26〕“玄同”原作“元洞”，因避讳改字，据前引书改。

〔27〕大德六年前增补《元［史］·成宗本纪》据《元史》增补。

〔28〕《元史·河渠志一》，“一”字原脱，据实增补。

〔29〕“谷”字误为“峪”，《元史·河渠志（一）》原文为“谷”，从原文改“峪”为“谷”。“峪”本义为山谷。“谷”有yù音。

〔30〕“年”字后脱“岁乙未”，据《元史·河渠志一》增补“岁乙未”三字。

〔31〕“不时”二字原脱，据上引书增补。

〔32〕“之”误为“止”，据上引书改正。

〔33〕“体”误为“伤”，据上引书改正。

〔34〕“副”误为“付”，据上引书改正。

〔35〕“一”字原脱，据上引书补。

〔36〕“泛溢”误为“泛滥”，据引书改正。

〔37〕“水西南漫平地流、环圆营仓局”误为：“水西南漫平地，环流缘营仓局”据上引书改正。

〔38〕“省准”二字脱，据上引书增补。

〔39〕“十七日”三字脱，同上书增补。

〔40〕“二十七日”四字脱，同上书增补。

〔41〕“浸”字原脱，据上引书增补。

〔42〕“及”字原误为“逾”，据上引书改正。

〔43〕“六月十七日”五字脱，据《元史·河渠志一》增补。

〔44〕“差军七百与东安州民夫协办同修之”，原误为“差军七百兴筑，并同东安州民夫协力修治。”据上引书删除“兴筑，并同”，增“与”字，改“治”字为“之”。

〔45〕“九”字脱，据上引书增补。

〔46〕“河”字原脱，据《明史·河渠志》增补。

〔47〕“弗”字误作“靡”，从《明史·河渠志》改为“弗”。

〔48〕“害”字误为“伤”，据前引书增补。

〔49〕“死”字原脱，据前引书增补。

〔50〕“永乐”后原脱“中”字，据上引书改。

〔51〕“浑河决新城”原作“决浑河之新城”，从上引书改。

〔52〕“决”误为“次”，据上引书改正。

〔53〕“发民”误为“拨工”，据《明宣宗实录》改。

〔54〕“龙”误作“河”，据《明英宗实录》改。

〔55〕“筑”误作“修”，据《明武宗实录》改。

〔56〕“亟”误作“急”，据《明世宗实录》改。

〔57〕“言”字脱，据上引书增补。

卷四（考二） 今河考

桑干河 永定河[1] 金门闸减水引河

北村灰坝减水引河 求贤灰坝减水引河[2]

汇流河淀

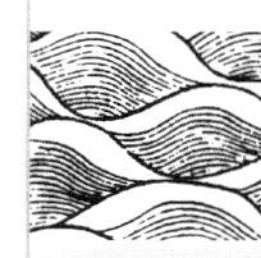

［桑干河 永定河］

永定河，本名卢沟河，康熙三十七年［1698］，圣祖肇赐今名。其上游通谓之桑干河。发源山西，以今地舆考之，有三源：一曰黄道泉，《马邑县①志》即㶟水也。导源县西北十里雷川侧之洪涛山②。（《县志》俗名神头山，一名漯头山。）郦道元《水经注》所谓㶟水出累头山也。水自出山西南流，微浑，今亦谓之洪涛泉。一曰桑干水，即古溹涫水也。源出县西北金龙池。池周里许，旧名司马泊（一名司马洪涛泉）。其水澄清可鉴，隆冬不冰。《水经注》所谓洪源七轮，潜通太原汾阳北燕京（即管涔）山之天池者。今惟小泊泉（一作小蒲），自西流入池；小芦泉（一名细芦湾泉），自西北流入池；其上泉玉泉，询之土人皆不得其处。三泉据县志在县东南五十里，亦不汇入斯河③。一曰灰河（一作恢），《水经注》所谓马邑川水也。亦谓之南源，距桑干较远。源自宁武府宁武县管涔山（在县西南六十里）之分水岭（在县西南四十里）。岭西为汾水源，岭东为灰河源。自源东北流，迳府城南关外东流。黄花涧水，自县北黄花岭下分流，一由城西关南流，一由城东关东南流，咸注之。合而北流，迳大河堡，北流至城东北隅，凤凰山水自北来注之。灰河又北流，出阳方

---

① 马邑县，秦置，汉因之。晋废。唐重置马邑县，治在今山西朔州市东北大同军城。金升为固州，元复为县。清嘉庆元年［1796］废县为乡，即今朔州市城东北四十里马邑乡。本志所指马邑县是唐以来金、元、明之马邑，故址在马邑乡。

② 洪涛山，马邑乡北十里，上引《朔州市辖区图》有标记洪涛山 1460 米。

③ 桑干水相关地名现仍见之于上引《朔州市辖区图》。

口城东北流入朔州界。迳朔州城南，又东流，北会岈峒水。水出州西北石槽村，平地涌泉，流迳州城北十里，北合腊河（源出洪涛山南南流）。东南流，至州城北七里，俗谓之七里河。迳酸剌村，亦谓之喇河。迳州城东南入之灰河。又南流，沙楞河自西北来注之。河在朔州东南三十里，朝夕有潮，东入灰河。灰河又南流，至东河村转而东流，迳雁门关北，又南屈而北，迳石头庄至马邑城。桑干泉自城西北会黄道泉，南流，迳城西，至城南右会灰河，自下通称桑干矣。

桑干河东流，迳三家店北，东北流，马跑泉自西北来注之。泉出马邑兴文堡，东南入桑干河。又东北流，至西河底村，雁门关水自西南来注之。水发源代州西北趵突泉，北出塞口，合山北诸水，北注桑干河。桑干河又东北流，鄯河自西北来注之。河自朔州东流，至马邑县东三十里（亦名黄水河），东入桑干河。桑干河又东北流，泥河自泥河村西北来注之。又东流折而北，尾河自阳和堡入大同府境，西北来注之。又东北流，迳安银子村东南、沙岭北，至山阴县西，转而北流。又曲迳其县西北，绕黄花冈东南北流（黄花冈即《水经注》之黄瓜阜也）。新庄子河，发源怀仁县南七十里新庄子村。西南流，迳黄花冈，出大于口，入山阴县界，东南迳前、后小圪塔，入桑干河。桑干河又东北流，黄水河（亦名鄯河）自南来注之。河源出朔州东南之三泉，流迳元英村浸散乱，复聚于黑圪塔（《大同府[3]志》所谓疑即桑干枝津者也）。东北流，迳山阴县南，复宿山①之水自右注之。

《水经注》所谓左得夏屋山②水者也（夏屋山即复宿山之东支），东迳应州师家坊，北入桑干河。桑干河又东，迳应州凉亭村北，白泥河山榆林口东北流，迳村西注之。桑干河又东北，迳大营村南，木瓜河自西来注之。河出山阴县北水上村，东流，迳应州西之侯[4]家岭，又东北至大营村，入桑干河。桑干河又东南，迳北贾家寨、曹娘子堡，磨[5]道河自北来注之。河出小峪山口③，东流，迳怀仁县南十五里，名磨道河。又东南，迳乾沟村，又东北，入应州界，注桑干河。桑干河又东流，清

---

① 复本作［復］。宿山在山西山阴县南，又作“佛宿山”。相传文殊大师曾宿山阴县，因此得名。

② 夏屋山在山西代县东北六十里。又名草垛山、贾屋山、贾母山。《史记·赵世家》载：赵襄子北登夏屋，请代君，使厨人操铜料进食，击杀代君，即此山。夏屋山是复宿山的东支。

③ 侯家岭、大营、贾家寨、曹娘子堡、藏家寨在应县西北，小峪山口在怀仁县西境。

水河自北来注之。水出怀仁县东南六十里之韭畦村①。东南流，迳应州北水磨村，又南，至藏家寨入桑干河。桑干河复折而北，又东，盐、咸二河纳南山诸水之水，自右注之。（代州北之马湖山水，北流出湖峪口，一水流入山阴县东，同界漫流，一水流入应州西南界，入盐河。又，应州南四十里茹越岭水，北流出茹越口分为二，一东北流，迳下寨等村，又西，迳康兴庄等村入盐河；一西北流，迳南曹山，又北，迳何家疃，至师家坊，凡三十八里，入盐河。又，峙峪口、大、小山门口，水三源，并导汇而北流。迳应州西南之峙峪山，至张家坊，凡五十七里，入盐河。又小石口水，流迳应州东南，又折而西，至寇家庄，凡三十八里有奇，归盐河。又应州西南四十七里马兰口水，流迳马兰庄，又西北，迳南望庄至刘家庄，凡三十九里，入咸河。盐、咸二河水本无源，土人挖盐咸成渠，水汇为河，并北注于桑干河。）桑干河又东北流，迳屯儿村，里八庄河南流注之。出怀仁县西北十五里鹅毛口山，东流，迳县北八里庄，名里八庄河。东南，迳应州界入桑干河②。桑干河又东，迳西安堡南。堡在怀仁县东南三十里，顺治六年［1649］，大同县所移治也。桑干河又东，至边耀山西，右得浑源河水，水发源浑源州东北三十里汗土峪，今名神头村。古崞川水也。其水流迳州西南十五里故崞县麻家庄③，分流，绕城西北，西汇为大泽，又西合神溪水。（水发源州西北七里凤凰山麓孤石，方亩高丈余。上有律吕祠，周环泉水喷涌，旁合暖水。西南流，迳横山左，又合乳泉，泉出州西横山嘴侧，南流入神溪，又南流注浑河。又李峪水，源出州西南李峪口，西北流注浑河。又凌云口水，出州西南大小峪，北注浑水。又磁窑峡水，导源恒山北麓，出磁窑口，东、西分流，东注于滱西，注浑河。又鸾岭关水，出州东鸾岭口，西南注浑河。又远望峪水，发源

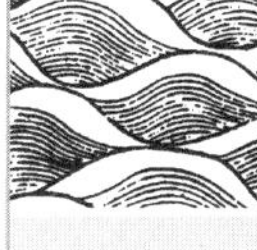

① 此处所谓清水河之源疑有误，清水河实有两源，西源韭畦村之小清河，东源亲和乡之清水河，两源在应州藏家寨北相会，东流注桑干河。［据《山西省地图册》怀仁县图，2005 年中国地图出版社出版］。另据《朔州市水系图》［朔州市水务局 2011 年 5 月制］以上两河均已不见。

② 里八庄河源如本志所云，源于怀仁县城西十五里鹅毛口山，于应州屯儿村入桑干河。按现今《山西省地图册》怀仁县图，里八庄河实际是从大同市南境流入怀仁县，至里八庄村始称里八庄河，其源并非鹅毛口山，而且河南流至神嘴窝南注桑干河，并未出怀仁县境，何得于应县屯儿村入桑干河？记此存疑。另据《朔州市水系图》，鹅毛河流经怀仁县北，于里八庄转东南流至神嘴窝，注入桑干河，里八庄河未标记。

③ 此处所说崞县，是指汉置崞县，因崞山得名，属雁门境郡。晋永嘉五年［311］晋刘琨以繁畤、崞县等五县地与拓跋猗卢，入于北魏，另名为崞山县，唐末改为浑源县。故城在今浑源县城西十五里麻庄。

州东南十里远望峪，出峪即伏至顾册村①，汇为泽，又西注浑河）

浑源河，合诸水，（谨按：浑水有二，一曰浑河，上自浑源州义家寨北，流至应州[6]境之罗家庄，下至大同之小昌城〔本属怀仁县〕[7]。距应州三十里入桑干河。一曰浑源河，发源于浑源州恒山东峰之阴，炭峙峪下，至州城东南方，距城十里。其水绕城北面，西流入应州界与浑河合，流入桑干河。）曲折西北流，又西，迳州东北赵霸冈，唐泉东注之。又西北，左得大石口水。（水导源州东南茹越龙湾诸山，自大石峪北流，分为二水。一北流至杨家庄入桑干，一迳州东南下社村镇子梁，凡十五里，入浑河。）北娄口水，（水二道，发源州东南。一北流，迳东上塞至东小塞，凡十二里；一北流，至东上塞北少西，又东北至安乐营，凡二十里，并注浑河。）又北，迳边耀村，循边耀山麓②北出，东转，迳长子村东北，注于桑干河。又东北，迳郑家庄入大同县界。左得大峪口河，河即左云县南之马头河。自吴家窑东南流出大峪口，迳怀仁县南水磨等村，（又宋家庄河，导源县西南红山峪，东南流入大峪河。）又东北入应州界。又北，迳大同县南郑家庄，入桑干河③。桑干河又东，迳新桥村古冢坡，与如浑水会④。水导源察哈尔正红旗游牧之葫芦海⑤（《水经注》所谓如浑水出凉城旋鸿县西南者也⑥）。由塞拉吗克特不黑东南流，入丰镇厅北牧地之永旺庄，南迳三祝窑，又南，迳湧涌月湾，又南，迳民地之慈老沟，又东南迳新城湾，谓之新城河⑦，灵泉自左注之。（泉出丰镇厅东石元山麓东北百步许，清冽渊涵，西南流，屈迳山南，又南，迳新城湾西注如浑水。）又南，迳焦山尾，又南，迳河口滩行

---

① 神溪、律吕祠、顾册都在浑源城北。

② 边耀，在应县城东北三十里，边耀山属恒山山脉，在应县至怀仁县东北西南走向。

③ 此处大同县是指今怀仁县的部分地方。清顺治六年［1649］移大同县治于怀仁县西安堡，怀仁县部分地方隶属于大同县。郑家庄今省称郑庄，在怀仁县城东南三十里，北距西安堡约二十里。大峪口河实在高镇子东入桑干河。与此处所说有异。

④ 桑干河与如浑河（御河）合河地在怀仁县与今大同县相邻处为高家店，在古家坡东，吉家庄西。

⑤ 察哈尔正红旗，康熙十四年［1675］置，察哈尔部八旗之一。其驻牧地包括集宁、凉城、卓资、丰镇地。曾统称大同边外地。汉属雁门郡、疆阳县地。《汉书·地理志》："闻诸泽在东北"。闻诸泽即葫芦海。

⑥ 凉城，北魏置参合县地，属凉城郡。明置为宣德卫，清改为宁远厅，1912 年改宁远县，1914 年改凉城县，因北魏时凉城郡得名。今属内蒙古自治区乌兰察布盟。又凉城郡辖参合、旋鸿两县。旋鸿县在大同北长城外，丰镇西。

⑦ 丰镇厅即今内蒙古丰镇市。永旺庄在丰镇城东北约40 里，新城湾在丰镇城东八里。新城湾以上河道，《内蒙古自治区地图册》丰镇市图标记为饮马河，以下标记为御河。

厅境，凡五十余里。由[8]镇羌边墙水口南流入大同县界①。又南，迳宏赐堡，又南，迳榆涧村、孤山村，得胜河西来注之。（河即《水经注》之羊河也。一名三台道河，源出察哈尔正红旗游牧地。由朔平府属宁远厅，东流入丰镇厅西常稔庄，又东南，迳二十一沟三台道山南，流入得胜口，又东南，迳孤山村入如浑水。）左得八墩口之水，又南，迳孤店，又南，迳白马城，又东南，迳紫角村西红花场东，又南，迳府东门外之兴云桥，谓之玉河桥，亦名玉河（今名御河）。又折而南，迳沙岭子独觉冈，又南合十里河。（即古武周川水也。源发塞外菱角海，由古云内城入朔平府北之杀虎口。东南迳左云县，又东北流，出左云县境至大同县[9]云冈石窟寺南，其东一窟灵泉出焉。南流数十步，注川水，东迳青磁窑[10]。又东，迳蓦石湾，又东流出小站口。循山麓屈曲而南，折而东，迳王家园北，又屈迳其东，又南，迳时家庄东，又东南，迳东、西十里河村口，泉峪之水西来注之。水源出坤云山北口泉峪，汇为方池。东北流，迳口泉村，又东注十里河②。）十里河又东南，至合河口，与如浑水合。如浑水又南至高家店，入桑干河。

桑干河又东，迳瓮城驿古定桥北。明嘉靖间，御史宋仪望请疏桑干河，通宣大粮饷，所谓古定桥即此也。又东北流，至许城折而北，至东沙窝村，又东流，迳于家塞、补村（《明史》作卜村），宋仪望所谓卜村有丛石也。又东，迳西册田、贵仁村、东册田、乱石村，至梁家马营入阳高县南川界。又东南，迳黄土梁南，又东，迳大柳树、小石庄南，又东，至西马营，入天镇县南川界。又东，迳芦子屯北，嘴儿图南，石门沟水自北来注之。水发源天镇县西三十里李芳山阴，东南流，迳南五十里，又南，迳嘴儿图，会五泉河入桑干河。（五泉河，发源天镇县马头山南，流至定安营，会倒回窝、小庙湾、金圪塔三泉，折而东，迳兴隆堡与暇蟆泉合。南会龙池堡之龙泉，由顾家营监水皂屈曲而西，迳阳高县之西坦坡，大同县之康石庄，复折而东，入嘴儿图以达桑干河。）桑干河又东，迳六稜山北小盐场南，又东，入直隶

① 镇羌边墙指大同府北境与丰镇厅南境间的长城。大同府治大同县，汉平城县地，北魏曾建都于此。北周名为云中路，辽析云中置大同县，为西京大同府治，明清皆为大同府治。但大同县治却有变迁。如清顺治六年［1649］曾移治怀仁县西安堡，辖境扩大至怀仁部分地。今大同县治西坪镇，为大同市郊县。此处所指大同县实际是今大同市城［即府城］区，所列举地名都在大同市辖区，不含郊县。

② 注文中青磁窑、小站、王家园、时家庄［今名时庄］、东、西十里河村［今名东河〈合〉河、西河〈合〉河］，在大同市辖南郊区，塔儿村附近。注入十里河。

西宁县与蔚州分界①。又东流，迳西宁县南二十里，柳园泉自县西北，迳县南，又东南注之。又东流，迳揣骨疃北，（谨按：乾隆八年［1743］，前督臣高斌奏，于桑干河上游北岸，自山西大同县之西堰头村、黑石嘴起，东至直隶西宁县之辛其村止，开大渠一道，长四十六里零。南岸自大同县之册田村起，至西宁县之揣骨疃止，开引渠道一道，长五十八里。又于河滩北作迎溜乱石滚水坝。②）沙城堡南。又东，至南梁庄，北折迳荫子沟村，又折而东南至太白嘴村，北有小水，迳村东，自南来注之。又东流，迳东城堡南，即顺圣东城也。西沙河自城西一里，龙王河自城东一里，皆泉水涌出，南流注之桑干河。又东北，迳虎头梁村，又东南流，至小渡口村北，右得壶流河（一作壶泉[11]河）。《明史》作葫芦河，即古祈夷水也。发源广宁县西三十里莎泉，广一亩，泉源沸涌。东南流，迳石梯岭北，右会石家泉，东迳县城南，作疃河自左注之。（河源出广宁县西西山麓，汇为池，方十亩许。东南流数里，入壶流河。）又东枕头河，（河源出广宁县南翟家疃，东南注壶流河。直峪口之洒雨泉北流注之，东入壶流河。）集兴疃之水，（源出广灵县南七里，水湛清，东注壶流河。）自右注之。又东，迳壶山下，与壶泉合，即丰水也。丰水出广灵县东南一里平原山麓，潨③泉随地湧出，东旋为小池，与莎泉合。二水汇流，其形如壶，故名壶流河。东流，迳蔚州北一里，又东北流百里，合诸水。（滋水自蔚州西南三十里南马庄，一名神泉水，东北流入之。又扶桑泉，自蔚州东北，北水泉堡扶桑庙前大池中流出，迳堡西，东北流注之。又七里河，源出蔚州东七里张家庄北，折而西北流，经东七里河村，至君子町，北流入之。又会子河，源出蔚县东六十里白乐东堡东南，为清水河。迳会子里至南吉家庄，其流始浑。又逾羊圈堡，至袁家皂，北流注之。又太平河，一名定安[12]河，源出蔚县东七里马蹄山[13]。迳流山沟，至宁远店与潨泉会，过红桥、太平二堡，其流始大，又过吉家庄定安县，至利台堡，北流注之④。）西迳小渡口村，北注桑干河。桑干河又东北流，迳大渡口南，小清河水自大渡口村西来

---

① 西宁今阳原县，蔚州今蔚县。参见增录《永定河流经清代州县沿革简表》阳原、蔚县条。

② 有关奏折见本志卷十四所录，乾隆八年［1774］十一月二十七日，大学士鄂尔泰、尚书纳亲、史贻直、巡抚阿里衮工部会议，得直隶总督高斌奏。

③ 潨（cong），小水会入大水、众泉水相会处谓潨［此字未简化］，潨泉当泉名用。

④ 此段注文中所提到的地名今仍用旧名，在《河北省地图册》蔚县图中大多都能找到。参见中国地图出版社 2005 年版。

注之。又东流，至黑龙湾入宣化县西南界，北折而东南，屈迳大沙河村，东至蛮子营。又东南流，迳马家湾，东流，迳笔架山入保安州西南界。至南、北两孤山间，东过保安州城南一里。又东南流，至河南二堡东，又东流，至新宁堡西，又东南流，迳焦家营南，东至包家营南虎头山北。（谨按：孤山西至头堡，土人向北开渠引水灌田，谓之上渠。迤东土人向南开渠，谓之河南渠。又迳升官堡东，土人向北开渠，谓之中渠。迳杨家水磨，土人向北开渠，谓之下渠。迳保安州城南大西庄下太府，至新堡上太府，纳上中下渠之水，自西北来仍入于河。又东，至东小庄，入怀来县之西南界，又东，迳双树子、老虎庄，至保家庄西北，洋河合柳河来会焉。①）北会洋河，其流更盛。

洋河有南、西、东三派。又东，会清水河，而塞外并宣府诸水，皆入之。是以，桑干河得此益盛也。南洋河即古雁门水也，发源自山西阳高县云门山北丰镇厅界，南流入守口堡之开山口，俗名守口河②，马邑河西来注之③。（源出阳高县西北山。明英国公张懋田凿石开渠，东流，迳万锦滩。）东迳太[14]师庄，又东，迳织绵庄北，绕城而东，迳柳林堡、纪家庄屈而南，与白登河会④。（河即古敦水。源出大同县东北七十八里聚落山南，俗名河儿头。东流，迳阳高县西南之南北沙岭，折而东，迳河上堡，以在古白登县南，故名白登河。又东注南洋河。）又东，迳乐玉堡，入天镇县境，又东，迳萧家屯、卞家屯，右会三沙河。（河发源天镇县东南笔峰、五架、石梯三山，合而西流，迳米薪山南孤峰山，东历季沙、袁沙、陆沙三河，又西至宋家厂，入南洋河顺流。）⑤ 折而北，迳十里铺，土人名十里河。又东，迳七里墩，会诸泉于城西。又东北流，迳城北之培风堡，左会车箱河。（河发源天镇县北邓家园玉

① 此处所说保安州即今涿鹿县。所列举地名可查阅上列引书涿鹿地图。洋河会桑干河地现名夹河，在怀来县西南十五里。

② 雁门水，《山海经》：“碣石之山……又北水行五百里，至于雁门之山。”郭璞注曰：“在高柳北”，《水经注》云：“雁门水出雁门山，东南流，经高柳县故城北，又东北入阳门山，谓之阳门水。”高柳县在阳高县西北。雁门山位于阳高县西北境、丰镇县东南境相邻处。守口堡在阳高县城西北二十余里。

③ 此处所谓马邑河，非宁武县管涔山分水岭发源的马邑川水［灰河］，其源委未详待考。

④ 太师庄、柳林堡、纪家庆在阳高县北境，与白登河会合前，俗称十里河，在《山西省地图册》天镇县图标记为黑水河。合河地天镇县境，黑水河经肖家屯至刘家庄东，上吾其西，与白登河相会。

⑤ 白登河东经栾玉堡［又作兰玉堡］入天镇县境，又经上家屯、下家屯，又东，至刘家庄东、上吾其西与黑水河相会，以后即为南洋河。其间受纳的三沙河的源委见上引天镇图。

泉，西流，迳霜神祠，汇为池，导入南洋河。）又东八里河，自北来注之。（天镇县南八里，有井出泉，汇而东流故名。折而北，入南洋河。）又东，涌泉水自南来注之。（泉亦名海子泉。水源出天镇县西南孙家园北，流注南洋河。）又东，天潮河自南来注之。（河源出天镇县南杨家屯，西北流，汇七股泉，北入南洋河。）又东，迳石佛寺、李寨、石嘴墩、兰陵、朱家二沟之水，北流注之。（兰陵沟发源天镇县东南十里，泉眼数十，随地涌出。北流入山沟，注南洋河。朱家沟河，导源天镇县东黑龙背、麻黄楞诸泉，北流入南洋河①。）

又东，迳永嘉堡，入直隶怀安县界。河自李信屯至县西南三十里，迳水沟口山北折（名水沟口河），至县西北合柳河（河在城西七里）。又东北，迳城北，迳万全右卫城一里（一名东河），又东，迳柴沟堡西南五里，入东洋河②。西洋河即古延乡水也。发源大同府丰镇厅东太仆牧地③，蒙古谓之葫芦速太。其水自七家营东北流，迳高岭子、东石嘴头，名头道河。东流入天镇之平远水口④，石塘河东北来注之。（石塘河，天镇县大梁山北流，迳瓦窑沟，与南边口水合。水源出丰镇南湾，东流，入天镇县云门山北，迳瓦窑沟，汇石塘河，又东北，注西洋河⑤。）西洋河又折而东，迳平远堡，十字河北流注之。（河发源天镇县东北史家窑诸泉，北流至平远堡入西洋河。）又东，迳西洋河堡，南入直隶怀安县界。又东，迳渡口堡，北注东洋河。东洋河古修水（《水经注》谓之于延水），发源察哈尔正黄旗五禄户滩，南流，迳大青山，又南，迳八戒窑、黑土台，屈而东，迳碾房窑，谓之二道河。又东，至直隶宣化府新河口，入口东南，迳新河堡、洗马林堡，又东，迳怀安县之柴沟堡，西北

① 十里铺、七里墩在天镇县西南，石佛寺、李寨、石嘴墩、朱家沟在天镇县城西北，见上引天镇县图。南洋河又东，迳永嘉堡出天镇县境，进入河北怀安县境。

② 李信屯在怀安县西南三十里，经水沟口北折又东北，至县西北合柳河，经城北迳万全右卫［原误为万全左卫见校勘记〔10〕辨正］，于柴沟堡西南五里入东洋河，此说有异议，可参见卷三有关注释。

③ 大同府丰镇厅、太卜牧地。清乾隆十五年［1750］置丰镇厅属大同府；太卜牧地此指太卜寺右翼牧群，位于丰镇市北，兴和县西。

④ 名为头道河的这条河是不是西洋河之源存疑。头道河经七家营、高岭子［今又称高庙子］、东石嘴东出兴和县，进入尚义县，经马成窑、上、下白窑，至洞上会入东洋河。天镇平远水口［今称平远头］，在平远堡正北，头道河未流经平远水口。

⑤ 石塘河源流问题有误，大梁山在西洋河南，何能“东北来注之”；又南边口水，源出丰镇南湾［现属兴和县，陈琮纂本志时尚未有行政建制，故称丰镇南湾］，天镇榫门山，瓦窑沟。源于南湾的河，在兴和县南境，至古城与源于苏木山的另一河源相会出境，经新平堡进入天镇县，又东流至平远堡，进入河北怀来。

合西洋河。又东南，至堡东五里，合南洋河。又东，迳万全县南，温凉泉注之。（泉发源县西南五十里，平地涌出，冬温夏凉故名。）又东，迳宣化县西北境，清水河自北来注之（清水河即《水经注》之宁川水也）。发源边城独石口西南山，南流百余里，折而西流，与拜察河合。（河在张家口北稍东六十里，源出拜察村。迳桑阿苏台山，俗谓之古尔板河。）南流，迳太平庄，西南流入宣化府张家口。又南流，迳万全县东，又南，迳宣化县西南境，注东洋河，以下通谓之洋河（一名大洋河）。

洋河又东南流，西海子水自西南来注之。（水在旧万全左卫西，无源，汇众山水成泽，流入洋河。）洋河又东流，小清河水自北来注之。（水自葛峪堡西南流，合水泉水，迳宣化府城西二里，南入洋河。）洋河又东，迳宣化府城南五里，过洋河桥下。又东流，至宣化县东南界，泥河自西南来注之。（河在宣化东十五里，自关子口西南流四十里注洋河。）洋河又东南流，迳鸡鸣驿西。又迳驿南，东南流，迳包家营东、保安州东南二十里虎头山，北会桑干河。形如燕尾，故名燕尾河。

桑干河又东南流，有一水自八宝山南流注之。又东流，西水泉自西水泉村北来，东水泉自东水泉村北来会注之。又南流，迳老君山之东，至柯家窑之北，又东流，迳河神祠北。又南流，迳新窑子村东，樊山水迳村北，自西来注之。水出保安州东南八十里樊山下，名二郎沟，东北流入桑干河。桑干河又东流南屈，望圣山水自西来注之。妫河自东来注之。妫河源发延庆州西北大海陀山，经金刚山前至州东绕州南一里，西流合溪河。（河出州南团山之西南，流迳永宁城西，流入妫河。）又西南流二十里，大柳河自北来注之（河源出怀安县养鹅池）。又西流，黑龙河南流注之。（河源自州西北佛峪山温泉，西南流，迳黑龙庙渠南，流入妫河。）妫河又西流，迳怀来县南一里，又西南流五十里，入桑干河，名合河口。桑干河又南流，绕东山之麓，东折而南，迳后羊坡村东南，小清河自西南来注之。河发源横山西麓，北流合窝儿岭水，迳横山北，东入桑干河。桑干河又东南流，逾磨石岭、西松树岭，东至石羊沟，北折而南。又折而东北，迳磨盘岭北。又折而西南，屈曲入宛平县之沿河口。（谨按：乾隆八年［1743］，前督臣高斌议，于宣化境内之黑龙湾，怀来县之和合堡，宛平境内之沿河口，三处皆两山夹峙，和合堡为众水汇流之处，先筑玲珑石坝一座。①）迳沿河堡城东，又东南流，屈曲穿山谷中。至剑崖东，又西南流至桑峪

① 高斌奏折见本志卷十四录乾隆八年［1743］十一月二十七《大学士鄂尔泰、尚书讷亲、史贻直、巡抚阿里衮、工部会议得直隶总督高斌奏》。

东。又东南流至傅家山北，又西北流绕傅家山麓。又南流，迳水碾口东，小溪水自西来注之。水合桑峪西沟水，迳水碾口村南，流入桑干河。桑干河又南流，迳青白口村东，清水河自西来注之。河自大台村迳青白口村南，流入桑干河①。桑干河又东南流，迳黄牛山东菩萨崖。西崖北有山河一道，河北地名群鱼口，河南地名盐池。②其水自河东诸山涧汇而西，流入之。桑干河又东南流，迳河南台东、安各庄南。又南流，迳二梁山，又东南迳大梁山，疑即《水经注》所谓历梁山南，高梁水出焉者也。诸志皆不载梁山，亦不敢附会其说。③

桑干河又东南流，迳清水沟。清水自千军台迳王平村西，清山沟村南，西北流注之④。

桑干河又屈曲东流，迳琉璃局北至三家店西，又南流，复转而东至麻峪村西。又折而南分一小支，即《元史》所谓东麻峪西分为二派也。西支南流，迳狼窝村、西新城村东，又东南流，至阴山北入正河。正河自麻峪村西，东南流至北金沟北，入永定河界⑤。

永定河迳北金沟、南金沟之西，二金沟即金元时之金口也。又南流，至石景山，绕山之西麓，西南流，迳庞村西、卧龙冈东。又东南流，迳孟家庄西，又东流，迳贾家庄南阴山北，会支河。东流，迳衙门口村西，又南流，迳修家庄东，又南流，入卢沟桥下。桥凡十一洞，水大，或七、八洞过水，盛涨，则十一洞俱通流水，小则近北三、四两洞行水。出桥而南流，近西岸石堤，至大宁村东北，缘山坡东南流。（自石景山至此约三十里，河底多砂砬。水大，一望汪洋，奔涛汹涌。水小，则水穿砂碛，或分或合，流无定形。此下则并为一河，即间有分岔、小支，旋即淤淀矣。）经高店东，绕山坡南流，至北岸头工上汛立垡村西，近北岸流。又西南，迳南岸头工朱家冈东，河近南岸流。又东南，迳北岸头工下汛十五号，又近北岸流。又西南，

---

① “河自大台村迳青白口村村南，流入桑干河”此说有误，见卷三古河考注释“小溪现名清水河”条，可明“大台村”误置于清水河。

② 群鱼口今名芹峪口；盐池今名雁翅。见卷一《永定河源流全图》第二十八图。但盐池村也标记在桑干河北，与此处所说有别。按《光绪顺天府志》芹峪（口）、雁翅均在桑干河北。今实地考查也都在桑干河北。

③ 大梁山、二梁山见卷一《永定河源流全图第》二十九图。

④ 此条有误，见卷三古河考注释“清水河现名清水涧”条下，可明陈琮将清水河、清水涧和王平沟三支流相混淆，多数地名误置、误记。“清山沟村”应为清水涧村。

⑤ 至此，清代文献将桑干河改称永定河。即纳入清廷永定河河防工程管理范围。

至南岸头工二十五、六等号，河近南岸流。又南，至南岸二工三号，入良乡县界。又南，迳北岸头工下汛张客村西，河近北岸流。北岸头工下汛张客村西，对南岸二工老君堂东，康熙三十七年［1698］，建两岸堤工自此起[①]。后遂接建土堤，并南岸二工石堤也。河又南流，至南岸二工十四号，右有金门石闸减河，减泄盛涨（减河另条录后）。又南，迳赵村西，河近北岸流。又南，至北岸二工八号入宛平县界，又南，至南岸二工十九号入涿州界，河近南岸流。又东南，至北岸二工麻各庄西，河近北岸流。又西南，至南岸三工五号入宛平县界，河近南岸东南流。至南岸三工九号尾，入固安县界。又东南，至南岸三工十一号，右有北村灰坝减河，减泄盛涨。左有北岸三工四号，求贤灰坝减河，减泄盛涨。[②]（二减河另条录后）。又东南，至北岸三工十三号入固安县界，河近北岸流。又东南，至北岸三工十八号，河近北岸流。又南流，至南岸四工十一号拦河坝，迳坝尾南折。又东南流，至南岸五工三号，入永清县界。又东南，至南岸五工九号，河近南岸流。又东，至北岸五工九号，河近北岸流。又东南，至南岸五工十四号，河近南岸流。又东，至北岸五工十六号，河近北岸流。北岸五工十六号堤北有卢家庄，南岸五工十八号堤南有郭家务，此康熙三十七年［1698］建两岸堤工至此止[③]。康熙三十九年［1670］，改河至柳岔口，接筑东西堤自此起[④]。雍正四年［1726］，复改河筑堤至王庆坨处也[⑤]。（康熙三十九年［1700］之河，在今南岸之西，西老堤之东；雍正四年［1726］之河，自此南至永清县冰窖村西，转而东至王庆坨入三角淀，今之旧南北堤是也。乾隆十五年［1750］冰窖、草坝改河，则又由雍正年之南堤出口，循康熙三十九年之东老堤东入叶淀。乾隆二十年［1755］，于北岸六工二十号改下口，则又开雍正四年之北堤，放水东行。今自顺水坝以下，雍正四年之旧南北堤犹存，而河身皆成淤地矣。）河自北五工十六号稍东折而西南，至南五工二十二号，近南岸流。又东南，至北岸六工二号，河近北岸流。又南，至南岸六工十四号，河近南岸流。又东南，迳南岸六工十七号，顺水坝至北岸六工十八号，出下口东流。（河出下口，北距北堤十里至二十里

---

① 自高店以下至老君堂东，见本志《永定河源流全图》第三十二、三十五两幅及其注释。

② 金门闸减河以下至求贤灰坝减河，见本志卷一《永定河源流全图》第三十五及三十七两幅图及其注释。

③ 见本志卷一图四十九《初次建堤浚河图》及图说。

④ 见本志卷一图五十《二次接堤改河图》及图说。

⑤ 见本志卷一图五十一《三次接堤改河图》及图说。

不等，南距南堤七、八里至二十余里不等，皆听其荡漾，散水匀沙之地。今据现经州县地界及近河旧村，详其经行方向。）河东流，迳旧第五里村北二里许，东北流，至河神庙西三里，稍东南流，迳庙南入东安县境，河距庙南二里许。东流，至黄家堤村南，又东南流，迳孙家坨村东，又东流，至张家场南，又东流，至葛渔城村东，东北流，至西萧家庄入武清县境。西北分一小支北流，循废北埝之北，东南流入凤河。正河迳村北二里许东流，又分一小支，东迳废北埝南敖子嘴，入沙家淀。正河东南流，迳义光、二光村北，穿沙家淀，又东南流，迳渔坝口，穿叶淀入天津县境，至双口村会凤河。南流，迳曹家淀至青光村东，东南流会大清河。东流至西沽，南流右会子牙河。又东南流，左会北运河。又西南流，至天津府城北三岔河口，会南运河。迳府城东，东南流百二十里入渤海。[①]

金门闸减水引河

南岸二工十四号金门闸[②]，乾隆三年［1739］建。挑挖闸下引河，以减泄盛涨。由良乡县之韩家营，迳涿州之北蔡、南蔡，至宛平县之长安城[③]南，入固安县之米各庄，至毕家庄。旧于此建笋尖坝，分东、西二股。西股自毕家庄南，至新城县[④]之李家庄，入霸州蜈蚣河，南归中亭河，达东淀。即未筑堤以前浑河之故道也。乾隆五年［1740］九月初四日，督臣孙嘉淦奏准，于南岸二工十号开堤放水，改永定全河入西股引河，任其浸流，以复一水一麦之旧。旋因今昔形势不同，村庄棋布，田庐被淹。于六年［1741］二月二十八日，经大学士鄂尔泰奏准堵闭，复归大堤之内，照旧修防。至乾隆十七年［1752］，总督方观承奏准，堵截西股引河，止存东股。东股引河亦未筑堤，以前浑河之故道也。自毕家庄东南至牛坨[⑤]，接黄家河入永清县之杨家务、霸州之铺疙疸，归津水洼达淀。乾隆十年［1745］，水利案内疏浚深通，至

---

① 见本志卷一《永定河源流全图》第四十六至四十七图。

② 金门闸在涿州与良乡相邻处，韩家营北，属良乡县［今属北京房山区］。

③ 长安城：清属宛平县辖地，1943年划归涿州。永定河汛期时直隶总督驻札于此，督率抢险防洪。

④ 今高碑店市。

⑤ 毕家庄在固安县城西南二十里，牛坨在固安县城东南三十七里。此处所指前浑河故道，见本志卷一《四次改河加堤图》图中所示中股引河，也即《未建堤以前河图》图中所示中股注中亭河东段之河。

乾隆十五年［1750］黄家河淤塞，由牛坨南至林城铺，入霸州旧牤牛河，归中亭河。乾隆二十八年［1763］，工赈案内又疏浚黄家河，自金门闸下至津水洼，共长一百四十七里五分。三十七年［1772］，大工案内复普律疏浚，又于牛坨南分流之处，建筑草坝。俾水势三分由牤牛河入中亭河，七分由黄家河归津水洼。仍于每年农隙照例檄行州县，劝民挑浚。

北村灰坝减水引河

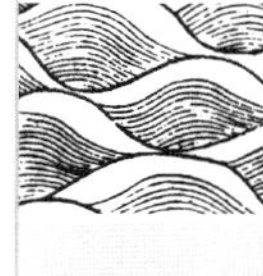

南岸三工十一号北村草坝引河，乾隆二十五年［1760］挑建。乾隆三十七年［1772］，因下游会入金门闸，引河太近，且纡曲不顺，将坝向南稍移，改为灰坝。坝下减河，自北村东挑挖，南至南柏村，会入金门闸引河。计长五十一里二分，皆固安县境。[①]

求贤灰坝减水引河

北岸三工四号求贤坝下减河，原系古河，乾隆四年［1739］建筑草巩，即疏为泄涨减河。二十七年［1762］改建于三号，三十七年［1772］又改建三号头，并改为灰坝。循北岸行，历宛平、固安、永清、东安、武清等县境，流入凤河。乾隆十年［1745］，水利案内疏浚，长一百五十余里，自六工以下，即以挑河之土加培北埝。乾隆二十一年［1756］，下口圈筑遥埝。自永清县赵百户营村南，将减河筑截，即于遥埝之北接开减河，长八十四里零，至武清县南宫村北，东入凤河。乾隆二十八年［1763］，遥埝北又圈筑越埝。自永清县小荆垡村南将减河筑截，即于越埝之北接开减河，长四十九里零，至武清县刘家庆北，入遥埝旧减河。其越埝以上旧减河，亦于本年以工代赈，一律挑浚。每年农隙，照例劝民疏挑。乾隆三十二年［1767］，刘家庄北废遥埝为沥水浸坍，减河遂由缺口东入母猪泊。乾隆三十七年［1772］，求贤坝移建，于四号改为灰坝。自坝下接挑减，河普律疏浚。三十九年［1774］，又因

① 见本志卷一《四次改河加堤图》、《五次改下口河图》。北村在今固安县境，现名东北村，南柏村现名柏村。

母猪泊淤浅，减河宣泄沥水不畅，于越埝尾刨沟二道，仍分遥埝旧减河。[1]

汇流河淀

凤河发源南苑一亩泉，自东南隅闸子口流出，迳大兴县之采育村、凤河营，东安县[2]之堤上营，东流至通州之南三房村，入武清县境。迤城[3]北面，迳韩村、桐林等村东南，迳泗村店、陈辛庄西，会旧遥埝减河。又南，迳南宫、东洲、庞家庄，西会旧北遥埝减河；又南至天津县之丁家庄、双口，西连朱家淀、叶淀，穿曹家淀，至青光村东、韩家树村，西入大清河下截，于乾隆十年［1745］水利案内动帑挑挖。十四年［1749］又加疏浚，为永定河下游汇流达清之道。其上游自闸子口至陈辛庄河道，向系地方官经理。自陈辛庄至韩家树，循凤河东堤长五十九里零，系永定河东堤外委经管。乾隆二十八年［1763］，工赈案内一律疏浚，三十二年［1767］、三十七年［1772］，又普律展挑，四十一年［1776］，又间段挑浚深通东堤一道，以防漫水东漾，致碍北运河西堤。[4]

龙河无来源（一说自宛平县野场发源）。自大兴县之田家营，入东安县境。迳大五龙、古县、刘各庄、南昌、永丰、田家庄等十九村，过县城北，东至罗锅判入武清县界，约七十余里。又南至解口村，西入东安县界，至响口村，约十三里。又东南八里，至武清县之定子务、六道口，散漫归淀。后筑北埝、遥埝、越埝，截断下游，即由埝外减河东入凤河。今由北埝（即越埝）外减河东入母猪泊，及南田、北堤尾，入遥埝减河，东南归瓦口泊，东达凤河，南入沙家淀。其上游现虽干涸，而河形宛然。夏秋大汛，畿南数百里沥水，赖以宣泄。[5]

沙家淀，在武清县南五十里。西至敖子嘴，东至陈家嘴，南至二光，北至永淀

---

① 见上引两图。求贤村在清宛平县南境，今属北京市大兴区。

② 东安县今廊坊市。

③ 此城指旧武清县城（今城关镇）。

④ 关于凤河东堤的修筑，见本志卷一《三次接堤改河图》、《四次改河加堤图》、《五次改下口河图》以及《六次下口改河图》。所涉及今天津市内地名可参见《天津市地图册》、《武清区》、《北辰区》，其中韩家树今名韩家墅，其余均仍其旧。

⑤ 以上所涉及地名可参见《河北省地图册》廊坊市区图、《天津市地图册》武清区图，罗锅判今名罗古判。两县、市地方交错与现今行政区划不尽相同，龙河流向曲折变动，与本志所述可能有所不同。又②、③、④涉及武清县的都是指旧武清，今天津武清区西北之城关镇。

河废北埝。长约十里，宽约八里，为容纳永定河水之区。朱家淀，在武清县南五十余里，沙家淀之东南。西连沙家淀，东至凤河边，南至九道沟，北至庞家庄，长宽约八里，亦为容纳永定河水之区。叶家淀在武清县南六十里半，入天津县境西北接朱家淀，东南连凤河，长宽五、六里。乾隆十五年［1750］，永定河改移下口，循南埝入此淀，由凤河达大清河。曹家淀在凤河东堤之西，叶淀东南。南至韩家树，西北至双口，约长十五里，宽二、三、四里不等。为凤河下游，受永定河、凤河之水，入大清河。大清河上承七十二清河之水，由西淀而东淀，停蓄游衍，至天津之三河头①，始有崖岸，故曰河头。由河头而东五、六里会凤河（永定河尾闾）。再，东南过韩家树，南循格淀堤北，过西沽南，右与子牙河会。又东南，左与北运河。又南至天津府城东北角，右与南运河会，谓之三岔河口。直隶全省之水，除永平一府之水各自达海外，余水皆归此口。而山西之滹沱（下游即子牙河）、清漳、浊漳（由交张口入卫河），河南之卫河（至山东临清州入南运河），山东之汶水（由南注南运河）亦归于此口。迳天津府城东，过五闸，下海河，历大直沽，行百二十里，以达于渤海。

母猪泊，在武清县②南三十里废遥埝[15]内，围广二十里，地势洼下，为沥水汇归之区。东由瓦口泊入北埝外旧减河，近渐淤浅。瓦口泊在母猪泊南，地亦洼下，沥水汇归。内有小河一道，西自黄花店接废遥埝外减河，东南行迳大小王村，归废北埝外减河，以达凤河。为天津舟楫往来之路。（黄花店疑因古黄花淀得名，瓦口泊与黄花店相近，疑即古黄花淀也。）津水洼在东淀，北属霸州境。上承永清县黄家河，宽广十余里，地势空旷洼下，为金门闸减河归宿之区。

① 在今天津北辰区［清天津县辖地］有上、中、下河头三村，即三河头。

② 此处武清县也是指今天津武清区西北旧武清县（城关镇）。

[卷四校勘记]

〔1〕“桑干河永定河”字原卷目录无，为提示区别前卷“古河考”，此处依据文内叙述桑干河永定河源流，补题目入卷首目录。下文前原无题目。依文内叙述内容增加。原列“附两岸减河”。依文内改列。

〔2〕“金门闸减水引河”、“北村灰坝减水引河”、“求贤灰坝减水引河”三题目，原卷首无目录。

〔3〕《大同府志》府字脱，据前后文意增补。

〔4〕侯家岭，“侯”字误为“候”，形近而误，根据《山西省地图册》应县图，现有侯家岭地名建有侯家岭水库，据以改正。

〔5〕“磨道河”误为“靡道河”，形近而误，据后文亦为磨道河改正。

〔6〕应州境，“州”误为“河”，据前后的文意改“河”为“州”。

〔7〕小昌城原属怀仁县，顺治六年［1649］大同县移治西安堡，部份怀仁县境隶属大同县，故小昌城属大同县。在小昌城后增补〔本属怀仁县〕。

〔8〕由原作“繇”［yóu］，按繇为由的通假字，被误认作“縣”，形近而误，又讹为简体字县。据实改为由。

〔9〕“又东北流出左云县境，至大同县云冈寺南。”十三字原脱。按云冈寺在云冈塞东端，属大同县辖地。据实增补。

〔10〕“东迳青磁窑”后原衍“入大同县境”五字。按青磁窑本在大同县境。据实删之。

〔11〕“泉”字原字迹不可辨识，误作“口”字。

〔12〕“定安河”误为“安定河”。定安河流经定安县。定安县，辽置，金升为定安州，元复为定安县，明省。故址即河北蔚县东北六十里的定安县村。据此改安定河为定安河。后文即有定安县。见《河北省地图册》蔚县图。

〔13〕“源出蔚州东七里马蹄山”，句中东七里疑为“东七十里”之误。

〔14〕“太师庄”误为“大师庄”。太师庄在守口堡东南。据实改正。

〔15〕“遥埝”二字字迹不可辨识，据李逢亨《（嘉庆）永定河志》该条为“遥埝”，以增补。

卷五　（考三）　工程考

石景山工程　成规　卢沟桥式[1]

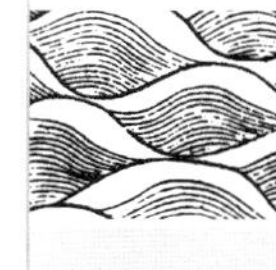

河防之有工程，规制亦纷如矣。要不外因地制宜，以期固堤工，利水道也。永定河上自石景山，下至凤河，入大清河，曲折二百余里。分隶四厅、十九汛修防。卢沟桥则咽喉也，两岸则胸膈也，下口则肠腹也，会入清河处则尾闾也。尾闾不畅，则胸膈受病，古已云然。然，淤积有中泓疏浚之方，堤埽有岁修、抢修之备。当大汛时，官吏兵民皆驻堤上，无论昼夜风雨，巡防守护，上下数百里间，首尾一气，呼吸相通。日则畚锸如云，夜则灯火相望。而堤岸以外，桑麻遍野，禾黍盈畴。苟非淫雨甚涨，有不歌乐土而庆安澜者乎。爰作四厅工程考，凡堤埽闸坝、亭庙官署、防汛公廨兵铺及十里内村庄、疏浚船只、桥闸各式，俱附隶焉。成规修守事宜，则现遵行者。

石景山工程

石景山同知辖千总一员，经管石景山东、西两岸石土堤工。旧系工部司员经理，所编号数、丈尺长短不均，且两岸通编为天字三十九号。雍正八年［1730］，奏归永定河，设同知一员，留把总一员专管。乾隆三年［1738］，又改设千总一员。至二十八年［1763］，始分东、西两岸，东岸长二十三里五分，编二十四号。西岸长十四里，编十四号。四十九年［1784］，河道陈琮以堤工号数定限，百八十丈为一里，所以示准绳，亦所以便稽核，禀请咨部更正。除南、北金沟石工二段旧例为一号外，东岸自南金沟起，至北岸上头工交界止，长二十三里九十六丈，编为二十四号。西岸卢沟桥以北地势高阜，旧本无堤，自桥翅南起，至南岸头工交界止，长十四里，编为十四号。

东岸

第一号，北金沟片石堤长十丈，南金沟片石堤长三十丈七尺。（雍正九年［1731］以前工部修建，乾隆十七年［1752］筑片石戗堤[①]，共长四十丈七尺。）

第二号，石景山前片石堤长六十九丈五尺。（雍正九年［1744］以前工部修建。乾隆六年［1741］，修补片石戗堤长六十三丈。）片石堤长七丈，大石堤长十五丈五尺，片石堤长八十丈，土堤长八丈（内帮砌片石戗堤）。

第三号，土堤长一百三十三丈，大石堤长四十七丈。（雍正九年［1744］以前工部修建。乾隆元年［1736］，庙后大石堤残缺，修补片石戗堤十五丈。三十四年［1769］，拆修改筑大石片石戗堤十六丈，内帮片石戗堤一百三十三丈五尺。）片石鸡嘴坝二座，长四十六丈九尺（今废）。

第四号，大石堤长七十三丈。（雍正九年以前工部修建。乾隆元年［1736］，修补片石堤十五丈，三十四年［1769］，改做法十六丈。）片石堤长一百零七丈。（乾隆五年［1740］，加大石戗堤二十丈，又南接片石戗堤二十五丈。十八年［1753］，补修片石戗堤五十一丈五尺。）鸡嘴坝一座，长四丈一尺。北极庙前铁牛一具，康熙戊午年［1678］，工部差送安置。牛高二尺，身长六尺。

第五号，土堤长一百八十丈。堤上横道通西山煤厂及潭柘、戒檀之路，堤身大石包砌，名旱桥。

第六号，土堤长一百八十丈。此号内，旧大石片石堤长十九丈二尺。乾隆四十六年［1781］，修筑片石戗堤长二十五丈。乾隆五十年［1785］，修筑片石戗堤三十丈。

第七号，土堤长一百八十丈。

第八号，土堤长一百八十丈。拦河土坝一道，长八十丈（乾隆三年［1739］筑）。

第九号，土堤长一百八十丈。

第十号，土堤长三十三丈，片石堤长六十丈，片石堤长六十七丈，（内大石护堤

---

① 戗堤，抢修渗漏或加强堤身时，于堤坡外面加帮的堤。临水坡面称前戗［或外帮］，须用不易透水的粘性土料筑成。背水坡面的称后戗。须用易透水的沙土或柴草等筑成，使渗入堤身的水，易于排出。戗堤顶低于正堤顶，其顶面称戗台。片石戗堤则是加砌片石的戗堤。

三十七丈，乾隆元年［1736］修砌。）片石堤长二十丈。

第十一号，片石堤长三十四丈，片石堤长五十二丈。（乾隆二十三年［1758］筑，乾隆三十年［1765］，修筑大石片石戗堤三十九丈五尺。）片石堤长五十四丈（乾隆二十四年［1759］接筑），土堤长四十丈。

第十二号，土堤一百八十丈。

第十三号，土堤长一百三十七丈，石子堤长四十三丈。

第十四号，石子堤长一百七十五丈。（乾隆二年［1737］，加筑灰顶八十五丈。乾隆三年［1738］，内帮砌大石片，石戗堤一百七十五丈。）大石堤长五丈。

第十五号，大石堤长一百一十五丈，（雍正九年［1731］以前修建。乾隆四年［1739］修补，上有灰顶。）上坝台大石堤六十二丈。（上有灰顶。乾隆五年［1740］，筑片石小戗堤十丈。）石子堤长三丈。

第十六号，石子堤长八十丈五尺。（乾隆元年［1736］，坝台南砌片石戗堤二十八丈五尺。三年［1738］，上下坝台中帮砌片，石戗堤五十二丈。十三年［1748］，补修片石戗堤三十二丈。）下坝台大石堤长六十一丈，大石堤长三十八丈五尺。鸡嘴坝一座，长四丈五尺。

第十七号，大石堤长三十九丈五尺，片石堤长八十八丈。（雍正十一年［1733］，筑戗堤二十丈。乾隆八年［1743］，帮片石戗堤七十丈。）大石堤长十丈，片石堤长四十二丈五尺。（内加片石戗堤四十二丈五尺。乾隆九年［1744］，筑拦河坝十二丈[①]。又接砌大石片，石挑水坝[②]五十六丈，片石横堤十六丈。）

第十八号，片石堤长二十二丈五尺（内加帮片石戗堤二十二丈五尺），大石堤长一百五十七丈五尺（内帮大石片石戗堤五十丈）。

第十九号，大石堤长一百八十丈。

第二十号，至桥北雁翅[③]止，大石堤长六十丈五尺，接南雁翅石子堤，长一百一

① 拦河坝，筑在河谷或河流中拦截水流的水工建筑物。在本志中，按其所用材料可区分土坝、灰坝、草坝、堆石坝、竹络坝等多种形制；按作用分有非溢流坝和溢流坝等，用以抬高水位，积蓄水量，在上游形成水库。

② 挑水坝，一种护岸丁坝。其轴线与水流斜交，方向略向下游，常用埽工或石料筑成。主要功用是挑开大溜，保护下游堤段。在堵决口时，也在口门的上游建挑水坝，逼流入引河，以减少流向口门的流量。比较短的挑水坝称“矶头”，俗称“鸡咀坝”。

③ 雁翅，减水坝、闸、涵洞的河渠两岸所砌的翼墙，分别与河床过水的海漫、护坦左右边缘联结，其长度或超过它们的处缘。形状如展开雁翅双翼而得名。

十九丈五尺。（内加帮片石戗堤四十五丈，片石小戗堤三十丈，片石戗堤四十三丈五尺。）

第二十一号，石子堤长一百七十一丈（乾隆四年［1739］，修砌片石斜戗六十五丈），土堤长九丈（内帮片石戗堤九丈）。鸡嘴坝一座，兵铺一所。

第二十二号，土堤长一百八二丈（内帮片石戗堤一百八十丈）。此号乾隆二年［1737］漫溢，抢筑完固。

第二十三号，土堤长一百八十丈（内帮片石戗堤一百八十丈）。

第二十四号，土堤长九十六丈（内帮片石戗堤九十六丈），鸡嘴坝一座。

西岸

第一号，卢沟桥南雁翅起，石子堤长一百八十丈。（雍正九年［1731］以前部员修建。乾隆二年［1737］，修补九十九丈，七年［1742］，修补六十丈。）

第二号，大石堤长一百八十丈。（乾隆五年［1740］，自玉露庵起接连下号，修补大石堤，共长四百二十丈。）

第三号，大石堤长一百八十丈。

第四号，大石堤长一百八十丈，（乾隆十二年［1747］，筑片石戗堤六十二丈五尺。十九年［1754］，筑片石戗堤四十五丈。）兵铺一所。

第五号，大石堤长一百八十丈。（乾隆十五年［1750］，筑片石戗堤五十四丈。二十年［1755］，筑片石戗堤四十二丈。）

第六号，大石堤长一百三十丈，（乾隆十六年［1751］，修补片石堤三丈。）土堤长五十丈。

第七号，土堤长一百八十丈，兵铺一所。

第八号，土堤长一百三十丈。

第九号，至十四号地势高阜，向未建堤，今仍按丈分里编号。大宁村。

第十号。

第十一号。

第十二号，后高店。

第十三号，前高店。

第十四号。

成　规

石景山各项物料价值、工程做法则例

青砂大石，每高一尺、宽一尺、长一丈，山价银一两二钱，在宛平县石府村采取。每石一丈，每里运价银二分。查，石府村运至汛内天字一号，计程二十里，运至三十二号计程五十二里。其做何段工程，运价应于临时按里估报。

豆渣大石，每高一尺、宽一尺、长一丈，山价银一两，在房山县杨二峪采取。每石一丈，每里运价银二分。查，杨二峪运至汛内天字三十二号，计程八十二里，运至天宁一号，计程一百一十二里。其做何段工程，运价应于临时按里估报。

片石，见方一丈、高二尺五寸，山价银一两一钱，在宛平县八角村采取。每车装载高二尺五寸、宽一尺、长一丈，每里每车运价银二分七厘。查,八角村至汛内天字一号,路距十二里,至天字三十二号四十二里。其做何段工程,应于临时按里估报。

石子，见方一丈、高二尺五寸，系本工就近取用，不用山价，每方拾取工价银七钱八分。查，石子一项，原系应修工处就近拾用，例无运价。若本工无可拾处，必于远处运用，应须照片石例，高二尺五寸、宽一尺、长一丈，每里每车运价银二分七厘，按程计算。

白灰，每千斤连运价银一两。再，永定河南、北岸有应修工程需用灰斤，除采价银六钱之外，计程途之远近，每千斤每里酌增运价银一分。

生铁锭，每个长六寸五分，两头均宽三寸六分，中腰宽一寸六分，厚二寸，重十二斤十两八钱，每斤价银一分六厘。

桐油，每斤价银六分。油灰每斤价银一分六厘。白樊每斤价银一分八厘。

江米，每石价银二两八钱。

好麻，每斤价银六分。麻刀，每斤价银一分。扎缚绳，每斤价银二分五厘。苘[2]麻旧例每斤价银二分。查，南、北岸采办苘[2]麻，价银系一分八厘，因石景山离产麻之地稍远，是以用价二分。

火燎杆秫秸，每束三拿重十一斤，价银一分二厘。柳枝每束重十五斤，价银一分二厘。

苇席，每张长一丈、宽五尺，价银一钱四分。

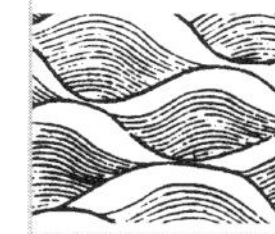

柳囤，高五尺、径五尺，每个价银五钱。如有大小高低，临时增减估报。

杨木，长一丈八尺、径五寸，每根价银三钱三分。杉木，长二丈二尺、径五寸，每根价银五钱一分五厘九毫。

谷草，每十斤价银一分。稻草，每十斤价银一分六厘。

旱土筑堤，每方银七分，夯硪工，价银二分四厘。其远土筑堤，均照永定河则例开销。黄土，每方价银一钱六分。素土，每方价银一钱。大式大夯，见方一丈、高五寸为一步，用白灰三百五十斤，黄土见方一丈、高二尺五寸，土二分二厘四毫，工价银四钱。如堤坝内尾、土并盖顶处需用灰土，照此例。夯硪夫，每名工价银八分。

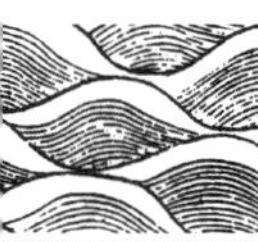

捆苇下苇，每束工价银二厘五毫。刨槽每折见方一丈、高一尺，用壮夫一名，每名工价银七分。

小夯灰土，见方一丈、高五寸为一步，小夯二十四把，用白灰一千二百二十五斤，黄土见方一丈、高二尺五寸，土八厘四毫，工价银一两二分四厘。如闸坝金门出水等处需用灰土，照此例。小夯十六把，用白灰七百斤，黄土见方一丈、高二尺五寸，土一分六厘八毫，工价银九钱。如堤坝闸墙基址需用灰土，照此例。夯筑灰顶，每见方一丈、高五寸为一步，工价银四钱。刨挖砂石，见方一丈、高一尺，每方用壮夫四名。青砂石做细，每折宽一尺、长一丈，用石匠一工五分。做糙，每折宽一尺、长一丈，用石匠一工，对缝安砌，每长一丈，用石匠二工。

摆滚叫号，折宽厚一尺、长八尺以外，用每长三丈，用石匠一工。拽运抬石折宽厚一尺，每长一丈，用壮夫一名。灌浆，每长四丈，用壮夫一名。豆渣石做细，每折宽一尺、长一丈，用石匠一工。做糙，每折宽一尺、长一丈五尺，用石匠一工。对缝安砌，每长一丈，用石匠一工。上车下车，每单长一丈，用壮夫半名。通工石匠、瓦匠、舱匠、木匠、铁匠，每名工价银一钱五分。壮夫、灌浆夫、运夫，每名工价银七分。

修砌大石堤工做法

修砌大石堤工。每长一丈，底层用长五尺、宽二尺、厚一尺五寸，钉石五块。上用顺石，每长二丈，用长四尺、宽二尺、厚一尺五寸，拉扯石一块。其用石丈尺，俱系按丈按层，以宽厚一尺，单长一丈计算估报。修砌大石堤，每石底宽一尺，单长一丈，用灰四十斤。灌浆灰四十斤，每浆灰四十斤用江米二合，白矾四两。如非大石堤，系别项工程，止照例准灰四十斤，江米二合，白矾四两。灌浆每长四丈，用壮夫一名。修砌大石堤，层钉石一块，用铁锭一个。顺石每牵长四尺，用铁锭一个。顺石每长二丈，用拉扯石一块，钉石一块，为一副。每副扣铁锭二个。每铁锭一个，用白矾四两。扣铁锭三十个，用壮夫一名。拘抿大石堤，每缝宽五分、长一丈，白灰一斤，桐油四两。每长十丈用石匠一名。每捣油灰四十斤，用壮夫一名。

修舱石缝。如石缝宽五分、深五分，每长一丈用油灰一斤四两。每油灰五斤，用好麻一斤。每五丈用舱匠一工。大石背后填砌片石，应除底层钉石三丈。又除钉拉石分位计算，折见方一丈、高二尺五寸为一方，补砌片石并石子堤宽一丈、长一丈、高一尺。插灰泥，砌每方用白灰三百斤。如白灰砌，每方用白灰八百斤。瓦匠一名五分。壮夫三名。

拘抿片石堤。如石缝过多，连缝通抹匀，折厚二分。每见方一丈，用灰八十斤，麻刀二斤六两四钱，瓦匠五分工，壮夫一名。

拆卸旧青砂石。每折宽厚一尺、长五丈，用石匠一工，壮夫二名。旧青砂石对缝安砌，不论宽厚，每长一丈用石匠一工。抬旧青砂石，折宽厚一尺，每长五丈用壮夫二名。旧青砂石归陇，不论宽厚，每长六丈用石匠一工。旧青砂石改截刷面每折宽一尺、长一丈，用石匠二工。

拆卸旧豆渣石。每折宽一尺、长七丈，用石匠五分工，壮夫二名。旧豆渣石对缝安砌，不论宽厚，每长二丈用石匠一工。抬旧豆渣石，折宽厚一尺、长五丈，用壮夫二名。旧豆渣石归陇，不论宽厚每长八丈，用石匠一工。旧豆渣石改截刷面，每折宽一尺、长一丈，用石匠一工。

以上拆做旧石料，永定河三角淀工程照例办理。

修砌大石。应用扛木、楞木、绳斤，照例用杉木四十根，长二丈二尺、径五寸。抬运麻绳一千七百斤，铁绳二条，每条重三十斤，每斤银七分。铁撬二把，每把重八斤，每斤银七分。铁锨二把，每把重三斤，每斤银七分。铁莺嘴二把，每把重五斤，每斤银七分。铁幌锤一把，每把重十五斤，每斤银七分。灰箩四面，每面银一钱。灰筛四面，每面银六分。汁锅二口，每口银一两二钱。汁缸二口，每口银一两。水桶四副，每副连扁担铁钩银三钱。铁灰杓四个，每个重二斤，每斤银七分。木锨四把，每把银五分。戽斗四个，每个银八分。

以上扛木、绳斤等项，工完之后，或存工应用，或折半变价归款，临时酌定。

修砌石堤。临水之处，应筑拦水坝。每长一丈、高五尺，用秫秸一百二十四束。

厢垫埽眼，用秫秸三十束。绠绳八盘，每盘长四十丈，用稻草三十斤。苇席一张，长一丈、宽五尺。壮夫六名，如遇有水之处，加用戽水夫二名。拦水坝后应筑闭气土堤①，需用土方，临时按照高宽、丈尺估报。

石景山汛内建筑石子拦河坝例用

柳囤高五尺，圆径五尺，每个用见方一丈、高二尺五寸，方石子三尺七寸五分。稻草五十斤。柳囤一个，安囤填草，乤[3]凿穿钉。壮夫二名。柳囤二个，用杨木穿钉，一根长一丈二尺、径五寸。

卢沟桥式

桥厢东、西长六十六丈，南、北宽二丈四尺，两傍金边，连栏杆均宽二尺七寸。东头桥坡长十八丈，西头桥坡长三十二丈。两头桥翅，南边俱长六丈，北边俱长六丈五尺，出土俱高一丈四尺。桥东南翅至西翅，河面宽七十三丈八尺，桥东北翅至西翅，宽七十四丈五尺。桥虹十一，每虹南、北入身，皆长二丈六尺，两头第一虹海墁至虹顶，俱高二丈一尺七寸，东西俱宽四丈一尺。第二虹，俱高二丈二尺、宽四丈一尺五寸。第三虹，俱高二丈二尺一寸、宽四丈二尺五寸。第四虹，俱高二丈二尺七寸、宽四丈三尺。第五虹，俱高二丈三尺六寸、宽四丈四尺。中一虹，高二丈四尺、宽四丈五尺。桥北两虹之间，砌石斧形，自上而下铸以三棱铁刃，以分水势。

[卷五校勘记]

〔1〕原卷目录为“桥式”，文内为“卢沟桥式”，依文内改。

〔2〕“茼”字原作“檾”［qǐng］，简化字为“䔛”，与“茼”字通假，因形近误为“苘”字，因此改正为“茼”。

〔3〕“乤”字，音义不详待查。

---

① 闭气土题，是指堵塞决口时，在口门外加筑的一道月堤，功用是防止口堵闭后仍有渗漏，漏洞扩大导致再次溃堤，而前功尽弃。土堤加筑使口门内外压力平衡，渗漏停止，称做闭气。是抢险的保护措施。

卷六（考四） 工程考

两岸工程[1] 疏浚中泓 成规 闸坝式

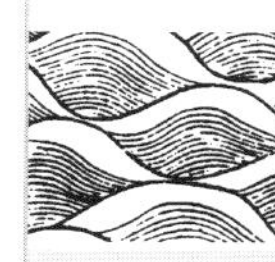

两岸工程

南岸同知辖六汛，北岸同知辖七汛，经管南、北两岸。康熙三十七年［1698］，挑河自良乡县老君堂旧河口起，经固安县北，至永清县东南朱[2]家庄，汇郎城河，达西沽入海。计长一百四十五里。南岸筑大堤，自旧河口起，至永清县郭家务止，长八十二里有奇。北岸筑大堤，自良乡县张庙场起，至永清县卢家庄止，长一百二里有奇。并于旧河口建竹络坝，使水并流东注。南岸，复自宛平县高店村土坡下起，至坝止，堆接沙堤三十五里。连大堤通长一百十七里四分。北岸，复自卢沟桥南石堤下起，至利垡村南止，堆筑沙堤二十二里。利垡至张庙场大堤五里，地皆高阜。后于康熙四十年［1701］，接筑连大堤通长一百二十九里二分。三十九年［1770］，因郎城河口淤垫，遵旨于南岸另挑一河，以南岸为北岸。遂自郭家务改河，出霸州柳岔口，入辛章淀，达天津归海。接筑两岸大堤，南岸接郭家务大堤尾起，至霸州柳岔口止，连上共长一百七十九里；北岸自卢家庄西何麻子营接大堤起，至柳岔口迤东止，连上共长一百八十里。两堤相距，宽五十二丈至七百七十五丈不等。两岸各分正笔帖式十员管理。雍正三年［1725］，因辛章、胜芳一带淀河淤垫，有碍清水达津之路。遵旨引浑河别由一道，遂于柳岔口稍北改河。由郭家务挑河，计长七十四里，经永清县冰窖村，东入三角淀，达津归海。接筑两岸大堤，南岸自冰窖起，至武清到之王庆坨止，长四十四里，连上共长一百九十六里九十五丈五尺；北岸自何麻子营起，至武清县范瓮口止，长七十四里有奇，连上共长二百三里六十二丈。两岸各分八工，南岸以州判、县丞八员管理；北岸以主簿、吏目八员管理。分隶南、北岸同知管辖。其冰窖至柳岔口堤工遂废，即今之东、西老堤也。八年［1730］，因南七、北七两工险要，分上、下汛，添南岸把总管南岸下七工，北岸千总管北岸下七工。雍正十年［1732］，北岸以天、地、黄、宇、宙、洪、日、月、盈九字分工编号；南岸以星、辰、宿、列、张、寒、来、暑、往九字分工编号。十一年［1733］，自北岸五工何麻子营起，至北岸八工范瓮口止，筑重堤①一道，长七十二里一百七十丈，分隶北岸五、六、七、八工兼管。乾隆三年［1738］，接西老堤起，筑坦坡埝②至武清县龙尾止，长四十九里九分，分隶南岸七、八工兼管。四年［1739］，自北岸六工十六号起，筑北堤至东安县贺家新庄止，长三十六里。五年［1740］，又接北堤尾起，筑北埝至武清县东萧庄止，长四十七里一百二十六丈，分隶北岸七、八工兼管。十六年［1751］，由冰窖草坝改移下口，以坦坡埝北堤改为南、北埝，各分上、中、下三汛，拨隶三角淀通判管辖。并南、北岸七、八工旧管之南北大堤，分隶南埝上、中两汛兼管，即今之旧南、北堤也。南、北两岸同知遂止各管六汛，计自石景山同知所管交界起，南岸至南埝上汛交界止，堤长一百五十四里；北岸至北埝上汛交界止，堤长一百五十五里七十二丈。乾隆二十年［1754］，于北岸六工洪字二十号开堤放水，改为下口，河口以下十一里，拨隶南岸六、七工兼管。北岸堤工止长一百六十六里七十二丈。二十九年［1764］，删除天、地、黄等十八字，各依本工里数编号。四十三年［1778］，河出下口，逆折北趋，北岸六工十九号以上堤身，里外汕刷，因就水势，改自十八号出口，俾得向东湍流。遂于南岸六工十七号头建筑顺水坝③一道，斜接北岸六工十九号下堤头。并将北岸六工二十号旧河口一律培筑，上接顺水坝，下至南堤七工交界编号，共长二十九里，仍隶南六工兼管。南岸六汛堤工，通长一百五十三里，北岸六工编号十八里，连上六汛堤工通长一百五十三里七十二丈。四十六年［1781］，又因北岸头工所管堤工太长，首尾难以兼顾，分为上、下两汛，调南堤九工武清县县丞管理，北岸头工上汛原管之宛平县主簿，管理北岸头工下汛。

---

① 重堤，是在靠河漕附近的缕堤之外筑的遥堤，目的是防止缕堤顶冲溃堤造成的漫溢。亦可筑在缕堤与遥堤之间，称做夹堤。与远离河漕的遥堤（或埝）一样是保障河防安全的正堤。

② 坦坡埝。在河堤坡上加筑的埝，用以加固堤身。

③ 顺水坝，是指坝的轴线基本与水流流向夹角较小的护岸坝，其一端与河岸连接，另一端顺着水流方向插入河中。

各汛险工埽段①，历年淤刷靡常，临时相机酌办。兹就现在工程编录。

南岸头工

宛平县县丞经管。堤长二十七里三分，编二十七号，俱宛平县境。

第一号　堤头接石景山西岸十四号工尾土坡。兵铺一所。长新店（堤西北九里）、黄官屯（堤西北十里）、赵新店（堤西北八里）、篱笆房（堤西北八里）。

第二号　稻田村（堤西二里五分）、独义村（堤西二里）、冈凹（堤西六里）。

第三号　兵铺一所。

第四号

第五号　兵铺一所。长羊店（堤西九里）。

第六号　高岭村（堤西九十丈）、次头（堤西六里）。

第七号

第八号　兵铺一所。

第九号

第十号　兵铺一所。

第十一号　牛家场（堤西五里）。

第十二号　埽工三段、朱家冈（堤西一里五分）、均留庄（堤西四里）。

第十三号　兵铺一所。

第十四号　闫仙垡（堤西一里）、后葫芦垡（堤西三里）、鱼归营（堤西八里）、水碾屯（堤西七里）。

第十五号　兵铺一所。前葫芦垡（堤西三里）。

第十六号

第十七号　兵铺一所。

第十八号　梨村（堤西六里）。

第十九号　兵铺一所。夏家场（堤西一里）。

---

①　埽工，埽古代治河工程中用来护岸和堵口的水工器材。先时用柳七草三捆扎而成，后多以秫稭代替，预储以为抢险之用。抢险堵口之时或顺置［顺河流向］或丁置［与河流向垂直］分别称顺埽、丁埽，须层埽层土累积压实而成。用埽料修成的堤坝也称埽，故在清治河工程中多有埽工、埽段、埽个等称谓。宋沈括在《梦溪笔谈》十一中说："凡塞河决，垂合，中间一埽谓之合龙门。"

第二十号　此号至二十四号，大堤外小直堤一道，长六百三十五丈。康熙五十七年［1718］筑。乾隆二年［1737］，大堤漫溢三十八丈，取直接筑大堤，因以旧堤为月堤，长八十丈。

第二十一号　兵铺一所。佛家村（堤西三里）、满洲村（堤西四里）。

第二十二号　横子埝一道，长六十五丈。

第二十三号　兵铺一所。顺水坝埽工[1]五段。

第二十四号　兵铺一所。埽工三段。此号乾隆三十六年［1771］因第二十七号漫溢，自本号至二十七号尾，取直筑堤一道，长五百六十五丈；以旧堤为月堤，长五百九十丈。四十年［1782］，二十六、七号直堤复漫，抢筑还原，月堤坍废，毋庸补筑。

第二十五号　埽工二十七段。公义庄（堤西三里）。

第二十六号　兵铺一所。埽工三十段。

第二十七号　兵铺一所。埽工三十四段。

南岸二工

良乡县县丞经管，原堤长二十六里七分。乾隆二十八年［1763］，拨工尾三里，归三工经管，现管堤长二十三里七分，编二十三号。一号至二号七十二丈，宛平县境。二号七十三丈，至十八号良乡县境。十九号以下涿州境。

第一号　堤头接南岸头工二十七号工尾。赵家庄（堤西五里）、后石羊（堤西九里）、东石羊（堤西八里）、西石羊村（堤西十里）。

第二号　兵铺一所。

第三号

第四号

第五号　兵铺一所。任家营（堤西九十丈）、金家场（堤西二里）、义合庄（堤西九十丈，今徙）。

第六号　此号乾隆三十六年［1771］接筑直堤一道，至十号长六百四十八丈。以旧堤为月堤，长七百二十五丈，中缺四十八丈。

---

① 顺水坝埽工，即以埽工筑成的顺水坝，即草坝，与沙土坝、黄土坝、三合土坝、石坝等相区分。

第七号　兵铺一所。兴隆庄（堤西九里）。此号乾隆二年［1737］漫溢三十六丈，修筑还原。

第八号　老君堂（堤西六里）。

第九号　务子村（堤西十里）。此号旧堤下旧有石闸一座。康熙四十年［1701］，自老君堂挑小清河，引水注竹络坝沙堤内，借清刷浑。先系束水草坝，后于四十五年［1706］，分司齐苏勒捐改金门石闸。嗣因浑水于高，清水不能注入，闸口旋即淤废。又，康熙四十一、二等年［1702、1703］砌石堤，自石坝起，至固安北村止，长三十五里。又，康熙四十年［1701］九月，部颁铁狗三具，贮竹络坝，今皆淤坍。

第十号　兵铺一所。此号因改筑直堤止，长一百二十丈。自本号至十四号金门闸边止，灰土月堤一道长七百丈，乾隆三年［1738］筑。

第十一号　窑上村（堤西一里）、陶村（堤西八里）。此号至十二号，乾隆二年［1737］漫溢三百六十五丈，修筑还原。

第十二号　兵铺一所。埽工二十八段。

第十三号　埽工十四段。此号乾隆五年［1740］九月，内开堤放水，由东西引河循未建堤以前之故道，入中亭河。旋因凌汛水大，良乡、涿州、新城、固安、霸州近河村庄被淹。六年［1741］三月，新河堤口堵闭，仍由正河。

第十四号　兵铺一所。埽工十四段。贾河（堤西三里）、鲍家庄（堤西四里）、辛立庄（堤西六里）。此号金门石闸一座，乾隆三年［1738］建。

第十五号　官庄（堤西八里）。此号至二十号，重堤一道，长五里零五丈。雍正三年［1725］筑，久未修补。

第十六号　兵铺一所。

第十七号　此号连十六号。乾隆二年［1737］，漫溢三十五丈五尺，修筑还原。

第十八号　韩家营（堤西一里五分）。

第十九号　兵铺一所。古城（堤西四里五分）、大兴庄（堤西四里五分）、四柳树（堤西六里）、陶家营（堤西五里）。此号横堤一道，长八十三丈。乾隆三年［1738］筑。乾隆二年［1737］，连上号漫溢六十六丈，修筑还原。

第二十号　兵铺一所。埽工二十二段。北蔡村（堤西一里）、李公庄（堤西一里五分）、邓渠（堤西八里）、李渠（堤西七里）。此号至二十二号，月堤一道，长三百八十丈，乾隆三十七年［1772］筑。

第二十一号　埽工十段。此号旧横堤一道，长二十八丈，接连月堤，乾隆九年［1744］筑。

第二十二号

第二十三号　兵铺一所。南蔡村（堤西一里）。此号乾隆二年［1737］漫溢十八丈五尺，修筑还原。

南岸三工

涿州州判经管。原管堤长十七里七分。乾隆二十八年［1763］，工头拨收二工堤三里，现管堤长二十里零七。分编二十一号。一号至五号一百二十丈，涿州境。五号一百二十一丈，至九号一百六十三丈，宛平县境。以下固安县境。

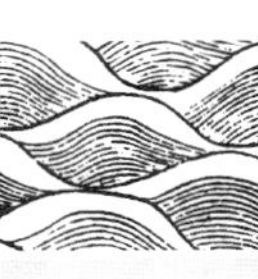

第一号　堤头接南岸二工二十三号工尾。兵铺一所。西营（堤西四里）、常家庄（堤西八里）。此号月堤一道，长六十一丈，乾隆二年［1737］筑，今已残缺。

第二号　闫常屯（堤西六里）、马家庄（堤西七里）。

第三号　丰元庄（堤西五里）。

第四号　兵铺一所。屯子头（堤西一里五分）、前后白家庄（堤西四里）、田城（堤西十里）。

第五号　苑家庄（堤西六里）、罗家庄（堤西八里）、杨村（堤西九里）、新立村（堤西十里）。此号旧有长安城减水草坝一座，乾隆四年［1739］建，二十五年［1760］闭。

第六号　兵铺一所。埽工六段。河道防汛署一所。渠落（堤西十里）、龙门口（堤西七里）。

第七号　埽工三段。总督防汛署一所（在长安城村北）。长安城（原名长乡城[①]，堤西三里）、义和庄（堤西九里）、丁各庄（堤西四里）、南荒（堤西三里）、刘家庄（堤西五里）。

第八号　兵铺一所。曹家庄（堤西五里）、南定（堤西七里）、化家庄（堤西六里）。

---

① 长乡城当为阳乡城。长安城为汉阳乡城故地，汉阳乡侯封地。晋置长乡县，北齐废。唐称阳乡城，金、元称阳乡故城。总督防汛公署在村，汛期直隶总督驻此。［参见《北京文物地图集》46、49、51、52、56、58 图］

第九号　米各庄（堤西四里）。

第十号

第十一号　兵铺一所。草坝埽工二段。北村（堤西一里）、北召（堤西九里）、门村（堤西五里）、菜园里（堤西五里）。此号旧减水草坝一座。乾隆三十七年［1772］，因坝下减河不顺，改向南移五十丈，建灰坝一座。

第十二号　西徐（堤西六里）、营儿里（堤西五里）。

第十三号　兵铺一所。南马村（堤西十里）、东马村（堤西九里）、北马村（堤西八里）、马公庄（堤西九里）、东徐（堤西四里五分）、西杨村（堤西二里）。

第十四号　东杨村（堤西南一里五分）、齐家庄（堤西南十里）。

第十五号　南岸同知防汛署一所。此号至十八号旧月堤一道，长五百九十丈。乾隆二年［1737］筑，四十四年［1779］，因南、北三工两堤紧束，河身偪窄，奏准展宽，加培旧月堤为大堤，将旧堤疏通，以畅河流。

第十六号　兵铺一所。东它头（堤南二里）。

第十七号　此号正堤旧有淤沟，倒引回溜放淤。乾隆十五年［1750］，刷开淤口，漫溢月堤十三丈五尺，修筑还原。

第十八号　兵铺一所。埽工十五段。

第十九号　兵铺一所。后西玉（堤西九十丈）。

第二十号　前西玉（附堤西南）。

第二十一号　兵铺一所。

南岸四工

固安县县丞经管。原管堤长二十三里七分。乾隆二十八年［1763］，工尾拨收五工堤四里。现管堤长二十七里七分，编二十八号，俱固安县境。

第一号　堤头接南岸三工二十一号工尾。兵铺一所。官庄（堤南九十丈）、西相各庄（堤西南五里）、白村（堤西四里）、件礼（堤南三里五分）、高家庄（堤南六里）、石匣（堤南六里五分）。此号上接南三工二十一号，工尾至本工三号，筑直堤一道，长四百十五丈，乾隆五十一年［1786］筑。

第二号　兵铺一所。西庄（堤南三里）、东相各庄（堤南四里）。

第三号　兵铺一所。东庄（堤西二里）、西街（堤南八里五分）、龙堂村（堤南九里）。此号至五号月堤一道，长三百七十九丈，乾隆三十八年［1773］筑。

第四号　埽工二十一段。北街（堤南六里）、南街（堤南九里）。

第五号　兵铺一所。埽工五段。河道防汛署一所。龙王庙庄（堤南附堤）。

第六号　兵铺一所。小辛安庄（堤南九十丈）、五里铺（堤南二里五分）。

第七号　刘家园（堤南四里）、堤圈村（堤南四里五分）、东街（堤南六里）。

第八号　兵铺一所。张家场（堤南八里）、祖家场（堤南七里）、梁家庄（堤南九里）。

第九号　兵铺一所。挠儿营（堤南九里）、小西湖（堤南六里）、陈家西湖（堤南五里）、小孙郭（堤南九里）。

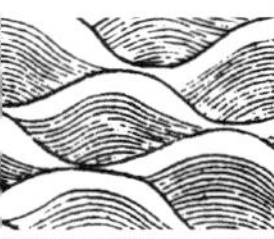

第十号　兵铺一所。北孝城（堤南九里）、辛立村（堤南八里）、西湖庵（堤南四里）。此号工尾至十一号月堤一道，长一百十丈。乾隆二十四年［1759］，因堵筑漫口并筑拦河坝一道，长二百二十丈。三十年［1765］，接长三十五丈，埽工二十八段。

第十一号　拦河坝兵铺一所。狼窝（堤南九里）。

第十二号　大西湖（堤南五里）。

第十三号　兵铺一所。旧埽工五段（久淤）、大孙郭（堤南附堤）。

第十四号　西礼村（堤南二里五分）。

第十五号　兵铺一所。东礼村（堤南二里）、东湖掌（堤南五里）。

第十六号　杨家庄（堤南六里）、草料村（堤南三里）。

第十七号　兵铺一所。纪家庄（堤南附堤）。

第十八号

第十九号　兵铺一所。小东户（堤南三里五分）。

第二十号　西营（堤南三里）、后营（堤南二里）。

第二十一号　兵铺一所。丁村（附堤南）。此号至二十二号月堤一道，长七十丈，康熙五十四年［1715］筑，今废。

第二十二号　知子营（堤南三里五分）。

第二十三号　兵铺一所。马庆（堤南四里）。

第二十四号　兵铺一所。河津（附堤南）、孤庄（堤南四里五分）、李家黄垡（堤南六里）。

第二十五号　兵铺一所。杨家黄垡（堤南五里）。

第二十六号　兵铺一所。赵家黄垡（堤南七里）。

第二十七号　兵铺一所。白家辛庄（附堤南）。此号废圈堤一道，长七十丈。

第二十八号　顺民屯（堤南七里）。

南岸五工

永清县县丞经管。原管堤长二十三里六分。乾隆二十八年［1763］，工头拨归四工堤四里；工尾拨收六工堤五里。现管堤长二十四里六分，编二十五号，一号至三号上段固安县境，以下永清县境。

第一号　堤头接南岸四工二十八号工尾。兵铺一所。辛务村（附堤南）。

第二号　太平庄（堤南一里）、北顺民屯（堤南七里）、前白垡（堤南五里）、后白垡（堤南四里）。

第三号　兵铺一所。北解家务（堤南三里）、南解家务（堤南四里）、孙家务（堤南一里）。此号至五号月堤一道，长二百五十丈，雍正十一年［1733］筑。

第四号　东、西下七（堤南八里）。

第五号　兵铺一所。唐家营（堤南七里）、北小营（堤南五里）。

第六号　大王庄（堤南九里）、南小营（堤南八里）。

第七号　兵铺一所。邵家营（堤南八里）。

第八号　兵铺一所。冯各庄（堤南八里）、张家营（堤南六里）。此号至九号月堤一道，长四百七丈，乾隆三十七年［1772］筑。

第九号　兵铺一所。埽工六段。南戈奕（堤南四里）、许新庄（堤南二里）、张家务（堤南五里）。

第十号　孟各庄（堤南一里）、曹内官营（堤南五里）。

第十一号　兵铺一所。前、后仲和（堤南十里）、甸子仲和（堤南九里）、西桑园（堤南八里）。此号乾隆二年［1737］漫溢，修筑还原。

第十二号　东桑园（堤南六里）。

第十三号

第十四号　兵铺一所。埽工十六段。南曹家务（堤南二里）、北曹家务（堤南一里）。此号旧有减水草坝一座，乾隆四年［1739］建，十二年［1747］闭。本号至十六号月堤一道，长四百五十丈，乾隆五年［1740］筑。

第十五号　胡其营（堤南四里）。

第十六号　兵铺一所。此号旧有草坝一座，乾隆三年［1738］建，十二年

［1747］闭。

第十七号　谈其营（堤南五里）。

第十八号　郭家务（堤西一里）、龙家务（堤南八里）。

第十九号　兵铺一所。大良村（堤南四里）。此号堤南接西老堤一道，经南岸六、七工界，至霸州牛眼村，长五十八里。康熙三十九年［1770］，改河所筑排桩堤也。又，河身内横堤一道，长六十三丈，雍正四年［1726］筑，拦截旧河口。

第二十号　此号旧减水草坝一座，乾隆八年［1743］建，十六年［1751］闭。并筑小月堤一道，长五十三丈。

第二十一号　兵铺一所。此号至二十三号月堤一道，长四百七丈。雍正四年［1726］筑，乾隆三十七年［1772］加培。

第二十二号　兵铺一所。埽工十四段。

第二十三号　此号清凉寺旧减水草坝一座，乾隆八年［1743］建，十六年［1751］闭。

第二十四号　陈仲和（堤西七里）。

第二十五号　曹家庄（堤西南四里）、台子庄（堤西南五里）。

南岸六工

霸州州判经管。原管堤长二十八里二十四丈。乾隆十六年［1751］，冰窖草坝改河，工尾拨收上七工堤六里九分，共长三十五里。二十年［1755］，北岸六工二十号改下口。其河口以下北岸堤工，除拨南埝上汛外，本汛兼管七里八十五丈。二十八年［1763］，本汛南岸工头拨归五工所管五里，南岸堤工长三十里，编三十号。四十三年［1778］，自本工南岸十七号头起，至北岸十九号下堤头，接筑顺水坝一道。并培筑兼管之北岸二十号缺口，接连至南堤七工之旧北堤交界止。连南岸上十六里，通长二十九里，编二十九号，俱永清县境。

第一号　堤头接南岸五工二十五号工尾。董家务（堤西附堤）、官场（堤西四里）。

第二号　兵铺一所。贾家务（堤西附堤）、韩家庄（堤西二里五分）、东庄（堤西四里）。

第三号　菜园（堤西四里）、王佃庄（堤西五里）。

第四号

第五号　兵铺一所。

第六号　李黄庄（附堤西）、刘总其营（堤西四里）、胡家庄（堤西五里，荆垡、三间房、杨家庄附）。

第七号　兵铺一所。

第八号　兵铺一所。大麻子庄（堤西六里）、东、西北马（堤西七里）。

第九号　兵铺一所。此号旧有减水草坝一座，乾隆七年［1742］建，十六年［1751］闭。

第十号　兵铺一所。

第十一号　双营（堤西四十丈）。总督防汛署一所（在河神庙内）。

第十二号　兵铺一所。小麻子庄（堤西三里）、佃庄村（堤西四里）。

第十三号　此号至十四号月堤一道，长一百三十丈，雍正五年［1727］筑。

第十四号　兵铺一所。埽工二十二段。城场（堤西四里）、张先务（堤西三里）。

第十五号　鲁村（堤西六里）。此号旧有减水草坝一座，乾隆八年［1743］建，十六年［1751］闭。

第十六号

第十七号　惠元庄（堤西九十丈）。此号以下仍照本管南岸堤工编次，其接筑顺水坝，以下另编附后。

第十八号　兵铺一所。辛庄（堤西五里）、东、西镇（堤西九里吴家楼附）、大黄村（堤西七里）。

第十九号

第二十号　兵铺一所。沈家庄（附堤西）、小营（堤西六里）。

第二十一号　庞各庄（堤西七里）、陈佃庄（堤西六里）。此号旧有减水草坝一座，乾隆十五年［1750］建，十六年［1751］闭。

第二十二号　此号河身内旧有拦河坝一道，长八十二丈，乾隆二十年［1755］改下口建，今废。

第二十三号　马家铺（堤西九十丈）、韩各庄（堤西五里）。

第二十四号　兵铺一所。小惠家庄（附堤西）、王虎庄（堤西三里）、小黄村（堤西七里）。

第二十五号　大刘家庄（附堤西）、邓家务（堤西七里）。

第二十六号　窑窝（堤西七里）。

第二十七号　小刘家庄（堤西四里）。

第二十八号　兵铺一所。秉教（即冰窖附堤西）。

第二十九号　李奉先（堤西南五里）、西武家庄（堤西南六里）、第四里（堤西南六里）、刘家场（堤西南六里）、武家窑（堤南六里）。

第三十号　顺水坝接南岸十七号，头起接编二十九号。

第十七号　兵铺一所。

第十八号

第十九号　兵铺一所。

第二十号

第二十一号

第二十二号

第二十三号

第二十四号　兵铺一所。

第二十五号　南柳坨（附堤西）。

第二十六号

第二十七号

第二十八号

第二十九号

北岸头工

原设宛平县主簿经管。堤长四十七里三分。乾隆四十六年［1781］，分上、下二汛，调南堤九工武清县县丞分管。北岸头工上汛，堤长二十二里，编二十二号，宛平县主簿分管。头工下汛，堤长二十五里三分，编二十五号。上汛俱宛平县境。下汛一号至十八号宛平县境。十九号以下良乡县境。

北岸上头工

第一号　堤头接石景山东岸二十四号工尾。彰义村（堤东北八里）。

第二号

第三号　兵铺一所。看丹（堤东五里，旧属汛管，宛平县以彰义村换）。

第四号

第五号

第六号　胡家庄（堤东一里）。

第七号

第八号　兵铺一所。

第九号　天主堂（堤东九十丈，西洋人庄房）。

第十号

第十一号　兵铺一所。

第十二号

第十三号

第十四号　兵铺一所。立垡（附堤东）、狼垡（堤东四里）。

第十五号

第十六号

第十七号

第十八号

第十九号　兵铺一所。鹅房（附堤东）。

第二十号

第二十一号　兵铺一所。后辛庄（堤东六里）。

第二十二号　老堤庄（堤东二里旗庄）。

北岸下头工

第一号　堤头接上北头工二十二号工尾。宋家庄（堤东九里）。

第二号　前新庄（堤东四里）。

第三号　兵铺一所。

第四号　太福庄（堤东五里）。

第五号　周家村（堤东八里）。

第六号　罗奇营（堤东七里）、新立村（堤东四里）、马村（堤东二里）。

第七号　兵铺一所。此号乾隆二年［1737］漫溢五十一丈，修筑还原。

第八号　此号至十一号直堤一道，长五百丈。乾隆三十七年［1772］筑，以旧

堤为月堤。

第九号　北藏村（堤东八里）。

第十号　小藏村（堤东七里）。

第十一号　兵铺一所。大藏村（堤东七里）。此号至十二号月堤一道，长九十丈。

第十二号　桑垡（堤东九十丈）。乾隆二年［1737］，漫溢二十三丈，抢筑还原。

第十三号　兵铺一所。大营村（堤南一里）、马房（堤东南一里）。

第十四号

第十五号　兵铺一所。

第十六号

第十七号　王家庄（堤东二里五分）、皮各庄（堤东六里）。此号圈堤一道，长六十丈，乾隆三十三年［1768］筑。

第十八号　朱家营（附堤东）。

第十九号　兵铺一所。埽工二十一段。前官营（堤东二里五分）。乾隆四十五年［1780］漫溢，抢筑还原，并筑月堤一道，长九十三丈三尺。

第二十号　此号至二十三号月堤一道，长五百四十五丈，乾隆五年［1740］筑。

第二十一号

第二十二号　兵铺一所。

第二十三号　此号中段至二十四号，乾隆二年［1737］漫溢三百八十五丈，修筑还原。

第二十四号　北张客村（堤东九十丈）、留民村（堤东四里）。

第二十五号　兵铺一所。埽工二十四段。南张客村（堤东九十丈）、大高各村（堤东八里）。

北岸二工

良乡县主簿经管。堤长二十三里七十丈，编二十三号。一号至七号良乡县境，以下俱宛平县境。

第一号　堤头接下北头工二十五号工尾。兵铺一所。保安庄（堤东三里）。

第二号　丁村（堤东八里）、梁家务（堤东十里）。

第三号　兵铺一所。

第四号　（地方官塘铺）埽工八段。定福庄（堤东八里）。此号至五号月堤一道，长二百十四丈，乾隆三十七年［1772］筑。

第五号　兵铺一所。埽工二十六段。赵村（堤东一里五分）。

第六号　埽工十三段。南庄子（堤东一里）。此号乾隆三十五年［1770］漫溢，自漫工以上起，至七号止。接筑直堤一道，长二百三十丈五尺。以旧堤为月堤，长二百五十六丈。

第七号　此号至八号月堤一道，长二百丈，乾隆三十七年［1772］加培。

第八号　（地名枣林）兵铺一所。曹家庄（堤东六里）。此号尾至九号月堤一道，长二百六丈，乾隆三十七年［1772］筑。

第九号　常家庄（堤东八里）。

第十号

第十一号　兵铺一所。

第十二号　石佬（堤东三里）。此号有直堤一道，计长一百丈，乾隆三十六年［1771］筑。

第十三号　兵铺一所。

第十四号　里河（堤东六里）。此号至十五号头旧月堤一道，长一百二十丈，乾隆三十七年［1772］加培。

第十五号　兵铺一所。留石庄（堤东八里）。

第十六号

第十七号　兵铺一所。东麻各庄（堤东二里）。乾隆三十五年［1770］漫溢，修筑还原。

第十八号　西麻各庄（附堤东）、辛立庄（堤东五里）。

第十九号　兵铺一所。此号至二十号月堤一道，长四百丈，乾隆三十七年［1772）筑。乾隆二年［1737］，漫溢五十五丈，修筑还原。

第二十号　小练庄（堤东二里）、魏家庄（堤东七里）。此号三十六年［1771］漫溢，修筑还原。

第二十一号　北庄子（堤东五里）。

第二十二号　兵铺一所。

第二十三号　黄家庄（堤东七里）。

北岸三工

涿州吏目经管。堤长十八里三分，编十八号。一号至十二号宛平县境，以下固安县境。

第一号　堤头接二工二十三号工尾。兵铺一所。新庄（堤东北一里）、大练庄（堤东五里）、瓮各庄（堤东北十里）。

第二号

第三号　兵铺一所。此号旧减水草坝一座，乾隆二十七年［1763］建，三十七年［1772］闭，移于号首，建筑灰坝。

第四号　求贤（堤东四里）。此号旧减水草坝一座，乾隆四年［1739］建，二十七年［1763］闭。四十四年［1779］，因南、北三工两堤紧束，河身逼窄，奏准展宽北岸。自四号至十号取直，筑大堤一道，长九百五十丈。其旧堤五、六、七、八、九号，听其淤废。

第五号　兵铺一所。太子务（堤东十里）。

第六号　此号旧堤减水草坝一座，乾隆六年［1741］建，十五年［1750］闭。又旧堤至七号月堤一道，长二百一十丈，雍正九年［1731］建。今淤残。

第七号

第八号　兵铺一所。挑水坝一座，埽工十七段。此号旧堤至旧九号月堤一道，长二百二十丈，雍正九年［1731］筑。今淤废。

第九号

第十号　挑水坝一座，埽工四段。此号直堤一道，长三百八十五丈，乾隆四十年［1775］筑，四十四年［1779］废。

第十一号　兵铺一所。埽工七段。乾隆二年［1737］漫溢三丈，修筑还原。东、西胡林（堤东北二里）。

第十二号　兵铺一所。埽工十一段。此号至十五号月堤一道，长三百四十丈，乾隆三十七年［1772］建。

第十三号　庄伙（附堤东）。此号旧月堤一道，长一百三十丈，雍正三年［1725］建，乾隆二十六年［1761］漫溢。修筑还原。

第十四号　北十里铺（堤东一里）。此号旧月堤一道，长一百二十丈，雍正十二年［1734］筑。今淤废。

第十五号　北岸同知防汛署一所。东玉铺（堤东二里）、杨家务（堤东二里五分）。

第十六号　兵铺一所。

第十七号　兵铺一所。南张化（堤东三里）。

第十八号　兵铺一所。埽工四段。辛安庄（附堤东）、马家屯（堤东北三里）、葛家屯（堤东北三里）、王家屯（堤东北三里五分）。

北岸四工

固安县主簿经管。堤长二十四里九分，编二十五号。一号至二十号固安县境，二十一号东安县境，二十二、三号固安县境，二十四、五号东安县境。

第一号　堤头接三工十八号工尾。兵铺一所。

第二号

第三号　兵铺一所。

第四号　侯家张化（堤北五里陈家张化附）。

第五号　康家张化（堤北四里五分闫家张化附）。

第六号　兵铺一所。

第七号　曹家辛庄（堤北二里）。

第八号　兵铺一所。崔各庄屯（堤北五里）。此号旧月堤一道，长六十四丈，乾隆三十七年［1772］加培。

第九号

第十号　兵铺一所。

第十一号　黑垡（堤北六里）、东、西押堤（堤北一里五分）、南、北小店（堤北八里）。

第十二号　香营。此号旧有拦河坝，今淤废。

第十三号　兵铺一所。郭家务（堤北八里）。

第十四号

第十五号　兵铺一所。石佛寺（堤北二里）。

第十六号　刘各庄（堤北八里）、石家垡（堤北六里）、亢家屯（堤北五里）。

第十七号　曹各庄（堤北五里）、贾家屯（堤北二里）。

第十八号　兵铺一所。聚福屯（堤北四里）。此号旧减水草坝一座，乾隆十三年

［1748］筑，十五年［1750］闭。

第十九号　西化各庄（堤北八里）。

第二十号　兵铺一所。

第二十一号　梁各庄（堤东北九十丈小辛庄附）、崔指挥营（堤东北四里，固安、东安二县属）、东化各庄（堤北七里）。

第二十二号　兵铺一所。洪家辛庄（堤东北二里）。乾隆二年［1737］漫溢六十丈，修筑还原。

第二十三号

第二十四号　兵铺一所。刘家庄（堤北四里）。

第二十五号　寺垡辛庄（堤北八里）、南寺垡（堤北七里）。

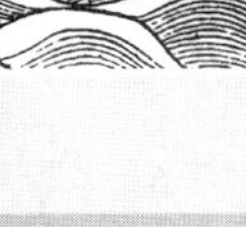

北岸五工

永清县主簿经管。堤长二十一里四分，编二十一号，俱永清县境。

第一号　堤头接四工二十五号工尾。兵铺一所。野滩张家庄（堤北二里）、邱家务（堤北二里）。

第二号　兵铺一所。宋家庄（堤北三里）。

第三号　纪家庄（附堤北）。

第四号　兵铺一所。王居（堤北五里）、西营（堤北四里）。

第五号　北戈奕（附堤北）。

第六号　池口（堤北九里）、袁家场（堤北二里旗庄）。

第七号　兵铺一所。潘家庄（堤北二里）。

第八号　翟吴家庄（堤北六里）。

第九号　韩台（堤北六里）。

第十号　兵铺一所。埽工八段。仁和铺（堤东北四里）。此号尾旧菱角堤一道，长五十丈，乾隆十五年［1750］筑，今坍废。

第十一号　泥安（附堤北）、仓上（堤北七里）。

第十二号

第十三号　兵铺一所。支各庄（堤东北三里）。

第十四号　泥塘（堤东北五里）。此号尾里堤一道，自何麻子营村东接大堤起，至范瓮口止，共长七十四里。雍正十一年［1733］筑。本汛界内长七里三分。

第十五号　何麻子营（堤北五里）、赵家庄（堤东北二里）。

第十六号　兵铺一所。埽工十五段。姚家马房（堤东北七里）。

第十七号　楼台（堤东北九里）。

第十八号　大、小卢家庄（堤东北二里）。此号旧减水草坝一座。乾隆九年［1744］建，十九年［1754］闭。

第十九号　张家茹荤（堤东六里）。

第二十号　兵铺一所。王家茹荤（堤东六里）、张家庄（附堤东）。

第二十一号　杨家营（堤东五里沈家庄附）。

北岸六工

霸州吏目经管。原管堤长三十里。乾隆二十年［1755］，二十号开堤放水，改为下口。以下堤工十里，拨隶南岸六、七工分管。四十三年［1778］，自南岸六工十七号建筑顺水坝，接至本汛十九号下堤头，河从十九号出口。现管堤长十八里，编十八号，俱永清县境。

第一号　堤头接五工二十一号工尾。柴家庄（堤东二里）。堤东重堤一道。本汛界内原长三十里，乾隆二十年［1755］，二十号改为下口，河出重堤，上下漫刷，渐次淤废。

第二号　兵铺一所。埽工十五段。董家务（堤东一里）、小范家庄（堤东一里）。

第三号　北钊（堤东六里）。

第四号　兵铺一所。贾家务（附堤东）、李家庄（堤东八里）。

第五号　埽工十四段。南钊（堤东八里）、南、北朝旺（堤东九里）。

第六号　兵铺一所。埽工六段。辛屯（堤东二里）、西溜（堤东九里）。

第七号　小荆垡（附堤东）、辛务（堤东十里）、缑家庄（堤东七里）、修家场（堤东八里）、老幼屯（堤东九里）。

第八号　兵铺一所。王希（堤东五里）。此号重堤之东，于乾隆二十八年［1764］接筑越埝一道，即今北堤，隶三角淀属。四十五年［1780］，自本汛大堤八号接筑，至北堤工头，长四十九丈，归北堤。七工管。

第九号

第十号　兵铺一所。埽工二处，共十三段。半截河（堤东九十丈）、徐家庄

（堤东三里）。

第十一号

第十二号　此号旧减水草坝一座。乾隆四年［1739］建，十二年［1747］闭。

第十三号　兵铺一所。后刘武营（堤东八里）。

第十四号　赵百户营（堤东九十丈）。大范庄（堤东五里）。

第十五号　此号重堤之东，于乾隆二十一年［1756］接筑遥埝一道，隶三角淀属，今淤废。

第十六号　兵铺一所。此号旧减水草坝一座。乾隆四年［1739］建，十二年［1747］闭。本号重堤之东，乾隆四年［1739］接筑北大堤一道，十六年改称北埝，隶三角淀属。二十八年［1763］，自本汛大堤八号接筑至北埝工头，长七十丈，归北埝上汛管，今皆淤废。

第十七号

第十八号

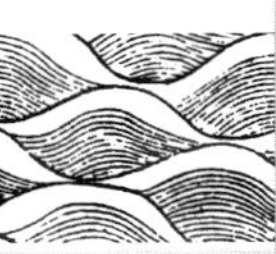

疏浚中泓[3]

乾隆十五年［1750］，两岸岁修项下，奏准添设银五千两，疏浚中泓，如有余剩，即留为下年之用。如或不足，前后通融办理。并奏准十八汛河员皆兼巡检衔，分管附堤十里村庄。勘明应挑中泓淤滩，于枯河时调集附堤民夫分段挑挖，按日给与米菜钱文。乾隆三十七年［1772］，设立浚船一百二十只。除分拨三角淀疏排下口外，南岸分拨五舱船四十只，三舱船五只；北岸分拨五舱船三十六只，三舱船五只；并器具，分交各汛经管，拨兵撑驾。汛前汛后，遇有新淤嫩滩沙嘴，乘时捞浚裁切。如或工大土多，添雇民夫，照例给价。四十七年［1782］，因浚船已满十年，例应再行排造，奏请裁汰，以省縻费。如遇行疏淤之时，饬令厅汛雇募渡船民夫，同河兵实力妥办。

成规

挑河方价则例

旱方，每方工价银七分；泥泞方，每方工价银九分；旱苇板方，每方工价银九分。水方，每方工价银一钱一分；水苇板方，每方工价银一钱三分；水中捞泥，每方工价银一钱八分。

筑堤土方、夯硪工价、分别远近、丈尺则例

旱土筑堤，每方价银七分，夯硪工价银二分四厘，共计银九分四厘。离堤十五丈以外至五十丈，旱地取土，每方工价银一钱二分五厘，泞地取土，每方银一钱三分六厘，俱加夯硪工价银二分四厘。离堤五十丈以外至一百丈，旱地取土，每方工价银一钱三分六厘，泞地取土，每方银一钱五分，俱加夯硪工价银二分四厘。堤根有积水坑塘占碍，绕越离堤五十丈以外至一百五十丈，旱地取土，每方银一钱七分，泞地取土，每方银一钱八分，俱加夯硪银二分四厘。隔堤、隔河、离堤二百丈以外至三百丈，旱地取土，每方银一钱九分，泞地取土，每方银二钱，俱加夯硪银二分四厘。水中捞泥，离堤三十丈至五十丈，连夯硪每方银二钱三分四厘。

以上土方价值，石景山三角淀工程照例办理。

岁抢埽厢①需用各项夫料工价则例

秫秸，每束三拿，酌定连运价银八厘。柳枝，每束青重三十斤，温重二十斤，干重十五斤，连运价银六厘。至于兵采官柳，例不准销算钱粮。豆秸、软草、谷草，每十斤连运价银一分。稻草每十斤连运价银一分六厘。苇草每束长一丈、径五寸，酌定价银一分一厘，每二束每里运价银一毫。计程途之远近按里递加。苘[4]麻每斤连运价银一分八厘。

木料价值：杨木桩长三丈四尺、径一尺，系堵筑河口所用，与寻常桩木价值不同。酌定每根连运价银一两二钱。杨木桩长三丈、径七寸，酌定每根连运价银五钱

① 埽厢，即镶埽。镶埽即埽上加埽，埽工用料增加，层埽层土累积成坝的过程称为镶埽。

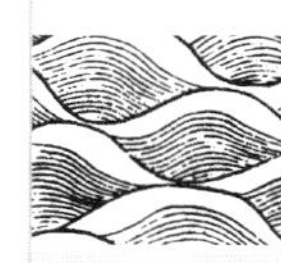

五分。杨木桩长二丈五尺、径六寸，酌定每根连运价银四钱五分。杨木桩长二丈、径五寸，酌定每根连运价银三钱五分。杨木桩长一丈八尺、径五寸，酌定每根连运价银三钱三分。杨木签桩长一丈五尺、径四寸，酌定每根连运价银二钱五分。柳木橛桩长六尺、径五寸，每根连运价银一钱三分，系堵筑河口所用。柳木橛桩长五尺、径五寸，每根连运价银一钱，系堵筑河口所用。

埽厢做法

每埽高一丈、长一丈用：秫秸三百三十束；柳枝七十五束；埽眼秫秸五十四束；绠绳十八盘，每盘长四十丈，用稻草三十斤；麻绳一条重四十斤；杨木桩一根，长三丈、径七寸；夫十八名，岁修系河兵力作，抢修例系雇夫，每名工价银四分；留橛一根，系桩尖截用。

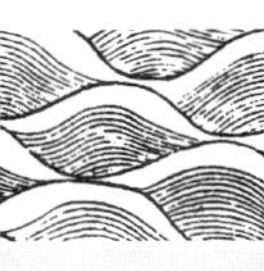

每埽高九尺、长一丈用：秫秸二百六十七束；柳枝六十一束；埽眼秫秸四十四束；绠绳十六盘，每盘长四十丈，用稻草三十斤；麻绳一条，重三十六斤；杨木桩一根，长三丈、径七寸；夫十四名五分，岁修系河兵力作，抢修例系雇夫，每名工价银四分；留橛一根，系桩尖截用。

每埽高八尺、长一丈用：秫秸二百十一束；柳枝四十八束；埽眼秫秸三十五束；绠绳十四盘，每盘长四十丈，用稻草三十斤；麻绳一条，重三十二斤；杨木桩一根，长二丈五尺、径六寸；夫十二名，岁修系河兵力作，抢修例系雇夫，每名工价银四分；留橛一根，系桩尖截用。

每埽高七尺、长一丈用：秫秸一百六十二束；柳枝三十七束；埽眼秫秸二十六束半；绠绳十二盘，每盘长四十丈，用稻草三十斤；麻绳一条，重二十八斤；杨木桩一根，长二丈五尺、径六寸；夫九名，岁修系河兵力作，抢修例系雇夫，每名工价银四分；留橛一根，系桩尖截用。

每埽高六尺、长一丈用：秫秸一百十九束；柳枝二十七束；埽眼秫秸十九束半；绠绳十盘，每盘长四十丈，用稻草三十斤；麻绳一条，重二十四斤；杨木桩一根，长二丈、径五寸；夫七名，五分岁修系河兵力作，抢修例系雇夫，每名工价银四分；留橛一根，系桩尖截用。

每埽高五尺、长一丈用：秫秸八十二束半；柳枝十九束；埽眼秫秸十三束半；绠绳八盘，每盘长四十丈，用稻草三十斤；麻绳一条，重二十斤；杨木桩一根，长一丈八尺、径五寸；夫六名，岁修系河兵力作，抢修例系雇夫，每名工价银四分；

留橛一根，系桩尖截用。

每埽高四尺、长一丈用：秫秸五十三束；柳枝十二束；绠绳六盘，每盘长四十丈，用稻草三十斤；签桩一根，长一丈五尺、径四寸；夫四名五分，岁修系河兵力作，抢修例系雇夫，每名工价银四分；

每厢垫一层宽一丈、长一丈用：秫秸五十束；夫二名，岁修系河兵力作，抢修例系雇夫，每名工价银四分。

凡新旧厢垫工程，若遇水深溜急之处，随时相机。每丈签桩一、二根不等，或用长三丈、径七十寸杨木桩，或用长二丈五尺、径六寸杨木桩，或用长二丈、径五寸杨木桩，系临时测量水势大小、缓急择用。

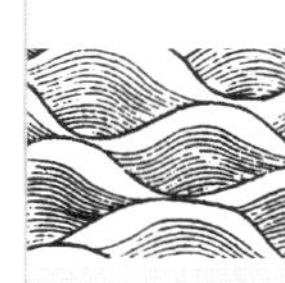

堵筑河口用丁埽软厢[①]做法

查堵筑河口之处，俱系水深溜急，若下硬埽厢接，势必渗漏。须先用软厢盘筑坝台，犹恐水激撼动，加粗长麻绳兜揽拴紧；并用长大杨桩梅花签丁，按层铺土追压，庶免渗漏。接下丁头埽个，除照岁、抢二修例用料、用夫之外，尚应添用粗长、滚肚、揪头麻绳，拴紧橛桩，庶不撼动，上加厢势，背后接筑靠堤，以资堵闭。

软厢一层，长一丈、宽一丈用：豆秸、软草一千斤，运夫一名，每名工价银四分，刨运压土夫二名，每名工价银四分。

每软厢坝台一座，长一丈、宽五丈用：梅花签桩五根，每根长三丈四尺、径一尺；揽草麻绳十条，每条径一寸五分、长十丈，重一百斤；拴绳橛桩十根，每根长六尺五寸、径五寸。

每丁头埽一个，长五丈、高一丈，应需秫秸、柳枝、绠绳、麻绳、桩橛，夫工仍按前载岁、抢二修则例核用，毋庸开列。外应添用：滚肚麻绳五条，每条径一寸五分、长十丈，重一百斤。拴绳橛桩五根，每根长五尺、径五寸。上水头加揪头麻绳九条，每条径一寸五分、长十丈，重一百斤。拴绳橛桩九根，每根长五尺、径五寸。下水头加揪头麻绳八条，每条径一寸五分、长十丈，重一百斤。拴绳橛桩八根，每根长五尺、径五寸。

---

① 软厢。传统埽厢一般采用预先捆做埽个，搬运到施工处沉放，谓之硬厢。与此不同，是在堤上钉橛，每橛系绳一条，另一头系在船上，船停下埽的浅水处，在绳上现场上铺卷秸料成埽个，船退绳松，埽个沉入水中，然后埽面用软草薪柴杂土镶出水面，以此截流、缓溜。

以上各项埽厢做法，均照永定成规开列。前件查，永定河南、北岸埽厢工程，因各汛离产苇地方窎[①]远，挽运维艰，毋论极险、次险、平缓，例用柳枝、秫秸修。做岁修，督令河兵压土、抢修，例系雇夫挑土垫压。每厢垫一层，压土五寸，并无估用苇土之处。惟乾隆四年［1739］，分议定建筑长安城、曹家务、求贤、半截河等处，以及乾隆七年［1742］，建筑郭家务、双营、胡林、小惠家庄等处草坝，俱用苇二土一。原为两坝台，系挡御冲激之区，最为紧要。若用苇土各半，则土多苇少，易于搜汕蛰陷，难资捍御。是以，必须苇二土一厢做，方克稳固。嗣后，永定河南、北岸不拘何汛，遇有奉议建造草坝之处，均请循照此例，苇二土一修做。

建修闸坝桥座需用各项夫料工价则例

松木桩则例：

径一尺三寸：长三丈四尺，每根连运价银九两二钱三分六厘。长三丈二尺，每根连运价银八两六钱九分二厘。长三丈，每根连运价银八两一钱八厘。长二丈八尺，每根连运价银七两六钱五分。长二丈五尺，每根连运价银七两六分二厘。长二丈四尺，每根连运价银六两五钱一分九厘。长二丈二尺，每根连运价银五两七钱一厘。长二丈，每根连运价银四两九钱三分三厘。长一丈八尺，每根连运价银四两二钱一分六厘。长一丈六尺，每根连运价银三两九钱三分八厘四毫。长一丈四尺，每根连运价银二两九钱二分九厘。

径一尺二寸：长三丈四尺，每根连运价银七两九钱一分六厘。长三丈二尺，每根连运价银七两四钱五分。长三丈，每根连运价银六两九钱八分五厘。长二丈八尺，每根连运价银六两五钱一分九厘。长二丈六尺，每根连运价银六两五分三厘。长二丈四尺，每根连运价银五两五钱八分七厘。长二丈二尺，每根连运价银四两九钱四分一厘。长二丈，每根连运价银四两三钱二分八厘。长一丈八尺，每根连运价银三两七钱四分七厘。长一丈六尺，每根连运价银二两九钱七分九厘二毫。长一丈四尺，每根连运价银二两六钱八分四厘。

径一尺一寸：长三丈四尺，每根连运价银六两四钱五分二厘。长三丈二尺，每根连运价银六两七分七厘。长三丈，每根连运价银五两六钱九分七厘。长二丈八尺，每根连运价银五两三钱一分七厘。长二丈六尺，每根连运价银四两九钱三分七厘。

① 窎（diào）远，深远。

长二丈四尺，每根连运价银四两五钱五分八厘。长二丈二尺，每根连运价银三两九钱八分。长二丈，每根连运价银三两四钱三分七厘。长一丈八尺，每根连运价银二两九钱三分一厘。长一丈六尺，每根连运价银二两四钱六分。长一丈三尺，每根连运价银二两。

径一尺：长三丈三尺，每根连运价银五两四钱五分五厘。长三丈一尺，每根连运价银五两一钱二分四厘。长二丈九尺，每根连运价银四两七钱九分三厘。长二丈八尺，每根连运价银四两六钱二分八厘。长二丈七尺，每根连运价银四两四钱六分三厘。长二丈五尺，每根连运价银四两一钱三分二厘。长二丈三尺，每根连运价银三两七钱二分六厘。长二丈二尺，每根连运价银三两四钱九分五厘。长二丈，每根连运价银二两九钱九分六厘。长一丈九尺，每根连运价银二两八钱二分八厘。长一丈七尺，每根连运价银二两四钱一分九厘。长一丈五尺，每根连运价银二两三分六厘。长一丈三尺，每根连运价银一两六钱五分三厘。

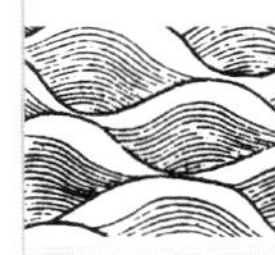

径九寸：长三丈，每根连运价银四两二钱二分。长二丈八尺，每根连运价银三两九钱三分九厘。长二丈六尺，每根连运价银三两六钱五分七厘。长二丈四尺，每根连运价银三两三钱七分六厘。长二丈，每根连运价银二两五钱五分一厘。长一丈八尺，每根连运价银二两一钱七分七厘。长一丈六尺，每根连运价银一两八钱三分一厘。长一丈四尺五寸，每根连运价银一两六钱五分。

径八寸：长二丈八尺，每根连运价银三两二钱五分。长二丈六尺，每根连运价银三两一分七厘。长二丈四尺，每根连运价银二两七钱八分五厘。长二丈二尺，每根连运价银二两四钱。长二丈，每根连运价银二两五分九厘。长一丈八尺，每根连运价银一两七钱三分四厘。长一丈六尺，每根连运价银一两四钱三分六厘。

径七寸：长二丈六尺，每根连运价银二两三钱七分七厘。长二丈四尺，每根连运价银二两一钱九分五厘。长二丈二尺，每根连运价银一两八钱六分七厘。长二丈，每根连运价银一两五钱六分六厘。长一丈八尺，每根连运价银一两二钱九分二厘。长一丈六尺，每根连运价银一两四分三厘。长一丈五尺，每根连运价银九钱三分一厘。

径六寸：长二丈四尺，每根连运价银一两八钱八分一厘。长二丈二尺，每根连运价银一两六钱。长二丈，每根连运价银一两三钱四分二厘。长一丈八尺，每根连运价银一两一钱七分。长一丈六尺，每根连运价银八钱九分四厘。长一丈四尺，每根连运价银七钱三厘。长一丈，每根连运价银三钱八分九厘。长五尺，每根连运价银一钱六分六厘。长四尺，每根连运价银一钱三分二厘。

径五寸：长二丈三尺，每根连运价银一两四钱五分四毫。长一丈八尺，每根连运价银九钱二分二厘五毫。长一丈四尺，每根连运价银五钱三分。

杉木则例：

径七寸：长三丈，每根连运价银四两六钱三分三厘。长二丈八尺，每根连运价银四两三钱五分。长二丈六尺，每根连运价银四两五分。长二丈四尺，每根连运价银三两七钱五分。长二丈二尺，每根连运价银三两四钱。长二丈，每根连运价银一两一钱。

径六寸：长三丈，每根连运价银三两六钱四分五厘。长二丈八尺，每根连运价银三两四钱二分。长二丈四尺，每根连运价银二两九钱二分。长二丈二尺，每根连运价银二两七钱。长二丈，每根连运价银二两四钱三分。

径五寸：长三丈，每根连运价银七钱。长二丈八尺，每根连运价银六钱五分六厘八毫。长二丈四尺，每根连运价银五钱五分。长二丈二尺，每根连运价银五钱一分五厘九毫。长二丈，每根连运价银四钱五分。长一丈八尺，每根连运价银四钱。长一丈六尺，每根连运价银三钱五分。长一丈四尺，每根连运价银三钱。长一丈二尺，每根连运价银二钱六分五厘。长一丈，每根连运价银二钱三分七厘。

径四寸：长二丈四尺，每根连运价银四钱五分四毫。长二丈二尺，每根连运价银四钱三分二毫。长一丈六尺，每根连运价银二钱五分。长一丈四尺，每根连运价银二钱五厘。长一丈二尺，每根连运价银一钱五分二厘。长一丈，每根连运价银一钱四分。

径三寸：长二丈四尺，每根连运价银二钱七分。长二丈二尺，每根连运价银二钱五分。长二丈，每根连运价银二钱三分。长一丈八尺，每根连运价银二钱。长一丈六尺，每根连运价银一钱八分。长一丈四尺，每根连运价银一钱六分。长一丈二尺，每根连运价银一钱三分二厘五毫。

松木料则例：

长一丈、宽一尺、厚七寸，每料连运价银一两四钱。长九尺、宽一尺、厚七寸，每料连运价银一两二钱六分。长八尺、宽一尺、厚七寸，每料连运价银一两一钱二分。长七尺、宽一尺、厚七寸，每料连运价银九钱八分。长一丈、宽一尺、厚一寸五分，每块连运价银三钱八分。长一丈、宽一尺、厚四寸，松木枋，每根连运价银八钱。长一丈、见方四寸，松木枋，每根连运价银三钱二分。长七尺、见方三寸，松木枋，每根连运价银一钱二分。

杂木料则例：

榆木长二尺五寸、宽四寸、厚二寸，拐子，每根连运价银一钱一分六厘六毫。榆木长三尺、径三寸，每根连运价银八分。柏木丈丁长一丈、径五寸，每根连运价银二钱七分。柏木中丁长八尺、径三寸，每根连运价银一钱一分三厘四毫。柏木梅花丁长五尺五寸、径二寸，每根连运价银五分五厘。

石工建造闸坝各料则例：

沙峪、杨二峪等处，豆渣石长一丈、宽厚一尺，每单长石一丈，采价银一两。查，沙峪等处，至永定河工所，均系陆运，每单长石一丈，每里运价银二分。其做何段工程，运价应于临时估报。大河砖长一尺二寸、宽五寸、厚四寸，每块价银一分六厘。沙滚子砖长八寸八分、宽四寸二分、厚二寸，每块价银一厘八毫。

石灰，每千斤买价银六钱。查，永定河需用灰斤，均在于房山县属韩溪等处，出产处所，采买均系陆运。运至六十里，每千斤计运价银九钱，连买价共该银一两五钱；运至一百二十里，酌中计等，每千斤计运价银一两四钱，连买价共该银二两。江米每石价银二两八钱。白矾每斤价银一分八厘。油灰每斤价银一分六厘。生铁锭每个重十五斤，每斤价银一分六厘。生铁片每斤价银一分二厘。好麻每斤价银六分。

匠夫工价则例：

豆渣石做细，每折宽一尺、长一丈，用石匠一工，每名工价银一钱二分。做糙，每折宽一尺、长一丈五尺，用石匠一工，每名工价银一钱二分。对缝安砌，每长一丈，用石匠一工，每名工价银一钱二分。摆滚叫号，折宽厚一尺、长八尺，以外用每长五丈，用石匠一工，每名工价银一钱二分。拉运抬石，折宽厚一尺，每长一丈用壮夫一名，每名工价银七分。灌浆，每长四丈，用壮夫一名，每名工价银七分。上车、下车，每单长一丈，用壮夫半名，每名工价银七分。安扣铁锭，每四个用石匠一名，每名工价银一钱二分。安砌河砖，长一尺二寸、宽五寸、厚四寸，每块用灰一斤九两；每三百块用瓦匠一工，每名工价银一钱二分；壮夫二名，每名工价银七分。安砌沙滚子砖，如长一尺、宽五寸、厚二寸，每七百块用瓦匠一工，每名工价银一钱二分；壮夫二名，每名工价银七分。修艌石缝，如石缝宽五分、深五分，每长一丈，用油灰一斤四两。每油灰五斤，用好麻一斤。每五丈，用艌匠一工，每名工价银一钱二分。石工，前后护坝排桩等工，并地基深签柏丁，内用松木桩，径七、八、九寸，长二丈至二丈二、三、四尺不等，均按照则例开销。松木板，长一丈、宽一尺、厚一寸五分，按照则例开销。柏木丈中，各丁按照则例开销。熟铁拉扯每条重十四斤，每斤价银四分。熟铁叶，每条重二斤，每斤价银四分。西路铁丁，每斤价银二分六厘。熟铁丁，每斤价银四分。下桩熟铁新箍，每斤价银三分六厘，新旧箍回火，折算每斤价银二分六厘。下桩铁硪，每盘价银二两五钱。下桩硪夫，按桩木径寸、丈尺递增名数，按照则例开销。

大小夯灰土步数则例：

小夯灰土，见方一丈、高五寸为一步。小夯二十四把，用白灰一千二百二十五斤。黄土见方一丈、高二尺五寸，土八厘四毫，工价银一两二分四厘。如闸坝金门出水等处，需用灰土照此例。小夯十六把，用白灰七百斤，黄土见方一丈、高二尺五寸，土一分六厘八毫，工价银九钱。如堤坝闸墙基址需用灰土照此例。大式大夯，见方一丈、高五寸为一步，用白灰三百五十斤，黄土见方一丈、高二尺五寸，土二分二厘四毫，工价银四钱。如堤坝内尾土并尽顶处，需用灰土照此例。

胶土，远方购取，每方连运价银二钱六分三厘。坝基刨槽，水旱方土并填筑实土，以及取土之远近，按照则例开销。建造桥座、排桩等工，除木植、铁料按照则例开销外，需用木匠则例。桥梁、桥檩，锯截做榫凿眼，每榫眼八个，用木匠一工。桥板错缝做三面折见方尺六十尺，用木匠一工。栏杆每扇长一丈二、三尺、高一尺八寸，每扇用木匠三工。栏杆柱长三尺、见方四寸，如雕有柱头每根用木匠六分工。压枋腰带等木，四面折见方尺四十尺，用木匠一工。排桩做榫，每六个用木匠一工。管头木每凿眼八个，用木匠一工。锯松板长一丈、宽一尺，每七块用锯匠一工。

以上木匠、锯匠，每名工价银一钱二分。锭铰匠每名工价银一钱二分。扎材匠每名工价银一钱二分。

下桩硪夫名数则例：

桥桩径一尺二寸、一尺至九寸，长二丈二、三尺至一丈四、五、六尺不等，每下桩一根，用硪夫六名六分。桥桩径一尺至九寸、长二丈二尺至一丈五、六尺不等，每下桩一根，用硪夫四名。径九寸长三丈，每下桩一根用硪夫四名。径八寸、长二丈六尺至二丈八尺不等，每下桩一根，用硪夫三名五分。径七寸、长二丈二尺，每下桩一根，用硪夫一名。径五、六寸、长一丈四、五、六尺不等，每下桩二根用硪夫一名。

以上硪夫每名连绳索工价银一钱一分。每下柏木丈丁一根，硪夫工价银三分。每下柏木中丁一根，硪夫工价银一分五厘。每下柏木花丁一根，硪夫工价银一分。

闸坝式[5]

金门闸式

南岸二工十四号金门石闸一座。金门宽五十六丈、进深五丈。石迎水簸箕，内宽五十六丈，外宽六十一丈四尺，进深二丈；石出水簸箕，内宽五十六丈，外宽六十七丈三尺，进深九丈。南北坝台，各宽十二丈，进深十六丈，金墙高八尺。灰迎水簸箕，内宽七十五丈，外宽八十五丈，进深十五丈。南北迎水雁翅，各长三十丈。北出水雁翅，长三十丈，南出水雁翅，长六十丈。乾隆二年［1737］修建后，因坝面过高不能泄水。乾隆六年［1741］，奏准取中二十丈，落低一尺五寸。三十五年［1770］，河身积渐淤高，微涨即过。奏准于落低之处，补平进深一丈二尺。又于补平之上，统建尖脊石龙骨一道，高二尺五寸、宽五十六丈。三十七年［1772］粘补坝台、雁翅、灰土簸箕。三十八年［1773］春，圣驾临幸，谕令添筑挑水草坝十丈，使水纡回过闸。伏汛又奉上谕，“每过水后，即将口门及河流去路随时挑浚，务使积淤尽涤，水道畅行，永远照此办理。钦此。”勒碑南坝台上。

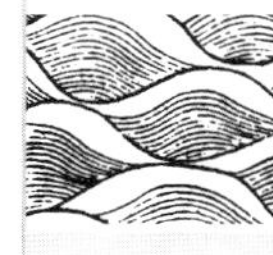

北村灰坝式

南岸三工十一号北村灰坝一座，金门宽十六丈。两坝台各宽五丈、长五尺，底宽七丈、高八尺。迎水簸箕内宽二十丈，外宽二十二丈，进深三丈。出水簸箕内宽二十丈，外宽二十六丈，进深十二丈。乾隆三十七年［1772］建。并遵旨，于金门迤上建拦水草坝十丈，亦使其回溜过水，如有淤阻，挑除净尽。

求贤灰坝式

北岸三工三号求贤灰坝一座。金门并坝台高宽丈尺，与南岸北村灰坝同，乾隆三十七年［1772］建。

[卷六校勘记]

〔1〕原卷目录为“南北两岸工程”，正文为“两岸工程”，依正文改。

〔2〕“朱”字，因字迹不可辨识，空一字。经查本志卷十七奏议收录乾隆三十七年［1772］十二月直隶总督周元理《为钦奉上谕事》一折云：“康熙三十七年，自良乡县老君堂筑堤开挖新河，由永清县朱家庄经安澜城入淀，至西沽入海……”按安澜城即郎城，又名狼城。又据卷一图，第四十九图《初次建堤浚河图》及图说：“至永清朱家庄、会狼城河，由淀达津。”因此增补朱字。

〔3〕原标题为“疏浚两岸中泓”，卷目录为“疏浚中泓”，依正文内容，应无“两岸”之意，依卷目录改。

〔4〕“苘”字原作“檾”［qǐng］，简化字为“䔛”，与“苘”字通假，因形近误为“苟”字，因此改正为“苘”。

〔5〕本卷标题中有“闸坝式”，而此处脱，因此补正。

卷七（考五） 工程考

三角淀工程　疏浚下口河淀　成规　浚船式　修守事宜

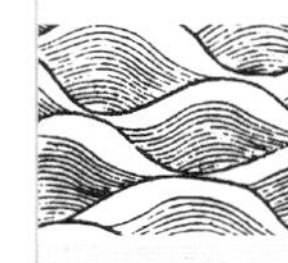

三角淀工程

三角淀通判，辖七汛经管。

南堤北堤

下口之两岸也。乾隆十六年［1651］，南岸七工冰窖草坝改河，将南、北岸六工以下之南坦坡埝、北大堤北埝改为南、北埝，各分上、中、下三汛。以南岸七、八工县丞二员，北岸七、八工主簿二员，并三角淀县丞、主簿二员，分管六汛，均隶三角淀通判辖。南埝旧名坦坡埝，乾隆三年［1738］筑，以格淀水，西自霸州牛眼村接西老堤起，东至武清县龙尾止，长四十九里九分。八年［1743］，于东、西老堤工尾接筑横埝，长六十一丈。十六年［1651］，将冰窖以下，废东老堤连坦坡埝普律加培，并自龙尾接坦坡埝，筑至天津县青光村止。东老堤，自南岸六工二十八号岔头起，至横埝，长十八里八分。坦坡埝接横埝起，至青光止，长六十一里十四丈，改坦坡埝为南埝，分上、中、下三汛。东安县县丞管南埝上汛，兼管东老堤；武清县县丞管南埝中汛、三角淀；永清县县丞管南埝下汛。其南、北岸上、下七工旧堤，分隶南埝上汛兼管。南、北岸八工旧堤，分隶南埝中汛兼管，即今之旧南、北堤也。北埝上段旧名北大堤，乾隆四年［1739］筑，西接北岸六工十六号重堤起，至东安县贺家新庄止，长三十六里一百二十六丈。五年［1740］，自北大堤三十四号，至武清县东萧家庄凤河边止，接筑北埝，长四十七里一百二十六丈，以御浑河北漾。至十六年［1751］，止段亦改称北埝，共长八十一里一百二十六丈，分为北埝上、中、下三汛。东安县主簿管北埝上汛，武清县主簿管北埝中汛、三角淀，东安县主簿管北埝下汛。二十年［1755］，北岸六工二十号改为下口，河循北埝归沙家淀。二十一年［1756］，于北埝之北筑遥埝一道，西自永清县赵百户营村前，接北岸六工十五号重堤起，东至武清县南宫村北凤河边止，长八十四里九丈。二十七年［1762］，十八号以下浑流荡淤十余里，二十八年［1763］，取直接筑，共长八十一里九十五丈。是年，奏明河出北埝十七号外，循遥埝内行，将遥埝分交上、中、下三汛经管。又于遥埝之北筑越埝一道，西自永清县半截河村后，接北岸六工八号重堤起，东至武清县刘家庄后止，长四十九里一百二十八丈。三十二年［1767］，河出遥埝外行，遂以越埝为北埝，分交上、中、下三汛经管。三十八年［1773］，奉旨改南北埝为南、北堤，上、中、下三汛，改为七、八、九工。四十五年［1780］，北堤七工，工头西至北岸六工大堤八号，接筑北堤，长四十九丈，归七工经管。

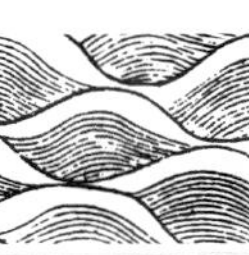

凤河东堤

于雍正十一年［1733］筑。下段自天津县韩家树起，至双口村止，长十二里，以防浑水东注。乾隆五年［1740］，接筑中段，自双口起，至武清县庞各庄止，长十四里。十九年［1754］，调石景山水关外委移驻经管，并将天津县韩家树接东堤尾起，至桃花寺止，筑斜埝一道，长七里三十六丈，拨归外委兼管。二十一年［1756］，接筑上段，自武清县陈辛庄起，至庞各庄止，长三十三里九分，通长五十九里一百六十五丈。三十七年［1772］，建涵洞二处，泄斜埝以北沥水。四十六年［1781］，因斜埝逼近清河，常被汕刷，改由东堤四十八号起，至天津桃花口北运河西岸止，筑斜埝长七里三十丈。其东堤四十九号以下及旧斜埝均废。

南堤七工

东安县县丞经管。东老堤长十八里八分，编十九号。南堤长二十里，编二十号。

东老堤长十八里八分，一号至十六号永清县境，以下霸州境。

第一号　堤头接南岸六工二十九号尾，庄窠（堤南四里七分）。

第二号　商人庄（堤南二里四分）。

第三号　尹家场（堤南四里五分）、张家场（堤南五里）。

第四号　四圣口（附堤西）、三圣口（堤西一里五分）。此号工尾月堤一道，长一百一十丈。

第五号　兵铺一所。武家庄（附堤西）。

第六号　吴家庄（堤南四里）。

第七号

第八号

第九号　兵铺一所。朱家庄（附堤西）。

第十号

第十一号　赵家楼（附堤西）。

第十二号　五道口（附堤西）。

第十三号　唐家铺（附堤西）。

第十四号　兵铺一所。

第十五号

第十六号

第十七号　四间房（附堤西）。

第十八号

第十九号　兵铺一所。

南堤长二十里，一号至十八号中霸州境，以下东安县境。

第一号　堤头接东老堤横埝尾。兵铺一所。牛眼（附堤西即柳岔口）。

第二号

第三号

第四号　崔家铺（堤西一里）、信安镇（堤西北九里）。

第五号　兵铺一所。马家铺（堤西四十五丈）、田家铺（堤西南五里）、纪家铺（堤西南七里）、董家铺（堤西南八里）。

第六号　兵铺一所。

第七号

第八号　桃园（堤南四里一分）、石家铺（堤南二里六分）。

第九号　兵铺一所。堂二铺（堤北四里，何赵铺、宋家铺附）。

第十号　王家铺（堤北一里五分）。

第十一号　兵铺一所。范家铺（堤南一里）。

第十二号

第十三号

第十四号　董家铺（附堤南）、毕家铺（堤北一里）、黄家铺（堤北三里）、外

安澜城（堤北六里五分）。

第十五号　兵铺一所。

第十六号　兵铺一所。

第十七号　佛城疙疸（堤北六里）。

第十八号　杨家铺（堤南五十四丈）、胡家庄（堤北九里）。

第十九号　兵铺一所。李家铺（堤南一里）。

第二十号　樊家铺（堤南一里三分）。

兼管旧南堤

长二十一里一百四十三丈。一号至十五号中永清县境，以下东安县境。

第一号　堤头接南岸六工工尾。

第二号　兵铺一所。旧铁心坝一段，上接头号尾斜埝，共长二百二十丈，乾隆十九年［1754］筑。

第三号

第四号

第五号

第六号　堤内川心河一道，乾隆十九年［1754］，挑缺口，宽八丈。

第七号

第八号

第九号

第十号　南二铺（附堤南）。

第十一号

第十二号

第十三号

第十四号

第十五号　兵铺一所。安澜城（即郎城，堤南三十丈）。

第十六号　柳园村（附堤北）。

第十七号　兵铺一所。

第十八号　兵铺一所。

兼管旧北堤

长十九里十六丈。一号至十四号永清县境，以下东安县境。

第一号　堤头接南岸六工，兼管之北堤尾。

第二号

第三号

第四号　兵铺一所。新安庄（附堤）。

第五号

第六号

第七号

第八号

第九号　兵铺一所。赵家楼（堤南）。

第十号　闸口（附堤南）。

第十一号

第十二号

第十三号

第十四号　兵铺一所。惠济场（堤南十丈）。

第十五号

第十六号

第十七号　兵铺一所。九家铺（堤南十丈）。

第十八号　郭家场（堤南十丈）。

南堤八工

武清县县丞经管。堤长二十里，编二十号。一号至六号二十二丈，东安县境；六号二十三丈至八号九丈五尺，霸州境；八号九丈六尺至十一号四十五丈，静海县境；十一号四十六丈至二十号工尾，武清县境。

第一号　堤头接七工南堤二十号工尾。策城（堤南四里五分）、王家圈（堤北四里）、得胜口（堤北八里四分，田家铺附）。

第二号　寨上（堤南四里）、磨汉港（堤北五里）、马家口（堤北八里）。

第三号　褚河港（堤南百丈）、于家铺（堤北四里）。

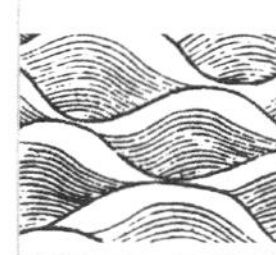

第四号　陈家铺（堤北三里五分）。

第五号　大王庄（堤南二里）。

第六号　张家铺（堤南二里未属汛）。

第七号　杨芬港（堤南八里旧属汛管，后归县）。

第八号

第九号

第十号　东沽港（堤北六里，任家铺、杨家铺附）。

第十一号　兵铺一所。

第十二号

第十三号

第十四号

第十五号　瘸柳树（距堤二里，旧属汛管，后归县）。

第十六号　兵铺一所。

第十七号　王庆坨（堤北五里）。

第十八号

第十九号

第二十号

兼管旧南堤

长十九里零七丈。一号至第十四号五十丈，东安县境，以下武清县境。

第一号　堤头接七工二十一号工尾。

第二号

第三号　兵铺一所。地窨（五户散居三、四号堤根）。

第四号　堤内川心河一道，乾隆十七年［1752］挑缺口，宽八丈。

第五号

第六号　兵铺一所。

第七号

第八号　宋流口（堤南三十丈，并移居八、九、十号北帮，郭家场附）。

第九号

第十号

第十一号

第十二号

第十三号

第十四号　兵铺一所。

第十五号

第十六号

第十七号　堤北斜埝一道，长三百九十丈，乾隆十一年［1746］筑。

第十八号　堤北小范瓮口护村斜埝一道，长一百丈，乾隆九年［1744］筑。

第十九号　小范瓮口（附堤北）。此号工尾接民埝一道，长二里一百四十丈，系王庆坨护村埝。

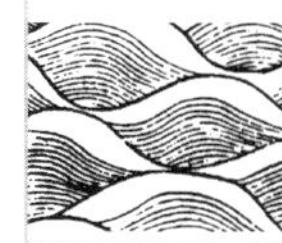

兼管旧北堤

长十七里十五丈。一号至十四号三十丈，东安县境，以下武清县境。

第一号　堤头接七工十九号工尾。官村（堤南十丈）。

第二号

第三号　新庄（堤南三十丈）。

第四号

第五号

第六号　兵铺一所。四铺（附堤南）。

第七号　郎儿埑（附堤南）。

第八号

第九号

第十号

第十一号　兵铺一所。淘河新村（散居堤南十二、三号十丈）。

第十二号

第十三号

第十四号　兵铺一所。桃园（堤南十丈外）。

第十五号

第十六号

第十七号　大范瓮口（附堤北）、郑家楼（堤东北一里三分）。

此号尾，旧有民埝一道，接堤尾起，经东安县郑家楼、武清县六道口、乂光鱼坝口，至天津双口村北止，长三十八里有奇，雍正十三年［1735］筑。乾隆[1]四年［1739］溃，复于郑家楼筑草坝[2]。五年［1740］复溃，后遂淤废。

南堤九工

原设武清县县丞经管。堤长二十一里十四丈。十二号以下旧系淀池，地势洼下。南近大清河，北邻叶淀，东逼凤河下口，历被荡刷。乾隆三十年［1765］，详废止管堤长十二里，编十二号。一号至四号中，武清县境；四号中至工尾，天津县境。四十七年［1782］，武清县县丞调管北岸头工上汛，以淀河霸州州判移驻九工，兼管汛务。

第一号　兵铺一所。

第二号

第三号　明家场（堤北三里系旗庄）。

第四号　线儿河（附堤南）。

第五号　曹家铺（附堤南）。

第六号　兵铺一所。

第七号

第八号

第九号

第十号　郝家铺（堤北四里）。

第十一号　兵铺一所。

第十二号　安光（堤北六里二十丈）、杨家河（堤南一里）、三河头（堤东南二里）、青光（堤东七里）。

北堤七工

东安县主簿经管。堤长十九里，编十九号。一号至十五号七十二丈，永清县境，以下东安县境。

第一号　堤头原接北岸六工重堤八号。乾隆四十五年［1780］，接连北岸六工大堤八号，筑北堤至本工头，长四十九丈（此号共长二百二十九丈）。兵铺一所。

第二号

第三号　兵铺一所。

第四号

第五号

第六号　兵铺一所。

第七号

第八号　兵铺一所。

第九号　陈各庄（堤北九里五分）。

第十号　大站上（堤北九里五分）、东流（堤北七里七分）。

第十一号　小营（堤南百三十丈）、万全庄（堤南四里）。

第十二号　陈家庄（堤南五里）、埑上（堤北三里）。

第十三号　兵铺一所。别古庄（堤南二里）、小站（堤北五里）、刘赵家庄（堤北三里）、焦家庄（堤北六里）、西衡亭（堤北九里五分）。

第十四号　第七里（堤南七里）、东衡亭（堤北九里五分）。

第十五号　兵铺一所。南人营（堤南五里）、官道（堤南三里）、张家庄（堤南九里五分）、辛立庄（堤北八十丈）。

第十六号　邵家庄（堤北二里）、左奕（堤北七里三分）。

第十七号　三家村（堤北六里五分）。

第十八号　兵铺一所。北马子庄（堤南九十丈）、南马子庄（堤南六里）、郭家庄（堤南七里）、张家甫（堤北三里）、朱村（堤北八里）、小北尹（堤北九里）、大北尹（村东数户，在堤北十里）。

第十九号　第十里（堤南七里）、石桥（堤南八里）、桃园（堤北六里七分）、西史家务（堤北九里八分）。

兼管旧北埝

原长三十四里，改管二十五里。一号至二十二号五十丈，永清县境，以下东安县境。今皆淤废。

第一号

第二号　小贺尧营（附埝南，今皆外徙）。

第三号

第四号

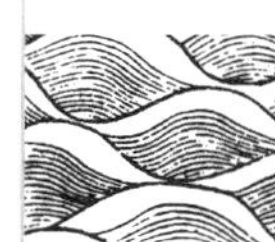

第五号

第六号　河西营（埝北二里八十丈）。

第七号　柳坨（附埝南，今迁南岸六工兼管之北岸二十五号）。

第八号

第九号

第十号

第十一号　兵铺一所。第五里（埝南三里）。

第十二号

第十三号

第十四号

第十五号　兵铺一所。

兼管旧遥埝

长二十里。一号至十四号八十四丈，永清县境，以下东安县境。今皆淤废。

第一号

第二号

第三号

第四号

第五号

第六号

第七号

第八号

第九号

第十号　甄家庄（埝北三里）。

第十一号

第十二号　后第六里（埝北二里）。

第十三号

第十四号

第十五号

第十六号

第十七号

第十八号　曹家庄（埝北百六十丈）。

第十九号　胡家庄（埝南三里）。

第二十号　李家庄（埝南二里）。

北堤八工

武清县主簿经管。堤长十九里，编十九号。一号至十九号八十八丈，东安县境；以下九十二丈，武清县境。

第一号　兵铺一所。朱官屯（堤北一百一十丈）。

第二号　史家务（堤北三里）。

第三号　兵铺一所。洛图庄（堤南二里）、灰城（堤北一里）、郭家庄（堤南二里五分）、马杓榴（堤北五里）。

第四号　达王庄（堤北三里五分）。

第五号　兵铺一所。李家庄（堤南二里五分）、扈子濠（堤南六里五分）、小益留屯（堤北一里五分）。

第六号　大益留屯（堤南一里五分）、南辛庄（堤北四里五分）。

第七号

第八号　兵铺一所。赵家庄（堤北五十丈）、南崔庄（堤北一里五分）。

第九号　济南屯（堤南二里）、马头（堤南六里）、小麻家庄（堤北二里五分）。

第十号　大麻家庄（堤北三里五分）、北崔庄（堤北五里）。

第十一号　金官屯（堤南三里）、田家庄（堤南四里）、东张家庄（堤南六里五分）、高家庄（堤南七里）、杨官屯（堤北一百三十丈）、谷家屯（堤北三里）。

第十二号　兵铺一所。马神庙（堤北三里五分）、大纪家庄（堤北五里五分）、范家庄（堤南一里五分）。

第十三号　史家庄（堤南五里）、艾万庄（堤南八里）、小郑庄（堤南八里）、小纪家庄（堤北五里）、南关（堤北七里五分）、四东庄（堤北七里）。

第十四号　祁家营（堤南二里）、惠家铺（堤南九里）、东利庄（堤北一里五分）。

第十五号　兵铺一所。后罗官屯（堤南四里）、前罗官屯（堤南五里）、麻子屯（堤北三里五分）、孔家洼（堤北四里）、前所营（堤北四里）。

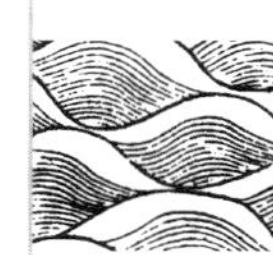

第十六号　庄窠（堤北一里五分）。

第十七号　兵铺一所。王司李庄（堤南三里五分）、安家庄（堤南五里）、白草洼（堤南八里）、前沙窝（堤北一里）、后沙窝（堤北三里）。

第十八号　丰盛店（堤南八里）、卢七字堤（堤北二里）、刘七字堤（堤北三里）、邢官屯（堤北五里）。

第十九号　八里桥（附堤南）、响口（堤南七里）。

兼管旧北埝

原长二十三里七分，改管三十二里七分。一号至二十六号二十六丈，东安县境，以下武清县境。今多残废。

第一号

第二号

第三号

第四号

第五号

第六号

第七号

第八号

第九号

第十号

第十一号

第十二号

第十三号

第十四号

第十五号

第十六号

第十七号

第十八号

第十九号　兵铺一所。

第二十号

第二十一号

第二十二号

第二十三号

第二十四号

第二十五号

第二十六号

第二十七号

第二十八号　兵铺一所。

兼管旧遥埝

长二十六里。一号至十三号尾东安县境，以下武清县境。今皆淤废。

第一号　条河头（埝北五十丈）。

第二号　兵铺一所。

第三号

第四号

第五号

第六号

第七号

第八号

第九号

第十号　大郑家庄（埝南九十丈）。

第十一号

第十二号

第十三号

第十四号　兵铺一所。

北堤九工

东安县主簿经管。堤长十一里一百二十八丈，编十二号俱武清县境。

第一号　兵铺一所。邵家七字堤（堤北三里）、丈方河（堤北六里五分）。

第二号

第三号

第四号　兵铺一所。解口（堤北一里五分）、胡麻营（堤北五里五分）。

第五号　曹家庄（堤南三里）、东辛庄（堤南五里五分）、罗古判（堤北三里五分）、蛮子营（堤北五里五分）。

第六号　武辛庄（堤南五里）、青坨（堤北八里）。

第七号　兵铺一所。崔家营（堤南二里）、包家营（堤北九十丈）。

第八号　季家营（堤南一里）、周六营（堤北九里）。

第九号　兵铺一所。甄家营（堤北九十丈）、杨家营（堤北三里）、眷兹（堤北四里）。

第十号　黄花店（堤南二里五分）。此处缺口一道，乾隆三十八年［1773］，挑通以泄堤北沥水。

第十一号　此处缺口一道。乾隆三十八年［1773］，挑通以泄堤北沥水。

第十二号　刘家庄（堤南二里）。此处缺口一道。乾隆三十八年［1773］，挑通以泄堤北沥水。

兼管旧北埝

长二十四里，俱武清县境，今皆残废。兼管旧遥埝三十五里九十五丈，俱武清县境。今多残废。

第一号

第二号

第三号

第四号

第五号

第六号　马家营（埝东一里五分）。

第七号

第八号　三里营（埝东二里）。

第九号

第十号

第十一号

第十二号

第十三号　张家庄（埝东六里）。

第十四号

第十五号

第十六号

第十七号

第十八号

第十九号

第二十号

第二十一号

第二十二号

第二十三号

第二十四号

第二十五号　龚家庄（埝东南一里五分）。

凤河东堤

经制外委经管。原长五十九里一百六十丈，原编六十号，并兼管斜埝七里二分。乾隆四十七年［1782］，因旧斜埝被清河汕刷，改从东堤第四十八号接筑，至天津桃花口北运河西堤，计长七里三十丈。其四十九号以下堤埝遂废。东堤编四十八号，一号至三十七号一百七十七丈，武清县境，以下俱天津县境。

第一号

第二号

第三号

第四号

第五号

第六号

第七号

第八号

第九号

第十号

第十一号

第十二号

第十三号　涵洞一座。

第十四号

第十五号

第十六号　兵铺一所。

第十七号

第十八号

第十九号

第二十号

第二十一号

第二十二号

第二十三号

第二十四号　堤西有旧土城，俗名攒城，相传为泉州旧城。

第二十五号

第二十六号

第二十七号

第二十八号

第二十九号

第三十号

第三十一号

第三十二号

第三十三号

第三十四号　兵铺一所。

第三十五号

第三十六号

第三十七号

第三十八号

第三十九号

第四十号　兵铺一所。

淀河汛管辖村庄附：

孙家坨、沈家庄、老堤头、于家堤、葛渔城（以上五村东安县属）。穆家口①、定子务、石各庄、敖子嘴、梁各庄、李各庄（以上六村武清县境）。

疏浚下口河淀

雍正九年［1731］，添设疏浚下口银五千两，每年雇募民船、民夫，疏捞永定河下节淀池河道。十二年［1734］，设三角淀通判，将文安县左各庄以东之石沟、台头、杨芬港、杨家河，至三河头以下一带淀河、东子牙新河拨归管理。并设武清县县丞、东安县主簿二员隶通判管辖，以资分理。乾隆三年［1738］，三角淀添设垡船二百只，并添设霸州州同、州判二员，把总四员，外委二十名，衩夫六百名。七年［1742］，裁祁河通判，改设子牙河通判，将垡船并员弁、衩夫，各半分隶。十年［1745］，又添设土槽船二百只，衩夫六百名，千总二员，亦各半分隶。十一年［1746］，又将垡船员弁、衩夫新旧搭配，分隶保定、天津两同知，三角淀、子牙河两通判经管。三角淀通判分管垡船一百只，州判一员，千总一员，把总一员，外委五名，衩夫三百名。并原管县丞、主簿二员，疏通三角淀一带淤浅。十三年［1748］，又裁垡船内之牛舌头船二十只，衩夫六十名。十五年［1750］，十八汛河员俱兼巡检衔，分管附堤十里村庄，于枯河时调集附堤民夫，分段挑挖淤浅，按日给与米菜钱文。十六年［1751］，改移下口，将三角淀武清县县丞调管南埝下汛，东安县主簿调管北埝下汛。二十九年［1764］，因垡船疏浚功效有限，糜费实多，将垡船并千总、外委全行裁汰。嗣后，河淀工程如需用夫船，临时雇觅，其淀河霸州州判一员，仍循其旧。三十七年［1772］，添设浚船，三角淀通判分管，五舱船四只，并三舱船三十只，并器具。督率霸州州判，并调格淀堤把总一员，添浚船外委二名，拨兵管驾，疏排下口淤浅，以畅河流。又将北堤七、八两汛兼管之。废北埝五十六里七分，并附堤村庄十二处，拨隶霸州淀河州判管辖调拨。如遇工大、土多，照例给价。四十六年［1781］，淀河州判兼管南堤九工汛务，移住三河头。所管废北堤，交还北堤七、八两工兼管，村庄十二处，仍隶淀河汛专司疏浚。四十七年［1782］，

① 穆家口今属廊坊市（清东安县）。参见《河北省地图册》廊坊市区图。

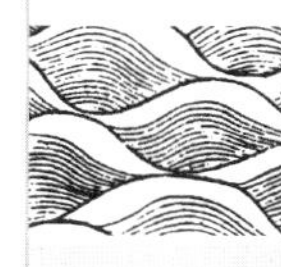

裁汰浚船，其州判一员，把总一员，外委二名，仍令督率兵夫，随时疏浚下口河淀。

成　规

三角淀成造垡船及土方工料价值则例：

旱土每方价银七分。芦根水土每方价银一钱三分，泥泞土每方价银九分，水土每方价银一钱一分，水中捞泥每方价银一钱八分，疏浚壮夫每名每日工银七分。

旱土筑堤，每方连夯硪工价银九分四厘。其远土筑堤，均照永定河则例开销。

行船

每只长二丈二尺，底宽二尺四寸，面宽四尺五寸，梁头高一尺一寸，排造。用：现成槐、柏木八分，厚板六料四分，每料价银九钱，该银五两七钱六分。油灰三十斤，每斤价银二分，该银六钱。铁钉十七斤，每斤价银四分，该银六钱八分。艌船麻五斤，每斤价银四分，该银二钱。油缝桐油四斤，每斤价银六分，该银二钱四分。铁扒锔四斤，每斤价银五分，该银二钱。排船木匠六名，每名工银一钱二分，该银七钱二分。排船小工十名，每名工银七分，该银七钱。艌船匠四名，每名工银一钱二分，该银四钱八分。艌匠小工六名，每名工价银七分，该银四钱二分。以上每排造行船一只，共需工料银九两二钱四分。

行船一年一油艌

每只用：油灰十五斤半，每斤价银二分，该银三钱一分；铁钉八斤，每斤价银四分，该银三钱二分；艌船麻二斤半，每斤价银四分，该银一钱；桐油二斤，每斤价银六分，该银一钱二分；铁扒锔二斤，每斤价银五分，该银一钱。艌匠二名，每名工银一钱二分，该银二钱四分；艌匠小工三名，每名工银七分，该银二钱一分。以上油艌行船一只，共需工料银一两四钱。

行船三年一小修

每只用：现成槐、柏木八分厚板一料，价银九钱；油灰二十五斤，每斤价银二分，该银五钱；铁钉九斤，每斤价银四分，该银三钱六分；艌船麻三斤十二两，每斤价银四分，该银一钱五分；桐油四斤，每斤价银六分，该银二钱四分；铁扒锔四斤，每斤价银五分，该银二钱。木匠一名六分，每名工银一钱二分，该银一钱九分二厘；木匠小工一名六分，每名工银七分，该银一钱一分二厘；艌匠三名四分，每名工银一钱二分，该银四钱零八厘；舱匠小工三名四分，每名工银七分，该银二钱三分八厘。以上小修行船一只，共需工料银三两三钱。

行船五年一大修

每只用：现成槐、柏木八分厚板二料一分，每料价银九钱，该银一两八钱九分；油灰二十四斤半，每斤价银二分，该银四钱九分；铁钉十二斤，每斤价银四分，该银四钱八分；舱船麻三斤半，每斤价银四分，该银一钱四分；桐油四斤，每斤价银六分，该银二钱四分；铁扒锔三斤，每斤价银五分，该银一钱五分。木匠三名，每名工银一钱二分，该银三钱六分；木匠小工五名，每名工银七分，该银三钱五分；舱匠四名，每名工银一钱二分，该银四钱八分；舱匠小工六名，每名工银七分，该银四钱二分。以上大修行船一只，共需工料银五两。

排造土槽船

每只身长二丈，底宽二尺二寸，面宽四尺五寸，梁头高一尺一寸，用：现成槐、柏木八分厚板五料二分，每料价银九钱，该银四两六钱八分；油灰二十五斤半，每斤价银二分，该银五钱一分；铁钉十五斤，每斤价银四分，该银六钱；舱船麻四斤，每斤价银四分，该银一钱六分；桐油四斤，每斤价银六分，该银二钱四分；铁扒锔三斤，每斤价银五分，该银一钱五分。排船木匠五名，每名工银一钱二分，该银六钱；排船小工七名，每名工银七分，该银四钱九分；舱船匠三名，每名工银一钱二分，该银三钱六分；舱船小工三名，每名工银七分，该银二钱一分。以上每排造土槽船一只，共需工料银八两。

土槽船一年一油舱

每只用：油灰十三斤，每斤价银二分，该银二钱六分；铁钉七斤，每斤价银四分，该银二钱八分；舱船麻二斤，每斤价银四分，该银八分；桐油二斤，每斤价银六分，该银一钱二分；铁扒锔一斤半，每斤价银五分，该银七分五厘。舱匠一名半，每名工银一钱二分，该银一钱八分；舱匠小工一名半，每名工银七分，该银一钱五厘。以上油舱土槽船一只，共工料银一两一钱。

土槽船三年一小修

每只用：现成槐、柏木八分厚板八分，每料价银九钱，该银七钱二分；油灰二十斤，每斤价银二分，该银四钱；舱船麻二斤四两，每斤价银四分，该银九分；铁钉六斤十四两，每斤价银四分，该银二钱七分五厘；铁扒锔二斤半，每斤价银五分，该银一钱二分五厘；桐油二斤四两，每斤价银六分，该银一钱三分五厘。木匠一名五分，每名工银一钱二分，该银一钱八分；木匠小工一名五分，每名工银七分，该银一钱五厘；艌匠三名，每名工银一钱二分，该银三钱六分；艌匠小工三名，每名工银七分，该银二钱一分。以上小修土槽船一只，共需工料银二两六钱。

土槽船五年一大修

每只用：现成槐、柏木八分厚板一料八分，每料价银九钱，该银一两六钱二分；油灰二十二斤，每斤价银二分，该银四钱四分；铁钉九斤，每斤价银四分，该银三钱六分；艌船麻三斤，每斤价银四分，该银一钱二分；桐油三斤半，每斤价银六分，该银二钱一分；铁扒锔二斤，每斤价银五分，该银一钱。木匠二名半，每名工银一钱二分，该银三钱；木匠小工四名，每名工银七分，该银二钱八分；艌匠三名，每名工银一钱二分，该银三钱六分；艌匠小工三名，每名工银七分，该银二钱一分。以上大修土槽船一只，共需工料银四两。前件二项垡船，届至十年限满，如果朽坏不堪，应用详明照估换造。

行船每只额设

杉木桅一根，长二丈，径四寸五分，价银五钱；天铃象鼻一对，银四钱；桅根夹板四块，价银一钱五分；铁箍二个，重二斤半，每斤价银五分，该银一钱二分五厘；铁猫一个，重十斤，价银八钱。以上桅木、天铃、铁猫等物，该银一两九钱七分五厘，如遇损坏，详明另换，如无损折，永远应用。

土槽船每只额设

杉木桅一根，长一丈七尺、径三寸五分，价银三钱五分；天铃一个，价银二钱；铁箍一个，重一斤，价银五分；铁猫一个，重十斤，价银八钱。以上桅木、天铃、铁猫等物该银一两四钱。如遇损坏，详明另换，如无损折，永远应用。

行船每只额设

布篷一架，长一丈四尺、宽八幅，用布十一丈二尺，每尺价银一分五厘，该银一两六钱八分。篷补钉七十二个，每布一尺做补钉六个，共用布一丈二尺，每尺价银一分五厘，该银一钱八分；补钉每个用绵花线带一尺，共用带七丈二尺，每尺价银五厘，该银三钱六分；上下篷提杆二根，每根价银一钱五分，该银三钱；竹杆十二根，每根价银五分，该银六钱；前后篷游绳二根，每根长三丈五尺，共长七丈，用线麻二斤，每斤连手工银八分八厘，该银一钱七分六厘；篷脚绳六根，每根长二丈八尺五寸，共长十七丈一尺。用线麻四斤，每斤连手工银八分八厘，该银三钱五分二厘；收脚绳一根，长二丈，用线麻一斤，每斤连手工该银八分八厘；篷边厢布纲绳二根，每根长一丈五尺，用线麻一斤半，每斤连手工银八分八厘，该银一钱三分三厘；篷桅绳一根，长四丈五尺，用线麻五斤，每斤连手工银八分八厘，该银四钱四分。缝篷裁缝五名，每名工银一钱二分，该银六钱。以上布篷每架连绳、杆、手工，该银四两九钱零八厘，每年在淀使用，风吹日晒，多有损坏，定例五年一更换。

土槽船每只额设

苇帘篷一架，长一丈四尺、宽七尺，该银五钱。打篷绳一根，长四丈，用线麻四斤，每斤连手工银八分八厘，该银三钱五分二厘；收脚绳五根，每根长二丈六尺，共长十三丈，用线麻二斤，每斤连手工银八分八厘，该银一钱七分六厘；柳木杆五根，每根价银二分五厘，该银一钱二分五厘。以上苇篷一架连绳、杆、手工，该银一两一钱五分三厘，在工使用，风雨淋揭，更易朽烂，定例三年一更换。

行船土槽船每只额设

松木篙二根，每根长一丈四尺、径三寸，价银一钱五分；铁箍一个，重一斤半，每斤价银五分，该银七分五厘；铁钻一个，铁钉四个，重一斤六两，每斤价银四分，该银五分五厘；檀木拐子一个，价银一分，木匠工银一分，共该银三钱，通共该银六钱。棹三把，每把用杉木把一根，长八尺、径二寸五分，价银八分；杉木棹叶一根，长七尺、宽六寸、厚一寸，价银八分；铁锔二个，重一斤半，每斤价银五分，该银七分五厘；铁钉四个，重半斤，每斤价银四分，该银二分；皮条一根，长六尺、宽一寸，价银三分；檀木拐子一个，价银一分；檀木棹牙一个，价银一分五厘；木匠工银一分，共该银三钱二分，通共该银九钱六分。松木挽子一根，长一丈三尺、径三寸，价银一钱二分；铁箍一个，重半斤，每斤价银五分，该银二分五厘；铁钉二个，铁钩一个，重十四两，每斤价银四分，该银三分五厘；檀木拐子一个，价银一分；木匠工银一分，共该银二钱。云簟①一根，长四丈五尺，用线麻二斤，每斤连手工银八分八厘，该银一钱七分六厘。纤绳一根，长二十七丈，用线麻七斤，每斤连手工银八分八厘，该银六钱一分六厘。榆木纤板二块，每块长二尺、宽二寸，价银四分七厘；线麻纤尾绳一条，重六两，每斤连手工价银八分八厘，该银三分三厘，共该银八分；通共该银一钱六分。缆船绳一根长二丈，用线麻二斤半，每斤连手工银八分八厘，该银二钱二分。猫顶绳一根，长二丈，用线麻半斤，每斤连手工银八

① 云簟（tán），一种竹制纤绳。

分八厘，该银四分四厘。吊舵皮条一根，长六尺、宽一寸，价银三分。浇水竹筒一个，长一尺、径四寸，价银三分；杉木把一根，长五尺，价银二分六厘；竹木匠工银四厘，共该银六分。铁锨一把，长一尺、宽七寸，价银一钱三分；杉木把一根，长四尺，连木匠工银二分，共该银一钱五分。此宗系生铁西货，不论斤秤。铁掘头一把，重一斤四两，每斤价银五分，该银六分二厘五毫；杉木把一根长四尺，连木匠工银二分，共该银八分二厘五毫。铁四齿爬一把，重二斤十两，每斤价银五分，该银一钱三分一厘二毫五丝；杉木把一根长八尺，连木匠工银四分，共该银一钱七分一厘二毫五丝。铁杏叶钯一把，重二斤十两，每斤价银五分该银一钱三分一厘二毫五丝；杉木把一根长八尺，连木匠工银四分，共该银一钱七分一厘二毫五丝。抬揁一根，长八尺、径三寸，价银八分。抬筐一个，面宽二尺，价银九分；苘麻绳一根，长二丈四尺，重二斤半，每斤连手工价银二分八厘，该银七分，共该银一钱六分。行灶一个，宽一尺四寸，价银一钱二分。铁锅一口，宽一尺五寸，价银二钱。此宗系生铁西货，不论斤秤。以上行船土槽船，每只额设器具工料银四两二钱一厘，但为物最微，在工使用易于损坏，定例按年各半添补，以资工用。

牛舌头船

每只长一丈八尺，底宽二尺，面宽四尺二寸，梁头高九寸五分。排造，用：现成槐、柏木八分厚板四料四分，每料价银九钱；油灰二十四斤，每斤价银二分；铁钉十四斤，每斤价银四分；舱船麻三斤半，每斤价银四分；油缝桐油四斤，每斤价银六分；铁扒锔三斤，每斤价银五分。排船木匠四名，每名工银一钱二分；排船小工六名，每名工银七分；舱船匠三名，每名工银一钱二分；舱船小工三名，每名工银七分。

牛舌头船

每只应用器具等项：松木篙一根，连铁箍一个，铁钻一个，木拐子一个，该银二钱。松木挽子一把，连铁箍一个，铁钩一个，木拐子一个，该银二钱。棹二把，每棹一把，铁锔二个，木拐子一个，皮条一根，棹牙一个，每把该银二钱五分。纤绳一根，长十五丈，用线麻三斤，每斤价银八分八厘，手工在内。纤板二块，连纤尾绳每块该银八分。铁锨一把，连把该银一钱五分；铁齿钯一把，连把该银二钱五分；铁掘头一把，连把该银一钱二分；杏叶钯一把，连把该银二钱五分。抬筐一个，连绳该银一钱六分；抬揁一根，该银八分。如遇有埽堤等工需用物料，工价俱照两岸之例办理。查，垡船内铁料，惟铁钉一项，系一火可成，故拟每斤价银四分。其铁扒锔、铁箍、铁爬、锨、镢等项器具，系数火回鍊，工力繁多，故拟每斤价银五分。铁猫一项较各项铁器更为加重，则回练工力必加数倍，然后可成，是以拟价八分。

浚船式

从前垡船之设，疏通东淀中大清河道，非专为永定河疏浚之用也。船既久裁，式亦无考。乾隆三十七年［1772］，永定河大工竣后，恐上游暨下口河道溜缓沙停，易致积淤，乘时捞挖，非船难以施工。奏设五舱浚船八十只，三舱浚船四十只，按工分给南岸六汛。共分五舱船四十只，三舱船五只。北岸六汛共分五舱船三十六只，三舱船五只，分疏上游河道。三角淀通判所属淀河州判，改设浚船把总，共分五舱船四只，三舱船三十只，疏浚下口淤浅，并大清河尾闾河道。每岁各汛将应挑淤嘴长、宽、深丈尺，于水涨之后，详细确查造报。土多工大，则照中泓例添雇民夫，按方给价，土少即令河兵挑浚。四十七年［1782］，因无实效，而修舱不免糜费，奏准裁汰，今存其式于左：

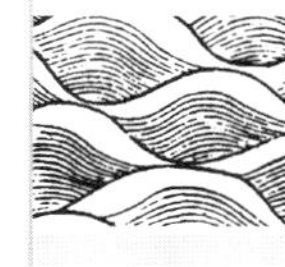

五舱船

长一丈九尺七寸，前舱长六尺四寸，面宽八尺四寸，底宽六尺六寸，深二尺一寸；中舱长六尺九寸，面宽八尺八寸，底宽七尺五寸，深一尺八寸；后舱长六尺四寸，面宽八尺五寸，底宽七尺，深一尺八寸。

三舱船

长一丈二尺，前舱长三尺五寸，面宽六尺四寸，底宽四尺八寸，深二尺一寸；中舱长五尺，面宽六尺六寸，底宽五尺二寸，深一尺八寸；后舱长三尺五寸，面宽六尺四寸，底宽四尺九寸，深一尺八寸。

修守事宜

凌汛

向例，先期檄饬各汛员，于惊蛰前五日，移驻要工。并委试用人员及武弁协防，预备大小木榔、长竿、铁钩，俟冰凌解泮时，督率汛兵将大块冰凌打碎，撑入中泓，不令撞击堤埽。

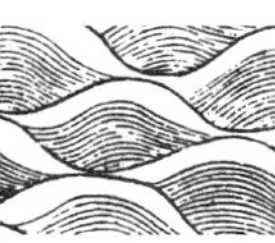

麦汛

向例，凡疏浚中泓、挑挖引河等工程，俱在枯河时赶办，限麦汛前报完验收。夏至前五日或后五日，麦黄水必至，水头一到石景山厅，差人驰报南、北岸厅，率同各汛，随水查看。或全入新挖中泓引河，或分入旧河，禀报。水出下口，则三角淀厅率同知汛分查，绘图禀报。

伏秋大汛

入伏之前，先定上堤日期。通饬厅汛营弁，并檄委试用人员及千、把、外委，分赴各汛协防，沿河州县协同汛员按铺拨夫住工。先期按工程之险易，酌给器具银两，饬令备齐。至期，道、厅汛协守备、千总、外委、兵夫，皆驻堤巡防。总督亦移驻长安城，督率防守。秋汛如之。入秋后数日，水势平稳，总督先回省城，道、厅以下文武员弁及兵夫人等，皆至白露后下堤。

四防

一曰昼防

凡汛期兵夫齐集堤上，每日往来巡查。遇有急溜扫湾，水近堤根，或稍汕刷，及时修补埽厢。或有蛰陷，及时抢护。少暇，则督令积土堤上。如遇阴雨，则填垫浪窝水沟。

一曰夜防

守堤兵夫每遇水发，防守堤上，抢护埽坝，昼日无暇，夜则劳倦贪睡，亦情所难免。若不设法巡警，恐黄夜失事。各汛要工既皆有灯笼火把照看，并置更签，官弁照更挨发各铺传递（或即用循环签）。如起更时发一更签，由某号至某号若干里，按一时行二十里，分别限二更几点递回，二更至五更皆如之，并差人挨查。如有稽迟，即将该铺兵究治。堤岸彻夜不断人行，庶无贻误。

一曰风防

汛期水发，每有大风。闲时于要工，督率兵夫捆扎龙尾小埽，摆列堤旁，如遇风浪大作，用绳橛悬于附堤水面，随水起落，足以护堤。

一曰雨防

伏、秋大汛，多有骤雨。兵夫每入铺舍躲避，堤埽无人看守。倘有刷蛰，贻悮匪浅。督率汛弁各备雨具，往来巡查，并先期置备蓑笠分给兵夫（北方无斗笠或用草帽雨伞）。道、厅、守备，仍不时冒雨亲查。

二守

一曰官守

平时各汛设官一员，堤工埽坝，督兵修理，是其专责。伏、秋大汛，复委试用官一员，或千把、外委住堤协防，险工临时添派，道、厅皆移驻堤上，上下往来。昼则督率修补，夜则稽查玩忽。总督驻长安城，不时巡视。

一曰民守

各汛堤工，长短不一，每二里五分，安设铺房一所，铺兵一名，长年住守。汛期每里添设民铺一间，拨附堤十里村庄民夫五名，日夜修守。民夫五日更番替换，复檄沿河州县，另拨民夫或百名、或五十名预备。一有紧要，立传上堤，协力抢护。

报水

大汛之期，卢沟桥两岸各汛及下口，各立水志，各备报水单，量明底水尺寸，专委妥人日夜守看。每日按子、午、酉三时，填明河水长落。各汛呈报厅、道及石景山厅、三角淀厅。三日一次，呈报总督。石景山厅并预备报水大签，督率石景山千总，昼夜勤看水志，遇水骤长至一尺及一尺以上，则填明大签，差兵挨工飞递。递至河道公馆，立即专差驰禀总督。大签仍即递至下口，然后缴回。凡经由各汛，俱按时刻粘签签上，以便稽查。如片刻迟误，即拿该铺兵重究。水落亦如之。

预估工程

秋分后水势既平，河形斯近。道、厅督率各汛，查勘中泓、下口，或有淤积沙嘴，应行裁截；或有曲折大湾，应行取直；或应另挑引河，或应疏通淤浅，俱预估报。迨春分后，再行复估。或有更改，通融酌办，总限麦汛前报竣。凡有应行粘补堤工，亦即预行估定。或于九、十两月赶办，或俟下年春融再办。另案加培大工，并修理闸坝，以及大挑引河工程，则禀请总督奏办。

采备料物

例于安澜既庆之后，按工程之险易，酌办料之多寡，将银数详明总督。道库先发，由厅分给各汛，乘时赶办贮工，道、厅亲往验收。其所发银两，赴户部领回归款。

积土

每兵一名，每日例应积土二尺五寸。铺兵、巡柳兵、看料兵减半。堆积土牛，以为压埽、填沟、平堤之用。每年除冬、夏两月外，俱按日计算，岁终报部。

种柳

每兵一名，例应栽植柳一百株。于冬末春初津液含蓄之时，采取长八尺、径二寸许柳栽。惊蛰后地气开通，于附堤内外十丈柳隙，刨坑深三尺栽种，不时浇灌。至夏秋之交，点查成活数目呈报。以七成为率，岁终报部。乾隆五十一年［1786］，附堤十丈以内，栽种渐密。嗣后，枯损、刷冲、补栽报部。又于堤内新淤软滩，遵旨栽种叵罗柳，或长栽如沟，或圆栽如墩，成活茂密足以护堤。又冬初栽种卧柳，以嫩枝顺堤横栽，亦谓之梦柳。

［卷七校勘记］

〔1〕“乾隆”二字脱，据实增补。

〔2〕“乾隆”二字脱，据实增补。

卷八（考六）　经费考

岁修抢修疏浚　累年销案　河淤地亩　防险夫地　柳隙地亩　苇场地亩　香火地亩　祀神公费（香灯银附）　河院书吏饭银　兵饷

河道库贮经费，或请于工部，或解自各州县，皆帑金也。出纳勾稽均有限制，虽水之大小，工之平险，不能悬定，然岁修则先期预估，抢修则先支备用，有不给者，临期得以奏闻。至淤租之取民者薄，月饷之给兵者厚，节制之中，具见仁政焉。

岁修、抢修、疏浚

永定河自康熙三十七年［1698］建筑堤岸，设立两岸分司、同知等官，经管钱粮、岁抢修款，每年动用三、四万两。另案疏筑随时奏请，动用七、八万两，并在岁、抢修之外皆无定额。雍正四年［1726］改设河道，经怡贤亲王奏定，两岸额设岁修银一万五千两，例于岁前题拨，分发采买物料贮工。抢修一项，难以预定。每于春初，请领一万余两，视工程平险，酌量分发采办。如银有余，留为次年之用；如有不敷，再行请领。嗣于雍正九年［1731］四月，内经大学士鄂尔泰等议准，永定河每年增设岁修、疏浚下口银五千两。乾隆十五年［1750］，江南河道总督高斌、直隶总督方观承议覆，添设两岸疏浚银五千两。十八年［1753］，督臣方观承裁改两岸下六汛，奏定南、北两岸岁修银一万两，抢修银一万二千两，疏浚中泓银五千两，石景山岁修银二千两，疏浚银五千两，每年共额定银三万四千两。上年用剩节存，准其下年通融动用。遵行二十余年。至乾隆四十年［1775］八月内，军机处会同直隶总督周元理奏明，永定河岁修工程，每年秋汛后，将下年岁修、疏浚各工预估具奏，永远删去额定字样。抢修先发银一万两，酌量应需料物采办分贮，倘有不敷，一面具奏，一面将库项垫发，工完核实报销。其另案工程仍奏办。奏。奉旨：“依议，钦此。”钦遵在案。嗣后，每年惟视水之大小、工之平险，实估实销。其累年销案，并另案请帑。疏筑之工，按年编次，以备查考。

累年销案

康熙三十七年［1698］，建筑遥堤，用银三万两。

康熙三十八年［1699］，建筑沙堤、遥堤，用银四万六千六百余两。

康熙三十九年［1700］，加培郭家务大堤，用银六千余两。

康熙四十九年［1710］，工部勘准，加培衙门口村真武庙二段石堤，纪家庄至庞村土堤，并建真武庙、回龙庙前挑水坝七座，除节省外，共用银一万三千四百两。

康熙五十五年［1716］，加修两岸沙堤、大堤，共长三万六千七百七十丈，用银二万五千九两九钱六分。

康熙五十六年［1717］，两岸加培郭家务以上沙堤、大堤，共用银二万五千零九两九钱六分。

康熙五十九年［1720］，卢沟桥修石、土堤并建挑水坝七座，用银一万三千七百八十四两六钱一分五厘。两岸修补挑水坝二十七座，用银六千两。

康熙六十年［1721］，两岸修理沙堤、大堤并石工背后土堤，除节省外，用银四万七千四百六十两。

雍正元年［1723］，两岸培修郭家务至柳岔口大堤，长二万六百丈，并清凉寺筑月堤三百八十丈，共用银六万七千五百六十二两。修金门闸，用银五千六百十四两九分六厘。

雍正二年［1724］，挑挖柳岔口以下引河，用银三千三百三十四两五钱。

雍正四年［1726］，筑金沟口以下石堤，二百六十八丈一尺五寸，粘补石子堤，二百零二丈二尺，土堤五百八十丈七尺，并筑坝挑河，除核减外，用银七万零三百八十六两二钱一分。改河筑堤，南堤自上七工武家庄至八工王庆坨，长七千八百四十五丈，用银三万四千五百一十八两。北堤自五工何麻子营至八工范瓮口，长一万三千二百六十三丈，用银五万八千三百五十七两二钱。新河自南五工郭家务至八工范瓮口，长一万三千二百六十三丈，用银二万二千二百八十一两八钱四分。

雍正八年［1730］，石景山新建河神庙，用银一万三千八百十五两。卢沟桥重修河神庙，用银三千三百七十两。

雍正十年［1732］，建筑何麻子营至范瓮口重堤，一万三千六十七丈，并范瓮口以下接郑家楼，挑引河二百丈，以及何麻子营等村迁徙房价，共银六万五千三百七十四两二钱七分四厘。石景山修石工，用银二千七十四两三钱四分七厘，石景山建造碑亭匾额，用银一千四百五十八两五钱一分一厘。

雍正十一年［1733］，培修两岸大堤，并筑鹅房月堤，共长四万七千六百三十五丈，用银五万一千九百八十四两一钱九分六厘。

雍正十二年［1734］，两岸黄家湾等处工程，用银九千九百六十九两四钱五分九厘。

乾隆二年［1737］，石景山麻峪坝河，用银一万三千一百零八两六钱一分七厘。石景山南、北岸漫溢，用银三万七千九百四十三两。三角淀展挖凤口，用银六千三百五十三两九钱四分二厘。设行船四十只，每只价银十两；土槽船八十只，每只价银八两；牛舌头船八十只，每只价银七两，共银一千六百两。

乾隆三年［1738］，南岸二工金门闸建石坝，用银十九万四千八百二两二钱三厘。（闸碑云：用银十八万六千一百十二两零，有核减故也。）南岸郭家务建筑草坝，并挑引河粘补两岸堤工，以五道口坦坡堤埝及[1]，用银三万三千一百七十八两九钱一分四厘六毫。北岸六工半截河下建北大堤，并贺尧营建拦河坝，淘河村前筑拦河土堤，及重堤坦坡修补残缺，共用银四万二千一百二十九两三钱三分三厘。

乾隆四年［1739］，南岸建长安城、曹家务二处草坝，郭家务添筑草坝灰槛；北岸建求贤村、半截河二处草坝，并筑遥堤，共用银五万六千六百九十五两四钱四厘九毫。金门闸石坝、长安城草坝以下挑引河并筑堤埝，共用银四万九千二百六十九两九钱四分八厘。

乾隆五年［1740］，石景山庞村戏台南并天将庙后一带石片土堤，用银九千七百八十七两三钱四分四厘。北岸六工北大堤尾起，至凤河西岸萧家庄，接筑北埝一道，长八千五百八十三丈五尺，用银一万三千四百零八两六钱四分八厘。

乾隆六年［1741］，南岸五工曹家务筑月堤一道，长四百五十丈，用银六千二百两。北岸头工张客村前筑月堤一道，长五百丈，用银四千四百两。南岸二工放水堤口照旧堵筑，并挑川字河等工，用银一万七千八百四十九两九钱六分。建盖十八汛员弁衙署，并添盖河兵铺房器具等项，用银三千三百十二两五钱。

乾隆七年［1742］，南岸二工金门闸石坝海墁落低，用银五千四百零八两四钱四分九厘三毫。南岸六工郭家务草坝改建三合土滚水坝，用银五千七十六两一钱七分三厘。双营建筑三合土滚水坝，用银五千四十四两三钱九分六厘。北岸三工胡林店滚水坝，用银四千八百零八两三钱六厘。北堤七工小惠家庄三合土坝，用银五千五百八十九两六钱四分一厘。三角淀自北八工尾大河湾挑挖引河，用银二万七千六百五十七两七钱六分四厘。王庆坨、范瓮口接筑堤埝，用银一千三百二十七两七钱九分六厘。

乾隆八年［1743］，督臣高斌奏，桑干河上游自大同县黑石嘴、册田村等处起，至直隶西宁县之幸其村、揣骨疃等处，南北各开大渠，并渠口石工乱石滚水坝，共用银八千九百余两。怀来县属和合堡，筑玲珑石坝一座，用银二千两[①]。北岸五道口草坝，用银八千一百五十四两五钱五分一厘。

乾隆九年［1744］，石景山大石堤，工长四百六十三丈，于兴龙庙北鸡嘴坝至大石挑水坝，南接砌大石挑水坝，并加土堤灰顶；又坝尾砌片石横堤一道，并挑河身淤沙，用银八千九百六十六两六钱四分三厘。北岸五工大卢家庄建滚水坝一座，用银六千九百八十九两五钱八分二厘。

乾隆十年［1745］，疏挑北岸求贤坝下减河，用银一万五千六百八十四两八钱三分二厘。疏挑牛眼村引河，并挑下截、坦坡埝减河至凤河下口，用银一万二千一百三十六两六钱六分。疏挑凤河下口，自庞家庄桥上至双口桥南止，用银四千三百六十九两八钱一分八厘。疏挑杨家河、三河头、青光、蛤蜊等河，用银七千九百九十五两。疏挑金门闸西股引河，用银一万一千四百九十三两；东股引河裁湾取直，用银三千九十四两五分六厘。水利案内疏浚牤牛河，用银八千零二十余两。

乾隆十一年［1746］，两岸加帮另案工程，用银三万三千八百四十三两八钱一分四厘。两岸三角淀、石景山挑河筑坝，用银一万五千四百七十八两六钱。

乾隆十二年［1747］，两岸加帮并修金门闸、丰截河各坝，用银一万四千四百八十八两八钱四分四厘。三角淀加培北埝，用银一万二千六百五十三两五钱二分二厘。

乾隆十三年［1748］，北岸四工崔营村建坝，用银五千八百六十六两四钱七分六厘。

乾隆十五年［1750］，马家铺建滚水苇草草坝一座，用银四千六百六十一两二分二厘。冰窖建滚水苇草草坝一座，用银四千六百五十七两五钱五分一厘。南岸长安

① 此两处水利工程兴建的原倡议奏折，见本志卷十四收录的乾隆八年十一月二十七日《大学士鄂尔泰、尚书讷亲、史贻直、巡抚阿里衮、工部会议得直隶总督高斌奏》。

城修整残缺草坝，用银一千零六十两二钱三分一厘。南岸双营修整草坝，用银一千八百七十二两四钱。南岸张先务修整草坝，用银一千二百零四两七钱五分八厘。北岸小惠家庄修整草坝，用银一千零八十一两三钱二厘。两岸大堤残缺卑薄并加培月堤，用银八千五百九十九两八钱六分四厘。

乾隆十六年［1751］，另案两岸间段加培堤埝，用银八千二百九十九两八钱九分八厘。挑浚淤浅，用银五千三两三钱九分。修筑长安城草坝，用银二百三十三两三钱三分八厘。修南北惠济庙，用银三千一百七十一两一钱九分九厘。修建长安城公廨并买地基，用银八百七十二两二钱一分七厘（奉部核减银五十七两四钱八分）。三角淀培修北埝，用银三千七百四十二两四钱一分八厘。冰窖改移下口加培南坦坡埝、挑河等工，用银二万五千三百十五两八钱四分。改移下口案内，建盖汛署堡房、加修东老堤、加筑各闸支河等工，用银四千四百五十两九钱六分三厘。改移下口案内，永清县河身应迁村庄房价，用银三千八百一十两。东安县下口村庄房价，用银四千三百四两五钱。武清县下口村庄房价，用银六千三百六十七两五钱。

乾隆十七年［1752］，另案加培南埝中、下二汛埝工，用银一千三百五十四两七钱四分七厘。

乾隆十九年［1754］，加培南埝并凤河东堤，用银二千二百六十九两三钱一分七厘。三角淀建盖汛署堡房，用银一百二十一两二分五厘。挑挖安澜城引河，用银七百七十三两二钱八分四厘。堵闭北岸卢家庄草坝，用银一百一十两。宛平、永清、固安三县搬移河身村庄迁费，用银四百七十二两。

乾隆二十年［1755］，两岸另案培宽子埝，用银三千四十四两一钱六分一厘。两岸修理草坝，用银四千三百六十二两二钱二分三厘。北岸洪字二十号改移下口，挑河筑埝，用银五千四百四十二两九钱六分。永清县大刘家庄等村迁移房价，用银六千八百五十五两五钱。

乾隆二十一年［1756］，另案建筑遥埝，接筑凤河东堤，用银一万四百七十四两六钱一分二厘。

乾隆二十五年［1760］，另案改建南岸三工十一号北村草坝，并挑引河七百九十五丈，用银五千二百四十九两九钱二分二厘（奉部驳减银三百九十七两六钱九分一厘）。

乾隆二十六年［1761］，霸州、永清、固安三州县疏挑牤牛河，用银一千六百三十四两五钱八分五厘。北埝上中汛挑河筑坝，用银五千五百三十三两九钱二分一厘

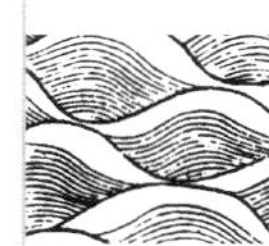

（奉部核减银二十五两三钱）。

乾隆二十七年［1762］，另案北岸三工改建三号求贤草坝，并挑引河二百七十五丈，又于堤外圈筑斜埝一道，长二百九十丈，用银四千九百六十四两七钱二分（奉部核减银二十五两三钱零）。

乾隆二十八年［1763］，另案北岸六工八号半截河村后，至黄花店村后，筑越埝长八千六百四十丈，照工赈例，用银二千一百十六两八钱。另案挑浚凤河，大兴县境内长六千七百十三丈，东安县境内长一千四百四十丈，通州境内长二千二十丈，武清县境内长一万九百五十丈，间段挑挖，四州县照工赈例，用银六百四十三两三钱八分四厘。另案汇奏续办河堤，案内涿州挑牤牛河，用银三百二十二两三钱。良乡县挑清水沟，用银八十七两一钱二分。又，挑牤牛正河并广阳茨尾等河，用银三千八百十二两六钱零六厘；照工赈例，共用银四千二百二十二两二分六厘。另案通饬疏通，案内疏浚金门闸下。引河霸州，用银六百零五两一钱二分六厘；固安县挑牤牛河，用银二百二十两六钱二分；永清县挑黄家河，用银四百二十七两五钱六分；三州县共用银一千二百五十三两三钱六厘。另案修理东西惠济庙，用银一千三百七十九两八钱零四厘。

乾隆三十二年［1767］，另案动拨本河节存，修理通州、大兴县等处张家湾河，并挑浚凤河，用银二万一千三百零一两三分二厘。另案修南岸头工玉皇庙，用银三千一百八十六两九钱三分五厘（奉部核减银一百二十两七钱三分一厘）。

乾隆三十五年［1770］，另案奏准金门闸海墁中路，从前落低之二十丈补平，加建石龙骨一道，长五十六丈、高二尺五寸，用银四千三百七十五两六钱二分。另案北岸二工六号加筑大堤一道，并接筑软厢，用银四千五百九十八两零四厘。

乾隆三十七年［1772］，另案奏设五舱船八十只，三舱船四十只，共设浚船一百二十只。五舱船每只价银五十两，三舱船每只价银三十两，共银五千二百两。大工案内石景山修东、西两岸石堤，用银四千二百七十七两七分四厘。南岸三工建北村灰坝，用银九千九百六十三两三钱八分五厘。北岸三工建求贤灰坝，用银九千九百六十三两三钱八分五厘。修整金门闸灰土簸箕，用银三千零八十九两七钱八分。南岸头、二、三、四等工加培大堤，用银一万零六百零五两九钱五分七厘。北岸头、二、三、四、五等工加培大堤，用银八千九百二两一钱二分五厘。两岸修筑新旧月堤，用银一万二千零四十七两八钱七分。两岸疏挑中泓，用银八千二百七十八两一钱四分七厘。下口挑挖引河，用银一万四千五百二两六钱五分二厘。挑挖金门闸下牤牛河、黄家河，用银一万六千二百三十三两九钱三分四厘。挑挖南岸三工灰坝下引河，用银九千六百七十八两七钱七分七厘。挑挖北岸三工灰坝下引河，用银二千二百七十七两八钱。挑挖凤河，用银七千五百八十二两八钱一分八厘。三角淀加培南北埝，用银七千六百三十五两五钱四分二厘。加培凤河东堤斜埝，用银一万一千五百四十九两六钱八分九厘。（以上永定河疏筑堤河、灰石闸坝工程，共十五案，通共用银十三万六千五百八十八两九钱三分五厘。）大工案内另折奏明，建盖汛房，用银二千一百六十两。

乾隆三十八年［1773］，两岸加培大堤，用银二千八百四十一两五钱五分二厘（照部议另案报销）。南岸头工二十五号重建玉皇庙，用银二千九百七十五两七钱七分八厘。

乾隆三十九年［1774］，另案两岸加培堤工，用银八千二百六十二两二钱一分五厘。另案三角淀加培北堤并挑凤河沟，用银五千九百九十七两九钱二分三厘（核减银四十八两）。修盖石景山南、北庙，用银七千三百九十八两三钱六厘。

乾隆四十年［1775］，南岸头工玉皇庙加培大堤，用银三千六百六十三两五钱五分。两岸加培大堤，用银五千九百十八两七钱五分五厘。

乾隆四十一年［1776］，南岸头工玉皇庙挑河建坝，奉朱批于图内曲折处指示挑挖，用银四千六十五两二分六厘。

乾隆四十二年［1777］，北岸三工十号以下建筑直堤并筑挑水坝，用银一千六百八十一两三钱一分。

乾隆四十三年［1778］，另案加培两岸三角淀堤工，用银八千三百八十两七钱五分三厘。

乾隆四十四年［1779］，另案两岸三工展筑新堤、加培旧堤，用银五千九百七十五两三分。修筑凤河东堤并斜埝，用银二千四百九十六两六钱四分。

乾隆四十六年［1781］，另案南岸三工、北堤七工修惠济庙，用银八百三十两六钱四分二厘。

乾隆五十一年［1786］，另案加培南四、北三工以下旧堤，又南四工一号至三号筑直堤，长四百十五丈，共用银三万九千二百十四两二钱。

河淤地亩[①]

乾隆十年［1745］，霸州、永清、东安、武清四州县，详请奏咨，每民夫一名拨给地六亩五分，每亩征租银三分、六分不等。解贮道库以为河工粘补之用。嗣于乾隆十五、六等年［1750、1751］，续据宛平、良乡、涿州、固安四州县，报明征租，嗣后，如有续报升课，及被水冲坍，详请豁除。

涿州

原报淤滩地亩，于乾隆三十五、六两年［1769、1770］，详明冲刷，除租。

宛平县

原续报河滩淤地十六顷九亩四分，内除水坑洼薄，不堪承种地九顷九十亩外，实征租地六顷十九亩四分，每亩征租银三分，共征银十八两五钱八分二厘。

良乡县

原报河滩地七顷八十三亩四分五厘，每亩征租银三分，共征银二十三两五钱三厘。

涿州

现在新淤，遇有新垦，随时查办。

霸州

原报河滩地五顷七十二亩八厘，每亩征租银三分、六分不等，共征银二十两一钱一分。

固安县

原报河滩地一顷七十四亩，每亩征租银三分，共征银五两二钱二分。

永清县

境内上等河淤地七十三顷三十二亩，每亩征租银六分，共征租银四百三十九两九钱二分。次等河淤地一百七十顷十一亩五分，每亩征租银三分，共征银五百一十

---

① 河淤地亩是指永定河河身淤出的滩涂地，属清廷“官地”。清政府“招佃征租”，规定每户承租6.5亩，租银根据土地肥沃程度每亩三分、六分银不等。是一种采取货币地租形式的封建土地制度。租银由沿河州县官府征收，并要“汇解道库，造具考成销册、详送咨部”，“解道库以为河工粘补之用”。本节详列各州河淤地亩的来源、数量、租金征收总额，但未涉及具体农户承租情况。

两三钱四分五厘。又乾隆十六年［1751］，拨补东武家庄等村，迁移居民基地九顷二十四亩三分，每亩征租银三分，共征银二十七两七钱二分九厘。又乾隆二十年［1755］，淀泊减租地七十三顷九十二亩九分八厘九毫，每亩征租银七厘二毫五丝，共征银五十三两五钱九分九厘。以上共地三百二十六顷六十亩七分九厘，共征租银一千零三十一两五钱九分三厘。

东安县

原报河滩地二十三顷四亩，每亩征租银六分，共征银一百三十八两二钱四分。又乾隆三十九年［1774］，续报新淤滩地三十七顷六十九亩，每亩征银三分、六分不等，共征银一百七十三两六钱一分。查明具奏事案内，拨还刘元照侵占地七顷五十八亩，内除堤压栽柳不堪耕种地一顷十三亩八分外，实输租地六顷四十四亩二分，每亩征租银三分，共征银十九两三钱二分六厘。以上共地六十八顷三十一亩，内除堤压栽柳河占地一顷十三亩八分外，实征租地六十七顷十七亩二分，共征租银三百三十一两一钱七分六厘。

武清县

原续报淤地八十八顷十九亩一分二厘，每亩征银三分、六分不等，共征租银二百九十六两七钱三分四厘。又续报刘景荣分认三角淀复额地十一顷九十四亩八分八厘，每亩征租银三分、六分不等，共征租银三十七两四钱五分一厘。

以上，共地一百顷零十四亩，共征租银三百三十四两一钱八分五厘。以上每年通共额征租银一千七百六十四两三钱七分。

防险夫地[①]

马庆村，夫四十六户，地二顷九十九亩，每亩征租银三分。

孤庄村，夫七户，地四十五亩五分，每亩征租银六分。

杨家黄垡，夫三十一户，地二顷零一亩五分，每亩征租银三分。

李家黄垡，夫九户，地五十八亩五分，每亩征租银三分。

① 防险夫地。本节末陈琮按语与李逢亨嘉庆《永定河志》按语略同。节内详列的各附堤村防险夫户，与李逢亨嘉庆《永定河志》所载完全相同。防险夫地即来源于河淤地亩，本节详列土地分配情况。但未提及防险夫户的是否承担“防洪抢险”之外的徭役问题。

赵家黄垡，夫十一户，地七十一亩五分，每亩征租银三分。

南顺民屯，夫十户，地六十五亩，每亩征租银三分。

以上南岸四工，共夫一百一十四户，地七顷四十一亩，每年征租银每亩三分、六分不等，共征租银二十三两五钱九分五厘。

永清县征解

陈仲和，夫六户，地三十九亩，每亩租银六分。

北顺民屯，夫十八户，地一顷一十七亩，每亩征租银三分。

前白垡，夫九户，地五十八亩五分，每亩征租银三分。

后白垡，夫十五户，地九十七亩五分，每亩征租银三分。

辛务，夫四十二户，地二顷七十三亩，每亩征租银六分。

北解家务，夫三十一户，地二顷零一亩五分，每亩征租银六分。

南解家务，夫十九户，地一顷二十三亩五分，每亩征租银六分。

北小营，夫十九户，地一顷二十三亩五分，每亩征租银六分。

东、西下七，夫八户，地五十二亩，每亩征租银六分。

唐家营，夫四户，地二十六亩，每亩征租银六分。

大王庄，夫二十七户，地一顷七十五亩五分，每亩征租银六分。

南小营，夫五户，地三十二亩五分，每亩征租银六分。

孙家务，夫三户，地十九亩五分，每亩征租银六分。

杨家庄，夫四户，地二十六亩，每亩征租银六分。

邵家营，夫二户，地十三亩，每亩征租银六分。

冯各庄，夫三户，地十九亩五分，每亩征租银六分。

西小仲和，夫一户，地六亩五分，每亩征租银六分。

南戈奕，夫十九户，地一顷二十三亩五分，每亩征租银三分。

许家新庄，夫十户，地六十五亩，每亩征租银三分。

孟各庄，夫六户，地三十九亩，每亩征租银三分。

曹内官营，夫八户，地五十二亩，每亩征租银三分。

张家务，夫五户，地三十二亩五分，每亩征租银三分。

前、后店子仲和，夫三十六户，地二顷三十四亩，每亩征租银三分。

西桑园，夫十八户，地一顷一十七亩，每亩征租银三分。

东桑园，夫八户，地五十二亩，每亩征租银三分。

南曹家务，夫三户，地十九亩五分，每亩征租银三分。

北曹家务，夫十六户，地一顷零四亩，每亩征租银三分。

胡其营，夫十三户，地八十四亩五分，每亩征租银三分。

郭家务，夫二十九户，地一顷八十八亩五分，每亩征租银六分。

谈其营，夫十二户，地七十八亩，每亩征租银三分。

龙家务，夫九户，地五十八亩五分，每亩征租银六分。

大、小良村，夫二十八户，地一顷八十二亩，每亩征租银六分。

小仲和，夫七户，地四十五亩五分，每亩征租银六分。

台子庄，夫十户，地六十五亩，每亩征租银六分。

曹家庄，夫六户，地三十九亩，每亩征租银三分。

以上南岸五工，共夫四百五十九户，地二十九顷八十三亩五分，每年征租银每亩三分、六分不等，共征租银一百四十二两五钱四分五厘。永清县征解。

东庄官场，夫六户，地三十九亩，每亩征租银三分。

董家务，夫七户，地四十五亩五分，每亩征租银三分。

贾家务，夫七户，地四十五亩五分，每亩征租银三分。

韩家庄，夫十一户，地七十一亩五分，每亩征租银三分。

菜园，夫十四户，地九十一亩，每亩征租银三分。

王佃庄，夫八户，地五十二亩，每亩征租银六分。

胡家庄，夫六户，地三十九亩，每亩征租银六分。

刘总其营，夫九户，地五十八亩五分，每亩征租银三分。

李黄庄，夫十三户，地八十四亩五分，每亩征租银三分。

大麻子庄，夫十二户，地七十八亩，每亩征租银三分。

东、西北麻，夫十八户，地一顷十七亩，每亩征租银三分。

小麻子庄，夫八户，地五十二亩，每亩征租银三分。

双营，夫二十七户，地一顷七十五亩五分，每亩征租银三分。

佃庄，夫九户，地五十八亩五分，每亩征租银三分。

城场，夫十六户，地一顷零四亩，每亩征租银三分。

鲁村，夫十三户，地八十四亩五分，每亩征租银三分。

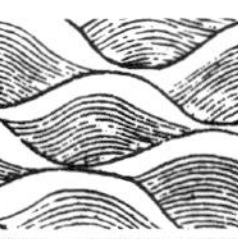

黄村，夫十五户，地九十七亩五分，每亩征租银六分。

张仙务，夫二十一户，地一顷三十六亩五分，每亩征租银六分。

东、西镇，夫二十五户，地一顷六十二亩五分，每亩征租银六分。

安仁福汇庄，夫十八户，地一顷十七亩，每亩征租银六分。

小营，夫九户，地五十八亩五分，每亩征租银六分。

庞各庄，夫十七户，地一顷十亩五分，每亩征租银六分。

小黄村，夫九户，地五十八亩五分，每亩租银六分。

韩各庄，夫十九户，地一顷二十三亩五分，每亩征租银六分。

惠元庄，夫八户，地五十二亩，每亩征租银六分。

沈家庄，夫十七户，地一顷十亩五分，每亩征租银六分。

邓家务，夫十七户，地一顷十亩五分，每亩征租银六分。

窑窝，夫八户，地五十二亩，每亩征租银六分。

西小刘家庄，夫十二户，地七十八亩，每亩征租银六分。

王虎庄，夫十八户，地一顷十七亩，每亩租银六分。

马家铺，夫十七户，地一顷十亩五分，每亩征租银六分。

小惠家庄，夫十户，地六十五亩，每亩征租银六分。

大刘家庄，夫十六户，地一顷零四亩，每亩征租银六分。

李奉先，夫一十九户，地一顷二十三亩五分，每亩征租银六分。

武家窑，夫十九户，地一顷二十三亩五分，每亩征租银六分。

第四村，夫十四户，地九十一亩，每亩征租银六分。

刘家场，夫十户，地六十五亩，每亩征租银六分。

冰窖，夫二十二户，地一顷四十三亩，每亩征租银六分。

武家庄，夫十三户，地八十四亩五分，每亩征租银六分。

柳柁，夫十六户，地一顷零四亩，内九十一亩，每亩征租银三分；十三亩，每亩征租银六分。

后第六里，夫四十户，地二顷六十亩，每亩征租银三分。

第七里，夫十户半，地六十八亩二分五厘，每亩征租银三分。（谨按，此村原隶北七工，因多移居南六界内，于五十一年［1786］详明夫户，均分一半。）

以上南岸六工，共夫六百十三户半，地三十九顷八十七亩七分五厘，每年征租银每亩三分、六分不等，共征租银一百九十三两五钱三分七厘五毫。永清县征解。

张家野鸡庄，夫十二户，地七十八亩，每亩征租银六分。

邱家务，夫十三户，地八十四亩五分，每亩征租银六分。

宋家庄，夫六户，地三十九亩，每亩征租银三分。

纪家庄，夫二十二户，地一顷四十三亩，每亩征租银三分。

西营，夫七户，地四十五亩五分，每亩征租银三分。

王居，夫三十九户，地二顷五十三亩五分，每亩征租银六分。

北戈奕，夫三十户，地一顷九十五亩，每亩征租银六分。

北池口，夫八户，地五十二亩，每亩征租银六分。

潘家庄，夫九户，地五十八亩五分，每亩租银六分。

翟吴家庄，夫十五户，地九十七亩五分，每亩征租银六分。

仁和铺，夫八户，地五十二亩，每亩征租银六分。

泥安，夫十三户，地八十四亩五分，每亩征租银六分。

韩台，夫二十户，地一顷三十亩，每亩征租银六分。

赵家庄，夫十六户，地一顷零四亩，每亩租征银六分。

何麻营，夫二十二户，地一顷四十三亩，每亩征租银六分。

支各庄，夫三十三户，地二顷十四亩五分，每亩征租银三分。

仓上，夫八户，地五十二亩，每亩征租银三分。

泥塘，夫六十七户，地四顷三十五亩五分，每亩征租银三分。

姚家马房，夫三十九户，地二顷五十三亩五分，每亩征租银三分。

大、小卢家庄，夫四十六户，地二顷九十九亩，每亩征租银三分。

张家茹荤，夫七十一户，地四顷六十一亩五分，每亩征租银三分。

王靳茹荤，夫二十五户，地一顷六十二亩五分，每亩征租银三分。

楼台，夫四十五户，地二顷九十二亩五分，每亩征租银三分。

张家庄，夫二十五户，地一顷六十二亩五分，每亩征租银三分。

杨家营，夫五户，地三十二亩五分，每亩租银三分。

以上北岸五工，共夫六百一十一户，地三十九顷七十一亩五分，每亩征租银每亩三分、六分不等，共征租银一百四十九两一钱四分五厘。永清县征解。

董家务，夫三十四户，地二顷二十一亩，每亩征租银三分。

贾家务，夫二户，地十三亩，每亩征租银三分。

柴家庄，夫十八户，地一顷十七亩，每亩征租银三分。

小荆垡，夫十二户，地七十八亩，每亩征租银三分。

北钊，夫二十户，地一顷三十亩，每亩征租银三分。

李家庄，夫二十七户，地一顷七十五亩五分，每亩征租银三分。

西溜，夫二十四户，地一顷五十六亩，每亩征租银三分。

辛务，夫二十三户，地一顷四十九亩五分，每亩征租银三分。

缑家庄，夫十一户，地七十一亩五分，每亩征租银三分。

王希，夫二十二户，地一顷四十三亩，每亩征租银三分。

辛屯，夫三十三户，地二顷十四亩五分，每亩征租银三分。

朝王，夫二十二户，地一顷四十三亩，每亩征租银三分。

老幼屯，夫十四户，地九十一亩，每亩征租银三分。

前刘武营，夫三十三户，地二顷十四亩五分，每亩征租银三分。

后刘武营，夫十一户，地七十一亩五分，每亩征租银三分。

半截河，夫五十五户，地三顷五十七亩五分，每亩征租银六分。

赵百户营，夫三十三户，地二顷十四亩五分，每亩征租银三分。

徐家庄，夫十三户，地八十四亩五分，每亩征租银六分。

大范家庄，夫二十八户，地一顷八十二亩，每亩征租银三分。

以上北岸六工，共夫四百三十五户，地二十八顷二十七亩五分，每亩征租银每亩三分、六分不等，共征租银九十八两零八分五厘。永清县征解。

别古庄，夫三十户，地一顷九十五亩，每亩征租银三分。

陈家庄，夫七户，地四十五亩五分，内地十六亩，每亩征租银六分；十九亩五分，每亩征租银三分。

官道，夫九户，地五十八亩五分，每亩征租银三分。

南人营，夫九户，地五十八亩五分，每亩租银三分。

万全庄，夫九户，地五十八亩五分，每亩租银三分。

双家小营，夫二十七，户地一顷七十五亩五分，每亩征租银六分。

第七里，夫十户半，地六十八亩二分五厘，每亩征租银六分。

东张家庄，夫五户，地三十二亩五分，每亩征租银六分。

第五，夫九户，地五十八亩五分，每亩征租银三分。

后第六，夫四十户，地二顷六十亩，每亩租银三分。

河西营，夫四十二户，地二顷七十三亩，内二顷五十三亩，每亩征租银三分；二十亩征租银六分。

堼上，夫三十户，地一顷九十五亩，每亩征租银三分。

焦家庄，夫七户，地四十五亩五分，每亩租银三分。

辛立村，夫四户，地二十六亩，每亩征租银六分。

刘赵家庄，夫八户，地五十二亩，每亩征租银三分。

东溜，夫八户，地五十二亩，内三十九亩，每亩征租银三分；十三亩征租银六分。

小站，夫七户，地四十五亩五分，每亩征租银六分。

东横亭，夫十七户，地一顷十亩五分，每亩征租银六分。

西横亭，夫十四户，地九十一亩，每亩征租银六分。

大站，夫十七户，地一顷十亩五分，每亩征租银六分。

陈各庄，夫十七户，地一顷十亩五分，每亩征租银六分。

马子庄，夫四十户，地二顷六十亩，每亩租银六分。

郭家庄，夫十八户，地一顷十七亩，每亩征租银六分。

石桥，夫十二户，地七十八亩，每亩征租银六分。

第十里，夫二十八户，地一顷八十二亩，每亩征租银六分。

邵家庄，夫七户，地四十五亩五分，每亩租银三分。

左奕，夫十户，地六十五亩，每亩征租银六分。

朱村，夫十一户，地七十一亩五分，每亩租银六分。

桃园，夫六户，地三十九亩，每亩征租银六分。

小北尹，夫十户，地六十五亩，每亩征租银三分。

张家甫，夫十户，地六十五亩，每亩征租银三分。

胡家庄，夫九户，地五十八亩五分，每亩征租银三分。

李家庄，夫七户，地四十五亩五分，每亩征租银三分。

曹家庄，夫十三户，地四十五亩五分，每亩征租银三分。

以上北堤七工，共夫五百零七户半，计地三十二顷九十八亩七分五厘。每年征租银每亩三分、六分不等，共征租银一百三十五两九钱一分五厘。永清县征解。

张家庄，夫十九户，地一顷二十三亩五分，每亩征租银三分。

高家庄，夫二户，地十三亩，每亩征租银三分。

艾万郑家庄，夫二十九户，地一顷八十八亩五分，每亩征租银六分。

惠家铺，夫三十户，地一顷九十五亩，每亩征租银六分。

安家庄，夫十户，地六十五亩，每亩征租银六分。

白草洼，夫十四户，地九十一亩，每亩征租银三分。

响口，夫十八户，地一顷十七亩，每亩征租银六分。

丰盛店，夫九户，地五十八亩五分，每亩征租银三分。

大郑家庄，夫十六户，地一顷零四亩，每亩征租银三分。

条河头，夫二十三户，地一顷四十九亩五分，每亩征租银三分。

洛图庄，夫十四户，地九十一亩，每亩征租银三分。

东郭家庄，夫十户，地六十五亩，每亩征租银三分。

扈子濠，夫二十四户，地一顷五十六亩，每亩征租银三分。

大益留屯，夫二十二户，地一顷四十三亩，每亩征租银三分。

李家庄，夫七户，地四十五亩五分，每亩租银三分。

马头村，夫二十五户，地一顷六十二亩五分，每亩征租银六分。

田家庄，夫十二户，地七十八亩，每亩征租银六分。

济南屯，夫十四户，地九十一亩，每亩征租银六分。

金官屯，夫十七户，地一顷十亩五分，每亩征租银六分。

范家庄，夫十四户，地九十一亩，每亩征租银六分。

史家庄，夫十四户，地九十一亩，每亩征租银六分。

罗管屯，夫十二户，地七十八亩，每亩征租银六分。

王司里庄，夫八户，地五十二亩，每亩征租银六分。

新朱管屯，夫二十一户，地一顷三十六亩五分，每亩征租银三分。

灰城，夫四户，地二十六亩，每亩租银三分。

马杓留，夫十户，地六十五亩，每亩租银六分。

崔史家务，夫二十户，地一顷三十亩，每亩征租银六分。

小益留屯，夫十户，地六十五亩，每亩征租银六分。

达王庄，夫十户，地六十五亩，每亩征租银六分。

南辛庄，夫十二户，地七十八亩，每亩征租银三分。

大赵家庄，夫十户，地六十五亩，每亩征租银六分。

南崔家庄，夫十五户，地九十七亩五分，每亩征租银六分。

杨管屯，夫二十三户，地一顷四十九亩五分，每亩征租银六分。

谷家庄，夫二十户，地一顷三十亩，每亩租银三分。

马神庙，夫八户，地五十二亩，每亩征租银三分。

东栗家庄，夫十五户，地九十七亩五分，每亩征租银六分。

麻子屯，夫二户，地十三亩，每亩征租银三分。

前所营，夫十户，地六十五亩，每亩征租银三分。

巩家洼，夫十户，地六十五亩，每亩征租银三分。

庄窠，夫六户，地三十九亩，每亩征租银六分。

六户沙窠，夫十三户，地八十四亩五分，每亩征租银三分。

邢家营，夫八户，地五十二亩，每亩征租银三分。

三户七字堤，夫十六户，地一顷零四亩，每亩征租银六分。

以上北堤八工，共夫六百零六户，共地三十九顷三十九亩。每年征租银每亩三分、六分不等，共银一百八十四两八分。永清县、东安县征解。

甄家营，夫二十六户，地一顷六十九亩，每亩征租银三分。

杨家营，夫十二户，地七十八亩，每亩租银三分。

周六营，夫十六户，地一顷零四亩，每亩征租银六分。

解口，夫五户，地三十二亩五分，每亩租银六分。

刘家庄，夫九户，地五十八亩五分，每亩征租银三分。

东辛庄，夫九户，地五十八亩五分，每亩征租银三分。

龚家庄，夫三户，地十九亩，每亩征租银六分。

北双庙，夫二十二户，地一顷四十三亩，每亩征租银六分。

罗古判，夫八户，地五十二亩，每亩征租银三分。

眷兹，夫十四户，地九十一亩，每亩征租银三分。

季家营，夫十九户，地一顷二十三亩五分，每亩租银六分。

黄花店，夫四十八户，地三顷十二亩。内二顷一亩五分，每亩租银六分；一顷十亩五分，每亩银三分。

武辛庄，夫五户，地三十二亩五分，每亩租银六分。

三里庄，夫九户，地五十八亩五分，每亩租银六分。

蛮字营，夫十二户，地七十八亩，每亩租银三分。

青坨，夫十户，地六十五亩，每亩租银三分。

胡家营，夫七户，地四十五亩五分，每亩征租银三分。

包家营，夫九户，地五十八亩五分，每亩征租银六分。

崔胡营，夫十七户，地一顷十亩零五分，每亩征租银六分。

曹家庄，夫六户，地三十九亩，每亩租银六分。

马家庄，夫五户，地三十二亩五分，每亩征租银三分。

南双庙，夫二十户，地一顷三十亩，内六十五亩每亩租银三分，六十五亩租银六分。

张家庄，夫十八户，地一顷一十七亩，每亩征租银三分。

以上北堤九工，共夫三百零九户，地二十顷零八亩五分。每年征租银每亩三分、六分不等，共银一百十六两七钱六分，东安县征解。

（谨按：防险夫地，即河滩淤地，与香火、柳隙等地毗连。每年各州县按则征租，汇解道库，造具考成销册，详送咨部。盖自乾隆二十年［1755］，北岸六工二十号改移下口，二十号以下旧河身淤地涸出，维时，北埝三汛工皆险要。奏明，将淤地拨给该三汛防险民夫，每户六亩五分，就近认种。每亩薄征租银三分、六分不等，所以恤民劳也。嗣是二十号以上至郭家务亦淤有滩地，照例拨给两岸五、六工及南岸四工防险夫户，就近认种输租。郭家务以上，并无闲旷淤地，是以两岸头、二、三等汛，民夫无夫地也。又北埝三汛，河形屡迁，堤防数易，附堤村庄自应随时更拨。然，撤回更拨，村庄虽有增减之殊，挹彼注兹，地亩总无增减之异，地亩堤有着，租银自无亏也。今将各汛现在防险夫地户数、亩数、租数逐一详列，将来或有更拨，按册可稽。如或四工以下，另有涸出淤地，明碍河流，亦可照例详。）

柳隙地租[①]

南、上、中等汛，旧有征租麻地，并查出南、北两六工新淤并柳园隙地，共七

① 其性质与防险夫地大体相同。租银用途提到“留养局经费”。留养局不详。

十顷八十九亩零。乾隆三十六年［1771］，奏明交地方官召佃征租，每亩二钱一分六厘。嗣因租重无人认佃。各州县详请试种一、二年，再议定额征租。复经委员查勘，下口迤南废堤帮地、重堤内隙地，并前项地，除拨北二工河神祠香火地六顷，条河头河神祠香火地三顷外，实存地六十一顷零。照邻地定则，内已垦熟地十二顷零，每亩征租银二钱一分六厘，其余废堤帮地及重堤隙地共四十九顷零，每亩征银一钱，每年共征租银七百五十九两一钱二分四厘，交霸州、永清、东安三州县召佃输租。乾隆三十九年［1744］，奏明征租为始，批解道库，以备永定河堤工加修之用。

霸州境牛眼村东西老堤、两帮地，一顷六十三亩三分九毫，每亩征租银一钱，共征租银十六两三钱三分一厘。

永清县境南六工柳园隙地五顷三十一亩七分五毫，每亩征租银二钱一分六厘，共银一百十四两八钱四分八厘二毫。

南七工南堤柳园隙地一顷六十亩，每亩征租银二钱一分六厘，共银三十四两五钱六分。

北六工柳园隙地五十亩，每亩征租银二钱一分六厘，共银十两零八钱。

南六、七工重堤淤地二十三顷三十三亩六分三厘四毫，每亩征租银一钱，共银二百三十三两三钱六分三厘四毫。

南五工西老堤内帮隙地一顷八十三亩三分三厘二毫，每亩征租银一钱，共银十八两三钱三分三厘二毫。

南七工东老堤内外帮隙地四顷四十二亩二分三厘八毫，每亩征租银一钱，共银四十四两二钱二分三厘八毫。

南六工至南七工旧北老堤外帮隙地二顷零一亩三分，每亩征租银一钱，共银二十两一钱三分。

南七工旧南老堤内外帮隙地一顷七亩二分三厘三毫，每亩征租银一钱，共银十两零七钱二分三厘三毫。

又，东、西老堤老河身内余地十顷三十二亩二分八厘三毫，每亩征租银一钱，共银一百零三两二钱二分八厘三毫。

南六工旧北老堤内帮隙地九十二亩六分，每亩征租银一钱，共银九两二钱六分。

南六工旧南老堤内外帮隙地八十一亩七分，每亩征租银一钱，共银八两一钱七分。

南六工柳园隙地二十八亩，每亩征租银一钱，共银二两八钱。

北六工柳园隙地十三亩，每亩征租银一钱，共银一两三钱。

南七工柳园隙地五十一亩，每亩租银一钱，共银五两一钱。

南七工旧北老堤内帮隙地一顷九十五亩分九厘，每亩征租银一钱，共银十九两五钱一分九厘。

以上永清县柳园重堤等地五十五顷三亩二分一厘五毫，每亩征租银一钱至二钱一分六厘不等，共征租银六百三十六两三钱五分九厘。东安县境南七工柳园隙地二顷五十一亩，每亩征租银二钱一分六厘，共银五十四两二钱一分六厘。南八工柳园隙地二顷十四亩，每亩征租银二钱一分六厘，共银四十六两二钱二分四厘。南七工柳园隙地五十九亩九分三厘八毫，每亩征租银一钱，共银五两九钱九分四厘。以上东安县柳园重堤等地五顷二十四亩九分三厘八毫，每亩征租银一钱至二钱一分六厘不等，共[2]征租银一百零六两四钱三分四厘。以上每年通共额征租银七百五十九两一钱二分四厘。

又，乾隆三十六年［1771］，查出永清县老河身拨给大刘家庄等十九村，迁房官地十六顷五十六亩五厘，该县通禀院司，每年征租银四十九两六钱八分一厘，为双营留养局经费。

苇场淤地[①]

雍正四年［1739］，自郭家务改河，经水利府动帑二千八百六两三钱一分四厘，官买武清县属范瓮口民人李奇玢苇场地四十六顷七十七亩一分九厘，每亩核价六钱，以为挖河筑堤之地。雍正十一年［1746］，堤旁产苇，查丈计地一顷一十五亩零，每年议定官刈草三万斤，以充拟要等项公用。乾隆十六年［1751］，改移下口，河身地涸出，每年蓄苇为岁、抢料物之需。续于刘元照侵占官地案内，丈出河淤余地一顷九亩，并入奏案，共地四十七顷八十六亩零。除河身堤压土坑柳阴地八顷九十一亩外，实地三十八顷九十四亩。乾隆二十五年［1760］奏明在案。后产苇稀短不堪，于乾隆三十一年［1766］奏明，交给武清县照河淤地例，一、二年成熟后，改定租额。每亩征租银二、三钱不等，共租银一千六十八两零，批解道库。嗣据各佃户以地薄租重呈请告退。该县于三十六年［1771］详请减租，查照邻地，分别上、中、

① 苇场淤地性质与防险夫地大体相同。

下三则，共核减银三百四十两五钱五分零。每年实征银七百二十八两四钱三分零。于三十八年［1773］九月内奏明在案，所征租银按年批解道库。除每年动支石景山南、北惠济庙，固安县东西惠济庙，南头工玉皇庙，北二工河神祠，安澜演戏，共银三百两。三角淀通判每年房价银八十两外，余存道库。遇有河工粘补庙宇之需，随时奏明动支。

香火地亩[①]

雍正十一年［1746］，前道定柱同全河厅、汛，捐俸公置段德名下，入官地二十九顷二十七亩，内除河占堤压地十八亩，实征租地二十九顷零九亩。其地坐落永清县，每年额征租银四百六十三两八钱八分，由该县征解道库，按季给发，以为永定河各庙香火及祀神公费。乾隆元年［1736］，据该县汛以地沙薄，详请减租银八十八两六分三厘八毫，实征银三百七十五两八钱一分六厘二毫。二十年［1755］，改移下口河占地八顷零一分，又北堤村民迁移房基占地二十五亩二，共占地八顷二十五亩一分。除租银六十五两六钱五分，是年，改征租银三百一十两一钱六分六厘二毫。又于二十一年［1756］，新筑遥埝，占地二顷，除租银二十四两零，实征租银二百八十六两一钱四分三厘。又于三十三年［1768］，据该县详明，佃户田兆年等承种地亩因被河占，除租银二十二两六钱，实征租银二百六十三两五钱四分三厘。至三十六年［1771］，又以刘武营等村地亩拨补详议，升租银二十四两七分五厘，共征租银二百八十七两六钱一分八厘。又于四十六年［1781］，据该县详报，段德名下涸出地四顷二十五亩九分，每亩征租银五分，共征租银二十一两二钱九分五厘，现年额征租银三百零八两九钱一分三厘。此项系捐置之地，听本衙门酌用，年终造册报院备案。前项银两，每年给发南、北两岸惠济庙，并本衙门关帝科神春秋祭祀，并安澜上供银三十二两。又发给南、北两岸各庙河神诞辰，并上堤安澜上供银二十四两。此外又给发全河各庙香灯银二百三十八两。分给细数列后：

石景山北惠济庙香火地五顷；

卢沟桥南惠济庙香火地五顷；

兴隆庙香火地二顷；

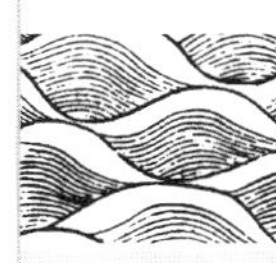

① 其性质同防险夫地，唯租银用于沿永定河河神庙祭祀、日常香火之费。

天将庙香火地一顷；

石景山寺香火地一顷六亩；

北金沟关帝庙香火地二顷。

固安县东门外惠济庙香火地三顷六十五亩；

固安县西门外惠济庙香火地三顷六十五亩；

固安县东门外关帝庙香火地三顷五十亩；

固安县西门内关帝庙香火地一顷五十九亩；

固安县三佛寺香火地一顷五十九亩；

固安县天齐庙香火地二顷；

固安县千佛庵香火地二顷；

固安县药王庙香火地一顷六十五亩。

永清县八蜡等庙香火地三顷；

南岸头工玉皇庙香火地三顷；

南岸二工河神庙香火地二顷；

南岸三工河神庙香火地三顷；

南岸四工河神庙香火地二顷；

南岸五工河神庙香火地二顷；

南岸六工河神庙香火地二顷；

北岸头工河神庙香火地二顷；

北岸二工河神庙香火地六顷；

北岸三工河神庙香火地二顷；

北岸五工河神庙香火地二顷；

北岸七工河神庙香火地二顷；

条河头村西河神庙香火地三顷；

杨忠愍公香火地，于乾隆二十年［1755］，永清县查拨冰窖村夹袖内涸出新淤地六顷，每亩征租银三分共银十八两。

祀神公费（香灯银附）

东、西河神庙神诞上供并元旦上供银八两。本衙门关帝牌、河神牌、元旦、上元、中秋、圣诞，上供八桌，银十六两；并秋汛后谢神上供，献戏三日，共银二十两，巡捕领办。

石景山北惠济庙香灯银八两；

卢沟桥南惠济庙香灯银二十八两；

石景山寺香灯银四两；

兴隆庙香灯银十两；

北金沟关帝庙香灯银十两；

东惠济庙香灯银十八两；

西惠济庙香灯银十八两；

天齐庙香灯银六两；

千佛庵香灯银四两；

白衣庵香灯银六两。

南头工玉皇庙香灯银六两；

南二工河神庙香灯银四两；

南三工长安城河神庙香灯银六两；

南四工河神庙香灯银十四两；

南五工河神庙香灯银八两；

南六工双营河神庙香灯银十八两。

北头工河神庙香灯银六两；

北二工河神庙香灯银三十二两；

北三工河神庙香灯银十四两；

北五工河神庙香灯银六两；

北七工河神庙香灯银六两；

条河头河神庙香灯银六两。

河院书吏饭银

乾隆十四年［1749］，督臣那苏图奏，将各道扣存岁、抢修余，平部院书吏饭食、纸张银二分，除解部饭银一分仍旧解给外，所有院书一分银两，存贮道库。遇有粘补工程，必须动用例不请销之项，临时奏明动用。乾隆二十一年［1756］，修筑遥埝，奏明动拨银二千四百九十四两。乾隆二十八年［1763］，遥埝圈筑，月埝夯硪工价，动拨银一千二百七十两八分。乾隆二十九年［1764］，移解清河道，银一千二百零六两一钱三分四厘。乾隆三十三年［1768］，移解布政司银一千二百零六两一钱三分四厘。乾隆三十七年［1772］，奉饬补解工部饭银六百八十二两九钱四分五厘。乾隆四十四年［1779］，修筑东堤斜埝，奏明动拨银二千四百九十六两六钱四分。

兵　饷

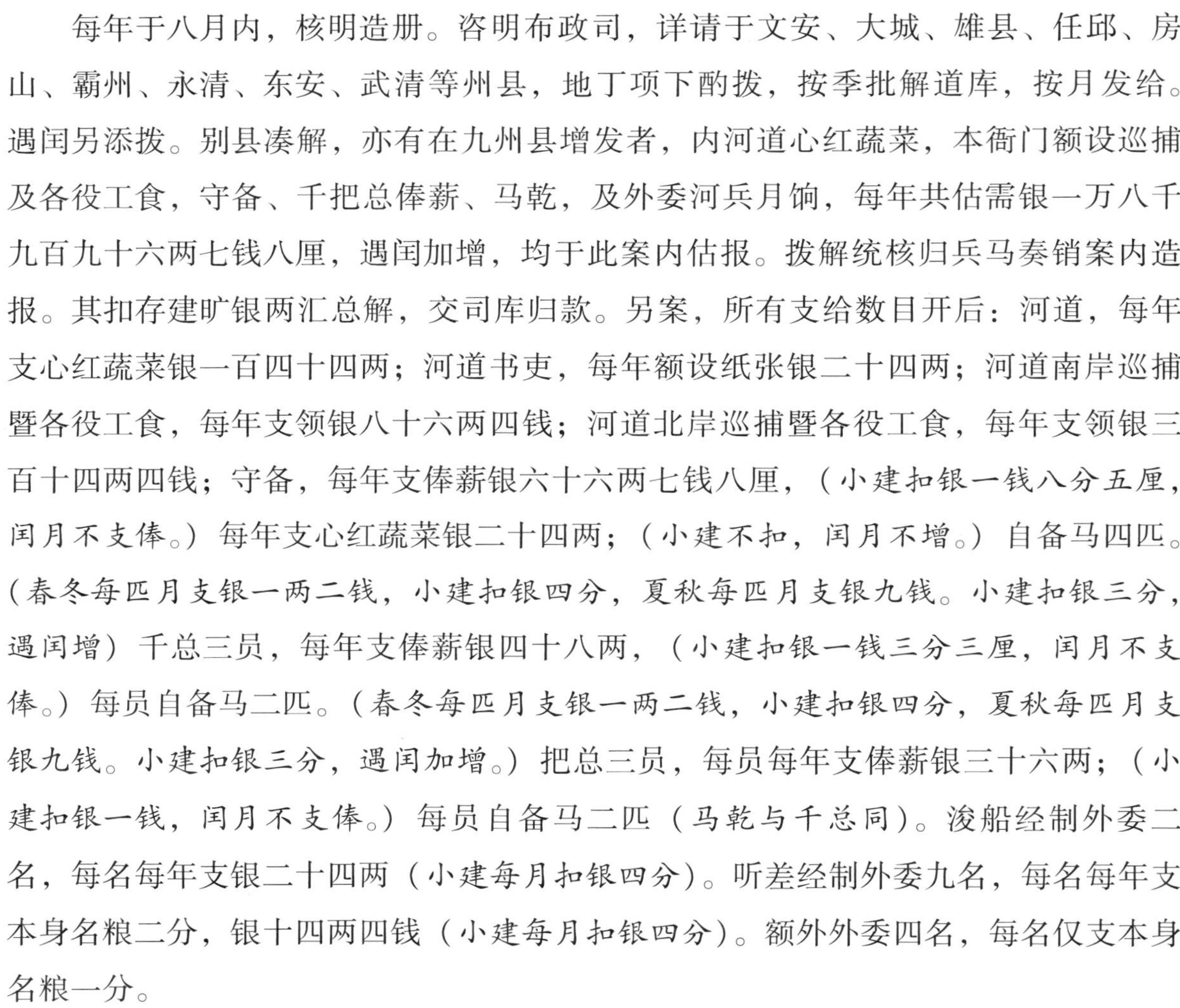

每年于八月内，核明造册。咨明布政司，详请于文安、大城、雄县、任邱、房山、霸州、永清、东安、武清等州县，地丁项下酌拨，按季批解道库，按月发给。遇闰另添拨。别县凑解，亦有在九州县增发者，内河道心红蔬菜，本衙门额设巡捕及各役工食，守备、千把总俸薪、马乾，及外委河兵月饷，每年共估需银一万八千九百九十六两七钱八厘，遇闰加增，均于此案内估报。拨解统核归兵马奏销案内造报。其扣存建旷银两汇总解，交司库归款。另案，所有支给数目开后：河道，每年支心红蔬菜银一百四十四两；河道书吏，每年额设纸张银二十四两；河道南岸巡捕暨各役工食，每年支领银八十六两四钱；河道北岸巡捕暨各役工食，每年支领银三百十四两四钱；守备，每年支俸薪银六十六两七钱八厘，（小建扣银一钱八分五厘，闰月不支俸。）每年支心红蔬菜银二十四两；（小建不扣，闰月不增。）自备马四匹。（春冬每匹月支银一两二钱，小建扣银四分，夏秋每匹月支银九钱。小建扣银三分，遇闰增）千总三员，每年支俸薪银四十八两，（小建扣银一钱三分三厘，闰月不支俸。）每员自备马二匹。（春冬每匹月支银一两二钱，小建扣银四分，夏秋每匹月支银九钱。小建扣银三分，遇闰加增。）把总三员，每员每年支俸薪银三十六两；（小建扣银一钱，闰月不支俸。）每员自备马二匹（马乾与千总同）。浚船经制外委二名，每名每年支银二十四两（小建每月扣银四分）。听差经制外委九名，每名每年支本身名粮二分，银十四两四钱（小建每月扣银四分）。额外外委四名，每名仅支本身名粮一分。

以上共银一万八千九百九十六两七钱八厘。查，原设河兵一千二百三十名，乾隆四十七年［1782］，将武职坐粮裁改为养廉内裁，守备坐粮十二分。石景山千总四分，两岸千总八分，两岸把总八分，随辕经制外委九名，九分共裁坐粮四十一分，实存战守河兵一千一百八十九名。

石景山，战兵三名，守兵二十三名。

南岸各汛，战兵五十八名，守兵五百二十三名。

北岸各汛，战兵五十名，守兵五百二十四名。

凡河兵开除募[3]补，由本汛报明，旧由厅验准，行县[4]取结，结到起饷。乾隆四年［1739］设守备后，移该管千总转送守备验准起饷，季终全送河道点验。二十年［1755］，奉文设立执照，新兵始送河道点验。四十二年［1777］，添设腰牌。凡河兵中明白工程办事勤干者，由本汛移该管千总，转送守备申送，河道验准，拔补什长，由什长拔补头目，由头目拔补外委，皆给执照。于季报册内[5]分晰，注明内有出力办工，才堪驱策者，由本汛保送，河道验准，为镶门额外外委。乾隆三十二年［1767］季报，河兵册内删去各汛外委、头目、什长字样。四十五年［1780］，各汛什长全裁，外委改为头目。凡放饷旧由南、北岸厅具领，发两岸千总分给。乾隆四年设守备后，守备具领，会同固安县当堂监放。[6]。

［卷八校勘记］

〔1〕“及”字原脱，其前衍“用户”二字，据前后文意改补。

〔2〕“共”字误为“兵”，形近而误，据前后文意返。

〔3〕“募”字原字迹不清晰，据李逢亨《（嘉庆）永定河志》卷十经费同条资料改为募。

〔4〕“行县”的县字原字迹不清，据上引书改补。“行县”为“行文至县”的省略语。

〔5〕“内”字误为“四”字，形近而误，据引书改正。

〔6〕“监放”二字脱，据故宫藏本补。

卷九（考七） 建置考

碑亭 祠庙 衙署[1]

河臣职司疏筑，无所谓建置也。然九十余年谕旨频颁，宸章式焕，丰碑所勒，咸仰睿谟。而建庙册封，亦成民致神之要务。下至河官廨舍，不惜帑金，随时修葺。凡所以为斯河计者，至周且悉，虽万世法程焉，可也。

碑 亭

御制诗文碑亭、碑附

卢沟桥东碑亭一座，康熙八年［1669］十一月建。敬刊圣祖仁皇帝御制《卢沟桥文》。

南惠济祠碑亭一座，康熙三十七年［1698］十二月建。敬刊圣祖仁皇帝御制《永定河神庙文》；皇上①御制《安流广惠永定河神庙文》；御制七言律诗一章。内东、西两壁恭勒。御题石额。

卢沟桥西碑亭一座，康熙四十年［1702］十一月建。敬刊圣祖仁皇帝御制《察永定河》诗一章。

北惠济庙碑亭一座，雍正十年［1732］四月建。敬刊世宗宪皇帝御制《石景山惠济庙文》；皇上御制五言律诗一章。亭门恭悬。御题石额。

北惠济祠碑亭一座，乾隆十五年［1750］三月建。敬刊皇上御制《阅永定河》诗一章；御制《阅永定河堤示直隶总督方观承之作》一章。

卢沟桥东碑亭一座，乾隆十六年［1751］建。敬刊御书《卢沟晓月》；御制《七言律诗》一章。

---

① 指乾隆帝。

卢沟桥东碑亭一座，乾隆五十一年［1786］二月建。敬刊御制《重葺卢沟桥记》；御制《过卢沟桥诗并序》。

南堤七工旧南堤二号碑亭一座，乾隆十八年［1753］二月建。敬刊御制《观永定河新移下口处兼示总督方观承、永定河道白钟山》诗四章。

南堤八工十五号碑亭一座，乾隆十八年［1753］二月建。敬刊御制《取道阅永定河即事成韻》诗一章。南岸二工十四号河神祠碑亭一座，乾隆三十八年［1773］三月建。敬刊御制《堤柳诗》一章；御制《阅金门闸》诗一章。

北岸二工七号河神祠碑亭一座，乾隆三十八年［1773］建。敬刊御制《瞻谒永定河神祠》诗一章；御制《永定河作》诗一章。

北堤八工三号堤上碑亭一座，乾隆三十八年［1773］三月建立。敬刊御制《永定河记》；御制《往永定河下口舆中作》诗一章；御制《阅永定河示裘曰修、周元理、何煟》诗一章。

奏刊《禁止河身内增盖民房上谕》碑三座

乾隆十八年［1753］三月立。一在南岸四工四号堤上；一在南堤七工五号堤上；一在北堤七工废北埝头号（此碑久淤）。

奏刊《金门闸过水后浚淤上谕》碑一座

乾隆三十八年［1773］六月立。在南岸二工金门闸南坝台。

《永定河事宜》碑五座

乾隆三十八年［1773］三月立。一在河道署仪门左；一在南惠济庙正殿前；一在南岸四工五号内；一在北岸三工十五号堤上；一在北堤七工头号堤上。

祠　庙

卢沟之有河神祠，自金大定十九年［1179］，始册封安平侯，春、秋庙祭如令。元至元十六年［1279］，进封显应洪济公。明正统二年［1437］，亦建河神庙于固安堤上，复民二十户①，俾司巡视祠典，所谓捍御灾患是也。我朝定鼎燕京，百灵呵

① “复民二十户”，复免除徭役。复民二十户即免除二十户全户徭役。

护。卢沟桥襟带神州，尤为切近。康熙三十七年［1698］，圣祖仁皇帝轸念民生，筑堤开河，赐名永定，敕封河神，立庙于卢沟桥南。雍正九年［1731］，世宗宪皇帝复建庙于石景山南庞村，并敕拨地亩，以供祀事。乾隆十六年［1751］，我皇上复加封永定河神为安流惠济之神，庙名惠济。时巡展谒，用光祀典，精诚所格，灵应屡昭，安澜遂永庆矣。司河诸臣，仰荷神佑。因请于固安城东、西及南北岸、三角淀皆各建庙，朔望展谒如制，凡以仰承圣朝怀柔之盛典云。

石景山北惠济祠

在东岸四号庞村。雍正十年［1732］，敕建神阁（五间），阁前碑亭（一座），东西禅房（各六间），厢房（各三间），正殿（三间），东西配房（各三间），耳房（各三间），前殿（三间），殿前碑亭（一座），钟鼓楼（二间），旗杆（二竖），山门（三间）。东西角门（二间），东西木牌坊（二座），戏楼（一座），祠西北极庙正殿（一间），山门（一间）。前殿恭悬世宗宪皇帝御题匾额，皇上御题匾额。阁前碑亭恭悬皇上钦颁《石景山礼惠济祠因成一律》诗一章。前殿碑亭恭悬皇上钦颁《石景山礼惠济祠》诗二章。戏楼西铁牛一具（长六尺高二尺）。乾隆三年［1738］十一月，钦差监造。

兴隆庙

在石景山东岸十七号，明正统三年［1438］建。正德元年［1506］重修。雍正九年［1731］、乾隆四十年［1775］，又捐修河神殿（三间），南北配房（各三间），山门（一间）。

南惠济祠

在石景山东岸二十号，康熙三十七年［1698］敕建。雍正十年［1732］，增建神阁。乾隆三十九年［1774］，领帑承修神阁（五间），耳房（二间），东西禅房（六间），佛殿（三间），东、西厢房（六间），东配殿（三间），河神殿（三间），碑亭（一座），东、西厢房（六间），钟鼓楼（二座），旗杆（二竖），山门（三间），东、西角门（二间），东、西牌楼（二座），戏楼（一座），阁后公所上房（三间），群房（九间）。佛殿西首，乾隆三十九年［1774］恭建，座落房三间。正殿恭悬圣祖仁皇帝钦颁题额，乾隆四十一年［1776］，皇上御题对联。

南岸头工惠济庙

在二十四号堤上，乾隆三十六年［1771］建。

玉皇庙

康熙三十二年［1767］敕建。原在二十七号堤西，因年久倾圮偪近险工，乾隆二十六年［1761］，领帑承修，移建于公义庄村东。三十六年［1771］堤溃冲塌，三十七年［1772］领帑承修，改建于二十五号旧堤内。正殿（三间），南、北配殿（六间），庙后三清殿（三间），座落房（三间），娘娘庙（三间），山门（一间），公寓（三间）。正殿恭悬圣祖仁皇帝钦颁题额。正殿前恭悬皇上钦颁匾额对联。

南岸二工惠济庙

在十四号金门闸南坝台上，乾隆四十七年［1782］建。神宇（三间）。

南岸三工惠济庙

在长安城村北，乾隆四十五年［1780］，修正殿（三间），山门（三间）。

固安县城西惠济庙

雍正十一年［1733］增修。正殿（三间），东、西厢房（六间），佛殿（五间），东、西厢房（六间），东客堂（三间），山门（一座），东、西角门（二座），戏楼（一座）。

固安县城东惠济庙

雍正十一年［1733］增修。正殿（三间），东、西配房（六间），后殿（三间），东、西厢房（四间），山门（一座），东、西角门（二座），戏楼（一座）。

南岸四工惠济庙

在五号堤上，乾隆十五年［1750］建。三十一年［1766］修，四十二年［1777］重修。正殿（三间），东西厢房（六间），禅房（三间），山门（一座）。

风神庙

在五号堤上，乾隆四十二年［1777］建。正殿（三间），山门（一座）。

南岸五工惠济庙

一在十四号曹家务西，一在二十五号堤上，建盖年月无考。乾隆四十九年［1784］，移二十五号庙，建于十五号堤上。正殿（三间），耳房（六间），山门（一座）。

南岸六工惠济庙

在十一号堤西双营村，乾隆三十年［1765］重修。正殿（三间），东西配房（六间），耳房（四间），二门（一间），山门（三间），东西角门（二间），殿后总督防汛署。

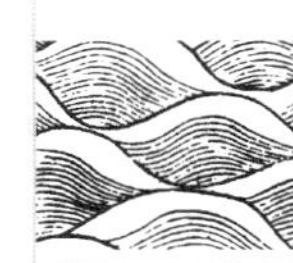

北岸下头工惠济庙

在二十五号堤上，乾隆十二年［1747］建。正殿（三间），山门（一座）。

北岸二工惠济庙

在七号堤上，乾隆三十七年［1772］建。正殿（三间），东厢房（三间），座落房（三间），禅房（五间），山门（一座），碑亭（一座）。正殿恭悬御题匾额对联。座落房恭悬御题联额，御制《怵哉榭》诗三章。

北岸三工惠济庙

在十五号堤上，乾隆九年［1744］建。二十七年［1762］、四十年［1775］重修。正殿（三间），山门（一座）。

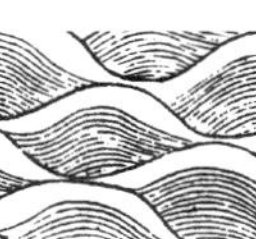

北岸五工惠济庙

在十号堤上，乾隆四十六年［1781］，由北岸六工移建。正殿（三间），东、西配房（六间），山门（一座）。

北堤七工惠济庙

原在孙家坨北埝堤上，乾隆二十三年［1758］建。三十五年［1770］，移建于北埝上汛工头，四十六年［1781］重修。正殿（三间），南、北厢房（六间），禅房（三间），山门（一座）。

河神庙

在北堤七工遥埝十五号南，乾隆三十八年［1773］三月，恭逢皇上阅视永定河下口，预备座落房三间，方亭一座。钦奉谕旨改为河神庙，是年［1773］八月修建。正殿（三间），方亭（一座），东厢房（三间），山门（一座），禅堂（三间）。

衙　署

河工官吏巡防修守，皆须身居河堤，乃免旷误。设官之初，两分司建署于固安县城内。其同知、笔帖式等官，皆给房价，于分管界内，赁居民房。逮改设河道等官，以固安为适中地，因建道署。而同知以下，仍旧给与房价。乾隆三年［1738］奏准，分防各汛支销六年房价，各建汛署于所管堤上。于是同知、通判陆续建署于所辖近河之地。其分防各汛，或因河流迁改，动帑另建；或历十余年酌给修费，俾风雨昼夜寝食其间。所以重四防也。每岁大汛之期，河道率文武员弁，皆驻宿堤上，总督亦移节河干，于是复建防汛公署焉。

北岸分司署

在固安县城内北新街西。大堂（三间），东、西科房（六间），二堂（五间），内宅（三间），二门（三间），头门（三间）。康熙三十七年［1698］建。雍正四年［1726］，改为河道署。

南岸分司署

在固安县城内牛市巷，制同北岸分司署，康熙三十七年［1698］建。雍正四年［1726］，移建北关街东，为总河防汛署。乾隆十五年［1750］，拆移长安城为总督防汛署。

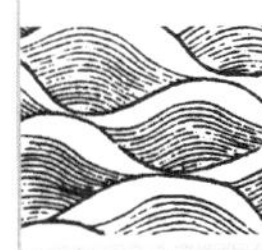

河道署

即北岸分司旧署。地本低洼，乾隆二十八、九年［1763、1764］，雨水三面围浸，三十年［1765］，拆建南关外东隅。照墙（一座），东西木栅辕门（二座），旗杆（二竖），鼓乐亭（二座），头门（三间），文武官厅（六间），号房（四间），外巡捕厅房（四间），仪门（五间），大堂（五间右库，左巡捕厅），东、西科房（十间），科神庙（一间），宅门（一间），二堂（三间），东书房（六间），南书房（六间），防库兵房（二间），西书房（六间），东院房（五间），祀堂（三间），厨房（三间），川堂（六间），群房（十一间），花厅（三间），内宅（五间），厢房（六间），马神祠（三间），马房（十间），更铺（八间）。

石景山同知署

原给房价岁八十两，在卢沟桥左近赁居民房。乾隆三十年［1765］，领银建于拱极城内。照墙（一座），东、西角门（二座），头门（三间），仪门（三间），大堂（三间），东、西科房（六间），宅门（三间），二堂（三间），东、西厢房（六间），南客厅（三间），北书房（三间），内宅（五间），东、西厢房（四间），厨房（二间），群房（四间），马房（三间）。

南岸同知署

原给房价岁八十两，在固安县左近赁居民房。乾隆三十年［1765］，领银建于固安县城东祖家场村南。照墙（一座），头门（三间），仪门（三间），大堂（三间），东、西科房（六间），宅门（一座），二堂（三间），东、西厢房（四间），东书房（三间），内宅（六间），厨房（三间），后院房（八间），马房（五间）。

北岸同知署

原给房价岁八十两，在永清县半截河东赁居民房。乾隆三十年［1765］，领银建于固安县北张化村东。照墙（一座），头门（三间），仪门（三间），大堂（三间），东、西科房（六间），宅门（二间），二堂（三间），东、西厢房（四间），西书房（三间），内宅（三间），东西厢房（四间），厨房（三间），马房（三间）。

三角淀通判署

原给房价岁八十两，在武清县王庆坨赁居民房。乾隆三年［1738］，移驻天津县杨柳青。七年［1742］，因原管之子牙河及静海、青县闫、柳二村堤工，改隶子牙河通判，复移驻于王庆坨。十三年［1748］建署于村东，十九年［1754］被水浸圮。二十年［1755］，因北岸六工改移下口，河渐北徙，随河移驻，以便巡查。至三十年［1765］，详准于苇租项下，岁给房价八十两，于北堤赁房驻扎。

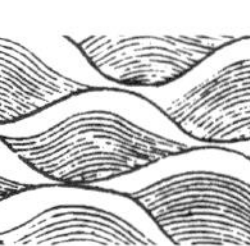

分防各汛署

原给房价岁十六两，就分管界内赁居民房。乾隆三年［1738］，奏准支销六年房价，于所管堤上各建署十间。十五、三十八等年［1750、1773］，三角淀属六汛，因下口屡迁，动帑另建。其余各汛，每历十余年给项修理。

南岸头工宛平县县丞旧署

在六号，乾隆四十五年［1780］被雨淋塌。该汛于二十五号险工，捐建土房一所。

南堤七工东安县县丞

原驻永清县冰窖村，乾隆十五年［1750］，冰窖草坝改河，领银移建于南埝五号堤上。二十四年［1759］塌倒，移建于南岸下七工旧署，即今旧南堤十七号署也。三十八年［1773］，因距河远，领银另建于永清县蛤蜊港村南废北埝堤上。四十五年［1780］，河行埝间将署冲塌，详明借支养廉，仍移建于旧南堤十七号。

南堤八工武清县县丞旧署

原在东安县宋流口堤上。乾隆十五年［1750］，改河南埝，分上、中、下三汛，八工为中汛，拆八工旧署，移建于南埝下汛十二号，为下汛署。以王庆坨三角淀县丞旧署为中汛署。后被水冲塌，移驻旧南堤十九号堤上。三十八年［1773］，因距河远，领银另建于东安县老堤头村堤上。四十五年［1780］，河徙老堤头，汛署冲塌，详明借支养廉，拆凑两旧署木料，移建于旧南堤六号堤旁。

南堤九工武清县县丞

原驻王庆坨，乾隆十年［1745］建署村东。十五年［1750］改下口，该汛改为南埝下汛，拆南岸八工旧署木料，移建于南埝下汛十二号堤上，为该汛署。三十八年［1773］，以距河远，领银另建于葛渔城村后废北埝堤上。四十六年［1781］，该汛县丞调管北岸上头工，其九工汛务以淀河州判兼管，遂将废北埝州判、县丞两旧署坍塌木料，仍移建于南堤九工十二号堤上。

淀河霸州州判

原司疏浚岁支房价十六两，赁居武清县王庆坨民房。乾隆三十八年［1773］，因添设浚船交该州判管理，领银建署于葛渔城村后废北埝堤上。四十六年［1781］，兼管南堤九工汛务，将废北埝州判并九工旧署已圮之木料，借支道库银两，移建于南堤九工十二号。

北岸上头工汛

乾隆四十六年［1781］，新分调南堤九工武清县县丞经管，捐建署于宛平县立垡村前。

北堤七工东安县主簿

原驻北岸下七工堤上。乾隆十五年［1750］，改河移驻东安县惠家铺，以该处非该汛管理，领银移驻北埝十二号堤上。二十八年［1763］河出北埝，汛署冲塌，移驻遥埝十二号堤上。三十二年［1767］河出遥埝，又移驻越埝（即今北堤）十二号堤上，三十八年［1773］领银重修。四十六年［1781］坍塌，复借养廉修理。

北堤八工武清县主簿

原驻陶河堤上，十五年［1750］改河北埝，分上、中、下三汛。该汛为北埝中汛，拆北岸八工旧署，移建于武清县石各庄前堤上，为北埝下汛署。以三角淀主簿原驻东安县之惠家铺旧署，为北埝中汛署。二十八年［1763］，河出北埝，汛署冲漂，移驻遥埝。三十二年［1767］，河出遥埝，另建于越埝十二号堤上。三十八年［1773］，领银重修。四十六年［1781］，因年久倾塌，借支库项修葺。

北堤九工东安县主簿署

原在东安县惠家铺。乾隆十五年［1750］改河，该汛改为北埝下汛，以惠家铺旧署为北埝中汛署。拆北岸八工旧署移建于石各庄堤上，为北埝下汛署。二十八年［1763］，河出北埝汛署冲漂，移住遥埝。三十二年［1767］，河出遥埝，另建于越埝九号堤上。三十八年［1773］，领银重修。四十六年［1781］，因年久倾圮，借支库项修葺。

河营守备

乾隆六年［1741］，以固安县人官房改建，在固安县西门内。前进门房（七间），大堂（五间），耳房（二间），东西厢房（四间），住房（五间），东、西厢房（四间），后进群房（八间）。

石景山千总

岁给房价银十六两，在宛平县支领。南、北岸千总，岁给房价银十六两，在固安县支领。南、北岸把总，未建署亦未给房价。浚船把总，乾隆三十八年［1773］领银，建于东安县葛渔城村北。四十五年［1780］，被水冲漂。东堤经制外委，前在石景山水关住，岁给房价银十六两。乾隆十六年［1751］，移驻凤河东堤，领银建署于双口村北、丁家庄堤上。前门（一间），正房（三间），厢房（四间）。

防汛公署、总督防汛公署二所

一在宛平县长安城村北，乾隆十六年［1751］置买地基，以固安县北关、外总河防汛署移建。大门（一座），文武官厅（六间），巡捕厅（二间），号房（一间），二门（一座），门房（三间），大堂（三间），东、西厢房（六间），住房（三间），办公房（三间），书房（三间），箭亭（三间），科房（五间），厨房（三间），更铺（一间）。

一在永清县双营村惠济庙后，乾隆三十年［1765］建。二门（一座），正房（三间），耳房（各二间），东西厢房（各三间）。

河道、防汛公署二所

一在南岸三工六号堤上。正房（三间），厢房（二间），前进（三间），后进（三间）。

一在南岸四工五号堤上。大门（一间），正房（三间），后进（三间），科房（四间），群房（六间），号房（一间），马房（三间）。

南岸同知、防汛公署二所

一在南岸三工十五号堤上。前进（三间），后进（三间），厨房（二间），马房（二间）。

一在南岸四工五号堤工。正房（三间），东西厢房（六间）。

北岸同知防汛公署一所

在北岸三工十五号堤上。正房（三间），厢房（二间），厨房（一间），马房（一间）。

［卷九校勘记］

〔1〕“衙署”原刊本作“廨署公馆”与本卷第三分目不一致，按第三分目改为“衙署”。

卷十　奏议一

（康熙三十七年至六十一年）

治河无永逸之策，治永定河之策为尤难。自建堤迄今，九十年来仰荷列圣相承，指授方略，屡遣重臣经理，圣谟洋洋敬弁简首矣。任事王、大臣亲承德意，周览形势，相度机宜，规画尽善，而后陈奏。复经睿览、裁定，而后施行。或顺势利导，或思患预防，或救弊迁改，规为制作。前后虽不相沿，要皆因时，因地以制其宜。今初建堤工，及设官、设兵诸原奏，已无存。就其存者，汇为九卷。虽事非现行，具列于牍，取其因革损益，原委灿[1]然。司河务者或因、或创，均可奉为程式矣。

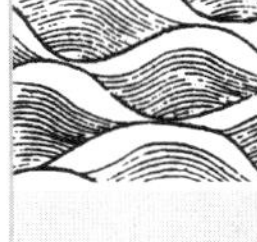

康熙三十七年［1698］十一月三十日　总河于成龙口奏：

永定河河兵钱粮，若照营兵例，差员移取守道，迁延日久，以致迟误。嗣后，河兵钱粮，工料银两，须令将就近房山、霸州、文安、大城、雄县、任邱、安肃、定兴、固安、永清、东安、武清等州县，地丁钱粮竟解分司衙门，给发河兵、预备工料等项，庶不致有误。其余剩钱粮，该州县仍照常解送守道，等因。启奏。（奉旨：“好，钦此。”）

康熙三十七年［1698］十二月初二日　总河于成龙奏《为请旨事》

先经臣口奏，自朱家庄东起，至郎城止，后面修堤等因。奉旨：“依议，钦此。”钦遵在案。今看朱家庄东洼下之地，南面被沙淤高，北面地洼，水向北漫流，去庄切近。应自朱家庄堤起，至孙家坨，修堤二十余里，以阻漫水。其地土脉颇好，不必夯筑。照现修大堤丈尺堆修外，孙家坨南所有高冈之处，开宽间段挑挖，将水引入郎城东清河。但水口关系紧要，兴工之际，雇募附近州县民夫可也。谨奏。（奉旨：“依议。钦此。”）

康熙三十七年［1698］十二月初二日　总河于成龙《为请旨事》

臣等看得永定河北岸沙堤，自卢沟桥起，至张客村止，已经堆修。其南岸沙堤，因旧河口未经修筑拦河坝，是以未修沙堤。俟旧河口拦河坝修成之日，再将沙堤堆修。此项应用银两，仍问守道取给可也。谨题。请旨。（奉旨："依议。钦此。"）

康熙三十九年［1698］十二月十八日　工部《为钦奉上谕事》

本年七月十九日奉上谕："永定河、子牙河、清河等河，并高家堰等河，所遣大臣官员亦有捐助银两者，亦有本身效力勤劳修完河工堤岸者，交与工部，将所捐银两数目并修完工程职名，俱查明奏闻。钦此。"臣部行文督催去后，今据将职名开送前来理合，开列具题等因。（奉旨："此内有交与工程未经修完者，亦有所捐银两未经交完者，将本发回，俟交伊等工程修完、所捐银两交完之日，著李光地查明具题之时再议，具奏。钦此。"）

康熙四十年［1701］三月二十日　郎中佛保口奏：

臣会同永定河分司色图浑、齐苏勒，前往琉璃河桥上看得，自桥起，至东南佟村三十里桥西，水深二、三丈以下，一丈七、八尺以上。桥东水深一丈六、七尺以下，七、八尺以上，河宽二十丈，十七、八丈，宽窄不等，水甚多，河底土脉好。琉璃河、永定河之间，内有牤牛河一道。寻问源头，自西山佛耳门、戒坛、太子峪起，三股河流汇于石阳村，流至佟村，入琉璃河。永定河竹络坝，斜向西北五里有老君堂村。对此，牤牛河似应修坝三段，将水逼入永定河，开挖小清河一道。等因。（奉旨："交与分司等，照此修理。朕著这样修理之处，传旨与巡抚李光地，著前来看。钦此。"）

康熙四十年［1701］四月初十日分司色图浑、齐苏勒口奏：

臣等仰遵圣训，将牤牛河堵塞，对永定河开挖，修建草坝。于本月初八日放水，引入永定河。其沙堤挖断口处及大河崖入水口处，俱应下埽保护，以防浑水倒漾。现在卷作大埽以备急用，应派人看守，等因。告诉郎中佛保转奏。（奉旨："知道了。分司等欢喜么？若牤牛河水大长，即将旁边挖开，令向旧河流。若永定河水大长，著做埽以防倒漾。钦此。"）

康熙四十年［1701］四月二十八日　工部咨覆直抚李光地疏称：

三月二十日，郎中佛保启奏："看得琉璃河、永定河之间，内有牤牛河一道。寻问源头，自西山佛耳门、戒坛、太子峪起，三股河流汇于石阳村，至佟村入琉璃河。永定河竹络坝，斜向西北五里有老君堂村。对此，牤牛河似应修坝三段，将水逼入永定河。开挖小清河一道，"等因。（奉旨："交与分司等，照此修理。朕著这样修理之处，传旨与巡抚李光地，著前来看。钦此。"）臣至老君堂看视牤牛河，复至琉璃河、辛庄等处看视牤牛河，居琉璃河之上游，至老君堂村，斜向竹络坝五里，挖河修坝工程甚易为力。俟永定河将乾时，将牤牛河水逼入永定河，接济冲刷，应听分司等勒限完工，等因。（奉旨："该部知道，钦此。"）相应行文直抚，并劄行永定河分司知照可也。

康熙四十一年［1702］正月二十七日　工部《为钦奉上谕事》[4]

康熙四十年［1701］五月初十日　工部《为请节钱粮豫筹修筑以济河防事》

臣等议，得直隶巡抚李光地疏称："永定河南、北两岸设立河兵二千名，原备险工抢修防护之用。一年内，工程紧急惟桃花、麦黄、伏、秋时候，此时抢修防护更急，时或十日、半月不等。兵遇紧急工程率多逃窜，以致堵御不速。及水缓停工，严冬无事，则又坐食糜饷。应于二千名中拣选年力精壮，熟习桩埽，有籍贯、诚实者八百名，分给各工，以为钉桩、下埽、守堤之用。其余一千二百名全行裁汰，余饷银一万六千四百余两，于工程紧急时雇募附近民夫充用。至裁兵饷银，应解道库，令分司于需用时呈请拨给，"等语。查，该抚既称，兵遇紧急工程率多逃窜，以致堵御不速；无事又坐食糜饷。应如该抚所题，将永定河兵裁去一千二百名。其裁兵饷银，应解道库。如遇工程紧急时雇募民夫，将用过钱粮，年终造册题销。又疏称："赔修大堤残缺处所者，止十之三、四。其不行赔修展转延挨误事甚多。臣屡行察勘，业经汇疏，题参在案。今麦汛将至，应暂支正项钱粮，令分司修筑完固。将用过钱粮，于原修之员，照依坍塌丈尺，应赔数目，追还补项。如有赴工赔修者，仍准令照数赔修，"等语。查，本年四月内，该抚将不行赔修堤岸之工部笔帖式陈思荣等题参。臣部会同吏、礼、兵三部，覆将陈思荣等革职戴罪，勒限半年赔修，具题行文在案。今该抚既称麦汛将至，应暂支正项钱粮修筑，将用过钱粮于原修之员，照依坍塌丈尺、应赔数目，追还补项。如有赴工赔修者，仍准令照数赔修，等语。应准其动正项钱粮，作速修筑。一面将用过银两，仍照前题于陈思荣等名下，照依坍塌丈尺、应赔数目，勒限半年追完。如有赴工赔修者，准令照数赔修可也。谨题。（奉旨："依议。钦此。"）

康熙四十年［1701］六月二十一日　工部《为奏闻事》

监修永定河石工侍讲学士杜尔克等呈报："职等监修石工，于本月十九日完工等因"，前来。查，永定河两岸土堤，俱分交与笔帖式、把总防守。将此新筑石堤作何看守之处，行文直隶巡抚、永定河分司等，议奏可也。谨奏。"奉旨："依议。钦此。"《工部为奏闻事》案，查直抚李光地疏称："永定河张客村地方，今岁新筑石堤，部议作何看守？行臣并永定河分司等议奏。臣查，石堤堵御旧河，且明年尚有接做工程，若保守不严，恐妨明岁新工。似应交与分司及本工笔帖式、把总看守，再著该地方协同巡防保守，"等因。（奉旨："该部知道。这本内合逢损坏，不合，著饬行，相应行文直抚可也。"）

康熙四十年［1701］六月二十六日　工部《为请旨保守直隶河堤，以期永久事》

臣等会议，得直隶巡抚李光地疏称："永定河及大城、静海等处堤工告竣，经修人员令其保守三年捐银，诸督抚应否令其一例保守之处，伏乞圣裁"，等因，具题。奉旨："这河工捐银全完，及经修完工人员，免其限年保守。钦此。"应将此等人员所承修工程，交与各该地方官防守。又疏称："清河无分工笔帖式堤岸甚多，同知、丞判等官寥寥数辈，应将各地方府州县印官，皆令兼防守之责，"等语。查，有河地方府、州、县官，原有兼管河道之责，应如所题，令兼管防守。又疏称："将府、州、县官照河官之例，处分议叙，"等语。查，先经直抚李光地题《为请定管河等事》案内："将管河佐贰正印官员，三年内有留心修浚者，应酌量加一级。"等因，题请。臣会议以道、府、同知、通判、州、县等官，并无议叙之例，该抚题请议叙之处，毋庸议等因，题覆在案。今该抚疏称："兼管府、州、县官，应行议叙。"但管河府、州、县官，从无议叙之例。其所请议叙之处，毋庸议。又疏称："永定河自三圣口以上，南、北两岸原系笔帖式分段巡防，今除自郭家务至三圣口南岸新工，有旧南岸官兵可以移撤分管外，其自三圣口至柳岔，今岁新修两堤，每岸设立笔帖式二员，按丈分管。即于永定河效力副笔帖式十八员内，令分司拣择，呈送补授，”等语。应如所题，于副笔帖式十八员之内拣选补授可也。谨题。（奉旨：“依议。钦此。”）

康熙四十年［1701］九月二十九日　工部《为钦奉上谕事》

会覆直隶巡抚李光地奏前事，等因。奉旨：“王继文系告老休致①之员，原无愆过，并与吴赫、钱珏、李炜、黄性震等俱捐助银两，又亲身在工效力，著从优议叙、具奏。其交完银两人员，著议叙、具奏。余著议奏，该部知道。钦此。”钦遵。臣等会议，得直隶巡抚李光地疏称：“奉旨所遣永定河、子牙河、清河，并高家堰等河原任各督、抚大臣官员修理工程，并捐工银两，奉旨令臣查明具题。除高家堰等处河工、大臣官员，所修工程并捐工银两已未完数，已咨总河臣张鹏翮查明、催完、具题外，臣查，大臣内原在永定河捐银之李辉祖、顾汧、卞永誉、钱珏、李炜、吴赫、王继文、刘兆麒、王起元、金鋐、江有良、李应廌、卫既齐、线一信、朱宏祚、陈汝器、宫梦[2]仁、王曰藻以上诸臣，捐银俱已交完。惟王梁捐银一万五百两，尚未完银七千四百四十五两零；董讷捐银一万五千两，尚未完银三千五十两；杨凤起捐银一万四千两，尚未完银七千九百六十两。又，永定河捐银司道等官员黄性震、张霖、陈廷统、吴秉谦、席永勋、陈世安、王延、钱为青，捐银俱各交完。至于工程修完与未经修完者，查得在永定河催工效力大臣内，钱珏、李炜亲身到工，卞永誉差子弟家人到工，俱已完竣。吴赫、王继文、刘兆麒由永定河拨赴清河亲身修工，于去岁完竣。李辉祖卧病，顾汧丁忧②、王梁病故，俱修工未完。其余王起元等一十二人，系拨在南河效力，似应于南河核其工程完否。其臣所奏，委永定河管理修工官员黄性震、陈廷统及原在工效力官员陈秉谦、席永勋，亦俱已催修完竣。张霖、陈世安、王延、钱为青等俱有捐银，并无到工效力。陆祚蕃到工效力，催修完竣，未有捐银”等因，前来。除原在永定河捐银拨往南河效力之王起元等，应俟南河工程完日，总河查明具题，到日再行议叙外，查王继文捐银一万五百两，修过大城县

① 休致，退休。即后文致仕。

② 丁忧，旧称遭父母之丧谓“丁忧”，又称“丁艰”。清制官员丁忧守丧三年。

西堤一万五千四百一十四丈。王继文系原任云贵总督兼兵部侍郎，以老病原官致仕①。应将王继文给以兵部尚书荣身②。吴赫捐银一万两，督催永定河堤工二百丈，又修过新安县堤工一万三千六百六丈。吴赫系原任侍郎，以有玷官箴③革职，应将吴赫给以三品顶带荣身。钱珏捐银二千两，督催永定河堤河一千一百丈。钱珏系原任山东巡抚，以贪官不纠革职，应将钱珏给以三品顶带荣身。李炜捐银一万两，督催永定河堤河一千一百丈。李炜系原任山东巡抚，以居官不好革职，应将李炜给以三品顶带荣身。黄性震捐银二千两，直抚李光地题留在工，管理钱粮催趱工程。黄性震系原任布政使，告病休致布政司，应升太常寺卿，应将黄性震给以太常寺卿荣身。刘兆麒捐银四千两，修过任邱县堤工一万三千四十六丈五尺。刘兆麒系原任总督，京察降二级，应将刘兆麒复还原降二级荣身。现任刑部侍郎卞永誉捐银八千两，题明著伊子候选通判。卞之纶督催永定河堤河一千八十四丈，应将卞之纶以升任同知即用。陈廷统捐银一千两，督催永定河堤河四百五十丈，直抚李光地题留在工，管理钱粮催趱工程。陈廷统系原任道，以苗蛮杀伤民兵疏防革职。应将陈廷统给以五品顶带荣身。席永勋捐银三千两，督催永定河堤河八百四十丈，又督催堵塞沈家庄漫口。席永勋系原任员外郎，以行止不端革职，应给以六品顶带荣身。吴秉谦捐银二千两，督催永定河堤工二百丈。吴秉谦系原任道，以监守自盗钱粮例，拟枷号四十日，鞭一百。吴秉谦呈称，情愿在永定河效力，捐银二千两，经刑部具题。奉旨，吴秉谦从宽，免其枷责，著往永定河工所效力，应将吴秉谦给以七品顶带荣身。其余交完银两各员：查李辉祖捐银一万四千两。李辉祖系原任侍郎，以茶陵州黄明等谋叛不据实具题，革职，应将李辉祖给以四品顶带荣身。顾汧捐银一万两。顾汧系原任巡抚，以居官平常降二级调用。应将顾汧加三级。张霖捐银一万两。张霖系原任布政使，以有玷官方④革职。应将张霖给以五品顶带荣身。陈世安捐银二千两。陈世安系原任道，以轻浮暴戾、举动乖张参革。应将陈世安给以六品顶带荣身。王延捐银六百两。王延系原任知府，以疲[3]软参革。应将王延给以八品顶带荣身。钱为

① 致仕：休致，退休。

② 荣身：清制以赠予官衔、赏高品级顶带等方式表彰、安抚官员，以显示其荣耀身份，谓之荣身。

③ 官箴（zhēn）：官吏的准则、规制。清制对官吏行为例行考评，行为“善良”称做“不辱官箴”，行为“不良”则称“有玷官箴”。

④ 有玷官方：官方指居官应恪守的礼法，“有玷官方”其义与“有玷官箴”略同。

青捐银五百两。钱为青系原任知府，以贪劣参革。应将钱为青给以八品顶带荣身，其在工效力并未捐银。陆祚蕃督催永定河堤工四百五十丈。陆祚蕃系原任道，休致。应将陆祚蕃加一级。再查，疏内称王梁、杨凤起所捐银两尚未全完等语，续据直隶巡抚李光地咨报，董讷所欠捐银三千五十两已经全完。今据总河张鹏翮报称，董讷已经病故等语。董讷系在南河之人，应俟南河工完，具题到日并议。其王梁捐银一万五百两，尚未完银七千四百四十五两零。杨凤起捐银一万四千两，尚未完银七千九百六十两。伊等俱经病故，其未完银两已行文各旗追取，应毋庸议叙。谨题。”（奉旨：“王继文著授兵部尚书衔。余依议。修理永定河并未动支库帑，其在工官员，俱系情愿捐修，或在工效力者，其所捐未完之银，非侵渔钱粮及为事捐赎可比，且其人亦已亡故，若行令该旗，著落家属照数追赔，殊为可悯。俱著从宽，免其追取。钦此。”）

康熙四十一年［1702］正月二十七日　工部《为钦奉上谕事》

臣等议得，直隶巡抚李光地疏称：“永定河西北老君堂等处，开挖小清河，以及两头河口打坝下埽。奉旨：‘交与分司色图浑等修理’。今据色图浑等呈称：‘挖小清河自老君堂牤牛河起，至沙堤内止，共挖河长六百九十七丈五尺，面宽二丈五、六尺至四丈不等，底宽八尺三寸至三丈不等，深六、七尺至九尺不等，并两头河口打坝下埽，共用银一千六百一十七两五钱零’等因，前来。”查，前项挑河、打坝用过银两，既经该抚查明具题，应准开销可也。谨题。（奉旨：“依议。钦此。”）

康熙四十二年［1703］十一月　吏部《为请汰河工冗员等事》

臣等会议，得吏部尚书管理直隶巡抚事务李光地疏称：“永定河两岸设有分司二员，正笔帖式十八员，副笔帖式十八员。俟今年限满后，其留用几员之处，令分司自行酌量拣选，呈明具题。永为额设。此外俱行裁去。倘分司将才具不堪与幼少未谙之人，混行保补，贻误河工者，应严定处分。又，永定河既有岁修钱粮，于抢修要紧之时，遇有雇夫、采买等事，与沿河州、县官，协同雇备。如分司发价短少，应行参处。若州县雇备怠玩，推诿贻误者，亦降清河一等，定为处分之例。再，永定河两岸分司裁去一员，止留一员总理河务，似为责任专而无彼此隔膜之异。”等因，前来。除限满正副笔帖式三十六员，应行令分司酌量拣选，具保呈明。该抚题定额设，其余俱行裁去外，如分司将才具不堪、年幼未谙之人，混行保补，贻误河工者，该抚查参照保荐不实例，降二级调用。查“定例官员应给民价，不速给迟延者，罚俸一年，半给不给者，降二级调用。竟不给者，革职，”等语。如分司遇抢修紧要之时，雇觅人夫采买物料，不速给价，或半给或不给者，该抚题参到部，照此例议处。又“定例官员奉修冲决地方，雇夫不发，或将柳埽桩木等物不行速买解送，以致迟误者，降一级调用，”等语。沿河州县官催备采买物料，怠玩推诿贻误者，分司揭报该抚题参到部，降一级，罚俸一年。其北岸分司色图浑、南岸分司齐苏勒，此二员恭候皇上裁去一员。俟命下之日，臣等遵奉施行。（奉旨：“色图浑著裁去，余依议。钦此。”）

康熙四十三年［1704］二月　吏部《为请汰河工冗员以专职守事》

臣等议得，先经臣部尚书、管理直隶巡抚事务李光地题《为请汰河工冗员等事》一疏，内称：“永定河已留正笔帖式十一缺、副笔帖式十一缺。此留用正、副笔帖式二十二缺，以二员管理钱粮档案，二十员分派两岸，保守堤河，永为定额。其应留用之员，另行拣选咨部，”等因。具题。（奉旨：“该部议奏。钦此。”）到部续准。该抚咨称：“据分司齐苏勒将舒永莪等正副笔帖式二十二员拣选顶补，”等语。又题《为请旨事》一疏内称：“查分司已将郭治补授。今正副笔帖式二十二员，照定例，留河分工领兵、雇夫、保护工程。或照清河例，交与沿河地方官。再，设同知一员，领兵雇夫，责成分司预期备料，亲身巡视，催督料理”，等因，题请。（奉旨：“该部议奏。钦此。”）到部。查，永定河笔帖式等官，先经该抚裁汰拣留在案。今或应留用正副笔帖式二十二员有益河工，或应设立同知一员，有益河工之处，相应移咨该抚定拟，具题。到日再议。（康熙四十三年［1704］二月十二日奉旨：“永定河笔帖式著照该抚所题裁去，设立同知具奏。钦此。”）

康熙四十三年［1704］二月二十日　吏部《为请旨事》

臣等议得，臣部尚书管理直隶巡抚事务李光地疏称：“分司已将郭治补授。正副笔帖式二十二员，照定例留河分工领兵、雇夫、保护工程，或照清河例，交与沿河地方各官。再，设同知一员，领兵雇夫，责成分司预期备料，亲身巡视催督料理”，等因，题请臣部议覆：“今或应留用正副笔帖式二十二员，有益河工，或应设立同知一员，有益河工之处，移咨该抚定议具题，到日再议。”奉旨：“永定河笔帖式著照该抚所题裁去，设立同知具奏。钦此。”遵查，先经原任总河王新命疏称：“将霸州知州萧士璠升授保定府管河同知，文安县知县许天馥升授河间府管河同知”等因。臣部会同工部议覆准行，谨题。（奉旨：“依议。钦此。”）

康熙四十三年［1704］二月　吏部《为遵旨请补河厅等事》

臣等议得，臣部尚书、管理直隶巡抚事务李光地疏称：“永定河照依清河例设立同知。除分司原有考成定例外，其沿河府、州、县地方官，亦应照依清河例俱兼防守之责。查，霸昌道属并无知府[①]，应将沿河之固安、永清、霸州、宛平、良乡、涿州等州县，照清河州县例[②]，霸昌道照清河知府例，定其处分。至所设永定河同知议叙、处分之处，俱照清河勒限三年为满，责任考成所有。新设同知一员，选得昌黎县知县刘之颖、乐亭县知县汤彝，勤慎干练，俱可任使。仰乞皇上钦简补授，于河务有裨。再查，所设同知有承领河兵、雇夫做工、收发、钱粮之事，似应颁给永定河同知字样关防，以防伪诈。至应给衙署、人役、俸食等项，应于同知任事后，另行咨部。”等因。具题。奉旨：“汤彝著补授永定河同知，余著议奏该部知道。钦此。”今永定河既设同知一员，其议叙、处分之处，应如该抚所题照清河例，应给永定河同知字样关防，移知礼部铸给；至应给衙署人役俸食等项，亦照所题，应于同知任事后，另行报明该部。再查，汤彝任内有捐米加一级纪录三次，今既补授永定河同知，其加一级应改为纪录一次，共带纪录四次于新任[③]。（康熙四十三年［1704］三月二十一日奉旨：“依议。钦此。”）

康熙四十三年［1704］四月　吏部《为钦奉上谕事》

康熙四十三年四月二十一日，大学士马齐奉上谕：“今日巡抚李光地启奏：‘永定河关系紧要，看得分司郭治不能河务。若河有差误，郭治与臣两人性命甚轻。但皇上以永定河之故不惜库帑费用繁多，不避寒暑风雨，屡次巡查指示，并无济益。

---

① 霸昌道［分巡］驻昌平州，辖顺天府属三州十五县：大兴、宛平、霸州、保定［县］、文安、大城、涿州、房山、良乡、固安、永清、东安、香河、昌平州、顺义、怀柔、密云、平谷。［参见谭其骧《中国历史地图集》第八册第八页后分道表］分巡道是介于省、府之间的监察区长官，故后文云“照清河知府例，定其处分。”

② 此指清河道。清河道［分巡］驻保定府，辖二府五直隶州［直属省管辖的州］：保定府、正定府、易州、冀州、赵州、深州。［府及州的辖县略］［参见上引书］。

③ 清制官员因政绩卓著例行报吏部评议，即“议叙”，通常方法是加级、记录以示奖励。

乞皇上另选人员补授。’（你问：李光地用何等之人方好？再问：“分司齐苏勒、色图浑人如何？笔帖式内有知河务可用者？奏闻。钦此。”）问得李光地回奏：‘仍设分司二员，笔帖式四十员于河务有益。’（又问李光地：“你先启奏裁汰分司一员，笔帖式一半，今又说复设为何？”）李光地回奏：‘我一时懵懂，具题裁汰，今日皇上问及河务，臣甚惶愧。乞皇上仍照前设立分司笔帖式。’问得：‘齐苏勒、色图浑在分司任内三年行走勤慎，档子房笔帖式葛鋐、皂保、崔廷栋、色白赫催筑各处工程，紧要之时分派料理，并无贻误，历练工程。皂保已升工部主事，葛鋐、色白赫候补笔帖式缺，崔廷栋候补通判缺，’”等因。具奏。（奉旨：“齐苏勒已经六年，止赴分司；色图浑在永定河三年，再留三年；皂保以主事品级补授永定河分司，连葛鋐、崔廷栋、色白赫将旧笔帖式补十员，照伊升用班次照常补用。再，补新笔帖式十员，著尔等即速赴往河工，钦此。”）抄出到部，相应移咨直隶巡抚，除将户部现任笔帖式葛鋐，候补通判崔廷栋，候补笔帖式色白赫，照例补用外，将旧笔帖式内补授七员，补授新笔帖式十员，将旧笔帖式内补授何人，新笔帖式补授何人，并伊等旗色佐领，有无品级，或系满字或系翻[5]译字样，逐一开明到部之日注册可也。

康熙四十四年［1705］十二月二十九日　兵部《为钦奉上谕事》

准吏部尚书、管理直隶巡抚事务、今补授大学士李光地咨称：“康熙四十四年二月内，本部院扈驾南巡，舟次面奏：‘请定永定河把总任满升用之例’等因。奉旨：‘永定河把总准一体考验弓马，照营头把总例，合式者，升为千总。仍在河工办事。较俸升用。钦此。’今考验得，北岸把总尹联璧，南岸把总田福生，年力精壮，熟悉埽务，兼娴弓矢，堪拔千总。造具履历，咨请给劄，并缴原领把总旧劄二张”前来。除缴到旧劄查销外，查把总尹联璧、田福生拔补千总，应如该抚所请，换给千总劄付可也。

康熙四十九年［1710］五月十四日　工部《为奏闻事》

查得，本部侍郎奏称：“臣等于三月十九日至卢沟桥，会同分司色根等，将衙门口村对直石堤一段，长一百二十丈，真武庙前石堤一段，长一百十丈，此二处石堤背后土有坍塌，以致卑薄之处，俱照所题加高培厚。自纪家庄堤起，至庞村堤止，土堤长一千五百七十丈，坍塌卑薄之处，亦照所题加高培厚。其真武庙大溜顶冲之处，甚属紧要。于此，酌量建挑水坝三座，连护堤埽用过埽二百七十丈，回龙庙旧石堤与土堤相接处，亦系大溜顶冲之处。酌量建挑水坝四座，连护堤埽用过埽三百六十个以上，共筑土堤一千八百丈，挑水坝七座，连护堤埽用过埽六百三十个，原估工料银一万三千七百八十四两六钱一分五厘。臣等节省修理建筑，除节省银三百八十四两六钱一分五厘外，实用过银一万三千四百两。将此节省银两交于节慎库收贮。用过土方并挑水坝等埽，丈尺物料工价细数，另行造册报部外，将修理完竣之处，具折奏闻。”臣等窃思，皇上爱民如赤子。特旨：“将此堤交与工部并分司等，作速修理。钦此。”臣等催趱加紧坚固修理，于五月十三日完工。此堤附近居民俱至堤所，咸称：“皇上特为小民不惜钱粮，将此堤工坚固修理。嗣后，不但我等田地无虞，即我等身命亦永得安逸”，欢呼叩谢天恩。既蒙皇上爱惜民生，动帑修理，若不差员看守，被雨水冲刷，车辆践踏，必致损坏。查得此堤原系工部每年修理。今差工部贤能章京一员看守。永定河河兵八百名内拣选熟练河兵三十名，交与章京敬谨看守。章京一年限满更替，此三十名河兵，仍令该分司另行召募。嗣后，此土堤如有冲决坍塌之处，该章京带领河兵修补。如此，不用钱粮而堤工得永远坚固矣。其挑水坝、护堤埽，倘有修补石堤坍塌之处，令该章京查明报部。臣等亲往验查，如应修理，即核算，令其修理。为此谨奏。（奉旨：“依议。钦此。”）

康熙五十五年［1716］四月二十日　工部《为遵旨速议事》

臣等议得，永定河分司根泰、齐苏勒奏称：“臣等将本年应领岁修银一万二千两，雇夫银五千两，呈请直隶总督赵世杰具题。部议：‘将五十五年下半年需用料物，动支永定河各官应赔银两，办料、雇夫如有不敷，于裁兵银内拨给银五千两，以为雇夫之用。’臣等敢不仰遵。但各官应赔银两虽经严催，不能一时即得。河工紧要时刻难缓。若俟各官应赔银两备，办物料必致有误。请照总督赵世杰题请之数，给发道库银两，以便备料。其各官应赔银两于一年内催完缴库，”等语。查，先经直隶总督赵世杰题请，续拨永定河岁修银一万二千两，雇夫银五千两。臣部以五十四年［1715］两岸分司、同知等官应赔工程值银八千二百两，行令将此银两动用办料、雇夫，如有不敷，再于裁兵银内拨给银五千两，在案。今该分司既称：“应赔银两不能一时即得，请拨给道库银两，”等语。应行该督，在于道库借给银八千二百两，其各员应赔银两，照例勒限半年，严追还项。如限满不完，将各员查明题参。又奏称：“去岁大水堤工坍塌，部议著落分守各官，现在照旧一律赔修。其两岸年久淤沙，风雨损坏，卑薄堤工，臣等欲乘农隙之际，觅夫加筑。今查，南岸沙堤，自高店起，至牤牛河闸止；北岸沙堤自鹅房起，至张客村止，共长一万一千三十三丈。南岸大堤自北村起，至郭家务止；北岸大堤自张客村起，至郭家务止，共长二万五千九百三十七丈。照旧一律加筑。除现有旧土并各官赔修月堤不敷丈尺少土不计外，共需土二十六万一千九百零三方六分以上，共需银二万五千九两九钱六分。臣等将土方丈尺细数造册，呈送直隶总督覆查后，再行兴修。其所需钱粮，或照常自道库取用，或派富户之处，相应请旨，"等语。查，前项应修两岸堤工，工程紧急，若俟派出富户，然后兴修，恐缓不济急，应动支道库银两加筑。再，该分司既称："前项应修两岸堤工需用土方丈尺细数造册，呈送直隶总督覆查后，再行兴修，"等语。应行直督，将前项堤工丈尺、需用土方银两数目，查核具题。再，该分司所奏著落分守各[6]官，照旧堤一律赔修，至坍塌堤工并赔筑之月堤，系何年何案工程，亦令该督查明报部，再议可也。谨题。（奉旨："依议。钦此。"）

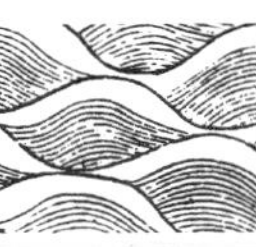

康熙五十六年［1717］四月十三日　工部《为请旨事》

臣等议得，先经总督管理直隶巡抚事务赵世杰疏称："永定河两岸应修沙堤大堤，共长三万六千九百七十丈，共需土方银二万五千九两九钱六分零。前经分司等奏准兴修。目今正值农隙之时，未便延缓。除令守道先发银二万两，乘时修理。其余银两另行找给，"等因。臣部以此项卑薄堤工需用土方银两数目，并未题估，何得即动拨道库银二万两，且卑薄土工，历年俱在拨给岁修银两培修。今分司根泰等，又于卑薄之处，复请加帮。此项堤工是否即在历年岁修之内，覆令该督逐一查明，具题。到日再议。去后，今据该督疏称："永定两岸沙堤大堤，因年久卑薄，经分司根泰、齐苏勒奏请加帮。部覆：'动支道库银两修筑'。至历年奉拨岁修银两，原为抢救下埽，非加帮之用，今现修之郭家务以上堤工，高宽丈尺俱与原估册相符，除发银二万两外，请将未给银五千九两九钱六分零照例找给"，等因，前来。查，康熙四十八年［1709］，该督题请借支加帮郭家务以下卑薄堤工银两。原称："在于各员应领银内扣抵还项"在案。今该督将此项加帮银两，是否仍在各员应领银内扣抵还项，并未声明。再，历年岁修案内培补之工段丈尺，又未分晰开明，不便即行找给。应行该督，将此等之处一并查明具题。到日再议可也。谨题。奉旨："依议。钦此。"随经分司咨覆案。查，永定河两岸老堤修筑之后，近二十年堤根屡被沙土淤埋，堤顶久经风雨残缺，以致卑薄之处甚多。此等堤岸并非疏防所致，难以责令分管员弁赔修。本司等，于康熙五十五年［1716］三月内，将此情由曾经面奏。奉旨："是，钦此。”遵于五十五年四月内，又经本司等将前项老堤应修缘由，并旧存土方，及估计应加土方银两数目缮折具奏。奉旨：“工部速议具奏。钦此。”随奉部议，前项应修两岸堤工工程紧急，若俟派出富户，然后兴修，恐缓不济急。应动支道库银两加筑。等因。题覆。（奉旨：“依议。钦此。”）

康熙五十六年［1717］十月十九日　永定河分司臣齐苏勒《为钦奉上谕踏勘河道事》

先经臣等于本年三月初五日奏称：“本年二月二十二日桃汛水发，臣自柳岔[7]口驾小舟随大溜前往查勘。永定河水由柳岔[8]口南二十里会入辛[9]章大河，转迤东南向杨芬港泻流。从前由辛[10]章通褚河港之河道，今间段淤塞，船不能行。自西沽所来盐货船只，俱由褚河港之南、杨芬港大河行走。杨芬港系数河交会之要口，现离永定河浑水不远，相去运河不过十五里。圣主深虑洞见者甚是。倘由褚河港以南渐渐淤去，目下虽属无妨，日久恐于运河有碍。再，看子牙河水直奔王家口流来，其势迅湧，大溜不让于永定河。两河相离既远，而又横隔于台头之大河。似若两不相碍。但褚河港所淤河身，原系永定河泄水之道。若将此淤塞之处，取近挑通，引永定河之水照常直会东沽港，往下出泄，则浑流可与运河相远，而辛[11]章之河道，庶不致于淤塞矣。再，看永定河水势大发之候，大溜直会辛[12]章清、浑两流，甚属迅畅。至永定河水势稍落，遇清水相敌之际，清、浑两流虽不至于迅湧，尚能汕刷，不至停沙。及至清河、永定河两水相等之候，而清、浑两流不但滞缓，且浑水又向两旁漫散，此系淤垫之端。臣请于本年麦黄、伏、秋三汛，将两河水势消长情形，历久试验，奏闻恭请圣训治理，”等因。奉旨：“候此三汛，久试细验甚好。尔加意试看，俟交冬令，朕再筹夺。其褚河港淤垫之处，暂停挑挖。亦俟冬令筹夺。钦此。”臣等候至本年麦、伏、秋三汛，详久试看消长情形。永定河水发之时，大溜抵辛[13]章会清河，清、浑两流俱属汹涌，毫无淤垫。至永定河水落，被清河之水抵敌之际，清、浑两流汕刷，而流亦不致有沙停。今岁麦汛，清、浑两河并发并消，此间俱无淤垫之状。迨至伏、秋两汛，清河之水发之于前，永定河之水发之于后，而清河之水势居强，浑水为之逼退，不能远漫，照常随清河而泻，以此不致向南淤垫，自于运河无碍。至子牙河水，由王家口泻出流入台头等河，建瓴而下，照旧顺畅，其势不让永定河流。再，看褚河港所淤之河，经今年伏、秋两汛，水势汕刷，抵东沽港四里有余，自行刷成河道。现今虽不致于甚深，俟河冻水流冰下愈可刷深之。

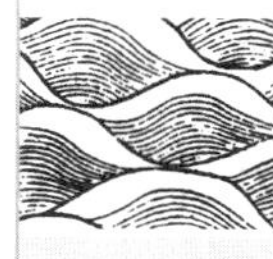

候臣等遵照圣训凿开冰孔，摇桩治理，易于疏通。但褚河港以上淤浅之处尚存，应俟来年河枯之时，酌量挑通可也。为此谨将试看情形奏闻。（奉旨：“知道了。钦此。”）

康熙五十七年［1718］二月二十三日　工部《为请旨事》

臣等议得，先经总督、管理直隶巡抚事务赵世杰以“永定河加帮堤工案内，除先动道库银二万两外，尚未给银五千九两九钱六分零，题请找给。”等因。臣部以永定河两岸卑薄堤工，历年俱在岁修案内培修。况四十八年［1709］用过加帮银两，已于在工各员应找银两内扣抵还项，并未动支正项钱粮。令该督将从前动用道库银两作何著落，确查定议，并将工程细数造册具题，到日再议。去后，今据该督疏称：“历年岁修银两原为购买料物，抢险下埽之需，其顶冲洼下之处，略行培补三、四段不等。并未将二百余里旧堤一概加帮，是此项工程不在岁修之内。至用道库银两，系奉部覆动支，原非借项可比，难照四十八年题明，借用于各员应领银内扣抵还项。致滋赔累其应找银五千九两九钱六分零，应请照数找给”等因，前来。查，该督既称历年岁修银两，原为抢险下埽之需。此项工程不在岁修之内，其动用道库银两非四十八年题明借用可比，难于各员应领银两扣抵还项等语，应毋庸议。除先给过道库银二万两外，其未给银五千九两九钱六分零，应准其找给可也。谨题。（奉旨：“依议。钦此。”）

康熙五十八年［1719］十月二十一日　永定河分司雅思海、齐苏勒呈《为钦奉上谕事》

职司等奏称：十月初一日臣等奉上谕：“今岁水大，堤工势必多有残缺。如有应行修理之处，尔等奏请。钦此。”臣等口奏：“今岁河水雨水皆大，幸赖圣主所治之河已定。值此大水，河道依然完存。石堤虽坍，因堤根大石未动，是以大溜未能外迁，土堤虽漫，而所溢之水，俱有旧河达淀。再，堤外雨水浩瀚，再再泛滥，几与堤顶相平。臣等目击村庄被围情形，仰恳圣训于河水消落之后，故将大堤挑开，俾平地沥水尽归大河。又，泥安村一带堤外沥水，亦由坍堤之口归入大河，直达淀隰。兹因清、浑两水俱由永定河出泄，所有河工、官兵、两岸居民莫不欢声雷动。钦服我皇上改河口于柳岔口之得宜也。今各处漫口，虽经陆续圈筑月堤，并下埽堵塞完竣。但两岸堤工屡经大水刷汕，兼之溜沙淤垫，以致矮薄参差不一，必须加帮修理，方克有济”，等因，口奏。奉旨：“是。钦此。”钦遵在案。臣等率领河员，将两岸经过大水甚被汕刷，参差堤工，细加量勘。南岸沙堤，自高店起，至牤牛河闸止；北岸沙堤，自鹅房起，至张客村止，共长一万一千零八丈，高三尺至五尺五寸不等，顶宽一丈二尺至一丈五尺不等，底宽三丈至四丈五尺不等。内除不甚汕刷堤岸，止将堤顶取平修理外，其余均应加至高五尺，顶宽一丈五尺，底宽四丈五尺合算。除现在旧土外，共计应用新土三万五千六百四十三方一分四厘五毫。南岸石堤，自牤牛河闸起，至北村止，共长四千四百四十丈。其背后土堤高二尺至六尺不等，顶宽八尺至九尺不等，底宽一丈四尺至二丈不等，今均应加至高八尺，顶宽一丈三尺，底宽三丈合算。除现在旧土外，共计应用新土五万零四百九十六方二分。南、北两岸大堤，共长四万四千九百八十丈，高二尺至八尺不等，顶宽六尺至一丈五尺不等，底宽二丈至四丈五尺不等。今相度地势，高矮情形，加至高七尺至八尺不等，顶宽一丈四尺至一丈五尺不等，底均加至宽四丈五尺合算。除现在旧土外，共计应用新土三十八万六千七百二十二方七分六厘。看得内有大湾之堤，今岁大涨，水被圈阻，甚费人力。似此堤工，应行取直修筑，至不甚汕刷堤岸，应止将堤顶取平修理。查得定例，沙堤每土一方应给工价银九分，大堤每土一方应给工价银一钱二分。今因易于雇夫之候，臣等严加核减，沙堤每土一方节省一分，给银八分；大堤每土一方，节省银二分，给银一钱。石工修筑背后土堤，须远方取用好土，每土一方应给银一钱二分以上，共计用银四万七千五百八十三两二钱七分一厘六毫，节省银八千零九十两八钱八分零。臣等将所估土方丈尺，细数造册，呈送直隶总督，俟工完之日查核，题销。再查，康熙四十年［1701］四月，内臣等为请节钱粮等事一案呈请题明：“将永定河河兵裁去一千二百名，每年节省兵饷银一万六千两零，内除每年用过八千余两雇夫外，自裁兵以来共节省存剩兵饷银十五万余两。原题内开其裁兵饷银解库，如遇工程紧急时，雇募民夫，”等语。今年堆修卢沟以南沙冈，已奉部题明：“拨给过三千两雇夫应用。今前项工程，或仍动用此项节存饷银，或另派富户修理之处，伏乞圣裁”，谨奏。奉旨：“著派富户。钦此。”钦遵，今派出正黄旗汉军原任知府董天锡，正红旗汉军御史张国栋到工，理合呈明。

康熙五十八年［1719］十月二十一日　永定河分司雅思海、齐苏勒《为请旨事》

窃查，今岁清、浑两水并力将郭家务以下河身汕刷甚深。向年淤埋排桩露出数处，两岸河涯犹如皇上治河之时高至五、六尺不等。其郭家务以上，皇上指示之挑水坝共二十七座，经今岁大水，所有危险堤工数处，赖此挑水坝之益，堤岸无妨，得以完存。但此项挑水坝工既经年久，又屡被大水汕刷，以致朽埽蛰陷，桩木歪折者居多。须于汛前速为加厢修理，以资防御。查，挑水坝工甚有裨益，如有应添之处，应再酌量创行添修。其需用银两，除岁修钱粮之外，请动道库银六千两，以便及时兴修。工完之日，将修过丈尺，用过物料、钱粮数目，分晰造具细册，呈送直隶总督查核，题销可也。为此谨奏。（奉旨："著派富户。钦此。"）

康熙五十九年［1720］二月十二日　工部《为钦奉上谕事》

查得，永定河分司雅思海、齐苏勒呈称："遵旨将两岸被大水汕刷不齐之堤，又皇上指示之挑水坝，并应添筑之挑水坝，率领所派富户董天锡、张国栋修理。董天锡出银四百两，张国栋出银四千两，止修理挑水坝，共二十四座。其旧挑水坝三座，并新添应筑挑水坝六座，富户董天锡等不肯出银备料。奴才等恐有贻误，率领河员将新旧挑水坝垫办完竣。又，修堤银四万七千五百余两，富户等分厘未出，屡次催促只说不能，各相推诿。伊等蒙皇上洪恩，为官出过大差之人，理应诚心效力。今将挑水坝不照数修完，又帮筑堤岸银两推诿贻误，应交该旗确查家产。如有隐匿，交与该部从重议处。今正值水发，应预备修理之时，或将裁汰河兵节省钱粮，暂动给修完竣，将此项银两仍著落伊等赔还。或另派富户修理之处请旨，"等因。前来。查，永定河工程关系紧要，若咨查该旗，俟查明之时，再行修理，必致贻误。应如该分司所请，将裁汰河兵节省钱粮，暂行动给修理。其董天锡、张国栋，应交与各该旗确查伊等家产，如果有隐瞒之处，交与该部从重议处。将所动钱粮著落伊等家产赔还原项。若无隐瞒，实系不能，该旗保题到日，臣部题请另派富户，将此项钱粮即著落所派富户补还原项可也。谨奏。（奉旨："依议。钦此。"）

康熙五十九年［1720］　工部《为钦奉上谕事》

查得，永定河分司雅思海、齐苏勒呈称："永定河参差堤工与挑水坝，及应添修之处，奉旨派出富户原任知府董天锡、御史张国栋到工，止据捐过银四千四百两，修过挑水坝二十四座。其未完之坝，河员恐有贻误，垫办完竣。其修堤银两分厘无交，随经具折参奏。部议将裁汰河兵节省钱粮暂动修理，另派富户著落补还。又，五十九年岁修等银，俱著富户补项，在案。今旧富户张国栋等奉旨宽免，而代伊等之富户有无派出，未奉部示。窃思，前借库银难容久悬，而张国栋等所修之挑水坝工，例有保守，自应著落代伊等派出之富户保守，今应派富户未到前项捐工，不便动用正项钱粮。伏乞迅派富户催令赴工，一面指示应守坝工，一面行令赴库交帑。再，永定河水势无定，每年所用钱粮难以画一。今既派出富户，所有拨剩钱粮如有存剩，应还富户，如或不敷，仍令富户出银办料"，等因，前来。查，本年五月二十日，奏事双全，将修理永定河用过银八万三千五百余两，派富户补还一案，启奏。奉旨："派出谢履厚。钦此。"当经行文直督，并劄该分司知照在案。今再行传催谢履厚速赴道库，将前项拨借银两照数补还原项。至建坝筑堤保守工程系河员专责，如有蛰陷，该分司即应修补。且永定河两岸绵长不过二百余里，每年岁修用银亦不过二、三万两。今五十九年，除张国栋等捐银四千四百两外，该分司又动用库银八万三千五百余两。比照往年用过银两甚属浮多。应劄该分司，将修过工程，核减造册，报销之日，再议可也。

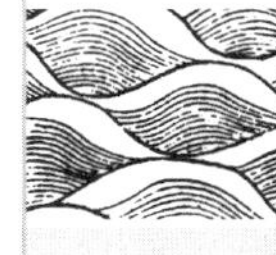

康熙五十九年［1720］　工部《为钦奉上谕事》

查得，永定河分司雅思海、齐苏勒呈称："奉部劄开，五十九年动用库银八万三千五百余两，比照往年甚属浮多。为查永定河两岸，共长四百余里，水势奔湍，不下黄河。每年准销岁修银两，有三万六千以至三万九千余者。惟是工程多寡原无额定。因去年水势奇涨，危若累卵。蒙皇上特派富户修理堤工，此八万三千五百两之内，有四万七千五百余两系修堤之用，并非全用于岁修。其挑水坝系圣主亲指修筑。因年久朽坏，去年奏明，奉旨特派富户整复之工，更与岁修无涉。至岁修银两，原以防护堤工新旧险要之用。今岁两次拨银三万六千两，较与准销之数尚属减少，并无浮多。且去年汛水浩大，险工甚多。今岁抢修必须加倍，方资捍御，未便以往年钱粮之数目为浮多也。再，谢履厚系特派修理永定河之员，自应飞骑到工，跟同办料，急公抢修。如钱粮不敷，即行捐出；如用余剩，亦便领回。今派出五旬，既不赴库还项，又不亲身到工，似此规避，殊非臣子之谊。且永定河出银捐工人员，题定保固三年。谢履厚系代张国栋等派出之富户，则张国栋等捐修之坝，自应著该员保固。今并未到工，前项捐修之坝，在在沉蛰，应动支何项钱粮修理，伏候部示。再，奉部续拨岁修等银一万五千两，今经两汛，已经支用银一万一千两。现在汛水频发，抢修急若星火，除飞请直督拨给四千两以济急用外，倘嗣后水势浩大，钱粮不敷，或再呈请题拨，或仍著谢履厚捐出，亦请大部裁示。至奉部劄建坝、筑堤系河员专责，但永定河分管领帑承修之工，例应河员保固。至富户捐修之工，俱系富户自行保守，”等因，前来。查，永定河两岸堤工，每年题请拨给岁修银两案内，俱称将两岸卑薄堤工加高培厚，是岁修帮堤总属永定河工程。今称五十九年动支库银八万三千五百余两，内四万七千五百余两系修堤之用，并非全用于岁修。在该分司竟将一处工程分作两项矣。且今岁岁修帮堤，共动支道库银八万三千五百余两，较比往年甚属浮多。凡有应修之处，总在该分司所估之内，何得又有：“倘钱粮不敷，或呈请拨给，或仍著富户捐出”之请也。且借动道库银两，前经两次题明。俟派出富户著落补还原项，等因。奉旨：“依议。”钦遵在案。康熙五十九年五月二十日，奏事双全，将修理永定河用过银两，派富户补还，启奏。奉旨：“派出谢履厚。”是谢履厚奉旨派出，原只令其补项，并未令其赴工。今本部已经催令速行照数补库。至该分司所领道库银两，早已修筑堤工。则保守防护，系在河员，何得又令富户保固。再，挑水坝工系张国栋等捐修。如有沉蛰，该分司即动支所领道库银两补修。并将应修之处，照原估银数相机修防。不得推诿，以致贻误可也。

康熙六十一年［1722］二月十二日　工部《为钦奉上谕事》

臣等议得，总督管理直隶巡抚事务赵世杰疏称：“永定河南、北两岸沙堤、大堤，并南岸石工背后土堤，因康熙五十八年［1719］被水汕刷，经分司雅思海、齐苏勒估计，修筑原计工料银四万七千五百八十三两零。今据两岸分司呈报，于五十九年［1720］九月二十六日完工。委员丈勘，悉与原册相符。除节省银一百二十三两二钱零外，实用土方银四万七千四百六十两零，”等因。前来。查，前项工程，既经修筑完工，共用过银两，应准开销。其节省缴还银一百二十三两二钱零，贮库为河工之用，可也。谨题。（奉旨：“依议。钦此。”）

［卷十校勘记］

〔1〕“灿然”误作“烂然”。据前后文意改。

〔2〕“梦”原作“萝”［“梦”的繁体字］，因形近误作“萝”。改“萝”为“梦”。

〔3〕“疲”原作“罷”［简化为“罢”］，按“罷”通“疲”，故改“罢”为

“疲”。

〔4〕工部《为钦奉上谕事》，未按年月顺序排，本应排在康熙四十年九月二十九日工部《为钦奉上谕事》一折后，康熙四十二年十一月吏部《为请汰河工冗员等事》一折前。此折原书挪至该处，现此处保留原年月题目。

〔5〕清文献中“翻译”一词通常写作“繙译”，此处原作“番译”，现改为当今通用词语“翻译”。

〔6〕“各官”误为“客官”，据上下文意改。

〔7〕、〔8〕两处“柳岔口”误为“柳乂口”。据卷一图，图四十九及图说、图五十及图说都为柳岔口，改“乂”为“岔”。

〔9〕、〔10〕、〔11〕、〔12〕、〔13〕五处“辛章”都误为“新章”。据卷一上引两图及图说都为辛章，今《河北省地图册》霸州图也为辛章，改“新”为“辛”。

卷十一　奏议二

（雍正元年至四年）

雍正元年［1723］十月初二日　北岸分司兼南岸分司苏敏《为钦奉上谕事》

本年九月十九日，奉兵部侍郎牛钮传上谕："永定河南岸分司雅思海，这许多年，每年花费钱粮，并未加谨修理，著革退分司。将伊所侵欺，著竭力自备，在河工效力行走。若效力好，朕复起用；若不效力，从重治罪。北岸分司苏敏，兼理南岸分司事务。南岸同知全宝，兼北岸同知事务行走。将所补北岸同知调来，另行补用。彼处笔帖式甚多，交与分司酌量留用，其余启奏发回。尔子銮仪卫主事穆尔泰，调补通州河工主事，著不时巡查永定河工程。銮仪卫主事员缺，著另行补人。尔下旨与舅舅隆科多看[1]。尔子穆尔泰人去得明白，可成就。钦此。"臣查得，永定河笔帖式二十员，实属过多。圣上所见甚明。今钦遵，将南岸笔帖式关福、德宗、费扬阿、哈什泰、五十九、岳林，北岸笔帖式福寿、常寿、黄海、席柱、阿音达德勤，此十二员留用。将南岸笔帖式森忒、赫巴勒、永寿、西柱，北岸笔帖式七格、温拜、常奇、赵明，此八员发回。又查得，永定一河古名无定，平时水势迅湍，人力尚可支持。时遇麦、伏、秋汛，淫雨连绵，举凡谿涧之水，莫不灌注于此河。郭家务以上，尚可容纳。自郭家务以下，两堤相去甚近，水被夹束愈加汹涌。且浑水沙泥过半，河身易淤，而沙性之堤又复易溃。故前任谙练河工之员，每不能保其安澜。已蒙圣上洞鉴。臣蒙除授北岸分司，方在昼夜惶惧，恐不能称其职守。复蒙皇上特旨，著臣兼理南岸事务。隆恩擢用。臣敏虽竭尽心力，实不能报答。但钦工重大，河性靡常，更兼汛期水势浩大，不能往返过渡，倘有顾此失彼之虞在。臣获罪之事小，而上负圣恩，下害生民，即万死亦不足赎。窃臣查得，郭家务以下因河堤窄狭，水势汹涌，凡有冲决，俱在郭家务以下之处。若值汛期，水势浩大，臣一身不能周到，惟赖分管人员看守。此等人员，必得家道殷实，有能之人方能称职。以臣愚见，自郭家务以上，仍交现在留工之福寿、关福等看守。照依旧例遵行外，郭家务以下至柳岔口，每岸分派三工。将各部院衙门家道殷实，为人妥当之笔帖式，拣选六员按旗出结，送往河工。令其看守两岸六工。若三年无过，不论有无捐埽，即行报部议叙，以应升之缺即补。如有本身效力捐埽者，则加倍议叙。倘三年之内有冲决之处，着落伊等家产赔补。如此，则看工官员，自保家产，奋力功名，于河工大有裨益矣。伏乞圣上睿鉴，交与该部，拣选六人赏给。俟此六人到工之日，将现在留工十二员内，再行拨回六员。为此不胜惶恐，谨奏。请旨。（本日奉旨："著吏部会同兵部侍郎牛钮议奏。钦此。"）

雍正元年［1723］十月二十二日　兵部侍郎牛钮《为钦奉上谕事》

臣奉旨："主事穆尔泰巡查永定河堤工，启奏。"去后。今穆尔泰回来呈称："我复思永定河工程，务将现有旧工丈尺得以明白，后日新添修筑工程之处，方可查核。率领分司苏敏，与同知全宝、千总王凤康等，自卢沟桥起，至柳岔口止，丈量得南岸堤长共一百七十九里，此内石堤二段，共长三十一里有余。下埽工程六十六段，共长八百七十七丈五尺。镶垫工程一百十段，共长一千六百三十八丈七尺。北岸堤长共一百八十五里，此内沙堤长二十四里有余。下埽工程三十九段，共长四百七十八丈五尺。镶垫工程九十五段，共长一千六百四丈二尺。南、北两岸之堤，相隔宽五十二丈至七百七十五丈不等，河身宽十八丈至八十三丈不等。堤内自水面至堤顶高五尺至一丈一尺不等，堤外自堤底至堤顶高一丈一尺至一丈五尺不等，以上所有之工程丈尺，取分司用印细册存案。明年至兴工之时，我先看伊等物料，不时加谨巡查。工程俱已完竣，分司照例报明巡抚，我对册除去旧工，将新添工程查核。至南岸金门闸相近石堤，旧河口亦不远，甚属要工。今被水刷坏，甚属危险，相应作速保护修理。已明白行文分司苏敏等，自卢沟桥至柳岔口止，谨绘全河图样。奏览"，等因。具呈前来。臣看主事穆尔泰绘图呈称："建筑金门闸，系圣祖仁皇帝睿算，将牤牛河清水引入，抵挡浑水汕刷，永定河河底深通。初筑之时，牤牛河河身高，永定河河身低，清水由小清河易于入闸，甚属有益。今已年久，永定河河身淤塞，反高于牤牛河河身，清水不能流通，金门闸又刷坏。现在抵冲大溜之处，甚属危险。此河系数百万银两建筑。今金门闸如不坚固修理，若此处冲决，永定河全[2]河之水复入旧河，而河致迁移，不但临近州县受害，而先前之建筑俱属空虚。郭家务以下两边之堤，现虽加高培厚，钱粮亦属糜费，关系甚要。”牛钮受圣主之恩甚重，稍有见处，何敢不言。臣欲会同巡抚李维钧率领穆尔泰、苏敏，亲诣金门闸确勘，相应作何坚固修理之处，详议具奏。为此，将穆尔泰绘图一并谨敬奏览，请旨。（奉旨：“依议。李维钧著来工所，尔等会看具奏。钦此。”）

雍正元年［1723］十一月初六日　兵部侍郎牛钮等《为钦奉上谕事》

臣在金门闸会同直隶巡抚李维钧、主事穆尔泰、分司苏敏查得，金门闸现有旧埽甚属卑薄。埽面上自三尺至七尺不等，镶垫修理旧埽外面，添下埽二道。金门闸东溜，应建鸡嘴坝一座，周围长二十一丈，尾宽六丈五尺。鸡嘴坝东溜顶冲，相应护崖下长五十丈，近水埽二道。金门闸下溜之处接旧埽，下长一丈，顺水埽二道。以上应添之埽，俱下埽，高八尺。埽面上铺垫秫秸、草、柳枝，高七尺，垫土钉管心桩。应新添筑堤共一百九十丈，顶宽二丈，底宽五丈，高六尺至一丈不等。接新添筑堤茅草营之处，有旧大堤一段，长四百五十丈。此顶宽只六、七尺不等，底宽一丈三、四尺不等，高二、三尺不等，甚属卑薄不堪。今将此加高六、七尺不等，顶宽二丈，底亦宽五丈，加帮修筑。以上工程物料工价，估算需银共五千六百十四两九分七厘八毫，所需银两于道库给发。分司苏敏于年前全备物料。所备物料令主事穆尔泰查看。明春开冻，苏敏亲身拣看，坚固趱修。工完报巡抚转奏闻。又查得，修筑永定河工程并不用硪。只将土沙堆至丈尺，面上用石硪坚筑。堤土甚松，或被风卷去，或被雨水刷溜。水长至此，易于蛰陷。是以，每年易致冲坏。要坚固堤工，全赖硪打筑。嗣后，坚筑堤工，铺土一尺，泼水，用铁硪打筑至七寸。为此，绘图谨奏览，请旨。（奉旨：“好。依议。钦此。”）

雍正元年［1723］十二月十九日　兵部侍郎牛钮《为奏闻事》

据臣看得，永定河分司苏敏、主事穆尔泰呈称：“永定河郭家务至柳岔口南、北两岸，堤共长二万六百丈。其加高者，遵照钦差并直隶巡抚前奏：‘自一尺至五尺不等’。估计其培厚者，依照巡抚面谕：‘不甚险者俱照旧式，至险者，加厚料估之丈尺’估计。再，本年清凉寺漫溢之处，虽经堵筑，犹恐未坚。估计月堤一段长三百八十丈，顶宽三丈，底六丈，高一丈一尺，以上共需土五十一万八百七十方零，连硪夫工价，共需银六万七千五百六十二两零，”等语。查，伊等呈送册内估计之土方丈尺，硪夫银两数目，俱各相符。并请动用道库钱粮，以便明春开冻及时兴修等因，分司苏敏等，业已咨明抚臣。应俟该抚另行具题请旨外，伏思，圣主轸念万姓，动帑加培堤工，关系重大。应交与分司苏敏，于明春开冻与工之时，亲行督修坚固行硪，务于雨水前趱修完竣。仍令主事穆尔泰不时往来，加谨巡查，俟工完呈报。到日，臣同抚臣亲诣堤工，按册查核，倘丈尺不敷，修筑草率，即行指名题参，著令赔修可也。为此谨奏。（奉朱批：“好。知道了。钦此。”）

雍正二年［1724］六月十五日　工部《为钦奉上谕事》

臣等会议，得直隶巡抚李维钧奏称：“永定河堤岸业已动帑培修，尚有淤塞之处应行挖挑。自柳岔口起，至王家园一带，内有淤塞，河路高低不等，共计一千一百丈。估计工料银三千三百三十四两有奇，所需无多。培修堤岸银两尚有节省，仅足敷用。当严饬挑挖深通，使河水畅流。查，郭家务最为紧要，第七工历年受水冲刷，尤为至险，所修堤岸自应加培坚筑。今查勘，堤根半系沙土，帮筑沙土甚松，岂能防护急溜？即当飞行专管及分修各员，另用胶土培筑坚固。至永定河两岸，一遇水涨溜急，便难挽渡往来。分司、同知有统辖之责。今两岸归并，深虑一时兼顾不及，可否照旧分设，伏候圣裁。等因。前来。”查，先经兵部侍郎牛钮奏称：“柳岔口之处，现在虽无淤塞，但河势不定。如有淤塞之处，两分司确勘报于巡抚请旨，挑挖等因。”在案。今该抚既称：“柳岔口起，至王家园一带内有淤塞，应行挑挖，估计工料银三千三百三十四两零。请于修堤节省银内动用，”等语。应如所请，速行挑挖深通，工完造册。具题查核。至郭家务第七工堤根，该抚既称：“系沙土帮筑，不能防护急溜，令分司各员培筑坚固，”等语。应严饬专管及分修各员，培筑坚固，以保无虞。又疏称：“永定河两岸一遇水涨溜急，便难挽渡往来。分司、同知有统辖之责。今两岸归并，深虑一时兼顾不及，可否照旧分设，”等语。查，北岸分司兼理南岸分司，南岸同知兼理北岸同知，系奉谕旨令其兼理南、北两岸，原未缺官。况河工之要，全在平日预为筹画，修筑坚固，不时巡查防护，方于工程有济。半年以来并不议及。今正值伏汛之时，该抚题请照旧分设统辖，分司、同知明系预为推却之地，倘水涨溜急耽误工程，虽多员亦属无济。应将该抚所请照旧分设之处毋庸议。谨题。（奉旨：“依议。钦此。”）

雍正三年［1725］八月初五日　工部《为遵旨秉公回奏事》

臣等议得，直隶总督李维钧疏称：“雍正三年四月二十一日，蒙皇上发交条奏永

定河一折。谕臣：‘秉公回奏。钦此。’于五月十五日，刑部员外郎觉罗明寿到保，钦遵圣谕：‘将河工利弊情节，两相讲论。’谨将永定河工程应分别节省并治理各条，分晰敬陈，”等因。具题前来。

一、该督疏称：“原奏永定河每年险修，雇夫等银共三万一千两。多有浮销之款。臣查，永定河工钱粮历年报销原无一定。有报销二万五、六千两者，亦有报销三万三、四千两者，其中岂无浮冒？河员俸工无几，食用沾润，自荷圣明洞鉴。若照原奏节省，则减去一半，诚恐藉口工程卑薄，兴起十万八万工程，为此不敢过于节省。议于上半年民夫银内节省二千两，下半年民夫银内节省一千两，共节省银三千两。嗣后，管工各员领银若干两，办料若干件，务令报臣衙门委员验看。若分司、同知发银不实，管工各员办料不足，臣即参究，”等语。查，河工关系紧要，若遽节省一半，诚恐工程卑薄。但钱粮国[3]帑攸关，虽云河员俸工无几，岂容任意浮销。抑且工程险易无定，节省势难画[4]一。若遇平易工程，岂止节省银三千两。且河工向有先估后销之例，嗣后永定河如遇紧急险工，一面动用料物兴修，一面将工程段落丈尺、需用工料银两数目，造册具题。其岁抢工程，亦令先行题估，工完之日造册题销。至分司、同知倘或发银不实，管工各员办料不足，有令具空领等弊，该督即行查参，从重治罪。

一、该督疏称：“原奏请停长垫名色一款，臣查，各员领银买料恐有冒开，应将长垫一项停其报销。如遇水险工大，购料不敷，令其飞报臣衙门，委官确查。即于平易工程所备料物拨用，”等语。查，工程险易靡定，料物自须预备以防急需。但永定河素有平易工程预备料物，其长垫银两理应不准报销。如水险工大，飞报总督衙门，委官查确。即于平易工程，所需预备物料拨用，仍令具题。工完之日核明，据实题销。其长垫名色，永行停止报销。

一、该督疏称：“原奏应行将河兵减去一半，如遇下埽、打桩之时，即于节省饷银内雇夫一款。臣查，永定河河兵原系二千名，康熙四十年，前任抚臣李光地题裁一千二百名。每工拣存三十名，现存八百名。若遇工程紧急，以裁兵饷银临时雇夫，虽少节省，但永定河两岸共长三百五十余里，每工需人巡防。今若再减一半，恐鞭长莫及。第河兵每有坐食之时，每工三十名似属縻费。应于八百名内减去二百名，可节省银二千八百余两。若遇下埽打桩之时，人不足用，应行雇夫。即于原拨雇夫银七千两内动用，”等语。查，永定河两岸共长三百五十余里，每工现有河兵三十名。应如该督所题，于八百名内有老弱不力者，减去二百名。永定河两岸工程险易不一，应令该督将所存兵六百名，照工段之险易拨兵防守。仍将某工裁减若干之姓名，于花名清册内分别造送报部。若遇紧急工程，人不足用，另行雇夫，即于原拨雇夫银七千两内动用，仍造入估计册内题报。

一、该督疏称："原奏请按时价采买秫秸一款，臣查，秫秸价值原无一定，从前每束一分，虽不甚贵，然丰收价钱徒饱[5]官橐，歉岁价昂必致民累。嗣后，应照时价采买，"等语。查，秫秸价值固无一定，然每束一分，历年已久。且各处工程俱有定价，若照时价采买，诚恐任意低、昂。况原条陈内秫秸每万束价银一百两时价采买，一万束价银不出五、六十两。嗣后，每束一分应减去三厘，准其八厘永为定例。应将该督照时价采买秫秸之处，毋庸议。

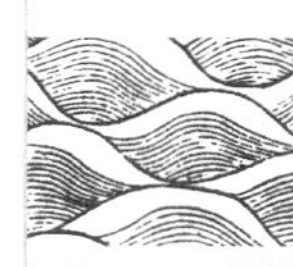

一、该督疏称："原奏裁撤笔帖式，添设把总二款。臣查，笔帖式内，原多假冒殷实，希图限满即升。然分工防守，多资效力。若遽裁撤笔帖式，添设把总，不特有添俸薪之费，且恐官单力薄，必致误工。今议得，拣选笔帖式是否殷实，必须本旗都统出结报部，则虚冒殷实之弊自绝，"等语。臣部移查吏部回称："现今永定河笔帖式共十二员，俟缺出时行文各部院衙门。家道殷实情愿赴工效力者，拣选发往，"等因。嗣后，遇有笔帖式缺出，令各部院衙门拣选发往，仍取该旗都统家道殷实印结。如有希图限满即升，假冒家道殷实者，该督查出即行指名题参，交与该部从重治罪。并将拣选发往之上司，出结该旗之都统、参[6]领、佐领、骁骑校①，一并交与该部议处。

一、该督疏称："原奏埽坝皆指旧作新。嗣后，如鼠洞冲决，该管人员治罪，将款内节省银两，委员估修，册报工部一款。臣思，分管人员遇鼠洞冲决，若止治以罪，不令赔补，又恐膜视河工。况冲决之处，将款内节省银两估修，则节省徒为误工之员所费。至委员修工完后，复行报部委验河员，不无一番应酬。嗣后，或有鼠洞冲决，应仍著该管之员依限赔修。倘有指旧作新情弊，即将分管之员咨革，责令失察之分司、同知分赔。"等语。查，防守修过堤岸，乃分管官员之专责。如鼠洞冲决，即著落该管官，限日赔修。如限内不完，及修过工程不坚，即将该管官即行参

① 都统、参领、佐领、骁骑校，按清八旗制，每旗最高长官为固山额真，顺治十七年［1660］定汉译名为都统。其副手为左、右梅勒章京，汉译名副都统。都统掌一旗的户口、生产、教养和训练。下设甲喇章京，汉译参领，一参领辖五牛录。牛录为八旗最基层编制单位，三百人设牛录额真，后称牛录章京一人，掌所属户口、田宅、兵籍、诉讼等事，汉译为佐领。骁骑校满语分得拨什库，佐领内的小吏，管理文书、粮晌庶务。

革，仍令赔修。至分司、同知有监察之责，倘有指旧作新，捏报情弊，即将该管官参[7]革赔修。仍令失察之分司、同知公同分赔修理。

一、该督疏称："原奏永定河下梢淤沙，以致冲决，请嗣后作何挑挖、深阔一款。臣查，永定河水势激湍，下梢一淤不能畅流，必致冲决。嗣后，每岁水枯之后，臣即委员会同分司在淤浅之处，量地之远近、宽窄、深浅，共有若干工程，应需银几何，公同刨挖如式，则水自畅流，两岸可保，"等语。查，河水冲决堤岸，皆因下梢淤沙不能畅流之所致。嗣后，遇水枯之时，即遴委熟练干员，会同分司确勘。如有应挑之处，即将工程丈尺、所需银数，造册具题。仍将用过银两数目，据实题销。倘有捏称淤浅，希图冒销情弊，该督即行查参[8]，交与该部严加治罪。

一、该督疏称："原奏委员查验，必遴老成练达之员一款。嗣后，拣选老成练达之员查验，务将利弊确查详覆。如有徇隐一并附参[9]，"等语。查，修过工程如不另委官员查看，不无捏报情弊。嗣后，查勘做过工程，该督务必遴委练达老成官员据实查看。如有徇隐情弊，一并题参[10]可也。谨题。（奉旨："依议。钦此。"）

雍正三年［1725］十二月　和硕怡亲王、大学士朱轼《为敬陈水利等事》

钦惟我皇上宵旰勤劳，无刻不以民依为念。兹因直隶偶被水涝，截漕[11]发仓①，多方轸恤，被水穷民，既皆得所。犹命臣等查勘各处情形，兴修水利，务期一劳永逸。所以为民生计至矣，尽矣。臣等虽才识浅陋，敢不殚心竭力，以求仰副圣怀。自出京至天津，历河间、保定、顺天所属州县，所至相度高下原委，并谘访地方耆老，所有各处情形大略，谨为我皇上陈之。

窃直隶之水，总会于天津，以达于海。其经流有三：自北来者为白河，自南来者曰卫河，而淀池之水贯乎白、卫二河之间，是为淀河。白、卫为漕[12]艘通达之要津，额设夫役钱粮，责成河官分段岁修，而统辖于河道直隶总督。迩年以来，白河安澜，无汛溢之患，惟饬河道官员加谨防护，可保无虞。卫河发源河南之辉县，至山东临清州与汶河合流东下，河身陡峻，势如建瓴。德、棣、沧、景②以下，春多浅

① 截漕发仓，指截留江南运送的漕粮，发放仓储粮食，用于赈灾。

② 德：山东德州；棣：山东无棣；沧：河北沧州；景：河北景县（今属河北衡水市）。

阻，一遇伏、秋暴涨，不免冲溃泛溢。查，沧州之南有砖河，青县①之南有兴济河，乃昔年分减卫水之故道也。今河形宛然，闸石现存，应请照旧疏通，于往时建闸之处，筑减水坝以泄卫河之涨。又，静海县之权家口溃堤数丈，冲溜成沟，直接宽河，东趋白塘口入海河。亦应就现在河形逐段开疏，于决口筑坝减水，均于运河有益。白塘口入海之处，旧有石闸二座。砖河、兴济二河之尾，应开直河一道，归并白塘出口，涝则开闸放水，不惟可杀运河之涨，而河东一带积涝亦得藉以消泄。且海潮自闸内逆流，遇天时亢旱，则引流灌溉，沟洫通而水利溥。沧、青、静海、天津数百里斥卤之地，尽为膏腴之壤[13]矣。至沿河堤工大半低薄，应饬修筑高厚。仍令总督将玩忽河官恭处，以警将来。此治卫河之大略也。至东、西二淀，跨雄、霸等十余州县，广袤百余里。几内六十余河之水会于西淀。经霸州之苑家口会同，河合子牙、永定二河之水，汇为东淀。盖群水之所潴蓄也。数年以来，霸、雄等州县各淀大半淤塞，惟凭淀河数道通流。一经暴涨，不惟淀河旁溢为灾。凡上流诸水之入淀者，皆冲突奔腾，漭泱无际，总缘东淀逼窄，不能容纳之故也。故治直隶之水必自淀始。凡古淀之尚能存水者，均应疏浚深广并多开引河，使淀淀相通。其已淤为田畴者，四面开渠，中穿沟洫。洫达于渠，渠达于淀，而以现在淀内之河身，疏瀹[14]通畅，为众流之纲。经纬条贯，脉络交通，泻而不竭，蓄而不盈，而后圩田种稻，旱涝有备，鱼鳖蜃蛤萑[15]蒲之生息日滋。小民享淀池之利，自必随时经理，不烦官吏之督责，而淀可常治矣。周淀旧有堤岸，加修高厚。无堤之处，量度修筑。其赵北、苑家二口，为东、西两淀咽喉。赵北口堤长七里，现在板石桥共八座，俱应升高加阔。并于易阳桥之南添设木桥一座，堤身加高五、六尺，桥空各浚深丈余。每桥之下，顺水开河直贯柴伙淀。而东范家口之北，新开中亭河，近复淤塞，应疏浚深广。其上流玉带河，对岸为十望河，旧道应自张青口开通，由老堤头入中亭河，会苏家桥、三岔口达于东淀。庶咽喉无梗，尾闾得舒，可无冲溢之患矣。子牙、永定二河以淀为壑，淀廓而后河有归，亦必河治而后淀不壅，此治二河之法，所当熟计也。子牙为滹、漳下流，清浊二漳发源山西至武安县交漳口，流经广平、正定，

---

① 青县：河北青县，今属沧州市。

而滹沱、滏阳大陆之水会焉①。蔡沈《禹贡注》云："唐人言漳水独自达海，请以为渎。②"可知天津归海之水，以子牙为正流，其余诸水皆附之以达于海者也。夫以奔腾注海之势，遮之以数百里纡回曲折之堤，河身淤垫高于平地，两岸相距不过数丈。旧时，支港岔流一槩堙塞，欲其不冲不泛，安可得乎？考任邱"旧志"，子牙下流有清河、夹河、月河，皆分子牙之流同趋于淀。今宜寻求故道，开决分注，以缓奔放之势。

永定河俗名浑河，其源本不甚大，所以迁徙无定者，缘水浊泥多，河底逐年淤高。久之，洪流壅滞，必决向洼下之地，其流既改，故道遂堙。益水性就下无定者，正其所以有定也。今应于每年水退之后，挖去淤泥，俾现在之河形不致淤高，庶保将来不复迁徙。二河出口俱在淀之西，淀之淤塞实由于此。臣等面奉上谕，令引浑河别由一道，此圣谟远照，经久无弊之至计也。今应自柳岔口引浑河，北绕[16]王庆坨之东北入淀。子牙河现由王家口分为二股，今应障其西流约束归一。两河各依南、北岸，分道东流，仍于淀内筑堤，使河自河，而淀自淀。河身务须深浚，常使淀水高于河水。仍设浅夫随时挑浚，毋令淤塞。两河、淀河之堤至三角淀而止，盖[17]三角一淀为众淀之归宿，容蓄广而委输疾，但照旧开通，逐年捞浚。二河之浊流自不能为患，而万派之朝宗，可得安澜矣。此廓清淀池，调济二河之大略也。

再，各处堤防冲溃甚多，应俟堤内水泄，兴工修筑。其高阳河之柴淀口，河身南徙，旧河淤塞断流，应速挑浚，复其故道。新河之南界，连任邱有古堤一道，亦冲溃数段，以致任邱西北村庄尽被淹没。鄚州③一带通衢，亦宛在水中。现今，任令详请开挑淀堤，消泄亦应俟水退之后，照旧修筑，并垫高行路，以便往来。又新安④之雹河，自西折东远县治之南入淀。而徐河会入漕河，复自刘家庄泛滥而下。新安

---

① 大陆之水，指古大陆泽，又名巨鹿泽，在河北省南部任县、巨鹿、隆尧县之间，源出内丘。太行山东麓众水多汇注于此。唐时东西二十里、南北三十里。清时或称有南北二泊，南泊即大陆泽，北泊为宁晋泊。漳河为其下游。清以来逐渐淤浅，现已成平地。

② 蔡沈［1167—1230］南宋学者，字仲默。建阳［今属福建］人。隐居九峰，学者称为九峰先生。曾师从朱熹，专习《尚书》历数十年，博采众说，融会贯通，著《书集传》，元代以后成士人考试的标准。《禹贡注》是著述之一。在该书中曾指出漳河唐人认为曾独立入海，有"请以为渎"之说。渎即为大川。《尔雅·释水》："江、淮、河、济为渎，四渎者，发原注海者也。"

③ 鄚州，今河北任丘县北三十五里的鄚州镇。本战国时赵邑，汉置为县，唐置为鄚州，宋省。

④ 新安，旧县名，元分容城县置新安县。明仍之，清道光十二年［1832］以县属安州，民国初与安州合并为安新县，县治新安镇。

正当二河之冲，每遭漂没之患，应于三台村南开河一道，引漕河之水会入雹河，由县之正北入应家淀。南岸筑堤以护县治。凡县属之大小殷淀，俱可以圩田种树，甚为有益。凡如此之处，不少尚须逐一查勘。并天津海口、京东、畿[18]南等处，统俟来春查明具奏。谨将勘过情形，绘图恭呈御览。伏乞皇上睿鉴指示。臣等未敢擅便，谨奏。钦奉上谕（恭录卷首）。

又，敬陈京东水利。窃河道有经有纬，而纬常多于经，所以资节宣利挹注也。臣等历看京东之水，若白河，若蓟，若洰①，以及永平②之滦河，皆经流之最大者。

白河为漕运要津，农田之蓄泄不与焉。然河西旷野平原，数十里内止有凤河一道，自南苑流出，涓涓一带，蜒蜿而东，至武清之堠上村断流，而河身淤为平陆。此外，别无行水之沟，亦无潴水之泽。一有雨潦，不但田庐弥漫，即运河堤岸亦宛在水中矣。查，凉水河，源自京城西南。由南苑出宏仁桥，至张家湾入运。请于高各庄开河分流，至堠上循凤河故道疏浚。由大河头入，仍于分流之处各建一闸，以时启闭。庶积潦有归，且可沾溉田畴，而于运道亦无碍也。

运河之东则香河，其下为宝坻，沿河堤岸坍颓，屡为二邑之灾。应饬河官及时修筑高厚，并于牧牛屯以上斜筑长堤一道，以障上流之东溢，则香河、宝坻无运河之患矣。再，通州烟郊以南之水，皆汇于窝头，分为二股，一股南入运河，一股东流经香河县之吴村，汇于百家湾入七里屯，达于宝坻。查，七里屯以上大半淤塞，地皆沙卤，难以开凿。若将南流一股疏通深畅，则窝头经流归于运河，分入香河之吴村者无多，稍加浚导则亦可免冲溢矣。又夏店之箭杆河，经香河东北入宝坻之沟头河，漫流入淀。应从沟头疏浚，导流于宝坻城南，会七里屯之水，东入八门城，达于大河。庶水有攸归，不致漫溢为害。且潮水自八门城逆流入河，于农田亦有利焉。

宝坻之西北壤接蓟州。蓟州运河自三台营诸山之水③，东南至宝邑，会白龙港，又南经玉田、丰润合洰水，达于海。河身深阔源远流长，所谓弃之则害，用之则利者也。臣等愚见，请先筑河堤，务须高厚，永保无虞。然后于下仓以南建石桥一座，

① 洰（gēng）水又名庚水，今名滚河，即河北与天津市交界的蓟运河的上游。

② 永平，即永平府，辖：卢龙、迁安、滦州、昌黎、抚宁、临榆、乐亭等州县，滦河贯流府境中部。

③ 三台营，谭其骧《中国历史地图集》直隶省图为三屯营。在今迁西县西北与今遵化市相邻处。诸水指滚水、沙水。

桥空下闸壅水而升之，注于两岸以资灌溉。多开沟洫，自近而远，纵横贯注，用之不乏矣。浭水又名还乡河，发源迁安之泉庄，喷薄汹涌，悬壁而下，既入平地，则委折蛇行，土人有三湾九曲之称。自康熙四十二年［1703］决运河头夺流而西，至雍正元年［1726］始塞决口。挑引旧河，然河道狭而堤堰卑，东决则淹丰润[19]，西决则淹玉田。二邑士民请展狭为广，改曲为直，其说近是。然以建瓴之势，奔放直泻，恐下流益[20]滋冲溃之患，似应酌量于甚曲之处。如刘钦庄、王木匠庄，各开直河一道，其旧流亦无令壅塞，俾得两处分泻，堤堰之逼近河身者，拓而广之，更加高厚，可无冲决之患。至沿河一带建闸开渠，数十里内无非沃壤。土人动言，浭水急湍为患，不知败稼之洪涛，即长稼之膏泽。凡溃而为害者，皆分而为利者也。现在，近河居民引流种菜，千畦百陇，在在皆然。曾未见利于圃，而有不利于农者也。玉田本属稻乡，蓝泉河出蓝山西南，流入蓟运、夹河，潴水为湖。伏、秋山水暴发，河与湖平，一望弥漫。应将河身疏通深广，东以堤防。西北另开小河一道，引山涧汙漫之水入河下流，使湖无泛滥，而河得安澜。仍于曲河头建闸，开渠引水绕[21]东湖而南，令内外田地均沾灌溉。仍于湖心最下之处圩为水柜，以济泉水之不足。其利可以万全。又，泉河发源小泉山，东流会孟家泉、煖泉，达于蓟运河。现在引流种稻，所当搜涤[22]，泉源多方宣播以广水利者也。

丰润负山带水，涌地成泉，疏流导河随取而足。志乘所谓润泽丰美，邑之得名匪虚也。臣等历勘所至，如城东之天宫寺、牛鹿山、铁城坎，以及沿河沮洳之处，或疏泉、或引河，可种稻田数百亩，多至千余亩而止。惟县南接连大泊，一带平畴万顷，土膏滋润，内有王家河、义河、龙堂湾、泥河共四道，皆混混源泉，春夏不涸。王家河、义河流入大泊，龙堂湾、泥河西入蓟运河，而田畴不沾勺水之利为可惜也。应清涤[23]其源，疏其流，坝以壅之，堤以蓄之。东北引陡河为大渠，横贯四河，而中间多开沟洫，度陌历阡，潆洄[24]宣布数十里内。取之左右皆逢其源，涝则田水达于沟，沟达于渠，渠会于河，河归于大泊。大泊广八里，长方十余里。若于东南穿河导入陡河以达于海，而泊内可耕之田多矣。陡河即馆水，源自滦州之馆山，东流绕[25]县境而南。傍河村庄曰上稻地、下稻地，南曰官渠，盖[26]昔年圩田种稻之处，沟塍[27]遗址尚有存者。宣各庄以下，至今稻田数百顷，村农以此多致饶裕。若推而广之，河坚筑堤防，多设坝闸，以时蓄泄。疆理一循旧迹，不劳区画而两岸良田不可数计。至板桥、狼窝铺等处，东连榛子镇一带，流泉大槩入滦州境矣。

滦州为永平属邑，永平之水滦河为大。其源远所从来者高，汹涌滂沛，推壅砂石，既不可束以堤防，亦难以资灌溉。然各属支流藉以汇归。故少涨溢之患，而涓沥皆农田之资。如滦州近城之别故河淤塞，漫流数十年于兹。若照旧疏通，不惟城闉不受侵啮，而西南负郭之田，皆收浸润之利。城南则有龙溪出五子山东大泉，腾沸流至五官营伏入地中，至阎家庄复见，即清河之源也。城西则有泥河，经芹菜山南流，折而东又转而南。二河之间地势平衍，土冈环之，东南一望无际，皆可播流而溉也。西南则游观庄之靳家黄坨河，引泉可田。南则稻河、吴家龙堂等处，引河可田。西北则自沙河驿之东，榛子镇之西，龙溪黄崖煖泉会于牤牛河。经双桥而围山瀑水入之，流清而驶，地平而润。沿岸一带建坝开沟，无处非水耕火耨之地矣。滦州之北为迁安，城北徐流营涌出五泉，合流入桃林河。又三里桥涌泉流出，滦河蚕姑庙泉河与滦河相接。龙王庙之泉头，流为三里河，经十里桥而南，夹河皆可田。黄山之麓，一泓湛然，浮沫如珠，西漾入石渠。渠岸清泉喷勇，即还乡河所自出也。自泉庄至新集五、六里，两岸地与水平播之可种稻田百余顷，且可分还乡河上流之势。滦河经府治之西，青龙河会焉。青龙河即卢水，县以此得名①。境内冈峦起伏，地高水深，难以引汲。惟县北之燕河营涌泉成河，及营东五泉漫溢四出，至张家庄一带皆可挹取，为树艺之地。

他如抚宁、昌黎、乐[28]亭以及遵化、三河等州县，臣等未及徧历。然按图考志，大抵水泽之利居多。伏念京东土壤膏腴，甲于天下。只缘积俗怠玩，苟且因循，人有遗力，地有遗利。我皇上轸念民瘼，宵旰勤求无刻或释。臣奉命查勘所至，宣扬圣德，明白晓谕，一时民情踊跃欢声雷动。今春融冻解，正动工修筑之时。臣等分遣效力人员，逐一确估请旨兴工。惟是工程浩大，地方辽阔，臣等钦遵圣谕，殚心筹画，所勘情形大概如此。至高下广狭，随宜酌量，容有变通之处，抑或委员经理，未必尽合机宜。圩田之多寡，奏效之迟速，统俟工完汇齐造册，将勘过情形绘图恭呈御览。伏乞皇上睿鉴施行。

又，敬陈畿[29]辅西南水利疏。伏查，京西一带诸山，实维太行之麓，逶迤环拱，遥卫神京。水势因之尽朝宗而左骛。故自西北山而下者，皆东南汇于两淀②。自西南山而下者，皆东北汇于大陆二泊③。两道分流，毕由东淀达直沽入海。则是今日

① 此县指卢龙县，即永平府治。

② 此指东淀、西淀。

③ 此指南北二泊，即大陆泽和宁晋泊。

所历诸河，即去冬查勘畿南河淀之上流也。下流治乃可以导上流之归，亦必上流清，乃可以分下流之势。此相须而不可偏废者。谨将勘过情形并开挖疏引措置水田事宜，为我皇上敬陈之。

卢沟以西诸水，拒马其钜流也。发源山西广昌之涞山①，东流至房山铁锁崖分为二派：一派东入涿州过新城②西南，一派南入涞水，经定兴、历杨村而东。二派合流而为白沟河。他若挟河、琉璃河会于马头村，为马头河。茨尾河、广阳水，会于石羊村为牤牛河。白玉塘、西域寺、甘池诸泉，会为胡良河皆入焉。马头、牤牛二河雨多则溢，雨少则涸，均难资其灌溉。而牤牛一河，又往往东决，为固、霸诸邑害，冲溜既久，宛成河槽。特以下无所归，以致泛滥田野，应加疏浚，导自高桥以下入淀。不惟固、霸百里之内，涝水有所归攝，兼可减白沟之流，免雄县淹没之患矣。惟胡良所经地称膏腴，沟渠圩岸，宛若江南，扩而广之，房、涿之间皆稻乡也。涞水一派，石亭、赤土楼村，杭稻最盛，而房之张坊至骆家庄，涿之高村及城之西北一路，分渠引流，具有条理。又有王家庄、茂林庄、毛家屯等村沟渠，现存改为旱田者，约百余顷。询之土人，佥言水之入涞者七，入房涿者三，故不足用。及访涞，则又以水源微弱为辞，此皆小民狃于因循，不足深信。此河下流为白沟，水势甚盛。而附流之茨尾等河，常若涸竭。则今之滔滔南下者，孰非拒马之余波乎？未有下流盛，而上源微者。今应于房山铁锁崖分流之处，深沟侧注以均其来。白沟之上相地建闸，以节其去。不惟王家、茂林等处之百余顷复为水田，即河流所经之定兴、新城等县，亦沾浇溉之利矣。

拒马之南为三易水，曰濡、曰武、曰雹。《寰宇记》所谓："易水有三，其源各出者也。"濡水出州北之穷独山，西折而南流，环城东注，又南入定兴，与涞水合流。源泉白杨、虎眼、梁村、马跑诸泉，及遒栏河皆入焉。源泉旧有石坝，乃前人壅水开渠之遗址，沿流建闸石基尚存。故当时近水皆稻梁，绕[30]城皆荷芰，今皆荒废。所应修复，以广水利者也。武水出武峰岭，女思涧、子庄溪、潦水入焉。流经定兴，合濡水，而归河阳渡。雹水出石兽冈，灌河入焉。流经安肃合监台陂，而入安州之依城河。三水俱挟原泉分流疏渠，其势甚便。钟家庄、唐湖川、监台陂，民

① 广昌县西汉置，治今河北涞源县北。北魏废，北周复置，隋改称飞狐，明复为广昌，清仍之；民国1914年改为涞源县，以涞水［即今拒马河］源于境内涞山得名。故此说"源于山西广昌之涞山"实误。参见谭其骧《中国历史地图集》册8，直隶图。

② 新城县即今高碑店市。

皆艺稻。是在因地扩充，务使水无遗利。雹水之南曰徐水，来自五廻岭，经满城至安肃，而曹水会焉。合一亩、方顺、龙泉诸水，汇为依城河。安州宛在水中，其势甚危。

前奏引曹入雹，引雹入淀，顺而导之，正所以分而减之也。一亩泉出满城东南，涌地喷珠，澄泓盈溢。余小泉以百亩、鸡距、红花名最著，土人溉稻可十余顷，而水力已殚矣。流经清苑城南，为清苑河。方顺水即曲逆河、祁水之下流也，源出完县之伊祁山。五云、石穴二泉，流为放水河。蒲水伏流，复现为五郎河，皆会焉。流经清苑之东为石桥河。九龙泉出庆都城东，绕城而流，东北入方顺水，源盛而水饶，疏而引之，不可胜用也。放水河之西，有滱[31]水发源山西之灵邱，由倒马关入唐县为唐河。横水自西北来会，居民引以溉稻，直达下素，町畦相望。经曲阳之镇里，高门所溉尤多。南入定州，而白龙泉复来会之。王耨、张谦等村，傍河皆圩岸也。应推广以极水力所得稻田，难以顷亩计矣。又考完县旧志，前明曾[32]于唐之北洛，开渠引入放水河，二邑均赖其利。今河迹尚存，当挖浚以复其旧。而北洛之南，原有腾桥一座，以防山水之冲，亦应访其制而多设之。唐河之南有沙河，来自山西之繁峙。至白坡头口入曲阳界，合平阳河南流阜平，当城、胭脂二河，行唐之部河，咸会焉。其上流亦名派水，经新乐，历定州，沿流多资灌溉，宕城、鸦窝、产德、北川、南川皆其处也。他如阜平之崔家营，行唐之龙冈甘泉河，新乐之何家庄浴河，俱有水田。而泉渠颇多堙废，徧行疏涤，所护尤多。沙河之南有滋河，源自山西杖回山，经灵寿为慈水，七祖寨、岔头、锦繍、大明川，壅流皆可田。入行唐之张茂村伏焉，至无极南孟社而复出，绕[33]县治北，旋经深泽之龙泉涸、沃仁桥疏流成渠，皆天然水利也。三水颇称钜流，毕会于祁州①之三岔口，下为潴龙河，往往泛溢为害。去岁决柴淀口，浸及任邱者，即此水也。

以上诸水会于白沟者七，会于依城河者十有六，会于三岔口者十有一，而尽摄于西淀焉。自此而南水之载，在图经者二十有一。惟滹沱最大，发源山西繁峙之泰戏山。由雁门入直隶之平山界，冶河绵曼嵩阳、雷沟、沕沕水等河皆入焉。冶河一名甘陶河，源自山西平定州松岭，流至平山，初不与滹沱相通。自二水合流而滹沱之势遂猛，屡奔溃为正定害。元时引辟冶河自作一流，滹沱水退十之三、四。已而冶河淤塞，复入滹河，岁有溃决之患。皇庆［1312—1313］中，议复之而未果。又

① 祁州，今河北省安国市。

按《汉书·地理志》治水即太白渠也。受绵曼水东南至下曲阳入于洨，此冶之故道。本与洨合，今应于入滹之处塞而断之。循其故流，加以挖浚，引入洨河，则滹沱之猛可减。此前人已试之成功也。

洨河发源获鹿之莲花营、洚北村二泉。其源颇有堙塞，至滦城西南，合北沙河而流始渐大，浇溉可资。但苦岸高难以升引，应作坝以壅之，俾水与岸平，开渠二、三尺，纵横俱可流通，涓滴皆为我用矣。伏、秋水涨则决坝以泄之，旱涝无虞，万全之利也。洨河下流，自宁晋入泊，旧有石闸三座，遗迹尚存。现在，两岸居民尚戽水以浇畦麦，其为水利之用亦可想见矣。洨河以南，水自赞皇来者，有槐水、午水，自临城来者有沛水、泥河、泜河、沙河，自内邱来者有李阳河、七里河、小马河、柳河，或名在而迹已堙，或源在而流已徙。道途所经，一一访求，即土人亦不能言其故而指其处。然石桥宛在，断碣犹存。或此等本非恒流，前人开之，为泄涝归泊之路。今皆任民耕种，以致山水暴下，弥漫四野，贪尺寸之利，贻害无穷。今已委员查勘，酌量疏通，令漫水有归，田畴不受其害。小柳河之东为圣水井，一名圣女河，源出任县之滦村圣女祠下。源从地涌，引流可田。南为白马河，源出内邱之鹊山，经邢台居民建闸溉田，壅之而不使下，下流遂堙。水涨之时，则以邻为壑。故北之圣女，南之牛尾，二河俱被其冲突为任邑害。今应浚白马入泊之流，严邢台闭闸之禁，害去而利可兴矣。牛尾河发源于邢台之达活泉，水盛岸高，直达于任县泊，作闸节宣利赖曷穷矣。又南为百泉河，源出邢台之风门山，亦名七里河。历南和之北豆村、康家庄等处，有闸十三座，溉田数百顷，而任县不沾一勺之润。今应立法以均其利，自下而上，各以三日为期，则沿流一带皆水田也。但河身尚隘，宜展而倍之。百泉之南为野河，源出邢台之西山，下经野河村入沙河。沙河源出山西辽州之湡水①，流至沙河县南分为二支，一流南和至任县，为澧河，一流永年北下鸡泽至南和，为乾河，抵任县合洺河。入任县治沙河县之普润闸，溉田四十余顷者，是其利也。洺河亦发源于辽州，历河南之武安，而入直隶永年县，过鸡泽南和下与沙河合。近年常苦涸竭，若引滏阳之水，假沙洺之道，两河之间俱可沾其浸溉。滏阳河诸水之钜流也，源出河南磁州之神麕山，至邯郸南会渚、沁二水，流永年县抵曲周，过鸡泽、平乡、任县、隆平至宁晋，贯大泊而出，抵冀州与滹沱水合。所经之处，疏渠灌稻。元臣郭守敬曾[34]言可灌田三千顷。而明臣高汝行、朱泰等建惠民

① 山西辽州，今左权县。湡（yú）水，现名沙河。

等八闸，民以殷富。近为磁州之民筑坝截流，八闸已废其六。今应均平水利，照旧修复。其措置磁州一节，容臣另折具奏。

以上诸水入任县泊者十八，宁晋泊者十二，则此二泊固二十余河之委汇也。查，任县泊，土人谓之南泊，宁晋泊土人谓之北泊。皆《禹贡》大陆泽故地也。南泊所受诸水，旧注滏河，自滹漳阗淤，河高于泊，所有出水五沟，势成倒灌，难以议开。惟鸡爪一河不足消前泊之涨，此任民所以哓哓于穆家口之开塞也。隆平地居二泊之间，惟恐坐受其浸，故力争而阻之。及委员查勘穆家口河道，原自流通特隘而浅耳。今应略加疏浚，为力无多，其邢家湾及王甫堤旧桥毕坏不无梗塞，亦应改建添设以畅其流。而马家店以下所有之澧河古堤，略为修补以防漫溢。任民既不苦于漂沉，即隆民何忧波及也。北泊周围百里，地洼水深，亦恃滏河为宣泄之路。自滹沱南徙，由买家口灌入故道，渐湮，遂决洨口营上等村，而东注。但水口河身亦多浅隘，今应大加展挖，务俾宽深。如此，则南泊之水归穆家口，而咽喉已通；北泊之水入滏阳河，而尾闾亦快。积涝日消，旧岸渐复，四围涸出之地，尚可以数计哉。然后作小堤以绕之，多开斗门，疏渠种稻，则沮洳之场皆乐土也。惟滹沱一河，源远流长，独行赴海。而善决善淤，迁徙靡常，自古患之。向入宁晋泊则泊淤，泊淤则众流无所容纳。永定河之淤胜芳，其明证也。自去年北徙决州头而东，直趋束[35]鹿，奔轶四出，至今尚未归槽。田庐俱被冲压，束邑官民请疏[36]入泊之道，以纾切己之忧。然此道本无正流，阗淤已成平地，旋加挖掘工费甚繁。且大陆古泽，众流委注之地，亦不应听淤塞也。今查，有乾河一道，系滹沱入滏旧路，由木邱至焦冈，河槽现在修治不难为力。自张岔开挖六、七里，便可直接决河。从此改流由焦冈而入滏水，沛然而东，宁晋泊既远淤塞之害，即束鹿、深州等处亦无冲溃之患矣。畿南州县地方辽阔，臣等未及徧历者，已遣效力人员悉心经理。即当酌量缓急次第兴工，以仰副我皇上爱养民生，兴修水利之至意可也。谨将勘过情形绘图，恭呈御览，伏乞皇上睿鉴施行。臣未敢擅便。谨奏。（谨按：雍正四年［1726］，永定河改移下口，由王庆坨入三角淀，达津归海。惟凤河下游与永定河会流入大清河，京西南诸水则皆不与永定河会流。所谓河自河，而淀自淀也。然治水必览全局，怡贤亲王陈奏直省水利，纲举目张，条分缕晰，经画悉协机宜，虽诸水不与永定河会流，而情形自相表衷，是以备登诸疏，以昭法守。）

雍正四年［1726］正月初三日　和硕怡亲王等《议覆永定河南、北岸分司》

觉罗明寿奏称：“奴才荷蒙圣主隆恩，擢用河员，惟有尽心竭力，仰报于万一耳。前奴才谢恩时，蒙皇上召入，奴才口奏：‘永定河郭家务以下河身，历年淤塞或可改宽，另筑一堤，庶免冲决之虞。’随蒙皇上面谕：‘朕著怡亲王、朱轼查勘直隶通省河道，俟到永定河时，尔将情形告诉伊等，回京具奏。钦此。’仰见我皇上重念民生之至意，极为广大周详。本年十二月内，怡亲王、大学士朱轼到永定河查勘情形，细为筹画。如由永定河下梢柳岔口出水，恐于子牙、滹沱等河下梢有碍，意欲自柳岔口改至王庆坨另筑一堤，庶河身宽展，兼可出水。不惟于永定河有益，且与子牙等河下梢不致淤塞，则临河百姓永沾皇恩。其应改筑之处，除怡亲王、大学士朱轼具奏外，再奴才更有请者，谨将河务紧要之处，共列四款恭呈御览。”等因。雍正三年［1725］十二月二十六日奏。奉旨：“交与怡亲王、朱轼议奏。钦此。”钦遵。臣等议得，据永定河分司觉罗明寿奏称：“永定河金门闸一带，向有石堤二十五里。自建设以来，每遇河水汕刷，上重下塌，多致倾圮。若照依石堤式样重为修理，不惟钱粮浩大，抑且沙堤难坚。可否将此石堤改作土堤，加高培厚可无倾圮之虑。”等语。查，金门闸一带河身，俱系沙底，石工浮砌易致坍，每年修筑徒费钱粮。应如所奏，将石堤改作土堤。但永定河水势迅激，所筑堤身务须加高培厚，方可永久。其旧有堤石，于紧要工程应用之处，奏明移用。又奏称：“今岁碱[37]厂漫口，并王家湾旱口一带工程，虽系赔修报完，但工程单薄，难以持久。此紧要之地，若不另为加修，明春汛发难保无虞。可否动用钱粮加修，或仍令赔修之处，相应请旨定夺。”等语。查，堤工关系紧要，据奏赔修官项虽经报完，而工程单薄，难以持久。应速令该分司动用钱粮，及时修筑，务期坚固，以保无虞。又奏称：“两岸看工人员，原设笔帖式二十员，后裁去九员，若柳岔口改至王庆坨，添设堤岸工多人少，未免顾此失彼。除现在十一员外，可否添补九员，如拣选笔帖式，保送家道殷实难得其人，或将因公呈误降革人员，无谕满汉，情愿效力者，交部拣选。酌其年限派往河工效力，无过准其开复，以补原数。则人才鼓舞，河务亦有责成，”等语。查，河工设员关系紧要，容臣等将所看过通省河道计议设官分治之处，具奏。请旨。应将该分司所请拣选人员之处毋庸议。又奏称：“临河州县俱有河防之责，而办料雇夫恐有膜视工程以蹈贻误之弊。况查旧例，临河村庄每遇五、六、七月发水之时，各州县免其徭役，协护堤工。而临河居民，俱念切田禾庐舍，是以防护甚力。请饬令临河州县，皆当仰体钦工，重大办料雇夫无容怠缓。又于五、六、七月发水之时，各州县晓谕百姓暂免徭役，同心协力防护堤工。不惟河防大有裨益，而亦深惬民情，”等语。查，每年河水汛发之时，沿河州县督率村庄百姓协力防护，既有定例，则五、六、七月正当伏汛，更宜加谨。至于办料雇夫，沿河官员均有责成。应如所奏，严行该督抚转饬地方各官，凡关系河工需用夫料，务须上紧催办。如管河等官有短价勒买及留难措勒之弊，许地方官详报总督题参。至发水之时，预行晓谕临河附近村庄，免其徭役，督率防护，毋致疏虞。倘有膜视工程，借端推诿，以及侵渔科派等弊，查出将该地方官员从重议处。恭候命下臣等遵奉施行。谨奏。（奉旨："碱[38]厂黄家湾工程[39]，著照所奏。一面动用钱粮，及时修筑完固。其苏敏应否赔修之处，著明寿确议具奏。再，赔修之例甚属无益。从来河官领帑修工，必预留赔修地步，以致钱粮不归，实用工程断难坚固。即幸而得保无虞，而钱粮终归入己，似此积弊相习成风，必照侵欺钱粮例，严加治罪，方足示惩。著九卿详议具奏。余依议。钦此。"）

雍正四年［1726］　和硕怡贤亲王《为请定考核之例以专责成事》

窃为政之经，厚生为大，爱民之道，察吏为先。我皇上宵衣旰食，轸念民依，不惜数百万帑金，以赐兆民之福。特命臣等疏浚水泽，营治稻田，开万世永赖之美利。臣等仰遵圣训，随地经画，陆续兴修所有本年完过工程。派委大员勘明如式者，例应交地方官收管。雍正四年二月，内臣等奏请："各处水田沟洫，必须每年经理。今管河各道督率所属州县按时修浚，定为考成，”等语。经九卿议覆，奉旨："依议速行。"钦遵在案。今工员现在调回，工程暂交州县。但考成未有定例，即河道无凭举劾。请嗣后计典，将水利营田事实逐一开注，由河道结送督抚以定优劣。果能实心奉行著有成效者，该督抚不时荐举；其或因循怠惰致误工程，查明即行题参。至该道职司，表率责任匪轻，凡所属地方水利营田之兴废，即该道奉职之优劣作何，一并分别澄叙之处。恳乞皇上敕部议覆施行。抑臣等更有请者，直隶农民苦于旱涝，其于种植之方多所未遑。今蒙皇恩修举水利，旱涝无虞，则地利宜尽。除稻梁麦黍随宜播种外，其有畸零闲旷之地，不能播种五谷者，俱宜种植树木，或薪、或菜，利用无穷。至各处河堤栽种柳树，既可保护堤根，亦可资民樵爨[40]，尤为有益。臣等稽诸往古，凡言燕地之产者，俱云鱼盐枣[41]粟之饶。现今行视京东永平府一带地方，其民种植枣栗[42]所在成林，果实所收贸迁远迩。夫土性不甚相殊，而树艺不能皆一。虽百姓之勤[43]惰不齐，亦有司之劝相未力。嗣后，请著为例，训饬农民，凡一村一坊之地，务令种树若干。地方官不时查察，因其勤惰分别奖惩。将种过树若干，造册报明本管上司，不时查视。再，水泉之利既兴，凡陂塘淀泽俱可种植菱藕，蓄养鱼凫，其利尤溥。如此则地无遗利，家有余财，吏治修而民生厚，畿辅之苍赤①，共沐[44]高厚之皇仁矣。是否可行？臣等未敢擅便，伏乞皇上睿鉴施行。（奉旨："九卿会议具奏。钦此。"）

雍正四年［1726］二月十一日　和硕怡亲王、大学士朱轼奏《为请设河道官员以专责成事》

窃臣等奉旨查修水利，遍视诸河，堤岸坍颓，河身淤塞。尽由事权不一，稽核难周。统辖于总河者，既有遥制之艰；专隶于分司者，不无因循之弊。以致钱粮不归实用，工程止饬目前，冲决泛溢率由于此。臣等愚见以为，直隶之河，宜分为四局：南运河与臧家桥以下之子牙河，苑家口以东之淀河为一局，应设一道员总理。查，天津道驻扎天津州，与二河相近，控制甚便。旧有天津同知、泊头通判，以及各地方管河同知、通判、州判、县丞、主簿等员，悉令受其统辖②。永定河为一局，应设河道一员，总理永定河。旧有分司及部发效力笔帖式，此等人员，既非地方专官，则于民事漠不相关，采买收受未免胥役扰累。而该州县之于分司，体有尊毕，权无统辖。即分司实心任事，亦呼应不灵。请将永定分司改为河道驻扎固安县，总理永定河事务。其沿河州县，各添州判、县丞、主簿等官，以资防守。所有同知一员照旧管理。将向来效力人员一概发回。则地方既有专管工程，必无贻误。其北运河为一局，旧设分司亦应撤回，一切河务令通永道③就近兼辖，其管河州判等官俱听统辖。又苑家口以西各淀及畿南诸河，绵亘地方五、六百里，经由州县二十余处亦

---

① 苍赤，苍生、赤子的省称，都为老百姓的代称。

② 按天津道［分巡］辖天津府［天津州、静海县、青县、沧州、盐山县、庆云县］、河间府［河间县、仁丘县、献县、交河县、阜城县、景州、故城、东光县、吴桥县、宁津县］文中接管南运河、子牙河［藏家桥以下］、淀河［即大青河］范家口以东段河务。［参见谭其骧《中国历史地图集》直隶图分道表。］

③ 通永道，辖顺天府所属通州、三河、武清、宝坻、蓟州、宁河等州县，永平府、遵化、直隶州。［参见上引书］

应为一局。目今疏通挖挑计费不赀，若不特设大员统理，恐工程旋修旋废。请将大名道改为清河道，移驻保定府。[①]

畿南诸河，其管河同知、通判、州判、县丞、主簿等员，旧听管辖。至天津道衙门，向来止管河间一府，大名道止管广、大二府。所属州县钱、粮、命、盗案件，原听直隶藩臬稽核考成，道员甚属闲冗。今既定为河道专管，应将所属州县事务总归知府考成。省无益之案牍，励有用之精神，而河道事务可以悉心料理矣。至通永道所属，除永平一府应不属道辖外，通州等八州县原无知府统辖。该道有稽查钱粮之责，应令照旧管理。再，各河道除钱粮，旧有岁修之处仍照旧额设外，其从来未设有钱粮与虽设钱粮而不敷修理者，应酌议增设分贮。各道库内以凭给发，其各处水田、沟洫必须每年经理。应令各道员督率所属州县印官按时修浚，定为考成。其道员钱粮有无虚冒，工程有无修废，皆归直督考核。如此则事权一，而呼应灵，国计民生均有裨益。抑臣更有请者，立法方始，虑善宜详。凡兹河道之员，必久任熟练，方于工程有益。其河道大员，应听直督拣选具题，引见简用[②]。同知以下各员，俱令照南河例，总于河工员内拣补。则人皆熟悉事宜，即丞簿微员亦有远到之望，无不砥砺职守，以奋功名。且官既久任，吏皆习惯，驾轻就熟，人人为知河之人，百世享平成之利矣。是否可行，伏乞皇上敕下九卿议覆施行。

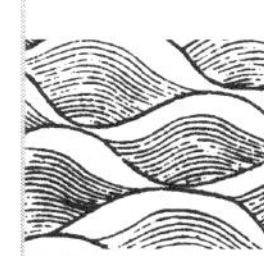

九卿议覆："臣等查，水利所关最重河道，贵有专官。我皇上轸念直隶地方，特命怡亲王兴修水利，遍阅诸河，凡有应加疏浚修筑之处，现在逐一兴工。若不特设专官，工程难以稽核。应如怡亲王等所请，直隶之河分为四局：南运河与臧家桥以下之子牙河，苑家口以东之淀河为一局，令天津道就近管理。其旧有天津同知，泊头通判，以及各地方管河同知、通判、州判、县丞、主簿等员，悉受其统辖。永定河为一局，将永定河分司改为河道，驻扎固安县，总理永定河事务。其沿河州县，各添设州判、县丞、主簿等员，以资分防所有。同知一员照旧管理。将向来效力人员一概撤回。其北运河为一局，旧有分司亦应撤回，令通永道就近兼辖，其管河州判等官悉听统辖。苑家口以西各淀池及京南诸河为一局，将大名道改为清河道，移驻保定府。旧有管河同知、通判、州判、县丞、主簿等员，悉听统辖。至天津道、

① 清河道，辖保定府、正定府、易州、冀州、定州、赵州、深州。[府及州的辖县略]

② 拣选、具题、引见、简用，四个短语，概括了清制外官道府以上官员任用的程序。即总督拣选，题名奏报，到部引见 [外官四品以下初次任用。京察、保举、学习期满留用，均须朝见皇帝一次，文官由吏部，武官由兵部分批引见]，皇帝下特旨授予官职。

大名道今既为河道，所属州县钱粮命盗事务，应准总归知府考成。通永道所属永平一府，亦准不属道辖。其通州等八州县原无知府统辖，应仍令该道稽察钱粮，照旧兼理。其各处水田沟洫，必须每年经理。令各道员督率所属州县，按地修浚定为考成。道员钱粮有无虚冒，工程有无修废，悉归直隶总督考核。各管河道库存贮钱粮。查，永定河分司今改为河道，驻扎固安。应将永定河岁修银一万五千两仍照额设，解送河道外，其通永、大名、天津三道亦应照此例，每年于司库地丁钱粮，各拨给银一万五千两存贮道库，以为修理河道之用。倘有不敷再行题请拨给。仍于年终照例题报工部。再查，通永道现在存贮丁字沽税银九千三百六十五两五分二厘零，应于司库拨给银五千六百三十五两零，补足一万五千之数。又所设河道必得谙练河务，方于工程有益。亦应如怡亲王所奏，令直隶总督拣选具题，引见简用。其直隶管河同知以下各官，并现今添设之州判、县丞、主簿等官，总令直隶总督于河员内拣选题补。其沿河州县，应添人员并各道分隶河员数目，应令该督逐一查明，分晰造册报部。至永定河分司改为河道，驻扎固安县；大名道移驻保定府，及添设州判、县丞、主簿等官衙署胥役，应否添益增设之处，亦令直隶总督详议报部，到日再议。其各官应给关防，俟该督拟定字样报部铸给。再查，直隶有管河同知、州判、县丞、主簿，系吏部铨补之缺。三年俸满报部即升。今吏部应停止铨选，嗣后缺出，令直隶总督于河工员内拣选题补，其各员升转亦比照南河之例，令直隶总督保题升补可也。谨奏。”奉旨：“依议速行。钦此。”

又，议覆总督管理直隶巡抚事务李维钧题前事。雍正四年八月三十日，奉旨：“怡亲王议奏。钦此。”议得，直隶河道向无专员管理，以致事权不一，稽核难周。经臣等合词奏请，添设河员，钦蒙皇上敕下九卿议覆：“将天津、通永、大名三道并永定河分司俱改为河道。仍令直隶督臣将应添管河各员，并分隶各道之处，以及衙署关防字样逐一详加拟议。”等因。奉旨：“依议。钦遵。”行文在案。今据该督疏称：“除旧有河员仍循旧例，及县缺未补之河间府河捕同知、泊头通判、景州州判、霸州州判、故城县县丞、交河县主簿、青县主簿、静海县主簿、香河县主簿等九员，已经委员署理，无容置议外。其天津道一局，河务殷繁，请添设天津州州同、青县主簿、苑家口清河通判、文安县县丞共四员，”等语。查，天津为河淀交会之巨浸，青县有分泄子牙之新河，均关紧要，需员料理。应如所请，添设天津州州同一员，青县子牙河主簿一员。至于天津局所管之清河，旧属河间府河捕同知管辖，应将三角淀一带淀池，就近归并该同知管辖。文安县止有钦堤一道，旧设主簿，足资防汛。

其苑家口添设通判，文安县添设县丞之处，均无庸议。又，该督疏称："永定河道一局，请将沿河涿、霸二州各设州判一员，吏目一员；宛平、良乡、固安、东安、永清、武清等县各设县丞一员，主簿一员，共十六员。更请复设同知一员，仍留千、把总四员，"等语。查，永定河分司改为河道，其沿河州县各添设县丞、主簿等官，以资分防。所有同知一员照旧管理。将向来效力人员一概撤回。前经九卿于雍正四年二月内议覆。奉旨："依议。"钦遵在案。应如所请，永定沿河州县八处，共设河官十六员，以足。现在笔帖式十二员，千把总四员之数，即将现设河兵分隶各员，以资防守。其原有千把总官四员，不便仍留河工，相应行令该督，分别给咨回部推补。至请复设北岸同知之处，查永定河南、北两岸原系分司二员，是以亦设同知二员。分理后，因两岸归并，分司一员管理，故将同知裁去一员。今分司已改河道，兼管两岸，所有同知一员亦应兼管两岸。况，九卿原议同知一员照旧管理之处甚明。应将所请复设北岸同知之处，亦无庸议。又称："通永道属运河，向无专责董理，应设同知、通判各一员。两岸除武清县原设河西务管河主簿一员外，其通州分防漷县州判一员，武清县分防杨村县丞一员，俱近在河干，应令兼管河务。东岸香河县原设主簿一员，再于要儿渡添设县丞一员。东杨村添设主簿一员，再蓟州、滦州各设州判一员，玉田县添设县丞一员，丰润县添设主簿一员，共添八员，"等语。查，通永道属运河，关系漕运。应如所请，添设同知、通判各一员，董理其事。其西岸河务令漷县州判、杨村县丞就近兼管。再，添设要儿渡县丞一员，东杨村主簿一员，专司东岸。而更令西岸之杨村县丞兼管凤河，东岸之杨村主簿兼管筐儿港，以至蹋河淀[45]，其于水利亦属有益。再查，京东一带，水利营田工程甚多，需人防守。亦应如所请，蓟州、滦州添设州判各一员。又玉田县添设县丞一员，丰润县添设主簿一员，以资分理。至于清河道属，该督疏称："旧设河员已足敷用，惟于苑家口天津、清河二道分界之处，添设雄县主簿一员，分辖苑家口以西地方，并料理赵北口西淀池事务，"等语。查，苑家口以西坝州地方与保定县接壤，其距雄县颇为遥远。且苑家口以西善来营一带堤工，又有霸、保、文、大四州县分修工段。若以隔属微员遥领其事，未免呼应不灵，应将该督所请添设雄县主簿之处，改为霸州清河吏目，庶几名实相当，易于料理。更将此添设吏目，与霸州迤西之保定县旧设主簿，俱归保定府管河同知统辖，更为妥协。至于赵北口以西淀池事务，既有雄县、新安两县县丞分管北岸，又有安州州判、任邱县主簿分管南岸，其新设之霸州吏目，无庸令其兼理赵北口以西淀池事务可也。以上该督请添管河各官共三十员，除苑家口通判，文安县县丞不准添设，永定河北岸同知不准复设外，天津道局添设州同、主簿共二员。永定道局添设州判、县丞、主簿、吏目共十六员，通永道局添设同知、通判、州判、县丞、主簿共八员，清河道局添设吏目一员，通共添设同知以下河官二十七员，应如该督所请。俟奉旨准设之日，在于水利营田衙门效力人员之内，将谙练河务，出力勤慎，著有劳绩之员，拣选补用。庶几驾轻就熟，可收得人之效。至于该督所称："河员到任一年之后，考验题请实授，"等语。查，效力人员今岁一年业已尽瘁河干，若补用之后，再试一年，始行实授，未免稽迟岁月，难以鼓舞人心。俟应将通河效力人员，细加考核，钱粮果无浮冒，工程果能坚固者，容臣等量材补用。移咨该督，仍令该督将各员到任日期报部，与旧设河员一体论俸升转。若有勤敏出格之员，容臣等具奏请旨定夺。庶激劝既行而人心益奋矣。所有该督疏称："新设四道，相应换给天津河道关防，通永河道关防，永定河道关防，清河道关防，新设北运河同知、通判，亦应饬给北运河同知关防。北运河通判关防并州同以下管河各员，无庸铸给之处。以及，清河道移驻保定府暂住理事通判衙门，新设河员与旧设河员向无衙署者，照永定河笔帖式之例，每员岁给房舍银十六两。并，新设河员应用书役应支俸工，查照现在同知、通判、州同、州判、县丞、主簿吏目定例开支之处"，应如该督所请，统候命下之日，行文该督遵奉施行。其应给关防移咨礼部，照该督所拟字样铸给。其旧有关防，俟新铸关防颁发到日，令其送部销毁可也。谨奏。（雍正四年十月二十日奉旨："议得好，著照所议行，该部知道。钦此。"）

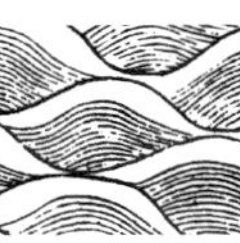

雍正四年［1726］十月　和硕怡贤亲王、大学士朱轼奏《为敬陈各工告竣情形等事》

窃臣等钦奉圣谟，查修直隶水利，举从前未有之事，图万世永赖之功，规画固贵于万全，而营治必求夫先务。是以，于三、四月积水消涸之时，派员领帑，择其大且急者，次第兴修。虽麦汛早来，不无稍妨工作，而旋长旋消，为时无几。加以天心助顺，少雨多晴，以故人力获施，众心齐奋。各处工程颇有就绪，而黍稌秔稻之获以有秋。此皆我皇上至诚感格，赐福兆民。故水利方兴，休征立应，非臣等愚昧所能意及者也。谨将各工告竣情形，为皇上陈之。

一、白、卫二河漕运，所经最为紧要。臣等奏请疏通砖河，兴济筑减水坝，以泄卫河之涨。又于静海县权家口冲决之处，逐段开疏，由白塘河归入海河。部覆奉旨："依议"，钦遵在案。今已委员挑挖砖河、兴济河，皆自岐口入海。虽石坝未成，而卫河伏汛骤长丈余，赖有新河宣泄，得免泛溢之患。粮艘安行，抵通颇早。权家口开挖十余里，至积水而止。俟水涸之日，方可施工。其沿河堤岸旧有低薄坍塌之处，饬令效力人员逐处堵筑抢获，不致冲决成灾。白河性善淤刷，饬令通永河道高鑛加谨防护，牛钮所修旧工，俱令加筑坚固，以故山涨暴下堤岸无虞。

一、东、西二淀统汇众流。臣等奏请多开引河，加修赵北口桥堤，疏浚中亭、十望并苏桥之三岔旧河。部覆："奉旨，依议。"钦遵在案。今西淀之赵北口堤身，俱已坚筑如式，旧桥八座升高加阔，并新添木桥一座，皆可指日告成。广惠等桥下三河，亦均加疏浚。惟是白沟之流，由大湾口而入柴伙淀者，水挟流沙，旋挖旋淤。容于水涸之后，细加相度，改道旧流，不惟一方永逸。而柴火淀四十里之间，皆为营田之地矣。东淀之中亭河，开浚通流，其下流之胜芳河，亦挑挖深畅。三岔经流导自张家嘴而北，不令侵逼长堤。其淀内支河，如石沟、台头一带浅阻之处，俱经浚治。故，汛水虽大，堤岸不患冲刷，消落迅疾，早于去秋者两月。中亭河岸，涸出田亩一千余顷，晚麦秋菜，尚未失时。其余皆已深耕，以待来春种麦。惟十望河故道，积潦犹存，兴工有待。

一、子牙河。臣等奏请，自王家口分流之处，障其西流，约束归一。又寻求清河、夹河、月河等故道，开决分注，以缓奔放之势。部覆："奉旨，依议"，钦遵在案。今再四查勘清河、夹河、月河故道，久湮难以开决。而王家口以下，至黄岔又分二支，虽尽行障塞，使之东归独流大坑，然下流转入杨芬港，仍苦淤塞，终非久计。臣等别有规画，另折具奏。

一、永定河壅淤清河。臣等面奉圣谕："引浑河别由一道入海"。臣等钦遵相度，请自柳岔以下导之北流，绕王庆坨而东，随复细加筹度，犹恐水势拗折宣泄未顺。委令永定河道明寿，自武家庄挑引入王庆坨北之长甸河。又虑河身浅窄难以合流，委令笔帖式布纳等开扩深广。其郭家务以下两岸堤逼窄之处，亦令明寿扩堤改流。今堤工已成新河，将次告竣。从此，淀河无阒淤之害，清流得朝宗之路矣。

一、钦堤一道，回环千里，乃数十州县生民田庐之保障也。岁久倾圮，奉旨命臣等修筑。自保定之清苑，至河间之献县，派委人员逐段分修。六月间汛水骤至，飞檄各员，并力抢护，旧有漫口一并堵筑。荷蒙皇恩，得免疏虞。其安州、新安、霸州、文安一带堤工，两面皆水，尤为险要。夫役捞取泥垡，尺积寸累，工力维艰。所幸三伏晴齐，入秋暄暖，得及时完工。数百里内禾黍秔稻，尽获收获。

一、畿南诸府，臣等奉命查勘，所有情形，已缮折具奏。部覆："奉旨，依议。"

钦遵在案。但时已入夏，麦汛将来，各处工程俱未领帑兴修。惟南、北二泊水口淤塞，正、顺、广、大①诸河宣泄无路，有不可以一日缓者。是以，臣等先委人员，将南、北之穆家口，淤河四十里疏沧宽深，并修筑桥堤，以防漫溢。而任县、隆平始有宁宇矣。北泊之黄儿营、营上等村，大加展挖，使泊水畅流入滏。二泊迭相传送，积涝渐消。虽雨水稍多，并无旁溢之患。至滹沱一河，迁徙靡定。去年决州头而东，束鹿、深州皆被其害。官民环诉，望救孔亟。虽难骤言永图，亦须权为补救。已委员于第四沟开引导入木邱，寻蹑旧河，由焦冈而注之滏水，束鹿之间，可无冲压矣。

一、京东州县工程甚多，臣等历勘奏请。部覆："奉旨，依议"，钦遵在案。今武清县之凤河，自高各庄分流至堠上村，而归故道，逐段疏浚，引入淀池。野水藉以消涸，而武、漷沮洳之区②，尽成沃壤。香河县之牛牧屯以上，旧无堤堰，运河泛溢为灾。今斜筑长堤一道，以资捍御。不惟香河无运河之患，而宝坻亦免波及矣。宝坻为众涝所归，通州之窝头河，夏店之箭杆河，为害尤剧。今俱已疏浚分流，各依县治南北而会于北城门，达于蓟运河，积涨全消，汙莱[46]可艺③。还乡河源峻流，纡屡年冲决，今已于刘钦、王木匠等处，最曲之处，各开直河。俾与旧河分泻，而沿河堤岸展阔筑坚，从此无复冲溃矣。滦州之别故河，疏涤淤沙，导自庙山绕城南而入滦水，不惟城闉无侵齿之患，而负郭皆腴田也。

一、营治稻田必须次第经理。臣等委员于玉田等处，率先营治以为农民之倡。今据各员详报：玉田县营田七十五顷，迁安县营田十二顷七十八亩，滦州营田十三顷五亩，蓟州营田五十余顷，每亩收稻谷三、四石不等。而民间之闻风兴起，自行播种者，安州则五十七顷七十一亩，新安则一百一十五顷十一亩，任邱则一百一十顷二亩，保定则三十六顷九十九亩，霸州、大城各二十顷，文安则至二百四顷二十七亩之多，以上稻田共七百一十四顷九十三亩。此实从前所未见者，民心欢庆，咸称皇恩高厚，不惜帑金为之规画经营，遂使积洳之区坐获美利。但水在堤内者，消涸有时，皆求设法留水以资灌溉。夫直隶之所患者，水也。去之惟恐不速，今才[47]

---

① 正、顺、广、大，指正定府、顺德府、广平府、大名府。

② 武、漷沮洳之区，指武清、香河，至通州一带低湿之地。漷指古漷州，本宋置漷阴镇，辽置为县，元至元十三年［1353］升为漷州，治在今天津市武清区西北河西务。辖武清、香河两县地。元至正中，移治于今北京市通州区南旧漷县镇。漷县因漷河得名，漷河为卢沟河支流，流至县西分为三股，正河即漷河，东流入白河。

③ 汙莱可艺，指被水淹没的洼地和草莽丛生的高地，都可成艺植的田地。汙此处读 wā。

享收获之利，即思为灌溉之利。所谓用之则利，弃之则害者，非虚语也。臣等现在委员相度，开渠建闸，以备旱涝。庶小民长享乐利，永戴皇仁于无既矣。以上工程除已经报完者，委员稽察确核外，及兴修未竣及尚未动工之处，统俟明春催督修理。所有用过钱粮，俟工完造册奏销。臣等才识短浅，蒙皇上委任，夙夜兢兢，常恐贻误工程，有负皇上爱养，元元之至意。惟有勉竭驽钝，悉心经理。但直隶地方辽阔，尚有应行修筑之处，容臣等查明绘图进呈。仰恳皇上指示。所有本年修过工程，理合奏闻，并各处所种稻田样米，另折恭呈御览。为此谨奏。（钦奉上谕，恭录卷首。）

［卷十一校勘记］

〔1〕此句疑有误，“尔”用于此处与文意不符，当为“予”［或“朕”］字之误，存疑未改。

〔2〕“全”字误为“金”字。据前后文意改。

〔3〕“国帑”误为“或帑”，按“国”的繁体字为“國”，由此而误，改或为“国”字。

〔4〕“画”字误为“尽”字。“画”的繁体字“畫”，“尽”的繁体字“盡”，二字形近简化后讹误，改“尽”为“画”。

〔5〕“饱”字误为“节”字，据前后文意改。

〔6〕“参”字原刊本写作“叅”，与“恭”形近而误为“恭”，改“恭”为“参”。

〔7〕、〔8〕、〔9〕、〔10〕同上。

〔11〕“漕”字原刊本字迹难认，据李逢亨《（嘉庆）永定河志》卷十六收录的同一奏折，确认为“漕”字。

〔12〕“漕”字原刊本为“漕”字，“漕”的异体字，改为通用字。

〔13〕“壤”字原刊本写作“壊”［“壤”的异体字］，误认作“壞”［“坏”的繁体字］，故改为“壤”字。

〔14〕“瀹”［yuè］原刊本误写成“瀹”，又误认为“淪”［lún］，再简化为“沦”。“瀹”［yuè］意为河流疏通，与“沦”音意都不同，“瀹”未简化按原字排。

〔15〕“萑”［huán］误认作“隹”。按“萑”为芦苇类植物。改“隹”为

“萑”。

〔16〕“绕”字误为“远”字。依上下文改。

〔17〕“盖”字误为“益”字。原刊本“盖”字写作“葢”，“盖”的通假字。改为“盖”。

〔18〕“畿”误为“幾”［“几”的繁体字］。按“畿”为古代王都所在地，方千里。后多指京城管辖地区，如京畿、畿辅。“畿”字未简化，“几”改为“畿”。

〔19〕“丰润”误为“丰阔”，形近而误，据前后文改。

〔20〕“益”字误为“盆”字，形近而误，据前后文改。

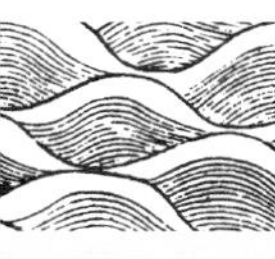

〔21〕“绕”字误为“远”字。依前后文改。

〔22〕“涤”［dí］字原刊本为“滌”［“涤”的繁体字］，误以为简化为“条”［tiáo］。改“条”为“涤”。

〔23〕同上。

〔24〕“洄”［huì］误为“泗”，按“洄”字原刊本作“湏”［“洄”的异体字］与“泗”字形近而误。改为“洄”。

〔25〕同〔21〕。

〔26〕同〔17〕。

〔27〕“塍”［chéng］误为“胜”，按“塍”田畦、田间路界，音义与胜完全不同。改“胜”为“塍”。

〔28〕“乐亭”误为“栾亭”。原刊本“乐”写作“樂”，为“乐”之繁体字，误为“欒”［“栾”的繁体字］。改“栾”为“乐”。

〔29〕同〔18〕。

〔30〕同〔21〕。

〔31〕“滱”字原刊本误作“滱”。按滱［kòu］水源于山西灵邱，由倒马关入唐县称唐河的滱水之滱从水寇声，而无从水寇声之字。按“滱”字排。

〔32〕“曾”误为“鲁”。据前后文意改正。

〔33〕“绕”误为“选”。据前后文意改正。

〔34〕“曾”误为“會”［“会”的繁体字］，形近而误。据前后文改正。

〔35〕“束鹿”误为“柬鹿”，“柬”、“束”形近而误。据前后文改正。

〔36〕“疏”误为“流”，形近而误。据前后文改正。

〔37〕“碱”字，原刊本为“鹹”［“咸”的繁体字］。而此字实际有误，当为

“鹼”［简化字为“碱”］。与永定河河工贴近的地名中有二：一为碱铺，在永清县西北永定河中泓故道所经。另一为碱厂，在武清县［旧县、城关镇］北二十五里，凤河西所经。两地名都是碱字打头。又据李逢亨《（嘉庆）永定河志》著录该条奏折也为“碱”字。故改“咸”为“碱”。

〔38〕“碱”误为“咸”。同上改正。

〔39〕“黄家湾工程”与觉罗明寿原奏“王家湾旱口”地名不一致，二者有一误。此工程具体位置待考。记此存疑。

〔40〕“爨”［cuàn］字误为“焚”［fèn］，“爨”烧火煮饭之义，不能用“焚”代替。改正。

〔41〕“盐”、“枣”误为“监”、“束”，形近而误，依文意改正。

〔42〕“枣”、“栗”误为“束”、“粟”，形近而误，依文意改正。

〔43〕“勤”字误“勒”字，形近而误，依文意改。

〔44〕“沐”［mù］原刊本误为“沭”［shù］。二字音义都不同，不通假。依文意改为“沐”。

〔45〕“淀”字原刊本为“洵”，与“淀”通，也作“甸”。

〔46〕“莱”误为“菜”。据前后文意改正。

〔47〕“才”原刊本作“纔”，“才”的繁体字，改繁为简。

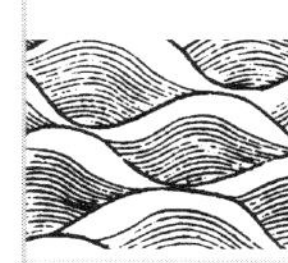

卷十二　奏议三

（雍正五年至十三年）

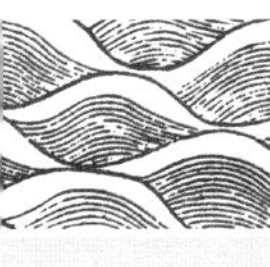

雍正五年［1727］二月初五日　和硕怡亲王等奏前事：

窃查，雍正四年［1726］九月内，直隶总督李绂题请添设河员。经臣等议覆："于水利营田效力人员内将谙练河务，出力勤慎，著有劳绩者，拣选补用"，等因，具奏。奉旨："议得好，著照所议行，该部知道。钦此。"钦遵在案。今春融冻解，正值动工之时，所有添设河员二十七缺，内北运河同知、通判二缺，最为紧要。查，有候选通判朱斐文，候选州同张培微，系奉旨交部另用之员。臣等面奏："请以河员暂行补授"，已蒙圣恩俯允。今请以朱斐文暂补北运河同知缺，张培微暂补北运河通判缺。其余州同等缺，臣等传齐在工各员，公同拣选。拟以候选通判汪铎，补天津州州同缺。候选通判李坛，补涿州州判缺。候选知县蔡学颐，补霸州州判缺。河间县县丞高擢元，补蓟州州判缺。候选县丞程毓麟，补滦州州判缺。候选通判佟世龙，补宛平县县丞缺。候选通判袁松龄，补良乡县县丞缺。候选七品小京官宋模，补固安县县丞缺。献县主簿刘启，补永清县县丞缺。候选州同李泰阶，补东安县县丞缺。候选州判杜熜[1]，补武清县县丞缺。监生刘永清，补耍儿渡县丞缺。候选知州汪士达，补玉田县县丞缺。迁安典史郝浩，补青县主簿缺。候选主簿朱明琦，补宛平县主簿缺。候选县丞祝兆书，补良乡县主簿缺。候选主簿王元卿，补固安县主簿缺。候选县丞顾广生，补永清县主簿缺。候选州同职衔恽源浚，补东安县主簿缺。候选州同陈培，补武清县主簿缺。候选主簿李必显，补东杨村主簿缺。候选县丞蔡亨宜，补丰润主簿缺。候选州同洪时行，补涿州吏目缺。监生逯[3]天锦，补霸州吏目缺。候选正八品潘[2]宾，补霸州清河吏目缺。以上各官，俱系办事勤慎，著有劳绩之员，但各员衔缺多不相当，今从河务需人起见，恳乞皇上恩准敕部补授。除升补之朱斐文、张培微、程毓麟、高擢元、刘启、郝浩，以及监生刘永清、逯[3]天锦，并衔缺相当之王元卿、李必显十员照数升转外，其汪铎等十七员仍照各员本衔升转。再查，朱斐文等二十四员，俱于雍正四年［1726］经臣等带领引见，其刘启、郝浩、蔡亨宜三员尚未引见。但现在工程紧要，需员管理。请俟伏、秋汛后补行引见。恭候命下之日，即令该员等赴任办理。庶分理得人于河务，不无少补。再，雍正四年二月内，九卿议得永定河向来效力人员一概撤回。奉旨："依议。"钦遵在案。今据河道明寿详称："笔帖式德库纳、阿拉米，把总张义、陈留才，熟谙河务，详请留工办事，"等语。查，永定河工最为紧要，必得谙练之员，董率新设河官办理，方保无虞。应将德库纳、阿拉米、张义、陈留才四员，暂行留工效力一年，如果实心效力，著有劳绩臣等，奏闻请旨。臣等未敢擅便，为此谨奏。（本月初九日奉旨："怡亲王奏请补授河工效力官朱斐文等二十七员，著俱照所请补授。余亦照所请行，该部知道。钦此。"）

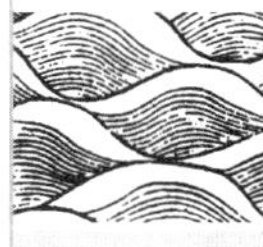

雍正五年［1727］二月十八日　工部《为钦奉上谕事》

臣等查得，管理天津水师营都统觉罗巴颜德等奏称："臣等遵旨修理石景山堤岸俱已告竣，共用过内务府库银七万五千一百二十五两零，伏乞皇上遣官查核。至新修筑堤岸，奉特旨动用内库银粮修筑。仰恳皇上天恩，仍交臣等同效力人员看守，保固三年，再交永定河河道管理。其委用监督礼部员外郎、今升户部郎中吕耀曾，礼部员外郎尚崇坦，令其回部办事。光禄寺署正觉罗阿那哈，户部郎中王式曾，令其两处行走。其原任监督郎中傅[4]尔赛，应赔修之工，交与臣等修建之挑水坝四座，石堤八丈。前支领过内务府库银四千五百两，实用银三千八百三十两五钱四分零，余银六百六十九两四钱五分九厘，仍交内务府。其傅[5]尔赛应赔银两，行丈工部转行该旗，严追还项"，等因，折奏。奉旨："著交部。钦此。"钦遵。移咨前来。查，石景山埽坝堤工，关系紧要。其金沟口堤至下坝台等工，奉旨命都统觉罗巴颜德、原任侍郎王景曾等，支领内务府库银兴修在案。其石景山旧堤，系臣部主事关纳看守。因关纳升户部员外郎，臣部于雍正四年［1726］六月初九日，另派司官前往看守等因，折奏。奉旨："尔部每年派司官前往石景山看守堤工，殊属无益。应否交与地方官，或永定河道管理之处，尔部会同怡亲王议奏。钦此。"臣部会同怡亲王议得：石景山堤工，每年派出司官看守，不过仅有看守之名，究于堤工无益。若交与永定河道管理，则事有专责。又况每年更换，实未久协。但现今永定河道觉罗明寿管理新、旧河务，所交之事甚多。目今正值伏汛之时，若即将石景山堤工交伊管理，恐此时暂且不能兼顾。且巴颜德、王景曾所修工程尚未告竣。监督关纳虽经升任，一年差期未满。应令关纳以升衔仍留看守，俟巴颜德等所修工程报完之后，保过伏、秋[6]二汛，再将石景山堤工一并交与永定河道管理。于雍正四年［1726］六月初十日奏。本日奉旨："所议甚好。钦此。"钦遵在案。今巴颜德等新筑工程，自金沟口石堤起，至下坝台止，共二百六十八丈一尺五寸，粘补修砌片石、碎石、石子堤共二百零二丈二尺，加高土堤五百八十丈零七尺，筑顺水坝一座，开引河一道，长三百三十丈。既经告竣，巴颜德等奏，请遣官查核。臣部应会同内务府前往查明，将做过工程所用银两奏销外，现今余剩银六百六十九两四钱五分零，令即[7]缴还内务府。其新筑堤工，巴颜德等既称："同效力人员，情愿保固三年，"等语，应如所请。俟雍正七年伏、秋汛后，再交与永定河河道管理。除巴颜德等所做工程外，将关纳看守旧有堤工，及傅尔赛名下赔修之坝台四座，片石堤八丈，俟臣部会同内务府查明工程后，应遵旨交与永定河河道管理。关纳令其回户部办事。其光禄寺署正觉罗阿那哈，户部郎中王式曾，亦照巴颜德等所请，令其两处行走。户部郎中吕耀曾，礼部员外郎尚崇坦，令其回部办事。傅尔赛应赔银两，行文该旗著落。傅尔赛家产，勒限严催，交还内务府。至巴颜德等在工同效力人员，俟工程保固三年之后，应否议叙之处，另行请旨。谨奏。（奉旨："依议。钦此。"）

雍正五年［1727］六月初二日　工部《为查明奏销事》

臣等查得，先经副都统觉罗巴颜德等奏称："石景山修理堤岸等工，共用过内库银七万五千一百二十五两零。伏乞遣官查核。至新修筑堤工，仍交臣等同效力人员看守保固三年，再交永定河河道管理。其原任监督郎中傅尔赛应赔修之工，交与臣等，修建之挑水坝四座，石堤八丈。前题请①支领过内库银四千五百两，实用银三千八百三十两五钱四分零，余银六百六十九两四钱五分九厘，仍缴内库。其傅尔赛应赔银两，行文工部，转行该旗严追还项，"等因。经臣部奏明，今会同内务府总管，前往石景山查看。副都统觉罗巴颜德等新筑工程，自金沟口石堤起，至下坝台止，共二百六十八丈一尺五寸，粘补修砌片石、碎石石子堤共二百零二丈二尺，加高土

---

① 题请一词，本为"题本请旨"的省略语。明制官员向皇帝报告政务、军事、钱粮等公事的奏章称题本，须盖官印具题；如系个人私事［升迁谢恩，请假、告病之类］则用奏本，不准用印。清雍正三年［1725］废奏本专用题本。由此，军国重事例行向皇帝奏报都用题字冠首：如"题请"、"题参"、"题销"等。故题请一词与现代汉语的"提请"一词有别。

堤五百八十丈零七尺，筑顺水坝一座，开引河一道，长三百三十丈。用过银七万五千一百二十五两八钱六分五厘，傅尔赛赔修工程用过银三千八百三十两五钱四分一厘，查对册内现银丈尺数目相符。因巴颜德等修理堤工所开，白灰每千斤银九钱四分，片石每方银一两九钱；傅尔赛赔修之工所开，白灰每千斤银一两四钱，片石每方银二两三钱，将多寡不一之处行查。去后。今巴颜德等虽称："所用片石、白灰前工系秋冬之交，修理脚价少省。傅尔赛赔修之工，系五、六月间修理，正值道路泥泞，脚价腾贵，照依时价办理，"等语。但傅尔赛赔修工程料物价值，臣等细行核算，终属浮多。应将白灰每千斤、片石各减去[8]银一钱，计银一百七两七钱三分零。其筑打土堤，向无动用小夯之例。今巴颜德等筑打土堤，所开小夯，每土一方用工价银九钱，白灰九百斤，较之大夯每方多用银四钱五分，白灰三百斤。应照大夯例核算，减去小夯工价。白灰银一千三百八十五两三钱三分零，再成砌大石堤所用灌浆白灰，每长一丈，宽厚一尺，用灰一百五十斤，亦属浮多。今每长一丈，宽一尺，厚一尺五寸，准给浆灰八十斤核算，应减去浆灰等项银一千六百二十四两九钱七分零。扣抿石缝油灰，每方丈用油灰一百二十五斤，今每方丈准给油灰三十斤核算，应减去油灰银一千七百二十九两三钱五分零。共减去银四千七百三十九两六钱五分零。傅尔赛赔修工程内，减去白灰、片石银一百七两七钱三分零，小夯工价白灰银八十六两八钱三分零，油灰银四十九两二钱九分零，共减去银二百四十三两八钱五分零二。共减去银四千九百八十三两五钱零。至所开引河一道，拦水坝一座，因系拦水引溜，以便成砌石堤。堤成之后，其引河拦水坝，虽现今冲淤，所有用过夫价、物料银两，应准开销。查，巴颜德等筑砌堤工，原用过银七万五千一百二十五两六钱六分零，今各项减去银共四千七百三十九两六钱五分零。其筑砌堤工，实用银六万五百八十七两六钱二分零；开挖引河，筑拦水坝，实用银九千七百九十八两五钱九分零，共用过银七万三百八十六两二钱一分零，准其开销。其减去银四千七百三十九两六钱五分零，应令巴颜德等，照数追还内库①。再，傅尔赛赔修工程，原用过银三千八百三十两五钱四分零，内有应减去银二百四十三两八钱五分零。其减去银两，亦著落巴颜德等缴还内库。其傅尔赛应赔银三千五百八十六两六钱九分零，行令该旗，仍著落傅尔赛名下，作速照数严追，缴还内库。再查巴颜德等，余剩银六

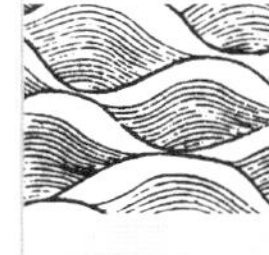

① 内库，指内务府［管皇室宫廷事务的衙署］的府库。与户部库、布政司司库以及道库不同，管理皇家"私房钱"。

百六十九两四钱五分零，系应即交之项，至今尚未缴库，勒限五日内缴送内库。如限内不交[9]，相应交部议处。至修成大岸、博岸、搭脚手架子，共买用过梢架木四百三十根，应令巴颜德等，照数缴回工部木仓收贮。其新筑工程，巴颜德等既称系动用内库钱粮修筑，情愿同效力人员保固三年。傅尔赛应赔工程，亦系巴颜德等动用内库钱粮新筑之工，相应一并交与巴颜德等看守。俟保过雍正七年［1729］伏、秋二汛之后，再交与永定河河道管理。至员外郎关纳看守旧有堤工，仍照原奏交与永定河河道管理。员外郎关纳令其回户部办事。谨奏。（奉旨："依议。钦此。"）

雍正五年［1727］十月十五日　工部《为题明事》

议覆河道总督齐苏勒等题销，堵筑朱家口用过工料银两一案。奉旨："河工追赔之项，其中情由不一：有该员侵蚀入已者；有修筑草率本不坚固，易致冲决，应当赔修者；有当溃决之时，该员预知例当赔修，以少报多，先留地步者；甚至有故意损坏工程，以便兴修开销者。种种弊端，不可枚举，皆属法难宽宥。但亦有经手之员，本无情弊，而照例则应分赔者。在该员则情稍有可原，而承追之时无力全完，亦于国帑无益。朕意欲开恩，稍为变通，其如何酌量，分别定例，方为妥协之处。著九卿详议具奏。此本内朱家口工程，因从前并未题估，是以该部驳查，随经总河将经手人员，即派令分赔。果否情理允[10]协，而于钱粮无亏之处，著一并议奏。钦此。"钦遵。臣等伏读谕旨，仰见我皇上睿虑周详，洞悉河防之情形。圣慈宏大，特施恤下之深仁。令臣等悉心详议，稍变通于常法之中，务尽协乎情理之当。此诚圣主轸念河工之至意也。臣等查得，河工关系重大，追赔之项议处不一。雍正四年［1726］，九卿会议："承修之员估计工程，总河、副总河、督抚、分司委员确查工段丈尺，桩埽料物，如估计过多，存心浮冒，即照溺职例革职。承查之员，扶同徇[11]隐，照徇[11]庇例议处。至工完之日，该总河、督抚、分司再行确勘。如工程单薄，料物克减，钱粮不归实用，以致修筑不能坚固。将承修之员，指名题参，照侵欺钱粮例治罪。其侵欺银两，著落该员家产追赔还项。"奉旨："依议。"钦遵在案。雍正五年［1727］，奉旨："河工不肖之员，有将完固堤工故行毁坏，希图兴修，借端侵蚀钱粮者，著齐苏勒察访奏闻，于工程处正法。钦此。"钦遵在案。是侵蚀入已，修筑不坚，以少报多，先留地步及损坏工程，希图开销，种种情弊者。皆法所不容，断难宽宥。俱应遵照定例施行外，其有河水陡涨，人力难施，该员本无情弊，而照例则应分赔者，虽法无可贷，而情有可原。至承追之时，力不能完，虽严加追比，终无裨于库帑。此圣主宏慈所为，殷殷轸念，欲加宽恤者也。窃惟河流冲决、堵筑、抢修，虽动用帑金，而工程现在可以按验稽查，非若侵盗钱粮亏空无存者可比。臣等谨遵圣谕，酌量变通。查，定例内称，黄河堤岸定限保固一年，运河堤岸定限保固三年。如黄河一年之内，运河三年之内，河水漫决者，令经修官赔修。黄河一年之外，运河三年之外，河水漫决者，令防修官赔修等语。如果修筑不坚，防守不谨，自应照例赔修。若修筑坚固，防守谨严而忽遇河水骤涨，人力难施，以致冲决者，仍照定例，概令分赔，其情诚有可悯。臣等请嗣后，黄河一年之内、运河三年之内，堤工陡遇冲决，而所修工程实系坚固，于工完之日，已经总河、督抚保题者，止令承修官赔修四分，其余六分准其开销。如该员修筑钱粮，俱归实用，工程已完未及题报，而陡遇冲决者。该总河、督抚将冲决情形，并该员工程果无浮冒之处，据实题保，亦令赔修四分，其余俱准开销。如黄河一年之外、运河三年之外，堤工陡遇冲决，而该管各官实系防守谨慎，并无疏虞懈弛者，该总河、督抚查明具题。止令防守该管各官共赔四分内，河道分司、知府共赔二分；同知、通判、守备、州县共赔一分半；县丞、主簿、千总、把总共赔半分；其余六分准其开销。其承修防守各员，俱令革职留任，戴罪效力。工完之日，方准开复。倘总河、督抚有保题不实者，后经查出，照徇庇例，严加议处。所修工程，仍照定例，勒令各官分赔还项。如此，则各员感沐浩荡之洪慈，益加警惕奋励，而工程坚实，河防筑固矣。是否允协，伏候圣恩钦定。再查，朱家口工程，于雍正三年［1725］六月，据河臣齐苏勒疏称："黄河陡涨，人力难施，将睢宁县朱家口堤工漫坍四十余丈，续又刷宽三十余丈。请先借库帑堵筑完固，用过银两，著落疏防各官名下追还，"等语。续据该督造册题销，工部议，以："从前并未题估，行令查明具题。"今该督将应赔银两，著落革职同知李世彦赔银十万二千四百九十余两，原任淮徐道张其仁、守备杨九奏、知县牟悫、主簿赵焜、千总刘国杰，各分赔银二万四百九十余两。但朱家口越筑大坝，用银八万九千九百余两，工部以该督并未报明工程丈尺，现在驳查。相应行令总河，备细据实查核，照各该员应赔、应免分数，另行分晰具奏。到日再议。可也。谨题。（奉旨："依议。钦此。"）

雍正五年［1727］十二月初七日　和硕怡亲王奏《为请定直隶河工等事》

窃照，直隶兴修水利营田，乃我皇上轸念民生，规画久远，为万世图永赖之利也。凡一切工程，保守防护必有一定年限，方能专其责成。查定例，黄河工程定限保固一年，运河工程定限保固三年。若直隶河道工程，子牙河则系民力修防；天津以南运河，则系浅夫修防；永定河、北运河则系分司岁加修理，皆无保固年限。臣等酌其水势平险，工程难易，请将子牙河及天津以南运河新修工程，俱照运河例，定限保固三年。永定河新修工程，照黄河例，定限保固一年。北运河工程较之永定河稍为平易，较之南运河则为险要，请定限保固二年。倘限内冲决，照例著落承修官赔修。至于岁修工程，现今四道各有额设银两，其应增应减之处，俟一、二年经试汛水之后，酌量定数另行奏闻。臣等未敢擅便，伏乞皇上睿鉴。敕部议覆施行，等因。(奉旨："依议。钦此。")

雍正八年［1730］正月三十日　和硕怡亲王奏《为请旨事》

臣查石景山堤岸工程，除工部旧管二千七百六十余丈外，其余埽坝、新筑堤工，情愿保固三年，再交永定河道管理。随经工部议覆。奉旨："依议。钦此。"在案。雍正七年［1729］秋汛后，巴颜德等保固限期已完。臣随于十一月内，委令永定河道石柱会同巴颜德、王景曾，并工部所派看守工程之员外郎多纶，查勘交收。去后，今据该道报称："新旧堤工俱各查收讫。惟巴颜德等所修工段内，片石石堤缺少二十二丈四尺零，大石堤缺少一丈一尺，石子堤缺少二丈八尺，灰土堤缺少六十四丈三尺零，照例核算共该银一千四十余两，"等语。臣等伏查，石景山堤工当永定之上游，作京师之保障，所关最为紧要。今交永定河道管理，虽事有专司，较之工部派员管理，每年更换者，自属有益。但该道所管工程，自卢沟桥至范瓮口计二百余里，两岸堤工俱多冲险。一遇汛水涨发，上下奔驰，数日方周。今又益以石景山工程二十余里，不无鞭长莫及之虑。虽旧有同知一员，已兼管两岸，则石景山所有堤工，亦难遥顾。应请添设同知一员，令其管理石景山一带工程，专司防护抢修之事，仍归永定河道统辖。再查，永定河水势湍急，汹涌迥异，常流乘机审溜，转利害呼吸；滚埽悬桩，争安危于俄顷。非河兵不能措手，惟把总为能驭之。以故臣等，于雍正五年［1727］二月内，奏请将把总张义、陈留才，暂行董率新设河兵办理。如果著有劳绩，奏闻请旨。荷蒙俞允。今查，该弁等效力三年，实于河务有裨。可否以千总职衔食俸，留工办事，以示鼓励。其暂留把总二缺，相应免其裁撤。令该道于兵目内挑选顶替，一员分隶石景山同知管辖，一员仍隶永定河同知管辖。其千总二员，上下来往，提调奔走，如此则专管有人，臂指足使，不惟石景山工程巩固，即通河俱收实效矣。其新修石景山堤工，今年量拨银两，以资抢护。容俟伏、秋二汛后，审定水势，再议加修。至巴颜德等所少核减工程银两，应请交与工部定议可也。臣等未敢擅便，伏乞皇上敕部议覆施行。为此谨奏。（奉旨："俱照怡亲王所请行。钦此。"）

雍正八年［1730］正月三十日　和硕怡亲王奏《为请旨事》

查，永定河本名桑干，发源最高，汇流甚众。故水性湍激，数徙善溃，号称难治。自康熙三十七年［1698］，圣祖仁皇帝轸念民艰，亲临指授，新河既潴，横流遂偃，肇赐嘉名，河神之封自此而始。我皇上丕绍鸿绪，加意河防，发帑设官浚筑之宜，皆禀睿算。自雍正四年［1726］以来，永定河安流顺轨，无改徙荡齧之患，民居安集，岁比有秋。固人事之克修，亦河神之奉若，而协于厥职。雍正七年［1729］十一月内，臣面奉谕旨："令于石景山一带占度善地，建作新庙，以答灵贶。钦此。"钦遵。臣亲诣其地，载职载营，谨勘得石景山之南庞村之西，有地一区，长河西绕而南瀠，峰岭北纡崦左骛。于兹营建庙宇，可称形胜相宜。祠址临流，俨然有控压波涛呵护堤防之势。遂委永定河道石柱料估。去后，今据石柱呈称："新修庙座河神正殿三楹，东西配殿六间，殿前钟鼓楼二座，旗杆二根，山门三间，门外石狮二座。对面戏楼一座，东西木牌楼二座。殿后北极殿三楹。再，后子墙一道，门楼一座。再，后佛阁五楹，两旁僧寮十四间，庙外围墙一道。以上约共需工料银一万三千八百一十五两零。臣又查得，卢沟桥北岸，旧有永定河神庙，即康熙三十七年［1698］新河成时之所建也。圣祖仁皇帝御制碑记及御书匾额在焉。龙章凤篆，炳焕如新。而庙之前后两殿，已就倾圮残缺，四面墙垣，坍毁亦多。拟将前后殿重加修建，其围墙坍坏之处，通行粘补，并添造佛阁五楹。所需工料银两亦令石柱料估，约共银三千三百七十余两。"窃思，永定全河，石景山据其上游，卢沟桥扼其冲要。二庙相望数十里内，形势联[12]接，殿宇既启，丹雘斯崇，神实凭焉，以福我兆民。落成之后，更祈皇上御制匾额碑文，昭示神人，俾永恪乃事。自此长虹偃波，多鱼占岁，畿辅生民，永沐皇仁于无既矣。所有查勘过修庙缘由，理合具奏。谨绘图恭呈御鉴，伏祈皇上睿鉴指示施行。谨奏。（奉旨："依议。所用钱粮著在内库支领。二处庙工俱交与石柱办理。钦此。"）

雍正十年［1732］三月初十日　直隶河道总督臣王朝恩、协理北河事务臣徐湛恩谨奏：

窃查，河工修防，每年有岁修、抢修、大修不等。除大修工程随时另请钱粮外，其岁、抢二修，顶于霜降后拨发预备银两，趱办物料，运贮工所。一俟春融，即便兴工，于汛水前一律完整，以资捍御，此定例也。前署河臣刘於义奏请："岁修工程于岁内题估，来年二月动工，四月完竣。"所议允协。大学士臣朱轼："以堤岸工程报册后，续有坍裂者，必令随时报修。又不在隔岁估报之限。"等语。查，此系抢修工程，随时趱做，所用钱粮应汇入抢修项下，另行奏销，无庸另行估计。至于大修工程，有石、土、埽工之别。刘於义奏请："大工不能速完者，五、六两月停其工作。"朱轼复奏："如系险要工程，虽五、六月亦未便停止。"等语。臣等详审酌议，如建砌石工，创筑土工为经久之计者，工程浩大动辄经年，应请五、六月农忙时暂停工作。若加帮土堤，挑挖引河，建筑埽坝等项，均系紧要工程，应亟于汛前趱完，虽五、六月亦未便停其工作也。是否允当，伏乞皇上睿鉴。谨奏。（奉朱批："所议是，应达部者，咨部存案，可也。钦此。"）

雍正十年［1732］四月初三日　大学士鄂尔泰等议覆《为遵旨议奏事》[13]

直隶河道总督王朝恩等奏"请建筑重堤"，等因。奉旨："大学士鄂尔泰、张廷玉、蒋廷锡、朱轼会同定议，具奏。钦此。"臣等查得，雍正三年［1725］，改浚永定新河，自何麻子营起，至范瓮口入三角淀南北堤外，挖土之处皆定方坑。八年［1730］，秋汛漫溢流入方坑，不致为患。是以，从前河道石柱有照旧设立遥堤、遥河之议。其意以河流散漫无底，有遥堤为之捍御，遥河为之容泄，可免泛溢堤外淹没田庐之患。而不思，傍河村庄有在遥堤之内者，设遇汛涨，庐舍先已被淹，石柱所议固未周备。定柱以"原议建筑遥堤之处，离河太近，请移于二、三百丈之外。堤内村庄，另筑护村小堤"，等语。夫汛水骤溢，非小堤所能捍御。既不保固村庄，且离大堤二、三百丈，其间土田浸漫者必多，所议实属无益。至王朝恩议："从小卢家庄东接大堤，筑起下连大堤之尾，中筑横堤百余道，即有溢水之来，遇格而止。止则成淤，淤则大堤益加巩固"，等因。但漫水冲突而来，百余道层堤，层层拦阻，格内不能容受，势必四散溃出。不惟前冲遥堤，且恐回溜宕激河岸，尤为可虑。臣等详阅河图，公同酌议。新河南岸切近大淀，且有旧河分泄，毋容修筑。其北岸自坝台起，至三角淀七十余里，中间并无宣泄之处。应于大堤之外数十丈，修筑重堤一道，务期高宽坚厚。其筑堤挖土之处，自成河形。但河底河身尚须略加修浚，所用钱粮亦属无多。大堤即有横溢之水，有七十余里之小河，可以容减。其散漫之水，自不致于溃决。其间村庄庐舍，惟何麻子营、小卢家庄、大卢家庄三处，在重堤之内。而此三村民舍无多，应酌量给与迁移架造之费，择徙善地。此人所乐从，于民情并无未协。其定柱所议，范瓮口挑河二百丈，从六道口会归入淀之处，似属可行。应令总河王朝恩等，测量地势之高下，水性之顺逆，妥酌定议，将各项工程确估具题。于今年秋汛后兴工。再，臣等议得遥堤、遥河，乃预备补救之法，其紧要工程全在岁修。查，永定河水性善淤。其下流出淀之处，河道狭隘，尤易淤填。务须不时疏浚，使尾闾通畅，庶上流不致壅滞泛冲。其两岸堤工，沙土松浮，须密种柳树，以护堤根，逐年加高培厚，务令坚固。凡有险要之处，广储料物，临时多拨员役巡防抢护，庶保无虞。应令总河王朝恩等，一并详查确议，具奏。（奉旨："依议。钦此。"）

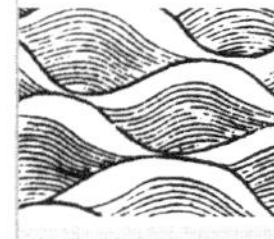

雍正十年［1732］十二月初九日　工部《为请旨事》

会议得，直隶河道总督王朝恩等疏称："永定河建筑重堤一案，准咨行。"据永定河道定柱估详：相距大堤以四十丈为率，顶宽一丈四尺，底宽六丈，高一丈二尺。自何麻子营起，至范瓮口，计长一万三千六十七丈。共筑堤土方工价银六万三千八十四两四钱五毫。其筑堤用土，即按河形挑挖以成重河，无庸另加挑浚之费，务期一律深通。而重河之下尾，上接范瓮口，下接郑家楼，中间计长二百丈。挖面宽五丈，底宽三丈五尺，深三尺，共计土方工价银一百七十八两五钱。再，何麻子营等村，瓦土草房并房基场园地亩，照例核算，共需银二千一百一十一两三钱七分四厘零。因系紧要工程，即令该道，将库存岁修银两按户给发，务使民沾实惠。仍取该县并无扣短印结备案①。其动拨银两，题请帑银到日，拨给归款。② 以上堤河房地价值，照例估计，共需银六万五千三百七十四两二钱七分四厘零。应请仍在水利钱粮

① 印结，由官府出具证明叫"具结"，加盖官府印章则称印结。此处指县官要为农户领到迁出堤外、拆除房屋，场院、土地被占的补偿款不被扣减，出具"印结"，并在督、道等上司处备案。

② 归款，指归道库岁收项下的垫款。

库动支给发。饬令兴工如式坚固，工完查核题销。至房基钱粮及建筑重堤圈入民地，俟工完，行令地方官确查细数，请帑给价除粮①。

再查，大学士臣鄂尔泰等议："逐年加高培厚、疏浚尾闾，洵为善法。但向来额设岁修银一万五千两，不敷办料雇夫之需。每年汛期末满，即请续发银两。今又建重堤，修浚更不敷用，应请每年再添设岁修银五千两，以备疏浚之用。如有不敷，再行请领。倘有赢余，留为次年动用。仍严饬道厅员弁加谨修防，钱粮务归实用，工程必期巩固，实于堤岸民生均有裨益。理合题估。"等因。前来。查，永定河建筑重堤工程，先据该督等，以何麻子营、小卢家庄、大卢家庄三处在重堤之内，应酌量给与迁移架造之费，择徙善地。所议范瓮口挑河二百丈，从六道口会归入淀之处，似属可行。应行令总河王朝恩等，测量地势之高下，水性之逆顺，妥酌定议。将各项工程确估具题。于今年秋汛后兴工。

再查，永定河两岸堤工，沙土松浮，须密种柳树以护堤根，逐年加高培厚，务令坚固。凡有险要之处，广储料物，临汛多拨员役巡防抢护，庶保无虞。应一并详查，确议具奏，等因。奉旨："依议。钦此。"钦遵，抄出到部。臣部于本年四月内，行文在案。今据该督等疏："永定河建筑重堤，土方工价银六万三千八十四两四钱五毫，而重堤之下尾计长二百丈，共计土方工价银一百七十八两五钱。再，何麻子营等村，瓦土草房并房基场围地亩，照例核算，共需银二千一百一十一两三钱四分四厘零。因系紧要工程，即令该道将库存岁修银两按户给发，务使民沾实惠。其动拨银两，题请帑银到日拨给归款。以上堤河房地价值，估需银两仍在水利钱粮库动支给发。饬令兴工，如式坚固，工完查核题销。"等语。臣部查，瓦土草房并房基场园地亩，共需银二千一百一十一两三钱七分四厘零，系应给之项，应准其在于库存岁修银内，按户给发，务使小民均沾实惠。其动拨银两，应如所题。行令该督等，在于水利钱粮库内动支银六万五千三百七十四两二钱七分四厘九毫，内将动拨道库岁修银两，照数拨还归款。其余银两给发承修之员。饬令上紧募夫挑筑，如式坚固，工完将修过工段丈尺，及用过银两，一并据实照例造册题销。所有房基钱粮及建筑重堤圈入民地，俟工完，行令该地方官确查细数造册，请帑给价除粮之处，应令该督等造具确册，报明户部。又，该督等疏称："大学士臣鄂尔泰等议：'逐年加高培

① 给价指为上述补偿估价。除粮指减免地丁钱粮。[清康熙朝始实行"摊丁入亩"，将丁银并入田赋征收，以产量折合银钱征收，故称钱粮]

厚、疏浚尾闾’，诚为善法，但向来额设岁修银一万五千两，不敷办料募夫之需。每年汛期未完，即请续发银两。今又建重堤修浚，更不敷用，应请每年再添岁修银五千两，以备疏浚之用。如有不敷再行请领，倘有赢余留为次年动用，”等语。应行令该督等，在水利营田库内每年再添岁修银五千两，以备浚修之用。岁底造册题销，如果实有不敷，再行请领，倘有赢余，留为次年动用可也。谨题。（奉旨："依议。钦此。"）

雍正十一年［1733］三月初十日　工部《为谨陈永定河紧要事宜》

臣等议得，直隶河道总督王朝恩等疏称："永定河上汛两岸堤工，风雨淋揭，日渐卑薄。今年汛水叠涨漫滩成淤，堤工更觉低矮，俱系湍激顶冲，应须普律增修接筑。鹅房堤工建筑月堤，南岸第一工起，至上七工止，北岸自第一工起，至第五工止，以内高六、七尺为率，计堤长四万七千六百三十丈五尺，共用土四十七万二千五百八十三方六尺零，共估需银五万一千九百八十四两一钱九分六厘零。"造册具题前来。查，永定河上汛两岸堤工，该督等既称风雨淋揭，日渐卑薄，今年秋水叠涨漫滩成淤，堤工更觉低矮，俱系湍激顶冲，应须普律增修接筑。鹅房堤工建筑月堤，以内高六、七尺为率，计堤长四万七千六百三十丈五尺，共估需银五万一千九百八十四两一钱九分六厘零。等语。应如所题，准其修理。仍行该督等，俟工完之日，将用过银两据实照例造册具题，查核可也。谨题。（奉旨："依议。钦此。"）

雍正十一年［1733］三月二十二日　礼部《为请旨事》

议得，石景山南庞村新建永定河神庙工告成，神像安座之日遣员致祭。其致祭礼文及遣员之处，交臣部请旨，等因。具奏。奉旨："庙成致祭一次，奉安神像再致祭一次。余依议。钦此。"钦遵。臣部随将在京各部院衙门侍郎以下，四品以上满汉堂官职名开列。具奏。奉旨："钦点内阁侍读学士明福，前往祭一次。"在案。今据署顺天府府尹、刑部左侍郎张照呈称："永定河神庙神像，已经安座开光。"等因。报部。随令钦天监谨择得，"三月二十八日已酉致祭吉"，等语。应如所择日期，致祭一次。祭品令该地方官预备，祭文香帛，交该衙门备办。由臣部安置龙亭恭舁，至午门前陈设。臣部堂官敬谨看阅，派笔帖式一员敬谨赍往，今照例，谨将各部、院衙门侍郎以下，四品以上满汉堂官职名开列，具奏。恭候皇上钦点一员承祭。谨奏。（奉旨："著派王以巽。钦此。"）

雍正十一年［1733］五月　吏部《为详请分隶堤工以重河防事》

会议得，直隶河道总督王朝恩等疏称：“永定河南、北两岸，于康熙四十三年［1704］间设立同知二员，分管南、北两岸堤工后，因两岸并归分司，故将同知裁去一员。查，永定河自卢沟桥以下，两岸环长四百余里，工段绵亘。以一厅而兼两岸工程，挨工查看，数日方周。若遇汛水涨发，水猛溜急，不能挽渡，汛险工长，顾此失彼。上年，永定河汛水三次大涨。臣等目击险要情形，虽经分饬道厅，分途督率抢护，得保平稳。但永定河道职任兼辖调度查验，是其责成，至于巡堤保固，办料修防，必须专责厅员以重责守。仰恳皇上恩准，复设北岸同知一员，分岸管理。如蒙俞允，其北岸同知员缺，容臣等拣选熟谙河务者，题请实授。再，北岸同知关防，现在南岸同知兼管，无庸铸给。其衙署应照石景山同知之例，岁给价银八十两，令其赁房驻扎半截河村。查，同知衙门应设快手八名，军皂十二名，轿伞扇夫七名，门子二名。北岸除现裁存快手八名，军皂四名外，应添设军皂八名，轿伞扇夫七名，门子二名。其官俸、役食、房价等项银两，于布政司库内照例支给”等因，前来。查，永定河南、北两岸，原设有同知二员，分司二员。后经两岸分司归并一员管理，故将北岸同知一员，亦归南岸同知兼管，遵行在案。今该督既称，永定河自卢沟桥以下，两堤环长四百余里，以一厅而兼两岸工程，若遇水涨、溜急、汛险工长，顾此失彼，仰恳皇上恩准，复设北岸同知一员，分岸管理。其同知员缺，拣选熟谙河务者，题补北岸同知，关防现在南岸同知兼管，无庸铸给等语。应如该督等所请，永定河准其复设北岸同知一员，令该督照例拣选衔缺相当，熟练河务之员题补。其同知关防现系南岸同知兼管，应无庸另行铸给。俟复设之员到任时，移送管理堤工。该督等疏称：“北岸同知衙署应照石景山同知之例，岁给价银八十两，令其赁房，驻扎半截河村。查，同知衙门应设快手八名，军皂十二名，轿伞扇夫七名，门子二名。北岸除现裁存快手八名，军皂四名外，应添设军皂八名，轿伞扇夫七名，门子二名。其官俸、役食、房价等项银两，于布政司库内照例支给，”等语。亦应如该督所请。北岸同知衙署，照石景山同知之例，岁给价银八十两，准其于半截河村地方赁房驻扎。至应设快手军皂等役，除现在裁存快手八名，军皂四名外，应添军皂八名，轿伞扇夫七名，门子二名。其官俸、役食、房价等银，准其在于司库内照例支给，造入地粮奏册内，报部查核。（雍正十一年五月二十七日奉旨：“依议。钦此。”）

雍正十二年［1734］四月　工部议覆［直隶河道总督顾琮等奏《为请旨事》］[14]

议得，直隶河道总督顾琮等疏称："今岁，直属永定及南北运诸河，水势平稳，桃汛俱各安澜。至永定一河，浑流湍瀚，全赖下口深通，庶上游得以畅注入淀。乃淘河以南渐积填淤，正议挑浚引河，以资泄宣，乃竟自然开刷二十余里之程。畚锸不[15]劳民力，四千余丈之远疏排，悉出天工。"等语。伏惟我皇上敬天勤民，至诚昭格。是以河汛安澜，庆各工之巩固。神功显应，辟自然之引河。惟圣心以河神福佑群生，应虔诚展祀以答灵贶。其应行典礼，著臣部察例具奏。仰见我皇上崇祀报功，为民祈福之至意。臣等伏查，向例致祭永定河神，臣部将在京各部、院、衙门，满汉侍郎以下，四品以上堂官职名开列。具奏。恭候皇上钦点一员前往承祭。今永定河神应照例遣官一员承祭。其祭品令该地方官预备，祭文由翰林院撰拟，香帛由太常寺备办，其祭文、香帛陈设于午门前。臣部堂官敬谨看阅，安置龙亭恭舁。至臣部照例派笔帖式一员，敬谨赍往致祭。日期交与钦天监选择可也。

雍正十二年［1734］八月　吏[16]部《为敬陈河务管见请旨敕议酌行事》

会议得，直隶河道总督顾琮等疏称："请分河汛之远近，而专经管之责成也。伏查，直属河道源派繁多，从前，未经分任总河之时，虽曾设有厅员，各自管理。然，专防之官，必须亲在河干，巡查防护。一往间，多有千里之遥，已觉鞭长莫及。若至大汛时，水势骤发，一官难以分身，每致顾此失彼。以应将各属旧日所管之界内，有地方窎①远者，改拨划分，彼此就近管辖。再于紧要处所，酌量添设河员，则随地各有专员防护，不致疏略。臣等逐一查看，如通永道属之蓟州一带，诸河山水迅急，每年陵糈②转运，关系重大。且京东各处河流，汇归蓟运，仅有分汛县丞主簿，呼应不灵。应请添设粮河通判一员，驻扎蓟州，管理京东诸河。并令催趱蓟运空重粮船，验看米色，听该道统辖，以专责成。至于厅汛各员，亦有路远不能兼顾之处。如清河道所属之滹沱河，经正定府之平山等九州县，由保定之束鹿，至河间府河捕。同

---

① 窎（diào）远，深远。

② 陵糈（xǔ）一词，原刊本按清制抬三字排印，表示与皇家陵园有关。陵指清东陵，在蓟州辖县遵化县西北马兰峪；糈的本意为粮饷，又有祭神用的精米之意。而陵糈是清东陵地区粮食供应运转。

知所管献县界内，计长七百八十里，去顺德府三百余里。若悉令顺德府同知管辖，实难防范。应就近拨归正定府通判管辖，颇为顺便。束鹿县有滹沱新工，应添设管河主簿一员，以资防护。其顺德府所属任县大陆泽并宁晋泊以南，滏阳百泉、牛尾浪沟、普通洛泉、洺澧等河，仍令顺德府同知管理。至瀦龙一河，系汇正定府以北之滋河、沙河、唐河，至祁州三岔口合流而入白洋淀。水势湍悍迅急，两岸沙土浮松，伏、秋汛涨最关紧要。应添设管河通判一员，驻扎祁州管理。唐、沙、滋、并瀦龙河两岸工程，再于蠡县添设管河县丞一员，驻扎连子口，专司修浚。祁州添设管河州同一员，分管本州及博野县两处民工。其复设大名道属分管之漳河，夏秋淫雨暴涨，遍野弥漫，患及城郭，应于魏县①添设管河县丞一员，与大名、元城②两县县丞分防河道。又，顺天属之牤牛新河，经良乡、涿州、固安至霸州会中亭河，入东淀，与永定河南岸相去咫尺，应将良、涿、固三属之牤牛新河，就近拨归永定道管辖。霸州系牤牛河下流，旧属清河道，仍令清河道管辖。其良、涿以北房山等处，俱系山水小河，并无堤防，系霸昌道属，应就近拨归霸昌道兼管。稽查至天津道属三角淀内，长淀等河，系永定河下口，乃达津入淀咽喉，最关紧要。永定河当清、浑交会之所，易至淤垫。此处向无专理之员，系河间府河捕同知兼辖。该员离彼甚远，实难兼顾，三角淀应添设管河通判一员，驻扎王庆坨。疏浚永定河入淀下口，即听永定道统辖，以成全河呼应之势③。并将文安庄以东之石沟、台头、杨芬港、杨家河，至三河头以下之一带淀河，及东子牙新河，一并就近拨该通判管理疏通，以专责守。再于武清县添设管河县丞一员，东安县添设管河主簿一员，酌量适中地方驻扎。即令通判管辖，以资分理。其泊河通判，所管清河县运河二十里，并故[17]城县之河道十六里。泊河通判相去遥远，应拨归河捕同知管辖。天津同知所管南皮县运河，与天津间隔，与泊头相近，就近拨归泊河通判管理④。

---

① 大名道全称为大顺广分巡道。魏县是指旧魏县，汉置县，于战国魏国别都故名。北齐省，隋复置，治在大名县西南，唐移置大名县西，即旧魏县。明仍之。清嘉庆年间废入大名县（今魏县在旧县西北三十余里的魏城镇）。

② 元城县，汉置，北齐省，隋复置，后唐改兴唐，后晋复元城县，明清为大名府治。民国初废入大名县。

③ 三角淀设管河通判，驻王庆坨（在今天津市武清区西南境），归永定河道统辖。至此，永定河管理体制形成了一道、四厅、二十余汛的修防架构。

④ 泊头，指泊头镇，明清属交河县，今属泊头市［沧州市辖县级市］，清设管河通判于此，称泊河通判。

再，静海县唐官屯千总①所管运河堤岸，错杂于静海、青县、沧州、南皮四州县境内，间隔四百余里，往来防护实多未便。今天津改卫为府，所有屯粮已归各州县征收。是千总所管河堤，亦应各按疆界，归于各州县管辖，庶就近修防，不致贻误。其千总一员，即令督率河兵、浅夫，无烦裁汰，所增丞倅大、小佐贰②共计九员。而通省专防分管，方能均有责成，似于河防稍有裨益，"等语。应如该督等所请，通永道属之蓟州，准其添设粮河通判一员，驻扎蓟州。令其管理京东诸河，并催趱蓟运空重粮船，验看米色，听通永道管辖，以专责成。清河道所属之滹沱河，准其就近拨归正定府通判兼管。束鹿县准其添设管河主簿一员，以资防护。其顺德府任县大陆泽并宁晋泊以南滏阳、百泉等河，应拨令顺德府同知管理。潴龙一河，准其添设管河通判一员，驻扎祁州，管理唐、沙并潴龙河两岸工程。蠡县准其添设管河县丞一员，驻扎莲子口，专司修浚。祁州准其添设州同一员，分管本州及博野县两处民工。大名道属之魏县，准其添设管河县丞一员，令其与大名、元城两县县丞分防河道。又，顺天府属之良、涿、固三处之牤牛河，准其就近拨归永定道管辖。霸州仍令清河道管理。其良、涿以北房山等处，准其就近拨归霸昌道兼理。稽查天津道属之三角淀，准其添设管河通判一员，驻扎王庆坨。令疏浚永定河入淀下口，文安县左各庄以东之石沟、台头、杨芬港、扬家河至三河头以下之一带淀河。及东子牙河，一并俱拨归该通判管理，听永定道管辖，以专责成。武清县准其添设管河县丞一员。东安县准其添设管河主簿一员。俱令该督等，酌量于适中地方，令其驻扎，听该通判管辖，以资修理。至泊河通判所管之清河县，运河二十里，并故城县之河道十六里，准其就近拨归河捕同知管辖。天津同知所管之南皮县运河，准其就近拨归泊河通判管理。静海县唐官屯千总所管运河堤岸，准其各按疆界，分拨各州县管辖。唐官屯千总，令其督率河兵、浅夫，毋庸裁汰。以上添设管河通判三员，州同一员，县丞三员，主簿二员，俱令该督等会同直隶总督，于现在属员内，拣选熟谙河务之员，题请补授。

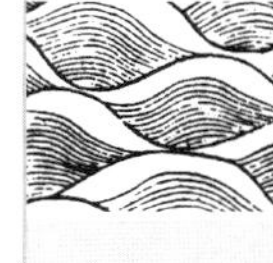

---

① 唐官屯，在今天津市静海县南境，现名唐官屯镇，南运河东南岸，清为漕粮运道重镇之一，驻有千总把总。有如下文所云，管辖四县运河水道。

② 丞倅（cuì）。自汉以来，无论中央或地方，在长官令守之下副职多有称丞者，如太仆寺卿下有太仆丞，县令下有县丞等。倅（cuì）本意即副、副职。清代文献中常习称府的同知为丞，通判为倅，州判、州同亦如此。府、州、县的主官的副职或下属佐官均泛称"丞倅"或"佐贰"、"佐杂"。故有"丞倅大小佐贰"之说。

又疏称："请照例预备抢修料物，酌定钱粮工程之责成也。查河工汛发，全藉抢修，必物料能蓄于平时，而后捍御可期于旦夕。直属永定、通永二道，俱有预行备料之例。独天津、清河二道，尚未设有抢修银两。每至汛水涨发，一时急用，不但物料不精，价值倍昂，往往有可以抢护之工，而因物料购买艰难，至于漫溢溃决。多费帑金，甚非先事绸缪至计。臣等已檄行天津、清河二道，循照永定、通永之例，酌其工程险易，量动道库岁修银两，预行采办应用料物，分别堆贮工所。该道查明，造册申送查核。动用之后，即于岁修银两报销，未用及余剩者，仍加谨收贮，以备后日之需。难以久存者变价，另办新料。但各道规条不能画一，如通永道一切工程钱粮，向系河道经管，酌委厅员领办。永定道一切工程，系厅、汛各员领银承办。查，通永道所辖河工，北运最关紧要。而经由武清县境内居多，河道绵长，该县难以分身兼理。自应照旧，责成厅、汛河员承修办理。永定河经由之州县，俱非濒河附近。且汛发甚骤，抢修防护，呼吸难缓。亦应责成专守之厅、汛各官，照旧经理。惟天津、清河二道属，其工程物料，向系州县印官领银承办。厅、汛各员虽同有河工之责，竟若毫无联[18]属。查，河工专汛河官系州县佐贰，似应听州县官督率协同办理。应将天津、清河二道所属河工，凡有应行修筑之处，州县率领汛官，会同料估厅员，核实加结详报。其需用物料人夫，州县便于呼应，悉令采买，雇募交送工所。责令专汛河员常川在工督率稽查，修筑如式，一切夫工、土方价值，面同州县官照例发给厅员，稽其浮冒侵扣。工完之日，州县印官联[19]衔出具保固印结。厅员加结送查。如有疏虞，厅、汛印官一例处分。庶彼此共任责成，无推诿歧视之弊。仍令本管道员总理稽查，凡有料物不齐，工程不固，及勾通营私，观望歧误者，据实揭报。徇庇扶同一并严参。再，大名道系复设衙门兼理，分任河务，并无岁修银两。其所分河汛，原系清河道总辖。应于清河道岁修银一万五千两之内，酌量分拨三千两于大名道库，贮以备各工需用。其岁、抢各工领办承修，亦均照清河道之例。庶先期有预防之物料，而要工不致临时迟误，"等语。应如所题，行令该督等，将天津、清河二道河工，凡有应行修筑处所，该管地方州县率领汛官会同料估，造册详报厅员。厅员核实加结转详该管上司，照例题请修筑。其需用物料、人夫等项，该州县悉令雇募，交送工所备用。至于修筑之时，该管河道饬令专汛河员常川在工，督率稽查。将一切夫工、土方价值，面同州县印官，据实照例发给，毋致克扣短少。如印官员弁不行给发，致有物料不堪、侵扣、浮冒等弊。该督等即将专责稽查之厅员，及发给不实之厅汛员弁，一并题参。至工完之后，如厅印汛员，不照例加谨保固限内，致有疏虞，将厅员题参，交部议处。仍令该管河道总理稽查，倘有料物不齐，工程不固，及勾通营私，观望歧误等情，访闻确实，即将该管河道指名题参，以专责成。其所办物料银两，酌其工程险易，量动道库岁修银两，预行采办动用之后，即于岁修项下报销。其大名道岁抢各工，领办承修，亦应如该督等所题，准其照清河道之例，动岁修库贮银两，预行采办物料，分别堆贮工所，以备应用。倘承办物料于该年动用之后，有未用余剩者，令该道加谨收贮，以备后岁抢修之用。并将预行采办物料银两，清河道岁修银一万五千两之内，酌量分拨三千两于大名道库贮，以备各工需用。其各工领办承修，亦应照清河道之例报销。

又疏称："请酌标员之驻防，练桩埽之实用，督标左营中军副将一员，都司一员，驻扎河西务①。左营游击一员，驻扎张家湾。守备一员，驻扎天津。但左营之催黄汛，右营之西仪汛，与河干窎远。所有把总二员，马兵共十四名，守兵共六十二名，徒列臣标，并无河务实用。应将二汛地方兵弁，仍行拨天津镇标管辖，便于操习，不致废弛营伍。至南运沿河一带营汛，俱非臣标所辖。凡有水势汛涨，呈报稽迟，致干有误防护。查，南运河之安陵镇与东省接壤，为上游扼要之地。应请将镇标之营汛马兵十一名，步兵四十二名，并随营千总一员，拨归臣标管辖。稽查上游河道，呈报水势，协同文员防护工程。其操练营伍及催趱漕船，仍令河间协兼辖。至拨还未足之马兵、步兵二十二名，即将镇标左右两营，通融酌拨马兵八名，步兵十二名，归还臣标留辕以备差遣。一转移间，于河工、营伍均有裨益。再查，各处河道工程，虽工员亦有略知桩埽者，然皆不能亲身设施。惟有多年老练河兵，及桩埽夫役，日在河干，阅历既不同，汛时雇募朝来夕去，与未悉底裹者，迥然各别。是以，南省各河工程，深得若冀之力。惟北方向未讲究，及此且直隶南运河止有浅夫②，并无熟谙桩埽夫役③，应请于永定河、北运河兵内，拣选熟谙桩埽兵丁数名，暂放头目教习南运河浅夫，办理桩埽抢护等工，即[20]归唐官屯千总管辖。其清河道属潴龙并淀河工程，在在险要，既无浅夫，又无桩埽。夫役伏、秋两汛，抢护维艰。应照江南运河之例，请将潴龙河两岸添设桩埽夫二十四名。淀河添设桩埽夫二十四名，大名道属漳河紧要，向无河兵埽夫，亦应照例添设桩埽夫十二名，均在于永定、

---

① 清代河营兵制与绿营兵大体相同，已在本志卷二职官中注释述及。仅提示一点，陈琮在本奏折中对河营兵在直隶省河防中的作用、布署、训练，作了详尽阐述和调整。

② 浅夫指专门挑挖河道、清淤疏浚的民夫。

③ 桩埽夫，能专业从事钉桩、捆卷埽个、镶填下埽的民夫。

北运河兵内，拣选熟谙兵丁专任，办理教导民夫，以备上下抢护要工。以上各河兵，如果教习勤慎熟练，河工应照永定河、北运河之例，拔补管河外委千把，以示鼓励。至于潮、白二河伏、秋汛发，水势最关紧要。潮河上游应添设管河外委把总一员，驻扎古北口。白河上游应添设管河外委把总一员，驻扎石塘路，查报水势。永定河上游应添设外委把总一员，驻扎水关。照黄河报水之例，汛发用皮馄饨①顺流飞报，预资防护，则营汛驻防，俱于河干相近，而桩埽防护，亦得收其实用，"等语。亦应如该督所请。河营左标催黄汛、右营西仪集汛，把总二员，马兵十四名，守兵六十三名，仍行拨埽天津镇标管辖。将镇标之安陵汛，马兵十一名，守兵四十二名，随营千总一员，拨归河标管辖，协同文员防护工程。其操练营伍、催趱粮船，仍令河间协兼辖。再于镇标左、右二营内，酌拨马兵八名，步兵十二名，归还河标，以补拨出之数。永定河、北运河兵内，拣选熟练桩埽兵丁数名，放为头目教习。南运河浅夫归唐官屯千总辖，潴龙河、淀河，各添设桩埽夫二十四名，漳河添设桩埽夫十二名，均在永定、北运河兵内拣选熟练者，充补专任。办理教导民夫，如果教习得法，河工无误，准其遇有管河外委、千把缺出，考验拔补。至潮、白二河、永定河，各添设管河外委把总一员，查报水势。仍令该督将抽拨弁兵，并挑选河兵充补埽夫名数，以及驻扎分防汛地事宜，造具清册，送部查核。又疏称："一切官役、俸工、衙署等项，以及应行事宜，臣再会同直隶总督核议，另题，"等语。应俟命下之日，令该督会同直隶总督妥酌定议，具题，再议可也。谨奏。（奉旨："依议。钦此。"）

雍正十三年［1735］六月十八日　工部议覆［直隶河道总督朱藻等奏《为河工厅汛新旧官官员交接事》］[21]

议得，直隶河道总督朱藻等疏称："窃查，地方州县遇有升迁事故，其新旧授受之际，例应交代。诚以一经交代，则彻底清查水落石出。既可察前任经手之弊，又可杜后员推诿之端，法至善也。至河工厅、汛官员，虽无刑名钱谷之责，而经管工程钱粮，以及存贮料物、堆积土牛、栽植柳株、管属兵夫等项，均关紧要。缘向无交代定限处分，是以接任之时，并未清查交代。则工程有无残缺，钱粮有无侵蚀，物料有无短少霉烂，土牛有无借用未补，柳株有无枯损未栽，兵夫有无老弱顶替，种种弊端，新任之员茫然不知。及至交代之后，始行查出，而业已接受，又不便再

① 皮馄饨，指一种报告汛期河流水势涨落的工具，沿河放流传递，形制未详。

行详揭，非代为赔累，即指为前任之事，藉词推托。而旧任之员，竟脱然无事。揆[22]厥所由，皆因交代不清之故。臣等请，嗣后河工厅、汛各员，无论实授署事，似应照地方官例，扣限两个月，将经管堤埽工程及钱粮物件一切事宜，彻底清白造册，交送新任官查核。新任官出具交代清楚印结，由道加结，呈送河臣衙门咨部。如旧任之员并不交代明白，或新任之员扶同徇隐，以及勒掯迟延，并上司督催不力，等情，悉照例参处。至承修工程，如在保固限内，而该员因升调缘事离任者，仍著落承修之员保固，不在交代之内。再，堤工堡房为兵夫栖息之所，亦关紧要。查定例，豫省堡房，如遇州县官升迁事故，令其造入工程钱粮项下，接任官亲诣堤工验明，完固造册具结咨送。如有破坏，接任官即行揭报咨参。照炮台边界烽墩等项，不修例议处，著令前官赔修，完日开复。今直隶各工堡房，除民修工程所盖之堡房，请照豫省之例，责令该管州县交代外，其钦工所盖之堡房，应请责令该管汛官，随时查验修葺完固。交代之时，一体造册咨部。如有破坏，照例参处，著落前任之官修，完日开复。以上无论钦修、民修各工堡房，俱责令该管厅员督察，一体交代。如扶同徇纵，听其损坏并不修葺，或被后任之员，或经该管道员揭报，照炮台等项不催之例参处。如此交代明白，则工程得以坚固，钱粮均归著实，于河防甚有裨益，等因。具题前来。查，先据河南、山东河道总督，今授大学士仍管理江南河道总督事务嵇[23]曾筠，于雍正八年［1730］四月内，题准河工钱粮，照依仓库钱粮定限，两月交代。再，定例内开官员修造炮台边界烽墩等项，不速行修造完结迟延者，降职一级。修完之日，还其所降之级，不催之上司罚俸一年，"等语。今议，将堡房如遇州县官升迁事故，令其造入工程钱粮项下，接任官亲诣堤工，验明完固造册，具结咨送。如有破坏，接任官即行揭报，转请咨参，比照炮台边界烽墩等项不修例议处。堡房，著落前官赔修，完日开复。如该管之厅员徇纵不加督察，经道揭报，比照炮台等项不催之上司例议处。如接任官因循接受，即著接受之员赔修。如堡房完固，接受故意勒掯，照前官已将钱粮彻底清白造册交代，而新官推诿不接者，罚俸一年例议处，等因。具题。经臣部覆准，移咨吏部载入例册，著为定例，永远遵行在案。今直隶河工钱粮及存贮料物、堆积土牛等项事宜，应如该督等所题。嗣后，厅、汛各员无论实授署事，遇有升迁事故，均照州县仓库钱粮之例，将任内经管钱粮支放数目，并承办堤岸埽坝工程，及存贮一切料物、土牛细数，定限两个月造具四柱交代，清册移送新任官查核。新任官务将旧任经手钱粮有无亏空，工程有无残缺，物料有无短少霉烂，柳株有无枯损未栽，兵夫有无老弱顶替，逐一查明，出具交代清楚印结。由道加结，呈送河臣衙门，查核咨部。如旧任官将钱粮物料工程等项不交代明白，或新任官扶同徇隐及勒措迟延，并该管上司督催不力，以致逾限等情。该督即行查明，照例题参议处。所盖堡房，责令该管汛官，随时查验。稍有破坏，即行修葺完固，以资兵夫栖息之所。交代之时，饬令接任官，查明有无破坏完固缘由，照例造具交代册结，送部查核。倘有破坏，接任官即行揭报请参，著令赔修。验明完固，题请开复。如该管厅员不加督察，或扶同徇隐，或损坏堡房，不令该管汛官随时修葺，一经揭报，照炮台边界烽墩等项不催之上司例参处。至承修工程，如保固限期未满，而该员遇有升调，缘事离任者，不在交代之例。照例著令承修之员，保固期满，毋致疏虞可也。谨奏。（奉旨："依议。钦此。"）

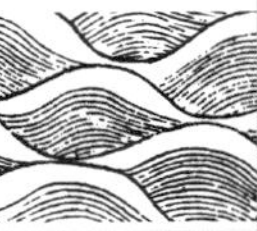

[卷十二校勘记]

〔1〕"熜"字误为"总"字，按"熜"[zǒng]作为姓名用字不是"总"的通假字。仍改为"熜"。

〔2〕"潘"字今脱。据原刊本增补。

〔3〕"逯"字今误为"录"。按"逯"[lú]姓氏用字，不与"录"通假，仍改为"逯"。

〔4〕、〔5〕"傅"字误为"傳"["传"的繁体字]，形近而误，据前后文改为"傅"。

〔6〕"秋"字脱，依文意增补。

〔7〕"即"误作"郎"，形近而误，据文意改正。

〔8〕"减去"后衍一"我"字，据文意删。

〔9〕"交"误为"支"，形近而误，据文意改。

〔10〕"允"字误为"久"字，形近而误，据文意改。

〔11〕"徇"字原刊本作"狥"["侚"的异体字]，改用"徇"。

〔12〕"联"字原刊本作"聠"["联"的繁体字]，今误为"聊"，形近而误，改为"联"。

〔13〕原书此条无题目，直接连正文，现依据正文内容主题添加。

〔14〕原书此条无疏题，直接用"直隶河道总督顾琮等疏称"。此为误，整理中

据该奏疏全文新补加题“《为请旨事》”。

〔15〕“不”字脱，据原刊本增补。

〔16〕“吏”原刊本字迹不清，今误为“史”，据全折内容当为吏部议覆的奏折。据以改“吏”。

〔17〕“故”字脱，原刊本为故城县。按原刊本增补“故”字。

〔18〕同〔12〕。

〔19〕亦同〔12〕。

〔20〕同〔7〕。

〔21〕原书此处无题目，仅连“议得直隶河道总督朱藻等疏称”。整理中根据疏内述事，新加题目“《为河工厅汛新旧官员交接事》”。

〔22〕“揆”字误为“拨”字，形近而误，据原刊本改“揆”。

〔23〕“嵇”字误为“稽”，嵇曾筠。《清史稿·疆臣年表》及《清史稿·嵇曾筠传》、《清代职官年表二》中“嵇”不作“稽”。改正为“嵇”。

卷十三　奏议四

（乾隆元年至三年）

乾隆元年［1736］六月十二日　工部《为谨请民修堤埝量给工价事》

会议得，直隶河督刘勷等奏称："窃照，直隶堤工每岁兴修，有官民各异。查，天津道属南运河，帑修、浅修之外，另有民修工程。清河道虽设岁修，间或动用。其大名道均派民修，并未拨用帑项。至永定、通永二道，亦有民修堤埝，以致胥役包揽，卖富差贫。其到工执役者，率皆乏食穷民。现据沿河各州县，有请免派夫修筑者，有请照河南沁河之例，设立长夫，动用公项者，纷纷具详。伏查，民修工程，若欲悉归帑修，工费浩繁。臣等再四思维，除向例帑修者，仍照定例遵行外，其民修工程，仰恳皇上天恩，请照雍正十二年［1734］以工代账之例，每土一方折米价银三分九厘。如有挑浚河道工程，旱方折银三分，水方折银四分五厘。倘汛水长发，应需抢护做工，仍照旧例拨夫，亦按名折给口粮。其所需银两，即于各道库贮岁修项下拨发。该州县每日按方给价，河员往来指示，务期如式完固。倘蒙圣恩俞允，容臣等于每年霜降后，责令各该厅、汛亲履查勘，分别缓急，将急应加培者，于岁内确估，报臣衙门查核。来岁春融，令州县照例拨夫，按估发价兴修。仍令道、厅不时稽查，如有捏冒夫工、扣克夫价等弊，即行揭报严参。失察徇隐者，一并参处。工完之日，该州县据实汇造清册，出具'并无捏冒、扣克印结'，由厅、道加结，详送臣衙门核实，归于岁修案内估销。查，大名道经前河臣顾琮等奏，请于清河道岁修项下拨银三千两，在案。但清河、大名二道工程繁多，恐不敷用。应将前河臣顾琮等奏拨三千两，仍归清河道贮库。其大名道另行额设岁修银一万五千两，以资动用。设有不敷，均准续请拨给。倘有盈余，留为次年动用，理合具奏。"等因。前来。应如所奏，行令该督等，将天津、大名、清河、永定、通永五道所属河道堤埝，民修工程，该督于每年霜降后，责令厅、汛各员，逐细查勘。如有必须修筑之工，同岁修工程，据实确估，照例造册，具题查核。其应给夫役工价，照该督所奏数目给发。如有揑冒、扣克等项，令该督道员揭报严参。倘失察徇隐，该督亦即题参议处。至该督所请，将大名道原拨清河道岁修项下银三千两，仍归清河道贮库。其大名道另设岁修银一万五千两，相应在于户部收存水利钱粮库银之内，照数给发，以资动用。设有不敷，均准续请拨给；倘有盈余，留为次年动用。谨题。（奉旨："依议。钦此。"）

乾隆元年［1736］八月　总督兼理河务臣李卫《为复奏勘过河道大概情形仰请训示事》

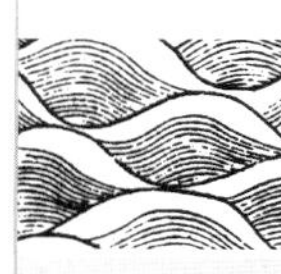

窃查，从前设立总河共止一员，驻扎山东之济宁州。直隶运河亦归管辖。后移江南，鞭长不及。此地所有河员，大者惟子牙、永定二河分司，其余皆系府州县佐贰兼管。既未谙晓河务，又无法则事程，各凭己意，草率经理。虽有巡抚统辖大概，而堤防随便堵筑，多不合法。在当年漳河之水，不藉运道出海，惟图停蓄济运，止以浅塞为虑。自全漳归运以来，源长势猛，湍急浩瀚，多有漫溢之患。后虽河东、直隶，各自分设总河道员，增添厅汛，设立岁修堤防之策，不为不备。乃堤日增高，而河[1]岁亦随长。伏、秋汛涨，各于堤工加添，以防漫溢。但漳水泥浊，运道河形曲折，垫淤于下，则泛滥于上，理势自然难保稳固。臣沿途详加审视，总由从前所筑官堤、民埝段落间杂，若能留宽河身，使水大之时有所容纳，自然顺流无碍。乃俱贴近两岸，捱边筑堤，不留余地。在水平归槽之时，原无藉于两旁之堤。若水大奔流，或逢积雨顷刻寻丈，而又为狭堤所束。一遇湾曲，宣泄不及，安得不搏击怒溢，东冲西撞，所至皆成险工，溃决堤岸，害及田庐。且各堤筑法，俱系陡直而无坡坨之形，不足以御水势。此南运河受病之根，而历来相沿，处处皆然。非一时所能全得更正，止可因地设法，渐次以为补救者也。（谨按：明弘治［1496—1497］中，因运河常苦泛溢，特于青县之兴济镇，及沧州之捷地，开减水两河①）。久而湮塞，闸石仅有存者。于雍正三年［1725］大水，南运河溢决十三口，为害颇广。经

① 兴济镇在今河北省沧县县城北约三十八里（明清属青县），捷地在县城南约十里（今捷地回族自治乡）。两减河东北流至今河北黄骅市西北李村两侧东流，注入母猪港（今南大港）于祁口（今名歧口）附近入海。捷地减河仍在，兴济减河存留不详。（参见谭其骧《中国历史地图集》第八册，中国地图出版社1987年版7－8页；《河北省地图册》沧县、青县、黄骅市各图，中国地图出版社2005年版。）

怡亲王奏请，于减水二河各建滚水石坝一座，挑浚旧河分达海港，以泄上游暴长水势。旋因捷地近处决口，雍正十一、二年［1733、1734］又复修筑。今闸座尚皆完整，但当年委官做法亦有未合者。盖减水之闸，原图泄水，必龙骨与石海漫相去不至过高，渐次坡坨坦下，石底逐层稍低，使水顺流而下，方为妥协。奈何高低失宜，以致水入闸口即有上涌之势。一激成湍，且水骤不能直下，遂分为回流，将南边草桩堤岸刷吸损坏，尚须设法择其已甚者，改砌修补。然此犹就其小者而言，若其大端，则自沧州境内之龙儿庄、苏家园，河身二千六百丈，现在积淤三、四尺不等。至捷地减河两岸，雍正九年［1731］，水利府原欲同兴济一并勘估筑堤，因两处大工不能并，议于兴济完工之后再行。至今因循终止。附近低洼之处，每年漫决禾稼，悉付波臣，民甚苦困。此两处减河，俱成无济。是以，议于上流直东交界之德州哨马营地方，与古黄河相近之处度地建坝，引而注之古黄河①，庶为一劳而永逸。

雍正十二年［1734］正月，臣曾奉命会同直隶河东督抚河臣，前往查勘定议，修筑坝闸已经完工，今年藉此泄水得无漫溢，已见有效。但臣此番亲往覆勘出口近坝之处，即有淤垫未曾开通，段落相间。今岁仰赖圣主洪福，河水旋长旋消，并无阻碍。而水性不常，自宜预为筹画。臣商同河臣刘勷，咨会山东河抚诸臣从长计议，各将本省地方查勘开浚，以期永保安澜。

至于捷地坝内河身，前之挑挖者，日渐淤积；未挖者，益复淤高，水势停阻，不能畅流。似应将河身疏浚，即以所挖之土，培筑二堤，方为一举两得。俟秋收后，饬令印河各官，同沧州之龙儿庄至苏家园一带工程，再加确勘，逐细估计，与河臣刘勷妥议，另行请旨，钦遵。又，臣沿河相度，自南皮县以上地势尽高，堤工平稳，即应需培厚之处尚属无多。沧州以下，堤矮工险，今虽逐年加高培厚，然静海唐官屯迤北，单矮削薄更甚。尤当加高二、三尺，培厚五、六尺，庶于民田有益。更可虑者，全运河身湾曲之处多有涨淤滩嘴，以致汛水长发挡激斜趋，直逼对岸堤工，日渐危险。虽有浅夫裁切，而伏、秋二汛相接，暂消复长，工难常继。臣再四思维，莫若借水攻刷之为便。若于对面迎溜顶冲之处，相度形势，建筑鸡嘴象尾等挑水草坝，挡捍抵激，俾汹涌之势逼趋滩嘴，不久可以冲消。涨积既去，则溜归中泓，水无挠击，后来之混浊泥沙，亦不能复为停蓄。以上，皆臣查勘南运河所得之大既情

① 此处所说古黄河似指今山东西北境的马颊河，此河自宋元至明万历间，曾数次为黄河袭夺，于冀鲁交界附近入海。［参见谭其骧《中国历史地图集》八·山东图］

形也。

臣又自天津东北三岔口直至大沽，勘视海口出水总汇。涘[2]广涯深，奔流湍驶，为神京东南万水朝宗之巨区。虽三岔口，乃众水会流入海之处，限于地势难以扩充。幸海口宽深，譬若尾闾既畅，胸腹当舒，度其情形，此处亦无妨碍也。惟有永定一河，即卢沟、浑河、桑干之总名，发源于山西太原之天池，伏流溢出，经由数省、口之内外诸山，河水节次归并。而过怀来束于两山，不能恣肆。离京四十里石景山之东，地平土疏，冲激震荡，迁徙弗常，历代治之不一。其法自康熙三十七年［1698］大筑堤堰，疏浚兼施，钜工告成。垂四十年河无迁徙，民以安宁。惟是水皆浑浊，下流入淀之后，水去泥停，积渐填淤。司河各官，惟事修堤，不实挖浅，堤日增高，河亦俱长。八工等处，是为下梢，而堤之去水仅三、四尺不等。臣同河臣刘勷由三角淀、王庆坨后面而进，河身俱成断港，各驾一叶小舟，拖泥挡浅，逆行七十余里，始得抵工。相视形势，咨访舆论，佥谓此河泥沙至重，经流之地到处淤高。先后河臣屡议疏浚，迄无成功。臣细看此河形势，水落之时，河底细流无多，一当汛发，横宽数十里，浩瀚湍急，力猛势迅，漫溢冲刷而来。又兼土性松浮，莫可抵御。固安、永清、东安、霸州一带常受漫灌，危及城郭。从前，怡亲王于郭家务改河东行，复开下通之长甸引河，迳三角淀而注之河头。既筑围堤以防北轶，又每年议设挑浅银五千两，逐年开挖。下源筹画不为不善。乃后人，多不在河之尾闾出水处留心，虚应故事，每年节省，致令永定河之泥沙悉将淀河淤高，日渐填塞。于水小之时，下流不能达于三岔口，只有些微清水渗漏而来。淀河为诸水翕聚之地，众流竞趋汇为巨泽。所以蓄直隶全局之水，游衍而节宣之。乃永定浊流填淤，哽噎于其间。将来，清水无路归津，恐致穿运而过，实为日后钜害。岂止此数千金节省之数所能抵其大费而已耶！臣愚以为，目前之计，既不能使永定河别由一道畅流归海，惟有相度形势，由凤口一带低洼之处疏浚。出双口等处，每岁实力挑挖，院道亲往查勘，收工保题，必使实支实用，不致壅积过甚，一发难收。再筹万全，以仰副圣主爱养黎元之至意。但臣识见浅陋，于水利要键未能透彻。荷蒙皇上以河工重务委任兼理，敢不悉心竭虑，勉图职守。而水性形势，各有不同，工程繁钜，惟有因势利导，随时制宜，不敢自以臆见，冒昧率行。先将勘过各处大概情形，据实奏明。伏祈圣训指示，次第遵行。谨奏。（奉朱批：“河工朕未曾阅视，何能悬定？仍不外于卿[3]奏。惟有因势利导，随时制宜耳。所奏知道了。妥协为之。钦此。”）

乾隆元年［1736］十二月初二日　吏、工等部《复议请旨事》[4]

臣等会议，得直隶河道总督刘勷奏称："窃惟各省河道地分南北，工无同异。直省一切大纲，业经仿照南河遵循。但设立未久，尚有未尽画一之处。臣因地制宜，援例四条，不揣冒昧，为我皇上陈之。"

奏称："防险物料宜酌量预备也。查，永定一河，为直隶首险。因每年所办物料，仅敷岁修之需，并无防险之备。是以，每遇伏、秋两汛，设有抢筑工程，俱系饬令沿河州县，临时购买，以充工用。窃思，时当大汛，工程紧急无凑手物料，误工累民，实多未便。臣查，豫省黄河，预购物料堆贮上游，专备大工之需。请嗣后，永定亦照豫省黄河之例。令该道于南、北两岸，除岁修之外，预备抢修物料，各银三千两。相择地势高阜处所，另插号橛，如式分贮。遇有紧急工程，一面详报动用，一面运济工需，单案题销。其备料银两，即于前请预拨钱粮十万两内动拨购贮。倘工程平稳，无所需用，或需用之后尚有余剩，即令归入次年岁修项下动用。以免朽烂之虞。仍于岁修银内照数买补。并于奏销疏内，分晰声明。再，此项预备物料，倘该管官漫不经心，以致垛心烂坏者，新旧交代，著落前官照数赔补。至顶底稍有折耗，不得藉端措勒，"等语。查，本年六月内，据河南、山东河道总督白钟山奏称："豫东两省河工今岁需用物料，臣于上年七、八月间，秋秸登场之际，预令各道查照历年需用之数，酌量购办运贮。再，豫省向有上游物料一项，系于酌办岁抢物料之外备贮。上游如遇新生紧要之工，即行拨运顺流而下，可济急用。原拨银一万两似觉稍少，请再拨银三千两办料备贮上游。如拨运动用，仍于各工本案核实报销，买补归款。如无动用之处，即留于下年。先仅动用，以免久贮霉烂，实为有备无患。"等因。折奏。奉旨："着照白钟山所奏行。该部知道。钦此。"钦遵。行文在案。今应如该督所奏，将永定河抢筑工程，照豫省黄河之例，责令该道，于南、北两岸岁修之外，预备抢修物料银各三千两。再于前请预拨银十万两内动支，给发预为购买，分贮高阜处所，另插号橛，遇有紧要工程，即速报明动用。其用过物料，价值银两，照例入于抢修案内，汇册题销。如有余剩物料，留为下年岁修之用。即将岁修银两，照数买补，拨运原贮处所。至用过存剩物料，造入该年岁修销册内，详细声明，以凭查核。其堆贮物料，务令该管官加谨收贮。如遇顶底稍有折耗，接任之员不得措勒。其余如有朽坏霉烂，即令该管之员照例查参，著令赔补。

奏称："河兵积土宜立成规也。查，堤工设立土牛，最为河防要务。而河兵堆筑，必须酌定成规。今永定河南、北两运，均设有河兵，系属厅、汛员弁管辖。嗣后，应请照南河、豫东河兵积土之例，除汛期在埽坝力作，并寒、暑两月免积外，其余看铺守堤之兵，按名责令，如数挑积，每月汇报。其埽坝力作之兵，应过白露后，责令按名挑积，如挑不足数，将该管之厅、汛员弁查明，分别照例参处。倘厅、汛员弁遇有升迁离任造册交代。如有交代短少，参处赔补，”等语。查，雍正十一年[1733]，大学士管理南河河道总督、今总督浙江海塘兼管总督巡抚事务嵇[5]曾筠疏称：“江南堡夫，除寒暑两月免其积土外，其余黄河一堡二夫，每月责令积土十五方。运河一堡二夫，除粮船往返，修补犁橛眼外，责令积土十二方，每名按月如数挑积。仍将挑过之土，每月造于新土册内汇报，算入交代，以专责成。若不能如数挑积者，将专汛之员罚俸一年，该管厅员罚俸一年。倘或挑积不及一半，即将专汛文员降职一级，暂留原任戴罪趱挑，该管厅员罚俸一年。再[6]，河兵旧例，每年桃、伏、秋三汛，俱在埽坝力作。至于霜降后，工务稍闲，计算两月日期，亦应照堡夫例，每二名一月积土十五方，将所积土牛查明造册，入于该备弁交代项下，以专责成。如该备弁不实力督率，致有土方短少，照前定堡夫之例，分别查参议处，”等因。具题。经工部奏准，行文在案。今应如该督所奏，将永定河、南、北两运河兵应挑土方，照依江南河兵题定挑积土方之例遵行。如有挑不足数，即将该管厅、汛员弁照例议处。

奏称：“印河各员，宜通融调补也。查，直属全河支分七十二道堤，长数千余里。其疏浚修防，固赖河员调剂，而购料募夫，全资州县经管。是印、汛两官，相为表里。臣查，豫省奉旨定例，沿河府、州、县有才娴河务者，准令河臣会同抚臣，保题升调河工之道、厅。其河工厅、汛，有才守兼优者，准令河臣会同抚臣，保题升调沿河之府、州、县。而江南、山东各省印河各官，亦经前任河臣齐苏勒奏照豫省之例，通融调补。奉旨准行在案。查，直隶[7]河道堤工险要，既等于淮河工程，无异于豫鲁，似应请照豫东、江南成例。嗣后，直隶运河并永定河临河州县缺出，于现任州县内拣选娴习河务之员，令督臣会同保题调补。如州县内难得其人。即于河工佐贰各官内，拣选才守兼优、能胜民社之任者，准臣咨送督臣题补。而河务厅员内果有才具出众，堪为州县表率者，准督臣会题升补沿河府缺。倘蒙圣恩俞允，容臣会同督臣李卫，将沿河府、州、县各要缺，查明咨部存案。遇有缺出，会题调补，”等语。应如该督所请。直隶运河并永定河临河州县，应令直隶总督会同该督查明造册报部。嗣后缺出，准其照豫东、江南之例，于现任州县内拣选熟悉河务之员，保题调补。如现任州县内无合例可调之员，应令直隶总督会同该督，于河工品级相当各官内，拣选才守兼优谙练吏治者，保题补授。如现任州县内有明晰河务者，准该督会同直隶总督题补河务厅员，俱照例送部引见。请旨补授。至所请河务厅员内果有才具出众，堪为州县表率者，准督臣会题升补沿河府缺等语。查，各省知府缺出，如系冲、繁、疲、难四项俱全，或三项相兼者，请旨简补。其不兼三项四项者，归部铨选，现在遵行。应将该督所请河务厅员题升，沿河府缺之处毋庸议。

奏称："河工千把，宜酌给养粮也。窃照，大小各官，蒙世宗宪皇帝仁恩普被，轸恤周详。凡编俸之外，议与养廉[8]，营汛武弁俸薪之外，给与坐粮①。今查，直隶河工汛弁，除俸薪之外，并未予以坐粮。其跟随使唤俱系河兵。与其暗中侵占，不如明定章程。江南河营千把，经前署河臣尹继善奏：'各弁糊口无资，势难枵腹奔走，应各与守粮六分'，等因。奏准在案。直隶河弁，分管堤工，终岁奔走，与江南无异。请嗣后直隶永定河、南北运河所设千把总，亦照江南之例，于额设河兵内，给与坐粮。但查，三道所设河兵共一千八百三十名，其坐粮名数难与江南一例。应请每弁酌给四分，以资糊口。除各道分设千把十七员，共去养粮六十八名外，其余额兵一千七百六十二名，务令足额。在工力作倘给养粮，之后仍有侵占等事，一经查出，即照江南定例，以冒占军粮、侵挪河帑律治罪。"等语。查，雍正七年［1729］七月内，原署江南河道总督尹继善奏《请江南河营武职给有养廉[9]坐粮》一案内称："河营千把给赏守粮六分，其余额兵，务令召募足额。倘该弁有多占多扣者，该督即行题参，以冒占军粮侵挪河帑律治罪，"等因。经怡亲王议覆准行在案。永定河、南北运河额设千把，原与江南河员无异，自应一体给与坐粮。今该督既称："所设河兵共一千八百三十名，其坐粮名数难与江南一例，奏请每弁酌给四分，"等语。应如该督所奏，永定河、南北运河千把准其于河兵内各给坐粮四分，以资养赡。至议给各弁坐粮，必须俟河兵事故缺出，方许顶食。不得擅将无事故之兵，藉端革退。其余河兵务令足额。如有侵占等事，该督即行题参，按律治罪。谨题。（奉旨："依议。钦此。"）

---

① "坐粮"一词派生于坐支，清朝一种财经制度。如官俸、役食、铺兵工食，驿站料价等都摊征于民，编在地丁钱粮中征收。到支用时，就在编征项下支取，叫"坐支"；所谓坐粮即坐支钱粮。在薪俸之外，领取一分钱粮。本折后文所说"六分"、"四分"则是一河兵名额支一份钱粮，四分、六分则相当四或六个河兵的钱粮份额。分读如份［fén］。

乾隆二年［1737］八月初三日　总理事务王大臣会同九卿《为遵旨会议事》

臣等会议，得协办吏部尚书事务顾琮等奏称："本年七月初九日，总理事务王大臣奉上谕：'永定等河堤工，有冲决之处，著协办吏部尚书事务顾琮等，驰驿前往，察勘其应行抢修事宜。着同李卫、刘勷，速行筹画办理，钦此。'臣顾琮随即于次早，恭请圣训出京，由卢沟桥一带查勘起，至固安县之两岸。各口俱已涸出旱地，惟东岸之张客村漫口，因堤外洼下，较河底犹低数尺。是以，全河之水，从此东注约有八分之多。其二分则由南岸之铁狗漫口，南流归淀。其以下本身之河，因大、小二口夺溜两分，转致无水归槽。臣即会同督臣李卫，由淀池水路至王庆坨，会同河臣刘勷，俱乘小舟辗转，细看永定下源，会合诸水达津入海之路，绵长数百里，至石景山始有堤岸工程。其水性湍悍，拥泥夹沙，善决善淤。卢沟桥以下，从前至霸州由会通河入淀归海，原无堤岸。因其水性狂澜，迁徙无定，设遇水大，散漫于数百里之远，深处不过尺许，浅止数寸。及至到淀，清浊相荡，沙淤多沉于田亩。而水与淀合流，不致淤塞淀池。虽民田间有淹没，次年收麦一季，更觉丰裕。名为一水一麦之地，尚不为甚苦。至雍正三年［1725］，将胜芳大淀淤成高阜，清水几无达津之路。故雍正五年［1727］，于郭家务另为挑河筑堤，引入三角淀。旋亦淤为平地。前后十数年来，每有漫溢。惟去岁不开，实未长水之故。今年则更甚于往昔。总缘临河筑堤之病，两岸相去远者宽不过二、三里，近则连河一半里至数十丈不等。一遇涨发，焉能容受，如许多水，此显而易见者。且下源之三角淀、王庆坨等处业已淤平，而水缓沙沉，不得畅流，以致永定河身同堤内两岸渐次垫长，较之堤外平土，转觉水底高于民田。而堤内水面，离[10]顶无几，动则满溢。纵然加增堤岸，无如沙淤河身，随堤渐长，以致水势愈高。犹如筑墙束水，不能悉由地中行，稍有漫溢，则冲出之。水势若建瓴，每岁为患。今之永定河，形势如欲复当年旧规，听其迁徙自流，则高下不同，而故道已多成旗民庐舍，万难不治。欲图善后之策，宜筹永远之方，必除淤塞之患，庶免漫溢之虞。臣等再四思维，莫若仿照黄河遥堤之法，留出水大时容纳之去向，庶可为永远经久之计。除将两岸残堤缺口赶紧堵筑，略为疏通河槽暂归原流以防秋汛外，请将鹅房村、南大营之下张客水口之北，接筑大堤。由东安、武清二县之南，至鱼坝口抵官修民埝加帮，一律为永定之北岸。使下流并入清河，与诸水会流。将金门闸之上堵筑横堤，聊络东岸。以旧有两堤并淤高之河形，俱作为南岸，颇属宽厚。连新改河身，共留宽十里内外。相度形势，将大镇村庄但可圈于堤北，自当生法绕过。其必不能让出之村庄，或可垫高地基，或愿迁移堤外，量为拨给房间拆费，虽地在堤内，间被水长漫溢，从此可免冲决之患，亦无甚害。倘蒙圣明不以为谬。臣等再将估修应行各事，宜条分缕晰，另行具奏，”等因。

查，永定河为京西大川，发源于山西及塞外诸水。每遇夏秋霖淹，山水骤涌，奔腾湍激不可控御。我圣祖仁皇帝、世宗宪皇帝屡廑宸衷，不惜帑金，因时因地筑堤防御，以保民舍田庐。本年六月，因山水长发，永定河堤冲决数处。我皇上念切，民依时勤宵旰，特命协办吏部尚书事务顾琮、直隶总督李卫、总河刘勷会同相度，筹画办理。今据顾琮等查勘奏称："今之永定河形势，如欲复当年旧规，听其迁徙自流，则高下不同，而故道已多成旗民庐舍，万难不治。欲图善后之策，莫若仿照黄河遥堤之法，留出水大时容纳之去向，庶可为永远经久之计。请将鹅房村、南大营之下张客水口之北，接筑大堤。由东安、武清二县之南，至鱼坝口抵，官修民埝加筑，一律为永定河之北岸。将金门闸之上，堵筑横堤，聊络东岸，以旧有两堤并淤高之河形，俱作为南岸。颇属宽厚。连新改河身共留宽十里，内外相度形势，将大镇村庄但可圈于堤北，自当生法绕过。其必不能让出之村庄，或可垫高地基，或愿迁移堤外，量为拨给房间拆费，”等语。臣等伏思，治水之法，当清上流，以疏其势；广下流，以导其归。务思水行地中，加以堤坝，方无泛溢之患。永定河受上游万山之水，东决西淤，倏忽迁改，故亦谓之无定河。其[11]故道有二：一由通州高丽庄入白河，一由霸州合易水至天津丁字沽入漕河。按之前"志"①，从未有引而归淀者。自归淀以来，下游淤塞，激为横流，遂每岁为患。而故道庐舍日增，渐成安土，已四十年矣。则在今日欲议复旧规，诚有未易言者。惟是故道不复，而水高于地。不亟筹挖浚，徒以堵筑为事，恐下之宣泄未畅，上之淤垫依然。纵河身加广倍以遥堤，犹属筑墙束水之计。亦难保其永远无患也。今协办吏部尚书事务顾琮、总督李卫、总河刘勷既经亲身确勘，以两岸相去河身远者宽不过二、三里，近则一、半里至数十丈，不能容受多水，请筑遥堤以防异涨，以为永远经久之计，自必确有成见。自永定河身一派浮沙，其水夹沙而行易于淤垫，就使连新改河身共留宽十里内外。然能展之使宽，不能浚之使深，是沙水之性淤垫自若。而上无分流，下难畅泄，恐

① 何"志"未详。

徒减约束之力，转足增汗漫之势，倘遇异涨，仍不可防，亦所当深思熟计者。且遥堤下流，即便留出容纳之去向，而水性横悍，迁徙靡常，或南或北坍长不定，将来渐决改溜，仍恐逼近遥堤。其容纳之处是何形势，果否足资畅达，不致溃溢四出，是更宜一并详酌，以保万全者也。至堤内居民不能让出之村庄，若令垫高地基，恐地方辽阔，势难尽拆其栖止房屋一律兴高；若概令迁移，即使拨给房间拆费，而民间坟墓田园世世相守，千家万户作何安插，皆宜筹画周详。事关河防利害，宁可详慎于始，毋致更易于后。总期水患永除，小民安堵，以仰副我皇上爱养群黎，兴修水利之至意。应仍请敕交协办吏部尚书事务顾琮，会同直隶总督李卫等，再加详细相度，遍访舆情。如果改筑遥堤，水势循轨顺流，不致冲决，永庆安澜。即将旧存并新筑堤身，道路远近、高宽丈尺、起止段落，并堤内圈入村庄及应迁房屋，逐一绘图呈览，据实确估，妥议具题。到日，臣等再行详议。其现在残堤缺口各工，作速饬在工河员，上紧堵筑疏浚，以防秋汛可也。谨奏。（奉朱批：“依议速行。钦此。”）

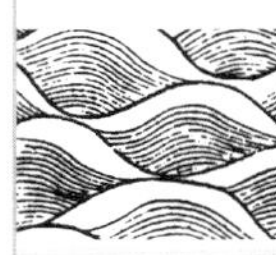

乾隆二年［1737］九月二十八日　总理事务王大臣会同九卿《为遵旨会议具奏事》

臣等会议，得大学士鄂尔泰奏称：“臣于八月二十六日出京卢沟桥，次日即与署河臣顾琮查勘卢沟桥以上石景山一带河工形势。见河底淤填，浮沙高积，卢沟桥底沙淤计高八尺。夫底高八尺，是桥硐即低八尺，河堤亦低八尺矣。以迅疾腾涌之水，势若建瓴，至桥而束抑，出硐而激立，陡然一落高已倍堤，其溃决漂荡又何怪其然。故治堤不如浚河，筑高莫若挑浅，通河类然不止永定上游也。现据署河臣顾琮已商同督臣李卫酌定，尽挖桥底淤沙，并对中硐深挑引河一道，与臣意见相同，应听二臣题明挑挖，毋庸另议。至石景山石土工程，俱属险要。过南金沟、北金沟而北为麻峪，乃河流出峡处也。两山龃龉曲折而下，急流有声。至麻峪村南，分为东、西两支，东支溜约六分，西支溜约四分。其东溜最为汹涌，直逼石景山石堤下；而东面地势平衍，无山谷相隔，惟恃此石堤为固。其西溜至阴山硐之南，复折而东，与东支合流，亦直逼东岸土堤下。是东岸险，而西岸平，险宜避平可导也。臣与署河臣顾琮审视筹度，拟于麻峪村之桥口，用柳囤中填石子筑拦河坝一道，计宽二十四丈，将东支堵截，使尽归西流。再于拦河坝两边接筑石子坝二道，自桥东接至村北河神庙前之高坡，计长四十余丈。自桥西至浪窝屯、北柳树边，计长九十余丈，以防水大泛漫。又恐桥口拦河坝一道，或值大水仍不免泛漫，拟于麻峪村南枣园之西，更筑重坝三十余丈。西岸添筑小埝三十余丈，则虽有漫水，万不能夺溜东注，而石景山南北十余里堤工，俱可化险为平，永无可虑。随饬工员料估，约费银二千余两。查，石景山堤工每年额备岁修银五千两。即以帑项论，亦属力半功倍。谨合词具奏。”前来。查，本年八月十九日奉上谕：“直隶河道水利关系重大。若但目前补救之计，而不筹及久远，恐于运道民生总无裨益。前览顾琮、李卫所奏，尚非探本清源之论。着大学士鄂尔泰亲往详勘形势，筹度机宜，应如何改移、开浚、修筑之处，熟商妥议，酌定规模，仍交与顾琮、李卫督率所属该管官员，遵照办理。钦此。”钦遵在案。今大学士鄂尔泰查勘奏称：“卢沟桥桥底淤沙应行挑挖，并对中峒深挑引河一道，与署总河顾琮、总督李卫商酌，意见相同。”等语。应行署直隶总河顾琮等，将卢沟桥下淤沙并应挑引河，详细确估，题请挑挖。至所请麻峪村之桥口，用柳囤中填石子筑拦河坝一道，并接筑石子等坝，添筑小埝之处。臣等伏思，山水之性，骤涌奔腾，若使曲折而下，原可舒其势而缓其溜，应如所奏。行令署直隶总河顾琮等，悉心筹画，实力办理。如工程更有增减之处，即行据实奏闻，可也。谨奏。（奉旨：“依议。钦此。”）

乾隆二年［1737］九月二十八日　总理事务王大臣会同九卿《为遵旨会议事》

臣等会议，得大学士鄂尔泰奏称：“据署直隶总河顾琮奏《请添设垡船以疏淀中河道》一折，钦奉朱批：‘亦与大学士鄂尔泰议奏。钦此。’臣看得东、西两淀，为京南众水之汇归。其中干流支港，经纬贯串，原无阻滞。自浊流入淀，而淀河淤浅，始而病淀，继且病河，盖淀不能多受，河不能安流，亦其势然矣。查，西淀纳白沟之流，汛发则拥泥挟沙，所到填淤四十里之柴伙淀，所余无几。止有一河通流，而清河门药王行宫前尤为浅滞，以致白洋诸淀水过赵北口桥下，而来者至此壅遏停缓。而上游之新安、安州等处，一遇异涨，遂受漫溢之患。东淀自浑河北徙以来，西北之信安等淀垫淤成陆。会同河西支之由信安归津者，已为断港。自此渐淤而南，胜芳淀遂为桑田。复淤而东，新张策城诸泊，皆成膏壤。而会同河中支、东支并注台头一河，上接石桥，下连杨芬港，出杨家河为达津之路。然，亦失其宽深，才通舟楫已耳。夫淀之既淤者，势难复旧。若不及此筹画，疏浚淀河，使之深通畅达，以利宣泄，则一值涨溢无可消受，后患更大。今署河臣顾琮奏：‘请添设垡船，以疏浚中河道，为淀河计，即为永定河计，实系切务。’似属应行，应请如所请：‘添设垡船二百只，募衩夫九百名，每名按季量给工食银一两五钱，以当岁修，亦功力相抵，殊有实济。’其添设官弁、外委、分辖、总辖等项，亦应照所请行，以专责成，以收实效。抑臣更有请者。白沟正流本不入西淀，自淀北之龙变马务头、洪城至霸州之吴家台入中亭河，此一故道也。自新城之王祥湾，径王槐而南抵莱河村，而东至望驾台，迤里东南，过神机营而出茅儿湾，此又一故道也。今之入大湾口而行淀中者，乃其决口耳。若于二道中择其便且易者，开疏而导引之，坚塞大湾口勿使复决。然后，浚河门之浅涩，挑药王行宫之拗阻，则西河清流滔滔湍逝，而雄县、新城、安州诸邑之环淀而居者，永无漫决之患，亦探本清源之计也。东淀以众河汇流之水，仅恃台头河一道以资宣泄。即使疏浚通深，恐终未能顺畅。查，淀内干流支港，或淤浅而河迹犹存，或中绝而首尾尚在，如此者甚夥。皆掩蔽于菰芦苲草中，虽孤帆旅舶之所不经，而渔父篙工往往能称其名，而指其处。似应于淀水消涸时，逐加查勘，酌量开通，使全淀之水各路分消，则传送疾而宣泄。处于全局河道，堤工更有裨益。”等因，具奏。前来。查，东、西两淀，为西南众水之汇。惟是水性拥泥挟沙，日渐淤淀。兼之河道浅滥，允宜设法疏通。今大学士鄂尔泰议覆顾琮所请，添设垡船以疏淀中河道，为淀河计，即为永定河计，实系切务，似属应行。应请敕交总河顾琮、总督李卫，将打造船只、召募衩夫，并添设官弁各事宜，逐细妥议，请旨遵行。再，大学士鄂尔泰奏称：“西淀故道有二，择其便且易者，开疏导引坚塞大湾口，勿使复决。东淀内干流、支港，应于淀水消涸时，逐加查勘，酌量开通，”等语。查，淀内淤工既议设船募夫捞浚，又复寻源溯流悉复旧址，支流汊港疏浚深通，诚于河道堤工有益。应行该总河等，饬令该管河员，俟淀水消涸之时，逐细查勘，据实详报。该总河会同直督亲履相度，因地势之高下，测河形之浅深，一一题明利导，务使河流畅达，分泄有资，环淀居民永免漫溢。以仰副皇上念切，民依兴修水利之至意，可也。谨奏。（奉旨：“依议。钦此。”）

乾隆二年［1737］闰九月二十四日　总理事务王大臣会同九卿《为遵旨会议事》

臣等会议，得大学士鄂尔泰等奏称：“臣自卢沟桥永定河南、北两岸，至天津一带所勘河淀情形，并与督臣、河臣商酌，改移开浚事宜，敬为我皇上陈之：窃查，永定河南、北两岸，自头工以下，两堤相距数里或数百丈，中间浮沙涌起，如坻如洲，河水乱流，讫无定溜。至二工，则积沙成脊[12]，暴水骤至，不顺下而横行，以故北决张客，复南决铁狗。对岸之间，同时分溃各二、三百丈。自兹而下三、四、五工决口甚多，虽堵筑已完，而冲突之形具在。自六工以下，河如上阪，水似仰流。至八工而河身愈高，渟洄不动，几欲倒漾而西。总缘水不东流，蛇行拗怒，随所至而成顶冲，南折则南堤溃，北折则北堤溃，其势然矣。说者谓河身垫高，自应浚治下口，殊不知现在河形下口反高于上游，河身已平于堤岸。俯视堤外，高可一丈八、九尺，一丈四、五尺不等。而回顾堤内，高于水面才四、五尺或八、九尺耳。从来治水先治低处，上游始可施工。今下流之去路横阻，上流之浊溜方来。纵使不惜劳费，一律挑挖，旋浚旋淤，终何补益。臣遍询道、厅各官及大小工员，俾各抒所见，佥称势已至此，浚筑皆穷，现在河形实无可治之方，亦无可复由之理。此督河诸臣所以有请废为南堤，另开筑于北面，仿照南河遥堤之法，将河身留宽十里之议也。臣以为，永定河流突如其来，截然而止。水性、水势俱非黄河可比，十里遥堤之议，万不可行。督臣、河臣亦称原无善策，未敢自以为是。窃思，永定河之所以为患者，独以上游曾无分泄，下口不得畅流，径行一路，中梗旁薄，以故拂其性而激之变耳。但改导其下口，使不入淀而入河，以达津归海，再[13]于上游酌建数坝，以减缓水势，并引入清河，俾藉清以刷淤，则不拘何道，顺利皆同。臣等熟商详度，就现在之河形，仍顺南下之水性，拟于半截河堤北，改挖新河，即以北堤为南堤。沿之东下入六道口，迳三角淀，北至青沽港，西入河头大河。犹恐潮汐迎荡，水缓渟淤，应作泄潮埝数段。潮长从缺口散流，潮落从缺口收入。即河水出槽亦如之，则沙停于埝外，水归于河中，不致淤垫为患。河枯之时疏浚浅滞，岁以为常。其挖河之土，自六道口以上尽至北岸，建筑坦坡大堤。至入六道口内，则以七分接筑南岸堤，以三分作北岸泄潮埝。如此，则河淀攸分，下口已无阻，而后于上游河身，自半截河以上逐段挑挖，务俾深通。再于南、北两岸分建滚水石坝四座，各开引河一道。

一、于北岸张客水口建坝二十丈，即以所冲水道为引河，东会于凤河。查，凤河本无大源。怡亲王于高各庄截引凉水河，以为恒流。原奏分流之处，东南各建一闸，以资蓄泄。未及讫工。今宜遵照添建，蓄凉水河之水常注凤河，所有淤浅之处，一并开通。俾清流充盛，即可于双口之内开渠，分入泄潮埝。以借其汕刷。

一、于南岸寺台建坝十二丈，以民间泄水旧渠入小清河者，为引河。开宽浚深，俾归牤牛河。

一、于南岸金门闸建坝八十丈，以浑河故道接牤牛者为引河。开宽浚深至牤牛，南接挑黄家河，达于胜芳。循其故道，迳新张策城之间，开至河头之北，与新河下游合流。而中亭、台山、赵家房诸清河之会于胜芳河者，皆得迸注争流，俾推荡泥沙而东去。又于胜芳河南岸，筑隔淀坦坡堤一道，至河头之东，与新河南堤对峙，不令浊水得入清流。

一、于南岸郭家务建坝四十丈，即以旧河身为引河，略加挑浚归于新张、策城，与胜芳河会流。

以上四坝、四引河，头绪虽纷，派络交贯，合清隔浊，条理自明。纵遇异涨之年，或仍不免盈溢而力分势杀，料亦补救无难。其引河所挖之土，应俱于两岸照泄潮埝式，作拉沙坝。坝口之上俱作石柱、板桥，以便防汛人等往来行走。其坝埝、河道宽深，工料丈尺及应设官弁、兵役，并铺房器具等项，应听督、河二臣详悉定议，另行题请。至永定浊流，两堤夹束，沙聚泥停，一汛之后，河渠即失故形。若不及时挑挖，则垫而平，积而高，势必至不能挑挖而后已。向来，河员锢习不利于挖浅，但利于筑堤。倘兹河成之后，仍蹈故辙，怠玩因循，恐不出数年，不惟旧河上游积淤，一如今日，即新河下口垫塞，无异当年。则钜费大、工又复尽成虚掷，而横奔倒漾为害，曷可胜言。仰祈皇上敕下督、河二臣，饬令所属各员，于工竣之后分认工段，各专责成。即汛过复淤，而随淤随挖，所用工费准于岁修项下开销。挖淤之时，俱先期呈报。即委大员监察。工竣随收，不致汛至迷漫，无从查验。倘有贻误，致令河身淤垫者，专管之汛官，并兼辖统辖之厅、道，均照疏防例议处。则章程一定，日久得有遵循，而处分既严，是官皆知趋避。庶于运道民生，永收实效，”等因。具奏前来。臣等伏思，永定一河，素称难治。水缓则沙沈易淤；水急则冲溃无定。康熙三十七年［1698］，圣祖仁皇帝动帑数十万两，自卢沟桥至永清县筑堤二百余里，挑新河一百四十五里，设官防汛。雍正五年［1727］，因淤壅淀池，有碍清水达津之路，世宗宪皇帝特命怡贤亲王亲履详勘，自郭家务改挑新河六十余里，由王庆坨入长甸河。又恐下流泛溢，绕淀筑堤三十余里。惟是水性湍悍，挟以泥沙，日积月累，河底渐高。若只培筑堤岸，以防溃决，而不疏浚淤浅，以导顺流。诚有如上谕所云：“但为目前补救之计，而不筹及久远，于运道民生终无裨益者也。”前据协办吏部尚书顾琮等奏请改筑遥堤，臣等原虑水性横悍，迁徙靡常，或南或北，坍长不定，将来渐次改溜，仍恐逼近遥堤，是以覆令，再加详细相度，妥议具题。蒙皇上睿虑周详，特命大学士鄂尔泰亲往筹度，酌定规模。今大学士鄂尔泰既与督臣李卫、署河臣顾琮熟商详度：“遥堤之议，万不可行。拟于半截河堤北改挖新河。

又于半截河以上逐段挑挖，再于南、北两岸建滚水石坝四座，各开引河一道，自属分流旁注，藉清刷淤之切务。”应如所奏，行令署直隶总河顾琮会同直隶总督李卫，将应需建坝基址、工料，并挑河宽深丈尺，及铺房器具等项，逐一据实确估。并将应设官弁、兵役详悉，妥议具题。

再，此次兴举大工之后，原期经久奠安，复又添设官弁兵役，如能按汛疏通，自可垂之永久。若不严定章程，无以示警，则汛后复淤，诚恐不免。亦应如大学士鄂尔泰所议，于工竣之后，饬令所属各员分认工段，专其责成。如汛过之后，查有淤垫处所，立即详报委勘，令其随时挑挖，毋致浅阻。所需工费，令该管河道查明确实细数，准于岁修项下题估题销。倘有贻误，致令河身淤垫，该督等即将专管之汛官弁并兼辖统辖之厅、道，均照疏防例，一并题参，交部分别议处。其各员分认工段起止段落，仍行详细造册，咨送工部存查可也。谨奏。（奉朱批：“依议速行。钦此。”）

乾隆二年［1737］十月　吏部《永定河漫益疏防各官处分事》[14]

会议得，直隶总督李卫疏称：“永定河为神京之襟带，居水道之上游，特设专官，预留库帑，岁修、抢筑、挑浅、挖淤，事关水利民生，必须有备而无患。我皇上慎重河防，勤求民隐。今年春夏之间，雨泽愆期，六月望后甘泽普被，恒情方深喜雨之思，圣心即廑霪潦之虑。于七月初一日特颁谕旨：切戒前河臣刘勷及臣等‘加谨堤防，兆端炳烛于几先，桑土绸缪于未雨。’尧仁舜知何以加兹。不意，六月二十九等日，果以连雨之后，山水骤发，卢沟桥首当其冲[15]。原报石景山漫溢，石堤背后冲刷土堤二百五十余丈。今据开查明一百四十八丈。永定河北岸原报漫溢二十二处，今查明二十一处。南岸漫溢一十八处，沿河州县低田禾苗、附近庐舍多被淹损冲塌。臣钦奉谕旨：‘速行督率在工员弁，堵筑完固，务保万全。河工各官员分别查参。钦此。’仰见圣明鉴照。秋汛最关紧要，臣随即严行频催，克期堵筑。一面飞催各属，将原备物料趱运赴工凑用，又经钦差部臣就近在工指授往来督催，而道、厅、汛、弁各官自知咎愆难逭，无分昼夜晴雨，并力赶办。先将南、北岸各漫口，于七月初十等日至八月初八日陆续完工。其北岸之北张客一口，亦于八月二十八日合龙全竣。业将各完工日期会奏在案。查，永定河水势浩瀚，浊流激湍，善冲善淤，变迁莫测。从前，每年皆有堤岸漫决之事，惟上年河水不涨，得免无事。今年六月二十九等日上游大雨，昼夜不息。山水暴涨势之猛烈，力不可当。水皆高出堤顶数尺，人力固有难施，但河务系各员专司，如果平日堤岸修筑有方，即遇异常之水，或可不致如此漫溢。是今年疏防各官，于情固有可原，而于法则不能辞咎也。除前河臣刘勷已经奉旨革职，留工效力外，所有统辖之署：永定道觉罗齐格，兼辖之北岸同知张泰，南岸同知吕崇信，石景山同知巴什，并专汛北岸头工漫堤四处之宛平县主簿唐纲，北岸二工漫堤一处之良乡县主簿牛兆乾，北岸三工漫堤一处之涿州吏目吴峰，北岸四工漫堤三处之固安县主簿吴廷铉，北岸五工漫堤十二处之永清县主簿张日煜，南岸头工漫堤一处之宛平县县丞姚孔鏾，南岸二工漫堤一十四处之良乡县县丞沈承业，南岸五工漫堤二处之永清县县丞张景仲，南岸下七工漫堤一处之把总李功，石景山堤一处之把总龚得振等，相应一并题参，以儆疏防。至臣奉旨兼管河务而堤岸致有漫溢，咎实难辞。仰请皇上将臣一并交部议处”，等因，具题。前来。查，沿河堤岸工程，自应修筑坚固，加谨防护。今永定河南岸等处，堤岸漫溢多处，在兼辖专汛河务之员，咎实难辞。除南岸同知吕崇信，既经该督声明到任未久，平日尚勤职守，南岸正当水头正冲，更非该员力所能御。北岸二工牛兆乾、三工吏目吴峰、南岸头工县丞姚孔鏾，漫堤俱止一处，当时即行抢筑完工，尚未为害。南岸二工县丞沈承业，到任二日即行漫堤，钱粮物料俱未经手。南岸下七工把总李功，汛内漫堤一段，分拨管辖未及一月，情更可原。等语。应免其查议外，其北岸头工漫堤之宛平县主簿唐纲、四工漫堤之固安县主簿吴廷铉、五工漫堤之永清县主簿张日煜、南岸五工漫堤之永清县县丞张景仲、石景山漫堤之把总龚得振，平日既未能先事预防，临时又不加意抢护，以致堤岸漫决。虽经堵筑完竣，实属疏防。应将宛平县主簿唐纲，固安县主簿吴廷铉，永清县主簿张日煜，永清县县丞张景仲，石景山把总龚得振，均照例各降一级调用。查，张日煜已经丁忧，应照例于补官日降一级用。把总龚得振系无级可降微员，定例内武职七品等官，遇应行降调之案，该督抚将该员居官如何之处声明，如居官好者议以革[16]职留任，平常者议以革[16]职，等语。今把总居官如何之处，本案内未经声明。应行该督，将该弁居官如何，出具考语，到日，兵部再将应革应留之处，照例附入，汇题请旨。统辖之署永定河道觉罗齐格、兼辖之北岸同知张泰、石景山同知巴什，并不董率属员将堤岸预先修筑，殊属不合，应照该管官例罚俸一年。至总督李卫，虽经办理一切账恤事宜，但既经兼管河务，而堤岸致有漫决，亦属不合。应照总河例罚俸六个月。查，齐格有纪录四次，应销去纪录二次。李卫有纪录四十四次，应销去纪录一次，均免其罚俸。该督疏称：“所漫各处堤工，臣逐一行查。据永定河道觉罗齐格覆称：‘只有南岸二工金门闸堤工内有八十五丈，赵村渡堤工十四丈五尺，韩家营堤工十一丈，又三十丈，又三十六丈，北蔡堤工二十二丈，南岸下七工安澜城堤工十九丈五尺，又石景山堤工一百四十八丈，均系新行修筑加帮或未经估报题销，或尚在保固限内之工。其余悉系年久旧堤，又题销在前，系保固限外等工。’今俱已遵旨，动用库银抢筑完固。其现在一切用过数目，尚未核实报齐。伏查，雍正十一年［1733］沧州砖河等处漫溢，案内动用过工程银两，奉有特旨着臣查参，在于前任河臣王朝恩名下，赔补还项在案。所有前项现筑各工动用库银，查明实用数目，照例应否著落原任河臣留工效力、刘勷补项，听候部议。”等语。查，原任直隶总河刘勷职司河务，凡一切堤岸工程自宜预为加谨防护，临时方保无虞。今本年永定河等处堤工漫决，实由不能预为防范所致。其漫决堤工所用银两，例应着落赔补。但该督疏内只将新修工程开明丈尺，其余旧工并未逐工开报。至承修各员保固期限，及应否一并着赔之处，疏内亦未详细分晰。应令该督逐细查明，并将应赔银两细数分晰具题，到日再议可也。

乾隆三年［1738］正月二十六日　工部《为遵旨议奏事》

臣等议得，协办吏部尚书暂署直隶河道总督印务顾琮等疏称：“石景山堤岸工程，保障京师最关紧要。前经大学士鄂尔泰查勘，议奏请筑石子拦河堤坝等工，随经王大臣议准，并令臣等如工程更有增减之处，据实奏闻。”等因。今据该署道觉罗齐格详称：“石景山旱桥南北土堤长三百十四丈，急须加帮。又天字八号应筑拦河土堤八十丈，又上下坝台中间石子堤五十五丈，必须帮砌石片。又接前工，石子堤二十八丈五尺，应以片石加高，并将背后土堤长八十三丈五尺，一律加筑大夯灰顶，方资捍筑。共估需土石工料银五千五百四十五两七钱六厘零。相应造册题估”等因，前来。查，石景山至卢沟桥一带堤工，先经大学士臣鄂尔泰查勘，奏请挑筑，经总理事务王大臣会同九卿议：“令该督等悉心筹画，实力办理。如工程更有增减之处，即行据实奏闻”，在案。今该督将前项各工估需银五千五百四十五两七钱六厘零，造册题估。应如所题，行令该督照数动支银两，给发承修各员，作速上紧办料募夫，修筑坚固，以资捍御。工完之日，将用过银两并动用款项，据实声明，照例造册具题，查核可也。谨题。（奉旨：“依议。钦此。”）

乾隆三年［1738］二月十五日　大学士鄂尔泰会同工部《为遵旨会议事》

臣等会议，得直隶河道总督朱藻等奏称："伏查，原题自半截河以下开宽北堤，宣畅下流，恐上游水大，议建滚水坝四座，以泄异涨。止能将大局议定。其中头绪纷繁，原难尽悉。今既如式办理，自应分晰缓急先后，速为举行，方不有误。但筑坝一事，虽现在办有灰石料物，陆续拉运到工，非旦夕可以完竣者。即或汛前告成，若不候灰乾汁老，岂敢开放？且金门闸即在铁狗之下，此一段数里之内刨深几尺，俱系浮沙。自当择其地之有老土者，方可下桩砌石，安筑坝基。但铁狗在上河势最险，恐水未至金门闸，而先于铁狗、张客，冲溃夺溜，深为未便。臣等公议，将窑上村后转湾顶冲处起，南至新建滚水坝之北雁翅止，圈筑月堤一道。其浮沙最甚之处，酌量加灰坚筑，方可保其无虞。而金门闸大坝原议八十丈，未曾声明高下应水至八分以上，始可宣泄。而两边雁翅裹头石工，若在外合算，则长有一百零四丈，约估银二十五万余两。今勘明公议，连雁翅裹头在内共八十丈，则需用坝费二十五万余两，之内可以大加节省，以筑此月堤而有余。再，此外南、北两堤，有相去太近，水发不能容纳之处，亦应相机备筑月堤。其余两岸旧有堤工，现在乘时加筑高厚坚固，以备伏、秋二汛。但恐多系沙土，难保万无一失。查，原议内有郭家务旧河身建坝一处，目今既不能赶起石坝，而汛发可虞。莫若将此处两边预先刨槽卷下大埽，密钉长桩，多贮物料，以备加镶。原题坝宽四十丈，自应连裹头雁翅在内，但草坝非比石工，两边自应加长镶垫，不便将裹头雁翅算入坝身。且草工又难开拓太大，今酌定口门三十丈，即以淤高之旧河身，酌留为天然滚水，以利分泄。犹恐漫入淀池，将下源仍照原议开挖引河，而东稍北归于下口，将挖河之泥堆于南岸，以作隔淀之坦坡埝，硪筑坚固。此亦急则治标之一法。与原议吻合。目今最关紧要者，原议半截河以下将北堤为南堤开宽，坚筑北堤一道，容纳正流，保障北运。乘此春融赶筑堤面，总以高一丈，底宽八尺，顶宽二丈为准，防备大汛。更可借工以养民，一举而两便。其下流出水去路，更应万全，方为有益。臣等勘酌定，面商无异。谨合词缮折恭奏。"等因，前来。查，乾隆二年［1737］八月，内臣鄂尔泰钦遵上谕，前往永定河南、北两岸逐细查勘。与督臣李卫、署河臣顾琮熟商详度："拟于半截河堤北改挖新河。又于半截河以上逐段挑挖，再于南、北两岸建滚水石坝四座，各开引河一道，"等因。折奏。经总理事务王大臣会同九卿议："令该总河等，将应需建坝基址工料，并挑挖宽深丈尺等项，据实确估”具题在案。臣等复思，永定河之所以为患者，实缘下口不得畅流，上游多有壅滞。以致淤淀冲堤，难施补救。荷蒙我皇上睿虑周详，筹及运道民生，期为经久奠安之计。臣鄂尔泰等凛遵圣谕，逐工查勘。就现在之河形，顺南下之水性，议令建坝开河，使水势得以分流旁注，兼可藉清刷淤。其建坝基址工料，并挑河宽深丈尺，请交与督、河二臣，详悉定议，另行具题。今该总河等，以石工非旦夕可以完竣，恐汛期将至，冲溃夺溜，奏请备筑月堤，预下大埽，签钉长桩，是亦先防其患，后可施工之意。而欲使水势尽归南下，不致泛溢四出，则与臣等原议俱相符合。应如所奏，行令该总河，将半截河堤北改挖新河，及半截河以上逐段挑挖，并建滚[17]水坝，各工作速逐细确估。所有现在奏请备筑月堤高宽丈尺，及应用桩木物料等项，一并入于题估案内，具题查核可也。谨奏。（奉朱批：“依议。速行。钦此。”）

乾隆三年［1738］四月二十一日　《为遵旨议奏事》

臣等议得，直隶河道总督朱藻等疏称：“永定河改挑下口，建筑坝座一案。臣到任后，复于永定河工次，会同协办吏部尚书、前署河臣顾琮等悉心商酌，如式办理。自应分晰缓急，先后举行，但石工非旦夕可以完竣，即或汛前告成，若不候灰乾汁老，岂敢开放。臣等公议：‘将窑上村后圈筑月堤一道，再于南、北两岸相去太近之处，备筑月堤，以御伏、秋二汛。郭家务目前既不能赶起石坝，而汛发可虞。莫若将此处两边，预先刨槽，卷下大埽，密钉长桩，多贮物料，以备加镶。下源开挖引河，其挖河之泥堆于南岸，以作隔淀坦坡埝。目今最关紧要者，原议半截河以下将北堤为南堤开宽，建筑北堤，容纳正流，保障北运’等因。折奏。经大学士鄂尔泰会同部臣议，令‘作速确估具题查核’，等因。今[18]查，南岸郭家务建筑草坝，疏挑引河，粘补旧堤，堆筑隔淀坦坡埝等工，及预备埽镶料物，通共估需银三万三千三百八十八两三钱九分四厘零。又，北岸半截河改挑下口，建筑北堤，并拦河堤坝，以及重堤拉坡疏浚重河等工，通共需银五万二千九百三十两四钱二分三厘零。一面在于前领金门闸坝工等项银内通融拨发，饬令购料募夫，及时开工趱办；一面委员给咨请领户部钱粮。至下口淘河村堤北建筑大堤，以下应筑民埝及八工盈字十一号内重堤以下，应挖引河，据称，现今积水蓄占难以悬估，应俟水势消涸，另估续报其建造石坝、堤河等工估册，俟严催该道、厅造送。到日，会核题报外，谨合词题估。再，所估堤河有压占旗民地亩，且有麦苗长发之处，作何给价拨补，并新筑北堤圈入庄村，或情愿迁移量给房价，或外筑护村月堤以御庐舍，其堤内坟墓量给迁移葬[19]费，统俟饬令各该州县查明，到日会商，督臣悉心核议，请旨遵行，合并陈明，"等因。前来。查，前项工程，先经大学士鄂尔泰前往永定河南、北两岸逐细查勘，与督臣李卫、署河臣顾琮熟商相度："拟于半截河堤北改挖新河，又于半截河以上逐段挑挖；再于南、北两岸建滚水石坝四座，各开引河一道"等因，折奏。经总理事务王大臣会同九卿议："令该总河确估具题"。续据该督等奏称："以现在如式办理，自应分晰缓急先后举行。议将窑上村后圈筑月堤一道，南、北两岸有相去太近之处，亦相机备筑月堤，以备伏、秋二汛。郭家务两边，预先卷下大埽，密钉长桩，多贮物料，以备加镶。将下源开挖引河一道，其挖河之泥堆于南岸，以作隔淀坦坡埝，与原议吻合。目今最关紧要者，将北堤为南堤开宽，建筑月堤一道，容纳正流，保障北运"等因，具奏。经大学士鄂尔泰会同臣部覆："令该督将奏请备筑月堤高宽丈尺，及应用桩木物料等项，一并入于题估案内，具题查核"，亦在案。今该督等将南岸郭家务、北岸半截河建筑堤坝，疏挑引河等工，通共需银八万六千三百十八两八钱一分八厘零，先行造册题估。应行该督将前项应挑、应筑各工，转饬经管各员，作速购办料物，上紧趱筑。工完，将用过银两据实造册具题查核。其应需银两，业据该督委员请领，臣部移咨户部照数给发。所有下口淘河村堤北建筑大堤以下，应筑民埝，并重堤以下应挖引河等工，俟水势消涸之日，作速确估造册具题。至疏内所称："压占旗民地亩作何给价拨补，新筑北堤圈入庄村，或情愿迁移量给房价，或外筑护村月堤以御庐舍，其堤内坟墓量给迁移葬费"之处，应令该总河等，悉心筹画，请旨遵行可也。谨奏。（奉旨："依议。钦此。"）

乾隆三年［1738］五月二十四日　工部《为请定引河堤埝之岁修，专员分段管理以定责成，以图经久事》

[20]臣等议得，直隶河道总督朱藻等奏称："永定一河工长汛远，水势挟沙，冲击溃溢，实为民生之大患。我皇上轸念群黎，不惜数十万帑金，为经久奠安之计。今各工已经陆续趱办。应俟告竣之日，遵照原题将官弁兵役分认工段，起止段落，造册送部以专责成。惟是金门闸、郭家务二处引河堤埝，及半截河改筑北埝，以下之接筑民埝引河，该汛员弁既不能分身并顾，而兵役人等更不足以敷防护之用。此系坦坡、小埝不能建立堡房，即额外添官设役亦难存身。臣等再四思维，为先事预防之计，所有前项引河堤埝，应请归于附近之各州县，令其分界经管，料理修防。

如有淤垫坍塌之处，详查勘估，督率民夫随时疏筑。但若责令小民修浚，诚恐民力维艰，不无扰累。所需钱粮应请酌量于岁修项下动拨，照例估销。如此责成既专，修防有资，庶永定河即遇异涨之水，得以借此分泄，而村民之庄舍田庐，可免于漫溢之忧”，等因，具奏。前来。查，金门闸、郭家务二处引河堤埝，及半截河改筑北堤，以下之接筑民埝、引河各工，系大学士鄂尔泰奉旨前往永定河，与督臣李卫、署河臣顾琮等查勘折奏。经总理事务王大臣会同九卿议：“令该总河确估具题。续据该督等将建筑堤坝，疏挑引河等工，估计工料银两造册具题。经臣部覆，令上紧趱筑工完，据实造册、题销”，各在案。今据该督等奏称：“金门闸、郭家务等处堤埝引河，该汛员弁既不能分身兼顾，而兵役人等更不足以敷防护之用。此系坦坡小埝，不能建立铺房，即额外添官设役，亦难存身。再四思维，请归于附近之各州县经管修防。如有淤垫坍塌，督率民夫随时疏筑，所需钱粮应请酌量于岁修项下动拨，照例估销，”等语。查，一切河道堤岸，自宜专员经管，庶免淤垫坍塌之患。但前工该督既称该汛员弁不能分身兼顾，则州县印官有刑名钱谷之责，亦难保无顾此失彼之虞。且当汛水经临之候，正值农民力作之时，若派民夫疏筑，即或给与工价，恐终不免妨农扰累之弊。再，地方官不谙工作，倘或浚筑不能如式，则徒费钱粮，亦于工程无裨。臣等悉心计议，查沿河州县向设有水利县丞、主簿专管河道。今前项引河、坦坡小埝各工，应行直隶总督会同直隶总河，于附近州县之县丞、主簿内酌量远近，令其分界经管防护。遇有淤垫坍塌处所，立即详报该厅查勘确实，动项修理，不得勒派民夫，致滋扰累。其用过银两入于岁修项下，照例估销。至应派拨县丞、主簿，如何分界经管之处，应俟该督等查明，妥议具题。到日，臣等再行详议可也。（奉旨：“依议。钦此。”）

乾隆三年［1738］五月二十九日　工部《为遵旨会议事》

[21]臣等会议，得协办吏部尚书、暂署直隶河道总督印务顾琮等疏称：“查淀河①，水大则一片汪洋，水涸则支河汊港无数，其间宽窄深浅不一，必须分造三项船只，方可应用得宜。应打造行船四十只，土槽船八十只，牛石头船八十只。行船每只价银十两，土槽船每只价银八两，牛舌头船每只价银七两，共船二百只，通共该银一千六百两。查，各项船只，俱系常为捞泥之用，易于损坏，必得一年一粘补，

① 淀河即大清河，因流经淀泊，容受淀泊之水而习称淀河。

三年一小修，五年一大修。十年之内如有损坏不堪用者，令该管汛员详报验明，发银换造。十年之内如不损坏，尚可应用者，不得冒销钱粮。其所需粘补、修造、大修、小修各项银两，逐年归于岁修项下支销。并将船内应办篷桅、篙棹、衩夫①力作器具等项，及历年添补器具银两各事宜，另册分晰开报，”等语。查，先据署直隶总河顾琮奏请《添设垡船以疏淀中河道》一折。钦奉朱批：“亦与大学士鄂尔泰议奏。钦此。”复据大学士鄂尔泰议奏：“以署河臣顾琮奏称，请添设垡船以疏淀中河道，实系切务，似属应行。应如所请，添设垡船二百只，募衩夫九百名，每名按季量给工食银一两五钱，以当岁修。其添设官弁、外委、分辖管辖等项，亦应照所请，行以专责成以收实[22]效，”等因。经总理事务王大臣会同九卿议覆：“令总河顾琮、总督李卫，将打造船只、召募衩夫并添设官弁各事宜，遂细妥议，请旨。”遵行在案。今永定河道所属淀河，应行打造船只及应需工料银两，并酌议修造年限之处，应如该督所请，准其在于道库内动支银一千六百两，给发。承造之员，如式打造行船四十只，土槽船八十只，牛舌[23]头船八十只，以备疏刷淀河淤浅之用。工完之日，并将用过工料及船只长阔丈尺，照例造册题销。至前船修造年限，该督既称常为捞泥之用，易于损坏，并应准其一年粘补，三年一小修，五年一大修。届至十年，如果船只损坏不堪，应用该管汛员查明，出具印结，确估工料，造册据实详报。该督再加验看照例题估，在于该年岁修项下动支修造。如有将可用之船，混行估计，详请修造，以致糜费钱粮等弊，该督查出，即行指名查参。所有应办篷桅、篙棹、衩夫力作器具等项，及历年添补器具银两事宜，应令该督作速分晰造册，送部以凭查核。

又，该督疏称：“所设垡船，必得设官分理。庶事有专责，而工无贻误。应请每船十只添设外委一员，领夫力作共设外委二十员，每船五十只添设把总一员，共设把总四员。令其守管船只，专司疏浚。再，请添设霸州州同一员，州判一员，各兼管垡船一百只。令其会同把总，不时往来巡查，督率外委衩夫，相机疏浚。并支放衩夫工食、修造船只等项事宜。三角淀通判总理其事。其添设官弁、俸薪、养廉、房价、役食、坐粮、马干、马粮、亲丁等项，照例造册送核。至所设衩夫六百名，每名每年给工食银六两，共给银三千六百两。遇闰月每名加增银五钱，虽不足赡数口之家，犹可藉船为业。每年于三、四、五及八、九、十等月，捞取垡泥之时，令其一半捕鱼，一半赴工力作。再，东淀支流汊港，俟水涸之时即逐细查勘，其应行

① 衩（chǎ）夫，撑船民夫。

疏浚之处，另行详报。至添设州同、州判、把总，俱驻扎武清县之王庆坨。其州同、州判、俸工房舍等银，应照衔归于霸州地粮银内支领，养廉银两在于存公银内支给，把总俸薪、马干、坐粮并外委、亲丁粮饷，应请于裁汰兵饷银内给发。查，永定河水关外委，前准户部咨，每年食马粮一分，按月支银二两在案。今此案添设外委所食饷银，照依永定河水关外委之例造报。每员应支亲丁粮一分，每月支银一两二钱，俱照河兵之例造报。至把总房舍银两，归于驻扎之武清县地粮项下支给。再，所设衩夫六百名，每名给银六两，并闰月加增银五钱，应于裁汰兵饷银内支销。以上州同、州判、把总、外委俸薪等项银两，以各该员弁任事之日起支，各役并衩夫工食，以募充之日起支，理合分晰造册，会核具题，”等语。亦应如该督等所题，每船十只，准其添设外委一员，共设外委二十员，令其领夫力作。每船五十只准其添设把总一员，共设把总四员。令其守管船只，专司疏浚，所添把总，俱令在武清县之王庆坨驻扎。其霸州所属，准其添设州同一员，州判一员，亦令其驻扎武清县之王庆坨，各管垡船一百只，专司疏浚，并会同把总，不时往来巡查督率。至所设州同、州判，系专管河务之缺，应令该督等，拣选熟谙之员补授。至所设衩夫工食，并把总俸薪、马干、坐粮，外委马粮，亲丁银两，均准其在裁汰兵饷银内支给。州同、州判俸工房舍银两，照衔归于霸州地区粮银内支领，养廉银两在于存公银内支给，把总房舍银两在于驻扎之武清县地粮项下支给。以上州同、州判、把总、外委俸薪等银，以各该员弁任事之日起支，各役并衩夫工食以募充之日起支，其外委并食马粮一分，亲丁一名，与《敬陈河务管见等事》案内李文盛支给马粮亲丁名粮之例相符，应毋庸议。仍令该督饬令该管河道，每年于应捞取淤泥之时，责令州同、州判、协同、把总、外委督率捞取，实力疏浚，毋得懈惰偷安。所挖淤泥测量运至远处倾卸，应给工食，务须按名散给，不得丝毫扣克。仍将召募衩夫、年貌、籍贯及起支日月，先行造册送部。又各官弁所需房舍银两，细数并州同、州判年额，养廉数目，逐一分晰造册，咨送户部查核。所有东淀支流、汊港，应行疏浚之处，行令该督俟水涸之时，即速逐细查勘，遵照原题办理可也。谨题。（奉旨：“永定河现兴工作设法疏浚，原为地方久远之计。至于淀河地甚广阔，若仅以设船挖浅，用资补裨，似犹非本务。着朱藻、顾琮会同李卫，再详悉酌议。如果设船挖浅于河务大属有益，即一面奏闻，一面照工部所议行。钦此。”）

乾隆三年［1738］六月二十八日　工部《为遵旨议奏事》

臣等会议，得直隶河道总督朱藻等奏称："永定一河，浑流湍悍，防护维艰，且附近神京，最关紧要。于康熙三十七年［1698］，设立河兵二千名，康熙四十年［1701］，于节省钱粮等事案内，裁汰河兵一千二百名。又于雍正三年［1725］，于《遵旨秉公回奏事》案①内，裁汰河兵二百名。现在仅存河兵六百名。内拨发清漳等河教习桩埽河兵十八名，又千把总三员，亲丁四名，共除河兵十二名，实存河兵五百七十名，派拨南、北两岸十八汛。又每汛挑选桩手一班，用河兵十二名，专管签桩下埽，各汛实存力作河兵不满二十名。更有搜捕獾鼠，看守物料，栽种堤柳，填补水沟浪窝，堆积土牛，传递公文之役。即工程平稳、汛务闲暇，尚不敷用。一遇汛期，全赖募夫抢护。无如汛水长发之时，正值农忙之际，难以雇觅。且所雇之夫，不但不谙桩埽工程，即令其填水沟、浪窝，亦不如式。是以，十夫不及一兵之用。查，前河臣刘於义因永定河工长兵单，奏《请添设弁兵》一折，奉旨："着朱轼议奏。"续经议覆："以永定河濒河民人能签桩下埽者颇多，即汛发工险，雇用此等夫役，原可以助河兵之不逮。且汛期防护又有民夫排列堤上，亦不全恃河兵。应将奏请添设弁兵之处毋庸议，"等因。奉旨："依议。"钦遵在案。伏查，永定河汛期之际，虽有沿河州县酌拨民夫上堤看守，多系老弱贫民，虚应故事。若藉其防护工程，势所不能。似应添设弁兵，以资防护。请循照旧制，于裁汰河兵一千四百名数内酌添六百名。连现存河兵共一千二百名，除派拨坐粮等项去兵三十名外，两岸共河兵一千一百七十名。酌量堤工长短段落，分拨一十八汛，则汛期抢护，兵皆素习，自可收并力救急之功。况汛过之后，又可令其填垫水沟、浪窝，堆积土牛，搜寻獾洞鼠穴等差，并可将堤工残缺之处，派令粘补实为有济，"等语。查，雍正三年［1725］六月，内据原任直隶总督李维钧疏称："永定河河兵原系二千名，康熙四十年［1701］，前任抚臣李光地题裁一千二百名，现存八百名。雍正三年又题称，河兵每有坐食之时，应于八百名内减去二百名，可节省银二千八百余两。若遇下埽打桩人不足用，雇夫应用"等因，经工部议准在案。至前任直隶总河刘於义因永定河工长兵单，奏请添设弁兵一折。经原任大学士朱轼议覆[24]："以永定河濒河民人，能

---

① 见卷十一收录，雍正三年［1725］八月初五工部《为遵旨秉公回奏事》一折。议复直隶总督李维均条奏中提出："减去老弱不力河兵三百名。"之案。

签桩下埽者颇多，即汛发工险雇用此等夫役，原可以助河兵之不逮。且汛期防护又有民夫排列堤上，亦不全恃河兵，应将刘於义奏请添设弁兵之处毋庸议。”工部查此折，从前未准知照，无案可稽。今据该督等奏称：“永定河汛期之际，虽有沿河州县酌拨民夫上堤看守，多系老弱贫民，虚应故事。若藉其防护工程，势所不能。似应添设弁兵以资防护。请循照旧制，于裁汰河兵一千四百名数内酌添六百名，连现存河兵一千二百名，除派拨坐粮等项去兵三十名外，两岸共河兵一千一百七十名，酌量堤工长短段落，分拨一十八汛，则汛期抢护兵皆素习，自可收并力救急之功。况汛过之后，又可令其填垫水沟浪窝，堆积土牛，搜寻獾洞鼠穴等差。堤工残缺之处，派令粘补实为有济，”等语。应如所奏，行令该督，在于裁汰河兵内，酌添六百名，连现存河兵共一千二百名。分派各汛，责令在工力作。凡有填垫水沟、浪窝等项事宜，悉心随时经理，仍将所添河兵花名、年貌、造具清册，咨报兵部并工部查核。又，该督等奏称：“南岸原设千总一员，专管兵丁，把总一员，分管下七工汛地。北岸原设千总一员，分管上七工汛地，兼管兵丁。其把总一员拨发专管石景山汛。今河兵既请酌添，则兵多弁少，未免管束不周。应将分防石景山汛把总一员撤回，仍归北岸，专管上七工汛地。其北岸千总，照南岸千总之例专管兵丁。至石景山一汛，乃永定河上游最关紧要，应添设千总一员，令其修守防护。其所添千总，应照例每岁给房舍银十六两，并新添弁兵应需俸薪饷乾等项，在于司库裁兵饷银内拨给。如有不敷，在于沿河州县地粮银内拨补。至新设千总一员，照例在于管河把总内拨补。如此，则防护得资兵力，堤工自可永固安澜，”等语。亦应如该督等所请，将分防石景山汛把总撤回，仍归北岸，令其专管上七工汛地。其北岸千总，照南岸千总之例，令其专管兵丁。石景山汛准其添设千总一员，令其修守防护。所设千总员缺，在于管河把总内拣选拔补。其所添千总，应准其照例每岁给房舍银十六两，并新设弁兵应需俸薪饷乾等项，准其在于司库裁兵饷银内拨给。如有不敷，在于各州县地粮银内拨补。仍令该督按年分别造入奏销册内，题报核销。谨奏。（奉旨：“依议。钦此。”）

乾隆三年［1738］七月十一日　工部《为遵旨议奏事》

臣等议得，直隶河道总督朱藻等疏称：“永定河南、北两岸堤工，经上年大水之后，残缺卑薄在在皆是。而且抢筑口岸更难必其坚固，即新坝分势亦属万难保堤工之无恙。况新坝汛前不能竣工，水势无所分泄，仍行旧道，则两岸工程愈当修治整齐，以资捍御。经臣等奏请银十万两，以便上紧修理，荷蒙谕旨允行。今查，南岸各汛，应行加帮工程，并南岸三工建筑月堤，估筑戗[25]堤，建筑隔子堤，以及五工黄家湾填垫月堤深坑，共估需土硪工价银四万三千九百四十七两九钱三分一厘零。又南岸二工应挑引河，并填垫河槽拦水堤埝，共估需土方工价银一千七百八十六两一钱五分四厘。又，北岸各汛应行加帮工程，共估需土硪工价银五万四百七十八两五钱八厘零。以上修浚堤河等工，通共估需银九万六千二百一十二两五钱九分四厘零。理合造册具题，"等因。前来。查，先据该督等奏称："南、北两岸堤工埽坝经上年大水之后，残缺卑薄，应加帮堤埽各工，需银十万两"等因。折奏。奉朱批："着照所请速行，该部知道。钦此。"钦遵，行文在案。今据该督等将南、北两岸修浚堤河等工，通共估需银九万六千二百一十二两五钱九分四厘零，造册题估，应令该督将前项应修、应浚、加帮各工，在前请银内动支给发。承修各员修作速募夫，修浚如式坚固，工完，将用过银两照例造册具题，查核可也。谨奏。（奉旨："依议。钦此。"）

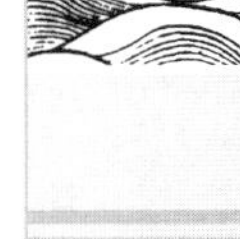

乾隆三年［1738］十月初八日　大学士鄂尔泰会同工部《为遵旨会议事》

[26]臣等会议，得管理总河印务①顾琮奏称："治浊流之法，以不治而治为上策。如浑河、滹沱等河之无堤束水是也。此外，惟匀沙之法次之，如黄河之遥堤，一水一麦是也。查，永定河既然有堤，难言不治。而治惟应用匀沙之法，以图徐成。前议于：'北岸之张客，南岸之寺台、金门闸、郭家务各建滚水石坝，开挑引河以资分泄。今郭家务草坝，业已完竣。金门闸石坝石工已完，现筑小夯灰土。伏思，原议金门闸建坝，以浑河故道接牤牛河为引河，开宽浚深，至牛坨南，接挑黄家河达于胜芳河，开至河头之北，于新河下游合流。其引河所挖之土，俱于两岸照泄潮埝式作拉沙坝'，等语。现今，估挑引河将土方堆筑拉沙坝，使之出浑入清。但恐水大之时泛溢过多，仍不免淤淀之患。臣再四思维，惟有引河之南岸拉沙埝外，远筑遥堤，顶宽二丈，底宽十四丈，高一丈五尺，使泛溢极大之水，亦有所捍御，可保无南注

---

① "管理总河印务"句有误，当为"管理直隶总河印务"。顾琮于乾隆二年［1737］八月丙子署直隶河道总督，次年正月癸酉改任协理直隶河道总督。同年十月二十七始授管理直隶河道总督印务。［参见《清史稿·顾琮传》及《疆臣年表二》］

淤淀之患。又原议：‘北岸之张客建坝一处，即以所冲水道为引河，东会于凤河，借其汕刷’等语。但思建造石坝，工帑浩繁，更非旦夕可能完竣。请照郭家务改建草坝于引河之北，拉沙埝外大营、庞村、东安之南，建筑遥堤，顶宽二丈，底宽十丈，高一丈，保护京畿而无北溢之虞。设遇水大出槽，散漫拉沙埝外，沙沉于田，清水仍归引河。被淹之地，一水一麦，尚不为苦。至引河原系分泄涨发之水，即长易消，不致冲淹庐舍。其引河太近之处，酌量环筑护村月堤。再，固安、永清二县有关邑治仓库，亦应建筑护城月堤。此即永定河用匀沙之法，以图徐治之大端，”等因。具奏。前来。查，乾隆二年八月，内臣鄂尔泰钦遵谕旨，前往永定河，会同督臣李卫、署河臣顾琮熟商详度。拟于北岸张客、南岸寺台、金门闸、郭家务等处，建滚水石坝四座，各开引河一道。其引河所挖之土，俱于两岸照泄潮埝式作拉沙坝，等因。折奏。经总理事务王大臣会同九卿议覆准行，在案。臣等伏思，永定一河，湍悍浑浊，易冲易淤，从前无堤夹束任其散漫，南流沙泥填于田野，澄水会入清河，固、霸[27]之间，称为一水一麦之地，利病原相等。所谓以不治治之，固属上策。但堤防建设已久，民皆习为固然，骤欲复旧转难创始，诚有如河臣所言者。臣鄂尔泰于上年钦奉谕旨，前往逐细查勘，与督、河二臣熟商详度：惟有就现在之河形，顺南下之水性，改导下口，分减上游，建坝开河，杀其势而利其归总，不使之入淀壅于清流，为全局之所害。而最关紧要者，尤在隔淀一堤。盖引河过胜芳以东，至河头之北，皆与大淀毗连。一有漫决，则浑流入淀，为害匪细。今河臣顾琮恐水大之时泛溢过多，仍不免淤淀之患，请于拉沙埝外，远筑遥堤以遏南注，是亦先事预防之意。至张客建筑石坝，请改建草坝之处，河臣身在工所，本年历经汛水，自必因郭家务草坝工竣，足备节宣，不致夺河为害。是以议请，改筑既可节省钱粮，又得工程速竣。再，臣等原议所开引河，俱系就地形以顺水势。今于引河太近处，所酌增月堤以保城社民居。此属向来成法，事属应行。均应如所奏行令。河臣顾琮将应筑堤工段落，及改建草坝工料、银两，逐细确估造册具题，查核可也。谨奏。（奉朱批：“依议。钦此。”）

乾隆三年［1738］十一月初四日　大学士鄂尔泰会同工部《为遵旨会议事》

[28]臣等会议，得直隶河道总督顾琮奏称：“窃查，原议于半截河修筑堤岸，中挖引河。臣屡饬勘估兴工，叠据道、厅报称：‘其地积水弥漫，万难修浚。’臣复委

员确查，实无虚捏。今时届孟冬，水既未消，工不克施。明春，全河之水必不能由半截河改流，自仍由旧河而行。查，下七工、八工等处，乃旧河必由之路，现在河身淤昂，自应遵照原议大加挑浚，方无阻碍。容臣办理另疏题报。惟是半截河以下水势甚洼，今淘河村以东至六道口一带①，积水汪洋，竟成巨浸。以致不能挑河筑埝。若不设法使水渐次消涸，恐明岁又复积有雨水，则兴工终无其日。臣再四思维，似应于半截河先建草坝一、二座，面宽各二十丈，约六分过水，使浑水稍稍淤垫。其中则所积之水，得以藉势归河，水去地出。然后，可以遵照原议，动工修理。再查，自八工尾闾至老河头约计十五里，此乃浑水趋归大河之要道。应即从尾闾挑挖引河，面宽二十丈，底宽四丈，深五、六尺至七、八尺不等。仍须相度形势，测量高下，临时斟酌权变，总期一律深通，俾浑流畅达，汇津归海。至河流险工莫过于顶冲，应为未雨之图。查，凡系扫湾顶冲危险处所，臣悉心筹度，应裁湾取直，酌量挑挖引河，以杀其猛悍之势，使得畅流而下，不致激怒，庶免冲击之患。又查，原议于南岸头工汛内之寺台建设石坝，面宽十二丈。复细勘，该处地势较高，泄水稍难，且堤外荒地不过数里，村庄亦属稠密。仍恐开坝分泄，容受无多。臣何敢固执前见，而不妥协经理。查，有南岸五工曹家务②以下数十里内，俱系不毛之土，并无民居，地面宽阔，可以容水。莫若将寺台议建之石坝，移于曹家务以下，改建草坝一座，仍宽十二丈，约六分过水。一转移间，不特可以节省钱粮，居民亦免水患。且浑泥渐淤数年之后，斥卤之地俱成膏壤，转于民生有益。”等因。具奏。前来。臣等窃思，治河之法，有一定而不可移易者，有随时可以变通者。浊水善淤，宜归河不宜入淀，急疏浚不急加筑，此一定而不可移易者也。至工程之先后缓急，坝座之增设改建，此随时可以变通者也。臣鄂尔泰等，于上年［1737］八月内，钦奉谕旨，查勘永定全河。以旧河下游高仰，浑流已无路归津，淀池逐渐填淤，清水将无由达海。故议，半截河改导经流，行于旧堤之北。即以旧河身为南岸，另筑北堤遥防旁溢。其下口，由老河头之北，过青沽港之东，会入大清河，以远浊流淤淀之害。仍议于半截河以上逐段挑浚，入于岁修之内，率以为常。经大臣会同九卿议覆准行，在案。是遵照原议，则半截河以下之旧河身，似可毋庸挑浚矣。今河臣顾琮奏称：

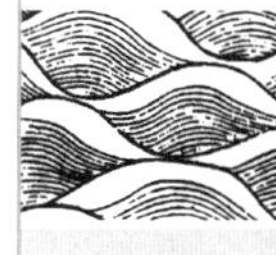

---

① 半截河在河北省永清县中部，淘河在今河北廊坊市东南境，六道口在天津武清区西南，以上三地在永定河中泓故道。

② 曹家务在河北省永清县城北约三十里，中泓故道南岸。

“半截河应行修浚之处积水弥漫，时届孟冬，水尚未消，工不克施。明春，全河之水必不能由半截河改流，自仍由旧河而行下七工、八工等处，乃旧河必由之路。现在河身淤昂，自应大加挑浚，方无阻碍，”等语。此一时权宜之计，势有不得不然者，自应准其挑浚。另疏题报又奏称：“半截河以下地势甚洼，自淘河村以东至六道口一带，积水汪洋竟成巨浸。若不设法使水渐次消涸，恐明岁又复积有雨水，则兴工无日。应于半截河先建草坝一、二座，面宽各二十丈，约六分过水，使浑水稍稍淤垫其中。所积之水藉势归河，水去地出，然后可以遵照原议动工修理，”等语。查，淘河村六道口一带，与三角淀、叶淀等淀一片相连。自三角淀圈筑堤埝分隔内外，堤内浑水淤高，堤外低洼如故，一遇雨多之年，迤北田间行潦，汇聚于斯仍成积淀。而南面既为堤阻，不能会归，惟恃一线凤河为消泄之路。以故停蓄不下，致令开筑难施。今河臣请于半截河先开坝座，宣引沟流垫洼为平，使施工有地，此亦一时权宜，事属应行者。再，河臣奏称：“自八工尾闾至老河头约十五里，乃浑水趋归大河要道。应即从尾闾挑挖引河，面宽二十丈，底宽四丈，深六尺至七、八尺不等，总期一律深通，俾浑流畅达，汇津归海，”等语。查，臣等原议，半截河改挖新河入六道口，而东经三角淀之北，直过老河头。其金门闸石坝引河，由浑河故道入牤牛河、黄家河、胜芳河一路开挖。亦经老河头之北，与新河会归大清河，一路筑坦坡堤，分清隔浊，总欲使浑水不能入淀，无由淤河不致贻后患，更费周章耳。今河臣为目前行水计，自不得不疏浚下七、八工之旧河。既水由旧河而来，自不得不开旧河之尾闾。此虽亦权宜之计，势有相因，事不得已。但引河经由之处，据称从尾闾挖至老河头约十五里，是竟似欲从八工直挖至洞子门，由董家河入杨家河矣。夫杨家一河，乃全省清河之下口也。非有高岸夹束，并无抵刷浊流之力。以永定全河之势推拥沙泥弥漫而入，诚恐杨家河必受淤。杨家河一淤，则淀之下口先塞，而西来数十河之水，将无路归津。则虽重堤隔淀，不皆成虚设乎？臣等愚见，以为引河应开，而或经由董家河、杨家河，则似乎不可。应令河臣查照原议，务于迤北地面相度挑挖。俾经老河头北而出其东，即为将来金门闸石坝引河之下口，庶不致淤淀，自不致阻清。在河臣料已熟筹，缘未经详悉声明。臣等不得不为过虑也。至奏称：“河溜扫湾顶冲危险处所，应裁湾取直，酌量挑挖引河，以免冲激，”等语。查，永定水势湍悍，斗折蛇行，而土性沙松，堤防未可深恃。是应于汛前挑引导入中泓，俾工程不致出险。此河身不须全挖，而可免冲激之良法。自从前河员惟务加培堤工，不知改挖引河，以至汕刷坍颓大溜激冲，相顾彷徨，而终莫能救，皆职此之故。今河臣

请于河溜险工为未雨[①]之图，应如所奏。令其悉心筹度，随宜挖引。更须预储物料，为镶垫埽坝之用，以备不虞。其寺台建坝原因，地属闲旷，可以泄水受水也。今既据称："细勘该处，堤外荒地不过数里，诚恐开坝泄水容受无多。查，有南岸五工曹家务以下数十里俱不毛之土，并无民居，地面宽阔可以容水。将所请寺台议建之石坝，移于曹家务以下改建草坝。仍面宽十二丈，约六分过水，不特钱粮可以节省，居民不受水患，且浑泥渐淤，斥卤皆成膏壤，转于民生有益，"等语。河臣久阅河干，熟悉形势。既曹家务较胜寺台，自应如所请，准其改移。至于浑水肥田，古有成效。如泾溉关中，漳溉邺下，皆载在史册。既现在永定河漫溢处所，土性淤肥，麦收加倍，亦其明征。应行令河臣，留心审度，凡系近堤荒咸洼薄之地，皆可照依此法，开坝泄浑放淤粪瘠。其留泥注水之法，或设陂以限之，或挖塘以潴之，因地制宜，转害为利，尤直隶之要务。是在，河臣之虚心实力，次第推行而已。再，新任直隶总督孙嘉淦，现在条奏永定河道情形，伏祈皇上将臣等所议建坝挑河之处，敕交河臣会同直隶总督商酌，办理可也。谨奏。（奉朱批谕旨："直隶河工自应总督会同总河办理。前着李卫不必办理者，以伊彼此不和，于公事无益故耳。今孙嘉淦并不似此，着仍照旧例亦兼管河工事务。余依议。钦此。"）

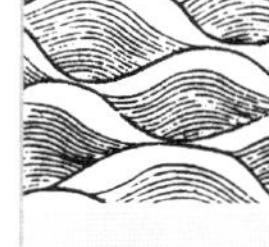

乾隆三年［1738］十一月初八日　大学士、九卿等《为议奏事》[29]

会议得，兵部尚书协办户部尚书事、果毅公讷亲、吏部尚书今授直隶总督孙嘉淦奏称："臣等自天津回京，由永定河之半截河至下七工抵卢沟桥，循堤看得河道情形，河身较堤外地面大势皆高。其六工以下河身隆起如脊，竟有高至丈余者，实与筑墙束水无异。头工、二工堤岸稍宽，尚容水势回转。至五、六以下等工，河身狭处仅数十丈，且南、北两岸大概皆系沙土，非夯硪可能坚固，风搜水漱日有薄削，一遇汛发势必冲决。是以，筑堤前后所费帑金无算，而仍不能免于每岁之为患也。河臣顾琮欲尽弃旧河，放水北行，筑十里遥堤以防之。但十里之地广阔无几，河流迁移仍过遥堤，则必又致溃决。兼以所有人民庐舍欲尽迁之堤外，则不能欲留于堤内，则可虑徒劳更张，终非长策。大学士鄂尔泰等，又欲于半截河另开引河，使水入淀河。于上游开四闸、四引河以分其势。目今郭家务之草坝，金门闸之石工，俱已兴筑。其坝底高于河面五、六尺，七、八尺不等。寻常水不能宣泄，无由分减。

① 未雨，"未雨绸缪"的省略语。

设异涨一来，突然出口，所挑引河不能深广，水势未必屈曲随入，则奔冲仍所不免。至于新河之道欲使不入淀池，而入淀河，意谓淀河水流可以不淤。但查，淀河之水，本非急溜。浑水偕行，泥终沉底，虽逐年疏浚，而人力几何，纵不淤于目前，亦必淤于日后。淤淀池止，占其蓄水之地，淤淀河乃梗其出水之途。万一水口壅滞，清水无归，则溃溢之害何可胜言。臣等再四详度，莫若因势利导，以免小民之惊疑，以救永远之利济。现今南岸之金门闸，北岸之张客，皆建闸，而挑引河已有成议。臣等愚见，以为张客之闸不必石工，但建草坝。再于两岸相度地势，开建草坝。宽以六丈至十二丈为率，过水以六分至四分为度，分泄之处既多，则水缓不致冲刷；随时水长即可宣泄。更不畏汹涌夺溜。南岸金门闸上下多建数坝，北岸少建，使南泄之水常多。水小则仍归引河，水大听其漫流。数年之后草坝朽坏，旧河之水悉改而南，即以淤高之河身障其北向趋下之路，天然畿辅之堤岸，诚为坚实而可恃。即沿河居民皆知漫流淤田之水，无足为患。至于视低洼之村庄，围堤以保护。迁零落之居民，附大村以自固。拦淀筑埝使虽遇异涨之水，而泥沙不得溢入淀池。中则百姓永无淹设，淀池永无垫隘。俟其办理就绪，裁去总河之缺，尽撤效力之人，交与地方官如常保护。上无兴筑赈济之费，下无办料工作之扰，漫淤泥于田中，民享其利。沥清流于淀池，水蹈其轨。臣等愚见所及渎陈睿鉴，”等因。具奏前来。臣等窃思，永定一河，水不循轨，每遇淫雨淹潦民田，素称难治。蒙圣祖仁皇帝、世宗宪皇帝屡廑宸衷。动帑建堤，设官防护，上保运道，下护民生，最为紧要。

上年六月内，因山水骤发，冲决堤岸，我皇上睿虑周详，念切民依，特命大臣前往相度，欲期永久奠安。随据协办吏部尚书顾琮等查勘奏请：“改筑遥堤，庶免冲决之患。”续经大学士鄂尔泰奉命勘得：“永定河水性水势俱非黄河可比，十里遥堤之议万不可行。拟于半截河堤北改挖新河，于南、北两岸建滚水石坝四座，各开引河一道”等因，经总理事务大臣会同臣等议准，在案。今据兵部尚书协办户部尚书果毅公讷亲、吏部尚书今授直隶总督孙嘉淦奏称：“永定河冲决之患，实因筑堤而起。再四详度，莫若因势利导，”等语。查，永定河堤工于康熙三十七年［1698］建筑以来，历有年岁。迨后新增堤坝，均系先后测量水势，遂年添修。无如水性浩瀚汹涌奔腾，仍不免冲决之患。今若能因势利导，使水尽归南行，诚为不治而治之上策。但故道久成，旗民庐舍一时势难更复，必须相度全河形势，遍历上下河干，方为筹画尽善垂久之策。今吏部尚书孙嘉淦奉旨补授直隶总督。其于永定河地势之高下，河形之曲折，水性之归宿，以及居民庐舍之迁徙，必须一一详加勘验。庶几

慎重于始，不致更张于后。相应请旨敕下，新任总督孙嘉淦、河道总督顾琮会同复加细勘，务期筹及久远，一劳永逸，和衷办公。无得各执己见，悉心参酌合词具题。到日，臣等再行详议可也。谨奏。（奉朱批：“依议。钦此。”）

乾隆三年［1738］十二月二十日　工部《为议奏事》

[30]臣等议得，直隶河道总督顾琮等奏称：“永定河北岸张客，经臣奏明建筑草坝，以资宣泄。业经部议覆准。至奏请于北岸半截河先建草坝一、二座，宣引浊流，垫洼为平，可以施工修浚。经部议覆事属应行。又请将寺台议建之石坝移于南岸，曹家务以下改建草坝。亦经部议准其改移。至凡系近堤荒咸洼薄之地，皆可开坝泄浑，次第推行。窃查，张客坝座及半截河、曹家务各坝，俱经部议准行。至南岸金门闸上下，并北岸请建草坝之处，当即檄饬永定道六格，并移行留土差委之。原任副总河内阁学士徐湛恩先行查勘，俟臣等会同勘议具题之时，亦应酌量工程，先后缓急题请，次第办理。抑臣更有请者，北岸头工张客，地居京城之西，乃永定河上游。从前，原议在于此处建坝，是以奏请建筑遥堤，今臣相度河形，详勘地势，张客坝座请移建于北岸三工求贤处所。上游之水足备宣泄，可无北溢之虞。其北岸遥堤亦无庸建筑。既可节省钱粮，工程又得速竣。容俟会勘之时，臣与督臣商酌办理。第查建设坝工，应需灰斤苇草等料，为数繁多。今请移建求贤之坝，并半截河曹家务等处草坝，俱应于来岁春融兴工。若俟估册造报之日始，行拨银办料恐致迟滞。理合奏请，拨给户部库银五万两，乘此地冻易运之时，购觅备办运贮工次，以便临期需用。至一切物料办运需时，今一面委员备具印领给咨赴部请领，及时上紧购办以济工需。臣谨会同直隶总督孙嘉淦合词具奏”，等因，前来。查，永定河北岸张客、半截河、曹家务等处草坝，及建筑遥堤各工。先经该督奏请建筑，俱经大学士鄂尔泰会同臣部先后议准，在案。今据该督奏称：“北岸头工张客，地居京城之西，乃永定河上游。从前，原议在于此处建坝，今臣相度河形，详勘地势，张客坝座请移建于北岸三工求贤处所，上游之水足备宣泄，可无北溢之虞。其北岸遥堤，亦无庸建筑。既可节省钱粮，工程又得速竣。容俟会勘之时，臣与督臣孙嘉淦商酌办理，”等语。查，张客草坝并遥堤各工，从前俱经该督奏请建筑。今据该督查勘河形地势，请移建于北岸三工求贤处所，北岸遥堤无庸建筑。既可节省钱粮，工程又得速竣之处。应令该督会同直隶总督，将前项工程务期悉心商酌，妥协办理。至于应需灰斤、苇草等料，该督奏称：“俱应于来岁春融兴工。若俟估册造报之日始行拨银

办料，恐致迟滞。请拨给户部库银五万两，乘此地冻易运之时，购觅备办运贮工次，以便临期需用，”等语。应如所奏，准其于户部库内动拨银五万两，给发该委员领回，作速及时购办物料运贮工所，以备来岁春融兴工之用。毋致临时周章，仍将建筑坝工应需工料银两，逐细确估造册具题查核可也。谨奏。（奉旨：“依议。钦此。”）

[卷十三校勘记]

〔1〕原刊本“河”字原作者增补的小字，今脱。据原刊本增补“河”字。

〔2〕“涘”[sì]字原刊本作“涘”[“涘”的异体字]，今误为“俟”。据原刊本改为“涘”。

〔3〕“卿”误为“乡”，据原刊本改正为“卿”。

〔4〕《复议请旨事》原书稿此处无，仅为“吏工等部会议”，依下文内容和习惯添加。

〔5〕“嵇”字误为“稽”，据原刊本改正为“嵇”。

〔6〕“再”字误为“舟”，据原刊本改正为“再”。

〔7〕“隶”字误为“属”，据文意改为“隶”。

〔8〕“廉”字原刊本作“廉”[“廉”的异体字]，今误为“兼”。据原刊本改正为通用字“廉”。

〔9〕同上。

〔10〕“离”字误为“虽”字，据原刊本改为“离”。

〔11〕“其”字误为“基”字，据原刊本改为“其”。

〔12〕“脊”[jǐ]原刊作“脊”[“脊”的异体字]，因形近误作“眷”[jüàn]。

〔13〕同〔5〕。

〔14〕《永定河漫溢疏防各官处分事》原书稿此处无，依下文主意增添此题目。

〔15〕“冲”字原刊本作“衝”[简化字即“冲”]，误为“中”，据原刊本改。

〔16〕“革”字误为“草”字，形近而误，据原刊本改正。

〔17〕“滚”字原刊本误写为“壩”，在字旁改写“滚”字。今误作为“坝”。“坝水坝”不通，当为“滚水坝”。

〔18〕“今”误为“令”，据原刊本改正为“今”。

〔19〕“葬”字原刊本作“塟”[“葬”的异体字]，今误为“苑”。据原刊本改为“葬”。

〔20〕臣字前衍一“该”字，查李逢亨《（嘉庆）永定河志》卷十八收录同一奏折无此该字。有该字与本折文意不符，故删。

〔21〕同上。

〔22〕“实”字误为“买”字。据原刊本改正。

〔23〕“舌”字误为“石”，原刊本后文皆作“石”，据原文上、下意改。

〔24〕“议”字误为“义”；“议”后脱一“覆”字。据前后文意改“义”为“议”，增补“覆”字。

〔25〕“戗堤”误为“创堤”，原刊本误写，今据李逢亨《（嘉庆）永定河志》收录同一奏折全文比对，为戗堤。故改正为“戗堤”。

〔26〕“臣”字前原刊本衍一“该”字，与清奏议格式不符。此折为大学士与工部会同议奏，应自称“臣等”而非“该臣等”。故删“该”字。

〔27〕“固霸间”原刊本作“固壩（坝）间”误，作为地名。固（安）霸（州），不当为“坝”。据上下文意“坝”为“霸”。

〔28〕同〔23〕。

〔29〕《为议奏事》原书稿此处无，依下文内容和习惯添加。

〔30〕同〔23〕。

卷十四　奏议五

（乾隆四年至八年）

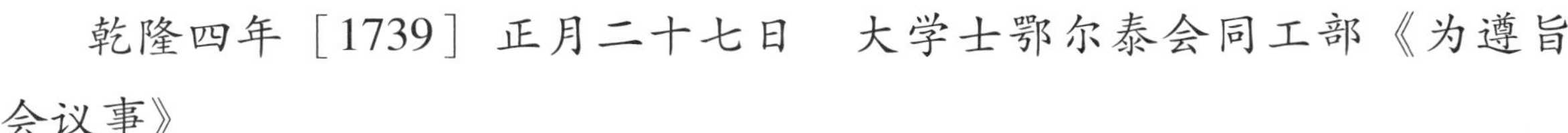

乾隆四年［1739］正月二十七日　大学士鄂尔泰会同工部《为遵旨会议事》

臣等会议，得直隶总督孙嘉淦等奏称：“永定河事宜，前经大学士鄂尔泰等议，于南岸之寺台、金门闸、郭家务，北岸之张客各建石坝一座，挑浚引河以分其势。于半截河以下改挑新河一道，部议覆准。其金门闸石坝已经建立，郭家务业经奏准改建草坝。又，臣顾琮奏请将寺台建坝处所移于曹家务，改建草坝。北岸张客石坝，亦请移于求贤地方改建草坝。其半截河地方建设分水草坝一座。面宽二十丈，统以六分过水。又经臣讷亲、臣孙嘉淦合词条奏：于南岸金门闸上下多建草坝，使南泄之水常多，水小仍归引河，水大听其漫流于田。经部议覆。今臣孙嘉淦与臣顾琮会同，覆加细勘，务期筹及久远，一劳永逸。臣等谨会同详查虚衷酌议，除寺台之坝移于曹家务，张客之坝移于求贤，及半截河建设草坝，各款意俱相同。应仍照原议外，至金门闸上下建筑泄水之处，覆加确勘。金门闸石坝原议八分过水，但一年之内八分以上之水亦不多有。臣等悉心商酌，请于金门闸之下，长安城地方添建草坝一座，面宽二十丈，以四分过水，分流南下。水小则草坝分泄，水大则石坝一并减流。其草坝引河不必另挑，即浚归金门闸引河之中。至郭家务坝面俱系素土，应筑灰土槛一道，以资抵御。以上添建草坝，疏浚引河，并隔淀坦坡堤埝等项，应需工料，俟确核料估另疏分案具题。再，南、北两岸建设多坝，非旦夕可以告竣。请于南岸郭家务以下七工冰窖地方，各量开旱口一处，用埽裹头，以泄凌、麦二汛之水。至上汛各工既经多建草坝，水势有所分泄，则下汛七、八等工，均可无庸修筑。并半截河以下引河堤埝等工，亦当量为减省，统俟各坝建成，引河疏就之后，再将引河经由地方城池、村落应行护卫之处，详细酌议，筑堤保固，”等因。具奏前来。

查，乾隆三年［1738］十月，内经兵部尚书今升吏部尚书果毅公讷亲、吏部尚书今授直隶总督孙嘉淦等奏称："永定河冲决之患，实因筑堤而起。再四详度，莫若因势利导。现今南岸之金门，北岸之张客，皆建闸挑河已有成议。请将张客之闸不必石工，但建草坝。在于两岸相度地势开建草坝。金门闸上下多建数坝，北岸少建，使南泄之水常多，水小仍归引河，水大听其浸流。数年之后草坝朽坏，旧河之水悉改而南，即沿河居民皆知漫流于田之水无足为患"，等因，折奏。经大学士、九卿议："以永定河之水若能因势利导，使水尽归南行，诚为不治而治之上策。但故道久成旗民庐舍，一时势难更复。覆令总督孙嘉淦会同总河顾琮复加细勘，会词具题。"去后。今据孙嘉淦等[1]奏称："覆加确勘金门闸石坝，原议八方过水，但一年之内八分以上之水亦不多有。悉心商酌，请于金门闸之下长安城地方添建草坝一座，以四分过水分流南下。水小则草坝分泄，水大则石坝一并减流，至郭家务坝面俱系素土，应筑灰土槛一道，以资抵御。

再，南、北两岸建设多坝，非旦夕可以告竣。请于南岸郭家务以下七工冰窖地方，各量开旱口一处，用埽裹头，以泄凌、麦二汛之水。至上汛各工既经多建草坝，水势有所分泄，则下汛七、八等工均可无庸修筑。并半截河以下引河堤埝等工，亦当量为减省。统俟各坝建成引河疏就之后，再将引河经由地方城池、村落应行护卫之处，详细酌议，筑堤保护，"等语。查，永定河形上游低于下口，河身高于地面，故道固应议复，而挑浚务宜相机。今该督孙嘉淦等既称："郭家务石坝改建草坝，寺台之石坝移于曹家务改建草坝，其张客之石坝，亦请改建草坝之处，会同总督顾琮详查各款，俱意见相同，应仍照原议，"等语。均毋庸议外，至奏称："金门闸石坝原议八分过水，但一年之内八分以上之水亦不多有，请于金门闸之下长安城地方添建草坝一座，以四分过水，水小则草坝分泄，水大则石坝一并减流。其草坝引河不必另挑，即浚归金门闸引河之中，"等语。查，建坝分流原议随地形之高下，视水势之大小，因势利导，顺流宣泄方无冲溢之虞。今既据称一年之内八分以上之水亦不多有，酌拟添建草坝，以四分过水，不必另挑引河，即浚归金门闸引河之中，亦属随地制宜之法。其郭家务坝面该督等既经勘明系素土，难资抵御。均应如所奏，准其于长安城地方添建草坝一座，郭家务加筑灰土槛一道，其所需工料并疏浚引河，以及隔淀坦坡堤埝各工，仍令该总河等一并确估，分案具题。又奏称："建设多坝非旦夕可以告竣，请于冰窖地方各量开旱口一处，"等语。查，凌汛转瞬即至，草坝即难速竣。令于下七工冰窖地方量开旱口，用埽裹头以泄凌、麦二汛之水，是亦先事预防之计。但汛水涨发之时，水势作何归宿，有无妨碍民舍田庐之处，奏内并未议及。应令该督等酌量妥协办理。至上汛各工，该督等既称多建草坝，由下汛七、八等工，均可毋庸修筑。半截河以下引河堤埝，亦当量为减省。应令该总河等因时因地详慎筹画，务期永庆安澜。俟各工告竣之后，将一切引河，经由地方城池、村落，应行筑堤保护民生之处，详酌妥议，请旨遵行可也。① 谨奏。（奉朱批："依议。钦此。"）

乾隆四年［1739］六月初六日　工部《为遵旨议奏事》

臣等议得，直隶河道总督顾琮等疏称："据署永定河道六格详称：'查曹家务建筑分水草坝一座，其出水一带俱系卑洼碱[2]地，浑水一过则成膏壤。但清水无归，恐致积涝。今勘得曹家务以下由郭家务、小梁村等处，计长四十余里，向有遥河。虽因年久淤塞，尚有河形，间段疏浚，使浑水淤地，清水归淀，实属有益。应挑引河共长一千七百丈，该银一千八百六十三两二钱九分五厘'，等情。臣一面在于要工银内拨动，一面给咨委员赴部请领，以还原款，理合具题"等因，前来。查，先据该督将永定河曹家务等处草坝工程，估需银五万九千八百二十六两九钱二分一厘零，造册具题。臣部于本年四月内覆准，在案。今该督等疏称："曹家务建筑分水草坝一座，其出水一带俱系卑洼碱[3]地，浑水一过则成膏壤。但清水无归，恐致积涝。今勘得曹家务以下由郭家务、小梁村等处，计长四十余里，向有遥河。虽因年久淤塞，尚有河形，间段疏浚，使浑水淤地，清水归淀，实属有益。应挑引河长一千七百丈，该银一千八百六十三两二钱九分五厘，在于要工银内动拨。一面给咨委员赴部请领还款，"等语，应如所题。行令该督等，在于要工银内先行动支银一千八百六十三两二钱九分五厘。给发承挑各员，作速募夫，上紧挑挖通顺，毋致淤塞。工完，将用过银两照例据实造册，具题查核。再查，前项估需银两，业经该督等咨报委员前赴户部请领，在案。应俟该委员领回之日，照数归还原款可也。谨题。（奉旨："依议。钦此。"）

---

① 本折所提及地名所在：寺台具体位置未详［当在固安县东北境］。曹家务在今河北永清县城北约二十里，永定河中泓故道西南岸。郭家务在曹家务东南约六里，小梁村在其南，永定河中泓故道西南。张客［今作章客，分南、北章客］清属宛平县［今属北京大兴区］，求贤亦属宛平。金门闸在清属良乡县［今属北京房山区］东南隅。长安在今河北涿州东北境［清属宛平县辖地］。半截河在今河北永清县县城东稍北十五里，永定河中泓故道东岸。

乾隆四年［1739］六月初十日　工部《为遵旨议奏事》

臣等议得，直隶河道总督顾琮等疏称："永定河金门闸坝工应挑引河，自出水护坝排桩外起，至韩家营①北，由常家等庄至长安城，又与长安城草坝引河合流。若两坝水势仅一引河宣泄，诚恐汛发浩瀚，难以容纳。今酌量两股分流，其西股自小杨青务，接牤牛河，西岸起，至南洼②入中亭河；东股自小杨青务由牤牛河至杨青口入津水洼③。庶伏、秋汛涨得以容纳畅流，实有裨益。以上金门闸石坝暨长安城草坝应挑引河工程，共需银四万八千六百三十六两六钱三分零。又，修筑堤埝以资捍御，建筑草坝以分水势，并设立木桥利济行旅，建设涵洞随时启闭，均属有益之工，并需银三千三百七十七两一钱九分八厘，通共该银五万二千一十三两八钱二分八厘零，造册具题。至高桥村西建设涵洞处，所系南岸六工汛员蔡学颐应管堤工，请即令该管汛员就近专司管理，随时启闭。再查，凌、麦二汛之水，已经题准在南岸郭家务以下七工冰窖④地方，各量开旱口，以资宣泄。其引河经由各村庄，遍行晓示，除斥⑤卤不毛并大田未种之处，及时挑挖外，其麦苗已长之田，俟麦黄刈获之时，即多雇人夫星飞挑挖，庶良苗无伤，而要工不致贻误，相应具题"，等因，前来。查，先据直隶总督孙嘉淦等奏："请于金门闸之下长安城地方添建草坝，分流南下，其草坝引河不必另挑，即浚归金门闸引河之中。至郭家务坝面俱系素土，应筑灰土槛一道，以资抵御。以上添建草坝，疏浚引河并隔淀坦坡堤埝等项应需工料，俟确核料估，另疏分案具题。再，南、北两岸建设多坝，非旦夕可以告竣，请于南岸郭家务以下七工冰窖地方，各量开旱口一处，用埽裹头，以泄凌、麦二汛之水"等因。于本年正月，内经大学士鄂尔泰会同臣部覆："令将疏浚引河等工，确估分案具题，并令将冰窖地方量开旱口之处，令该督等酌量妥协办理。"在案。今[4]该督等疏称："金门闸石坝暨长安城草坝应挑引河工程，共需银四万八千六百三十六两六钱三分零。又，

---

① 韩家营在今河北涿州东北境，见卷二《永定河源流全图》第三十六图。

② 南洼具体位置未详，当在今河北霸州市城东南栲栳圈西。

③ 小杨青务疑为小杨先务，在今固安县县城西。津水洼在霸州东境。杨青口具体位置不详。津水洼见卷四卷未有专条。

④ 高桥村在今永清县县城东南霸州境。半截河［永清县城东十五里］与冰窖［永清县城东南二十七里］之间，分属南六、七工汛地。见卷二《永定河源流全图》。

⑤ 斥卤，盐碱地。

修筑堤埝以资捍御，建筑草坝以分水势，设立木桥以济行旅，建设涵洞随时启闭，均属有益之工，共需银三千三百七十七两一钱九分八厘，造册具题。至高桥村西建设涵洞处所，系南岸六工汛员蔡学颐应管堤工，请令该管汛员就近专司管理，随时启闭。再，凌、麦二汛之水，已经题准在于南岸郭家务以下、七工冰窖地方，各量开旱口，以资宣泄。其引河经由各村庄，遍行晓示。除斥卤不毛并大田未种之处，及时挑挖外，其麦苗已长之田，俟麦苗刈获之时，即多募人夫星飞挑挖，"等语。臣部查，前项工程估需银五万二千一十三两八钱二分八厘零，业据该督等咨报委员前赴户部请领。在案。今该督等将筑堤、挑河、建坝并建涵洞各工，造册题估前来。应令该督等，动支银两给发，经管各员作速上紧趱筑，如式坚固。其应挑引河经由地方，建设涵洞随时启闭，均应责令经管各员加谨办理，毋致贻误。俟工完之日，将用过工料银两照例造册，具题查核可也。谨题。（奉旨："依议。钦此。"）

乾隆五年［1740］二月　直隶河道总督臣顾琮《为奏明事》

窃查，永定河下游之范瓮口、郑家楼、葛渔城[①]一带地势洼下，历年积水汪洋，常年不消。上年，凌汛水由郑家楼东残废民埝缺口流出，入沙家淀，汇凤河达津归海。臣于本年二月二十五日前往永定河下口，率同永定河道六格逐细履看。今岁凌汛已过，水势平稳，凡应筑堤工，应疏河道，即令该道六格相度机宜，督令该管厅、县等实心办理。惟是郑家楼一带低洼地亩，浑水经由渐得受淤，可望种收之利。但其平地漫流渐往西北，将来恐有碍及田庐，自当先事筹画，以保万全。臣同该道六格悉心斟酌，议于北岸堤头接建草坝约百余丈，靠坝残缺口民埝，令河兵力作修补完竣，以御其西漫之势。下口一带照例动项挑浚深通，使其东注。第[②]下口疏浚，惟有额设挑河土方价银，并无桩料开销之例。若再请添设，实属繁费。查，下口向有河滩产苇官地四十余顷，从前收数不过五、六万斤，自专员经理以后，每年所收数倍于前，俱分贮各工，以为岁修之用。于估销册内据实声明造报。上年霜降后，该道六格选委妥员细心查收，较前更多。今议建草坝，可以动拨此项官苇应用，则钱粮即可节省。臣一面知会臣孙嘉淦商酌办理，谨将臣查看永定河下口及凌汛平稳缘由，一并恭折奏明。伏乞皇上睿鉴训示施行。谨奏。（奉朱批："妥协办理。

---

① 范瓮口、郑家楼在今天津武清区西南境王庆坨镇北；葛渔城在今河北廊坊市东南境。

② 第，但、且之意。

钦此。”）

乾隆五年［1740］四月二十九日　工部《为请奏要工以资保障事》

臣等议得，直隶河道总督顾琮等疏称：“永定河石景山汛内，庞村戏台南并小屯，以及天将庙后旧片石土堤等工，系顶冲险要。现在陡立悬崖，若不急为修整，难资捍御，应行修砌以资稳固。通共估需工料银九千七百八十七两三钱四分四厘零，并声明此项工程关系紧要，若俟部覆到日请帑兴工，恐致延误。一面咨拨户部钱粮，及时购料修筑，庶于河防有益”，等因，具题前来。查，永定河石景山汛内，庞村戏台南等处旧片石土堤各工，该督既称系属顶冲险要，急宜修筑。应如所题，准其领银给发承修之员，作速办料，募夫如式砌筑，以资捍御。再查，前项工程应需银九千七百八十七两三钱四分四厘零。先据该督因该工关系紧要，给咨委员请领，业经臣部于本年五月初七日移咨①户部拨给。在案。相应行令该督，俟完工之日，将做过工段丈尺，并用过料物、夫工银两，照例造册题销，查核可也。谨奏。（奉旨：“依议。钦此。”）

乾隆五年［1740］九月初四日　大学士、九卿等《为遵旨会议事》[5]

会议得，直隶总督孙嘉淦等奏称：“查得永定之水，挟拥沙泥，从前散流于固安、霸州之野，泥留田间，而清水归淀，间有漫淹，不为大害。自筑堤束水以来，始有溃淤之患。虽岁靡[6]帑金，讫无成效。乾隆二年［1737］，大学士鄂尔泰等勘明，于金门闸建石坝一座，下挑引河，即系永定河之故道。惜其坝身太高不能过水。乾隆三年［1738］，臣与讷亲合辞具奏，请于金门闸之上下再建草坝，务令过水，以为渐复故道之计。荷蒙圣恩俞允。臣随于河臣顾琮相度，于金门闸下长安城地方建草坝一座。乾隆四年［1739］春间，告成坝身又失于高。是以，上游不能过水，而下口改流于郑家楼等处泄水河。臣顾琮与臣商酌，下口既已宣畅，则上游放水似可暂缓。乃去秋、今秋两汛经过，而下口地方仍有未妥。是以，臣前面奏亲往查勘。今勘得，下口河流自郑家楼逆折而北，历龙河、凤河、雅拔河之下游，清水俱有壅滞。且去北运河不远，倘再冲泛，恐碍运道，所关匪细。若欲筑堤挑水，改使南行，不惟地已淤高，工费浩繁，且[7]仍系东淀下游，其淤垫何[8]所底止？去年冬间，臣

① 移咨：咨，咨文的省称，同级之间公文的传送称移咨。

与顾琮曾奏请，于叶淀之东挑河，引水使入西沽之北。今勘得，入口之处逼近运河，居民稠密，浑水经流，终非长策。则是下口之道穷，而地所复入，必于上游放水，始为经久之图。河臣顾琮面定会商，意见相同。是以，臣由天津返棹，亲看金门闸之引河有东、西两段，自毕家庄分流。东股历牛坨、蒲塔等处，由津水洼入淀[①]，渠身深通，但所历村庄颇多，水势不能宽展。其西股河道俱行旷野之中，不与村庄相近，下口入中亭河一百余里之内，止有王莽店一处逼近河岸。其中亭河入淀之处，止有苑家口、苏家桥[②]等处村庄尚须保护，中亭及玉带河南堤尚须加镶，其余并无妨碍村庄、城垣之处，河身宽大，两岸开展。询之土人佥云，此系永定河之故道，睹其形势，实足以容纳全河之水。应于两股分流之处，将东股之口筑高数尺，遇异涨之水则兼入东股，以资消减；寻常汛水专走西股，可保无虞。因至金门闸再行相度，见石坝之上不过数十丈，即系河流顶冲之所。于此处开一土坝，不必草裹石镶，但令掘展宽深，则全河之水顷刻可过，一出堤口即入金门闸之引河，可以顺流畅达。现今河水甚小，断无冲淹。将来汛水涨发，散入田野，民收肥腴之利；经流归槽，安行故道，并无溃决之忧。即使间有漫溢，不过一、二村庄，较之溃堤淤淀之害，不及十分之一。即使保护村庄，不过零星疏筑，较之岁修抢修之费，亦不及十分之一。

再，此金门闸之引河，即系大学士鄂尔泰议开之河。其现今开堤之处，紧接金门闸石坝之上，与讷亲、与臣原奏相符，皆系已成之议，并非新有更张。总而计之，下游已无可行之路，上游现有天然之河，开堤放水则费小而害轻，筑堤束水则费大而害重。熟思审处，止有此策，更无二计。臣谨与河臣顾琮合词具奏，伏乞皇上圣断施行。

再，欲开堤放水，则日期不可迟延，今年河水本小，目前霜降已届，水涸流细放之使出，可以操纵由人，不致为患。距明岁汛水之期尚远，使水与河相习，民与水相安。臣等因其所至之处，细加相度，陆续奏明，预为保护，庶可万全。再过半月，即系立冬冰凌渐至，宣泄不畅，若今秋不放，迟至明年凌汛、麦汛、秋汛接踵而至，为日迫促草率开堤，恐有疏虞，屈指计算不可再缓。臣谨择九月初七日兴工，

---

① 毕家庄在今河北固安县城西南二十余里，牤牛河东岸；牛坨［又名牛驼］在固安县东南四十里。蒲塔不详。

② 苑家口在今河北霸州城东南二十里，大清河北，中亭河南。苏家桥［又名苏桥镇］在今河北文安县城北四十里，临大清河，接霸州界。相传宋苏洵任文安县主簿建此桥，实旧志误记。

将引河之内整理通顺，出口之处挑挖疏引。于九月十六日开堤放水。届期，臣与河臣顾琮亲至其所，相度开放。

再，此案原系臣与讷亲会奏之事，仰恳圣恩于十六日放水之期，可否仍令讷亲前来，与臣等会勘情形，公同开放，并会商善后事宜，其于公务更有裨益。合并声明，”等因。具奏。前来。查，乾隆二年［1737］八月间，大学士臣鄂尔泰奉命亲往详勘：“永定河水势情形，拟于半截河堤北改挖新河，于南、北两岸建滚水石坝四座，各开引河于南岸，金门闸建坝八十丈，以浑河故道接牤牛河者，为引河开浚宽深”等因。经总理事务王大臣会同臣等议准。在案。续于乾隆三年［1738］十月内，据尚书果毅公讷亲直隶总督孙嘉淦奏请：“将张客之闸不必石土，但建草坝。再于南岸金门闸上下多建草坝，北岸少建，使南泄之水常多”等因。经臣等议“以永定河之水若能因势利导，使水尽归南行，诚为不治而治之上策。覆令督臣会同河臣覆加细勘，具题再议。”嗣经总督孙嘉淦等覆加确看：“金门闸石坝，原议八分过水，但一年之内八分以上之水亦不多有，悉心商酌，请于金门闸之下长安城地方，添建草坝一座，以四分过水，分流南下”等因。经大学士鄂尔泰会同工部议准。亦在案。今据直隶总督孙嘉淦等奏称：“勘得从前奏请于金门闸下长安城地方建筑草坝，又失于高不能过水。今查，金门闸石坝之上数十丈，以河流顶冲之所，此处开一土坝不必草裹石镶，但令掘展宽深，则全河之水，顷刻可过。金门闸之引河，可以顺流畅达，”等语。查，永定河归覆故道，屡经勘议，因形势遽难更改是以中止。而下游经水之处，已多淤塞。即令行疏筑，终非经久之计。故原议于上游添设草坝，因势泄水使尽归南行。但全河之水悉行开放，虽系归复故道，而更改之初所宜，倍加详慎。前经该督会同河臣奏请，于金门闸之下长安城地方建筑草坝，四分过水，分流南下，因坝身仍高，不能过水。而河臣顾琮又以下口改移，于郑家楼等处泄水，商令上游暂缓放水，亦属河臣慎重经理之意。今该督奏称：“亲往查勘下口河流，自郑家楼逆折而北，历龙河、凤河、雅拔河之下游，清水俱有壅滞，且去北运河不远，恐碍运道，所关匪细。若欲筑堤挑河改使南行，不惟地已淤高，工费浩繁，且系东淀下游其淤垫何所底止？则是下口道穷而无所复入，必于上游放水始为经久之图。河臣顾琮面定会商意见相同，”等语。是下游水道已经该督亲身查勘，实无宣泄善策。请乘目前霜降水涸流细之时，于金门闸之上开堤放水，以为渐复故道之计。将来汛水涨发，散入田野，民收肥腴之利。经流归槽安行故道，并无溃决之虞。查，大学士鄂尔泰等议[9]覆：“原案永定归河故道，必须相度全河形势，遍历上下河干，方可筹画尽善。为垂久之策，今既据该督等通身筹算，相度机宜，就金门闸现成引河，乘时放水。并称可以操纵由人，不致为患。该督身任地方，目击情形，且与河臣等会商意见相同，自应照所奏，令其详慎办理。”又该督奏称：“金门闸之引河，有东、西两股。东股历牛坨、蒲塔等处，渠身深通，但所历村庄颇多，水势不能宽展。其西股河道俱行旷野之中，不与村庄相近，止有王莽店、苑家口、苏家桥等数处尚须保护。再于东、西两股分流之处，将东股之口筑高数尺，遇异涨之水，则兼入东股以资消减。寻常汛水专走西股，可保无虞，”等语。查，河水开放导由引河，西股水道行走既可容纳，又不与村庄相近，自应照所请办理。所有水道必由之村庄、民舍、坟墓，应令饬地方官预为加意防护，无致淹漫。至东股水道所历村庄既多，自应于分流之处筑坝拦水。虽据该督疏称：“遇异涨之水始行分泄”。但永定水性靡常，倘于汛涨之时，西股下流稍有壅滞，以致横溢旁注。或东股水入转多，而附近之村庄民舍未经预为防护，淹漫为患，亦未可定。应令督、河二臣一并饬所属官员，先事预防，务使虽遇异涨之年，而民无不备之虞，方为妥协。至中亭、玉带等河，加以永定河水汇注增流，其南堤应行加镶之处，应令该督会同河臣详加勘估，加镶保固。

再，该督奏请此案，原系臣与讷亲会奏之事。仰恳圣恩于九月十六日放水之期，可否仍令讷亲前来，与臣等会勘情形，公同开放，并会商善后事宜等语。查，河水开放，虽在临时审度，然必须平日深悉水势情形，始能有合机宜。至善后事宜，亦似非暂时即能定议。但既据该督奏请前来，应否令尚书公讷亲前往之处，伏候圣裁。谨奏。（奉朱批：“依议。速行。讷亲不必前往。其两次建坝皆失于高，乃顾琮与河员不能奉行尽善之咎。着该督查参。钦此。”）

乾隆五年［1740］九月十八日　江南河道总督高斌、直隶总督孙嘉淦等《会勘永定河水道事》[10]

军机大臣奉上谕：“直隶河道，关系紧要。总督孙嘉淦、总河顾琮现在办理江南河道。总督高斌久任河工，素称谙练。原欲俟其陛见来京，差令前往，会同商酌。今思，高斌进京取道直隶，若就便会同该督等，详悉相度，确酌定议，来京面奏更为妥便。著即传旨与高斌，并将前后各案件抄录寄去。高斌从何处接到谕旨，即从何处前往。并令该部传谕孙嘉淦、顾琮等。钦此。”

臣高斌遵旨进京，陛见于本月二十一日。行至雄县接奉到谕旨，随钦遵，自雄县至赵北口十方院，取道保定县。二十三日至霸州，会同臣孙嘉淦，察勘永定河之

西引河下口，水会中亭河处。二十四日会勘东引河下口，津水洼入东淀处。即沿东引河迤上至牛坨村会同臣顾琮，于二十五日会勘苏家桥南东、西两引河分流处[①]。二十六日会勘金门闸以上放水之处。勘毕，臣等钦遵圣训，公同详悉讲求，再三商酌。臣等会议得："永定河历年既久，下口屡经淤壅，亟应改移于固安城南、霸州城北，以顺东趋之势。而引河岸不设堤防，汛水长发，则任其出槽，平铺散漫。溜势既散，则不致为害地方，而低田更可收淤肥之利。其霸州城郭围筑护堤，近河村落加筑土埝，虽大水之年，均可保护无虞。此实以不治为治之上策也。臣等详察情形，将来伏、秋水涨之时，散漫无溜，不虑浊水湍悍。及秋汛消退，水落归槽，则须听其自行成河。其由东引河入淀，或由西引河入河，均未可定。臣等详求熟虑，以为西入中亭河会西淀、白沟诸水，由玉带河转而东趋。实不若于固南、霸北之间顺流东下，由津水洼接连东堤，直达西沽入海，尾闾宽阔，通畅顺利。则上游涨水消退自易，此实天然最顺之形势也。臣等拟于明年麦汛以前，先令由西引河入河，则偏西一带洼下城地，或过漫水即可得淤。于今冬明春半年之内，限期宽展，将东引河再加修理通顺。其中间近河村庄易于迁徙者，预为迁徙可以防护者，筑埝防护。又，霸州城郭应筑护城围堤。又，自铺疙疸以西起，至宁家口[②]接连上六工堤止，应筑横堤一道，约长二十余里，以护城。郭庄村至铺疙疸以西，地势微洼，所有古埝应行粘补保护。州北村庄，俱于麦汛以前修理完备。于麦熟收获以后，再将东引河河头开放，并将津水洼高桥[③]以南民埝开通，以资宣畅。再将西引河暂行堵塞，俾全河尽赴东趋于顺其自然之中，寓因势利导之意。俟秋汛过后，河势已定，再察情形，随宜办理。至金门闸放水之处，此时全溜出口，旧河已经断流，且可不必堵塞新河之口，且用草裹头，不必遽令宽展。倘遇伏、秋盛涨，旧河宣泄其大半，可以无虑。俟数年之后，如果新河顺轨安澜著有成效，再将旧河截断不用。再查，保定县[④]地迤西千里长堤，自新庄迤北天字号起，至城东路疃村止，玉带河河溜逼近堤根，最为险要，应

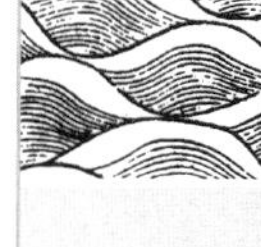

---

① 此苏家桥与上注苏家桥重名，在今固安县城西二十余里，距毕家庄三里余。金门闸引水河分东、西两股即在毕家庄［今省称毕庄］，（以上三条注参见《河北省地图册》固安、霸州图，中国地图出版社 2005 年 1 月版）。

② 铺疙疸具体位置不详，宁家口在霸州城东（现有小宁口地名）。

③ 高桥在霸州城东北约三十八里

④ 保定县，清保定县在今文安县境，在文安县城西北三十五里，霸州城西南约十五里。民国初改为新镇县。1949 年撤销并入文安县。现文安县西北境的新镇镇即其治所。

加宽厚。其路疃迤东至艾头村，接连营田围埝，约长五十余里[①]。臣孙嘉淦、臣顾琮现在议估，加筑月堤一道，以作重层保障。臣等勘得该处玉带河形势，即永定河水不由西下，其西淀、白沟诸水至此收束太紧，亦应修理保护，以资捍御。”以上事宜，臣等公同悉心详议，合词会奏。恭请圣训指示遵行。谨奏。（奉朱批：“大学士、九卿详议，具奏，河道总督高斌亦著与议。钦此。”）[②]

乾隆五年［1740］九月　大学士、九卿等《为详议具奏事》

臣等会议，得江南河道总督高斌等奏称：“永定河历年既久，下口屡经淤壅，亟应改移于固安城南、霸州城北，以顺其南趋之势。而引河两岸，不设堤防，汛水长发，则任其出槽，平漫溜势既散，则不致为害地方，而低田更可收淤肥之利。其霸州城郭围筑护堤，近河村落加筑土埝，虽大水之年，均可保护无虞。此实以不治为治之上策也。臣等详筹熟虑，以为西入中亭河，会西淀白沟诸水，由玉带河转而东趋，实不若于固南、霸北之间，顺流东下，由津水洼接连东淀，直达西沽入海。尾闾宽阔，通畅顺利，则上游涨水消退自易，此实天然最顺形势。臣等拟于明春麦汛以前，先令水由西引河入河。则偏西一带洼下咸地，或遇漫水即可得淤。于今冬明春半年之内，限期宽展，将东引河再加修理通顺。其中间近河村庄易于迁徙者，预为迁徙；可以防护者，筑堤防护。又，霸州城郭应筑护城围堤。又，自铺疙疸以西起，至宁家口接连上六工堤止，应筑横堤一道，约长二十余里，以护城郭村庄。至铺疙疸以西地势淤洼，所有古埝应行粘补保护。州北村庄俱于麦汛以前修理完备。于麦熟后再将东引河河头开放，并将津水洼高桥以南民埝开通，以资宣畅。再将西张河暂行堵闭，俾全河尽赴东趋。俟秋汛过后，河势已定，再察情形随宜办理。至金门闸放水之处，此时大溜出口，旧河已经断流，且可不必堵塞新河之口。现且用草裹头，不必遽令展宽。倘遇伏、秋汛涨盛，旧河宣泄其大半，可以无虞。俟数年之后，如果新河顺轨安澜，著有成效，再将旧河截断不用。再查，保定县城迤西千

---

① 玉带河是大清河流至保定县（新镇镇）名为玉带河，即滱水故渎，其分支为中亭河、辛张河，经霸州、文定、大城至静海，合为大清河，会永定河后入海。路疃未详，艾头村当在霸州东境（现有南艾头地名）。

② 此折拟议于金门闸上游开堤放水，恢复永定河（浑河）故道，于固安南、霸州北顺势东下，并对所经城郭、村庄采取保护措施，达到“不治而治”的目的。此折前后数折都是围绕这一问题论证，是清廷为治理永定河决策的一大难题。

里长堤，自新庄迤北天字号起，至城东路疃村止。玉带河河溜逼近堤根最为险要，应加宽厚，其路疃迤东至艾头村接连营田园埝，约长五十余里。臣孙嘉淦、顾琮现在议估加筑月堤一道，以作重层保障。臣等勘得该处玉带河形势，即永定河水不由西下其西淀，白沟诸水至此收束太紧，亦应修理保护以资捍御。以上事宜臣等公同悉心，详议合词会奏，"等因。前来。查，先于乾隆二年［1737］八月内，大学士臣鄂尔泰奉命亲往详勘永定河水势情形，拟于南岸金门闸建坝八十丈，以浑河故道接牤牛河者为引河，开宽浚深，循其故道，于下游合流，皆得迸注争流，俾推荡泥沙而东去，酌改开浚事宜，等因。折奏经总理事务王大臣会同臣等议准。在案。续于本年九月初一日，直隶总督孙嘉淦奏称："永定河之水挟拥泥沙，从前散注于固安霸州之野，泥留田间，而清水归淀，间有漫溢不为大害。自筑堤束水以来，始有溃堤淤垫之患。岁縻帑金，讫无成效。臣亲勘金门闸之引河，有东、西两股，系永定河之故道。睹其形势，实足以容纳全河之水。应于二股分流之处，将东股之口筑高数尺，遇异涨之水则兼入东股，以资消减。寻常汛水专走西股，可保无虞。再，金门闸以上，开一土坝，不必草裹石镶。但令掘展宽深，则全河之水顷刻可过，一出堤口即入引河，可以顺流畅达。与河臣顾琮合词具奏，"等因。经臣等议覆，均应照所请行，今该督等详慎办理。在案。又于九月十八日钦奉谕旨："令江南河道总督高斌前往，会同总督孙嘉淦等详悉相度，确酌定议"，经工部行文，钦遵。去后。今据河道总督高斌等公同会勘情形，将永定河善后事宜酌议，应浚、应筑、修理、保护之处复奏。前来。查，永定河之金门以上既经开闸放水，顺轨安流，毫无阻碍。其挖河引水归淀入海经由处所，应浚、应筑之处，该督等公同查勘形势，将应办事宜详悉会议，应如所奏行。令该督等，于明年麦汛以前先行引水，由西引河入河，由河渐次入海。又，于今冬明春，将东引河修理通顺，其霸州城郭村庄等处，最为受水冲要之区，应令先行筑堤，并粘补古埝，加意防范保护城庐，务于麦汛以前趱办完备。于麦熟后，详加相度熟筹地形，将东引河河头开放，并将高桥以南民埝一并开通，以资宣畅。至称："西引河暂将堵闭，俾全河尽赴东趋之处，但恐值水涨之时，众水汇流，东注直下，水势汹涌，于固南、霸北一带近河村庄，不无淹漫之患，不可不预为防护。"今该督等既称："应迁徙者迁徙，应防护者防护。"自应详慎办理，酌量纳赀，务期人民迁徙乐业，勿致流离失所。再于秋汛过后详勘河道情形，循顺水势，务筹万全，以垂永久。至称："金门闸放水之处，旧河已经断流不必堵塞，新河之口且用草裹头，不必遽令展宽。倘遇汛涨，仍令宣泄之处，是亦慎重河

防，图维善后之意。”亦应令该督等，俟新河水势如果顺轨安澜，著有成效，再将旧河截断不用。至所奏：“保定县迤西千里长堤，玉带河河溜逼近堤根，应加宽厚；并路疃迤东艾头村等处，应加筑越堤一道。”该督等既称：“现在估议均应准其加筑，作重层保障，以御险要。”再，玉带河形势该督等既经勘明，西淀、白沟诸水至此收束太紧，应须修理保护。应令该督等，务于玉带河水汇之区，详加筹画，加意防范，勿致溃决。俾水势顺流入海，方为经久奠安之计。以上东、西两引河应行开浚，应行建筑修补，以及保定西淀、白沟诸河等处加帮修理各工，应令该督等酌量工程缓急，分别先后，次第兴修。确估造报工部具题，查核可也。谨奏。（奉旨：“依议。钦此。”）

乾隆五年［1740］　直隶总督臣孙嘉淦奏《为永定河已归故道事》

查，永定河归复故道一案，臣前奏明，于本月初七日兴工，十六日放水。臣随委效力员外郎秦峤，会同永定河道六格等，督率河员如期修浚。臣于十一日自保定起程，十三日至金门闸。河臣顾琮已到工所，会同于金门闸之上，开挖重堤二十丈，挑浚河槽二百七十余丈，使入金门闸引河之内。其金门闸引河东、西两股，现将东股闭塞，令其专走西股。其西股之中尚有浅窄之处，相度开挑。自杨青务起，至李各庄止，展宽挑深共三千六百余丈。每日用夫至二、三千名。询之居人耆老佥云：浑水散漫不过数寸尺余，一日二日即涸，而所过田亩皆成膏腴。从前过水之时间，有漫淹不为大害。官绅士民询谋佥同，百姓子来踊跃趋事，于十五日各工俱竣。于十六日辰时开放河水，顷刻之间全河已过，顺轨安流，毫无阻碍。两岸居民沿河聚观，并无惊惶之时，亦无阻挠之议。除善后事宜容臣与河臣详勘妥议，另行具奏外，所有全河已过民不惊扰情形，理合先行奏闻。谨奏。（奉朱批：“永定应归故道，朕已虑之久矣。今孙嘉淦一力担承，妥协办理，实属可嘉。俟一切善后事宜详勘妥办，明年伏、秋两汛果保安澜，著该部议叙具奏。至善后之计，最为紧要。该督与河道总督顾琮从长妥议具奏。至永定既归故道，此后河道总督应否尚设之处，亦著一并详议具奏。钦此。”）

乾隆六年［1741］　大学士伯鄂尔泰等奏《为会勘永定河水道事》

乾隆六年二月三十日，大学士、九卿等会议，得大学士伯鄂尔泰奏称：“臣等自卢沟桥至新开堤口，循引河查看中亭、玉带及东、西两淀，由旧河下口一带赴天津，将勘过河道各情形与督、河二臣会商，所有定议办理缘由，谨分晰为我皇上陈之。查，旧河五工以下，至七、八工逐渐淤高，约至丈余。三角淀虽岁有疏浚，仍复淤平，水无去路。由郑家楼北迤折而东，势既不顺且会入凤河，离[11]运道已近。应改由上游故道，从引河放水，不设堤防，俾渐复其旧。但水性迁徙靡定，导之散漫，必先防奔注。筹其归宿，通核全局，以期有备无患。督臣孙嘉淦遽请开堤放水，实系经理未善。所有新开堤口，应即行堵筑，俾漫水早消，播种无误，并为将来施工之地。已经臣鄂尔泰、臣讷亲具奏，请旨遵行。切念改河之初，不得不以引河为之约束。现在河流浅狭，又经淤塞，应再加开挖宽深，使麦汛、凌汛之水河身可以容纳。至伏、秋大汛，然后顺其漫涣，则附近民田仍可收一麦之利。待至数年之后，村庄应移应护，已有定局。民情亦渐与水势相习，再为随宜办理，用力自易。但引河过水不免淤垫，挑浚殊费工力。查，有琉璃、拒马、牤牛等水汇为一河，在引河西北，地势颇顺。应酌量开河一道，将琉璃等河河水导入引河上游，令其冲刷泥沙。并于河头并建坝闸，以资启闭。如是，则引河全无淤垫，下游归入玉带，中亭并无留滞。惟是中亭过于浅狭，应酌为开浚深通。臣等现查，凌汛由中亭、玉带入口之处，清浑相荡可称安顺。复乘舟查看东西各淀，其中淤高淤涸之处甚多。应于淀内相度开挖引河，或与大河相并开成二道、三道。每岁设法疏浚，则清水去路宣通，既可减泄盛涨浑水，经由亦可资其荡刷。至浑水过玉带东经淀河，仍可刷沙而行。但恐淀河不能容纳之水，将沙泛入淀池止水之内，日积月累至有垫占，俱不可不预思经理之法。应添设犁船之类，岁加疏浚，不令淤积为害。再，引河下游接近南洼，与柴伙淀仅隔一线民埝。每岁清水盛涨，即泛入南洼。或不大为堤防，即有透淀之虑。应于此处详加相度，筑坚实长堤一道，以截趋下之势。其玉带河长堤应筑宽厚，自路疃东至艾头村，接连营田园埝，约长至五十余里，加筑月堤一道，以作重层保障。已据江南总督高斌等会勘，奉旨准行在案，毋庸再议。至旧河身应仍留分泄异涨，即由现在下口出水，如此办理完备周密。再将各村庄详加查看，应迁移者迁移，应保护者保护，然后开堤放水，自不致有妨害。再，原议令水由东股引河达津水洼，将高桥以南民埝开通，以资宣泄。查，津水洼上接黄家河，以蓄固南积水。若浑流经此，则积水无归。今另议开浚引河，又有旧河分减水势，应毋庸再行开通。

以上改移各事宜，据河臣顾琮议称："永定所以为患者，总以浑水淤淀，下游不能畅达之故。虽名为改复故道，实系导水于两淀之间。若引河浅狭，则有漫淹之患，宽深则有淤淀之虞。今由引河导入玉带，虽清流可以刷浑不致淤塞，但下游修归于淀，一入止水渐积必淤。东淀既淤，则势如扼吭，将来玉带河亦必因之而淤。并西淀、白沟诸水无路达津，深为可虑。”等语。查，浑流归入玉带，清水推刷，不致淤塞，河臣与臣等所见相同。玉带以东，虽系经由淀河，浑沙不免泛入淀池，而淀河之内，则断不能停滞。淀河既畅，则玉带何由复淤。况淀池之内，已议设法疏浚，人力可施，岂能为害。倘循河工旧习，挖浅不力，则积久之下实不能保其无虞。河臣顾琮则“以为淀河淤高尚可疏浚，淀池若淤，则人力必无所施。”又，顾琮议称：“改归故道无堤无岸，一遇伏、秋大汛，溢出之水四漫横流，奔腾就下，则必自刷，一河湍行夺溜，”等语。查，引河不设堤岸，河身复浅，则有溢漫夺溜之患。今将河槽开深，如遇漫溢其势本缓，岂致夺溜？即使夺溜，亦与堤岸迫束横决为患者，轻重不同。河臣顾琮则“以为漫溢之水，横流趋下，势必夺溜，当其冲者为害，与堤岸溃决相等。”又，顾琮议称：“钦惟世宗宪皇帝谕旨：‘令浑河别由一道，毋使入淀’，诚可为探本清源，一言而举其要。凡治浑河，莫能违越。”等语。查，从前河流固、霸之间，浑水直入淀内，以致柴伙、胜涝等淀多有垫溢。今议由引河导入玉带清流，其漫溢之水则泥留田间，清水归入河淀。又，于旧河分减水势，与从前全河注淀不同。是于世宗宪皇帝谕旨，实无违越。河臣顾琮则以为：“浑水过玉带河以东，若穿入淀内，积久必淤，贻害匪轻，万不可行。”夫浑河水道，原因下口无久善之策，是以有归复故道之举。今据河臣顾琮议称：“永定河之病，在于下游。河唇淤高，水难速下，应将五工以下之河唇，挑挖如旧。其挑河之土加培两堤。仍将半截河之下大堤挑断数百丈，另挑河道。仿前总河靳辅之法，挑川字河至韩家树之东入大清河。即以挑河之土作拉沙泄潮埝，再将郭家务之下大堤挑断百余丈，导水于隔淀坦坡埝之北，入引河以资宣泄。再，郑家楼疏浚支河一道，于葛渔城东与北股合流。盖浑水上游与中段两河溜不并行，若下口则支河愈多，分泄愈畅。再查，京南一带沥水既由龙凤等河合流入大清河，清浑合流，水势浩大，难以容纳。应俟葛渔城北埝之外起，至凤河之庞家庄止，另挑一河，引雅拔河、龙河之水入凤河。则北来沥水归宿有区。即以挑河之土，培筑北埝。于凤河下游之庞家庄起，另挑一河至西沽之西入清河，使其分流以减水势。再于上游两岸缕堤之外，增筑遥堤，与旧有遥、月堤相接，既可以为重层保障，又可放淤匀沙。其所筑遥、月堤，必须酌高于缕堤数尺，以防异涨。于凌、伏二汛酌量放淤，令其高于河唇，即异涨漫过缕堤，而月堤之内地既高于河唇，堤又高于缕堤，足资捍御。又有减水各坝以减水势，下口通畅，上游无阻，河唇不致淤高。如此经理，既可治其暴涨，又无淤淀之患，五

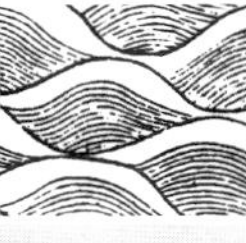

工以下亦免复淤之病，庶为万全之计。”等因。臣等查，旧河下游即使并挑，岂能永无淤垫？使异涨不致壅遏！但顾琮身任河务，既称五工以下可以挑挖如旧，不致复淤。下游通畅，上游无阻，自必确有所见。从此，浑水循轨安流，更无淤淀之患，岂不甚善。且开河放水各工程，非二、三年不能完毕，以目下水道情形而论，此二、三年中即照顾琮所议试行，亦不为害。如将来果属通顺，又何必多用工费，另事周章，仍属无益。而淤塞之情形复露，再为改由新河亦不迟误。盖各工内如原议，将玉带长堤加培高厚，路疃村迤东加筑月堤五十里。又如臣等所议，开浚东西淀河等项，无论水道由何处行走，俱系应行之事。应先仅此次工程办理，若应改从上游水道即将开挑引河于南岸筑堤等事，续为妥办，以成前议。等因。

又，直隶总督孙嘉淦奏称：“臣至金门闸放口之处，见上游两堤内河水满槽，新河两岸漫出之水甚少。盖因涨水日夜不息，将河中自刷宽深。现今大溜水面宽至七、八十丈，四、五十丈不等，船走中泓，篙不到底。其水甚深，是以漫溢较少。自金门闸至苏家桥五十余里，情形大约相同。自苏家桥以下于毕家庄、史各庄等处[①]，漫水漫出趋入东引河，满槽直泻。现今成分流之势，将来水落之时，归东、归西尚未可定。其东引河下流又分两股，一股入牤牛河，仍归中亭；一股由黄家河归津水洼。因系三河分流，是以并未冲溃，两岸村庄毫无浸损，四野农民安堵无恙。复查，凌汛之后接发异涨之水，较之秋汛更大，乃从来未有之事，而新河下流村庄人民，并无损伤。则新河之后足容全汛。即可预知而将来，办理亦易为力。再，近河村庄从前凌汛漫出之水，已经消退，因二月初四日重复漫溢，是以现今尚未全涸。臣查，水已涸干之处，现在行犁布种，其春麦当培收护，似可毋容豁免钱粮。其现今尚未全涸之处，未免播种稍迟，自当查明豁免，以广皇仁。臣现饬该地方官覆亩亲查，将顷亩钱粮花名细数备造清册，分送大学士鄂尔泰、尚书公讷亲查核。候核有定数，再行具题，合并声明。”等因。各具奏。前来。查，本年正月十八日，军机大臣奉上谕：“永定河工关系重大。著大学士伯鄂尔泰、尚书公讷亲乘驿前往，会同总督孙嘉淦、总河顾琮悉心查勘。钦此。”钦遵在案。又奉上谕：“昨因永定河放水经理未善，以致固安、良乡、新城、涿州、雄县、霸州各境内村庄，地亩多有被淹之处，难以耕种。且居民迁移不无困乏。朕与孙嘉淦不能辞其责也。用是寤寐难安，深为轸念。

① 苏家桥、毕庄家在固安县城西南；史各庄疑即今石各庄之讹，在毕家庄南十二里。金门闸上开堤放水，此三处漫水。

著大学士鄂尔泰、尚书讷亲会同总督孙嘉淦详细查明，被水处所应免钱粮若干，速行奏请豁免。先将此旨晓谕百姓知之。钦此。”钦遵亦在案。经大学士伯鄂尔泰等会同确勘，将金门闸上游新开堤口之处，请旨堵筑，遵行。今大学士伯鄂尔泰等，查勘全河形势通盘酌议，将应行开浚、应加修防之处，分晰复奏前来。臣等伏思，自古治水之法，惟有疏浚决排以顺水性。第从前野旷人稀，可以顺其弥漫，今则野无旷土，人烟稠密，势有不得不为之堤防者。况永定河水性尤湍悍，拥泥挟沙易决易淤，是必悉心计议，熟筹万全，乃得经久。今大学士伯鄂尔泰等议：“于金门闸之新引河西北，酌量开河一道，导引入河上游，令其冲刷泥沙，使之全无淤垫，归入玉带、中亭二河。又于淀内相度开挖引河，每岁设法疏浚，则清水去路宣通，既可减泄盛涨，浑水经由亦可资其荡刷。至浑水过玉带，东经淀河，恐淀河不能容纳，将沙泛入淀池，致有淤垫。应添设犁船，岁加疏浚，不令淤积为害。再于引河下游筑坚实长堤一道，以截趋下之势。其玉带河长堤应加宽厚，以及路疃村迤东加筑月堤一道，以作重层保障。仍留旧河身以资分泄异涨。再将各村名详加查勘，应迁移者迁移，应保护者保护。然后开堤放水，自不致有妨害。至东引河津水洼高桥民埝，原议开通，今已议开浚引河，无庸再行开通。”等语。又奏称：“河臣顾琮议永定河之病，在于下游河唇淤高，水难速下。应将五工以下之河唇，挑挖如旧；仍将半截河之下大堤挑断数百丈。另挑河道即以挑河之土作拉沙泄潮埝，再将郭家务之下大堤挑断百余丈，导水入引河，以资宣泄。又于郑家楼①等处或疏浚支河，或另挑引河会入大清河，以分水势。再于上游两岸缕堤之外，增筑遥堤，加帮月堤，以为重层保障。其所筑遥堤必高于缕堤数尺，以防异涨。又有减水各坝，以分水势。则下口通畅，上游无阻，河唇不致淤高。如此经理既可治其暴涨，又无淤淀之患。五工以下可以免复淤之病，庶为万全之计。”等语。臣等详查，大学士伯鄂尔泰等所奏：“旧河五工以下至七、八工，逐渐淤高约至丈余，水无去路。若由郑[12]家楼等处引水，自北而东，势既不顺，且会入凤河，离运道已近。因欲改由上游故道从引河放水，不设堤防，渐复故道。而河臣顾琮又以为改归故道，无堤无岸，一遇伏、秋大汛，散漫横流，必有漫溢夺溜之患。又恐浑水经淀，泥沙淤入淀池，而诸水无路达津，深为可虑。意见各殊。臣等伏思，永定一河，水性靡常，最易淤阻。惟在因势利导，修治得宜，下流畅通，上游无阻。俾浑流不致淤滞，而居民得以安堵，方属

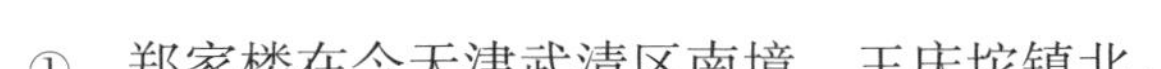

① 郑家楼在今天津武清区南境，王庆坨镇北。

妥协。今大学士伯鄂尔泰等既奏称，顾琮身任河务，以为五工以下可以挑挖如旧，不致复淤，下游通畅，上游无阻，自必确有所见。从此浑水尽归安流，更无淤淀之患，岂不甚善。且开河放水，各工非二、三年不能完毕。以目下水道情形而论，此二、三年中则照顾琮所议试行，亦不为害。如将来果属通顺，又何必多用工费，另事周章？倘仍无异，再为改由新河，亦不迟误。"等语。应如大学士伯鄂尔泰等所奏，照依该总河所议行。令将五工以下，河唇淤高处，挑挖如旧，使水顺行无阻。并将半截河等处大堤及支河各工如式挑浚，导水会流入河，以资宣畅。并于上游缕堤之外，增筑遥、月等堤，作重层保障。放淤匀沙，以防汛涨。但查，总河顾琮议称浑水过玉带河以东，若穿入淀内，积久必淤。今若照该总河自五工以下另开支河，引入大清河以达西沽，不复更由东淀。诚恐沙泥尽入运河，以入三汊河并淤海口。且大清河相距运道不远，一当伏汛大水时行，永定全河之水直注大清河，万一不能容纳，溃入运河致碍运道，关系重大。应令该总河顾琮再行详悉确查，筹画万全。如果下游疏通，不致淤塞泛溢有碍运道，即将应挑应浚河道，并应行帮筑堤工逐一分晰，造具确册，具题查核。其玉带河长堤加高培厚，路疃村以东加筑月堤，并开浚东、西两淀河等项。大学士伯鄂尔泰等既称："无论水道由河处行走，俱系应行之事，先行仅此项工程办理，"等语，亦应如所奏行。令该总河一并确估具题查核。

又，直隶总督孙嘉淦奏称："金门闸至苏家桥以下等处漫水，趋入东引河，以成分流之势。其东引河下流又分两股。因系三河分流，是以并无冲溃。两岸村庄毫无侵损，农民安堵。再新开堤口，应速行堵筑之处，业经遵照星夜备料兴工，移咨河臣速行办理。近河村庄从前凌汛漫出之水，已经消退。因二月初四日重复漫溢，是以现今尚未全涸。臣查，水已干涸之处，现在行犁布种似可，毋庸豁免钱粮。其现在未经全涸之处，未免播种稍迟，自当查明豁免，以广皇仁。臣现饬各地方官履亩亲查，将顷亩钱粮花名细数备查清册。俟有定数，再行具题，"等语。查，永定新引河放水处，经由地方多有被淹之处。上廑圣怀，特遣大臣亲往查勘，仰见皇上睿虑周详，轸恤民间之至意。今该督既以漫水系三河分流，并无冲溃村庄，其新开堤口，业已备料堵闭。并移咨河臣速行办理之处，详悉奏明，应毋庸置议。至奏称："水已干涸之处，现在行犁布种，毋庸豁免钱粮。其现在尚未全涸处所，未免播种稍迟，应当豁免钱粮。"等语。查，该督虽称已涸之处已经布种，春麦当倍收获。但上年秋麦业被水淹，籽粒人工已属虚费。应行该督，将各处被水村庄，委员一并详加确勘，分别轻重，钦遵谕旨。将应免钱粮酌量细数，据实查明造册，题报户部核议。并将现在未涸积水，务使速行消涸，不致民业荒废、流离失所，可也。谨题。（奉旨："依议。钦此。"）

乾隆六年［1741］三月二十一日　大学士鄂尔泰、户部尚书讷亲等《为永定河挑河筑堤等事》〔13〕

会议得，直隶河道总督顾琮奏称："大学士、九卿虑及，自五工以下另开支河，引入大清河以达西沽，仍恐泥沙尽入运河，以入三汊河并淤海口。且大清河相距运道不远，一当伏汛大水时，行永定全河之水，直注大清河。万一不能容纳，溃入运河，致碍运道关系甚大。令臣再行详细确查，筹画万全。臣查，大清河乃京南诸河及东、西两淀会流达津之尾闾，宽阔深通，实足容纳。北运河亦系湍流，并非止水，正可助大清河以刷浑，更无溃入运河致碍运道之虞。至于三汊河以及海口，乃百川朝宗之总汇，又非大清河可比。自元明以来，从无淤垫。自浊漳入运，由三汊河归海，其泥沙倍于永定，且流之已数十年，而三汊河及海口并未见少有淤垫之处。此其明验。"等因。一折。于本年三月十四日奉朱批："大学士鄂尔泰、尚书讷亲会同该部议奏。钦此。"

又，顾琮奏："为永定河挑河筑堤"等事五折："一、请自半截河以下赵家楼，改挑子母河一道，至西萧家庄。又，自西萧家庄起挑川字河，自陈家嘴起挑川字左河，自二光村起挑川字右河，俱归至大清河。并于两岸作匀沙岐圆顶冈堤等工①。一、请自五工以下，至七工赵家楼改河堤口②，共长四十六里，赶挑河唇并子母河槽等工。一、请自葛渔城北埝起，至凤河之庞家庄止，另挑一河引雅拔河、龙河之水入凤河，使北来沥水归宿有区。再于凤河下游之庞家庄起，另挑一河至西沽之西，入大清河，使分流以减水势，及沿河堆堤并建涵洞等工。③ 一、请加筑遥、月等堤，除北岸之头工北张客、南岸五工曹家务二处月堤，业经奏明赶办外，尚有南岸头工高岭应筑连络月堤一道。又南岸二工北蔡，旧有月堤应行加帮，并接筑隔堤，以备

---

① 赵家楼在今河北永清县南境，西萧家庄在今天津武清区西境。子母河是指主河道挑挖一条分泄河水的辅助河道，此二河称子母河；川字河是指开二道以上分泄洪水的辅助河道，与主河道形如川字故名。此法为前河道总督靳辅在治黄时首创。

② 赵家楼在永清县南境，按顾琮奏请工程里数，此条改河当穿过东安县南境［廊坊市南境］进入武清县西南，止于何处未详，当在今境内永定河中泓故道上。

③ 葛渔城在东安县东南境［廊坊市东南］永定河中泓故道北，庞家庄当在武清区南境。

放淤。又，北岸二工赵村渡口，应加筑月堤一道。又，北岸求贤庄至胡林庄，应加筑月堤一道。又，南岸曹家务至冰窖，应加筑遥堤一道，计长四十里。并将冰窖老河西堤酌量开通。再，冰窖以下旧有隔淀坦坡埝至洞子门止，今应自洞子门接筑坦坡埝至青光①，计长八里等工。一、请加筑路疃村迤东月堤一道，共长五十余里。其开浚东西淀河工程，容俟逐细确查，另行办理。"等因。俱于本年三月十六日奉朱批："大学士鄂尔泰、尚书讷亲会同该部议奏。钦此。"

续，又据顾琮奏称："永定河下口川字河等工，关系紧要。而西萧家庄以下入大清河工程，乃汛水归宿，去路有关紧要。目今下口西萧家庄以下，虽有河水通行之处，只可容纳春水，不能宣泄伏、秋汛涨。下游一有梗阻，则上游难保无虞。况今年凌汛甚早，麦汛恐在五月初九日，夏至以前为时无几。其西萧家庄以下川字河等工，计长三十七里，每日约需夫万人，挑筑四十日方可完竣。今臣拟于三月二十二日兴工，约至五月初一、二日始得完工。若不及时先行赶办，麦汛一至，有水蓄占，断难施工。应先拨动要工银两，兴工赶办，俟部覆领到帑银之日，再为接济，庶工程不致迟误，"等语。奉朱批："大学士鄂尔泰、尚书讷亲一并速议，具奏。钦此。"查，永定河五工以下，另开支河，既据该总河备陈情形不致淤垫，三汊河等处亦并无溃入运河之虞。应无庸再议。至挑河筑堤等项工程，前经大学士、九卿会议，具照河臣顾琮所筹事宜奏准，在案。今顾琮将各工估计奏请赶办，期于汛前完竣，而以下游开挑川字河为尤关紧要。据称："西萧家庄以下虽有河水通行之路，只可容纳春水，不能宣泄伏、秋汛涨，一有梗阻，则上游难保无虞等语。"查，自水道改由郑家楼，势虽不顺，而分泄路多，地形趋下，四、五两年堤工，俱保稳固。前亦据该总河奏明在案。目今虽渐有淤垫，形势稍改，量亦不致仅容春水。所议开挑川字等河，乃向来永定河所未经施行者。在该总河欲筹久远之计，故不惜劳费为之。但此时正当农忙之际，所需夫役众多，且今节气较早，欲于汛前赶办完妥，亦恐势有不能。或工程未完，而汛水骤至，尤为可虑。臣等愚见，应只就现在河身酌量疏浚，俾足宣通汛涨。俟今年伏、秋俱报平稳之后，再行详酌办理，庶为妥便。

又据奏："南岸头工高岭，应筑联络月堤一道，长八百余丈。又，南岸二工北蔡，旧有月堤应行加帮，并接筑隔堤以备放淤。又，北岸二工赵村渡口，应加帮月堤一道，长四百余丈。又，北岸求贤庄至胡林庄，应加筑月堤一道，长一千二百余

---

① 青光在今天津市北辰区西南境，按八里工程计算，洞子门也应在北辰区境，现无存。

丈。又，洞子门以下，接筑隔淀坦坡埝至青光，计长八里，俱应急修，以资保障，”等语。查，应筑重堤，如因缕堤单薄，应即照岁修例将缕堤加培高厚，不必另议添筑。其洞子门以下旧无隔淀坡埝，亦可从缓办理。至称，曹家务至冰窖应加筑遥堤一道。查，曹家务建有减水坝，数里之内又有郭家务减水坝，使坝身高下合度，自可资以减泄暴涨。此处遥堤及路疃村迤东越堤，又葛渔城、庞家庄等处，各挑引河一道等工，以现在清河、浑河形势观之，俱可于秋汛后再为酌办。至子母河槽等工程，在该总河乃为永免河身复淤起见，亦恐赶办未能齐全，转致草率无益。应令该总河再为相度，将河唇淤高处所酌加挑挖，以免梗滞，不必普行开挑。以上工程除应暂行停止各工外，其有关紧要如疏浚下口，开挑河唇，及加倍堤岸等工，惟令伏、秋汛涨不致有下壅上决之虞。详审现在情形，悉照岁修之例，酌议妥办。仍将应行赶办各工，覆加核估分晰，奏闻办理可也。谨奏。（奉朱批：“依议速行。钦此。”）①

乾隆六年［1741］　直隶河道总督顾琮奏《河工疏挑情形疏》[14]

查，永定河从前自卢沟桥以下原无堤岸，溜走成河，淤停为地。京南、霸北、涿东、武西皆其故道，数百里之内任其游荡迁折，水性湍悍，伏、秋大汛当其冲者，田庐被淹，民苦水患。是以，康熙三十七年［1698］间，圣祖仁皇帝命自卢沟桥以下挑河筑堤。若从前浑水不为民患，自无庸糜费帑金，另为开河筑堤也。今金门闸坝外、固南、霸北、良东、永西地方百里，较之从前地面仅四分之一，胜涝大淀久经淤成平陆。是游荡之地狭于前，而容水之淀小于前。伏、秋汛涨，四漫横流，水必深于从前。此今昔之异也。况生齿倍于当年，而人烟稠于昔日。未便村村迁徙，岂能处处防护。水性无定，实有所难。现在试看，于凌汛水已盈满，两岸漫出。若经伏、秋大汛，水势倍增，则漫淹更甚，有必然者。查，乾隆二年［1737］内汛水异涨，从北岸张客漫口，泄出十分之七；南岸金门闸迤上铁狗漫口，泄出十分之三，人民田舍即淹没难堪。查，异涨之水虽倍寻常，大汛其十分之三不过等于平常汛水十分之六。今引全河南注，倘遇伏、秋盛涨，较之从前铁狗漫出，水势分数必然更大。况永定河之所以为患者，总以浑水淤淀，下游不能畅达之故。今虽名为改复故道，实系导水于两淀之间。若引河浅狭，则有漫淹之患；宽深则有淤淀之虞。窃思，

① 顾琮在上述五折奏请开挖的河道工程未被采纳，显示出直隶河道总督与清廷主管大学士、工部在治理永定河的方针上有分歧。

先王因害而修利，不可修利以倡害。改复故道一语，虽名为上策，实有害于民生，万不可行。夫浑水若无堤而有岸，虽有漫溢不致夺河，如漳河是也。今永定河改归故道，无堤无岸。一遇伏、秋大汛，溢出之水四漫横流，奔腾就下，一往莫御，必然夺溜。当其冲者，必致为害，此其可虑者也。今若将河身挑挖宽深，导之尽入玉带河。虽清流可以刷浑，不致淤塞，但下游终归于淀。一入止水，积渐必淤。东淀既淤，则势如抗吭，将来玉带河亦必因之而淤。并西淀、白沟诸水，无路达津，深为可虑。况伏、秋大汛河水涨发，出槽四漫，水性就下，溜之所趋得势奔流，则必自刷。一河湍行夺溜，其引河下口，亦必立见其淤。即如雍正十一年［1733］麦汛，天开引河于三角淀之南，宽七、八十丈，深一丈二、三尺不等，迨伏汛河水出槽，漫过三角淀北，另刷一河，随将天开引河一夜淤成平陆。今将引河挑挖，断不能如天开上河之宽深，则将来引河之不免于淤垫，此其明验也。查，玉带河乃西淀之尾闾，众水之总汇，宽深通畅，由东淀入大清河也。大清河乃东淀之尾闾，兼之西淀诸水总汇，宽深通畅，达津归海。而东淀之有大清河，即如西淀之有玉带河也。查，新河金门闸以外，固、新、霸一带地势洼下，并无河岸。而旧河南自郭家务老堤，接筑隔淀坦坡埝四十四里，至洞子门北，有半截河以下堤外，远筑堤埝四十七里，至庞家庄，此两埝相距三十余里。与其挑无岸之水，不如挑有埝之河；与其导水入玉带河归淀，不如导水入大清河归津。此其显而易见之理。盖河务议者多而知者少，言之易而行之难，要在因时制宜。审今昔之形势，权事理之重轻，使小民不致受水之害，亦无淤淀之虞，乃为经久之良图。查，永定河自筑堤开河导水入淀以来，原以永卫民生，转致淤淀为患，盖因浊流入止水之故也。钦惟世宗宪皇帝谕旨："令浑河别由一道入河，毋使入淀"，可谓探本清源，一言而举其要。凡治浑河毋能违越者也。今欲为永定河筹万全之策，首当令其别由一道。查，现在之旧河，即别由一道也。再查，潘季驯《河议辨惑》① 云："河流浑浊淤沙相半，流行既久，迤逦淤淀久而决者，势也。为今之策，止宜宽立堤防，约拦水势，使不大断涌流耳。"此即驯近筑遥堤之意也。今永定河河唇高于堤外之地，与黄河相似。应仿潘季驯治黄河筑遥

---

① 潘季驯［1521—1595］明代水利家，字时良，号印川。浙江乌程［今湖州］人。嘉靖进士。曾以御史巡按广东，行均平里甲法。官至刑部尚书、工部尚书。自嘉靖末至万历年间，四任总理河道，前后二十七年。他筑堤防溢，建坝减水，以堤束水，以水攻沙，使河行故道，借黄通运。治理黄河卓有成效。著有《两河管见》、《宸断大工录》［《四库全书》著录更名《两河经略》、《河防一览》］。《河议辨惑》收入《河防一览》。

堤匀沙之法，于上游两岸缕堤之外，增筑遥堤，与旧有遥、月堤连络相接。既可以不重层保障，又可放淤匀沙。其所筑遥、月堤必高于缕堤数尺，以防异涨。于麦、伏二汛仿南运河放淤之法，酌量放淤，虽两堤之间不能如南运河淤与堤顶相平，亦必高于河唇。倘遇伏、秋异涨，漫过缕堤，而月堤之内，地既高于河唇，堤又高于缕堤，则漫溢之水必盈科而返。此理势之所必然者。即遇异涨，既有遥堤防护，又有现在减水各坝，足资分泄，无虑漫决。再查，永定河之病，在于下游河唇淤高，水难速下。应将五工以下之河唇，挑挖如旧。其挑河之土，加培两堤。仍将半截河之下大堤挑断数百丈，循照原议，于此另挑河道以作尾闾。仿前总河靳辅①之法，挑川字河至韩家树之东入大清河。即以挑河之土，作拉沙泄潮埝，而下游分泄既速，则五工以下亦免复淤之病矣。再查，京南一带，沥水概由龙、凤等河合流入大清河。清浑合流水势浩大，难以容纳。应自葛渔城北埝之外起，至凤河之庞家庄止，另挑一河，引雅拔、龙河之水，入凤河之北来沥水，归宿有地。即以挑河之土，培筑北埝。于凤河下游之庞家庄起，另挑一河至西沽之西，入大清河，使其分流以减水势。并将郭家务之下大堤挑断百余丈，导水于隔淀坦坡埝之北，入引河以资分泄。再于郑家楼疏浚支河一道，于葛渔城东与北股合流。盖浑河上游与中段两河溜不并行，若下口则支河愈多，分泄愈畅。查，永定河不难治于平时，所难在于暴涨。今既有减水、石草各坝以减水势，又有缕、遥堤以资捍御，下口通畅，上游无阻，河唇不致淤高。如此经理，既可治其暴涨，又无淤淀之患，庶为万全之计也。

乾隆六年［1741］四月初三日　大学士鄂尔泰、户部尚书讷亲、工部等《为永定河工疏挑事》[15]

会议得，直隶河道总督顾琮复奏《河工疏挑情形》一折。该臣等查，前议永定河添办各工程，乃欲为经久之图。而汛前赶办为期已迫，是以令其暂行停止，惟将

---

① 靳辅［1633—1692］，字紫垣。清辽阳［今属辽宁］人，隶汉军镶黄旗。康熙十六年［1677］任河道总督。当时苏北地区黄河、淮河、运河等百余处决口，海口淤塞，运河断航。他继承运用前人“束水攻沙”之经验，又得幕僚陈潢的襄助，征发民工，塞决口，筑堤坝，使河水仍归故道。修筑护堤时运用减水坝以备汛涨溢洪，临水面堤外修堤坡，消减水流冲击，挑川字河分泄盛涨等措施，收到较好效益。在治理宿迁［今江苏淮阴］清河时，创开中河确保漕运畅通。康熙二十七年［1688］遭诬陷罢官。三十一年［1692］再任河道总督，不久病卒。著有《靳文襄公奏疏》、《治河方略》（原名《治河书》，乾隆中崔应阶重编时改今名）。

有关紧要如疏下口，开挑河唇，及加培堤岸等工，详审现在情形，悉照岁修之例，酌议妥办，俾伏、秋汛涨不致有下壅上决之虞。仍将应行赶办各工，覆加核估分晰奏闻。等因。今据顾琮奏称："动用疏浚下口岁修银两，将郑家楼至鱼坝口归凤河一带，就现在淤垫梗阻过高之处，相度开浚水有通路。俟伏、秋汛后再察情形办理。又，将五工以下河溜逼近埽镶堤根，如曹家务、何麻子营、半截河、四圣口、武家庄、安澜城等处，应切挑河唇，截挑淤嘴，俱在于原奏麦汛前挑挖八段内，分别通融赶办。又，加培缕堤必须细加丈量，核除旧土，造册会题，往返需时，更难赶办。惟严檄该道、厅，遵照上年之例，多备料物，俟伏、秋汛临加意防守，竭力抢护。又，雅拔河下游之葛渔城村南一带，已经淤高，不惟沥水无路，兼恐浑水涨发必致倒漾，业经闭塞。今拟于葛渔城北埝之外挑河槽一道，引雅拔河下游之水入龙河会流，计长一千八百余丈，面宽二丈，底宽一丈，深三尺，庶雅拔河之水得有去路。但龙河、雅拔河两河会流难以容纳，再于北埝之外，龙河之东，挑泄水沟一道，长七千余丈，面宽一丈，斜深二尺，导龙河下游不能容纳之水，至庞家庄会入凤河。庶沥水有所分泄，即将所挖之土，运培北埝加硪筑实，共需银一千六百余两。即在于存剩岁修疏浚银两内动用。办理以上各工，俱照岁修之例估报，"等语。查，新添各工即经停止覆估，各工均关紧要，俱应照所奏办理。惟是顾琮奏内又称："伏、秋汛临，惟有仰仗圣主洪福，河伯效灵，得以宣通稳固，实非臣所能保其不致下壅上决之虞者，"等语。再，顾琮以郑家楼以下无一定河路，四、五两年大汛之后，复有东淤西铁，兼之改河以后断溜沙停，下游渐次淤垫，迥非上年形势。其八工淤垫更甚，必须挑川字河、子母等河作冈岐岸，始能容泄暴涨。顾琮目击情形，兼筹久远，虽非漫为此议，但永定下游久淤，下口屡改，从前亦并未有作川字河等工。而岁修之法亦不出疏浚、加培两策。若因下游于改河之后，更加淤垫，不能宣泄汛涨，自应酌加开浚深通，亦不可拘岁修疏浚之常例，致有贻误。至谓不作川字河、冈岐岸，即不能保无上壅下决之虞，亦殊非确论。又，顾琮另折内奏称："下游一带逐渐淤平，将来伏、秋汛涨，水性就下，直趋北埝，以五、六尺高之埝，岂能捍御浩瀚之浑流，势必穿埝而出，漫淹田庐为害非细，"等语。顾琮既如此陈奏，岂可因前议新工停止，不为变通料理，惟称悉照部议疏挑即可了事。且河道岁修工程增减，原无定则，尤未可既以岁修常例，拘泥推诿，河道民生所关匪细。应令顾琮，就现在情形速为妥酌查办，必伏、秋大汛宣通有路，堤障无虞。如有应行续为估办之处，仍据实奏闻。恭候圣训遵行可也。（奉朱批："依议速行。顾琮茫无定见，左迁右移，实非实心任事之谊。著严饬行。钦此。”)

乾隆六年［1741］四月十七日　工部《为永定归复故道事》

臣等查，直隶总督孙嘉淦等疏称：“永定河金门闸开堤放水，归复故道一案，经臣奏明，奉旨俞允。钦遵。会同河臣顾琮，督令道、厅开河放水，并应行拆堤挑挖引河，以及应挑沙嘴建筑草坝，培筑戗堤等工，共用过土方工料银四千二百六十四两一分八厘零。至此案动用银两，暂于预备要工银内动用，应请于司库地粮银内拨动归款，理合具题核销，等因。金门闸石坝之上数十丈，系河流预冲之所，于此处开一土坝掘展宽深，则全河之水可以顺流畅达。”等因，具奏。经大学士、九卿覆准，令其详慎办理。在案。今据该督，将开河放水并挑河筑坝等工用过银两造册题销[16]，臣部查造送册开需用土方工料等项价值，以及丈尺做法，均与核销之例相符。应将用过银四千二百六十四两一分八厘零，准其开销，借动预备要工银两，应令该督在于司库地粮银内照数动拨。还项仍将动拨银款数目造报户部查核可也。（奉旨：“依议。钦此。”)

乾隆六年［1741］六月十三日　直隶总河顾琮《为奏明事》

窃查，永定河水性湍悍，最称难治。前经大学士鄂尔泰等，将应挑应浚河道，并应行帮筑堤工一切事宜具奏。奉旨：“大学士、九卿议奏。钦此。”所有前项修浚堤河各工，应听候议覆奉旨之日，钦遵办理。但臣于金门闸以上堤口合龙之后，随将上下各工逐细查勘，相度险易，再三筹画，有最关紧要月堤二处，应急修筑，以资防守。查，北岸头工北张客，向系顶冲险工。自乾隆二年漫溢开口之后，更加险要。现今虽有埽镶防护，但该处堤工土性纯沙，又无遥堤难资保护。应于堤外筑月堤一道，以为保护。计长五百丈，约估需银四千四百余两。又南岸五工曹家务，系顶冲大溜，臣于乾隆三年七月内，在该工督率抢险，目击情形实系通河最险之工。今河身渐加淤垫，工程较前更险，其外亦无遥堤。应筑月堤一道，以资保护。计长四百四十余丈，约估需银六千二百余两。以上二处月堤均关紧要，应急修筑。若俟议复之后与别项堤河工程一同估修，既恐大工难以一时并举，又恐麦汛以前为时无几，修筑稍迟有误汛期。是以，臣一面拨动要工银两，上紧赶筑，务于麦汛以前完竣，以资防守。除修筑月堤工价银两容臣另行确实题估请帑还项外，所有动拨银两赶筑月堤缘由，理合恭折奏明，伏乞皇上睿鉴。谨奏。（奉朱批：“知道了。

钦此。”)

乾隆六年［1741］九月二十五日　工部《为察核具奏事》

臣等查得，原任直隶河道总督顾琮疏称：“永定河南岸二工金门闸新河口以下旧河身，应挑川字河工程。自川字中河起共四段长一千二十丈，又，左支河长二百三十丈；右支河长二百七丈，实用银五千五百八十六两四钱六分四厘八毫。当经委员分段承挑，克期完竣，理合造册题销。再查，该工所需银两，系借拨天津道库贮要工银两，自应另文给咨赴部请领，还项合并声明，”等因。前来。查，金门闸新河口以下至北蔡旧河身，淤平一千余丈，及左右支河各长二百余丈。先经原任直隶河道总督顾琮拟挑川字河，导水趋注，以资畅达，等因。于本年二月内奏明在案。内据该原任总河顾琮将用过银两造册题销。臣部查，册开所需土方工价，按照长丈核算，均与准销之例相符。应将用过银两五千五百八十六两四钱六分四厘八毫，准其开销。其所需借拨天津道库贮要工银两，应令该督给咨委员赴部请领还项可也。（奉旨：“依议。钦此。”）

乾隆八年［1743］二月十五日　工部等《为察核具奏事》[17]

会议得，吏部尚书署理直隶总督史贻直奏称：“臣自保定起身至固安，沿河南、北两岸，将堤、埽、闸、坝各工程及三角淀等处下口情形，详加查勘。所有南岸之金门闸石坝一座，长安城、曹家务、郭家务、双营草坝四座，北岸之求贤村、胡林店、小惠家庄、半截河草坝四座，共计石、草坝九处，皆以备减泄泛涨之水。自督臣高斌奏请改建、添建之后，上年各坝过水情形俱甚平稳，已属试行有效。应再于南、北两岸相度善地添建草坝数座，使伏、秋之汛涨多泄一分，则下注之泥沙亦即匀减一分。河身惟行正溜，余水悉令旁溢，即系从前故道，任其散漫不加迫束之意。而坝外皆有自然之引河，重绕之堤障，于民田庐舍全无损碍，尤属万全。今酌于南岸六工之清凉寺、张仙务二处，添建三合土滚坝二座，坝身再较双营等坝尺寸稍低，金门各宽十六丈，两坝共宽三十二丈。合之郭家务、双营减下之水，俱以郭家务旧河身为引河。又，北岸下七工之五道口，八工之孙家坨村南二处，可以添建三合土滚坝二座。但查，孙家坨村南河溜南折汕有顶冲大湾，经督臣高斌开挖引河里许，引水东注。今应添滚坝处所，当引河河岸之旁一百三十余丈。但引河究属改溜，之初恐或一时涨作涌遏近坝为患，应暂停建设。今年伏、秋汛过，引河汕刷宽畅，与正河相等，再行添建始为妥协。今酌议于五道口添建草坝一座，坝身再较惠家庄坝尺寸稍低，金门应照求贤村等坝旧式宽二十丈。再，此处堤外地势甚低，坝门出水灰土簸箕须较常式加长数丈，令有坡下之势，则水过可无冲塌之患。以上应添南、北两岸滚坝三座，共约估需银一万九千五百余两。应请在于天津道库内，先行动支要工银两。令永定河道六格，即饬该厅员等速行采办料物，该道督率上紧办理。并令清河道方观承会同相视稽查，务令汛前早竣，俾草土俱得乾结坚固。其工料确估细数，另行造册送部查核。再查，三角淀新河下口东北趋汉光、叶淀等处，自刷有河身一道，约长七里许。过此则散漫出槽，泥溜淀内，水由凤河以入大清河，亲其趋淀之路，实为全河尾闾。虽就下之势甚顺，但河身或虞浅阻。转瞬凌汛即至，臣已面谕永定河道六格，俟冰融时，不拘汛前汛后随时疏浚。务须宽顺通畅，毋令稍有阻滞，以致正河下口复有改移淤垫之患。至于下口河淀一切机宜，均关紧要。臣向来既未身历情形，现在又普漫皆冰难以查勘，实不敢轻为置议。容俟督臣高斌回任之后，再为接办。俾其详勘熟筹，奏请圣训指示办理，庶于河务长久之策，可收实效。而夏汛为期尚早，于现办之事亦不致有误。等因”，具奏前来。查，先于乾隆六年［1741］十一月内，据直隶总督高斌勘议永定河河工事宜，奏请：“将南岸金门闸石滚坝，中抽二十丈落下一尺五寸。又于双营、胡林店、小惠家庄，各添建三合土滚坝一座，坝身俱较石坝减落尺寸稍低，并郭家务旧有草坝一律修筑如式，以备滚泄出槽汛涨之水。其长安城、曹家务、求贤村、半截河四坝，以备滚泄陡发盛涨之水，则浑流直归清溜，而无止水之隔”，等因。经臣等议覆准行，在案。今该署督史贻直详加查勘，上年各坝过水情形俱甚平稳，已属试行有效，奏请：“在于南岸六工之清凉寺、张仙务二处，添设三合土滚坝二座。坝身再较双营等坝尺寸稍低，金门各宽十六丈，两坝共宽三十二丈。合之郭家务、双营减下之水，俱以郭家务旧河身为引河。又，北岸下七工之五道口添建草坝一座，坝身再较惠家庄坝尺寸稍低。金门应照求贤等坝旧式宽二十丈。再，此处堤外地势甚低，坝门出水灰土簸箕须较常式加长数丈。令有坡下之势，则水过可无冲塌之患。”等语。查，永定一河拥挟泥沙，每遇汛涨易致壅决，是必疏消有致，减泄迅速，始足以防溃漫。先经直隶总督高斌，将金门闸等石、草各坝酌量裁改添筑，逐渐抽低，分别减泄汛涨原因，坝身太高裁改合度，以利疏消之意。该署督查勘过水情形，俱属平稳，则是行之已有成效。今请于南、北两岸添建滚坝三座，较从前各坝身尺寸稍低，与高斌原议之意相同。自应照所奏，准其添建滚坝，以备汛涨宣泄之用。其所需工料银两，应令该督在于天津道预备要工银内动支给发，及时趱办，务于汛前早竣。仍将应需工料银两细数，确估造册送部查核。至北岸八工之孙家坨村南，可添滚坝一座，该署督既称适当新挑引河河岸之旁，恐或一时涨作，涌遏近坝为患。应俟今年伏、秋汛过，引河汕刷宽畅，再行添建，等语。应令该督俟伏、秋汛过酌量情形，再将应否添建滚坝之处奏明，请旨遵行。再，三角淀新河下口，河道系汛水归宿之要道。转瞬凌汛即至，应令加谨防护。俟冰融即及时疏浚深通，无致淤垫为患。至下口河淀一切机宜，该署督虽称："现在普漫皆冰，难以查勘，容俟高斌回任后，再为接办。"等语。查，下口河淀机宜，关系全河尾闾，最为紧要。不日冰融汛至，自应即速详勘办理。相应仍令该督，亲行确勘，饬道、厅各员详筹熟计，委协办理。俟高斌回任后，再为接办可也。（奉旨："依议。钦此。"）

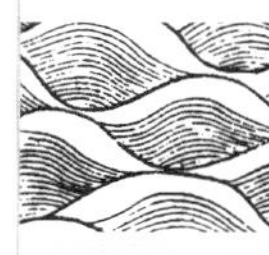

乾隆八年［1743］四月初七日 大学士鄂尔泰会同工部《为查办永定河下口等事宜仰祈睿鉴事》

臣等会议，得吏部尚书署理直隶总督印务史贻直奏称："自保定由霸州赴三角淀一带，查勘新河下口归入叶淀之路。现在水口汕刷宽畅，六工以下河身亦俱深宽，趋下之势，甚为顺利。其下口北抵乂光，又自乂光至二光，河槽两段河身俱在淀内，地势普面低洼。惟应将浅溢处，稍加开浚，以容正溜，足资畅达。无容过为宽深。新河之东为青光凤河下口，叶淀、沙淀之水，皆以大清河为归宿。而上游南、北两岸，又有新、旧二滚坝可以宣涨散淤。就目前情形而论，全局可称妥顺。其余各处尚有须经理者，如新河南岸所堆费土，应俱派令夯筑坚实，略加镶垫，以防浑水东南泛入洞子门之路。又，三河头迤东大清河北岸一带，地势甚低。上连叶淀，遇北风稍大，恐浑水南驶，不免泥沙拦入清河。应于河头村西起，至青光西止筑埝一道，约长八百余丈，高五尺，底宽四丈，顶宽一丈以内，令成坦坡之形，以资捍御。即交隔淀埝之该汛官一并管理，于汛涨时，勤加防守，务使浑水不致下注为患。其董家河、三道河等河口，以次量加疏浚，俾清水得以畅行，则浮沙日渐刷去，可无余虑。再查，半截河堤以下，自新庄至东萧家庄北埝一道，长四十余里。埝外为固安、永清、武清、东安各县沥水汇归之地，每遇雨水稍多，辄成巨浸，淹害民田。埝下旧有引河导注积水，入于凤河消纳，近经堙塞仅存河形。应将穆家口以下二十余里重为开挑，约宽一丈五、六尺，随地势之高下，以为浅深，俾一律通顺直达凤河，则沥水之患可除。臣思，此项工程原为民田除患，若交武、永、东三县，劝民修浚固属可行。但值农忙之候，全用民力不无苦累，似应于永定河道库节存岁修项内，量拨银六百两以资工作饭食。仍令该河道委员会同地方官，劝谕妥协办理。即以挑河之土，就近培筑北埝，督令河兵夯硪坚固，更为一举两得。此处因通天津大路，往来车马多由埝行走，以致践轧残坏。此次工竣之后，应交东安县主簿就近管理查禁，毋许往来车马仍由埝上行走。其接北埝之半截河大堤，从前费帑数万修筑，今无关河路，亦恐日渐残废，殊觉可惜。应交北岸汛员，按照工段分管，务将水沟鼠穴随时修治完整。又，北埝外雅拔河、龙河二道，旧有涵洞通入淀内，亦系消纳武东以南沥水。嗣因河由郑家楼北趋葛渔城，旁近涵洞未便，是以堵塞。今河路改由义光以东，相距已十余里，应仍照旧建设俾两处涵洞，与新挑引河并资消泄，为利益溥矣。又，凤河之东顺河小堤一道，为北运河保障最关紧要，现多残缺，应加修补。此堤向系天津道承修，应仍交该道查议办理。至五工旧有曹家务草坝出水之地，虽系荒减，但距永清县治较近，兼以五工土性虚松，工料年久，坝外宜有拦束。查，离堤二、三里外，依稀有小埝可寻。应交该地方官会同河员，查明起止，劝用民力就筑成埝，以资防护，更属万全。以上除应交地方官承办各工外，其余应疏、应筑，并无另议新增之工，已饬永定河道六格，即于每年疏浚下口项内动支通融办理。如有不敷，在于历年节存岁修项下拨用，照例造报核销，毋庸另外请项，合并声明，"等因。前来。查得，先经直隶总督高斌奏请："于三角淀旧路改挑成河，藉天然积淤之堤岸，挽郑家楼北折之水，乘建瓴之势直注大清河。水无缓散，沙无停滞，即涨发出槽，而正溜仍行地中，庶于补偏救弊之中，有因势利导之益。且可免透淀穿运之虞"等因。臣等因查，永定浑流涨落靡常，湍激无定，不拘经由何路，固难言一劳永逸之道。然必须措置得宜，始可收补救之益。今以开通引河为尾闾正道，又多建坝座分泄汛涨，为目下补偏救弊之计。但恐将来经汛之后，水势变迁，难以预料，而下口或有淤垫之情形，则全河俱受其病。关系匪轻，应令该督随时加意熟筹，奏请圣训指示办理。于乾隆六年［1741］十二月内覆准，在案。今该署督由三角淀一带查勘新河下口等处，俱系深通水有归宿。南、北两岸可以宣涨散淤，全局已为妥顺，应毋庸议。惟是下口汊光至二光河槽浅隘，以及董家河、三道河等河口，应行稍为开浚疏通。又，新河南岸并凤河以东堤埝残缺，应行略加培补镶垫之处，应令该督饬令该道，相机办理。至奏称："三河头迤东大清河北岸一带地势甚低，北风稍大，浑水南驶，不免拦入清河。应于河头村西起，至青光西止，筑埝一道，约长八百余丈，令成坦坡之形，俾浑水不致下注为患，"等语。应如所请，准其于河头村西

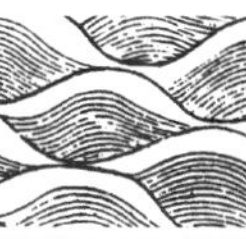

起，至青光西止，筑埝一道，交与该管汛员加紧防守，以资捍御。又奏称："半截河堤以下，自新庄至东萧家庄北埝外，为固安、永清、武清、东安各县沥水汇归之地。旧有引河导注，积水入于凤河消纳。近经堙塞，应将穆家口以下二十余里重为开挑，一律通顺直达凤河，则沥水之患可除。此项工程若劝民修浚，固属可行。但时值农忙不无苦累，似应于永定道库节存岁修项内，量拨银六百两，以资工作饭食。即以挑河之土，就近培筑北埝，督令河兵夯硪坚固。工竣之后，应交东安县主簿就近管理。毋许往来车马仍由埝上行走，"等语。查，疏浚前项引河，原为民田起见，本应民间自为经理。但时值农忙之候，仍用民力未免重劳。亦应如所请，准其在于永定道库节存岁修项下，拨银六百两，以资工作饭食，即以挑河之土，就近培筑北埝，督令河兵夯硪坚固。饬令该管汛员，查禁往来车马，毋许仍由埝上行走。又奏称："半截河大堤今虽无关河路，亦恐日渐残废，应即交北岸汛员，按照工段分管，务将水沟、鼠穴随时修治完整。又，雅拔河、龙河二道旧有涵洞，嗣因河由郑家楼北趋葛渔城，旁近涵洞是以堵闭。今河路改由汉光以东，相距已十余里，应仍照旧建设。至曹家务旧有草坝出水之地，距永清县治较近，坝外宜有拦束。查，离堤二、三里外，依稀有小埝可寻，应交地方官会同河员查明起止，劝民就筑成埝，以资防护。"等语。均应如所请。半截河大堤如有鼠穴、水沟残缺处，所令该管汛员不时巡查修治完整。其雅拔河、龙河旧有涵洞，仍令开通，以资宣泄。至曹家务草坝以外，应修小埝一道，既称劝用民力，应毋庸议。相应行令该督，将所有应行修筑、疏浚各工，即速动支道库银两，上紧趱办。仍饬令确估造册送部查核。俟工完之日，照例核实造具清册，具题核销可也。（奉旨："依议速行。钦此。"）①

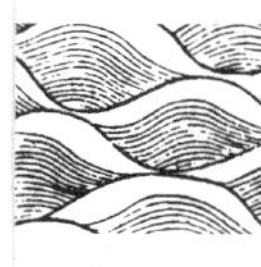

乾隆八年［1743］十一月二十七日　大学士鄂尔泰、尚书讷亲、史贻直、巡抚阿里衮、工部《永定河上游开渠建坝事》[18]

会议得，直隶总督高斌奏称："桑干河为永定上游，发源于山西马邑之洪涛山，经山西之应州、大同、阳高、天镇，直隶之西宁、保安等州邑，至宛平之石景山，计长八百七十余里。保安州境内桑干与浑河并，旧有开渠六道，绕渠粳稻资其灌溉，民多富饶。康熙十八年［1679］，大同、西宁等县居民，以桑干所经各村墟地面宽垲

① 本折内以下地名所在：汉光在今天津武清区西南境今汉光镇，二光在其东；青光在今天津市北辰区；穆家口在今廊坊市东南境［清东安县境］葛渔城镇东北。

平衍，可仿照保安六渠之制，于河南、北岸各开大渠一道，支引其水，营治稻田。又足为无穷之利，曾议各捐渠身地亩，合力开挑。因年歉力薄而止，至今尚有渠口旧迹。乾隆六年［1741］二月内，该处士民又曾呈请借帑兴工，渠成田熟按亩认还。因事关两省，未及商同妥议。上年十二月内，署督臣史贻直遣员前往查勘地势，谘访舆情，事属可行。移交到臣。臣念兴修水利，既与地方有裨，而因以减泄永定水势，亦与河工有益。随备文，移会山西抚臣，委冀宁道盛典会同直隶口北道王芥园，带同河员，逐细看明测量。桑干河北岸自山西大同县属之西堰头村、黑石嘴起，东至直隶西宁属县之辛其村止，可开大渠一道，计长四十六里。南岸自大同县属之册田村起，东至西宁县之揣骨疃止，可开大渠一道，计长五十八里。渠尾俱仍归入桑干正河。两渠成后，约可灌田八百余项。临渠各村荒城之地，悉可化为腴壤，实有益于民田，全无碍于地方。又将两岸相较，北岸地势衍顺，施工为易，灌田亦多，似应先开。北岸俟有成效，再行估挑南岸更为妥协。今估计北岸渠长四十六里六分，在山西境内二十五里六分零，在直隶境内二十一里，约估需银六千二百余两。又，渠口应开石工，约估需银一千六百余两。又，河滩自渠口至水边，应建迎溜乱石根坝，约估需运、砌夫工银一千一百余两，通共约估需银八千九百余两。又据山西冀宁道等会详，'此项工程，事属两省，地连四县，但各该县均非河员，疏浚事宜非所素习，不便交办。应请直督专委河员领帑承办，令各该地方官襄助。庶责成专，而报销亦易。'等语。臣查，原委之蓟运通判吴汝义、主簿徐文龙二员，熟谙工程，周知形势，应即交令承办。仍令口北道王芥园，就近督率稽核，至开渠筑坝应需银两，查清河道库内旧存有营田工本银五万余两，系从前借给民间营田归还之项。仰恳圣恩，准于此项银内动支。俟营田成熟后，按亩均摊还官。其如何分年、分省派还归款，及新营成熟地亩按则升科之处，容臣会同山西抚臣详议，同估勘各工应需细数，一并造册题报。即于来年春融后兴工。如北岸试行有效，再将南岸勘估，以次举行。其在山西应州境内之浑源河，发源浑源州，汇归桑干。据实委员等查勘，亦可开渠营治稻田。南、北两岸形势相等，应俟两岸渠成之后，著有成效，再听山西抚臣查明办理。再，永定每当涨发之时，倍称险易，皆由上游崇山夹束，挟建瓴之势，坌涌直注，至石景山始就平地。而湍流所向，自金门闸以上无一定河身。盖离山未远，其气又急也。今查，上游桑干河由西宁县之石闸村入山，所经宣化境内之黑龙湾，怀来境内之和合堡，宛平境内之沿河口三处，皆两山夹持，中经二十五、六丈，其全河之水一线东趋，舍此更无别路，乃天成闸坝关键之地。若于此三处山口，就取

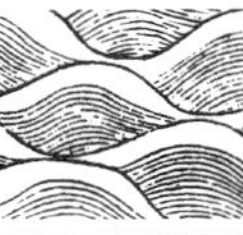

巨石错落堆叠，仿佛竹络坝之意，作为玲珑水坝，以勒其汹暴之势，则下游之患可以稍减。委员亲至三处山口，逐加详勘。和合堡又为众河汇流之处，应先于此处建坝，系水中修建，凿取本山石块，约估需夫工价银二千余两。此项银两应请一并在清河道库营田工本项下动支报销。统俟部覆到日，一并确估造报，于来年春融时兴工。俟试行有效，再将黑龙湾、沿河口二处酌照增修，俾层层截顿，以杀其势，更为妥便。以上开渠建坝一事，实于河道民生均有裨益。”等因，具奏前来。查，乾隆二年［1737］七月十七日，内阁奉上谕：“自古致治，以养民为本，而养民之道必使兴利防患。水旱无虞，方能使盖藏充裕，缓急可资。是以，川泽陂塘、沟渠堤岸，凡有关于农事，预筹画于平时。斯蓄泄得宜，潦则有疏导之方，旱则资灌溉之利，非可诿之天时，丰歉之适然，而临时赈恤为可塞责也。朕御极以来，宵旰忧勤。惟小民之依，是谘、是询，前后谕旨谆复再三。但化导自在有司，而督率则由大吏。即如直隶今年夏初少雨，深以暵旱为忧，及连雨数日，尚不甚大，而永定河随有涨溢之患，决口至四十余处。低洼之地多被水淹，虽因山水骤发，然水性就下，其经行之地，自有定所。设预为沟渠以泄之，为塘堰以潴之，自可以分杀水势，不致泄为洪流冲突，漫衍如此之甚。是皆平日不能预先筹画所致也。该督抚有司，务体朕痌瘝[①]乃身之意，刻刻以民生利赖为先图。一切水旱事宜，悉心讲究，应行修举者，即行修举，或劝导百姓，自为经理。如工程重大，应动帑项者者，即行奏闻，妥协办理。钦此。”经工部通行各该督抚，钦遵在案。今直隶总督高斌奏称：“查勘桑干河为永定河之上游，发源于山西所经各处村庄，地面平衍，可于南、北两岸各开大渠一道，支引灌溉营治稻田，约可灌田八百余顷。又将两岸相较，北岸地势衍顺，施工为易，溉田亦多。应先开北岸，俟有成效，再行估挑南岸。估计开渠建坝等工，共约需银八千九百余两，于清河道库贮营田工本银五万余两内动支。俟营田成熟后，按亩均摊还项，”等语。臣等伏思，一切水利河道工程，凡有关于国计民生者，自当即为经理，以仰副我皇上惠爱元元之至意。查，永定之上游为桑干河，发源于山西境内，绵长数百里，浑流湍急。今议开渠道，既可以减泄永定水势，复可以灌溉民田，于河道民生均有裨益，事属当行。应如该督所奏，准其于桑干河南、北两岸各

① 痌瘝乃身，痌［tōng］瘝［guān］，也作“恫［tōng］矜［guān］”，疾痛病苦之意。语出《尚书·康诰》：“痌瘝乃身”，蔡沈《书集传》注云：“恫，痛，瘝、病，视民之不安，如疾痛在乃身”，［乃身，自身］。

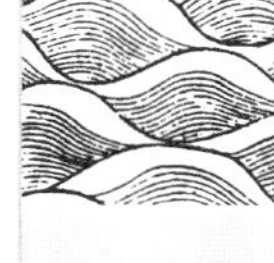

开渠一道，以资灌溉。先将北岸渠工，自山西大同县属之西堰头村黑石嘴起，至直隶西宁县之辛其村止，饬委河员上紧挑挖。仍令山西巡抚饬令各该地方官协理。工完据实报销。仍先将应需银两细数造报工部查核。俟北岸渠成，著有成效，再将南岸应开渠工据实估挑。至用过银两，应作何分年、分省归还原款，以及新营成熟地亩，按则升科之处，仍令该督抚等，详悉妥议，题报户部查核。至该督奏称："山西应州境内之浑源河，发源浑源州，汇归桑干，亦可开渠营治稻田。于南、北两岸形势相等。俟两岸渠成之后，著有成效，应听山西抚臣查明办理之处，容俟臣阿里衮到任之后，逐一查明，将该处情形可否开渠营田之处，据实具题再议。"又奏称："永定河上游桑干河，由西宁县之石闸村入山，所经宣化境内之黑龙湾，怀来境内之和合堡，宛平境内之沿河口。三处皆两山夹峙，全河之水东趋，舍此更无别路。若于此三处山口就近取石，堆叠玲珑水坝，以勒其汹暴之势，则下游之患可以稍减。再，和合堡又为众河汇流之处，应先于此处建坝，约估银二千余两。应请一并在营田工本项下动支报销。俟试行有效，再将黑龙湾、沿河二处酌估增修。俾层层截顿，以杀其势，"等语。查，永定河拥泥挟沙，水势汹涌，若于和合堡等处建筑玲珑石坝，果能截缓水势，措置得宜，自可减奔腾直注之患。但恐大水之年，下流层层拦筑，上游不无阻遏壅淤之虞。应令该督等酌度形势，详慎办理。俟试行有效，再将黑龙湾、沿河口二处酌估增修可也。谨奏。（奉朱批："依议即行。钦此。"）

［卷十四校勘记］

〔1〕"等"字原刊本字迹不清晰，今误认为"节"，据李逢亨《（嘉庆）永定河志》卷十九收录同一折为"等"，故改为"等"。

〔2〕、〔3〕字原刊本误作"鹹"［"咸"的繁体字］，作为土壤的盐碱地当为"鹼"［"碱"的繁体字］，今改"咸"仍误，故改"咸"为"碱"。

〔4〕"今"误为"令"，原刊本笔误，据前后文意改正。

〔5〕《为遵旨会议事》原书稿无，依文内意及前后文习惯添加。

〔6〕"靡"字原刊本误作"縻"［mí］，按"靡"［mǐ］作靡费—消耗过度之义，与"縻"［牛缰绳］音义都不同。改正为"靡"。

〔7〕"且"字误为"县"。据原刊本改正。

〔8〕“何”字误为“河”，原刊本“何”字不清晰，误认为“河”。据李逢亨《（嘉庆）永定河志》卷十九收录同一折，字为“何”。且“何所底止”文言词组之义为“什么时候到底（头）”，此处“何”与“河”无关。

〔9〕“议”字误为“义”，据原刊本改正。

〔10〕此疏原无题目，此题依据疏内正文内容添加。

〔11〕“离”字误为“虽”字，据原刊本改正。

〔12〕原刊本“郑”误为“郭”，按郑家楼在今天津武清区西南境，王庆坨镇北，永定河中泓故道东南。

〔13〕本疏原无题，此题目依据疏内正文议事内容添加。

〔14〕本疏原无题，此题目据原书稿下文所提此折名称添加。

〔15〕本疏原无题，此题目据原书稿正文内容议事添加。

〔16〕“销”字误为“口”字，据原刊本改正。

〔17〕本疏原书稿未列题目，此题目据下文内叙事，借鉴上文题目添加。

〔18〕本疏原书稿未列题目，此题目据疏内议事合题添加。

卷十五　奏议六

（乾隆九年至十八年）

乾隆九年［1744］正月初九日　工部《为遵旨议奏事》

臣等议得，直隶总督高斌奏称："臣于本月十一日自蓟州回，取道宝坻赴永定河，筹勘下口并北岸添建滚水草坝等事宜。查，本年永定伏、秋二汛连次发水甚大，直浸南北堤根，几平堤面。所赖下口通顺无阻，两岸石、草坝共十二处，分泄既多，下流复畅。是以，堤坝各工俱获平稳。减下之水复有重堤拦束，故民情亦无惊扰。现在北岸三工、六工、七工共有新旧草坝五座，但查，三工之胡林坝，至六工半截河坝，相距七十四里之远，应于五工大卢家庄重堤之内，添建三合土滚水草坝一座，以资宣泄。金门宽十六丈，其出水护[1]堤坝外添筑灰土簸箕等项，共约估需工料银六千八百八十余两。应请先行动支天津道库要工银两，即饬该厅速行采办料物。该道督率，上紧坚固修筑。其工料确估细数，另行造册，送部查核。至下口范瓮口以下，统以沙淀、叶淀为归宿。本年汛水归叶淀者约七、八分，归沙淀者不过二、三分。而沙淀较叶淀为更宽广，应将归沙淀之路，再行疏浚通顺，俾易容纳。所需工费即于岁设疏浚下口项内支用，毋庸另议动拨。再查，两岸各草坝，皆系苇土所筑，迥非金门闸石工可比。或岁月稍久，或汛涨屡经，外虽完好，而其中已有陈朽不相附着之处。倘过水之时，稍涉疏虞，殊有关系，向未入于岁修，河员不免观望。今设坝既多，减水有效，自应立定章程，以资巩固。应请将新旧各滚水草坝，俱令永定河道，于每年春融之后，汛涨之前，详加查勘。有应修理粘补之处，即入于岁修项内，通融办理，一例报销。庶各坝要工，均可收分减之益，而无意外之虞矣。所有添建草坝及疏浚下口各事宜，臣谨恭折具奏。"等因，前来。查，永定河水性湍激，涨发之时，全赖疏泄有制，方无壅决之虞。今先后添建各坝已属过水平稳，惟三工之胡林坝，至六工之半截河坝，相距甚远，未免减泄迟缓。议以五工大卢家庄重堤之内，再设滚坝一座，分减水势自属有益。应如所奏，准其添建滚水草坝一座，并出水护堤坝外，添筑灰土簸箕等项，令该督先行动支存贮要工银两，给发趱办以资宣泄。仍将应需工料银两细数确估造册，送部查核。工完照例核实题销。又，该督奏称：“下口范瓮口以下，统以沙淀、叶淀为归宿。本年汛水归叶淀者约七、八分，归沙淀者不过二、三分。应将归沙淀之路，再行疏浚深通，所需工费即于岁设疏浚项内动支，”等语。应如所奏，令该督将水归沙淀之路，酌量疏浚，一律通顺。使汛水得以畅达，毋致阻为患。其所需银两，在于额设疏浚项下动支，汇册报销。至该督奏称：“两岸各草坝工或岁月稍久，或汛涨屡经，其中已有陈朽，应请于每年春融之后，汛涨之前，查勘有应修理粘补之处，入于岁修项内办理，”等语。查，直隶各河坝工向无岁修之例，但永定两岸草坝各工，系减泄盛涨之水，最关紧要。倘不随时修理，恐过水之际致有疏虞。应令该督于每岁春融之时，饬令道员详加查勘。如有朽坏应行修理之处，酌量确估兴修。工完另行据实报销。不必定为岁修，致滋糜费可也。谨奏。（奉朱批：“依议。钦此。”）

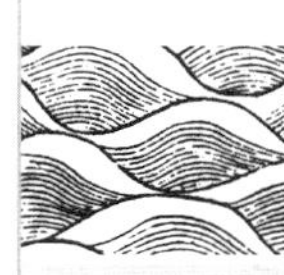

乾隆九年［1744］十二月初二日　协办大学士吏部尚书刘於义、直隶总督高斌奏《为查勘水利初次应举各工仰祈圣鉴事》[2]

窃臣等钦奉谕旨，查办直属水利事宜。于九月十三日，会集卢沟桥公同议定，先从宛平、良、涿、新、雄、文、霸等属淀河一带，至天津，保定、正定二府，共三十余州县逐加履勘。所有各属旧有淀泊、河渠与拟开泉、渠、河道并堤埝、涵洞、桥闸等项，有关民间利病，无碍坟茔、沃产应行疏浚开扩、收蓄营治之处，悉与司道守令暨地方老民熟筹确访。审水性之强弱，地势之顺逆，民心之好恶，权以利害之轻重，定措施之次第，果于民生有益，不敢以费繁事创而议停，其或成效难臻，不敢以费少事轻而率举。除地方去水稍远，令民人掘井、开搪以资灌溉之处。现在饬令各府、州、县，覆加确议其河淀工段，拨用衩夫及各境内疏消积水沟道，例用民力足可办理者，毋庸备列。与现今勘过地方尚有遗漏工程，以及奏办各工，临时尚需筹酌合宜。臣等分别应奏、应咨、陆续补办所有现在应办各工，谨分为十二条，并绘图贴说，酌定规条，恭呈圣鉴。奉朱批：“大学士、九卿详议，速奏。钦此。”

一、附近永定南、北之旧减河，宜并疏归凤河，以消沥水也。查，永定河北岸，自固安十里铺至葛渔城北埝，旧有减河一道，长一百零三里，宣泄京南一带沥水，并胡林、求贤二坝减下之水①。又，自葛渔城至萧家庄，北埝外小河一道，长四十七里，接连减河，归入凤河②。现在二河浅塞，均应展扩宽深，小河偏近埝根，应向北开挑。所挑之土即加培于堤埝之上。又，南岸霸州牛眼村至马家铺土埝，自马家铺至龙尾，坦坡埝共长五十里。其下，旧有减河一道，分泄永霸一带沥水，并清凉寺、张仙务二坝减下之水③。今间段淤塞，至龙尾以下水无去路。查，旧河除现在宽深无庸开挑之各段外，总计淤塞应挑共约长二十七里余。再，自龙尾以下至凤河十一里，计应一并开挑成河。以凤河为出路，俾数十里减水有所归宿。即将旧河所挑之土，加培旧埝。将新河所挑之土，沿河堆积南岸，以障蔽东淀南、北两河。既均归凤河，而永定河入沙叶淀之水，又全恃凤河为下口。所有凤河间段浅窄之处，总计长十五里，应行开挑，一律深通。则宛平、固安、霸州、永清、东安、武清各县，沥水与永定下游，俱藉凤河转输[3]入大清河，而全无阻阂矣。再查，金门闸长安城坝下引河，东股自毕家庄归津水洼，长四十九里；西股自金门闸石坝，至张贵庄归中亭河④，长一百三十里，均应疏浚，以消雨霪。及坝下分减之水通计挑河筑埝，共约需银五万七千九百三十余两。部覆查，永定河北岸，自固安十里铺至葛渔城北埝，旧有减河一道，宣泄京南一带沥水。又，自葛渔城至萧家庄，北埝外小河一道，接连减河归入凤河。今协办大学士刘於义等，既经查勘二河浅塞，自应展扩宽深。又，霸州牛眼村至龙尾坦坡埝，旧有减河，应一并开挑。其水无去路者，别为开浚，以凤河为出路。即将旧河所挑之土，加培旧埝；新河所挑之土，沿河堆积，以为障蔽之资，均应照议办理。（谨按：原奏十二条，系条陈直隶各州县应办水利工程。惟第六条属永定道，经部覆准登入。余从节。）

乾隆九年［1744］十二月初九日　工部《为遵旨会议具奏事》

臣等议得，协办大学士吏部尚书刘於义等奏称："东、西两淀河道，泥沙葑草，

---

① 十里铺在固安县城东，葛鱼城在今河北廊坊东南境［清东安县境］；胡林、求贤在今北京大兴区南境［清宛平县境］，永定河北岸。见卷四求贤坝减水引河专条记述其沿革。

② 按萧家庄分东、西二庄，在今天津武清区西南境。据奏折所记的里程当指东萧家庄。［参见《天津市地图册》武清区图，中国地图出版社，2005 年版］

③ 牛眼村具体位置不详，当在霸州城东，牤牛河东岸；马家铺［今名马家堡］在霸州城东北五十余里。龙尾坦坡埝具体位置不详，当在天津武清区或西青区境。

④ 金门闸下长安城坝下引河的兴建沿革，见卷四有金闸减水引河专条记述；中亭河又名㮀栳圈河，在霸州城南，在天津西青区会入子牙河。

岁有壅积。子牙下口，尤易停淤。向设衩夫六百名，垡船二百只，每年于两淀河底捞浚，以利宣泄，以便舟楫。并设把总四员，外委二十员，督率撑驾随处可以力作，淤泥可以远运。此项夫船器具，实为两淀切要之用。惟是工多役少，不敷调拨，外雇人夫无其器具，不谙役作，以致要工每多稽误。今等查勘两淀各河道内，应用衩夫疏浚，以节帑项者甚多。又议改导子牙下口，浚河筑堤，绵延淀内，非分段添夫修浚，亦无以善后垂久。应请添设衩夫六百名，并照造土槽船二百只，以济实用。计每名月支工食银五钱，岁额支银三千六百两。此项经费，查有天津道属南运河兵六百名，先因堤岸多有险工，浅夫不谙桩埽，于乾隆元年［1736］改设河兵，以期适用。目下南运河各处放淤，已有成效，化险为平。桩埽工少，似应酌减三百名，计裁一年饷银四千三百三十两，以抵添设衩夫工食。可转无用为有用，即分令现在之把总外委管辖。但夫船倍加，原数需员督率弹压，应请添设千总二员，即由垡船把总内验拔递补。令其分管新旧夫船，船只、器具递年修艌，悉照现行事例办理。至应裁南运河河兵，应请于此案覆准，行知之日为始。遇有老疾事故停其募补，逐渐开除，俟裁足三百名之数，再行报充。则寒苦兵夫不致裁汰失所，益沐[4]圣主恩施于无既矣。”等因。具奏前来。查，先经前任直隶总河顾琮于乾隆二年［1737］奏请添设垡船，以疏淀中河道。经大学士鄂尔泰议覆，准其添设。嗣据该总河题估，东淀打造垡船二百只，请每船十只添设外委一员，领夫力作，共设外委二十员。每船五十只，添设把总一员，共设把总四员，令其管守船只，专司疏浚。再添设州同、州判各一员，会同把总巡查，督率外委衩夫，相机疏浚。每船添募衩夫三名，共募衩夫六百名。每年每名给工食银六两，共该银三千六百两。遇闰月每名加增银五钱，等因。经工部会同吏、户、兵等部覆准，在案。续于乾隆六年［1741］，该总河顾琮题请，将垡船一百只，分拨子牙河通判经管，疏浚苏家桥至杨芬港一带淀河工程，等因。经吏部会同工部覆准，亦在案。今协办大学士刘於义等奏称：“两淀各河道内，应用衩夫疏浚者甚多，不敷调拨，应请添募衩夫六百名，并照造垡船二百只，以济实用。查，南运河河兵六百名，先因堤岸多有险工，浅夫不谙桩埽，乾隆元年改设河兵，以期适用。目下，南运河各处化险为平，桩埽工少，似应酌减三百名。计裁一年饷银四千三百三十两，以抵添设衩夫工食，可转无用为有用，”等语。查，河工一切修浚事宜，设兵立役原期工收实效，而帑不虚糜。今直隶[5]淀河水道淤泥，衩夫疏浚甚为利便。应如所议准，其添设垡船二百只，募夫六百名，以资实用。应令该督，将添造船只并应用器具照例确估，造报。其新添船只及器具，递年应行修舱添补之处，悉照旧例办理。又奏称："所添夫船，即分令现在之把总外委管辖。但夫船倍加原数，需员督率弹压，应请添设千总二员。即由垡船把总内验拔递补。令其分管新旧夫船，"等语。应如所请，准其添设千总二员，由垡船把总内拣选拔补。令其分管新旧夫船。至奏称："应裁南运河河兵，应请于此案覆准，行知之日为始。遇有老疾事故，停其募补，逐渐开除。俟裁足三百名之数，再行报充，"等语。亦应如所奏。应裁南运河河兵三百名，准其遇有老疾事故，逐渐开除。行令该督，于该年河兵奏销册内，声明报部查核可也。谨题。（奉旨："依议。钦此。"）

乾隆十年［1745］　月　日　大学士、九卿等议覆《善后十条》摘录[6]

协办大学士刘於义等奏称："直隶水利各工，仰荷皇恩，大发帑金次第兴举。今，初次应修工程业经告竣。除原估遗漏及过水后情形有应续办之工，俱分别应奏、应咨，另议办理外，所有善后事宜，合先就已竣各工，定立章程，以便遵守。臣等公同酌议，分为十条，敬为我皇上陈之。"

"新设垡船、衩夫，应分隶东、西淀，以资宣泄也。查，旧设垡船二百只，衩夫六百名，把总四员，外委二十员，分隶子牙河、三角淀两厅管辖。子牙河厅属天津道，三角淀厅属永定道。今添设垡船二百只，衩夫六百名，应拨船一百只，衩夫三百名，隶津军厅管辖。拨船一百只，衩夫三百名，隶保定河捕厅管辖。津军厅属天津道，河捕厅属清河道。四厅各派把总一员，外委五员。其新设之千总二员，应令一员长驻东淀，隶津军、子牙二厅管理。夫船凡两淀一切疏浚等事，平时分汛管理。如有紧要工程，听各该员调集应用。部覆查，先据协办大学士刘於义，以两淀各河道内应用衩夫疏浚者甚多，前设垡船二百只，不敷调拨。奏请添设衩夫六百名，照造垡船二百只，以济实用。添设千总二员，令其分管新旧夫船，"等语。工部会同兵部覆准在案。今协办大学士刘於义等："请将新添之垡船二百只，衩夫六百名，各半分拨津军、河捕二厅管辖。新旧船四百只，夫一千二百名。令原设之把总四员，外委二十员，各派管理新设之千总二员，应令分驻东、西两淀，管理夫船，"等语。应如所议行。令照依派定，督率办理一切疏浚等事。如遇紧要工程，仍听各该道详明调拨应用。

"各河堤岸应广筹栽柳之法也。查，顺天、天津、保定各府属河，成者二十余州县，延袤六、七百里，堤岸亟宜栽柳。兼可以资公私材用。除设有河兵之处，督率陆续栽种外，其余民地相连之堤岸，地方官劝令居民各按地界种植。即属该户私业，听其芟采枝干，但不得成株砍伐。河工有栽柳议叙之例，成活五千株者，纪录一次，以次递加。将州县佐杂等官及河工效力人员，有愿捐种新河树木者，准其报明上司。不论本境邻境，照河工例于次年成活后，委员验实，分别题请议叙。并令入于河员交代案内稽查。”部覆：查，先据原任直隶总河朱藻奏称：“止有永定河栽植柳株，至南北运河尚未栽植。应令兵夫在于南、北两岸，按照名数密为栽种，以蓄工料。如有捐栽柳株、苇草者，验明成活顷数，并请分别议叙，以示鼓励，”等因。经吏部会同工部议：“令照依江南定例，附近沿河文武员弁各出已资捐栽柳苇，至效力各官及殷实之民情愿栽柳，成活五千株者，纪录一次，成活一万株者，纪录二次，成活一万五千株者，纪录三次，成活二万株者准加一级。种苇一顷者，纪录一次，二顷者，纪录二次，三顷者纪录三次，四顷者准加一级。其殷实之民栽柳二万株，种苇四顷者，准其顶带荣身。每年于冬末春初广为栽种，于次年春末夏初查验成活数目，造册送部题明分别议叙。再，各处河营每兵一名栽柳一百株，倘不能如数栽植，即将专汛之千、把总守备等指明，分别查参议处，”等因。覆准遵行在案。今协办大学士刘於义等“请于顺天、保定各府州县，沿河堤岸照例栽种柳株，分别议叙。并令入于河员交代案内稽察”之处，亦应如所请，准其照例办理。（谨按：部议善后十条，条陈各州县事宜。惟第七、第十两条通饬永定河遵办之件摘录，余从节。）

乾隆十二年［1747］　月　日　直隶总督臣那苏图、宗人府府丞臣张师载等《为[7]遵旨会议奏请圣训事》

窃照，永定河工每当伏、秋汛发，雨水稍多，骤涨堪虞，上廑宸衷。以臣那苏图总督任内事务繁多，不能兼顾，特命臣张师载协办修防。所有伏、秋两汛，住宿河干，上下往来，相机防护。于立秋十日后，循例具奏请旨回京。折内奉到朱批：“汝再留旬余，即将应加经理处，会同那苏图议奏。钦此。”钦遵在案。臣张师载于秋水过后，再将两岸堤坝各工，及下口情形，覆加查勘，并至保定府与臣那苏图面加商酌。臣等伏查，永定浑流，每经汛水形势即有不同。然经理之法，惟在两岸堤工坚固，闸坝宣泄得宜，下口深通无阻，自不致有壅溢之患。今岁霖雨频仍，河流叠长，溜势倏移。南岸六工郭家务草坝，并北岸六工半截河草坝，河身逼近金门过水太多，湍涌逾常，随经堵截圈闭，不令过水，俟将来河溜稍远，酌量启放。查，南岸六工汛内有草坝四座，郭家务一坝渐闭，无庸另建。至北岸六工半截河草坝，向来泄水颇捷。今既难令过水，自当另建一坝，庶宣泄有资。臣张师载带同道、厅勘得，南、北两岸四工，河滩宽衍，汛水出槽，停蓄积留难以骤下。北岸四、五两工之交，地势卑洼，水泡堤根常至四、五尺。应于北岸四工崔营村①建筑草坝一座，照小惠家庄草坝，金门宽十二丈，以泄上游漫滩之涨水。堤外旧有小减河一道，引水归达凤河，不至泛淹为患。所需工料约估银五千八百余两，照例另案估销。又，永定河下口由八工尾北折，循北埝入沙家淀，以归凤河。全河出水之尾间甚关紧要。再查，凤河现在多有浅狭之处，应展挖宽深，以畅其就下归宿之路。但目今淀水尚未全消，难以覆勘确估。请俟冬月委员勘估，来岁汛前兴挑。所需银两即于三角淀岁修疏浚项内动用核销，无庸另案请帑。又，南岸五、六、下七等工，及北岸四、五、六、八等工，水泡堤根，堤工尚有间段卑薄之处。应量加培修，共约估需银二千五百余两，请在于抢修项下，动用核实报销。亦无庸另案请帑。再，各坝减水引河应照例劝令村民及时挑浚，并堤坝各工随时修守、防护事宜。臣张师载就今岁所见情形，与臣那苏图详悉商酌，事属应行。但臣等止就今年所见形势酌筹，改建坝座为期尚早。大学士臣高斌不日回任，久谙机宜，臣等再与酌定，行令工员遵照办理。所有永定河汛后酌加经理工程，臣等遵旨会议，意见相同，谨合词具奏。伏乞皇上圣鉴，训示施行。谨奏。（奉朱批："是刻不容缓者，即照尔等所议行。其余俟高斌之至。钦此。"）

乾隆十四年[1749]五月十六日　直隶总督臣那苏图《为恭请圣训事》

窃照直隶总河一缺，奉谕旨裁并。所有河标、将弁，臣拟将添设者概行裁汰。其从前别标营改隶者，照旧仍归原营。其原设门皂等役，岁支工食银二百十六两，又座船水手工食岁支银七十五两，应自奉旨裁缺之日为始，解司充饷。座船一只，亦应变价充饷。又，自臣兼管河务以来，节存各役工食银三百九十六两，现贮司库，亦应一并充饷。以上裁改事宜，臣现在饬令藩司朱一蜚，会同中军副将张乃宜等，备查原案，具详。一俟核定，另行恭疏具题外，查河臣衙门原设书吏二十名，似属太冗。今应酌留十四名，足资办公。裁汰六名，俟役满归农，毋庸召募。至于该书

① 郭家务、半截河、小惠家庄［今省称小惠庄］，在今河北永清县永定河故道两侧。见《永定河源流全图》［卷二］及《河北省地图册》永清图［中国地图出版社·2005年1月版］。崔营［全称崔指挥营］在今北京大兴区。

吏向有公费一项，为纸张饭食之用。系雍正十一年［1733］十二月内，前任河臣顾琮、定柱等奏明。于给发岁修银内，每两派平余银[①]二分，大修银内每两派平余银一分，以一半解部为部书之饭食，以一半解河臣衙门，给发书吏作为公费。又，因天津同知一缺，尚有盐引旧规[②]，并所属河道五员，共六处，每员各量捐养廉一百二十两，共银七百二十两。亦令解充书吏公费，遵照在案。臣查，书吏公费诚不可无，亦不容滥。今臣只留书吏十四名，每名岁给饭食银四十两，计需银五百六十两。又，雇请缮本清书，工食及心红纸张，计需银一百六十两，每年共止需银七百二十两。查核，道、厅每年捐解养廉银七百二十两，业经十有余载，相安无异。自应即以此项抵给，仅足以资办公。至于岁、抢修工程扣存之平余银两，虽称平余，究属帑项，且以此抵给书吏公费，则伊等希图多得，必致上下勾串，生工糜帑，殊为未协。今此项平余，除一半解部，饭银仍应照旧解给，毋庸置议外，所有向充书吏公费之一半平余。查，乾隆十二、十三［1747、1748］等年，未有兴举大工，每年已扣解过银七百余两，及九百余两不等。若将来遇有大工兴举，则扣存平余尚多，应请嗣后将此项平余存贮道库，遇有些小粘补工程，及必须动用例不应销之项，临时奏明拨给动用。庶帑项得归实用，而胥吏亦绝觊觎之念矣。至该书吏等扣算公费，亦以奉旨裁缺之日为始，是否有当，理合恭折具奏，伏乞皇上睿鉴训示。谨奏。（奉朱批："知道了。钦此。"）[③]

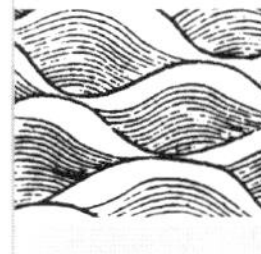

① "平余"亦称"余平"。清地方上缴正项钱粮时另给户部的部分。来源于赋税的加派或另立名目的加征。清初，各省凡解交正饷每千两额外加征"耗羡"银二十五两［用于弥补户部亏损］。意谓平色部分之余故称平余。后户部与地方官吏协议分肥，一半解户部，一半留归地方官。乾隆元年［1736］规定，平余给各部院官吏作为"养廉"，次年四川省在"火耗羡余"外再加征每百两六钱，也称平余，用于各衙门"公费"。各地方官加称银戥子，溢额银两也称平余。"平余"加重了对百姓的盘剥。参见《清文献通考［四十一］·国用［三］》。

② 盐引旧规：盐引本指自宋朝以来实行的运销官盐的凭证。清制由户部颁发给盐商，指定销售口岸，销售数量［以引为单位，一引自百斤到数千斤不等，各省不同］课税数额等。在产地设置盐差，乾隆初改称盐政。如直隶省长芦盐场设巡盐御史，管理盐场产地征税运销征税等事宜。乾隆年间盐政由户部直接管辖，道光、咸丰年间才授权直隶总督代管。此处所说盐引旧规，似指类似平余性质的盐税额外课证。但"天津同知一缺"与"盐引旧规"不相连属。"盐引旧规"前后疑有脱文。置此存疑暂不改动。

③ 此折记述乾隆十四年已巳［1749］三月丁丑［5 月 15］裁撤直隶河道水利总督缺的善后事宜。原上谕本志未著录，仅有本折记述。参见《清史稿·疆臣年表二》，《清代职官年表二》［钱实甫编，中华书局版］。

乾隆十五年［1750］三月初五日　直隶总督臣方观承奏《为钦遵圣训酌办永定河事宜等事》

窃查，永定一河，受束于两堤之中，浊流淤垫易高，而其下口又必有散置泥沙宽广之地，然后沙停水出，所受之河始免于淤。使下游稍有阻隔，则上游益多淤垫，是以两堤逐渐增高，而下口亦经屡议改移。近年以来，因两岸各设有减水闸坝，以资分泄，而下口沙淀、叶淀之去路，尚未至于遍淤，故得无患冲溢。然而，测量河身，自五工泥安村以下，至八工逐段[①]淤高四尺九寸，照依水平植立竿尺，已蒙皇上临堤洞鉴。并荷皇上亲授方略，指示机宜。圣谟广远，睿虑周详，臣得有所遵循。谨当随时奏请训示，次第办理。蒙谕臣就现在情形，酌为筹办。复命大学士公傅恒、尚书汪由敦同赴南岸。遵照指示，于上七工相度建坝处所。今看定，应于上七工来字一号之马家铺，来字十号之冰窖东，[②] 二处各添建减水草坝一座。又，六工之张仙务、双营旧坝[③]二座应加修葺。奏蒙允准，交臣钦遵办估。臣查，添建之二坝，在南岸七工，资其分泄，实属有益。但今年汛后，仍须察看情形，倘将来议于北岸六工改移下口，则此处河堤即属闲置。若并此处另有办法，则更不必拘墟于草坝减水，是建坝工料，自无需悉照从前规则，致有多费。今臣饬令永定道，将二处坝座均照双营成式，金门宽十二丈，其坝台及迎水出水墙坝丈尺，俱稍为减少。并据承办之厅员等议，将苇草改用秫秸、柳条，排桩仍用松木，余桩改用杨木，每座约估需银四千六百五十余两。又，修整双营草坝，约估需银一千八百七十余两。修整张仙务草坝，约估需银一千二百余两。臣又查，有南岸三工长安城草坝，已经十一年灰土冲刷，坑洼应加修筑，约估需银一千六十余两。北岸上七工小惠家庄草坝，已经八年灰土伤损，应加修葺，约估需银一千八十余两。计添建二坝，修整四坝，通共估需银一万四千五百余两。臣现在先行酌发银两，饬令备料，兴工及时，上紧赶办。至五、六工以下河身转曲淤垫处所，应于疏浚下口岁修项下，通融办理。其堤工间段卑薄之处，应随时相度修防，以免冲溢。例归抢修项下办理，均毋庸另请动项。再查，永定河发源于山西之马邑县，经由宣化府之保安州等处，两山夹束而下，水

---

① 泥安在今河北省永清县城北二十二里，永定河故道东北岸；八工进入廊坊市境［清东安县境］。

② 此处马家铺当在永清县境，具体位置不详；冰窖在永清县城东南约二十八里。

③ 张仙务未详，双营在永清县城东十五里。

性湍激，拥带沙泥，所经多系空旷之区。仰蒙皇上指示周详，令臣于上游情形再加筹酌，实属探本要道。如果能于旷远无碍之地，使之稍落泥沙，微救涌急，其于下游已属有益。容臣于来春亲往宣化一带查看，另行奏请训示，遵照办理。所有现估修建各坝事宜，除造具细册送部外，理合恭折具奏，伏乞皇上圣训。谨奏。（奉朱批：“着如所议，行该部知道，钦此。”）

乾隆十五年［1750］十一月　军机大臣会同工部等《为遵旨会议事》[8]

会议得，江南河道总督高斌、直隶总督方观承奏称：“臣等遵旨会勘永定河工，自卢沟桥起周廻南、北两岸，及下口沙淀、叶淀、北埝等处，将堤河埽、坝各工详加履勘，悉心讲究从长妥议。查，永定浑流汹涌夹束，长堤上下河身淤垫情形。本年三月内，荷蒙圣驾亲临阅视，指授机宜。复命大学士公傅恒等会看，添建、修整各坝工。臣方观承遵旨办理。本年九月，复经会议具奏，于北岸半截河预筹改移下口，以畅就下之势。今臣等伏查，八工以下之叶淀、沙淀一带，北埝包束宽广，埝外亦复地阔村稀，现在以及将来，均仅堪容蓄泥沙。如将正河淤垫之处，间段挑浚使之畅达。水有正道，自必顺轨而趋，不致有下壅上溢之患。臣等公同筹画，若照前议即行改移下口，其在六工以上河身亦须挑挖通畅。今若并七、八工之河身一律挑浚，使仍由八工归淀。其南岸上七工之五道口旧坝①修整。有此四坝并资宣泄。南岸之外有南坦坡埝，北岸之外有北堤专达。则正河本通合计，则下口甚广。臣等率同永定河道及厅、汛各员，拟将河身自三工至八工间段疏浚。去其淤梗，加长宽深。今秋所抽河槽再加挑拓，遇有兜湾酌量裁直，共约估需银一万五千余两。仍俟明年春夏之交，桑干水涸之时，各工多募民夫一齐及时趱挑，刻不停工，直俟汛水到时为止。其八工以下河水出口散漫之处，并应挑河二道，一直达淀。自葛渔城以上，自西转北而东，听其荡漾渟淤。现在即交该厅，照式于岁修项下办理。又查，北埝长四十八里，为下口全淀保障。今岁雨水过多，大清河水涨，北运河横潦，及东安沥水悉聚于北埝之东段，随风漫刷坍缺甚多，亟宜培修以资捍御。约估需银九千三百余两。又，南、北两岸减水石草各坝。查，南岸三工长安城草坝，虽于本年将坑洼修筑平整，而夏秋间过水至尺余未免过多。于金门加筑灰脊一道，高二尺，以资

① 五道口，在永清县城东南四十余里。

节宣。又，北岸下七工五道口草坝，已经八年，多被冲刷，应加修筑。二坝共约需银一千八百余两。其余多坝，如有溜势移近，过水大猛等情形，应暂为圈闭者，俱随时酌量办理。又南、北两岸各工，堤身风雨残缺及卑薄漏水处所，并月堤、土埝等项，均应酌加修补、帮筑，以资抵御。共约估需土方银八千三百余两。通共挑河、葺坝、修筑堤埝等工，共约需银三万四千四百余两。臣等仰遵圣训，得及时修浚之方，则河身中泓有路。即遇盛涨水大漫滩，亦自随中泓之汛溜顺下，直趋径出八工下口。而三角淀之引河，接连通畅，散漫入淀，容蓄有余。今两堤加筑之子堰已成，现令将间段合缝处，通身接连。则涨水虽一时有上堤之险，亦可足资捍御，无虞旁溢。臣等谨就现在切实情形，详筹妥办”等因，具奏前来。查，永定一河，浑流汹涌易淤易决。今本年三月内，直隶总督方观承钦遵圣训，酌量筹办。奏请“于南岸上七工添建减水草坝二座，并修整南、北两岸旧草坝四座，以资分泄。并声明，今年汛后，仍需察看情形，于北岸六工改移下口，”等因。在案。荷蒙皇上睿虑周详，以高斌向曾兼理永定河道总督，钦命会勘永定河工。今据详加履勘妥议，奏称：“八工以下之叶淀、沙淀一带，北埝包束宽广，埝外亦履地阔村稀，尽堪容蓄泥沙。如将正河淤垫之处，间段挑浚使畅达，水有正道自必顺轨而趋，不致有下壅上溢之患，使之仍由八工归淀。请将河身三工至八工间段疏浚，北埝坍缺处所亟应培修。又，南岸三工长安城草坝，过水太多，应于金门加筑灰脊一道，高二尺，以资节宣。北岸下七工五道口草坝，已经八年多被冲刷，应加修筑。又，南、北两岸各工，堤身风雨残缺及卑薄漏水处所，并月堤、土埝等项，均应酌加修补帮筑，通共约需银三万四千四百余两，”等语。应如所奏。行令直隶总督，分段确估，委员办理。仍先造具估册具题查核。至奏称：“明年春夏之交，桑干水涸之时，将三工以下河身及时趱挑，至汛水到时为止。其八工以下河水出口散漫之处，挑河二道一直达淀。自葛渔城以上，自西转北而东，听其荡漾渟淤。又南岸堤身加筑之子堰，现令将间段合缝处通身接连。则涨水漫溢，足资捍御，无虞旁溢，”等语，亦应如所奏。行令该督，饬令该道、厅，于岁修项下动拨银两，相机办理可也。（奉朱批：“依议。钦此。”）

乾隆十五年［1750］十二月十二日　工部《为遵旨会议事》

臣等会议，得江南河道总督高斌、直隶总督方观承奏称：“永定河工长二百四十里，浊流善淤，非停积河身即壅遏下口。向来，惟于三角淀浚有疏浚岁修银两，其两岸十八汛间，请动帑挑挖，并无定有岁加疏浚之例。河流所经，绵亘于宛平、良乡、涿州、固安、永清、东安、霸州、武清八州县境内，各州县之村庄附于两堤者，田庐、坟墓咸资保障。是以，每逢汛期，附近村民皆协同河兵防守，至立秋后仍令散去。诚以其有休戚相关之谊。查，直隶各属内淀泊河道，原有民堤一项，各按村庄分定段落，以时培筑，名为业堤。居民日久相安，用力无多，公私兼益，甚为良法。今永定河立法岁加疏浚，应请即照此例办理。查明，头工至八工附近十里内村庄，按其离河之远近，烟户之多寡，派定段落。每届河水断流之时，约计所派段落内应挑土方若干，计其一日之内能挑土方若干，传[9]集村民计日课功，每名每日给米一升，折给制钱十文，外给盐菜钱五文。如原派段落内，值有淤垫多少之不同，即令相近村庄，彼此互相协办。道、厅指定应挑宽深丈尺，印汛亲身督率弹压，总计二十日内赶办完工。如有出力早竣者，其应得日粮照常给与，宁使食浮于事，以恤民力，并示鼓励。其八工下口疏浚之处，亦与十八汛一例经理。即将额设下口疏浚银五千两，通拨各汛充用。但以五千两而挑浚二百四十里之河，实属不敷。仰恳天恩，准于岁修项下每年再加设疏浚银五千两，合为一万两，以期足用。如本年倘有余剩，即留为下年之用。如或不足，前后通融办理。总不得过新设五千两之数。即使一年所挑不能全抵所淤，而已量无停积阻滞之患。臣等遵循筹议，俾可久远照行。再查，直隶河员，县[10]丞有兼巡检衔者，俾其呼应灵，而公事易集，乃因地制宜之意。今附近永定河各村庄，不服河员管辖，必待州县派调，每致缓不及事。应请将十八汛内之河员，俱令兼巡检衔，将附近村庄分拨管辖，更于河工要务有益。其南岸之下七工，北岸之上七工，两把总所管汛内村庄，统归七工之县丞主簿管辖。一切事宜，俱照兼衔之巡检成例遵行。仍责令该管道、厅及各该州县稽查。如有越分干预及藉端滋扰等弊，即行详揭请参"，等因，具奏前来。查，永定河南、北两岸工程，每年额设岁修银一万五千两。又，每年疏浚下口银五千两。俱系题明，如有不敷，再行续请；倘有盈余，留为次年动用，循行在案。今该督等既称[11]："永定河工浊流善淤，非停积河身即壅遏下口，应请立法岁加疏浚。查明，头工至八工附近村庄派定段落，每届河水断流之时，约计应挑土方若干，传集村民计日课功。每名每日给米一升，折给制钱十文，外给盐菜五文，共十五文。如原派段落内，值有淤垫多少之不同，即令相近村庄，彼此互相协办。总限于二十日内赶办完工。其八工下口疏浚之处，亦与十八汛一例经理。即将额设下口疏浚银五千两，通拨各汛充用。即请于岁修项下，每年再加设疏浚银五千两，合为一万两，以期足用。如本年尚有余剩，即留为下年之用；或不足，前后通融办理。总不得过新设五千两之数，"

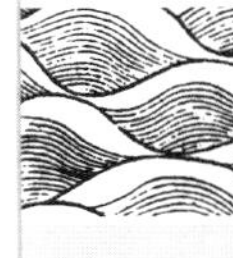

等语。应如所奏，行令该督，晓谕附近村民，协同办理。转饬道、厅及印汛员弁，亲身督率稽查。其每日应给米盐菜折钱十五文，务使村民实在均沾。如有胥役侵肥、扣克等弊，即将管各员一并严参究治。其每年疏浚工段用过银两，统于各该年岁修项下声明，造报查核。又奏称："直隶河员县丞有兼巡检衔者，俾其呼应灵，而公事易集，乃因地制宜之意。今附近永定河各村，不服河员管辖，必待州县派调约束。每致缓不及事，应请将十八汛内之河员，俱令兼巡检衔，将附近村庄分拨管辖，更于河工要务有益。其南岸之下七工，北岸之上七工，两把总所管汛内村庄，统归七工之县丞主簿管辖。一切事宜，俱照兼衔之巡检成例遵行。仍责令该管道、厅及各该州县稽查。如有汛员越分干预，及藉端滋扰等弊，即行详揭请参，"等语。查，河工人员，向无管辖地方之责，该督因永定河现议民堤，岁加疏浚，恐附近村庄不服管束，必待州县派调，缓不及事。请照县丞兼巡检衔之例，将附近村庄分拨管辖。俾呼应灵，而公事易集，原为河工紧要起见，事属可行。应如该督等所奏，永定河十八汛内之河员，俱准其兼巡检衔，将附近村庄准其分拨兼管。凡遇河工修防应动用民夫者，准令纠集约束，不得越分干预地方事务。仍令该督等，于十八汛内兼巡检衔之各河员，并分隶村庄，详细分晰造册报部。以便查核注册。其南岸之下七工，北岸之上七工，两把总所管汛内村庄，准其统归七工之县丞主簿管辖。一切事宜，俱准其照兼衔之巡检成例办理。如有河员藉兼巡检衔越分干顾，及藉端滋扰等弊，仍责令该管道、厅及该州县稽查，详揭照例参处可也。谨奏。（奉朱批："依议。钦此。"）

乾隆十五年［1750］十二月二十七日　大学士等《为遵旨议奏事》

会议得，直隶总督方观承奏称："乾隆十五年三月初四日，钦奉上谕：'自昔洪河巨浸利济民生，咸秩祀典，以隆昭报。桑干河为畿辅名川，载在图志。我圣祖仁皇帝亲临指示，建堤设官，安澜奏绩，赐名永定，奕禩蒙庥。康熙、雍正年间，已于卢沟桥石景山等处敕建龙王庙。而河神未有专祀，朕念切缵承，躬行巡视，所有河工应行随时筹办之处，已饬督臣次第修举，仰惟神贶，聿照宜崇庙飨。著该督方观承，于固安县十里铺地方，查明奏闻，营建庙宇。所有河神封号及应行典礼，该部察例详议具奏，钦此。'嗣准礼部咨开：'伏查，永定河神，嘉名久定，懿号宜崇，庙貌方新，典礼斯盛，应照例交内阁，撰呈封号字样，交翰林院撰呈庙名、碑文、匾额，统候钦定，颁给该督镌刻，悬设庙内。于工程告竣之日，制造牌位，翰林院撰祭文，太常寺备香帛，地方官备祭器，臣部奏遣大臣官员前往致祭。其每岁春秋常祀，仍令守土官按时展礼。则祝号牲醴，孔嘉孔时，足以新秩祀而迓神庥'，等因。具题。奉旨：'依议。钦此。'又准礼部单开：内阁交出'安流广惠'永定河神封号，'畿辅安澜'匾额，并庙名'惠济'，各等因。到臣。臣钦遵。在于固安县十里铺，敬谨相度，估计酌筹项款，恭折奏明，并咨部在案。臣于八月进京陛见，复蒙谕询永定祠庙。臣回至固安，覆加详查。所有卢沟桥庙，建自康熙三十七年［1698］，未有庙名，并无神位，所供仪像并非肖塑龙形，是以兵民称为龙王庙，亦称为河神庙。圣祖仁皇帝赐有'安流润物'匾额。乾隆三年［1738］，皇上赐有'永佑安澜'匾额。石景山庙建自雍正八年［1730］，庙名即曰惠济。二处庙工，皆由内府发帑，委员办理，外间衙门并未存有案卷。伏思，卢沟桥揽永定之全势，石景山当永定之上游，旧立庙祀，并著河之称号，适符惠济之嘉名。其固安十里铺，可否毋庸另行营建。即将卢沟桥、石景山二处庙宇，动支河淤地租，酌加修葺。敬将新颁封号于二庙各立神位，并加以'安流广惠'字样，以昭怀柔之盛典，而隆懿号于崇封。抑或仍于固安县十里铺另建新庙，立位之处，相应查明情节，具奏请旨。如不须另建新庙，则部议撰文、立碑、致祭等礼仪，并春秋常祀宜祭之期，应请于来年经理下口工竣之后，再行具奏请旨。钦遵。"等因。于乾隆十五年［1750］十月初三日，奉朱批："大学士会同该部议奏。钦此。"钦遵。于十月初十日抄出到部①。

臣等会议，得直隶总督方观承奏称："敕建永定河神庙宇，臣钦遵。在于固安县十里铺地方，敬谨相度估计，酌筹项款，恭折奏明。复荷谕询，覆加详查。所有卢沟桥庙，建自康熙三十七年［1698］，未有庙名、神位，所供仪像并非肖塑龙形，是以兵民称为龙王庙，亦称为河神庙。圣祖仁皇帝赐有'安流润物'匾额。乾隆三年［1738］，皇上赐有'永佑安澜'匾额。石景山庙，建自雍正八年［1730］，庙名即曰惠济。二处庙工，皆由内府发帑，委员办理。外间衙门，并未存有案卷。伏思，卢沟桥、石景山旧立庙祀，并著河神之称号，适符惠济之嘉名。其固安十里铺，可否无庸另行营建。即将二处庙宇动支河淤地租，酌加修葺。敬将新颁封号，于二庙各立神位，并加以'安流广惠'字样，以昭怀柔之盛典。抑或仍于固安县十里铺外

---

① 清制官员奏折，部院、大学士议复折本，皇帝口谕、圣旨、朱批等，均由内阁抄写记录，原件存档，抄件发还奏报人"钦尊执行"。故有"抄出到部"句。

另建新庙，立位之处，应查明情节具奏。如不须另建新庙，则部议撰文。立碑、致祭等礼仪，并春秋常祀宜祭之期，应请来年经理下口工竣之后，再行请旨，”等因。具奏前来。

臣等伏查，永定河襟带畿辅，其全势扼石景山，南流经卢沟桥，而下固安数州县，以达于海。敷泽布润，利济民生，诚有式凭之神实赖呵护。本年三月内，我皇上巡省河工念神贶，特命督臣就固安十里铺地方相度营建庙宇。敕下礼臣议加封号及一切应行典礼，嗣蒙钦命为“安流广惠”。永定河之神庙名“惠济”，御赐“畿辅安澜”匾额字样，交送该督办理在案。盖为石景山、卢沟桥等处，康熙、雍正年间已经敕建龙王庙，而河神未有专祀，是以盛典肇颁，用昭川泽有功则祀之义。兹据直隶总督方观承奏称：“履加详查，卢沟桥庙所供仪像，并非肖塑龙形，石景山庙即称惠济，适符新定嘉名。可否停止固安十里铺另行营建。即将二处庙宇动支河淤地租，酌加修葺。并就新颁封号于二庙，各立神位以昭怀柔，”等语。臣等载查旧档，康熙三十七年［1698］，桑干河上游工程告竣，礼部议准直隶巡抚于成龙奏称：赐名“永定”立神庙于卢沟桥，御给碑匾。雍正八年［1743］，复建庙于石景山南庞村，工成遣官致祭。亦蒙御赐匾额、碑文各有案。只缘二处旧系装塑神像，并未标题封号，以致相传为龙王庙。其实二地庙宇当日奉旨兴修，原为河神妥灵洁虔处所。今蒙皇上褒封“安流广惠”字样，芳名昭著千秋，应照该督所请，重修卢沟桥、石景山二庙，敬就新定河神封号，各制牌位安设供奉，春秋饬令有司展虔。则祝号彰明，神居永奠，屹镇全河。自可荷鸿庥而资捍御。其固安另建庙宇之处，似可俯允停止。至“惠济”庙名及“畿辅安澜”匾额，现已颁发，该督应令敬谨存贮。俟修葺庙宇完工之日，刊刻悬挂。其一切立碑、致祭等事宜，亦应如该督所奏。俟经理下口工竣具奏，到日礼部再行定议可也。是否允协，伏候圣明训示。行文该督钦遵。再，此本系礼部主稿合并声明①。臣等未敢擅便，谨题。（奉旨：“依议。钦此。”）

乾隆十六年［1751］四月二十八日　吏部尚书舒赫德、河东总河顾琮、直隶总督方观承等《为遵旨会勘永定下口筹酌议奏恭请圣训事》

臣舒赫德、臣顾琮奉命会同臣方观承，查勘永定河七工下口，应否改移，抑令

① 此处声明是指议复的奏折文本是由礼部起草，清制参与议复的部门有多个［六部、九卿、大学士等］，则由一个部门资深官员负责起草议复折文稿，称主稿。

仍由旧河之处。臣等于四月二十三日，同至冰窖东草坝过水处所，沿堤察看水势五十余里，至王庆坨。并勘南坦坡埝一带地势、现在缺口出水、将来叶淀去路，以及埝外淀河水道各情形。查得，冰窖草坝在南岸上七工之尾，旧下口之旁，地势本低，缘今年凌汛续发水大，正河出口不畅，坝门过水势猛，将坝口以下之河身吸刷宽深，以致全河趋下，即由坝口掣溜。今观，七、八等工正河长五十余里，惟中段二十余里尚存旧有河形，其头尾悉于凌汛后被淤，而下口尤甚。已非大学士臣高斌同臣方观承上年所勘情形。即使多费帑金，将七、八两工河身复行挑挖宽深，与坝口以上之河身相称，而出口之路断难一律疏挑畅达，即恐上游已刷深之河槽仍复淤填。一逢盛涨，盈堤拍岸，不免在在受险。且通河水势偏南，尤未便强之使北舍下而就高也。至现在，河水经由之地，冰窖坝外自旧河尾接连南坦坡埝，至龙尾以下，东西约长八十余里，南北宽四、五里至十五里不等。地面比旧河身低七、八尺至丈余不等。由坦坡埝之尾东北，导入叶淀去路愈加宽广。地广则停淤益薄，下畅则上游易理，且省两堤夹束五十里之修防。于此改移，既有事半功倍之益，而较之开挖正河下游岁费周章者，其收效之久，暂更属判然易见。臣舒赫德、臣顾琮公同周回，详加相度，形势甚顺，工作无多，即将此处作为下口可无疑义。至堤外村庄、房间、地亩，分隶霸州、永清、东安、武清四州县，除靠近南埝，地处高阜村户无多之董家、韩家、崔家、王家、辛家、黄家各铺，并马家口、王家圈八处外，其应迁移者七村；不愿迁移，应筑护埝者，大安澜城、王庆坨、得胜口三村①。并不愿筑护村埝者，堂[12]二铺，佛城疙疸、磨汉港、胡家铺四村②。各村所有民地，皆连名具呈不愿除粮，惟求减照河泊地旧则，交租守业。现在水所不到及水已过之地，以高梁不畏淹浸，各村俱照常购种，民情均属安帖。臣等留心体访，河流所经漫衍停淤无大患害，亦未致尽失农业。且期渐臻增卑为高，化瘠为腴之利。盖永定河历年之情形有然，而居民生长水乡筹之已熟。其不愿迁移除粮者，自应听从民便。

臣等会勘既明所有应办事宜，并应早为区画。应请将冰窖草坝以东之堤身，开宽五十丈作为河口，令向东南，出水宽畅。其自坦坡埝至龙尾六十余里，均应一律帮宽二丈，加高二尺，仍照旧制作成坦坡之形，底宽七丈，顶宽一丈五尺。其外临

---

① 大安澜城，即安澜城，在永清县东南隅；得胜口，在廊坊市南境［清东安县南境］；王庆坨，在天津武清区西南境。

② 堂二铺（原刊本作唐二铺），又称堂二里，在霸州东北境；磨汉港［原刊本作磨叉港］，在廊坊市［清东安县］南境。佛城疙疸、胡家铺属何州县不详。

淀水处所，约长二十里，应再加高一尺，以资隔别清浑。再于王庆坨南，开挖引河长二十二里，河水面宽六丈，底宽三丈，深二、三、四、五尺不等，导令浑流归入叶淀，随路涣散停淤，仍由凤河转流入于大清河。计培筑坦坡埝，工约需银一万八千六百余两，开挑引河约需银六千七百余两。

臣方观承查，上年十一月内，会同臣高斌，于遵旨详看永定河工等事。案内议，将河身自三工至八工间段挑浚。今五工以下之河身，业经抽刷深通，无须再为挑挖。又，修补北岸下七工五道口草坝，今水不经由无需修理。此坝内挑河，原估需银一万五千两，可节省银一万余两。五道口草坝，原估需银一千六百余两，可以全行节省。又，三角淀岁修银五千两，除垡船等项需用外，尚余银四千两，通共约计节省银一万五千六百余两。均可作为河埝各工之用。尚少银九千七百两，应赴部请领。但现在汛期迫近，臣方观承请即于司库银项内先行照数借拨，以应急需。俟请领到日还项。仍令道、厅等另行确估，造具细册送部。再查，旧河五十余里，若将两项淤垫处所，酌加开挖作为减河，俾其分泄盛涨，亦属有益。应于岁、抢修项下酌量从缓办理。又查，康熙年间初立堤岸，至现在六工而止。嗣于雍正四年［1726］接连七工、八工，而七工又分为上、下两工。今下口改移，仍在旧处南岸七、八等工，已无修防，自应将七、八等工名色裁去。以现在下口以上之来字十号，编入六工汛内。再将五、六两工里数合计，均匀派拨两工汛员管理。其南坦坡埝接连龙尾，共六十余里，原有之三角淀、武清县县丞一员不敷管理，今应分为上、中、下三汛。每汛二十里，南埝上汛，以议裁南岸上七工之东安县县丞经管，驻扎堂二铺。南埝中汛，以议裁南岸八工之武清县县丞经管，驻扎王庆坨。南埝下汛，仍令原有之武清县县丞经管，驻扎三河头[①]。又北岸大堤至六工洪字十六号为止，六工堤外有乾隆四年［1739］所筑北堤一道，至新庄东止长三十七里。自新庄东至凤河西岸萧家庄止，北埝一道长四十七里。今应将北堤统作为北埝，共长八十四里[②]。亦应分为上、中、下三汛。北埝上汛三十七里，以议裁北岸下七工之东安县主簿经管，驻扎惠家庄。北埝中汛长二十三里零，以议裁北岸八工之武清县主簿经管，驻扎葛渔城。北埝下汛长二十四里，以原管北埝之东安县三角淀主簿经管，驻扎石各庄[③]。所有南、

---

① 三河头，在今天津市北辰区（清天津县地），有三河头镇，辖上、中、下河头三村。

② 凤河西岸萧家庄，此指东萧家庄［今省称东萧庄］新庄不详。

③ 石各庄，在今武清区西境，现石各庄镇。

北埝六汛均归三角淀通判管辖，督率各该汛员，带领河兵修补埝身、水沟、浪窝，并栽种苇柳等事，俱责成办理。其分管里数段落，另行造册报部存案。如下口河身及南北埝有应随时修浚之处，即于原设岁修项下通融动拨、办理、报销。至原有之南岸下七工把总一员，北岸下七工把总一员，并无专司之汛务，应改为南岸把总、北岸把总与两岸千总，同听调遣，经理桩埽，更于通工有益。至应行迁移之武家庄、朱家庄、冯家场、东沽港、宋流口、外安澜城、郭家场[①]七村庄，应给房价，照例瓦房给价六两，土房三两，按间计算，共需银一万四千五百余两。此内因房基本高，不愿随同领价迁移者尚多，仍须另行核实查办。其愿迁之户即就近于旧河身内丈拨地基，动支司库银两给发移盖，俾汛前早获安居。其余应筑护村圈埝，并王庆坨村北应筑迎水土埝，按村合作并酌量帮给夫工，均属易办。又，民地各色钱粮，岁征银二千八百余两，各村士民均请守业。盖因下口甚宽，河流靡定，水所不到之处，与淤积之区，仍可播获有收。恐粮去而业随之，是以再三呈恳，不愿全除，应请俯顺舆情，酌照旧河泊地科则，不论大小地，每亩概征银七厘二毫五丝，较之原额约减十分之六。惟是水道无常，如将所减银数，仍作为正额恐有水占未种，及种后被潦等情形。应请照河滩淤地之例，照数作为租额，分麦、秋二季交纳。查明实系无收，分别半免、全免，益可以昭体恤。至旗地内如系当差地亩，应于各县存退余绝旗地[②]，并旧河身地内另筹拨补。将水占原地撤出，存官备用。如系旗人本产，仍愿守业不愿另行拨补者，听从其便。如系在官征租之存退余绝等地，查明实被水占，即为除租。以上旗民地亩，地方官逐一清丈分晰造册报部，与部册旗档核对为定。其减粮、征租、除租等章程，俱于乾隆十六年为始画一办理。

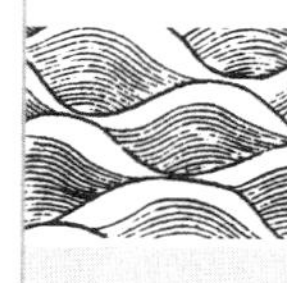

臣等再查，南、北两岸各减水坝座，南岸二工之金门闸，三工之长安城，北岸三工之求贤村，五工之卢家庄四处，均堪宣泄盛涨。其余各坝有应随宜酌量暂为圈闭者。又，六工以上之河身，每年于河涸之时，按工挑浚，俾无淤垫。并汛员督率沿堤村民计日课功等事，宜悉照上年十一月内，臣高斌会同臣方观承奏定章程办理。所有臣等遵旨查勘、筹办各缘由，理合恭折具奏，并绘图贴说恭呈御览，伏乞皇上

---

① 七村中东沽港、宋流口［现名送流口］、外安澜城，在廊坊市［清东安县］南境，其余四村所属州不详。

② 存退余绝旗地：旗地卷首上谕有注。清制旗地不得私自买卖，康乾间禁令虽有放松，仅在旗人间转让，各地州县核查地数额，增加，减少，均要报户部旗档案。所谓绝地，似指旗人业主亡故无人继承经营的旗地。

圣鉴训示施行。谨奏。（奉旨："依议。钦此。"）

乾隆十六年［1751］五月十七日　军机大臣、工部等《为查办及应奏明立案事》[13]

会议得，直隶总督方观承奏称："永定河下口改由六工出水，经臣会同尚书舒赫德、河东总河顾琮，勘议奏奉俞允。钦遵在案。臣即赴永定河，经理各务所有现在查办及应奏明立案事件。谨分晰，为我皇上陈之。"

一、奏称："下口应迁之七村庄，原议将七、八两工旧河身内滩地，拨作各户房基。嗣臣面奉圣训，谕筹久远，臣遵令永清、东安、武清三县，分赴应迁各村庄，将旧河现议作为减河，将来亦难保永无水患等缘由，明白晓谕。随据各村士民禀呈，俱不愿移驻旧河身之内。恳请自择高阜，领价迁房，官为拨给庄基场地，永得安业等情。兹据永清属之武家庄、朱家庄、冯家场三村，各户自愿迁于秉教村一带地方，东安县属之东沽港、宋流口、外安澜城、郭家场四村，各户自愿迁于霸州属之李家铺相近地方。又，东沽港一半分隶武清县，各户自愿迁于霸州属之董家铺相近地方。查，秉教村、李家铺、董家铺三处皆在南埝之外，地势高敞[14]，准令移驻。既于民情称便，而旧河身内即可永禁居民建盖墙屋，于下口水道实有久远之益。至三处应拨之村基地亩，现在核查是旗是民，或应给价、或将旧河身内滩地拨补。容臣查办清晰，另行奏明立案，"等语。查，永定河改移下口一案，先经尚书舒赫德等查明，堤外村庄七处，应行迁移。其愿迁各户，即就近于旧河身内丈拨地基移驻，俾汛前早获安居，等因，奏明在案。今该督方观承面奉圣训，谕筹久远。既据各村士民俱不愿移驻旧河身之内，恳请自择高阜，领价建房，官为拨给庄基场地。应行该督，将各户愿迁之秉教村、李家铺、董家铺等处，详细查勘。果系无碍水道，将来永无水患之处，即行按户拨给基地，俾得安居。以仰副我皇上惠爱黎元之至意。至所拨基地，该督既称现在核查，是旗、是民或应给价拨补之处，应令该督，速饬查明，造报户部核覆。再查，旧河既议作为减河，各村士民不愿移驻，应如该督所议，饬令永行禁止建盖墙屋，致妨水道。仍责该管汛员，不时查察。

一、奏称："应迁之武家庄等七村，臣饬令地方官，确查实系愿迁之户，即行照例给与房价，早为安顿。所有节省银两，仍归司库核实报销。其不愿迁之户，俱令出具甘结存案[①]。倘将来该户又复愿迁，仰恳圣恩，念其原在应迁案内，仍准一例实给房价，”等语。查，永清、东安、武清三县，所属共应迁移之武家庄等七村庄，先经尚书舒赫德等奏明，应给房价，照例瓦房给银六两，土房给银三两，此内因房基本高，不愿领价迁移者，仍须另行核实查办，等因。在案。今该督方观承既称，确查实系愿迁之户，即行给与房价，早为安顿。其不愿迁之户，俱令出结存案。倘将来该户又复愿迁仍准一例赏给房价。应如所议办理。仍令该督，将迁移各户逐一查明，造具名册。并给过房价银两数目，据实报销。其不愿迁各户，亦即取具甘结，造具名册，送部存案。

一、奏称：“南坦坡埝至龙尾以下，统为南埝北堤，至北埝以下，统为北埝，移驻汛员防范查，业经会奏在案。今臣至南埝一带覆加查勘，南埝上接老堤头，乃郭家务之旧下口，计长二十里，为现在下口水道之外障，未便乏员管理。应即交南埝上汛之汛员兼管，堤身柳株等项，责成守获稽查。但南埝上汛，原奏内议令驻扎堂二铺，今应再移北五里，驻扎牛眼地方，庶于旧下口为近。再查，永定河身下口以及坝岸等，名称多有重复，恐致书写混淆，难以辨别。请将七工以下之河身称为旧河身，南岸称为旧南岸，北岸称为旧北岸，郭家务以下称为旧下口。俾于本折文案内画一，遵照庶为清晰，”等语。查，先经尚书舒赫德等原奏，内称，永定河下口改移两岸七、八等工，已无修防，自应将七、八等工名色裁去。以现在下口以上来字十号，编入六工汛内，再称五、六两工，里数合计均匀，派拨两工汛员管理。其南埝共长六十里，北埝共长八十四里，俱应分为上、中、下三汛，派员驻扎经管等因，奏明在案。今该督方观承既称，南埝上接老堤头乃郭家务之旧下口，计长二十里，为现在下口水道之外障，未便乏员管理。应即交南埝上汛之汛员兼管，移驻牛眼地方，亦应如所奏准。其将南埝旧下口二十里，统令原派上汛汛员东安县县丞经管，移驻牛眼地方。仍令该督，将永定河各工，经管各员以及工段里数，分晰造具清册。并将永定河下口以及坝岸等名，按工、挨次、分别名目，画一造册，送部存案，以备稽查。

一、奏称：“查河工放淤之法，直隶可用之于南运，而不宜于永定。盖放淤必其处本有越堤，而缕堤残缺淤成之后，弃缕堤守越堤可省工费。又，或因以展拓河身，要必有现成之越堤，而越堤之内本即有水，藉水戗以散泥沙，地势之高下不甚悬殊，

① 甘结是指向官府写保证书。

乃可行之无患。如越堤内本系乾塘，则淤沟进水，则恐有直注之虞。又或因放淤特为加筑越堤，是转成多费，俱于放淤本法有悖。至于永定河堤束水渐高，今非昔比。堤外地势在在低下，水出若有建瓴；兼之浑流湍激，改变靡常，放淤之议尤不可行。谨当奏明立案，以杜后患，”等语。查，永定河堤既系高昂，堤外地势低下，兼之浑流湍激，改变靡常。不宜放淤之处，该督既经详细声明，自应如其所奏，行令立案，永远循行可也。（奉朱批：“依议。钦此。”）

乾隆十六年［1751］六月初七日　工部《为遵旨会议事》

臣等议得，直隶总督兼理河道方观承奏称：“永定河北埝四十八里，为下口保障，因漫刷残缺甚多，上年十一月奏请培修。此因冬月埝内、埝外水屯冰结，按照水方估需银九千三百余两。今春水渐消涸，覆加查勘，内有埝根未被汕刷，毋庸加修者。又，应修土方皆可改水为旱，复另行确估，实需银三千七百余两，计节省银五千五百五十余两。嗣于下口改移案内，所有应办各工，业经奏奉谕允，钦遵，动项办理。惟原奏内，请将冰窖坝东之堤身开宽五十丈，作为河口；又，南北两埝应建汛署并河兵堡房，所需各费俱未估入。今查，河口开宽五十丈，并于下口外拦筑土埝，共需土方银二百五十五两。又，南北两埝上、中、下共六汛，除南埝中汛、北埝上汛原有汛署毋庸另建外，其余应建汛署四处，每处需银九十五两。除折用旧署料物抵值银二十六两，实每处需银六十九两，四处共需银二百七十六两。又，南埝长六十里，应建堡房二十四间；北埝除上汛三十七里，令惠家庄河兵往来巡查，不须另建外，其中、下二汛之四十八里，应建堡房十九间，通其堡房四十三间，每间需银二两共银八十六两，以上共需银六百一十七两。应请即于北埝土房节省项下动用，尚余存银四千九百三十余两。臣查，尚有随宜酌办之工，如南岸长安城，北岸求贤、卢家庄、小惠家庄四处草坝，现资分泄其坝内各支河，频年过水掣溜太顺，应另于坝下背溜之处，改挑倒勾引河，以免疏虞。又，各汛河滩之内，节年有冲刷河形逼近堤根，每遇水涨出槽，不免分溜刷堤，汛过又复停水为患。应将河形宽处多筑土格，窄处全行填筑，俾漫滩之水无通溜之虞。以上二项共需土方银一千七百六十余两。又，五工放淤旧沟三处，乃水道经由熟径。虽经堵闭，必须倍加宽厚，庶无疏失。又，南岸旧下口东堤长二十里，下接南埝为新下口之外障。现在水掠堤根，时有汕刷，残缺太甚，亟应间段修补完整，俾与南埝同资巩固。以上二项，共估需土方并加硪银一千九百五十余两。合计新增续估，通共需银三千八百一十余两。

请即于北埝土方节省项下动用，尚余存银一千一百二十余两。又，永清、武清、东安三县，应迁村庄七处，所拨庄基场地，或应给价，或应拨补，另行查办。经臣奏明，奉部覆准在案。除永清县民愿迁之秉教村所用民地，现于旧河身拨补给还外，其武、东二县，愿迁之李家铺、董家铺所用民地，按亩给价，共需银九百余两。臣请亦即于此项节省余存银内拨发，毋庸另请动项。仍余银二百余两，入于道库实存项下存贮。以上各工，臣与白钟山逐加勘验，均应速办，庶为周密。除于总案内分晰造具细册送部核销外，所有臣办理缘由，合行具奏，"等因。前来。查，先经江南总河高斌、直隶总督方观承会勘："永定河工以北埝四十八里为下口，全淀保障坍缺甚多，亟宜培修，以资捍御。估需银九千三百余两，"等因。具奏。经军机大臣会同臣部，于乾隆十五年［1750］十二月内覆准，在案。今该督奏称："培修北埝，前因冬月水屯冰结，按照水方估计，今年交春，水渐消涸，埝根毕露，内有未被汕刷毋庸加修者。又，应修土方皆可改水为旱，另行确估。实需银三千七百余两，计节省银五千五百五十余两，"等语。查，前项埝工，该督既经查勘，另行确估尚有节省，应令该督，速饬据实造具估册，送部查核，工完核实题销。其前项节省银两，该督既称："改移下口案内所有应办各工，尚有未经估报之处。如冰窖坝东堤身，开宽五十丈，作为河口，应行拦筑土埝，御水倒漾。又南北各汛，应建汛署四处，应建堡房四十三间，共需估银六百一十七两。请即于节省项下动用。又有随宜酌办之工，长安城等处草坝现资分泄，应于坝下背溜之处，改挑倒勾引河，以免疏虞。又各汛河滩之内，节年冲刷河形，水涨不免分溜刷堤，汛过又复停水为患。应将河形宽处多筑土格，窄处全行填筑。共需土方银一千七百六十余两。又五工放淤旧沟三处，虽经堵闭必须培加宽厚，庶无疏失。又南岸旧下口东堤下接南埝，为新下口之外障，现在时有汕刷，残缺太甚，亟应修补完整。共需土方并加硪银一千九百五十余两，亦请于节省项下动用。尚余存银一千一百二十余两。又永清、武清、东安三县，应迁村庄七处，除永清县民愿迁之秉教村，所用民地，现于旧河身内拨补给还外，其武、东二县愿迁之李家铺、董家铺，所用民地按亩给价共需银九百余两。请亦即于此项余存节省银内拨发，仍余银二百余两，入于道库存贮，"等语。均应如所奏，准其将前项应办各工，俱于埝工节省银内通融办理。仍令该督，逐一分晰造具估册，送部查核。工完于题销疏内分晰声明，具题核销。至奏称："长安城草坝，应于坝下背溜之处改挑倒勾引河，"等语。其倒勾引河，系在坝内、坝外并如何倒引之处，令该督另行声明，报部查核可也。谨奏。（奉朱批："依议。钦此。"）

乾隆十六年[1751]六月十四日　直隶总督臣方观承《为查明具奏事》

本年六月初十日，臣于天津途次，承准军机处字寄内开，乾隆十六年六月初六日奉上谕：“卢沟桥石景山二处河神庙宇，经方观承复奏，酌加修葺，分悬御书匾额，遣官致祭，以隆昭报。所云遣官致祭，已定于卢沟桥庙宇，此系适中之地，自属允当。所有新颁惠济庙名，其石景山、固安二处神庙，是否亦用惠济字样之处，原奏内未经声明。又，‘安流广惠’河神之号，今或三处皆用，抑系用于一处，皆未明晰。又，固安十里铺地方河神庙，该督如何办理之处，著一并传谕方观承，令其查明具奏。钦此。”钦遵到臣。伏查，卢沟桥河神庙向亦称为龙王庙，并无另有嘉名。今奉新颁“惠济”字样，自应谨遵，定为卢沟桥庙名。但，石景山庙宇原即称为“惠济”，适符新定之名。以臣愚见，可否将卢沟桥庙称为南惠济庙，石景山庙称为北惠济庙。神号并普褒称庙名。亦昭画一至固安庙宇系从前河员公修，并非奉敕肇建，似未便并用“新颁惠济”字样。又，“安流广惠”河神之号，石景山、固安二庙，应请同卢沟桥三处并皆敬谨，制造神牌安奉。容俟卢沟桥庙致祭事竣之后，臣再行择吉，率同河员恭于石景山庙，致祭行礼以将虔敬。经臣附折陈明在案。其固安一庙，又应于石景山庙安奉事竣之后，次第举行。因此庙非奉敕建，亦未新修，故臣未经奏及，致欠明晰。兹奉垂询，仰见我皇上怀柔徧洽之至意。谨将查明缘由，具折奏覆，恭候圣训。至固安十里铺地方河神庙，业已奉部议覆，停止营建。惟四工相近十里铺，旧有小庙三间。又，固安城东小庙二层。又，南、北两岸小庙五处，或三间，或一间，皆系厅汛兵民人等随地展敬，公捐建立，塑有河神之像。今据厅、汛等签，请将新封神号，并皆敬谨制位，安设各庙内，同申虔祀，共邀鸿庥。臣未敢擅便，谨一并奏请圣主训示，遵行。谨奏。（奉朱批：“览奏具悉。钦此。”六月二十七日面奉谕旨：“固安县河神庙，亦称为惠济庙。”）

乾隆十七年［1752］十一月初四日　江南总督高斌、直隶总督方观承《为查勘永定河下口情形仰祈圣鉴事》

窃查，上年十二月内，臣高斌、臣方观承会同侍郎汪由敦，查勘永定河下口奏明，南埝龙尾东入凤河，有顺堤清水一道，宜量加拦截草坝，以缓其势，不使缘堤直趋凤河。俟臣方观承另行随时勘估办理，等因。钦奉朱批：“如所议行。钦此。”钦遵在案。臣方观承于本年秋汛后赴工覆勘，随派委员弁，调集衩夫、河兵，起用埝外胶土，夹杂软草镶垫，筑成土格，足资拦截。较之草坝亦多节省，并应顺堤多为接筑，层层障御，更属有益。于本年九月内，恭折奏明，亦在案。今臣等于十一月初二、三等日，同赴南埝查勘，自南埝中汛十一号起，至下汛十号止。此二十里内，共筑成顺水土格十五道，长二十丈至三、四十丈不等，底宽二、三丈，顶宽八、九尺至一丈六尺，高出水面三、四、五尺不等。现在埝根之水已不通溜，下口水势全由三角淀引河归入叶淀。余水散漫于近埝苇地一带，悉已清流。已无缘堤直趋凤河之虑。且土内渐次受淤，南埝更资巩固，办理已有成效。臣等复公同商酌，应在于凤河下口西岸，量筑土埝一道，俾西岸以上之水悉东北行，由叶淀一路停纡，以入于凤河。则虽浑流余水，亦无直趋之虞矣。再，各土格于春融后，恐不免于低蛰更加汛水长发，须再随时酌量加高，以资稳固。至此项土格工程，悉系淀内捞泥，非雇募民夫所能办。是以，臣方观承未经估报，惟是衩夫、河兵八、九百名，力作于荒淀之中，难以责其裹粮从事。因于天津余存备粜之粟米内，按每名每日给米一升，共用米三百石。合无仰恳皇上天恩，将所用米石准其报销，免令扣还米价。则兵夫人等，益戴圣主之恩施靡既矣。又查得，永定全河之水于冰窖涣散分流。其一股至二十余里外，贴近安澜城村东七里，旧南岸堤根之下。臣方观承查明，此处北岸低于南岸，请于旧河身内斜开引河一道，计长三百余丈，引南岸堤根之水泄入北埝，俾南、北埝水道皆得涨减沙匀，益资荡漾。且于此处减泄汛涨，则王庆坨村南之水不至过多。该村居民之不愿迁移者，亦可听便，以省縻费。计开挑土方，约估需银一千五百八十二两零，已足敷用。臣等公同详加覆勘，引河在旧河身八工地方，外接北埝地面，甚属空旷。且系向来未曾过水之区，今开挑引河分水北注，自可以收减涨匀沙之益。应俟大汛时，视南岸堤根之外水势分合情形，酌量启放。所有臣等会勘各缘由，理合绘图贴说，恭请皇上圣鉴训示。臣高斌即于初五日前赴河南，合并奏明。为此谨奏。（奉朱批：“知道了。钦此。”）

乾隆十八年［1753］二月二十三日　内阁《遵旨议奏堤内禁止民居事》[15]

奉上谕：“缘河堤埝内为河身要地，本不应令民居住。向因地方官不能查禁，即有无知愚民，狃于目前便利，聚庐播种，罔恤日久，漂溺之患曩岁。朕阅视永定河工目击情形，因饬有司出示晓谕，并官给迁移价值，阅今数年于兹。朕此次巡视，见居民村庄仍多有占住河身者，或因其中积成高阜处所，可御暴涨。小民安土重迁，不愿远徙，而将来或致日渐增益，于经流有碍，不可不严立限制。着该督方观承，将现在堤内村民人等，已经迁移户口房屋若干，其不愿迁移之户口房屋若干，确查实数，详悉奏闻。于南、北两岸刊立石碑，并严行通饬。如此后村庄烟户较现在奏明勒碑之数稍有加增，即属该地方官不能实力奉行。一经查出，定行严加治罪。特谕。钦此。"[①] 行知到臣，当即钦遵。行令沿河州县，会同河员逐一清查。随据该员等，将南、北两岸，并南埝、北埝以内各户口房间，查明册报。臣因北埝内只查至王庆坨相对之范瓮口为止。其范瓮口以东直至凤河边一带村庄，亦在南、北两埝之内，并应查办立碑以杜增添。复经委员前往，会同查办，兹据查明分晰开造，由永定河道白钟山呈送前来。臣覆加确核，查南、北两岸河滩内旧有居民，乃康熙年间改河时未经迁移之户，今自头工起，至六工止，宛平、固安、永清三县，所属零星人户共十九处，俱已久经禁止添建房屋。又，旧七、八工南、北两岸旧河身内，原无民人居住。嗣奉谕旨，永行饬禁在案。又，下口南埝内村庄，历经钦遵圣训劝谕迁移，其愿迁之民俱经给领房价，陆续迁去。不愿迁移，现在存留。今查，永清、霸州、东安、武清四州县所属南埝内，并附近引河大小共二十八村，内除武家庄、朱家庄、冯家场大小韩家铺、大小崔家铺、胡家铺、董家铺、宋流口、邓家场等十一村业已全迁外，其余十七村计已迁六百三十二户外，现在各户俱系呈明不愿迁移，停止给价，亦不许其添建。其北埝以内旧有村庄，从前改移下口案内，原未议令迁移，但或将来水道经行，亦不可任其增添房屋。查，自北埝头起，至范瓮口止，东安、武清二县所属其四村，又自范瓮口东至凤河边一带，为东安、武清、天津三县所属共十六村庄，原从淀内圈入地面，宽涨无碍水道，向来未奉查禁。但既在南北两埝之内，亦应为之限制。以上各村庄户口房间细数，臣谨另缮清单恭呈御览。一面钦遵谕旨，于两岸、两埝各刊立石碑一座，严行饬禁，毋许于现在之数稍有增加。并饬将现在户口房间造具清册二本，一贮道署，一贮沿河各该州县，每年责令地方官会同河员，查点一次。如有续行迁去及故绝之户，即于册内删除。倘于册载烟户之外，复有外来居住，建盖房屋者，除勒令迁移拆毁外，仍将不行首报之乡地里邻，严加惩处。倘各州县奉行不力，稽查遗漏一经查出，立即严参治罪。臣因查办此案，两次委员前赴各村庄，传集乡民，晓以圣主安全保卫之德意，佥称此番立禁之后，

---

① 此上谕卷首已收录。上谕再次重申堤埝内河身要地禁止民居的禁令。以下行文是方观承奏报执行情况。

可无外来人民争种地亩，并攘分渔苇之利，情愿永遵禁令。凡有外来迁住者，随时赴官禀报，不敢容隐自属实情。再查，北岸六工自上汛起，至中汛止，接连北埝头有北大堤一道，乃乾隆三年［1738］所筑。此内贺尧营等十余村，原从堤外圈入，非占住河身者，可比但堤埝内各村，既已普行查禁，此处亦应查明户口，另造一册以备稽考。所有臣钦遵查办各缘由，理合恭折详悉奏闻，伏乞皇上圣鉴谨奏。

自头工至六工南、北两岸河滩内，南岸头工除高岭一村系在堤头山坡外，其大宁村居民五十三户，瓦土房三百六十间，系宛平县属。南岸四工小仁厚庄居民四户，土草房二十七间；大仁厚庄居民四十八户，瓦土草房一百五十九间；白家辛庄居民一十三户，土房三十九间，系固安县属。南岸五工太平庄居民二十户，土草房七十八间，系固安县属。南岸六工董家务居民二十三户，瓦土房五十三间；惠元庄居民三十一户，土草房一百十一间，系永清县属。

北岸头工贾河居民二户，土房二十六间；立垡居民一户，土房二十七间；鹅房居民一户，土房五间，系宛平县属。北岸四工丁村居民六户，土草房二十间；河津居民六户，瓦土房十间；苗家梁各庄居民二十三户，土草房五十九间；张家楼居民二十一户，土草房四十七间；黄家梁各庄居民一十一户，瓦土草房三十二间；张野庄居民五户，土房十一间；辛家庄居民十户，瓦土草房六十二间，系固安县属。眼罩屯居民三十四户，瓦土房三十二间，系永清县属。

旧七、八工南、北两岸旧河身内，现在并无居民房屋。下口南埝以内永清县属共四村。除武家庄、朱家庄、冯家场三村已经全迁外，安澜城一村已迁四十五户，瓦土草房一百六十九间，现存五十四户，瓦土草房二百零七间。霸州属共十二村。除大小韩家铺、大小崔家铺、董家铺等六村已经全迁外，安澜城一村已迁一十六户，草土房四十五间，现存三十一户，瓦土草房一百四十六间。堂二铺、佛城疙疸、黄家铺、王家铺、毕家铺五村，全不愿迁。堂二铺一千一百零五户，瓦土草房三千五百四十九间。佛城疙疸一百三十二户，瓦土草房七百七十五间。黄家铺十三户，土草房五十四间。王家铺七户，土草房一十四间，毕家铺一户，土草房十间。东安县属共九村，除宋流口、郭家场二村已经全迁外，外安澜城已迁六十户，瓦土房一百八十二间，现存三户，瓦土房三十五间。东沽港已迁一百零五户，瓦土房三百八十二间，现存二十三户，瓦土房二百八十八间。里安澜城已迁八十七户，瓦土房三百二十六间，现存一百二十八户，瓦土房四百四十二间。得胜口已迁四十五户，瓦土房一百八十间，现存一百四十五户，瓦土房七百零三间。马家口、磨汊港、王家圈三村全不愿迁。马家口四十八户，瓦土房一百二十六间。磨义港一百十七户，瓦土房五百五十四间。王家圈四十六户，瓦土房一百九十九间。武清县属共五村。东沽港一村已迁二百七十四户，土房一千二百七十九间，现存一百零八户，瓦土房二百七十九间。王庆坨、辛庄、小范瓮口、明家场四村全不愿迁。王庆坨七百零一户，瓦土草房三千零二十八间。辛庄四十户，瓦土草房一百零二间。小范瓮口一百四十六户，瓦土草房四百八十一间。明家场十四户，草房二十九间。自北埝头起，至范瓮口一带北埝以内，东安县属共三村。淘河居民二百零一户，瓦土房一千七百六十三间。于家堤居民一百一十八户，瓦土草房四百二十八间。葛渔城居民六百五十六户，瓦土房四千一百六十四间。

武清县属大范瓮口一村，居民七十八户，瓦土草房三百三十八间。自范瓮口以东至凤河边一带北埝以内，东安县属共三村。郑家楼居民三十一户，土房九十间。闫家庄居民六户，土房一十三间。刘家铺居民七户，土房二十六间。武清县属共十一村。萧家庄居民三十八户，瓦土草房一百十九间。六道口居民二百三十七户，瓦土草房八百三十二间。敖子嘴居民六十三户，瓦土草房三百三十五间。西南庄居民五十八户，瓦土草房二百七十七间。二光村居民二十四户，土草房七十八间。汉光村居民五百十三户，瓦土草房一千七百三十七间。李家铺居民五户，草房一十五间。王家铺居民一十三户，草房二十七间。鱼坝口居民一百二十七户，瓦土草房七百八十二间。陈家嘴居民二十四户，土草房一百四十七间。东萧家庄居民一十七户，土房五十四间。天津县属共二村。安光村居民一百零四户，瓦土房三百七十五间。双口村居民一百零六户，瓦土房四百七十九间。

乾隆十八年［1753］二十月十二日　直隶总督臣方观承《为奏明事》

窃照，永定河南、北两岸共十八汛，额设岁修银一万五千两，例于岁前题拨，先期分发各汛，采办料物贮工。又续请，岁修银一万五千两即系抢修之项，例于春初请领，视工程平险，酌量分发。各汛备办抢修料物，如银有余剩，留为次年之用。乾隆十六年改移下口案内，裁去下六汛，止存上十二汛。臣以工汛既减，则岁、抢修银亦应核实节省。行令该道白钟山，将岁修一项每年分发各工原有定数者，即按工照数扣除。抢修一项，虽每年多寡无定，应合三年内动用之数，折中核算扣除。查，下六汛岁修，每年需银四千九百六十余两，自乾隆十六年议裁之后，除去五月以前已做工程一千二百余两，实节存银三千七百四十二两。十七、八两年全数扣除，通计三年共节存银一万三千六百六十二两。又，下六汛抢修，每年约需银三千七百八十余两，自议裁之后，乾隆十六、十七两年共节存银七千五百七十二两，合计岁、抢修二项，共节存银二万一千二百三十八两。所有十八年抢修之项，因有此项节存银两可以动用，毋庸赴部请领。当饬该道厅，将上十二汛本年抢修工费，除拨用旧存料物外，其余不敷银两，即于前项节存银内动用。计用银五千九百九十八两。现在，尚余银一万五千二百四十两零，实贮道库。明年抢修之项，尚可停其请领。至上十二汛，本年汛水未至甚大，工程平稳，料物省减。现在，南、北两岸存剩秫秸三十二万三千九百余束，值银二千五百九十余两，俱经点验实贮，应于来年办料银内酌量扣除。臣谨通盘酌核，南、北岸岁修，每年额定一万两足敷动用。应将原额一万五千两之数，减去五千两。所有乾隆十九年［1754］岁修，已照额题拨。应将溢领之五千两，留抵乙亥年岁修，以符减定之数。其抢修一项，原视工程缓急临时酌用，多寡本难预定。且须常有余存料物，以备仓猝之需，办理始无掣肘。应将裁去下六汛之岁需抢修项内，酌减银三千两。将上二汛抢修，定为一万二千两之数。每年用剩银两，照例归于次年动用报销。除明年抢修尚有节存银两充用外，应自乾隆乙亥年［1755］为始，照减定之数具题请领。仍先报明户、工二部，以备查考。庶款项按年划清，工程并归实用。理合将办理缘由，恭折奏明。伏乞皇上圣鉴训示。谨奏。（奉朱批："该部知道。钦此。"）

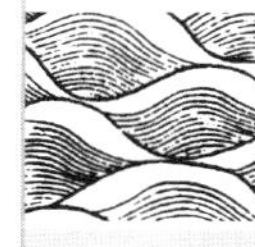

［卷十五校勘记］

〔1〕"护"字原刊本为繁体字"護"，现改为简化字。

〔2〕此折原书稿在"工部《为遵旨会议具奏事》"一折，依日期"初二"应在"初九"前，且折内后折引用前折内容，为此改正。

〔3〕原刊本"输"为"枢"，查李逢亨《（嘉庆）永定河志》卷二十一收录同一折为"输"，从而改为"输"。

〔4〕"沐"字原刊本误为"沭"，形近而误；"沐"［mù］、"沭"［shù］，音义不同不通假，依文意改为"沐"。

〔5〕原刊本为"属"，据文意应为"隶"，从文意改为"隶"。

〔6〕此题目原刊本无，据文后原作者按语提示添加。

〔7〕原刊本“为”字不可辨，据上引书所录同一奏折是“为”字，据以改补“为”字。

〔8〕此题目原刊本无，据正文叙述内容和本书行文习惯添加。

〔9〕原刊本“传集”误为“傅集”，“传”的繁体字“傳”与“傅”形近而误。“传集”意为传令召集。据此改正。

〔10〕按河员例无驿丞任职，详见卷职官表及相关注释。改“驿”为“县”。

〔11〕“称”字原刊本字迹不清，据前引书所录同一奏折为“称”字。据以改补。

〔12〕原刊本“堂二铺”作“唐二”，今堂二铺也称堂二里，在霸州东北境；“磨汊港”原刊本“汊”字误“乂”字。磨汊港在廊坊市南境。两地都按今名排印。

〔13〕此题目原刊本无，据正文叙述内容主题添加。

〔14〕“敞”[chǎng]字原刊本误为“廠”[“厂”的繁体字]，“敞”与“廠”音同义不同，不通假。故改为“敞”字。

〔15〕此题目原刊本无，据正文叙述内容主题添加。

卷十六　奏议七

（乾隆十九年至三十四年）

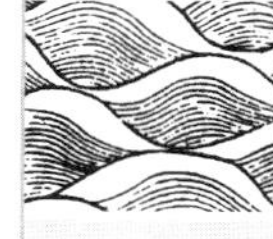

乾隆十九年［1754］正月二十一日　直隶总督臣方观承《为酌筹永定堤河事宜恭请圣训事》

窃照，永定南埝与凤河东堤有应需培补工段，经臣于上年遵旨查勘时声明，应于今春淀水消涸时办理。在案。今臣覆加察看，除凤河东堤应行筹办之处，另折奏请圣训外，查南埝一带内河外淀捍卫攸资。虽于堤根添筑土格之后，渐次受淤坚实，但埝身每经汛涨，不免因风雨汕刷，兼有蛰陷。必须酌量加培，庶资保障。应自中汛第九号起，至下汛第五号止，计长三千六十丈，随其形势加高一、二、三尺不等。又，凤河西岸土格起首一百余丈，并应加高二尺。再于土格之尾接筑长二百丈，高三、四尺，俾浑水不致直趋凤河，同三角淀引河之水并归叶淀，以为转输于尾闾，形势最为有益。又，下口水虽散漫，而汇流处则缘旧堤东注，悉归王庆坨引河。该处村庄受水为多，曾于乾隆十七年［1752］会勘案内筹画分疏，即就安澜城东贴近堤根河溜处所，查明北岸低于南岸。因议于旧河身内，斜挑引河一道，引南岸堤根之河溜，穿越旧河身至北岸淘河村、葛渔城①一带，宣泄散漫，俾盛涨有所分杀。不特王庆坨一带村庄可保无虞，兼得散水匀沙之益。并经臣将筹办情形，面请圣训。嗣于上年二月，恭逢皇上临视下口，谕臣："下游水道尚宽，向北引水之工，本年且不必办。"圣明指示，悉合机宜。臣谨钦遵停止。今臣又窃念永定河两年以来，汛水皆未至甚大。今年先事之防，似须更当加意。此处引河，或可开通预备。寻常之水则任其照旧循堤下注，如遇盛涨，即令北由引河分减，更属有备无患。但臣智识浅陋，是否应行？伏乞皇上圣鉴训示。至南埝中、下二汛培补工程，应用土一万二千

① 淘河村、葛渔城都在廊坊市东南境，东邻近王庆坨［天津武清区西南］。

六十余方，连夯硪工价约需银一千一百三十余两，土格加高接长，约需土方银九十两零。再于旧河身开挑引河，如蒙俞允行，约需土工银七、八百两。均即在于额设疏浚下口银五千两内通融办理。如稍有不敷，永定道库存有节年疏浚中泓余剩银二千七百余两，可以凑用，毋庸另请动项，合并陈明。臣谨同凤河东堤应行筹办情形一并绘图贴说，恭呈御览。为此谨奏。（奉朱批："引河俟汝面见时降旨，余依议。钦此。"）

乾隆十九年［1754］二月十一日　直隶总督臣方观承《为奏请改隶以专责成事》

窃照，凤河东堤自庞家庄起，至韩家树止①，计长二十六里，障束永定全河之水，使不得闯入北运，最关紧要。前因岁久残缺节，经臣奏请加培修葺在案。其堤自西北斜迤东南，凤河则南北绳直永定河②。下口叶淀之水，由双口村入凤河而东漾于曹家淀一带停泓，输注于大清河。其东堤之临水一面，每遇西风掀播，即多汕刷。双口以北通北运河大路，堤上常有车辆经行，易致踏损。又，韩家树北埝一道，西接凤河东堤，东接北运河桃花口西岸③，专御大清河北溢之水，亦属紧要。向来，俱未设有弁兵经管巡防，是以责任不专。且，凤河隶永定道东堤，并韩家树北埝，坐落天津县地方，即不属永定道管辖。凡有工作俱系天津县承办，由天津道报销。以一处之河堤，分隶两道，转费周章，难免歧误。臣详加筹酌相应具奏，请旨将凤河东堤，并韩家树北埝，改隶永定道管辖。添设弁兵，画一查办。计东堤长二十六里，应设堡夫十三处。每堡拨兵二名，共应拨兵二十六名。统以外委把总一员，令驻扎东堤适中之地，专管凤河东堤及韩家树北埝。遇有水沟浪窝、汕刷坍损之处，督率

---

① 韩家树今名韩家墅，在天津北辰区，按本奏折所记之里程及永定河流向，庞家庄当在武清区境，现有庞庄子或即庞家庄。

② "其堤自西北斜迤东南，凤河则南北绳永定河。"此处所说永定河是现今《河北省地图册》永清、廊坊，《天津市地图册》武清、西清、北辰诸图中所标注永定河中泓故道。"凤河南北绳直［即垂直］永定河。"表明此间永定河东西走向，恰与中泓故道走势相合［这是清朝中期永定河的一条水道］。与此不同，现今永定河从廊坊市境东流入武清区黄花店北，转东南流，在屈店西与永定河中泓故道相交，继南流即今称永清渠，注入子牙河。在屈店东开永定新河，独立入海。

③ 双口在天津市北辰区西境，今名双口镇，其东十八里有桃口村，当即桃花口，恰在北运河西岸。按该地河流分布形势，此即韩家树北埝所在。

堡兵随时修补。并于双口以北，查禁往来车辆守护堤工。其应设弁员，查有永定河水关外委把总一员，系雍正年间添设。令于上游用皮馄饨顺流报水。历年以来，永定上游水势情形，有驻扎卢沟桥之石景山同知，并在石景山防汛之千总专司签报，并无贻误。所设外委把总实属闲冗，应即改移凤河驻扎，以收实用。所需堡兵，即在于南、北两岸河兵内酌量派拨。如蒙皇上允行，所有应建衙署、堡房等项，容臣另行照例勘估办理。再查，凤河东堤因汛水汕刷残缺，应间段酌量加培一千二百丈，约需土工价银四百余两。韩家树北埝长一千三百六十丈，向来卑薄。今应一律培筑顶宽六尺，底宽三丈，高五、六尺不等，约需土工价银六百三十余两。应请统于节年疏浚中泓余剩银内动拨。乘时兴修，以资捍御。合并陈明，伏乞皇上圣鉴训示。谨奏。（奉朱批："如所议行。钦此。"）

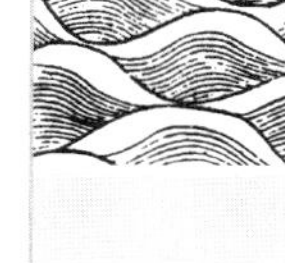

乾隆十九年［1754］五月初七日　直隶总督臣方观承奏《为奏明事》

窃照，永定河北岸五工汛内有卢家庄[①]减水草坝一座，建于乾隆九年［1745］。自十六年［1751］改移下口以来，水势畅达，河道深通。历年该坝并未过水，形势已成虚设。此处距下口仅三十余里，正需束刷河身，毋庸再为分泄。且年久草土朽烂，若再加修整徒费帑项。臣详加相度，应将此坝坚实堵闭于坝口。圈筑土堤长六十丈，顶宽二丈，底宽六丈。钦遵圣训指示，即在于河身内取土。所需土方工价约用银一百一十余两，应统入于本年抢修项下报销。理合恭折奏明，伏乞皇上圣鉴。谨奏。（奉旨："知道了。钦此。"）

乾隆十九年［1754］八月十七日　直隶总督臣方观承《为奏闻事》

窃照，永定河南、北两岸堤内村庄共十八处。经臣钦遵谕旨饬令迁移，业将委员查办，于堤外指给村基等缘由，附折恭奏在案。嗣据霸昌、永定二道，率同印汛各员逐一查明，内除宛平县属之大宁一村，在山岭相连土冈之麓，地势高阜从无水至。是以，当土冈处不设堤岸。该村居上、下堤交接之间，按其情形实在堤外。经臣亲临勘明，毋庸迁徙外，所有宛平县属之贾河、立垡、鹅房，永清县属之董家务等四村，现已迁移。其永清县属惠元庄、眼罩屯二村，固安县属之仁厚庄等十一村，

① 卢家庄在河北省永清县北境，泥安东南，与郭家务隔河［中泓故道］灌渠相望。见卷一《永定河源流全图》。

已于堤外指定村基。因值阴雨地多潮湿，不能工作，应请宽期。俟八月收获后，搭盖土房完毕，即行搬移，务使两岸河身之内不留一户。再，各户钦蒙恩旨给予搬移之资，臣酌议，应无论瓦、土房屋，及间数多寡，均每户量给银二两。俾资搬费计十七村共二百五十九户，应给银五百一十八两，即于道库河淤地租银内动拨散给。其南埝内村庄土房之应迁移者，因埝外相隔路遥，又多系水乡，容俟查明应给地基，于八、九月内督令续行妥办。合并陈明，伏乞皇上圣鉴。谨奏。（奉朱批："知道了。钦此。"）

乾隆二十年［1755］正月十一日　《为遵旨会议事》

臣等会议，得直隶总督兼理河道方观承奏称："窃臣具奏《筹办永定河下口事宜》一折，经军机大臣会同工部议覆：'以南岸冰窖改移下口之后，自应水势畅流不至遽行淤塞。何以迄今未及三载，遽称下口去路积渐淤高，难期畅达，又请于北岸六工开堤放水，作为下口。与原奏内开水势偏南，未便强之使北，及地广淤薄，上游易理事半功倍之处不符。行令，将现在水势实在情形，何以遽行迁徙，以致南岸下口淤塞难通，及必须导令北注足资荡漾，不致旋浚旋淤，徒滋糜费之处，据实详细声覆，'等因。伏查，南岸冰窖于乾隆十六年［1751］改为下口之后，连年水势畅顺，趋下甚速，上游河道深通，下汛修防裁省，实属有益。唯是全河之水出口，即皆涣散泥淤，渐次停积。加以上年汛水盈丈，挟沙直注。察看下口十里以内，旧积新淤顿高八尺，以致阻塞去路。至南埝中、下汛以下，虽有停淤，而地面广宽，仍可以资容蓄。今臣请于北岸六工开堤放水，令循北埝导归沙淀，照旧以凤河为尾闾。虽有向南、向北之分，其实南、北埝水道本属相连。惟因七、八工之旧河身横亘于中，划分两岸。而逾沙淀以东，则北埝至南埝三十余里，就下之势或分、或合，弥漫一片，原足任其荡漾也。至水势偏南，乃未改下口以前之情形。缘彼时南岸所开石、草滚坝，多于北岸。水由南泄者多，故河身水道皆偏侧向南。以下口地势而论，视从前旧南堤外，较之旧北堤外，低三四、三六尺不等。今则以南较北转高五、六尺。安澜城以下为停淤最薄之地，亦已较北高二尺许，是水过沙停情形即有变易，不得不随时酌筹，以收因势利导之益。今议于北岸六工改为下口，地势宽广足资容纳，即水过淤停在所不免，亦不至于旋浚旋淤。且北埝之外多属荒洼，将来并可以筹去路，不比南埝近淀为多妨碍。臣两次奏蒙圣训，遵经逐细查勘，向北改移水道，仍以南埝下汛为其归宿，实与现在情形为便。埝内应迁房屋，臣拟即行给价，早为廓清。其疏河培埝诸务，如蒙允准，亦即一面办理。仍将下口水道机宜恭候圣训，亲临指示。臣益得有所遵循，”等因。具奏前来。查，筹办永定河下口事宜，前据该督：“以永定浑流善淤易徙，请于北岸六工洪字二十号埽工之尾，开堤放水作为下口。就近开挑引河一道，并加筑子埝内戗等工，以资捍卫，”等因。具奏。经臣等，以永定河自乾隆十六年南岸冰窖改移下口之后，迄今未及三载，何以即行淤塞。行令将现在水势实在情形据实详细声覆，到日再议。去后，今据该督奏称：“乾隆十六年［1751］改移南岸下口之后，水势顺流实属有益，惟是全河之水出口即皆涣散。加以上年汛水盈丈，下口十里以内旧积新淤，顿高八尺，以致阻塞去路，不得不随时筹酌。今议于北岸六工改为下口，地势宽广，足资容纳；即水过沙停所在不免，亦不至于旋浚旋淤。实与现在情形为便，”等语。查，水过沙停，情形变易，永定河水性原属无定。但既经查办，即当熟筹经久之道。前此改从南岸冰窖出水之时，该督原称水势畅顺，趋下甚速，乃甫及三年新淤顿积，则此番于北岸六工改为下口之处，虽称不至旋浚旋淤，但较之从前是否可以多经年岁，为永远利赖之计。仍行令该督，详加履勘，融会全河形势，悉心筹画，毋仅顾目前，以致屡请改移，致费周章。至开挑下口水道机宜，该督既称恭候圣驾临幸，指示得所遵循。应如所奏，候旨遵行。所有原奏内称疏河培埝等工，需用银两一切筹办之处，统候圣驾临幸指示之后。该督据实确查，分别题咨，照例办理可也。谨奏。（奉旨：“依议。钦此。”）

乾隆二十一年［1756］五月二十九日　工部《为遵旨议奏事》

〔1〕臣等议得，直隶总督兼理河道方观承奏称：“窃照，乾隆元年［1736］五月，内经部覆，准前河臣刘勷奏请：‘直隶河工于额设岁修之外，预备银十万两，存贮天津道库，以备各河道要工急需。如有动用，即于估销册内报明工部查核。每年仍扣明动剩确数，再于户部咨领补足十万两之数，等因。随于是年八月内，委员赴部领出银十万两，解贮天津道库。每遇另案工程，随时报明借拨。并声明，俟准销之后请领归款。’历年遵行在案。查，此项要工银两自设立以来，天津道历年借拨之项，业奉准销，赴部请领归还原款。惟永定河道历年借项，如乾隆八年［17453］抢修案内，借拨银一千八百八十二两零；九年［1744］另案加修南北岸草坝、月堤等工案内，借拨银一万一千三百四十一两零；十年［1745］抢修案内，借拨银三千二百五十一两零；十一、十二等年［1746、1747］抢修案内，借拨银二千二百七十四两零；十五年［1750］抢修案内，借拨银五百六十四两，通共借拨过银一万九千三百一十

四两零，均经准销。应行赴部请领归款。但臣查，近年以来，直隶河工皆已另有章程，即有另案之工，每年亦大概[2]相仿。则预备要工银两，可无需十万两之多，应请减半存贮，酌留银五万两。于永定道库分贮银二万两，以备本工急需；天津道库分贮银三万两，以备各处要工急需。此五万两数内银两动用，一俟本案准销后，仍行赴部领回归还额款。其余应行减贮之五万两内，应将永定河道借拨已奉准销银之一万九千三百一十四两零，即于本款内开销，毋庸再行赴部请领。又，原任河臣顾琮①代赔工料银一万五千五百四十两，现经内部奏准，于伊子知府顾世衡名下分限扣赔②。应俟按限赔交，仍归直隶天津道库内。现存银一万五千一百四十五两零，俱作为应减之数。遇有另案要工应行动支之处，毋庸请领部项，即于此内奏明动拨，造册报销。如此核实办理，庶钱粮有节，借款不烦，而存贮之项仍属有备"，等因，具奏前来。查，直属河道工程预备要工银两。先于乾隆元年［1736］三月内，据原任河臣刘勷奏请："于额设岁修之外，每年预备银十万两，存贮天津道库，专备要工急需。如有动用，于估销册内声明，仍扣明余剩之数，再于户部支领，补足十万两，"等因。经臣部奏准在案。今该督方观承既称："直隶河工皆已另有章程，即有另案之工，每年亦大概[3]相仿预备要工银两，可无需十万两之多，应请减半存贮。酌留银五万两，于永定河道库分贮银二万两，以备各处急需；天津道库分贮银三万两，以备各处要工急需，"等语。应如所奏，准其减半存贮。酌留银五万两，于永定道库分贮二万两，以备本工急需；天津道库分贮三万两，以备各处要工急需。如有动用，仍照原奏在于估销案内声明，报部扣明余剩之数，于户部支领。归还额款，再应行

---

① 顾琮［？—1754］字用方，伊尔根觉罗氏，满洲镶黄旗人。以监生入算学馆，后历任吏部员外郎、户部郎中、长芦盐政、太仆寺卿、协理直隶河道总督、署直隶总督。乾隆元年［1736］任江苏巡抚，是年父丧丁忧回旗。二年受协办吏部尚书事，因永定河决受命协助总督李卫督修，旋署直隶河道总督。乾隆三年［1738］朱藻任直隶河道总督，受命助理。奏畿辅西南诸水汇于东、西两淀，淤垫漫溢为患，请设垡船捞泥。次年实授直隶河道总督。乾隆五年浚青县兴济、沧州捷地两减河，上疏陈述善后诸事：疏海口、筑堤、多设涵洞等。次年又请改子牙河管河官制。在永定河治理中，倡言推广靳辅治黄工程中首创的子母河、川字河分泄洪水的经验，因大学士、工部主管等有歧见而未纳。乾隆六年［1741］调任漕运总督，后历任署江南河道总督、河东河道总督。对治黄河，引水济运也多有建树。乾隆十九年［1754］因江南总河任内"浮费工银"夺官，不久病逝。

② 顾世衡，生卒年不详，任何处知府亦不详。此处说在其名下"分限扣赔"其父代赔工料银，是乾隆三年［1738］永定河漫口案事。顾琮卒于乾隆十九年［1754］，死后二年仍追溯生前十六年的责任，可见清代河防工程问责制度的严厉。

减贮之五万两。据该督奏称："永定河道历年另案抢修案内，共借拨过银一万九千三百一十四两零，均经准销，尚未赴部请领，归款应即于本款内开除，毋庸再行赴部请领。又原任河臣顾琮代赔工料银一万五千五百四十两，现经奏准，于伊子知府顾世衡名下分限扣赔。应俟按限赔交，仍归直隶天津道库内收贮，同现存银一万五千一百四十五两零，俱作为应减之数。遇有另案要工应行动支之处，毋庸请领部项。"等语。查，直隶河道每年岁、抢修工程所需银两，例由户部支领。如有紧要险工，该年所领岁抢银两不敷应用，于库贮预备银十万两内动支，在各本案内声明，并造入各该年岁报册内，送部查核。俟覆准后，该督按照准销数目，仍赴户部支领还项。今查，永定河道另案抢修各工，借拨预备要工银两报销，各案动用银款数目，除乾隆八年［1743］岁报册内，抢修工程动拨要工银一千八百八十二两零，与该督此次奏报数目相符。至乾隆九年［1744］岁报册内，抢修工程动拨要工银八千一百三十八两零，今奏折内，开拨用银一万一千三百四十一两零，较前报数目多开银三千二百三两零。至十、十一、十二、十五等。四年抢修各工所用银两，从前岁报册开俱系动用由户部支领，各本年岁、抢修本款，及存剩各年料物银两，并未声明借拨要工银两。今奏报十、十一、十二、十五等年，共动用要工银六千八十九两零，与从前册报均属不符，难以查核。其顾琮名下前在直隶总河任内，应赔乾隆三年［1738］永定河漫口银二万六千九百三十两零。除解交银二千四百两，尚未完银二万四千五百三十两零。先经该旗[4]奏明，在于伊子知府顾世衡名下分限扣交在案。今折内声称，顾琮名下代赔工料银一万五千五百四十两，数目亦属不符，应令该督一并详细查明，分晰造册，声覆具题，到日再行查议。至天津道库现存银一万五千一百四十五两零，应令该督，遇有另案要工即先行动支给发，办理报销之日，仍归各本案内声明开除，毋庸咨部请领完项。俟此项银两用完之日，再行动用预备要工银款可也。（奉旨："依议。钦此。"）

乾隆二十二年［1757］六月十二日　工部《为察核事》

臣等查得，直隶总督兼理河道方观承疏称："直隶河工预备要工银十万两，应请减半存贮。酌留银五万两，于永定天津道库分贮，以备各处要工急需。经臣恭折具奏，奉部覆准。并咨查，永定道历年借动要工银两，与从前册报均属不符，及前河臣顾琮名下应赔乾隆三年漫口银两数目亦属不符，行令查明，分晰声覆具题，到日再议。"等因。当经转行遵照去后。今据永定河道鲁成龙详称："卷查，历年抢修另案各工借拨要工银两，除乾隆八年［1743］抢修银两，与现在奏报数目相符，毋庸呈覆外，乾隆九年［1744］分，抢修工程实动用要工银八千八百三十八两二钱八分三厘七毫零。因是年，南、北两岸加修旧草坝并月堤等工，亦于要工银内实动银二千五百三两一钱五分八厘八毫，已于本案内声明。二项共实动用过要工银一万一千三百四十一两四钱四分二厘五毫零，与现在具奏数目吻合。至乾隆十年［1745］分，抢修工程共发过银一万一千一百三十三两一钱五分九厘三毫内，除动用该年岁修银七千八百八十一两五钱九分三厘外，尚不敷银三千二百五十一两五钱六分六厘三毫。查，该年岁报册内存乾隆九年［1744］实在项下银一万九千六百三十八两一分八毫零，内除存杂[5]项银两外，净存要工银一万五千二百三十六两二钱三分二厘五毫零，内除前道永宁揭报前道八十①名下，亏空银一万一千九百八十四两六钱六分六厘零外，尚存银三千二百五十一两五钱六分六厘三毫。即系本年抢修不敷借动之项。又，乾隆十一年［1746］分，抢修工程共发过银一万五千七百三十二两八钱四分五厘三毫零，内除动用该年库贮岁修银两外，尚不敷银六百九十五两四钱四分二厘三毫零。经前道永宁，借动库贮拨还乾隆二年［1737］采办上游料物要工银内给发。又，是年找发南、北岸厅乾隆十年［1745］抢修工程案内，垫办夫料银七十一两四钱五分，亦在库存上游料物要工银内拨给。又，乾隆十二年［1747］分，岁抢工程共发过银一万六千八百九十八两八钱二分三厘八毫零内，除借动各项银两外，尚不敷银一千五百八两四分六厘一毫零。经前道玉麟借动库存，拨还上游物料要工银内给发。又，乾隆十五年［1750］分，抢修工程共发过银一万四千七百二十一两六钱七分七厘九毫，内除动用库存该年岁修银两外，尚不敷银五百六十四两四钱五分九厘九毫。经前升道白钟山，借动库存要工银两给发。再，永定河从前向未设有抢修银两，每年抢修工程，俱系在于库贮项下通融，动用以上借动银两，俱于各该年岁报册内开除项下，声注各工俱奉准销在案。再，前河院顾琮应赔乾隆三年［1738］永定河南岸头工并下七工漫工银两一案，共应赔银二万六千九百三十两九钱五分三厘六毫，内除借动天津道库贮要工银一万五千五百四十两外，其余银两系借动库贮。乾隆二年［1737］，借拨通永道库抢修漫工用剩银二千四百一十五两九钱四厘一毫，又借动库

① “八十”，人名。满洲正白旗人。雍正十一年［1733］始任永定河道道员，雍正十三年［1735］降石景山同知，乾隆十年［1745］再任永定河道道员。永宁，满洲正白旗人。继任永定道台，揭报八十亏损案。二人任职见卷二职官表有载。

存。该年加帮工程余剩银三千八百二十五两九钱二分四毫零，又动用库贮。是年，抢修工程存剩银五百六两二钱五分三厘，又动用库贮。该年，郭家务建筑草坝，半截河接修堤工，余剩银二千四百二十四两二钱七分四厘四毫零，以上共借动过银九千一百七十二两三钱五分二厘。又，前道六格，于善后事宜案内自行垫用银二千二百一十八两六钱一厘六毫。嗣因该道六格漏未造报请销，经升道永宁于乾隆十一年［1746］间查明，实系垫用，并非浮销。但前项垫用银两，既无详案可据，未便遽议给还。已详蒙前河院刘勷咨明在案。以上动用银两，除赔交过银二千四百两外，实未完银二万四千五百三十两九钱五分三厘零。业经详蒙咨旗奏准，在于伊子顾世衡名下分限赔交。容俟完交到日，各还原款，应将借动天津道库要工银两一万五千五百四十两先行拨还。同该道现贮银一万五千一百四十五两零，并职道应领历年抢修案内，报销银一万九千三百一十四两零，以符减贮五万两之数，其余银两仍归各款充用。即于本款开销。兹蒙前因，理合分晰造册，详请察核具题。”等情。臣谨具题，等因，前来。

查，直属河道工程预备要工银十万两。先据直隶总督奏请减半存贮，酌留银五万两，分贮天津、永定道库，以备各处要工急需。其应行减贮之五万两内，应将永定道借拨，已奉准销银一万九千三百一十四两，即于本款开销。又，原任河臣顾琮代赔工料银一万五千五百四十两，现今内部奏准，于伊子顾世衡名下分限扣赔。应俟按限赔交，仍归天津道库，同该道库现存银一万五千一百四十五两零，俱作为应减之数。遇有另案要工应行动支之处，毋庸请领部项，即于此内奏明动拨，等因。经本部，以永定河道另案抢修各工借拨预备要工银两报销。各案动用银款数目，除乾隆八年［1743］岁报册内，抢修工程动拨要工银一千八百八十二两零，与奏报数目相符。至乾隆九年［1744］岁报册内，抢修工程动拨要工银八千八百三十八两零，今折奏内开拨银一万一千三百四十一两零，较前报数目，多开银三千二百三两零。至十［1745］、十一［1746］、十二［1747］、十五［1750］等四年，抢修各工所用银两，俱系动用各本年岁抢修本款及存剩各年料物银两，并未声明借拨要工银款。今奏报十、十一、十二、十五等年，共动用要工银六千八十九两，与从前册报均属不符。其顾琮名下，应赔乾隆三年永定河漫口银二万六千九百三十两零，除解交银二千四百两，尚未完银二万四千五百三十两零。今折内声称一万五千五百四十两数目，亦属不符。行令一并详细查明，分晰声覆具题，查核在案。今据该督，将永定河从前每年抢修等工，俱在于库贮要工银两项下通融办理。乾隆九年［1744］，动用银一万一千三百四十一两四钱四分二厘零；十年［1745］，动用银三千二百五十一两五钱六分六厘三毫；十一年［1746］，动用银七百六十六两八钱九分零；十二年［1747］，动用银一千五百八两四分六厘一毫零；十五年［1750］，动用银五百六十四两四钱五分九厘九毫。以上，通共动用过要工银一万九千三百一十四两，按年分款，逐一声叙。并将顾琮名下，应赔漫工银二万六千九百三十两九钱五分三厘六毫内，除动用银一万一千三百九十九两九钱五分零，系借拨通永道库抢修等项银两。其借动天津道库贮要工银，实止一万五千五百四十两之处，造册送部。臣部检查该督历年造送岁报册籍，与此次册报数目逐加核对，均属相符。应令该督，遵照原奏，俟顾琮名下应赔银一万五千五百四十两赔交到日，仍归天津道库，同现存银一万五千一百四十五两零一并收贮。遇有另案要工应行动支之处，即于此内奏明动拨可也。（奉旨："依议。钦此。"）

乾隆二十二年［1757］二月十二日　户部、工部等《为遵旨察核具奏事》

[6]臣等会议，得直督方观承等疏称："乾隆二十年［1755］永定河北岸改移下口案内，应行挑河培埝并河身占用地亩，分别拨补减租，以及迁移房酌给价银，一切事宜经臣筹议具题，嗣准部覆。其动拨办理并令造具各项册结，分别题咨送部查核，等因。当经行司移饬，遵照在案。兹据布政司使清馥详称：'遵即移准永定河道，取具册结，声覆咨准，前来。备查。永清县册开，乾隆二十年［1755］永定河改移下口，占用民粮地七十三顷九十二亩九分八厘九毫，每亩应除粮银不等，共应除正加丁匠等银二百六两六钱四分二厘八丝零。遇闰，应除地闰、丁闰等银六两五钱二分三厘七毫七丝零。应请于乾隆二十年［1755］除粮为始，遵照原奏，改照旧河泊地科则①，无论地亩大小，每亩征租银七厘二毫五丝，共征银五十三两五钱九分

① 除粮，免除钱粮的省称。清代自康熙五十一年［1712］始实行"摊丁入地"，将代役性的丁口税纳入地赋合并征收，称之为"地丁银"。实际征收时，可按粮食产量折银钱征收，故又称"地丁钱粮"。雍正初在全国推行，直至道光年间，仍有一些地方地赋、丁税仍为两种税种，并未完全归并。在本折中提及"除正加丁匠等银"，正，为正赋即原土地税；"丁匠银"指各色丁税［如盐场盐丁，其它手工匠的税赋等］均纳入地亩征收。除粮"遇闰除地闰丁闰"：闰指农历有闰月年份，比常年多出一闰月，故实际征收的地丁钱粮也较常年为多。因此除粮时将地闰、丁闰除去。这也反映出在乾隆二十年前后，"摊丁入地，地丁合一"的税收归并尚未完全实现。此为永清县的案例。"照旧河治地科则"一语，河泊地即河淤地亩；科、即课税，则、税率。

九厘一毫七丝二微五纤，每年批解永定河道库兑收，以充岁修围埝之用，造入河淤奏销册内奏报。又册开，大刘家庄等十村，迁移居民六百八十六户，瓦房五百七十五间，每间给银三两五钱，共银二千一百一十二两五钱；土房二千四百间，每间给银二两，共银四千八百两；草房四十三间，每间给银一两，共银四十三两；通共给过房价银六千八百五十五两五钱。在于永定道库河滩地租银内动拨。开除以上各项银两，核与原奏相符。且准永定河道委勘明确，加结册报，似无虚捏情事。其迁移各户，应需庄基，所称在于旧河堤边，官荒地内拨给，毋庸议给地价。至河身占用东安县哈喇港[①]等村民地，行据覆称，各户咸愿纳粮守业，不愿减粮改租，似应听从民便。毋庸造报。除挑河培埝，估销册结，并河身占用东安县旗地，应行拨补除租之处，另行分别详请题咨外，所有送到永清县给过迁移房价，并河身占用民地，升除租粮等项册结，核造简明清册，加具保结，拟合详送察核、会题'，等情。臣覆核无异。除册结送部查核外，臣谨会同兼管顺天府府尹臣刘纯炜、顺天府府尹臣陈桂洲，合词恭疏具题，"等因。前来。

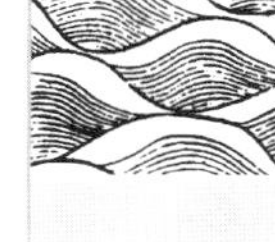

查，永定河北岸改移下口一案。先据直督钦遵指示，将应办事宜逐一核议，题请埝内纳粮民地，照河泊地减科则；完粮旗地，或愿照旧守业，或应另筹拨补。现饬地方官，查照南埝改移之例，分别办理，应迁瓦土房屋，分别给价。经工部会同臣部覆准在案。今该督方观承疏称："永清县永定河改移下口，占用民粮地七十三顷九十二亩九分八厘九毫，每亩应除粮银不等，共应除正加丁匠等银二百六两六钱四分二厘零。遇闰应除地闰、丁闰等银六两五钱二分三厘七毫零。应请于乾隆二十年［1755］除粮为始，"等语，查，前项占用民粮地亩，既据该督查明加结保题，应准其于乾隆二十年［1755］为始，按数除粮造入地粮奏销册内，题报户部查核。其改照旧河泊地科则，每亩征租银七厘二毫五丝，共征租银五十三两五钱九分九厘一毫零。应令该督，按年征解永定道库，以充岁修之用。仍造入河淤奏销册内，奏报查核。至疏称："大刘家庄等十村，迁移居民六百八十六户，内瓦房五百七十五间，每间给银三两五钱；土房二千四百间，每间给银二两；草房四十三间，每间给银一两，共给过房价银六千八百五十五两五钱。在于永定道库河滩地租银内动拨开除，"等语。查，前项给过迁移居民瓦、土、草房价银六千八百五十五两五钱，户部按册查核，与十六年分准给之例无浮，应准其开销。至动用河滩地租银两，入于岁报案内，

① 今廊坊市城南六十里，现属调河头乡。

造报工部查核。其迁移各户应需庄基，既据该督在于官荒地内拨给，并占用东安县哈喇港等村民地，查明各户咸愿纳粮守业，不愿减粮改租，均无庸议。至占用东安县旗地，应行拨补除租之处，应令直督方观承转饬该县，详细查明，造具应拨，应除清册，分别题咨办理可也。（奉旨："依议。钦此。"）

乾隆二十二年［1757］二月十二日　工部《为遵旨会议事》

臣等会议，得直督方观承等疏称："乾隆二十年［1755］永定河北岸改移下口案内，应行挑河培埝并河身占用地亩，分别拨补减租，以及迁移民房酌给价银，一切事宜经臣筹议具题，嗣准部覆。准其动拨办理，并令造具各项册结，分别题咨送部查核，等因。当经行司移饬，遵照在案。兹据布政使司清馥详称：'遵即移准永定河道，取具册结，声覆咨准。前来。备查。永清县册开，乾隆二十年永定河改移下口，占用民粮地七十三顷九十二亩九分八厘九毫，每亩应除粮银不等，共应除正加丁匠等银二百六两六钱四分二厘八丝零，遇闰应除地闰、丁闰等银六两五钱二分三厘七毫七丝零。应请于乾隆二十年除粮为始，遵照原奏改照旧河泊地科则，无论大小地亩，每亩征租银七厘二毫五丝，共征银五十三两五钱九分九厘一毫七丝二微五纤，每年批解永定道库兑收，以充岁修围埝之用，造入河淤奏销册内奏报。又册开，大刘家庄等十村，迁移居民六百八十六户，内瓦房五百七十五间，每间给银三两五钱，共银二千一百十二两五钱，土房二千四百间，每间给银二两共银四千八百两；草房四十三间，每间给银一两，共银四十三两。通共给过房价银六千八百五十五两五钱。在于永定道库河滩地租银内动拨。开除以上各项银两，核与原奏相符。且准永定河道委勘明确，加结册报，似无虚捏情事。其迁移各户应需庄基，据称在于旧河堤边，官荒地内拨给，毋庸议给地价。至河身占用东安县哈喇港等村民地，行据覆称，各户咸愿纳粮守业，不愿减粮改租，似应听从民便，毋庸造报。除挑河培埝，估销册结，并河身占用东安县旗地应行拨补除租之处，另行分别详请题咨外，所有送到永清县给过迁移房价，并河身占用民地，升除租粮等项，册结核造简明清册，加具保结，拟合详送察核会题，'等情。臣覆核无异。除册结送部查核外，臣谨会同兼管顺天府府尹刘纯炜、顺天府府尹臣陈桂洲合词，恭疏具题"，等因，前来。查，永定河北岸改移下口一案，先据直督钦遵指示，将应办事宜逐一核议，题请埝内纳粮民地照河泊地科则完粮。其旗地或愿照旧守业，或应另筹拨补，现饬地方官，查照南埝改移之例，分别办理，应迁瓦土房屋，分别给价，经工部会同臣部覆准在案。

今该督方观承疏称：“永清县永定河改移下口，占用民粮地七十三顷九十二亩九分八厘九毫。每亩应除粮银不等，共应除正加丁匠等银二百六两六钱四分二厘零。遇闰应除地闰、丁闰等银六两五钱二分三厘七毫零。应请于乾隆二十年［1755］除粮为始，”等语。查，前项占用民粮地亩，既据该督查明加结保题，应准其于乾隆二十年［1755］为始，按数除粮造入地粮奏销册内，题报户部查核。其改照旧河泊地科则，每亩征租银七厘二毫五丝，共征租银五十三两五钱九分九厘一毫零。应令该督，按年征解永定道库，以充岁修之用。仍造入河淤奏销册内，奏报查核。至疏称：“大刘家庄等十村，迁移居民六百八十六户，内瓦房五百七十五间，每间给银三两五钱；土房二千四百间，每间给银二两；草房四十三间，每间给银一两，共给过房价银六千八百五十五两五钱。在于永定道库河滩地租银内动拨开除，”等语。查，前项给过迁移居民瓦、土、草房价银六千八百五十五两五钱，户部按册查核，与十六年分准给之例无浮，应准其开销。至动用河滩地租银两，入于岁报案内，造报工部查核。其迁移各户应需庄基，既据该督在于官荒地内拨给，并占用东安县哈喇港等村民地。查明各户咸愿纳粮守业，不愿减粮改租，均无庸议。至占用东安县旗地，应行拨补除租之处，应令直督方观承转饬该县，详细查明造具应拨、应除清册，分别题咨办理可也。谨题。（奉旨：“依议。钦此。”）[①]

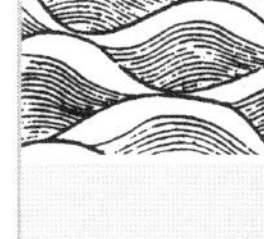

乾隆二十三年［1758］　直隶总督方观承《为查办永定河淤滩地亩仰祈圣鉴事》

窃照，直隶河滩淤地，例许附近贫民认种输租，每户不得过三十亩之限。所以防隐占，杜兼并也。因查永定河旧下口一带，及南、北两岸淤出地亩，向为地棍影射，胥役串通，往往占种多顷，贫民不沾实惠。并有旗庄人等冒认老圈业地[②]，纷纷争控。经臣节次严查，逐案厘剔，所有前项影射冒认地亩，悉行撤出。复分委人员，将全河淤地，按工普行丈量彻底清理。除堤身内外各十丈留为种柳取土之地，其新

① 此折与前一折内容完全相同，前一折是工部、户部会商议覆折。本折是工部单独议覆，主稿实为一人，奏折内容各自备案。

② 老圈业地，指清初统治者以满洲贵族、勋臣、士兵无处安置为由，在京畿附近州县强行圈占土地，分配给“正身旗人”。所得“分地”［每丁五垧］，平时生产，战时充兵，壮丁则被编入庄田，受主人剥削役使。这些旗地［指一般旗地不含内务府皇庄、王公王庄］被称为“老圈业地”。

旧滩淤，隶永清、东安二县者，共地二百八十九顷三十一亩零；隶霸州、固安、涿州、良乡、宛平五州县者，共地七十二顷九十二亩零，通共地三百六十二顷二十三亩零。查，永定河每届伏汛之时，附近两堤十里内村庄，例应按里派拨民人上堤防守，此等民户贫苦无业者居多。臣思，前项淤地与其另召贫民认种，以致借名隐占；何如即分给守堤村民之无业者，俾其领种输租，即可资其生计，又以紧其身心，更属公私兼益。查，永、东二县，守堤贫民共三千八百三十一户，今将淤地各于所居村庄就近拨给，每户拨地六亩五分；宛、涿、固、霸州县户多地少，每户拨地五亩。更以所余分拨河神庙，每处一、二、三、四顷，以供香火。俱照原定租数，一例征收报解。所拨地亩户给执照，仍令地邻五人互保，以杜盗卖吞并等弊。并饬各该州县，分别界、址造具鱼鳞图册①，使地亩之坍长、花户之故绝、认退皆可按籍而稽。此后凡有淤出之地，悉照此办理，不特有益公役，并可永杜争端。至两岸越堤内，亦有淤涸可种之地，除实在本系旗民地亩未经拨补者，仍听本人领种外，余俱令厅汛等督率河兵栽种苇柳。现在按工详记册档，交永定道率同厅备等稽查培植，以益工需。所有臣查办缘由，理合恭折奏明立案，伏祈皇上圣鉴。谨奏。（奉朱批："知道了。钦此。"）

乾隆二十四年［1759］九月　直隶总督方观承《为钦遵圣训筹办坝工事》

窃照，永定河南岸二工之金门闸石坝、长安城草坝，北岸三工之求贤村草坝，皆以分减上游汛涨之水。内长安城一坝，建于乾隆四年［1739］，桩草朽烂，灰土剥裂，难资分泄。是南岸金门闸以下别无宣泄之路，一遇盛涨，难免迸急。仰蒙皇上指示，令于三工、四工之间，添建减水坝座。圣明洞照，切中机宜。臣即传知道、厅等，将三、四工一带地势及引河去路先行查勘。臣于八月二十六日到工往还，详加相度。四工界内地多浮沙，且堤外地形过低，未为合宜。其余工段酌筹减河归宿，而道路甚长，经由庄村太多，不无妨碍。今看得三工宿字八号北村②地方，西距金门

---

① 鱼鳞图册，简称鱼鳞册。是为征派赋役而编造的土地簿册。始于宋朝。明洪武二十年［1387］命各州县分区编造，以田地为主，分号详列面积、地形、四至、土质及业主姓名，一式四份，分存各级政府，作为征税根据。图上所绘田亩挨次排列如鱼，故称鱼鳞册。清朝曾多次修订。

② 在固安县西北隅，现有西北村、东北村，两村当为其地。

闸二十里，堤内外地势相等，河身距堤远近适合。应于此处建筑草坝一座，金门宽十六丈，用大小夯土排筑坚实。其减下之水，查堤外东南，旧有横埝一道，应循埝开挑引河，会入金门闸减河，长七百九十五丈。埝内并无村庄，甚为妥便。统计建筑坝座、开挑引河，约估需工料银五千二百四十九两零。查，有自乾隆二十年［1756］至二十三年［1758］岁、抢修案内，积存节省银一万七千六百七十八两四钱，堪以动用。无须另案请领。至堤外引河，占用旗民地亩有限，应即于附近河滩淤地内，照数拨补。再，东西牤牛减河，河身太窄，减下之水易致漫溢。应行开展，俾资容纳。向来减河疏浚停淤，例用民力。今展挖河身土方稍多，其坐落地方悉系永清、固安、霸州今夏被水之区。可否仰恳圣恩，准仿照以工代赈之例，每日每名支给口米一升，盐菜钱八文，俾资力作。则沿河贫民就近趋事，愈加感激踊跃矣。除饬造具料估细册，报部查核外，此时应先于道库酌拨银两，俾其预为采办料物，俟凌汛过后即行兴工。臣督率道厅等稽查、经理，务期坚实以重要工。所有臣钦遵筹办缘由，理合绘图贴说，恭折具奏，伏乞皇上圣鉴训示。谨奏。（奉朱批："如所议行。钦此。"）

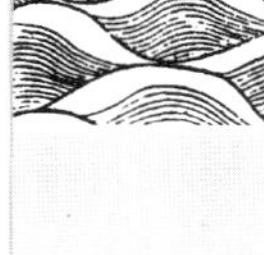

乾隆二十五年［1760］七月十五日　直隶总督臣方观承《为奏闻事》

窃查，永定河下口于北埝外筹筑遥埝一道，预为匀沙行水之地。自北埝上汛第一号起，东北圈至母猪泊止，共长八十六里，底宽三丈，顶宽一丈，高五七尺不等。又，接筑凤河东堤北过遥埝之尾，长三十二里，底宽二丈，顶宽一丈，均高五尺。经臣于乾隆二十一年［1756］三月内，恭折奏请圣训遵行。在案。除凤河东堤土方照永定河疏浚中泓之例，令附近居民力作，每方给银四分，加夯硪银二分四厘，共需银一千九百七十六两三钱零，于永定、通永、天津、清河各道库内，存贮河院书办[①]饭食银两动用，即于二十一年［1756］办竣外，其北埝工程，臣续次详加相度。应于原估之外，加筑高宽，普律底宽五丈，顶宽二丈，均高七尺。除让出近埝村庄收缩丈尺外，实长一万四千九百四十九丈，计八十三里零九丈，共需土三十八万零八方五尺，通共估需银三万五千七百二十两七钱零。臣思，此项工作并非急需，而逐年渐次加培，仅可从容办理。除乾隆二十一年初筑根基酌给土方银两，连夯硪共

① 河院，指河道总督的衙署；书办，是指在河道总督衙门不在官制以内，承办长官命令办理例行文书事务的人员。书办在清廷各级衙门都有此类人员，即古代所称之胥吏。

用银八千七百一十二两六钱六分外，二十二、三、四、五等年［1757、1758、1759、1760］俱系动用民力，止给夯硪工价。通计，自二十一年起，此五年内分年带办，实用过银一万四千零三十两九钱七分六厘，均在额设岁修内通融节省办理。业经按年分晰，入于岁修项下题报。在案。今遥埝告成，屹然巩峙，与北埝相距自二里许至七、八里，渐宽至三十余里不等，既以备将来下口迁改之用。而埝内村庄，并恃遥埝以御东北一带沥水，其埝内沥水，又有凤河为之宣泄，故村民皆乐于趋事。至埝外村庄沥水，又得遥埝之下引以为去路，此引河即就筑埝起土，坑坎疏成通入凤河。今凤河间有倒漾之水，并藉引河以为容纳，还复输注于凤河。是以，连年遥埝内外得免沥水之患，现在田禾并皆茂盛。臣覆勘收工，分交北埝上、中、下汛员经管，遍栽柳株，随时修葺，即为现在北埝之外障。事关奏案工竣，理合绘图贴说，恭折奏报。伏乞皇上圣鉴。谨奏。（奉朱批："好，知道了。钦此。"）

乾隆二十六年［1761］正月二十六日　直隶总督臣方观承《为改建永定河减坝以资宣泄事》

窃照，永定河北岸三工黄字四号求贤村减水草坝，建于乾隆四年［1739］，金门海墁灰土剥裂，屡经补筑。上年秋汛过水冲刷尤甚，皆翻露见底。兼以桩草多有朽烂，难以修整，应筹另建。而北岸减坝只此一处。臣率同道、厅等详加相度，应仍在三工建设，以资北岸上游宣减盛涨。只须移上一号，建于黄字三号形势为顺。其减下之水，即可就近引归旧坝，引河循堤东去。行据道、厅等确切勘估，悉如旧坝成式：金门宽十六丈，坝面海墁深五丈，并迎水、出水海墁，俱用灰土排筑坚实，坝下开挑引河长二百七十五丈，宽十二丈至八丈、六丈不等，接入旧坝引河。并于堤外圈筑斜埝一道，长二百九十丈，接连旧坝土埝。则减下之水，不致旁及堤外附近村庄。统计建坝、挑河、筑埝等工，约共需银四千九百六十四两零。查，有永定道库贮节年河滩淤地租银可以动用，应即先行酌拨银两，购备物料。俟凌汛后督令上紧兴修，限于四月内完竣。除将工料细数造册送部核销，并引河占用地亩查明拨补报部外，臣谨绘图贴说，恭折具奏，伏乞皇上圣鉴训示。谨奏。（奉朱批："如所议行，钦此。"）

乾隆二十八年［1763］正月十六日　直隶总督臣方观承《为奏明事》

窃查，永定河南、北两岸向分十八工，北岸工段以"天地黄宇宙洪日月盈"九字编为号次；南岸工段以“星辰宿列张寒来暑往”九字编为号次。乾隆十五年［1750］恭逢圣驾视河，亲临指示：“以两岸自头工至六工，应存其旧。续筑之两岸上下七工、八工，河身高仰，应于改流之后，裁去此二工名色。”臣钦遵记载。嗣于十六年［1751］下口改由冰窖。又于二十年［1755］改由北岸六工二十号，其旧下口之上下七工、八工皆废。是以，自北岸头工至六工，惟有天地黄宇宙洪六号，南岸自头工至六工，惟有星辰宿列张寒六号。核其字号次序，本文已不相属。而星字之于堤，洪字之于河，亦非所宜称。[①] 臣之愚见，两岸工次似可毋庸编列字号，南岸则称为南岸头工、二工、以迄六工；北岸则称为北岸头工、二工、以迄六工。南北两埝仍称上、中、下三汛，较为简捷易晓。如蒙圣鉴允准，除饬厅、汛按工改立签记外，应并咨明工部。嗣后，将题奏事件、报销册籍，皆照此开写，以昭画一。伏乞皇上训示。谨奏。（奉朱批：“甚是，如议行。钦此。”）

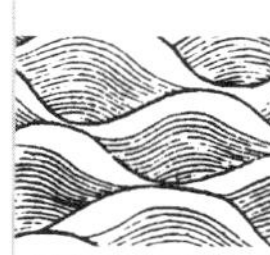

乾隆二十九年［1764］三月二十八日 工部《为请裁衩夫以筹实益以节虚糜事》

臣等会议，得直隶总督方观承奏称：“窃查，直隶垡船一项，于乾隆三年［1738］设立，以疏淀中水道。乾隆十年［1745］又经添置两次。其设立土槽船、行船、牛舌头船三项，统立垡船计四百只，衩夫一千二百名，辖以千总、外委。分隶永定、天津、清河三道内。牛舌头船八十只，因不适用，于乾隆七年［1742］后节次议裁。现存垡船三百二十只，衩夫一千八十名，管辖千总二员，把总四员，外委二十员。臣节年以来体察情形，垡船之用在于捞泥，尤重疏淀。然水深五尺以下爬捞，即不能着力，而船泥载重水浅，又复行滞，旱涝皆不适用。且两淀广袤数百里，捞泥一船，远运淀外数里、数十里之遥。一日之中能作几次往返？其于去淤取泥所益几何？其船造费仅用银八两，本甚薄劣，而土泥为用卤莽每易损坏。及至河淀遇有水中取泥等工作，虽全数调拨亦不敷用，仍须另雇民夫乃可集事。而垡船一年一油舱，三年一小修，五年一大修，十年一拆造。布篷五年一换，苇篷三年一换，各项器具岁需添补。衩夫每名岁给工食银六两，遇闰加增五钱，并千、把、外委，

① “天地”等字，取自旧时蒙学读本《千字文》。前五句为“天地玄黄，宇宙洪荒，日月盈昃，辰宿列张，寒来暑往。”其“玄”字因避康熙帝名讳“玄烨”不用；“荒”字未用，“昃”字或为“星”字。用来命名河工汛段，因图吉利，选用“所宜”之字。反映清代治理永定河的一种文化观念。

俸廉、马干、坐粮、房舍等项，通计十年之中约需银九万五千余两。功效有限，耗费实用。伏查，此案设立之初，即奉有谕旨：'淀河地甚广阔，若仅以设船挖浅，用资补裨，犹非本务。着朱藻、顾琮会同李卫再详悉酌议，钦此。'是垡船之无益于疏淀，早在圣明洞鉴之中。自议行以来，无甚补裨，久乃益见。应请将额设垡船三百二十只全行裁汰。衩夫一千八十名，本属水乡民夫，悉令散归渔业。嗣后，河淀工程如有需用夫船之处，应令临时雇觅，按其夫船各数，照例给价报销，庶作止有时工归实用，不致多糜经费。至原设管船之千总、外委，应酌为裁省。查，直隶河工惟永定河设有守备一员，其隶天津、通永二道之汛弁，俱系千把、外委。而天津道属如南运河工，又子牙河格淀长堤，海河西沽叠道，清沧减河，老黄石碑、宣惠等河，现于工赈水利案内次第修浚，向设防守事宜。既须有武职与文员互相稽查，而河工守备止有一缺，各道属之俸满千总，尝守候至数十年补用无期。其中，不乏材技可使之员，未免日就隳颓，难期夺勉。今垡船既裁，可否将应裁之管船千总二缺，改设守备一员，驻扎天津，隶天津道管辖。所有南运河河兵、千把总汛务，及天津道属各工，均令该守备经管，听候天津道差委。查勘所需，衙署即以议裁之千总等汛署移建，或变价改建，毋庸筹项。其应得俸、廉、马干等项，照永定河守备之例支给。又原设把总四员，应将三角淀厅一员，保定河务厅属一员裁汰，子牙厅下汛驻扎独流之把总一员，津军厅下汛驻扎韩家树之把总一员，仍照旧安设。经管格淀长堤。其子牙厅上汛驻扎庄儿头之千总既裁，所管格淀长堤工段，应照霸州州同分管之例，归于子牙厅属王家口县丞就近管辖，以重要工。其随船经制外委二十员，悉撤回同所，裁千把总四员，容臣详加甄别造册报部。其平庸衰老者，即令退休；才可用者，分拨各河道衙门，给与河兵守粮二分，遇缺酌量咨补。至原管垡船之州同、州判，系旧设汛员带管垡船，今垡船虽裁，仍有本任修防，应循其旧。至所裁垡船三百二十只同物料器具等项，应交各该道，查明新修旧置，饬令地方官，分别变价解交司库报部查核。裁缺之千把外委俸廉等项扣留入拨。臣谨将查明垡船应行裁汰情形，分晰缮折陈奏，"等因。

查，直隶永定河各道属，乾隆二年［1737］据前任总河顾琮，以东、西两淀为西南众水之汇，拥泥挟沙日渐淤塞，奏请设立垡船二百只，衩夫六百名，乘时捞浚。经大学士鄂尔泰议覆准行。乾隆九年［1745］，又经协办大学士刘於义等，以各道内应用衩夫者甚多，奏准添设垡船二百只，衩夫六百名。各在案。嗣于乾隆十三、四等年［1748、1749］，该督等查明，垡船内有牛舌头船八十只，船身窄小难以适用，题请裁汰，并裁衩夫一百二十名。亦经臣部议准在案。今既据该督奏称：“垡船之用在于捞泥疏淀，然水深五尺以下爬捞，即不能着力，而船泥载重，水浅又复行滞。及至遇有工作，虽全数调拨，亦不敷用，仍需另雇民船民夫。而垡船修造油舱添补各项器具，衩夫岁给工食，并千把外委俸、廉、马干等项，通计十年之中约需银九万五千余两，功效有限，耗费日多。应请将额设垡船全行裁汰。其衩夫本属水乡民夫，悉令散归渔业。嗣后，河淀工程如有需用夫船之处，应令临时雇觅，照例给价报销，”等语。查，河工安设修浚器具，并设立河兵，原应适用，庶帑不虚糜。今直属各道垡船，旱涝俱不相宜，而临工仍须另募，是与其常年虚设，糜费不赀。自不若临时雇觅民船、民夫，按需办之工程照例给价，可节虚糜而收实用。所有额设垡船三百二十只，应如所奏，准其全行裁汰。饬交地方官，据实估变造册送部查核。其衩夫一千八十名，悉令散归渔业，仍将住支衩夫工食、并千把外委俸、廉等项银两日期声明，报部。至嗣后河淀工程，如有需用船夫之处，应令该督临时雇觅，船夫照例给价核实报销。又该督奏称：“原设管船之千把外委，应酌为裁省。查，直隶河工惟永定河设有守备一员，其隶通永、天津二道之汛弁，俱系千把外委。而天津道属如南运等河现于工赈水利案内，次第修浚，向后防守事宜，既须有武职与文员互相稽查，而河工守备止有一缺，各道属之俸满，千总当守至数十年补用无期。其中不乏材技可使之员，未免日就隳颓，难期奋勉。今垡船既裁，可否将应裁之管船千总二员，改设守备一员，驻扎天津，隶天津道管辖。所有南运河河兵千把总汛务，及天津道属各工，均令该守备经管，听候天津道差委查勘。其应得俸、廉、马干等项，照永定河守备一例支给。又原设把总四员，应将三角淀厅属一员，保定河务厅属一员裁汰。其子牙厅下汛驻扎独流之把总一员，津军厅下汛驻扎韩家树之把总一员，仍照旧安设，经管格淀长堤。其随船外委二十员撤回，同所裁千把总四员，容臣详加甄别。其平庸衰老者，即令退休；才可用者，分发各河道衙门，给与河兵守粮二分，遇缺酌量咨补，”等语。应如所请。永定河、子牙河垡船千总二缺、把总二缺，准其裁汰。即改设河营守备一员，驻扎天津，隶天津道管辖。所有南运河河兵，千把总汛务及天津道各工程，均令该守备经管，听天津道差委。查勘所设守备一缺，应照永定河河营守备之例，定为题缺，行令该督于河营俸满千总内，拣选熟悉河务之员，题请补用。所有应得俸、廉、马干等项，准其照永定河守备一例支给。其子牙河厅下汛驻扎独流之把总一员，津军厅下汛驻扎韩家树把总一员照旧安设，经管格淀长堤。至随船外委二十员，准其悉行撤回。所裁之千把总四员，令该督详加甄别，平庸者即令退休，才具可用者分拨各河道衙门。给与河兵守粮二分，遇缺酌量咨补。仍令该督，将所设守备拟定营制名色，并将照旧安设之把总经管堤工事宜，及所裁千把撤回，外委甄别去留之处，即行造册，咨报兵部查核。再，子牙河格淀堤工段，准其归于子牙厅，属王家口县丞就近管辖，并原管垡船州同、州判，向系带管垡船，今既裁汰，应循其旧。至议裁之千总等汛署，移建守备衙署，或变价改建，应令该督妥议咨报工部。其裁汰之千把外委俸、廉等项扣留入拨之处，该督亦即报明户部查核可也。谨奏。（奉旨："依议。钦此。"）

乾隆三十年［1765］八月初八日　吏部等部《为遵旨议奏事》

臣等会议，得直隶总督方观承疏称："永定河道衙署向建固安县城内，地处低洼，停淹环浸墙垣，房屋多就倾颓。如仍在旧基修理，实属徒费无益。在于固安县南关高阜地面勘定基址，移建永定道署一所，大门三间，仪门三间，大堂三间，二堂三间，鼓楼二座。其余内外官厅、库房、住房、科房、班房等项，共九十五间。除将旧署物料估变外，需工料地价银三千七百六十二两九钱四分零。南岸同知衙署一所，择于固安县东门外建盖，大门三间，仪门三间，大堂三间，二堂三间，又内外住房等屋二十七间，估需工料地价银一千六百一十二两一分零。北岸同知衙署一所，择于固安县附近永定河北张化地方建盖，大门三间，仪门三间，大堂三间，二堂三间。又，内外住房等屋二十七间，估需工料地价银一千六百一十二两一分零。通共估需工料地价银六千九百八十六两九钱七分零。其所估工料银两覆核无浮，应请俟覆到之日，在于司库节年地粮银内动拨发给。至北岸同知岁支房舍银八十两，俟该厅衙署建竣之日，即行停止支给，"等因。前来。应如该督所请，永定河道衙署准其移建固安县南关高阜地面；南岸同知衙署准其建盖固安县东门城外；北岸同知衙署准其建盖固安县附近，永定河北张化地方。其所需工料地价银两应，准其在于司库节年地粮银内照数动给，造入节年地粮奏销册内，题报查核。仍令该督酌定限期，并酌给银两，转饬作速撙节办理。俟工竣之日，将实在用过工料银两，照例备造细册，并委员查勘取具，并无浮冒捏饰，印结题销。并将该道厅新建衙署占用地亩若干，每亩应需价银若干，所遗旧署基地作何收用之处，逐一声明题报。其地粮册造，北岸同知岁支赁住房舍银八十两，俟该厅衙署建竣之日，即行停止，咨报户部查核。谨奏。（奉旨："依议。钦此。"）

乾隆三十一年［1766］八月十七日　大学士公傅恒等《为遵旨议奏事》

臣等查议，得直隶总督方观承奏称："窃照，乾隆十八年［1753］二月内奉上谕：'缘河堤埝内为河身要地，本不应令民居住。向因地方官不能查禁，即有无知愚民，狃于目前便利，聚庐播种，罔恤日久漂溺之患。曩岁朕阅视永定河工目击情形，因饬有司出示晓谕，并官给迁移价值。阅今数年于兹，而朕此次巡视，见居民村庄仍多有占住河身者。或因其中积成高阜处所，可御暴涨，小民安土重迁，不愿远徙。而将来或致日渐增益，于经流有碍。不可不严立限制。著该督方观承，将现在堤内村民人等，已经迁移户口房屋若干，其不愿迁移之户口房屋若干，确查实数，详悉奏闻。于南、北两岸刊立石碑，并严行通饬。如此后，村庄烟户较现在奏明勒碑之数稍有加增，即属该地方官不能实力奉行。一经查出，定行严加治罪。特谕。钦此。'经臣钦遵查明，南、北两岸，自头工至六工，南岸河滩内村庄七处；北岸河滩内村庄十一处，合十八村共二百五十九户。俱于堤外指给村基全数搬移，立碑两岸。又，河道经由之南埝内，大小二十八村，臣遵旨劝谕迁移给领房价，内十一村全行迁去，十七村迁去六百三十二户。其余不愿迁各户停止给价，亦不许其添盖房间，所有地亩蒙圣恩减赋，仍听各户守业。又，北埝以内比时水未经由，臣因其在两埝之内，曾[7]将北埝至范瓮口四村，自范瓮口至凤河十六村，一并查明户口房间，预为限制奏明。在于南埝、北埝并范瓮口以下三处，各立一碑，合之南、北岸二碑，共五处碑文，拓印进呈。各在案。今查，南、北两岸河身内，已迁之户载在碑记，并无一户违禁复回者。其南、北两埝，因南埝距河已远，并相近北埝，水未经由各村，地亩俱可耕种，从前迁去人户，有回本处搭盖窝铺耕获者。并因连岁丰稔，渐将窝铺改为土草房间，希回旧土者，节经地方官查，照碑载户口禁止。又，节据东安、武清、霸州、永清、天津等州县属三十四村民人，各向地方官恳请：'以从前下口水道经由之处不能耕种，上蒙皇恩高厚，给领房价保全民命。凡屋基低洼近水者，俱皆迁去。今河道改由北埝、遥埝一带，所有涸出地亩，曾[8]经减粮守业，无如隔远耕种不便，现有回至本村者，即被驱逐。又，十余年来，儿孙娶妇、兄弟分房，不得不添盖土房、草房，每被衙役催逼拆毁。恳求皇上恩典，准民人等暂回原处耕种，房间暂停拆毁，如水道复又经由，立即搬移，不敢再领房价。情愿预行出具甘结存案，'等语。臣查，从前奉旨申禁，原为保御民生，疏通河道。今据前情检查旧案，该处地亩系减照河泊地，完粮守业。今水不经由，应否准其暂为耕种。其未迁各户，所有屋旁院内应否准其暂添草土房间居住。天恩出自皇上。至从前减粮地亩，既可照旧耕种。所有应完钱粮，自应依旧额征收。并减粮存退旗地，一并报部办理，合并陈明，”等语。查，沿河堤埝内为河水经由要地，原不应令民居住、垦种，以致侵占河身。设遇汛水涨发，田庐每致淹侵，所关匪细。是以，钦奉谕旨，饬令地方官出示劝令，迁移并给领房价，立碑定以限制。所以为民生计至深远也。惟是从前查禁堤埝内聚庐开垦，特为河身低洼之处，水势经由，恐于河防民业有碍。今据该督查称：“南埝距河已远，水未经由，而东安、武清等属三十四村民人，各以现今河道改由北埝及遥埝一带涸出，地亩俱可耕种。但与现在迁移之处，相隔遥远，不便管业。恳请暂回原处恳种，其未迁各户暂添草土房居住，”等语。是现在南埝内村地既非水所经由，与河道并无妨碍。小民依恋故土，亦属实情。似宜因时酌办。应如该督所请行。再查，从前迁去各户俱经给领房价。今该村民等，既请仍回原处耕种，承粮守业。则原领房价自应按数缴纳归款，应令该督查明办理。仍确核碑载户口，实力稽查，不得任他处村民滥行搭盖窝铺房间，日渐增益，致妨原定限制。至从前减粮地亩，既可照旧耕种，所有应纳钱粮，仍依旧额征收，并将减粮存退旗地，一并报部查核可也。俟命下交该督遵照办理。谨奏。（奉旨。“依议。钦此。”）

乾隆三十一年［1766］十月初三日　直隶总督臣方观承《为筹办永定河苇地改种收租事》

窃照，永定河七工旧河身内，有坐落武清县属范瓮口淤滩苇地四十六顷七十七亩零，系雍正四年［1726］改河案内，官买民地为筑堤行水之用。又，续次在于苇户刘元照侵占官地案内，丈出河淤余地一顷九亩，一并归入奏案。共计地四十七顷八十六亩零。内除河身起土坑塘，并堤坝压占，及栽柳空隙等地，共计八顷九十一亩零。实存地三十八顷九十四亩零。为河工蓄养苇柳麻斤，并以余租充河神各庙香火之用。经臣于乾隆二十五年［1760］七月内《查明具奏事》案内附折奏明。在案。数年以来，范瓮口一带，因节次受淤，已成高滩，不但距河已远，并少余沥停润。所有苇地十七顷七亩产苇渐稀，且短细不堪适用。又别无蓄养之法，有日就荒芜之势。臣据该管厅汛禀报，亲往查看属实。总因河远水涸，变洼湿为亢燥，非苇性所宜之故也。查，苇地相近，原有产麻收租隙地二十一顷八十六亩零。麻性喜湿，近亦因水远改种。今若将苇地召垦改种禾稼，一并定额征租，以充官用，庶可收随时经理之益。应请于今冬收毕苇草之后，将苇地交与地方官，丈量明确召民认垦，苇根纠结工本较费，初种之年禾稼亦不旺发，应稍宽其租数。于乾隆三十二年［1767］为始，将新旧地租等次分别详报立案。至一、二年后渐成熟地，即可普行酌定租额，以每亩租银二、三钱约略核计，合三十八顷九十四亩之地。每年可收租银一千余两。由该县批解永定道库，报明臣衙门，使上下皆有案据。此项租银，除汛后惠济祠四处守神演戏，并南、北两岸下口八处庙宇一切祭费，照向来核定之数，共需银二百四十两，外约可余银七、八百两，应悉存贮道库。遇有河防公务，如修葺沿河庙宇及堤埝汛房等项，臣核其应需实数，奏明动用。仍于具奏时将每年租银开明收余各数，使有稽考。至下口遥埝、越埝间，有应用苇柳等料防护之处，除柳枝采用外，应于抢修节省料内通融动拨核销。无须将租银购备抵用，以免牵混合并陈明。所有臣等筹办下口苇地缘由，理合恭折奏明立案。伏乞皇上睿鉴训示。谨奏。（奉朱批：“如所议行。钦此。”）

乾隆三十二年［1767］七月十五日　直隶总督臣方观承《为奏明事》

窃照，永定河南岸头工二十七号，有玉皇庙一座，前后三层，东、西两所正殿，悬有圣祖仁皇帝御书，“万象同瞻”匾额。询之老民，称为康熙三十二年［1693］圣祖仁皇帝临视永定，发帑建造之工。经今七十余年，房屋渐次坍坏。近因该处岸势兜水，生险堤埽逼近庙墙，益形卑隘。臣往来工次，窃以圣迹所存，理宜修整。曾于天津行宫面奏情形。今臣亲临看视，殿宇房屋多须落架另盖。原处既贴近险工，又地处虚湿，自应另筹移建，以垂永久。臣率同该厅就近相度，应移向迤西一百五十丈之外，地势较高处所，仍照旧制修建。除选用旧料外，估需工料银三千一百八十六两。查，永定道库贮有节年河淤地租一万三千八百余两。似可于此项内动拨充用。并请先行酌发添办物料，于汛后择吉兴工，责成该道、厅等督办。工竣核实报销。所有臣估办动项缘由，恭折具奏，伏乞皇上圣鉴训示。谨奏。（奉朱批：“知道了。钦此。”）

乾隆三十四年［1769］七月初五日　直隶总督臣杨廷璋《为请添建金门闸石龙骨要工以重河防仰祈圣鉴事》

窃照，永定河南岸二工之金门闸滚水石坝，于乾隆二年［1737］，经大学士鄂尔泰，会同前督臣李卫、河臣顾琮奏请建造。计宽五十六丈，灰土石海墁，共进身三十六丈，为宣泄异涨之要工。乾隆六年［1741］，前署督臣高斌因坝面过高，不能过水，奏奉议准，两旁各留一十八丈仍旧外，将中路之海墁石二十丈放低一尺五寸。俾常汛则可从中减泄异涨，则可通坝过水，于乾隆七年［1742］改修完竣。维时测量放低之处较水面高出不多，河水稍长即可过坝。迄今将三十年，河身日渐淤高，幸坝内老坎系属背溜，每年汛水长发，只漫过一尺及尺余不等。自本年凌汛后，河溜渐觉改移，坝口稍有迎溜之处。今春，臣即顺道查勘，测量河身，较从前放低之处，已属相平，不能挡溜。必须将石海墁升高，庶可宣泄异涨，而常汛亦不致于旁溢。但石海墁宽至五十六丈，进身至一十六丈。若一律升高所需经费未免繁重，且石工并不损坏，正毋庸拆毁已成之工，而为此加高之举致滋糜费。是以思患预防，与道、厅商酌，于坝口暂作草坝关栏，以俟定议酌拨。今臣防汛来工，复亲加察看情形。现在，河溜虽不直走金门，但坝口既有迎溜之势，若再因循不为筹办，设一时大溜改移，必致有费周章。与其仓卒办理于事后，孰若从容经画于几先。随与该道满保，暨两岸同知兰第锡等，悉心讲求斟酌。查，从前放低一尺五寸之石海墁，自迎水至出水处共进身一十六丈。今拟将迎水处进深一丈二尺，照旧加高一尺五寸，与两旁三十六丈之海墁一律相平。统于坝口凿槽，安砌尖脊石龙骨一道，长五十六丈，高二尺五寸，以资挡护。即使异涨夺溜而来，有此龙骨以御其汹涌之势，水势自必纡徐跌荡而过，不致怒涛直溢莫可抵御。核计加高迎水处进深一丈二尺，添建石龙骨五十六丈，需用条、块、片各石料及运脚夫工灰浆等项，共估需银二千五百八十四两零。又，出水护坝排桩共八十丈内，二十丈因积年过水汕刷朽烂，应行抽换，估需工料银三百五十余两。出水灰土簸箕并管头木，亦因年久被水冲刷残缺，应逐一补筑完整以资巩固。估需工料银一千五百四十余两以上，添建石龙骨、抽换排桩、补筑灰土，通共需银四千三百七十余两。查，道库现有存贮节年岁抢修项下节省银七千八百八十余两，应请即于此项内动拨，于本年购齐料物，明岁二月兴修赶办。工竣后，臣亲自勘验核实报销，不使稍有草率浮混。如此酌量添修，即或河身改溜亦可无虞，而坝工益复坚固，蓄泄均无窒碍，经费不致过糜，于永定河防似有裨益。如蒙俞允，容臣饬造估册送部查核。一面拨项办理，届期施工。理合恭折具奏。并绘具图说附呈御览。是否有当，伏乞皇上睿鉴训示。谨奏。（奉朱批："既明年兴工，俟一、二日面商为妥。钦此。"七月初八日南石槽行宫，面奉谕旨："著照所请行。钦此。"）

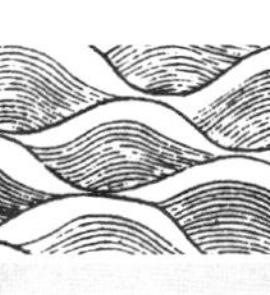

[卷十六校勘记]

〔1〕原刊本衍一“该”字，据文意删。

〔2〕原刊本“概”字作“槩”，“概”的古体。改为通用字。

〔3〕同〔2〕。

〔4〕“旗”字在本卷多处都作“旂”，“旗”的异体字，均改为通用字，下同。

〔5〕“杂”字原刊本作“襍”，“杂”的古体，改为通用字。

〔6〕同〔1〕。

〔7〕“曾”原刊本误为“鲁”，据前后文意改。

〔8〕同上。

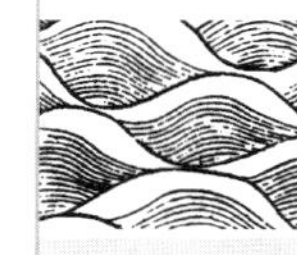

卷十七　奏议八

（乾隆三十六年至四十年）

乾隆三十六年［1771］四月初二日　直隶总督臣杨廷璋《为奏明事》

窃照，永定河滩淤地亩，经前督臣方观承丈出地三十八顷九十四亩零，交地方官召民认垦，每年收租银一千余两，为各庙祭赛演戏并河防公务之用。于乾隆三十一年［1766］恭折具奏，（奉朱批："如所议行。钦此。"）钦遵在案。兹历数年之久，河身挟沙而徙，不无又积新淤。当经臣转饬永定河道满保清查，议禀前来。臣查，南、北两岸六工现丈出新淤并柳园隙地，共七十顷八十九亩零，既可随宜种植，未便置之废弃，应请仍照从前查出淤地之例，一体召民认种输租，以收地利。臣与该道等公同商酌，永定河南岸土性带沙，北岸则纯沙无土，年年被水冲刷，形势未免渐致低薄，自应添厚加高，以资捍御。惟是例动抢修项下，并无培筑堤岸之款。今查，前项地七十顷八十九亩零，应拨出六顷，为北二工新建河神祠香火之用。其余六十四顷八十九亩，约计每亩租银二钱零，交各该地方官召民认租，岁可得银一千三、四百两，按年解贮道库。先择南、北两岸最低、最薄之处，加高培厚，逐一夯硪坚实，按年次第经理。将所收租银据实动用，由道详报，臣于防汛时核实验收，必使数年之后，可使两岸堤工渐次一律高宽。仍每年将增高、加厚丈尺动用租银数目，恭折具奏一次，俾有稽考。再，将来南、北两岸堤工办竣，［作何］将租银酌定［为］岁修［之用］[1]，以资经久之处，临时另行定议，奏明办理。所有臣查办缘由理合恭奏，伏乞皇上睿鉴。谨奏。（奉旨："知道了。钦此。"）

乾隆三十六年［1771］十二月二十六日　臣高晋、裘曰修、周元理《为遵旨会勘直隶永定等河筹办事宜恭请圣训事》

窃惟直隶近京一带，频年雨水过多，河流涨发，永定、北运间有漫溢，附近田亩节次被淹。仰蒙圣恩，发拨帑金，多方赈恤，群黎感沐，生成固已咸登衽席①。兹复以各河应疏、应筑及应行减泄之处，特命臣等会同勘办，以期流安工固，保卫田塍②。臣等钦遵谕旨，业将勘过南北运河大概情形，先后缮折，仰蒙圣鉴。兹复会同，将永定河、北运河竟委穷源，暨上下四旁遍行查勘。永定河发源于山西口外，入直隶怀来县境内之和合堡，从石景山而出。臣等至彼，详加相度。和合口原系两山夹峙，一水中通，浑流至此，本天然收束。旧有玲珑石坝③，意在稍缓其势。其实水小则无需抵御，水大则易于冲坍。坝工既难经久，自可无庸修复。迨至石景山，始有段落工程。顾永定河性最湍急，南冲北激，水势迄无一定则。善治之方，诚如圣明洞鉴，亦无一劳永逸之策。臣等遵奉圣训，指示要领，于人事未尽之中，讲求补偏救弊之法。惟有疏中泓，挑下口，以畅其奔流；坚筑两岸堤工，以防其冲突。犹恐大汛之时满盈为患，深浚减河以分其盛涨。今查，石景山至卢沟桥，旧有石工，凡坍损蛰裂之段落，拟一律修补完固。自古以来，卢沟桥迤下，头工至六工，河身皆有淤阻，而头工、二工尤甚。臣等酌拟，将中泓湾曲形如之字河身，悉行取直。各就形势抽槽，宽自六、七、八丈至十一、二丈不等，深四、五尺至七、八尺不等。虽汛水长发，普漫而来，然水性就下，有此沟槽导引，大溜自归中泓下注。其两岸堤工单薄，残缺之处甚多，今拟间段加培。至迎溜顶冲背后，旧日漫口补远原堤之处，应估筑月堤，以为重门保障。惟是两岸悉系浮沙以之筑堤，仍恐不能坚实。如有胶土之处，应取胶土加帮。否则内用沙土，外以碱[2]土，盖面封顶，庶资巩固。南岸之金门闸并北村坝，北岸之求贤坝，皆为分泄永定河异涨而设。金门闸口现今淤高，而北村、求贤两坝出水处，向系灰土，两边坝台向用草工。现据叠被冲损，今拟俱改作灰土至下游引河。金门闸与北村两道，均归入牤牛河。其淤阻之处，宜一律挑通。查，牤牛河经由霸州地面入中亭河，若减水过多，则霸州一带田亩被其淹浸。且中亭河不能容纳，更易阻滞。查，牤牛河下截牛坨地面，有黄家河一道，为牤牛河分流，今渐淤废。臣等查，此河东南行，由津水洼入田家泊，俱系空旷之

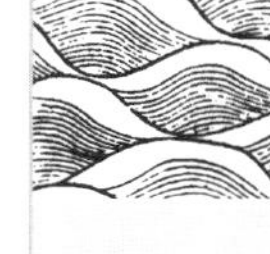

---

① “群黎……衽席”句。群黎：众多百姓，感，受到。沐，沐恩，受到恩惠。生：生命或生业，固已，稳固了，咸，全。登，上，衽席，床铺。全句意为“众民蒙受恩惠，生家性命得已保全，都能上床安睡。”

② 保卫田塍（chèng）塍：田畦、田间路界；全句意为保护农田。

③ 此处玲珑石坝，即乾隆八年［1744］十一月二十七日高斌上疏倡议修筑的。原奏议的议覆折收录于卷十四。此为永定河上游筑坝拦洪的初次尝试，二年后被冲毁。

地，约宽二十余里，足资容纳。今拟于牛坨之旁牤牛河、黄家河相接分流之处，筑挑水坝。俾上游减下之水，多入黄家河，少入牤牛河，则去路益畅，而牤牛河亦可不致溢出。其北村坝引河，已经全淤。向系西行四里余，即入牤牛河，与金门闸减下之水同为一路。且自东转西形势不顺，往往东漫。今拟开向东南，计五十一里，于将至牛坨之黄家河稍上，入牤牛河，即可会入黄家河合流而下。此两旁地亩内被水，皆可藉以宣泄。又不独减泄永定多余之水而已。此办理南岸减河之情形也。北岸求贤坝现在坝口残坏，亦因被淤之后形势改易，应行另建，并开小引河一道，达于旧河。其迤下间段淤阻，通为开挑，顺入黄花店[①]月堤之下，归入母猪泊内。此办理北岸减河之情形也。至六工以下，自改建下口以来，溜势屡经北徙，若再徙而北，则逼近东安、武清两邑县治，允宜预为防范。臣等两次确勘，今岁溜势经葛渔城之北，马头之南，条河头地方直往东行[②]。臣等因势利导，开通北路，并于旧日已废之北埝十二号，筑拦水土埝，以遏其北徙之道。则径达沙家淀，会凤河下游，由双口归大清河，较为直捷。大汛时消退迅速，自可无虞旁溢。其凤河淤浅处，间段挑深东岸之卑残废缺者，量为整理。惟是永定河所患在沙随水停，易于淤垫。河底淤高，不能水由地中，以致旁趋为害。该河每年虽有挑挖中泓之例，但河流绵亘二百余里，额定岁费所挑不抵所淤。厅、汛各员若再经理不善，未免虚应故事。此次虽经疏治，水过仍恐停淤。应请每年于秋汛水落后，臣周元理亲率道、厅查勘一遍，按其所淤丈尺，估挑深通，以备下年过水所需钱粮，若数在额定五千两以内者，应照例估办；倘在五千两以上，则专折奏明办理。年年实力行之，则淤沙有减无增，河流自能顺轨矣。（北运河工程从节）计永定河各工，约估银十四万一千八百余两；北运河各工，估银十五万五千五百余两。王家务滚坝落低，筐儿港修筑灰土，并疏浚两减河，及培筑南北两堤，约估银十一万四千一百余两。修补西沽等处叠道，添设桥座，开挑东岸引河，约估银二万二千四百余两。培筑隔淀堤并千里长堤，约估银六万二千六百余两。以上约估共需银四十九万六千六百两有奇。如蒙俞允，臣周元理查藩库现在无银可办，应请皇上勅部拨发，以济工用。臣等逐处勘明，均系应办之工。现

① 黄花店在天津武清区西境。原为黄花淀，故名。

② 此条水道在今永清县、廊坊市境，其上游即永清县境永定河故道，灌渠经老柳坨东流，出永清县境，至廊坊市西境的调河头［即条河头］，其东北即马头［今码头镇］，东南即葛渔城［今葛渔城镇］，河道于二镇间东流入天津武清区。武清区境下游河道待考。［参阅《河北省地图册》永清、廊坊图及《天津市地图册》武清］。

将永定河各工，责成该管道员满保，北运河各工，责成该管道员锡拉布。其天津道宋宗元，于此一带情形较为熟悉，并令会同再加确核，取具详细估册，由臣周元理覆核具题，分委妥员承办，工完核实报销。其一切疏筑章程，臣等照例定办工规条，并稽查验收之法，逐一酌定，通饬照办。务使工归实在，帑不虚縻，以仰副皇上为畿甸民生，勤求保障安全之至意。而大小各工及时兴举，用奏平成亿万黎民更普戴皇仁于无既矣。再，各工兴挑之处，如有占用民田，一俟工完，查明应豁、应减粮赋，照例具题。所有臣等会办永定、北运两河各工事宜，理合缮折具奏，并绘图贴说，分别粘签，恭呈御览。是否有当，伏乞圣训示遵行谨奏。（奉旨：“依议。钦此。”）

乾隆三十七年［1772］二月　直隶总督臣周元理《为奏明事》

窃照，永定河南岸头工二十七号内玉皇庙一座，于康熙三十二年［1693］，蒙圣祖仁皇帝亲临视永定河，发帑建造。御书“万象同瞻”匾额，敬悬殿庭。乾隆三十二年［1767］，因庙宇年久坍损，逼近险工，地处卑湿。经臣方观承奏请，移向迤西一百数十丈外，地势较高之处。仍照旧制，动支永定道库存贮节年河淤地租银三千一百八十余两，重新建造。讵三十六年［1771］七月内，秋雨连绵，河流漫溢，全河之水直注庙中竟成大溜，致将庙宇全行冲去。经该厅、汛各员将庙内御书匾额请出，另行供奉。今漫工久经堵筑完竣，而庙宇为圣迹昭垂之地，历今数十年，去年被水冲去，理应即为重建，以垂永久。并请于庙北添河神庙三间，冀藉神庥，以获安澜之庆。行据永定河道满保率同厅、汛各员就近相度，择于二十五号堤旁高阜处所，照从前规制复建庙宇，使古庙不废。并添建河神庙三间，除捞获旧料抵用外，通共估需工料银二千九百七十五两零。具详前来。臣覆核并无浮冒。查，道库河淤地租一项，所存尚属敷用，应请仍于此项内酌发。办理兴工，责成该道、厅实力督办，工竣容臣验看，核实报销。理合恭折具奏。（奉朱批：“知道了。钦此。”）

乾隆三十七年［1772］四月初六日　臣裘曰修、周元理《为设立浚船以重河务事》

查，永定河最称难治，仰荷圣恩大发帑金，俾臣等相度办理。业将勘估情形，会同大学士高晋具奏。在案。现在，南、北两岸堤埝一律加高培厚，自头工至第六工，遇有淤滩挑槽截嘴，又于第六工之下，开挑下口引归沙淀。虽不敢言一劳永逸，然人事当尽之处，亦已不留余憾。但臣等伏思，治河之道，必使水由地中，未可专藉堤防，恃为巩固。每年经过汛水之后，溜缓沙停，易致积淤为患。是挑浚之功，最关紧要。在汛水未发之前，既发之后，皆须逐段详查。一有新淤即当乘时急办。惟水中嫩淤，人夫不能站立，难以施功，必须设立浚船给之器具，则人夫皆可于船上用力，而所捞之土即以入船运至两岸，实为事半功倍。即稀淤不能兜挽，亦可推之使活随水传送，不致久而凝结成滩。于河务方有裨益。查，从前原有浚船一项，缘过于浅小，不能装运泥沙，而所设衩夫多系另雇贫民，不娴挑浚，久之有名无实。经前督臣方观承建议裁汰。今查，永定河上下共设河兵一千二百三十名，原为浚河之用。臣等细按熟筹水中挑淤，必须设立船只，方便于力作，于事有济，并即责令河兵经管，撑驾亦无庸另设衩夫。随饬该道满保，令将船只是否有益，作何施用，应需何项器具，作何挑挖，暨船只作何修补，一一详细具禀。兹据该道禀称："永定河浑流，汛前、汛后淤嘴沙滩，势所必有。但水中挑挖，非有船只难以施功，既添船只，自当筹及用船之人，生手未能合用。查，现在各汛河兵多知水性。应令河兵管驾。如遇挑淤工大，临时添雇民夫，即于额设中泓挑淤项内支销。至所需浚船，应设五舱民船大小造用，计一船用一橹两篙，木柄铁勺二把，长把铁钯二把，通计每船一只，连器具估需银五十两。其船只发交各汛员经收，入于交代，即有损坏，逐年随时修补。亦须照三年小修五年大修之例。在各汛既有船只，则间空之时，拨运上下料物，可省雇觅车辆，以补随时粘补之费。扣满十年拆造一次，准以所拆旧料作三成算用，其造船等费，即在额设节年挑淤余剩银内动用。亦无庸另外请给。今据设立五舱船一百只，酌拨于南、北两岸十二汛应用。凡遇新淤，或应裁截、或应抽槽，随有随办，不致积久为患矣。"等因。具禀前来。臣等覆查无异。惟该道但就上、下二汛而言，而下六汛未经筹及。查，现在所开下口之地，即向来任水荡漾之所，入淀之路，已逐渐淤高。虽不能普加挑竣，亦当抽沟引溜，俾其畅出。凡此抽槽之处，皆宜每岁挑竣数次，以免阻塞，亦非浚船不可。是下，六汛亦应一体给发船只，以例挑淤之用。再，五舱船大小固为适中，而遇水小之时恐未便利。臣等议，用五舱船八十只，三舱船四十只，计大小一百二十只给配。十八汛内应用其五舱船，照该道所请，每船并器具共用银五十两。三舱船并器具，每船估给银三十两。造成之后，臣等仍亲行核实查验。其此项造船银两，查道库现存挑挖中泓银，自三十一年［1766］起，至三十五年［1770］，共有节省银七千八百三十六两有零。如蒙皇上俞允，即以此项动用，及时兴造，限于汛前应用无误。臣等为河务要工起见，

再三详酌，意见相同。为此合词具奏，恭请圣训指示施行。（奉朱批："如所议行。钦此。"）①

乾隆三十七年［1772］六月十六日　工部尚书、兼管府尹事臣裘曰修《为工程完竣并陈明河道情形仰祈圣鉴事》

窃惟畿辅河道，蒙我皇上轸念民生，筹及久远，特命大学士臣高晋、臣裘曰修，会同督臣周元理，谘诹相度，发帑金五十万两，鸠工兴举。自二月初旬冰泮之后，督臣周元理遴员委办。臣复奉命查视。又会同臣周元理，将原估各工复行履勘。又于应行增益并应行节省之处，详加斟酌。至工程将次告竣，又蒙皇上添派藩司杨景素，一同查看收工。臣裘曰修，此次于五月二十六日出京，藩司于六月初二日复来工所，将前次未经收完之工，次第收竣回省。臣裘曰修于永定河头工乘船而下，至第六工，查视中流引河。由六工至新开下口，从条河头出毛家洼，直达沙家淀诸处。遂转至东淀，沿千里堤并子牙河东、西两堤，至西沽，从北运河筐儿港、张家庄、王家务以下至梅厂、大白庄，各地面逐一覆查。各工段一皆如式。无异臣于运河、永定河两河，上下左右俱经行略遍履勘再三。此番仰荷特恩堤埝一切修整，凡从前残缺坍损之处，增高培厚焕然一新。自可资为巩固。臣伏查，永定一河，号称难治，水性浑浊，挟沙而行，与黄河相等。但黄河不烦转输，直达于海。此则入淀穿运，然后达于海。是以，较黄河尤为难治。然黄河绵长数千里，此则二百余里之内，人力独有可施。顾自改易下口之后，自六工二十号以下，任其荡漾，而荡漾既久，泥沙停积，南淤则北徙。遂以北堤改作南堤。迤北又建遥埝。再淤再北，则添越堤，昨岁又穿越堤而北矣。若非此番特命经理，则东安、武清县治将为归墟之壑。是以相度便利，于新开条河头以下，导之使东，断其北徙之路，作通河尾闾。虽限于地势，何敢遽言一劳永逸。然人事不可不尽，未可复以任其荡漾之说误之，则每岁皆当挑挖，并每汛过后皆当挑挖，必分泥沙于两旁，而中间河槽一道断断不可阻塞。向来河员只讲筑堤，不言浚河。虽圣训谆谆，颁诸谕旨，见于篇什者，亦既剀切著明矣，而河员习气难除，以为浚河艰于施功，又不能见效。不若筑堤之有丈尺可循，

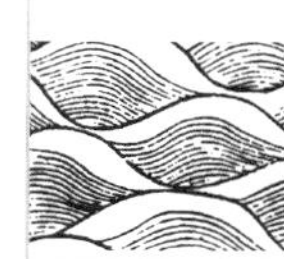

① 此折再次提出设立浚船疏浚河道，获乾隆帝同意。对浚船疏浚河道的效果，自顾琮首倡起，一直有争议，直到清末，李鸿章曾提出采用西洋机器疏船以提高疏浚效果。永定河下游泥沙淤积、河道被迫改移下口，困挠有清一朝治河君臣达200来年，始终未能解决。参见朱其诏《永定河续志》李鸿章奏议。

工料可算。其最不肖者，或更藉险工为利，易于开销，兼以下口荡漾之后，遂更以有所藉口，而挑淤一事徒存名色。不知淤日积则河日高，加堤而河身与之俱长，既不能下达，则未有不旁溢者。下淤上决势所必致。此下口之疏浚，在今日不可不亟讲也。其上六工已无中流之形，东冲西激，在在皆成险工。连岁，赵村、公义村等处漫工皆在上截，盖水就下专恃堤埝为保障，而沙土浮松安能抵御。此六工以上之疏浚，在今日又不可不亟讲也。臣查，永定河额设挑淤银两，并无庸另议加增，只将岁修抢修之项通为一事，则办理裕如矣。何以言之淤滩日减，则水循中道，水循中道，则无东冲西激之患，而险工日少。无险工则无埽工，而埽工之费，移于挑淤。每岁挑淤淤不厚，河流可以渐深，不专恃堤埝以为防御之术。所谓行其所无事也。不特永定河为然也。运河两岸险工林立，而所以有险工之故，则淤滩致之。东岸有淤则水注于西，西岸有滩则水注于东，侧注之势偏刷堤根，于是加埽、加镶、加戗百计与之为敌。曷若于水发之前，凡有淤滩，皆以川字河之法，深浚沟槽，水到引入槽中，则险工便可大减。亦请以险工之费移于挑淤，久之均化为平矣。臣半岁以来，工次逐加晓谕。现在督臣周元理所见相同，议论符合。因永定河最关紧要，合词奏请添设浚船。并与以器具，使得水中施功，以资挑浚。但必须通工文武大小员弁协力同心，方能奏效。永定河道满保近亦深能领会，所承造之浚船，限于本月二十日完工，原奏明偕同督臣公同收验。臣回京后仍拟于本月二十四、五日间，周元理在固安防汛，臣再往会同，验收船只。于每汛过之后，露出淤滩，记明段落，如某汛有淤几段，次年能挑出几段，能省埽工几段，以截淤多少，为汛员殿最显示黜陟之途。俾以河平无险为升转之阶。庶厅、汛不贪岁、抢修之小利，尽知堤防难恃，挑淤有益。一意讲求数年之后，诸河必大有成效。

臣恭读御制视河诸诗，钦佩训词于敷工浚川要旨，得以仰窥一二。今又襄理大工，考从前致弊之由，酌今日应行之务。又，督臣周元理谊属同舟共济，若不及此一一务求美善，则此次经理即毕，复致因循，仍不能大有裨益。于我皇上不惜帑金，详筹利赖之至意，殊为有负。为此因，收工之后，直陈于我圣主之前。总之，河不外疏、筑二字。（朱批：“此语得之，钦此。”）而筑不如疏，理甚明白易晓。筑而不疏，人特未心诚求之耳。又，直省之弊，近水居民与水争地。如两河之外，所有淀泊本以潴水，乃水退一尺，则占耕一尺之地。既报升科，则呈请筑埝。有司见不及远遽为详报上司，又以纳粮地亩自当防护。如塌河淀、七里海诸处，堤埝直插水中。其实原无堤埝之时，水发之后仍然退出，而堤埝一立，水从缺口而入，漫滋既满，被淹更甚。及水退之时，不能仍从缺口而出，逐致久淹不退，积潦为灾，多由自致。而愚民无知，仍以筑堤为爱。遂使[3]曲防重遏，甚有横截上流，俾无去路者。现在既不能一一将废堤之土普行除尽，只得多开涵洞以为出路，不能如原无堤之为宣畅也。又，往往倡为防御下游倒漾之说，殊不知倒漾之水随长随落不能经久，而不顾上游之全无出路，则诚知其一未知其二也。臣经行数次，既有所见，理合一并备陈梗概。仰祈（朱批："所言是，酌量降旨。钦此。"）敕下所司，一切淀泊原系蓄水之区，嗣后不许报垦升科。其淀泊中偶值涸出，不得横加堤埝，则凡水皆有归宿，不致壅遏为上游之害，而河道民田似不无小补。臣言是否有当，伏乞圣明训示施行，谨奏。(奉朱批："览奏具悉。钦此。")①

乾隆三十七年［1772］七月十二日　直隶总督臣周元理《为奏明事》

窃照，永定河七工旧河身内，有武清县属之范瓮口淤滩麻苇地三十八顷九十四亩零。原为河工蓄养苇、柳、麻斤之用，嗣因节年受淤，不宜种植麻苇。于乾隆三十一年［1766］，经前督臣方观承奏请，召开认种禾稼，分别定租。每年所收租银，除通工两岸十余处庙宇一切酬神祭祀等费，酌定银二百四十两外，余存道库为河防公务及修葺各庙宇、堤埝汛房等项之用。钦奉朱批："如所议行，钦此。"以后节年所收租银，俱于次年将收支存贮各数，具折奏明圣鉴。缘三十五年［1770］，武清县夏麦秋禾偶被灾伤，贫民无力完租，经前督臣杨廷璋，请将该年应征麻苇地租银一千六十八两零内，照例蠲免十分之四，银四百二十八两零，其应征六分，银六百四十余两，俟三十六年［1771］秋后带征完报奏，奉朱批："知道了。钦此。"钦遵在案。讵三十六年［1771］，武清县地亩又被偏灾。所有应征三十五年［1770］蠲剩租银，小民输纳不前。仍应照例俯准缓征。应俟三十七年［1772］秋后，方可照数催征。至该地应征三十六年［1771］租银，查上年春间圣驾东巡，钦奉恩旨，经由地方钱粮蠲免十分之五。苇麻地坐落武清县，其应征租银应照河淤地租之例，一体蠲免十分之五，银五百三十四两零。又因上年交秋，该地与民地一律成灾，其蠲剩五分银内，应于灾案内再蠲免十分之四，银二百十三两零。所有应征六分之银，三百二十两零应照民地之例，于三十七年［1772］及三十八、九年［1773、1774］，

① 本折重申"淀泊偶值涸出、不得横加堤埝"，不许"报垦升科"的政策。反映清代永定河治理河防工程与农民开垦农田的矛盾。单靠行政强制刊立石碑很难化解。

分作三年带征，以舒民力，以免向隅。兹据武清县知县阮芝生，永定河道满保详报前来，除饬将应征三十五年蠲剩、缓征租银六百四十余两，及本年应征三十六年蠲剩、缓带租银一百六两八钱零。一俟本年秋收后，即行按数征解，再行奏报外，理合将三十五、六两年租银，应缓、应蠲及带征各缘由，恭折奏明。至节年收存租银，自三十二年至三十六年，除循例每年动支酬神祭祀等银外，现实存道库银二千二十二两零，遇有需用之处，容臣核实，随时具奏请旨，动用合并陈明。伏乞皇上睿鉴。谨奏。（奉朱批："知道了。钦此。"）①

乾隆三十七年［1772］八月三十日　工部《为河工告成详筹一切应行事宜恭请圣训事》

臣等会议，得工部尚书裘曰修等奏称："永定河今岁所挖中流引河，计十一段。现在伏汛水发，皆由中流顺下。所开下口引河，亦皆畅出无阻。至将来水落之后，或有淤沙停积，则用新设浚船挑浚。其浚船应按工汛之险易，酌为分拨。查，南、北两岸共十二汛，除北四工距河较远，系属平工，毋庸分给浚船外。其十一汛，谨拟南岸头工五舱船八只，二工五舱船六只，三工五舱船六只，四工五舱船八只，三舱船五只，五工、六工皆五舱船六只。北岸头工五舱船六只，二工五舱船八只，三工五舱船八只。三舱船五只，五工五舱船八只，六工五舱船六只，六工二十号以下，新开下口引河用五舱船四只。三舱船三十只。以上共五舱船八十只，三舱船四十只，分拨各工，交各汛员经管。入于交代，随时粘补，"等语[4]。查，永定、北运二河，荷蒙皇上发帑，兴举大工，现已告竣。嗣后，凡有应修、应浚之处，自当熟筹办理。今据工部尚书裘曰修等奏请："将永定河今岁所挑中流引河，计十一段。将来水落之后，或有淤沙停积，用新设浚船挑浚。按工汛之险易，酌为分拨。查，南、北两岸共十二汛，除北四工距河较远，系为平工，毋庸分给浚船外。其十一汛谨拟南岸头工五舱船八只，二工五舱船六只，三工五舱船六只，四工五舱船八只，三舱船五只，五工、六工皆五舱船六只，北岸头工五舱船六只，二工五舱船八只，三工五舱船八只、三舱船五只，五工五舱船八只，六工五舱船六只，六工二十号以下，新开下口引河五舱船四只、三舱船三十只。共拨五舱船八十只，三舱船四十只，分给各工，交各该汛员经管，入于交代，随时粘补，"等语。应如所奏办理。但此系现在按段分

---

① 本折记述被水灾区麻苇征租地租银蠲［juān，免除］减、缓带征的情况。

给情形，而河道平险，随时互有更易。嗣后，应令直隶总督，逐年详悉查勘，随宜分别拨船挑浚，以期工归实济。

奏称：“永定河六工分为十二汛之外，其六工以下向设三角淀通判一员，管河州判一员，南、北埝汛官六员。其南三月汛驻扎三角淀左近。三角淀早已淤高，改建下口之后，距三角淀已远。惟通判驻于东安之别古庄①，而州判及南三汛并无移驻。今新开下口既安浚船，自应将该州判及南三汛移于就近办理。查，新开之下口，从条河头出毛家洼，经葛渔城之下史各庄等处，入于沙家淀。此处为通河尾闾，最关紧要。应令该州判及南三汛，即于条河头、毛家洼、葛渔城一带驻扎。其浚船调拨兵夫撑驾，应有把总、外委经管。查，格淀堤当城②以下已改为叠道，其设有把总一员，原从永定河拨去。今拟仍归永定河。令其管理浚船兵夫，并添设经制外委二名，俾得分领应用。而三角淀通判率领州判专司浚船之事，董率各汛暨把总、外委查巡淤阻，分段挑挖，以专责成，”等语。应如所奏，永定河管河州判，及南埝汛官三员，准其于条河头、毛家洼、葛渔城一带驻扎。所有永定河原拨格淀堤把总一员，准其仍归永定河，令其管理浚船兵夫。并准其添设经制外委二员，以资应用。所添外委仍令该督于河兵内拣选，拔补报部。仍饬令三角淀通判，率令州判专司浚船之事，董率各汛暨把总、外委，查巡淤阻，分段挑挖。以专责成。

奏称：“永定河旧额每岁抢修银一万二千两，岁修银一万两，疏浚下口银五千两，疏浚中泓银五千两，共银三万二千两。查，河身日深，则岁、抢修之工可以日减，今应通为一事，总以浚河为主。其岁、抢修额银，许其通融办理。但不得出于额设范围之外，”等语。查，永定河南、北两岸额设岁修银一万两，抢修银一万二千两，疏浚中泓银五千两，疏浚下口银五千两。每年据直隶总督照额题拨。今已称，河身日深，则岁修、抢修之工可以日减，应通为一事。总以浚河为主，岁修、抢修额银，许其通融办理，不得出额设范围之外，亦应如所奏办理。仍令直隶总督，每年率同该管道员，将永定河岁修、抢修并浚河各工，详细确勘，于额银内通融办理。务使工归实济，帑不虚糜。以仰副我皇上利赖民生之至意。

奏称：“浚河计算土方，应于汛过水落之时，查明某汛有淤滩几段，宽长若干，

① 别古庄今属永清县，现有别古庄镇即其地。

② 当城在天津西青区西境。叠道，按叠本义为重复、重叠。在此当指水道重叠，即一条水道跨越另一条水道。

应挑深若干，预估丈尺核明土方，给银挑浚，于麦汛水发前完工。由该道验收，以防浮冒。至若水中捞泥，则须用浚船捞入舱内验明，每舱计土几方，一总合算。又，向例疏浚，每土一方给银七分，而中泓则每土一方给银四分，殊未平允。应照七分之例，画一造报，”等语。应行直隶总督，将各汛内应挑淤滩段落，并长、宽、深丈尺，于汛过水落之时，详细确查，造册报部。其所需土方价值，查永定河道属挑河定例，每旱土一方给挑土募夫银七分。至疏浚中泓工程，先于乾隆十五年［1750］，据钦差原任江南河道总督高斌，会同直隶总督方观承奏请，派令附近村民挑挖土方，按例每土一方用夫二名，每名给米一升外，给盐菜钱五文，限二十日完工，等因。经军机大臣会同工部议覆准行。嗣据该督历年报销册，开每方折给银四分准销。各在案。今据工部尚书裘曰修等奏称：“向例疏浚每方给银七分，而中泓则每方给银四分，殊未平允。应照七分之例，画一造报，”等语。查，永定河疏浚中泓于河水断流之时，传集村民分段挑挖，与中流之挑挖水土者迥异。且因附近居民自卫田庐起见，工作又止限二十日完工。自应仍照高斌等奏定成例，每方折给银四分，毋庸另行议改。至添设浚船兵丁撑驾排荡，及水势稍落，溜缓沙停，积有嫩淤，即令兵丁驾船挑挖，运至两岸，原不计方给价。至麦汛后兵丁上堤防汛，另雇民夫驾船捞浚，与兵丁之设有钱粮，毋庸另给工价者不同，与河水断流时挑浚积土限二十日完工，亦属有间。应如所请，照每方七分之例支给。俾官民皆得易于集事。其所捞土方，行令该督周元理，转饬道、厅等官，按依船只号数，船身大小，每船舱口若干，各舱长、宽、高、深尺寸，逐细详查，编列字号，记明档册。及捞挖之时，将民夫捞出沙土，照每船每舱实在丈尺，据实折算，按方给价。仍令该督，将收过土方给过价值，分晰造册报明工部查核。奏称：“每岁挑挖之后，至次年应挑之时时，查该汛原有淤滩几段，今抽槽通溜截滩几段，以截滩多者记功，少者记过。又新生嫩滩，能用浚船即时挖去者为功，嫩淤成滩者为过。功过皆由该道申报，督臣以凭升黜，”等语。所有文武各官功过，由道申报总督，以凭升黜之处，应如所奏办理。仍将该汛原有淤滩及抽槽通溜截滩段数，每年分晰造报工部查核。

奏称：“各工汛员，有州判、县丞、主簿、吏目之不同，功多者准以次升转，尤多者特与保荐守备、千把、外委，功过均照此例。惟河工守备，上无升转之缺，果能大有成效，许督臣奏明加衔，或以营员升用，俾一体有所鼓励，”等语。查，各省佐杂有苗疆烟瘴之缺，故有三年、五年俸满即升鼓励劳员之例。至河工各员，疏浚挑挖是其专责，其中果奋勉出力，办事勤能者，原准该督题咨升用。至奏称功多者，准以次升转，尤多者特为保荐之处，毋庸议。其直隶河营千把、外委内，如有奋勉出力办事勤能，该督亦可随时升拔。惟查守备一项，河营内向未设有守备以上等官。如守备内遇有勤能奋勉，并无升用之阶，似觉偏枯。今尚书裘曰修等所议，奏明加衔或以营员升用之处，原属鼓励河工守备之意。但查，武职加衔之例，久经停止，未便更张。至以营员升用之处，查河工员弁工程为重，而操防非所素习。若仅就工程著效，即予破格升用，亦恐该员精于河务者未必精于骑射。臣等详加酌议，嗣后河工守备内有实心任事，大有成效，必兼通骑射操防者，许令该督保题送部引见，可否以陆路都司升用之处，恭候钦定。如遇该备并不实心疏浚挑挖，以致嫩淤成滩，即行题参分别降革，庶功过益昭，而于鼓励河工员弁之道更属有益。①

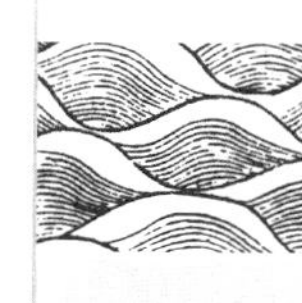

奏称："从前笨船衩夫每岁支雇价，而闲旷日多殊为糜费。今浚船咸令河兵撑驾，计每船五舱者，须用兵四名，三舱者须用兵三名，每年麦汛至白露计八十日。此八十日内各兵有上堤防汛之事，应计其每船添雇民夫，由该道临期酌量办理，"等语。查，永定河等道属，从前原设有笨船四百只，每船雇募衩夫三名，每名岁支工食银六两。嗣于乾隆二十九年［1764］，据原任直隶总督方观承，以笨船浅小不能装运泥沙，而所设衩夫多系雇觅贫民不谙挑浚，有名无实。奏请"裁汰，经工部议覆准行"在案。嗣于本年四月内，经工部尚书裘曰修，会同直隶总督周元理，以永定河每年经过汛水之后，溜缓沙停，以致积淤为患，挑浚之工最关紧要。惟水中嫩淤，人夫不能站立，难以施功，必须设立浚船，人夫皆可船上用力，而所捞之土即入船运至两岸，实为事半功倍。请设立五舱船八十只，三舱船四十只，各汛河兵多知水性，应即令河兵管驾，"等因。具奏。奉朱批："如所议行。钦此。"钦遵亦在案。今据工部裘曰修等奏称："新设浚船五舱者用兵四名，三舱者用兵三名，每年麦汛至白露计八十日。此八十日内，各兵有上堤防汛之事，应每船添雇民夫，由该道临期酌量办理，"等语。应如所奏。五舱船准其拨兵四名，三舱船准其拨兵三名，以资撑驾捞运土方。其麦汛至白露此八十日内，各兵有上堤防汛之事，势不能彼此兼顾。遇有挑浚事务，应准其酌量添雇民夫办理。工毕，造册报明工部核销。其所用雇夫工价，即在额设银三万二千两内动支。

奏称："汛水将长将落之时，水头迅急，中流引河恐泥沙冲入，致成阻遏。应用

① 守备是在清代河营兵中的最高武官，长期任职却难有升迁的官阶，本折议复许可按陆营都司保荐。都司在清绿营兵中位次于游击，四品武职。

浚船顺流排荡，使之通流。此系河兵力作应行之事，不能计算土方。只在本厅、汛员弁临实力办理，”等语。应令直隶总督，转饬该厅汛员弁，临时实力办理。

奏称：“北运河清水流沙，与永定河水性不同，流沙随挑随满，难言浚深。但淤久成滩为患。则一其截滩之法抽槽通溜，勿使嫩淤得老，则应如永定河一律办理，汛官记功、记过、考核成效。请俱照永定河之例，”等语。应令直隶总督，饬令该管汛员，实力办理。其汛官文武各员功过，亦应如所奏，即照永定河之例查办。

奏称：“永定、北运两河之外，如千里长堤、子牙河，皆仰蒙圣恩，一体动项兴修。嗣后，亦宜详求妥善。查，千里长堤自苑家口①以东为东淀，系天津道所辖；苑家口以西为西淀，系清河道所辖。而堤工亦以此分界。经管属天津道者，为子牙通判；属清河道者，为保定府清军同知②。子牙河通判驻大城县之王家口③，保定府之清军同知则相距太远，防守莫及。应请于张青口④以东堤工接头之处，改隶天津道，并交子牙通判经管。则一堤首尾联络矣。惟是子牙通判兼管格淀堤、子牙堤，千里长堤即不添此一段已觉难以兼顾。而所属之大城县县丞，分管堤埝长至二百余里，办工太为辽远。查，格淀堤自当城以下已改为叠道，原管之州同一员及把总一员，河兵二十名应行裁撤[5]。其把总经臣等议，拨归永定河下口。今应将州同一员，移驻大城之固献地方，随带河兵十名，与大城县县丞分段管理，则子牙通判得以从容办理矣。余河兵十名原从南运河各汛内抽出，应归南运河差遣，以补原额，”等语。自应如所奏。张青口以东堤工接头之处，准其改隶天津道，并交子牙通判经管。其州同一员，准其移驻大城之固献地方，与大城县县丞分段管理。至应用河兵，准其在于格淀堤裁撤[6]二十名河兵内，随带十名，余河兵十名仍归南运河差遣补额。

奏称：“南运河蒙皇上指示，开通兴济、捷地两减河，水有去路。现在溜势立稳，即上年伏、秋二汛异长之水，亦未致泛溢。嗣后，若间有新生淤滩，又老滩古浅，亦俱照永定、北运两河之例，随时挑截，统于岁、抢修银内报销，”等语。应令直隶总督转饬该管汛员，随时挑截，所需银两，统于岁抢修案内造报查核。

奏称：“文安县主簿驻扎苏家桥，并无额设河兵。查，扬村厅属旱沟千总，汛内堤工自南仓以下改为叠道，归天津县经管。计该汛工段已少四分之一，所有该汛原

---

① 苑家口，在霸州市南境，大清河北岸，中亭河南。

② 保定府清军同知，清军所指未详。

③ 王家口在大城县北，濒子牙河，东距天津七十里。

④ 张青口清属保定县［治今新镇镇］，在县西大清河南岸。今属文安县。

设河兵四十五名之内，应酌减六名，拨给文安县主簿，以供防守之用，”等语。应如所奏。杨村厅旱沟汛，原设河兵四十五名内，准其酌减六名，拨给文安县主簿，驻扎苏家桥防守。

奏称：“永定河官有汛房，兵有堡房。所以重巡查而资保护。北运河两岸堤工向来并无堡房，于每三里设有堡房一座，计二间分派河兵一名，携带眷属住宿。倘有出险之处，立即传办，以便集夫防守。查，运河东西堤工，共长三百三十七里，计应设堡房一百一十一座。又，北运河各汛员弁，遇伏、秋汛期，应住河干督率防守，向来并无汛房，难以存站。应于该汛适中之地，建盖汛房三间。计两岸应设十二处。查，此项并永定河移驻汛官房屋，及各工汛房，亦有应行修理之处。现在饬估，统于节省项下动用，毋庸另行请项，”等语。应其所奏，准其添设汛房、堡房，以资栖止。仍行令直隶总督，将前项添设汛房堡房，及应行修理移驻汛官屋各工汛房所需工料银两，照例核实确估造报工部查核可也。谨奏。（奉旨：“依议。钦此。”）

乾隆三十七年[1772]十一月二十日　工部《为设立浚船以重河防事》

〔7〕臣等议得，直隶总督兼理河道周元理疏称：“永定河水性夹沙，易致积淤为患。议请添设浚船，五舱者八十只，三舱者四十只，共一百二十只。并置备拖沙器具，派交十八汛分管。五舱船每只并器具银五十两，三舱船每只并器具银三十两，在于节年节省中泓项下动支造报，各等因。经臣等恭折，奏奉朱批：‘俞允。咨准部覆。行令造册具题，’等因。随即转行遵照去后。兹据永定河道满保详：‘据署三角淀通判张壬仕，河营守备王朋，将应需工料银两，照例造册送转前来。查，册开承造浚船五舱船八十只，每船并器具估需银五十两，共估需银四千两。三舱船四十只，每只并器具估需银三十两，共估需银一千二百两。以上通共估需银五千二百两。按册覆核工料银数相符。应请准其估报，所有送到估册拟合呈请核题’等情。臣覆核无异，除册送部查核外，理合具题，”等因。前来。查，永定河添设浚船一百二十只，五舱船八十只，三舱船四十只。先据钦差尚书裘曰修等奏准，抄折咨部。经臣部行令：“照例核实确估，造册具题，查核。”在案。今据该督，将承造前船并器具，共估需工料银五千二百两造册具题。应如所题办理。仍令行该督，将用过工料银两切实保题造册，报销可也。（奉旨：“依议。钦此。”）

乾隆三十七年［1772］十二月十二日　直隶总督臣周元理《为钦奉上谕事》

乾隆三十七年十二月初八日，承准大学士刘统勋字寄内开，奉上谕："永定河下口，自康熙年间筑堤之始，原就南岸。雍正年间因河身渐淤，改由北岸。近自乾隆癸酉［1753］间，又改从冰窖南，出两河之间。是以，康熙年间之北堤，转为南堤；雍正年间之南堤，转为北堤。嗣后，节次兴工修治，地势屡更，是冰窖之故道。又已不免今昔异形，著传谕周元理，将康熙年间初次筑堤沿至于今，中间改移地名次数，并议改缘由，详细确查，列一简明清单，即行附折奏闻。钦此。"臣查，永定河自康熙三十七年［1698］筑堤之后，河流迁徙靡常。昔日之河身，悉为今日之沙淤，南高北低，以致水势日趋于北。诚如圣明洞鉴，不免今昔异形。自初次筑堤至今，除节年岁修，或裁湾取直，或因势导流，稍有迁移不计外，前后河道共改六次。谨将改移地名次数，并议改缘由，逐一确查，开具简明清单。恭折奏呈御览。伏乞皇上睿鉴。谨奏。（奉朱批："折留览。钦此。"）

清单

遵将永定河下口，自康熙年间至今，各堤埝河道改移地名、次数，并议改缘由，分晰开列清单，恭呈御览。

康熙三十七年［1698］，自良乡县老君堂筑堤，开挖新河，由永清县朱家庄经安澜城入淀，至西沽达海。为永定河两岸筑堤之始。此第一次河道改由安澜城。

康熙三十九年［1700］，因安澜城河口淤塞，于永清县郭家务之下，改由霸州柳岔口归淀入海。并接筑两岸大堤，即今之东老堤、西老堤，此第二次河道改由柳岔口。

雍正四年［1726］，因柳岔口以上渐次淤高，于柳岔口稍北改为下口。自永清县郭家务起，开河引水，至武清县王庆坨之东北，由三角淀、叶淀入大清河归海。并自南岸六工永清县之冰窖起，至王庆坨止，北岸五工何麻子营起，至武清县范瓮口止，建筑两岸大堤。即今日之旧南堤、旧北堤。此第三次河道改由王庆坨。

乾隆十六年［1751］，南岸六工以下冰窖减水草坝，因凌汛水大，由坝口掣溜。遂由冰窖改河，从旧有之东老堤开通，归叶淀入淀。因于南岸自霸州之柳岔口起，接筑至天津县三河头止，改为南埝。北岸自六工十六号起，至凤河西边萧家庄止，接埝一道，为北埝。此第四次河道改由冰窖草坝。

乾隆二十年［1755］，因冰窖河口以北淤成南高北低。仰蒙圣驾亲临阅视。将北六工二十号以下，开堤改河，于地势宽广之处，任其荡漾，散水匀沙，仍归沙家淀入海。此第五次河道改由北六工二十号以下地名贺尧营。

乾隆三十七年［1772］，兴举大工。水由北六工趋下，恐河流再向北徙，于下游条河头一带河道挑浚宽深，使水势直抵毛家洼。该处地面宽广，足资容纳，仍归沙家淀达津入海。此第六次河道改由条河头①。

以上各河道，自筑堤后迄今迁徙靡常，前后共改六次。计第一次之安澜城，距今河身已徙北十余里。冰窖改河之后，康熙年间之北堤转为南堤，雍正年间之南堤转为北堤。以今日河身而论，则允属康熙、雍正年间所筑之南堤北堤，俱在河之南矣。再查，乾隆五年［1740］因河流日渐北徙，于北大堤起，由东安县葛渔城至凤河西岸止，筑北埝一道。乾隆二十一年［1756］，因北埝不足恃，又于永清县赵百户营筑遥埝一道，此二埝久经汕刷残废，已成荡漾之区。又乾隆二十八年［1763］，于北大堤永清县之荆垡起，至武清到之黄花店止，添筑越埝一道。越埝与三河头以上之南埝相距三十余里，现在河流在此二埝之中。本年大工案内修理，巩固合并陈明。

乾隆三十八年［1773］三月二十八日　直隶总督臣周元理《为奏明事》

恭逢圣驾巡幸津淀，阅视永定河工程。臣于三月初四日面奉上谕，南、北两岸俱在堤里，近根处种植卧柳，② 当即钦遵传谕永定道，并飞饬各厅汛乘时栽种。已俱陆续具报，于十三日清明前一律种齐。昨臣沿堤察验，凡属堤里近根之处，俱已排次密种齐全。现在饬令各汛员，将每汛种柳若干、成活若干，由道、厅点明具报存案。倘有枯损即行补栽。并蒙面谕，下口南、北两堤内，多有村庄围村密栽卧柳，亦飞行地方官，转饬赶种。如是二、三年间滋长茂密，洵足以资保护。又，金门闸挑水坝，仰蒙皇上指示，再行加长，使水势回溜过坝。北村坝、求贤坝两处，亦蒙圣谕，应照金门闸各筑挑水坝。臣现又率同永定道满保，并厅汛各员，相度形势，如式妥办。再，臣由下口至卢沟桥一路察勘，此时正当河水消涸，凡有淤浅阻塞之处，一目了然。当即分饬道厅汛各官，从卢沟桥起，由下口直抵沙淀止。凡属中泓

---

① 卷一收录《六次改河图》及图说有图七幅，文字有个别差异。

② 周元理所记三月初四日面奉上谕，内容日期与原上谕有差别。现将卷首收录的原上谕抄录于此：乾隆三十八年三月初三日，督臣周元理面奉上谕："两岸堤里，近河之堤根，以及软滩之上，应多种叵罗柳枝。钦此。"因文字与原上谕有别，未作引文标注。

淤塞处所，逐段勘丈。其小滩淤嘴，即令浚船河兵挑挖。如有工段必需估方开浚，亦即一体乘时赶办，务使节节疏通，上下游畅流无阻。并两岸堤工间有低薄之处，或应加培，或应镶筑，均于汛前一律办竣。臣再亲往查验所有需费，统于岁修项下动拨，务期有备无患。以仰副圣主廑念河工，筹及万全之至意。理合一并恭折奏明。伏乞皇上睿鉴。谨奏。（奉朱批："览奏俱悉，钦此。"）

乾隆三十八年［1773］闰三月二十一日　直隶总督臣周元理《为奏明事》

窃照，永定河所设三角淀州判、汛员，自改建下口之后，相距已远。今又安设浚船，应将汛官三员、州判一员、把总一员，移驻毛家洼等处，就近稽查办理。其各工汛署，有应行修理之处，一体估修，以资栖止在工防护。又，北运河两岸堤工，向无堡房、汛房，应每三里设堡房二间，令河兵携带家眷住宿。倘有出险之处，立即传报集夫抢护。再于各该汛适中地方，设汛房三间。令各该汛员弁，于汛期住宿河干防守。经工部尚书裘曰修会同臣逐一勘履，明确于善后事宜案内汇折具奏，准部议覆。将所需工料确估造报。兹据永定河满保，通永道刘峩估报具详前来。臣查，永定河移驻南埝汛官三员，淀河州判一员，把总一员，应添汛署五处。每汛估银一百二十两，修理旧汛署十五处，每汛估银自四十九两至一百十七、八两不等。又，浚船兵夫往来栖止草房十五间，估银六十两，共需银二千一百六十两。北运河添设堡房一百十一处，每堡二间，估银十四两零。汛房十二处，每汛三间，估银三十一两零。共需银二千二十两零。覆核，已无浮多。请照臣等原奏，即于大工节省项下动支。除饬造估册送部查核外，所有动支银两缘由，理合恭折奏明，伏乞皇上睿鉴。谨奏。（奉朱批："该部知道。钦此。"）

乾隆三十八年［1773］六月初五日　直隶总督臣周元理《为钦奉上谕事》

乾隆三十八年六月初四日，承准协办大学士、尚书于敏中字寄内开，奉上谕："口外自五月二十一、二等日雨后，滦河及潮白等河水俱骤长，连日热河雨觉稍稠，闻滦河水势复大。畿辅一带雨水情形大略相仿，未审永定河今年水势如何，是否不致盛长，河溜能否循赴中泓，甚为注念。著传谕周元理，即速查明，据实覆奏。至该处设立浚船，以供浚刷淤沙之用。春间亲临阅视，见船舣河中尚未视有成效。彼时即曾论及，如果实力淘浚，使中泓沙不停淤，于河防自不无小补。若徒视为具文，自难异其得益。添设浚船一事，原出自裘曰修之意。彼身若在，自必加意董办，不虞废弛。今裘曰修已故，恐满保等未必复肯认真董办。徒有浚船之名，而无挑浚之实，则是虚縻工帑，制造岂不可惜。永定河原系周元理专责，而浚船之事周元理亦同会奏。著周元理留心督办，毋任作辍因循，致成虚设。仍将现在办理情形若何，一并奏覆。钦此。”遵旨寄信前来。臣查，畿辅一带五月二十一、二等日雨后，各河道俱报长水。幸而安流顺轨，工程各处巩固。惟潮、白二河水势稍大，北运河之王家务、筐儿港等坝，过水五、六尺，亦即消退。堤工平稳，缘由经臣于三十日具折奏明。在案。兹跪读上谕，仰见我皇上廑切民生，轸念河工之至意。查，永定河于五月二十日河水长发。据报全河水势自六、七尺至八、九尺不等，该道满保督同厅、汛各员，在工抢护，水势虽猛，大溜直走中泓，迅趋下口。间有漾水泛至堤根，随宜下埽镶垫。两岸十二工，无不仰托圣主福庇，一律稳固。二十八、九暨初一等日，又连次得雨，疏密相间，于秋禾固属有益，各处河水皆旋长旋消。初一日金门闸辰时过水六寸，巳时即已断流。现据各厅具报，河水止深三、四尺。即卢沟桥亦不过六、七尺不等，水势极为平顺。至浚船一项，原系裘曰修与臣会商奏请添设，且河道为臣之专责，何敢稍任因循。春间仰蒙圣明指示周详。凡有应浚之处，该道、厅督率河兵往来挑挖。臣于五月初查工之时，亲往督勘，一应淤嘴以及稍有阻碍地方，复饬令在在裁切疏浚。此番水发溜走中泓，直达下口，未必不稍资浚船之益。总之，永定河水性靡常，苟有补偏救弊之方，即当设法筹办。况有治人无治法，业经定有章程之事，敢不仰体皇上，又安河务之恩训，实力奉行，以冀渐臻成效。臣现将紧要审案并奏，请盘查司库等事办竣，即于本月初七日起程，至长安城防汛。连日天气晴霁，河水更当消落，过水后未免又有沙淤。臣亲身驻工，自当往来相度，督令该道、厅等分派河兵，驾船淘浚，以期裨益河防。断不敢稍有作辍，致成虚设。所有永定河水势平稳，并浚船办理各情形，谨遵旨据实覆奏。伏乞皇上睿鉴，谨奏。（奉朱批：“览奏稍慰。钦此。”）

乾隆三十八年［1773］六月十六日　直隶总督臣周元理《为奏明事》

窃臣查勘永定河水势工程，并督饬浚船挑挖淤浅各情形，先经恭折奏明圣鉴。兹复由下口至七、八、九等工，查验各处堤埝工程，亦俱稳固。臣又乘坐浚船顺流而下，察看河溜水势，于发水之后俱有迁改。而条河头旧有之河道，今年又向北徙。

缘乾隆三十五、六两年［1770、1771］，在北岸二工、南岸头工漫口出水，是以三工以下流及下游者，其势甚缓。至三十七年［1772］伏、秋二汛，水又平稳。则下口一带不受冲激之患者已三年矣。本年五月二十一，六月初一等日，两次汛期发水，极其迅猛。上游各工幸得抢获平稳，而大溜汹勇奔腾，直趋下口，将中泓河底刷深三、四尺。所有泥沙悉归条河头之旧河，淤成平地。其澄清之水，俱从条河头以此散漫而下。所以沙淀竟不致受淤也。臣查，南北六工以下，原皆任其荡漾之区，而条河头以北地势本洼，现在河水渐趋于北，虽系清流之水，恐将来日刷日宽，则七、八、九工之北堤，又不可不预为防范。目下伏汛虽过，秋汛即届，已分头委员，协同该汛官，（朱批："具图来看。钦此。"）将北堤之八工、九工，星夜加高培厚，务保无虞。并委员分拨浚船，将向南新淤各处，督率河兵竭力挑挖。盖此荡漾之地，苟能使南受一分之水，即于此受一分之益。现与满保酌商，俟白露之后水势归槽，再行确勘形势。或于条河头以南复加挑通，引水仍由旧道。俾有分注或另筹疏浚之方。容臣相度体访，于趋赴热河行在之时，详晰陈奏，并绘细图面呈御览，（朱批："目下即应具图来。钦此。"）恭请圣训遵行。所有永定河下口勘明改溜实在情形，理合恭折奏明，伏乞皇上睿鉴。谨奏。（奉朱批："知道了。钦此。"）

乾隆三十八年［1773］六月十六日　直隶总督臣周元理《为钦奉上谕事》

乾隆三十八年六月十六日，承准协办大学士、尚书于敏中字寄，奉上谕："金门闸宣泄永定河盛涨，其情形与南河之毛城铺相似。永定河挟沙而行，与黄河水性亦同。向来，毛城铺于过水后，即将口门及河流去路随时疏浚，以免淤停。诚为利导良法。金门闸自当仿而行之。著传谕周元理，督饬河员于金门闸过水之后，即为挑浚，务使用积淤尽涤，水道畅行，以资疏泄。嗣后，金门闸每遇水过，永远照此办理。仍将永定河水势长落情形随时奏闻，钦此。"臣查，金门闸旧有拦水草坝一道，春间仰蒙圣明指示，加长使有回溜过坝，并令北村、求贤两灰坝，俱照金门闸添筑拦水草坝一道，以缓水势。当即钦遵妥办。六月初一日辰刻，求贤、北村坝过水甚小。惟金门闸过水六寸，巳时即已断流。为时本属不久，又因回溜缓行，停沙自少。臣钦奉上谕后，亲往履勘，所有口门停沙不过三、四寸。随饬令南岸厅陈琮[1]督同汛

---

① 陈琮本书作者，当时任南岸厅同知。

员，即日集夫挑挖。其河流去路，亦一体淘浚，务使积沙尽涤，水道畅行。并饬永定道满保定为章程，嗣后，一经过水，即照此办理，以期永远遵行。至全河水势，数日来天气晴明，有落无长。浅处自二尺五、六寸至三尺二、三寸，最深亦不过四尺六、七寸。昨交三伏汛期，于十三日夜密雨淋漓，则量水志仅长三寸有余。十四日晴霁后，刻下又复水落如前。河流极为平稳，工程在在巩固。看来风清日皎，秋汛亦可保安澜。除此后遵旨，将长落情形随时奏闻外，所有臣钦奉上谕，并勘明遵办缘由，理合恭折奏覆。再，南北运河亦据报安流轨，减水各坝俱能畅泄无阻。合并陈明，伏乞皇上睿鉴。谨奏。（奉朱批："好，知道了。钦此。"）

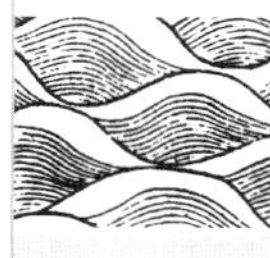

乾隆三十八年［1773］六月二十八日　直隶总督臣周元理《为遵旨绘图呈进事》

窃照，永定河下口改溜北徙勘明具奏。奉朱批："知道了，钦此。"又旁奉朱批："目今即应具图来。钦此。"臣查，本年汛水涨发势极迅猛，将中泓河底刷深三、四尺，以致挟带泥沙，直注条河头，旧河淤成平地。其荡漾之水，改徙北流。所有条河头春间圣驾经临之地，本在河之北岸，今又在河之南矣（朱批："此足见无定矣。"）[8]。臣昨乘浚船沿流查勘，水由洛图庄以南，澄清散漫而下，经马头惠家铺之后、响口村之前，直达沙家淀，离北堤尚远。现在北堤之七、八、九工俱已加高培厚，（朱批："惟有补偏救弊，谨防耳。钦此。"）[9]务保无虞。谨确按情形绘图贴说，恭呈御览。现今改徙之大溜，深有四尺。其散漫之水不过二、三寸。所有各处新淤应行疏浚者，已分拨浚船逐段挑挖。合并恭折奏明，伏乞皇上睿鉴，谨遵旨绘图，恭折具奏。（奉朱批："览奏。俱悉。钦此。"）

乾隆三十八年［1773］六月二十九日　工部《为设立浚船以重河防事》

[10]臣等查得，直隶总督兼理河道周元理疏称："永定河添设浚船一百二十只，经臣据册题估，接准部覆，行令将用过工料银两，切实保题造册报销，等因。行据永定河道满保详称：'三角淀通判张壬仕，河营守备王朋，奉委承造五舱浚船八十只，三舱浚船四十只，通共用过银五千二百两。拟合造册同结，详请察核题销，'等情。臣覆核无异，除册结送部查核外，理合恭疏具题"，等因，前来。查，永定河添设五舱、三舱浚船一百二十只。先据钦差原任尚书裘曰修等奏准。并估需工料银两造册具题，经臣部覆准在案。今据该督将用过工料银五千二百两造册题销。臣部按

册查核内所开料物匠工等项，照该处物料价值则例，并造船准销之案核算，均属无浮，应准其开销可也。（奉旨：“依议。钦此。”）

乾隆三十八年［1773］九月初十日　直隶总督臣周元理《为奏明事》

窃照，永定河下游七工旧河身内，有坐落武清县范瓮口苇麻地三十八顷九十四亩零。经前督臣方观承于乾隆三十一年［1766］奏请，召民试种禾稼，约略定租，每年酌征租银一千六十余两，收贮道库。为永定河各庙祭祀及河防一切公务之用，不入奏销报部。自三十二年［1767］至今，屡有拖欠，照数催比，即纷纷呈退，另行召认。咸以租重裹足不前。先后据该道满保并该县等详请减租。臣于本年查工之时，顺道履勘，其地本属下游，土堤沙薄，既经垦种有年，若无人认佃，必致荒芜。因谕令满保等，查明四面邻地租数，仿照核定。兹据议详前来，臣查，原定额租每亩自一钱五分至三钱不等，似觉稍重。今查，照邻地分别上、中、下三则，每亩自一钱至二钱一分六厘，较原租共核减银三百四十两五钱五分零。计每年应征银七百二十八两四钱三分零。即以三十八年［1773］为始，其三十五、六等年因灾蠲缓尾欠，并三十七年［1772］未完，亦照现定之租核计。如已足额，应请概行宽免，以省追呼，不足则催追完报。如此量地输租，仍责令原佃认种，毋许抛荒。亦不许再有拖欠。其每年所征租银，除循例动支酬神祭祀等项外，同现在道库征存银二千余两，遇有需用，随时奏请动支。所有酌定租数，查办缘由，臣恭折奏明。伏乞皇上睿鉴。谨奏。（奉朱批：“如所议行。钦此。”）①

乾隆三十八年［1773］　户部《为遵旨等事》

臣等议得，直隶总督周元理奏《东安、永清二县粮地减赋》一折，奉朱批：“该部速议具奏。钦此。”臣等查得，本年春间，恭逢皇上巡幸天津，阅视文安洼地积水。特沛恩旨：“令该督周元理将积水之多寡，定粮赋之等差，水大则全行蠲免，水小则量为减赋。若水涸可耕种者，仍照额征输。”嗣据该督查明洼内积水地亩情形，分别奏请减征。经臣部覆奏准行。在案。今据直隶总督周元理奏称：“永定河下口，本年夏、秋汛水涨发，淹没东安、永清二县额征粮地，请照文安洼地酌减恩例查办，奏蒙俞允。查勘该二县被水地亩，渐次涸出之外，其余未涸地，七百三十四

---

① 本折记述苇麻地征租因租额偏重，招租认种“裹足不前”。

顷八十六亩零，照文安县洼地减赋之例，请免十分之四，银一千四百五十六两六钱五分零。并请嗣后河流改徙，即照此。随时察看情形，分别全征、酌减，并复额办理。”等语。臣等伏查，文安县大洼地居卑下，水势积退靡常。仰蒙我皇上轸念民艰，分别减免。于则壤[11]成赋之中，寓酌量变通之意。允为千古不易之良法。今东安、永清二县，永定河堤内粮地，既据该督亲勘，河流迁徙不时，水势积涸靡定。本年夏、秋汛水淹及粮地，难以耕种。业经陈奏，仰蒙俞允。是该二县被淹地亩与文安县洼地情形实属相同，似应亟邀圣恩俯如所请，将该二县未涸地亩，额征粮银减免十分之四，以纾民力。其减征地亩粮银各数，另造细册送部查核。并于该年地粮奏销册内，额征项下扣除造报。仍令随时察看，一俟水退可耕，即行照额征输。嗣后，遇有河流改徙，再行分别具奏，照例核办。至奏称：“天津、青县、静海、武清等县，沥水淹及之处，尚未亲往确勘。俟赴沧州等处看估城工之便，顺道察看。如有渐次涸出，堪种春麦者，止须借给籽种，酌量缓征。如尚有水占凝冰之处，与文安洼地情形相似者，酌量筹办具奏”，等语。应令该督即行亲勘详确，分别筹办，另行具奏办理，等因。具奏。（奉朱批：“依议速行。钦此。”）①

乾隆三十九年［1774］二月三十日　直隶总督臣周元理《为奏明事》

窃照，永定河下口，上年河流改徙，由条河头北趋，所有该处北堤七工，十三号起至九工三号止一带堤埝，最关紧要。臣于上年冬间查看，该堤面与永定河道满保商酌，勘估加培。兹据该道核估具详前来，臣又于本月十四、五等日，由卢沟桥察看南、北两岸情形，并赴三角淀下口各处覆勘核计。查，下口北堤七工十三号起，至九工三号，计长二十九里，虽有离河稍远之处，亦有漾水已及堤根。旧堤低薄，自应一律修筑高宽巩固，以资捍御。今拟将该处旧堤加高培厚，底宽六丈五尺，顶宽三丈，高七、八尺不等。所需土方硪价及隔河取土运脚，共需银五千三百二十二两六钱四分三厘。又，下口北六工二十号南边淤滩二段，应裁湾取直，上口面宽五丈，底宽二丈，下口面宽四丈，底宽二丈，均深五尺，需土方银三百八十六两七钱五分。又，淀水泄入凤河旧沟三道，沟形窄狭，恐宣泄未能畅达。今拟挑挖各面宽三丈，底宽二丈，深三尺，需土方银二百八十八两五钱三分。以上共需银五千九百九十七两九钱二分三厘。查，下口每年疏浚，额设银五千两，只堪为本年下口挑浚

① 本折记述东安、武清按文安县例调整因灾地丁钱粮减免政策。

之用。所有此次加培银两，请于道库历年节省存库银内，动支兴修。另造细册，送部查核。其南、北两岸堤工，俱有应行加培之处，仍照例于本年岁修项下通融办理。臣谨恭折奏明，伏乞皇上睿鉴，训示遵行。谨奏。（奉朱批：“知道了。钦此。”）

乾隆三十九年［1774］七月二十日　直隶总督臣周元理《为奏明事》

窃于乾隆三十六年［1771］，据永定河员查出，六工以下新淤滩地七十顷零。经前督臣杨廷璋具奏：“请照乾隆三十一年［1766］查出范瓮口七工淤地之例，交地方官召民认种输租，约计每亩征租二钱零，岁可得银一千三、四百两。收贮道库，为不入岁修堤埝工程之用。每年仍将动用银数奏报”，等因，于乾隆三十六年［1771］四月初二日奏。奉朱批：“知道了。钦此。”钦遵在案。嗣因，是年即值永定河大水漫堤。凡属河滩淤地，在在冲刷淹浸，无从召种。迨三十七年［1772］大工告竣之后，始得渐次涸出。经臣屡次饬催去后，据霸州、永清、东安等州县先后详称，前项新淤地亩，沙多土瘠，原奏所定租数太重，小民咸怀观望不敢认垦。必须分别减租，并请试租一、二年，再行定额。当即饬行布政司，另行委员确切履勘，与该州县所禀无异，由司道议详前来。臣于本年赴永定河防汛查工之便，亲赴六工以下各处细加察看。其地原有肥瘠不同，乾隆三十七、八两年［1772、1773］，仅据该地方官召募附近居民，将高地认垦输租。据报，征解银四百四十余两。其余如下口迤南，之废堤帮地、重堤隙地，均系任水荡漾下流洼薄之区。本年永定河汛水最为平稳，然于六月初间即已漫及，只可于冬、春时栽种二麦，自难与高地一律征租。查，从前杨廷璋仅据河员禀报入奏，原未委员覆勘。今臣因两年以来，召民认种不前，该州县等又屡次禀详减租，故于委员查覆之后，又经臣亲勘明确，若不酌减租额，召种非特荒芜可惜。且恐废弃日久，渐启民间隐占争夺之端。查，前项新淤地七十余顷，除前督臣杨廷璋原请拨给北二工河神庙香火地六顷。又，条河头座落房，奉旨改建河神庙，亦拟拨给香火地三顷外，实存地六十一顷零。臣与该司道等分别酌定，仿照邻地租数，且将柳园隙地已经垦熟之十二顷零，仍作上等，每亩征租银二钱一分六厘。其余废堤帮地、重堤隙地四十九顷零，应作次等，每亩征银一钱租。以上每年实共应征银七百五十九两一钱二分四厘，即请以乾隆三十九年［1774］征收为始。如此各量地之高下，分别定租。庶使民乐输，将可以年清年款，不许抛荒拖欠。每年所收租银同现在已征银两，仍照原奏，一并收贮道库为例，不报部。永定河工程之用，如有动支，照例核实具奏。所有臣勘办新淤地租缘由，理合恭折奏明。伏乞皇上睿鉴。谨奏。（奉朱批："知道了。钦此。"）①

乾隆三十九年［1774］九月初十日　工部《为遵旨具奏事》

臣等查得，直督总理兼理河道周元理疏称："大工善后事宜，案内永定河修建汛署兵房等工，经臣据册题估，接准部覆行令，工完造册题销，等因。饬据永定河道满保详称：'南、北两岸并三角淀修建汛房，共用过银二千一百六十两。委勘无浮，加结详送察核题销'等情。臣覆核无异。除册结送部查核外，理合恭疏具题"，等因，前来。查，永定河南、北两岸并三角淀等处，修建汛房工程。先据该督奏明，永定河移驻南埝汛官三员，淀河州判一员，把总一员；应添新署五处，修理旧汛署十五处；浚船兵夫止息草房十五间。估需工料银两造册具题。经臣部覆准，行令造册题销，等因。在案。今据该督，将修建前项汛房二十处，共一百六十三间，实用过银二千一百六十两，造册题销。臣部按册查核内所开物料、匠夫等项，与例均属相符。应准其开销可也。谨题。（奉旨："依议。钦此。"）

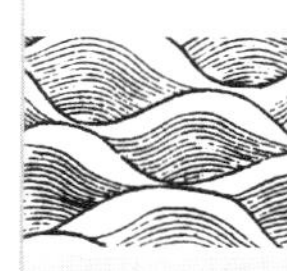

乾隆四十年［1775］四月二十一日　直隶总督臣周元理《为奏明事》

窃照，永定河堤工遇有大加修培之处，俱应另折奏闻办理。兹据永定河道满保禀称："永定河南岸头工汛内，玉皇庙前土堤一段，计长四百五十余丈，外虽镶做草工，缘本年凌汛后河流直走堤根，虽溜势极顺，但土堤沙性浮松，堤外又有积水，屡经节年培获，总觉单薄。必须远取胶土，大加培筑，以资捍御。拟将堤顶加成三丈五尺，底宽八丈五尺，高一丈及一丈一、二尺不等，长四百五十八丈，估需银三千六百六十三两零。应于伏汛前赶筑完竣"，等情。前来。今臣亲诣该处，详加查看，即系乾隆三十六年［1771］漫口之处，最关紧要。虽经三十七年［1772］大工案内培厚加高，并经镶做草工，而土堤沙性，究属浮松。现在河流紧贴堤旁，一直顺行。若非远取胶土，照估高、宽丈尺大加培筑，不足以资捍御。所需土工银两，应请在于道库历年节省存贮项下拨给。即委南岸同知陈琮驻工督办，务于伏汛前如式竣工，臣再当亲往查验。至南、北两岸尚有间段沙土堤工，应行加高培厚之处，

① 本折与乾隆三十七年七月十二日周元理《为奏明事》折，谈被水灾区麻苇征租地租银蠲、减、缓、带征情形；三十八年九月初十日周元理《为奏明事》折，谈麻苇征租地租额偏重，招租认种"裹足不前"，乾隆三十八户部议复，周元理奏请东安、永清二县按灾区文安县例减赋一事，反映清廷调整受灾农民减免政策的情况。

臣亦逐一勘明，已令该道详加估计，即于本年岁抢修等银内通融办理。理合恭折奏明。伏乞皇上睿鉴训示。谨奏。（奉朱批：“知道了。应结实筑修。钦此。”）

乾隆四十年[1775]七月十二日　直隶总督臣周元理《为钦奉上谕事》

本月十二日，承准大学士于敏中字寄内开，乾隆四十年［1775］七月初九日奉上谕：“热[12]河自初七日以来，雨水略勤。未知口内各属阴雨情形若何，尚不致过多否？庄稼有无妨碍？永定河水势有无增长，是否不致出槽？深为廑念。著传谕周元理即速查确，据实覆奏。钦此。”到臣。查，本月自初六日夜间得雨，断续初七日辰刻至亥刻，雨更骤密。初八、初九两夜，大雨如注。永定河水势腾涌，人力莫施。以致大溜先后冲激，北三工、南头工二处堤岸倒塌漫口。并通省被雨，有无淹及洼地，业经通饬查勘缘由。经臣于初八、初十日，两次恭折奏闻。在案。现据附近之涿州、定兴、安肃、新城、雄县库报，拒马、白沟等河涨发，沿河洼地俱有水漫。并省城清苑县东南二乡，地本洼下，益有积水。又，南运河之捷地坝，过水六尺二寸，兴济坝过水四尺一寸，北运河之筐儿港过水六尺，王家务过水七尺五寸，各工俱属平稳。又据密云县具报，潮、白二河异涨等情。其余各属尚未报到。皆缘此处雨密而骤，下游宣泄不及，以致平漫。今于十一、十二两日天已晴朗，消退自速。已经报到州县，臣已飞饬，上紧疏消积水。其未经报到，如有洼地被淹之处，令其一面设法疏消，一面具禀。并令各该道、府、厅，亲历查勘，督同实力办理。现今高阜地面庄稼茂盛无比，其被淹洼地虽不无积水，然天气晴明之后，水亦易消，可无大碍。臣惟有督率各属，切实妥办，以仰副我皇上勤求民隐之至意。至永定河漫口二处，北三工堵口甚易，不日可以报竣。其南头工，现在攒齐料物人夫，赶紧堵筑。臣住工亲自督饬，务令克期完工，不致迟延。除俟通省报到雨水情形，另行具奏外，缘奉谕旨垂询，理合先行恭折覆奏。伏乞皇上睿鉴。谨奏。（奉朱批：“览奏稍慰，其有无成灾不可粉饰。大约如何，速奏。钦此。”）

乾隆四十年［1775］八月十八日　大学士臣于敏中等《为遵旨会议具奏事》

直隶总督周元理奏《永定河岁抢修等工请复旧例》一折，钦奉谕旨，令臣等“会同周元理，妥议具奏。钦此。”臣等伏思，永定河每年汛水有大小之不同，工程亦多寡之不等。从前将岁、抢修、疏浚、石工等项，银两额定成数，又复准其上下年通融。旧例本属未善，日久恐启不肖工员影射冒销之弊。兹蒙圣明指示："诚为至当不易"。臣等面询，臣周元理据称："向例永定河岁修银一万两，抢修银一万二千两，疏浚中泓银五千两，疏浚下口银五千两，石景山石工银二千两，共银三万四千两。均于各年秋汛后预期请领，乘时购办物料。于次年春间陆续勘估兴工，如有节省存于道库，遇有多用之年，即于此内通融牵算，不另请帑，"等语。是旧例岁有定额，虽若示以限制，实恐费或虚糜。诚如圣谕："莫若随时确核，实用、实销之为愈也。"今臣等公同悉心筹议，除业经办过各项工程，仍准照旧核实题销外，所有永定河每年岁需银三万四千两定额，永远删除。嗣后，每年于秋汛已过，水落之后，先令永定河道，将下年岁修疏浚各项事宜，及需费多寡若干，细加勘明确估。臣周元理再行亲往覆勘覆核，将应办工程及应需实用银数，先行具折奏明，请领采备料物。于次年开冻后，即兴工照估办理。臣周元理亲行详慎验收，仍照例具题造册，报部核销。其抢修一项，系临时相机赶办，难以预为估定。应请先发银一万两，存贮永定河道库，令其酌量应需料物，派委妥员采办，分贮险要工所，以备临期济用。倘有不敷，臣周元理仍一面具奏，一面先将库项垫发。工竣后，臣周元理并查验，核实报销找领。至于另办加培土工，不在岁修镶埽之例，原非常年所有。从前遇有应行培筑之工，系将情形专案具奏，请旨办理。仍应照旧另案奏办。如此酌定章程，则工员自不敢草率误工，亦不敢丝毫浮冒，总使工归实用，帑不虚糜。以仰副我皇上慎重河防之至意。所有臣等会议缘由，谨合词恭折覆奏，是否有当，伏候皇上训示，遵行。谨奏。（奉旨："依议。钦此。"）

[卷十七校勘记]

〔1〕"将来……岁修"句中"作何"疑为衍字，"岁修"前后疑有脱字据前后文意，将应删补之字加〔　〕标示，〔作何〕删，岁修前补〔为〕后补〔之用〕。原句保留。

〔2〕"碱"字原刊本作"鹹"［"咸"的繁体字］，实为"鹼"［"碱"的繁体字］字误，作为一种土质当为碱土，而非咸土，故改为"碱"字。

〔3〕"使"原刊本字不可辨，据李逢亨《（嘉庆）永定河志》卷二十四录同一折为"使"，改为"使"。

〔4〕“语”原刊本字不可辨，据上引书为“语”，从改为“语”。

〔5〕、〔6〕、〔7〕“撤”字原刊本误为“掣”，据前后文意改为“撤”。

〔8〕此处脱（朱批……）计八个字，据上引书同折增补。

〔9〕此处脱（朱批……）计十三个字，同上，增补。

〔10〕臣字前衍“该”字，据文意删。

〔11〕“壤”误为“壞”［“坏”的繁体字］，形近而误，改为“壤”。

〔12〕“熱”［“热”的繁体字］因形近误为“熟”，改为“热”。

卷十八　奏议九

（乾隆四十一年至五十三年）

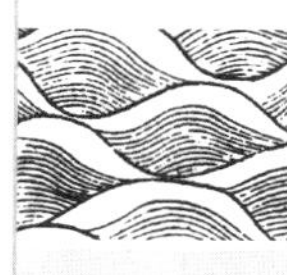

乾隆四十一年［1776］十二月二十一日　直隶总督臣周元理《为奏明请旨事》

窃照，凤河间段淤浅，河流停阻上。荷圣明垂询，臣遵即委员查勘，浅阻属实，有应需大加挑挖之处。臣于十一月内，将勘估情形面奏，仰蒙圣训，切实估办。随饬令通永道宋英玉、永定道满保，带同河工委用同知陈琮前往，将凤河上游以至尾闾，逐一测量估计。兹据该员将勘估情形，应挑工段，详细具禀，前来。臣查，凤河发源于南苑，历大兴、东安、武清、天津各地界内，纡绕出大清河，计长一百七十余里。缘上流水性带沙，河多湾曲，易致停积淤塞。现在河底深浅不一，而武清境内淤阻尤甚。必需按段挑深，一律取平，方得畅流无滞。今核计逐段应挖土方，共净长二万八百三十三丈，需工银一万二千三百八十三两八钱。应令该州县，各按境内照估，领银雇夫开挖。惟武清县工段较长，应添派邻近之宝坻县，协同办理，仍委务关同知胡涵，杨村通判黄体端，河工委用同知陈琮，并带同熟谙工程、实心任事之佐杂等官，往来督察，分段监工，务期帑不虚糜，如式妥办。工竣，勘验核实报销。所需银两，查司库有从前办理水利存剩银款，可以动支。理合恭折具奏，请旨并绘图贴说，恭呈御览。伏乞皇上睿鉴训示，遵行。谨奏。（奉朱批：“如议，实力为之。钦此。”）

乾隆四十二年［1777］七月二十九日　直隶总督兼理河道臣周元理《为筹办永定河险要堤工仰祈圣训事》

窃臣在永定河防汛，于南、北两岸往来察看。查，有北岸三工十一、二号堤形湾曲，兜水生险，每遇汛涨，防护最为费力。乾隆四十年［1775］伏汛内，此处曾经漫溢。今年河水极为平顺，而六月底七月初，连次水发，溜逼堤根，冲激异常。而水为堤形兜阻，不能遂其畅达之势，溯洄淘刷，深至二丈有余。该处埽工长及一百余丈，逐段皆险。抢护之时，人工料物费用为多。臣目击险要情形，沿河确勘，实因此处堤湾兜水，一遇河流横溢，即成荡激之势。当经率同道、厅各员，相度筹办。拟于堤内添筑直堤一道，俾溜势不致兜湾。再于西首上游，斜筑挑水坝一道，以拦入中泓。其旧堤仍按年加培，抵御作为外圈。如此因势制宜，似可化险为平。计自十号起，至十三号直堤止，长三百四十丈，上游挑水坝长四十五丈，约需工料银一千六百八十两零。应即于下年岁修项下估办，毋庸另行请项。是否有当，臣谨缮折奏明，绘图贴说。恭呈御览，伏乞皇上睿鉴训示。谨奏。（奉朱批："好，知道了。钦此。"）

乾隆四十四年［1779］六月初六日　直隶总督臣杨景素《为勘明永定河水势，工程平稳，现在分派防守以保无虞事》

窃臣自入口后，因各属纷纷报得透雨，诚恐永定河水势过大，当于是六月初一日驰至卢沟桥，次早循北岸头工查勘，直至下口三角淀地方。复由南岸查回，各工俱已遍历。查得，五月及六月初旬，河水长发六七次，自二尺二三寸至三尺三四寸不等，连底水共深四五尺有余。旋长旋消，现存底水四尺一寸。溜走中泓，一切埽工平稳，灰石闸坝、沿河土堤亦皆完固。今春加帮土堤，查验如式。本年疏浚河心中泓，亦已完竣。内如南岸头工，南岸三、四、五工，北岸头工，此五段大溜俱归中泓。两岸堤工均受其益。其下口岁修引河，今年从口门起，分挑中、南两股，并疏浚下游，使水归沙家淀，不致旁溢。现今，前项新挑引河，大溜已畅入[1]沙家淀，亦与两岸埽土工程有裨。惟北岸三工内有二里许一段，南、北两岸紧束，仅宽九十八丈至一百一十四五丈不等。查，上游两岸堤宽数百丈，至此一束（朱笔点）[2]势难畅泄。故以上工程多有出险，且觉各工内尚有一、二处与水争地形势，现届大汛勘办不及。（朱批："既称办不及，汝来时面奏可也。钦此。"）[3]查，永定河道员、厅汛，尚属壮年明白之人，现在惟有将各要工多贮料物，选派干练文武督率兵夫，分段驻工，昼夜防护（朱批："好"）[4]。其平稳工段，亦不许稍有疏懈。仍严饬道、厅，日逐亲身在工巡查，务通声援，以保无虞。并令留心体察水势长退情形，如果有与水争地之处，确筹顺性而治，以期工归稳妥。臣仍当亲勘酌议，不敢冒昧妄行。今因保定署内奏销等项，尚未办出。即于初六日驰回料理，一有就绪，仍赴永定河驻工，督率防守。所有臣查勘过永定河水势工程情形，理合恭折奏闻。再据南运河报称，五月下旬水深一丈六尺有余。北运河报称，五月下旬及六月初水深一丈二尺有余。水已稍落，工皆平稳。除饬该道、厅，严督印汛各官，加谨防护外，合并陈明，伏乞皇上睿鉴谨奏。（奉朱批：“览奏俱悉。钦此。”）

乾隆四十四年［1779］八月初八日　直隶总督杨景素《为奏明请旨事》

窃臣前查，永定河工见北三工一带，河身窄狭，有与水争地形势，似应开拓宽展。因届大汛，查办不及，当经奏请俟汛后勘明，酌议办理。钦奉朱批：“既称办不及，汝来时[5]面奏可也。钦此。”兹臣到工防汛，率同永定河道兰第锡及该厅、汛员等，来往河干，谘访相度。北三工六号、南三工十五号以下河身，仅宽九十八丈至一百五十丈不等，与上、下游现宽三、五百丈者，形势迥异。河身至此一束，势难畅泄，是以，向年上游工程多有出险。今拟于北三工四号至十号止，展筑新北堤九百三十五丈，再将十号至十五号旧北堤加帮培筑。并将南三工十五号至十八号旧越堤，及十八号至二十一号旧南堤，分别加高培厚，足资防御。其南北临河旧堤二道，酌量废去，则河身均在四百丈以外，与上下游一律宽广，不致与水争地。设遇汛涨，亦足畅流宣泄。不但上游免致出险，且可省附近险工抢修之费。复督同该道、厅照例确估，需土六万三千五百六十四方零，共该银五千九百七十五两三分，两岸工程计长一十七里。如蒙圣恩俞允，应请照另案加培土工之例，先在道库垫拨。饬令该道，督率各厅、汛，即于本年八、九月内兴工，土冻即止。明岁春融接修赶办，务于三月内完竣。一面照例题估赴部领银归款，核实报销。所有永定河南、北三工，展拓河身、拟筑新堤、加培旧堤缘由，理合绘具图说，并缮简明估单，恭折具奏。伏乞皇上睿鉴，训示施行。谨奏。（奉朱批：“著照所请，行该部知道。钦此。”）

乾隆四十五年［1780］七月二十五日　直隶总督臣袁守侗《为遵旨覆奏事》

乾隆四十五年七月二十四日，准尚书、额驸公福隆安字寄，七月二十二日奉上谕：“前因十八日热河雨势较大，遥望云气浓厚来自西北，即恐长安城上游有涨水漫溢之虞。随传旨询问袁守侗，河水是否不致盛涨？工程是否安稳？令其迅速由驿据实覆奏。今据奏到：‘永定河因本月十七八九等日上游各处大雨，河水长发，几与堤平。随督同道、厅等分头抢护，讵水势益涨，卢沟桥西岸漫溢出槽。北头工水过堤

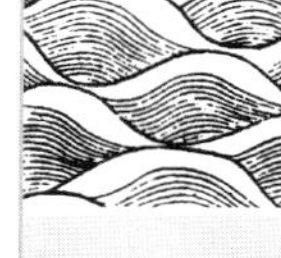

顶，汹涌异常，人力难施。冲宽七十余丈，由良乡县前官营散溢，求贤村减河仍归黄花店、凤河’，等语。览奏深为廑念，然此亦无可如何。惟有赶紧堵筑，以期安流顺轨，无碍田庐。查阅图内河身，自头工至六工，原系归入凤河。今漫口处，归入减河，仍归黄花店凤河等处。自应设法挑溜，使大溜仍归正河。一面上紧堵筑，赶进埽个[6]。永定河来源不大，此时骤长之水，想晴霁数日，即可消落，合龙自易为力。著传谕袁守侗督，率员弁竭力赶办。其有成灾者，妥加抚恤，毋致一夫失所。至该处有此漫工，袁守侗须日夜在工督催，不宜舍此而来。已于折内批谕至所请交部议处之处，将来勘明成灾分数，自应题本于疏内，照例声叙。此时毋庸急请交部也。将此由六百里发往，传谕知之。钦此。”遵旨寄信到臣。伏查，永定河河身本浅，此次因上游一时骤涨，以致漫溢出槽。今已晴霁数日，涨水渐次消落。卢沟桥止水深五尺四寸，大河上游水深四尺四寸。诚如圣训：“永定河来源不大，惟应设法挑溜，使大溜仍归正河。一面将漫口上紧堵筑，合龙尚易为力。”臣连日督率道、厅等，将漫口两头坝台上紧赶筑。西坝已筑长八丈，出水五尺，坝前水深六尺。东坝筑长三丈，出水六尺，坝前正系大溜水深一丈七尺。西坝仍用软厢，东坝拟于二十六日下埽[7]。臣惟亲督员弁，赶紧办理。一面设法挑溜，引水仍归正河，俾得及早合龙，上慰圣怀。再查，永定河水势本属无定，自涨水消落后，于二十二日上游大溜忽尔不走中泓，直向南趋至头工二十五号，始斜至北头工四十一号而出漫口。其时，南头工二十五号堤前，尚有淤滩五、六丈，当即挂柳保护。乃一昼夜，全行刷去，溜走堤根。立即饬令用埽抢护，随厢随陷。又适值二十三日午后，长水一尺，溜势更紧。复多拨兵夫，抢厢抢至二十四日寅刻，始得护住。现用柴土追压，可保无虞。计刷塌堤身长五十余丈，宽一丈有余。俟护堤埽工做完，即于堤后加高培厚，补还原堤丈尺。至漫水经过地方，现在委勘。俟查明如有已经成灾者，自当妥加抚恤，无致一夫失所，以仰副圣主念切民瘼之至意。所有永定河近日水势，暨现在督率办理各情形，理合恭折由驿奏覆，并绘具图说，敬呈御览，伏乞皇上睿鉴。谨奏。（奉朱批：“览[8]奏俱悉，近又复有阵雨，不知彼处如何？甚廑念，速奏来。钦此。”）

乾隆四十五年［1780］九月　吏部《为遵旨议叙事》

议得，乾隆四十五年八月十一日奉上谕：“据袁守侗奏：‘永定河漫口，督率道厅等，赶紧堵筑加工下埽。该道兰第锡等，驻工赶办，不遗余力，于初九日酉刻合龙’等语。今夏，永定河因上游涨盛，致堤工漫溢，文武各员本有应得疏防处分。今该督袁守侗，于一月内督率道、厅，赶紧堵筑，克期合龙。其办理迅速，亦应甄叙。所有在工员弁，功过各不相掩，著加恩。仍行交部议叙，以示分别劝惩，并行不悖之至意。钦此。”钦遵抄出到部。除此案漫口疏防各职名，应俟该督咨送到日另行议[9]处外，应将直隶总督袁守侗，请照陈家道口漫工合龙议叙之例，准其加一级。其道员兰第锡等在工员弁，仍令该督即查明分别等次，造具职名清册咨部。到日另行具题。（奉旨：“袁守侗著加一级，余依议。钦此。”）

乾隆四十五年［1780］九月　直隶总督臣袁守侗《为恭谢天恩事》

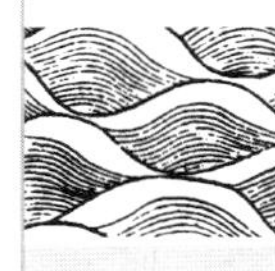

窃臣接阅邸抄①，吏部具题：“内阁，奉上谕：‘今夏永定河因上涨涨盛，致堤工漫溢。文武各员本有应得疏防处分。今该督袁守侗，于一月内督率道、厅赶紧堵筑，克期合龙。其办理迅速，亦应甄叙。所有在工员弁，功过各不相掩，著加恩，仍行交部议叙。钦此。’经部援例，将臣议以加一级，其道员兰第锡等并在工员弁，仍令分别等次咨部，到日另行具题。”奉旨：“袁守侗著加一级，余依议。钦此。”臣随望阙②叩头谢恩，讫伏念。臣奉命兼理河务，乃因防御不慎，致有疏虞。虽赶紧堵筑，迅速合龙，亦未足稍赎前愆。讵意，复蒙圣主逾格鸿恩。以功过各不相掩，仍行交部议叙。微臣先邀晋级之殊荣，庶职并叨甄叙③之旷典，悚惶弥切，感刻滋深。嗣后，惟有益竭驽骀力勤修守，督率员弁永固堤防，以其仰报天恩于万一。所有臣感激微忱，理合恭折奏谢。再，臣前于奏报永定河北岸头工漫溢折内，钦奉谕旨：“所请交部议处之处，将来勘明成灾时，自应题本于疏内声叙。此时毋庸急请交部。钦此。”今查，漫水经过之良乡、大兴、宛平、固安、永清、东安等县村庄勘明，俱有成灾之处，现在汇同各州县被灾情形，另疏题报。所有此案漫口疏防职名，亦即另行咨部议处。并遵旨将堵筑漫口、在工出力员弁分别等次，咨部议叙。又，

---

① 邸抄，即邸报，中国古代报纸的通称。是朝廷传知朝政，臣僚了解朝廷政情的工具。主要登载皇帝谕旨、臣僚奏议、朝廷动向等内容。唐代已有藩镇驻京进奏院传抄的“报状”，宋始“邸报”［邸是指外藩在京设置的办事机构，故称邸报］。元明亦通行，由中央政府统一发行。明崇祯间始有活字印刷本。清朝仍之，并有商办的《京报》发行。

② 阙，指宫阙，代指朝廷，或帝居所在。

③ 甄叙：甄、甄别、区分。叙职任用。叙另一义为评述功绩，按清制议叙有记录、晋级等作法。

臣已于九月二十日回署，合并陈明。伏乞皇上睿鉴。谨奏。（奉朱批：“览。钦此。”）

乾隆四十五年［1780］十月二十八日　吏部《为遵旨议叙事》

臣等曾议，得直隶总督袁守侗称：“除应议漫口疏防职名另咨开送议处外，所有堵筑漫口，钦奉谕旨，应行议叙之在工出力员弁，相应逐一查明，分别等次，造具职名清册，咨部议叙，”等因。到部。除此案疏防各员，该督既称：“另咨开送议处”，臣部另案议处外，查，总督袁守侗业经吏部议叙，准其加一级在案，毋庸再议。应将列为一等之永定河道兰第锡、保定府知府席袏、永定河南岸同知王湘若、候补同知刘楙署、涿州知州候补知州刘民牧、良乡县知县沈麟昌、固安县知县谭钧、东安县知县张习、固安县县丞汤嗣新、候补县丞汪廷枢、效力府经历张颜、效力从九品赖永泽、督标后营守备彭国英、永定河营守备王朋、南岸千总刘悦等，照例各准其纪录三次。列为二等之正定府同知陈淞、永定河北岸同知杨奕绣、永定河三角淀通判董杰、永清县知县周震荣、雄县知县萧附凤、候补县丞章佩瑜、永清县县丞郑重、武清县县丞李光理、东安县主簿贾然、候补吏目冯瑛、效力从九品雷春天、督标前营守备尹仓泰、南岸把总陈廷琏、北岸把总陈坦、永定河浚船把总李如兰等，各准其纪录二次。谨题。（奉旨：“依议。钦此。”）

乾隆四十五年［1780］十一月十三日　工部《为奏明请旨事》

臣等查得，直隶总督兼理河道袁守侗疏称：“永定河南、北两岸展筑新堤、加培旧堤工程，题准部覆，行令工竣造册题销，等因。兹据永定河道兰第锡详称：‘永定河南、北两岸展筑新堤，并加培旧堤工程，共用银五千九百七十五两三分，理合造具清册，详请察核题销’等情。臣覆核无异，除册送部外，理合恭疏具题”，等因。前来。查，永定河南、北两岸三工，展筑新堤、加培旧堤工程。先据该督奏明，并估需工料银两，造册具题，经臣部覆准在案。今据该督将用过银五千九百七十五两三分，造册题销。臣部按册查核，内所开工夫、土方等项，与例均属相符，应准其开销可也。（奉旨：“依议。钦此。”）

乾隆四十六年［1781］五月十一日　吏部《为知照事》

内阁抄出，直隶总督袁守侗奏称：“永定河南、北两岸分界立汛，每汛经管河堤自十八、九里至二十七、八里不等。惟北岸头工，分管四十七里三分，当日因地处上游，河身宽展，工程平稳，故所管堤工独长。近年以来，水势偏趋北岸。上年秋汛，北头工四十一号堤工漫溢。本年凌汛，水刷堤根，在在出险，修防甚为紧要。原设宛平县主簿一员，驻扎四十二号。其上游堤工实有鞭长莫及之势。虽永定河形迁徙靡常，不便遽请更定，而堤防险易今昔不同，不得不量为筹备。臣与永定河道兰第锡详加商酌，查有永定河下游三角淀所属南堤九工，武清县县丞经管旧堤二十一里。自乾隆二十年［1755］，下口改移离河较远，修防甚易。虽不便遽议裁改，而酌量调用实因时制宜之法。应将南堤九工驻防之武清县县丞，移驻北岸头工。自一号起，至二十二号止，划分河堤二十二里，一切草、土各工，均责令该员修筑。并请即以原衔[10]管北岸上头工汛事，毋庸另给关防。其二十三号以下，至四十七号，仍令宛平县主簿经管。所有南堤九工，分管旧堤暨浚船、疏浚等事，请就近饬委霸州淀河州判兼管，足资料理。将来，北岸头工河远工固，无须修防。或下游南堤又增险要，即仍令该县丞回驻九工，以符旧制。至现今，移驻北头工，其应支廉、俸、役食等项，仍照旧赴武清等县支领。所需汛署，亦据该道代为捐廉建修，毋庸另议动项。如此酌量暂移，既与定制并无更张，而险工得员分理，亦足以资防护矣。除将分管堤工字号及其应拨汛兵名数，另行均匀派拨、造册送部外，所有永定河北岸头工堤长险要、遴员移驻、分工防护缘由，理合缮折奏明。”（奉朱批：“如所议行。钦此。”）

乾隆四十六年［1781］十二月二十一日　署直隶总督臣英廉《为遵旨覆奏事》

准尚书和珅字寄内开，乾隆四十六年十二月二十日奉上谕：“本日，据大学士、九卿等会议，黄河水势情形一折，已依议行矣。内，胡季堂所称：‘河滩地亩，尽皆耕种麦苗，并多居民村落，一遇水发之时，势必筑围打坝，填塞自多。是河身多一村庄，即水势少一分容纳。请勅下河南、山东、江南各督抚确查，令其拆去，迁居堤外’等语。所见甚是。河滩地亩，居民日就耕种，渐成村落。一遇水势增长，自必筑墙垒坝，填塞河身。此弊由来已非一日，宜严禁。从前，朕阅永定河堤，即见有民人在彼耕种居住者，特谕方观承，令其嗣后严行禁止，勿使增益。彼时闻河南亦有此弊。曾于《阅永定河堤示方观承》诗内，再三谆训。今河南、山东等省聚居河滩者，村庄稠密，更非永定河可比。若听其居住垦种，于河道甚有关系。著传谕萨载等，即行确加履勘，其堤外地处高阜无碍河身者，自不妨听其照常居住耕种。若堤内地方，不便占居填塞有碍水道，所有村庄房舍，该督抚等务须严切晓谕，令其陆续迁徙移居堤外，俾河道空阔足资容纳。仍须遴选干员，不动声色，妥为经理。使迁徙贫民毋致扰动失业，方为尽善。著将此传谕萨载等。并谕阿桂、英廉知之。钦此。”遵旨寄信到臣。伏查，直隶永定一河，水挟泥沙，民间称为浑河。流急则刷沙，流缓则停淤。而停淤之故，皆由于所阻碍不得畅流之所致。永定河两岸暨下口遥埝等处，间有附近贫民就耕滩地，踧屋而居者，自乾隆十五年［1750］，经圣明照鉴及此，钦奉谕旨，勅禁之后，摹勒碑记，听其陆续迁移。不准再行添益。其乾河、淀泊亦一体禁止耕种，历久遵行在案。第恐小民趋利若鹜，行之日久，查察稍有不周，即难免复有添益、占种之弊。兹臣钦遵圣训，即飞饬永定河道兰第锡亲往履勘。旧有者是否迁移已尽？近年来有无又私行占住之家？如有占住填塞，有碍水道之处，即详加筹议，作何明白晓谕，令其陆续迁移。务须不动声色，妥为经理。勿使贫民惊扰失业之处，先行禀报督臣，酌核妥协，再行实力查办，不得以具文了事。并一面通饬各道、府、厅、州、县，凡淀泊河滩之间，如有阻碍河流者，均应一体示禁。以期河身宽阔，容纳有资。仰副我皇上慎重河防，勤求水利之至意。再，臣卸事在即，计永定河道查明禀报到时，已在新任督臣到任之后。臣俟郑大进到时，仍面与商明留心核办。所有臣遵旨饬办缘由，谨缮折覆奏。伏乞皇上睿鉴，谨奏。（奉朱批：“知道了。钦此。”）①

乾隆四十七年［1782］正月二十七日　直隶总督臣郑大进《为遵旨勘明具奏事》

窃臣于陛辞后即赴永定河下口，率同该道兰第锡，亲勘该处六工以下河身，内向有村民居住。自乾隆十五年［1750］钦奉谕旨饬禁，并蒙御制诗章谆谆劝谕，镌勒石碑。经前督臣方观承查明，给价迁移。嗣因下口改流，复又奏请暂回居住。经军机处议覆，将原给房价令其缴还，减粮地亩仍照额征收。在案。兹查，永定河南、北两岸，自头工以至六工，旧有村庄业已迁移净尽。其自六工以下，水势迁徙靡常，屡将北埝改筑展宽，现今修守之北堤，与原设之南堤遥隔五十余里。其中，居民共

① 与卷十七（乾隆三十七年六月十六日裘曰修《为工程完竣，并陈明河道情形仰祈圣鉴事》一折）同为重申永定河身内禁止村民居住、耕种的政策。

有五十余村，或因滩地尚未除粮就耕守业，或因贪觅渔苇之利，聚居高阜，水涨即以船为家。虽现与下口水势，并无填塞阻滞之处，但既附近河身，自当凛遵圣训，劝令迁移，以清河流。今臣勘明，永清县境内应迁者柳坨等六村，东安县境内应迁者小孙家坨等五村，共计十一村，旗民二百八户，草土房七百二十间，已谆谕该县等，劝民迁移，务须不动声色，妥为经理。并另为勘定地址，按每房一间酌借米三斗，以资迁费。令其陆续移居，勿使贫民遽行失业，以仰副我皇上保卫民生，慎重河防之至意。其条河头、葛渔城等四十余村，均与现在河身相离较远，似可准其暂回居住。但须禁其添盖房间，垒筑围坝，（朱批：“是，实力每年查一次。钦此。”）以杜占居填塞之弊。俟将来河流又有迁改，如果逼近应迁，再行随时查明，妥协办理。所有勘明永定河下口应迁村庄情形，谨绘图贴说，恭呈御览，伏乞皇上睿鉴训示。再，臣已于二十三日回署。合并陈明，谨奏。（奉朱批：“知道了。钦此。”）①

乾隆四十七年［1782］十月十八日　工部《为循例奏明事》

据直隶总督郑大进奏称：“窃照，永定河岁、抢修估领银款，先于乾隆四十年［1775］间军机大臣遵旨议奏：‘抢修系临时相机赶办，难以预估。每年先发银一万两，委员办料，分贮险要工所，以备济用。倘有不敷，先将库项垫发，工竣核实报销。其南、北运河，续经原议大臣定议，每年每处先发银六千两，采办料物。倘有不敷，于道库借款垫办，核实找领’，等因。遵照在案。兹四十七年分伏、秋二汛，永定河水势虽旋长旋消，但水小走湾，堤工叠出危险，共用过抢修银一万零六百三十六两二钱。南运河虽屡次涨消甚速，共用过抢修银五千七百七十七两五钱。北运河因口外各处出水陡发，兼之潮、白二河水势叠长，出险较多，共用过抢修银一万七千六百七十六两五钱。据永定、天津、通永三道查明，具详前来，臣覆核无异。除饬造细册，另行咨部外，合先恭折奏明”等因。乾隆四十七年十月初一日，奉朱批：“该部知道。钦此。”钦遵抄出到部。查，乾隆三十一年［1766］二月内，钦奉谕旨：“各省奏报各折批交该部知道者，仍令部臣按例查核办理。不得仅以存案了事。”钦遵办理在案。今臣等查得，抢修工程，原无一定，惟视汛水之平、险以定工程之多寡。上年直隶夏秋间雨水较大，是以抢修永定河等河。该督奏明，共用过银三万五千八百九十八两零。经臣部覆准在案。至本年雨水调匀，虽六月内偶经暴雨，

---

① 同前页注①。

口外各处山水归入潮、白二河，亦不致异常盛涨。各工自应平稳居多，所用银两亦应大加节省。乃该督仍请销银三万四千九十余两之多。核其银数，较上年所减尚不及十分之一，恐其中不无浮冒多开之处。事关帑项，不可不彻底清查。相应请旨勅下直隶总督郑大进，遴委妥员，亲赴各工逐段履勘，据实大加删减覆奏。到日，臣部另行核办可也。（奉旨："部驳甚是，依议。钦此。"）

乾隆四十七年［1782］十二月二十五日　署直隶总督臣英廉《为遵旨严查据实覆奏事》

乾隆四十七年十月十八日钦奉上谕："工部核奏《直隶永定等河抢修工程用过银两》一折，所驳甚是。已依议行矣。本年直隶雨水较少，夏秋之间各处山水归入潮、白二河者，并无盛涨。则各工之平稳可知。何至请销抢修银两，尚有三万四千余两之多，比之雨水较大年分，其所减银数竟不及十分之一。以今年雨水较少年分如此开销，则设遇雨水较多之年，又当如何？此必管工之员有心浮冒开销，且可预为将来雨多年分侵渔地步。郑大进不行详核删减，率为循例具奏，殊属非是。著将工部奏驳原折发交郑大进阅看，令其据实明白回奏。钦此。"前任督臣郑大进未及覆奏。臣到任后，即一面恭折奏覆，一面遵照部驳，饬委口北道①恩长前往永定河、清河道，伊桑阿前往南运河霸昌道，哲成额前往北运河，均令亲赴各工逐段履勘。如有浮多即大加删减，据实禀覆。去后，兹据口北道恩长禀称："永定河堤工系汛官承修，调查抢修工段册，开南岸六汛抢修过一百六十七段，用银五千六百三十三两零。北岸五汛抢修过一百一十段，用银五千二两零。逐段勘丈内露明，各段一切秸麻绳桩等物，均与原估相符。其间有临险抢修随抢随蛰者，虽厚薄不无参差，然现有抢筑情形可验，似非饰词浮冒。又查，永定河四十六年［1781］用过抢修银一万一千九百八十七两，今四十七年［1782］估报抢修银一万六百三十六两零。较之上年减少银一千三百五十余两，计十分之一有余。"又据清河道伊桑阿禀称："南运河工程向系州县承修，按册查对。景州、沧州、静海、天津等四州县，抢修过草工二十四段，用银三千一百七十五两零。俱系逆溜顶冲险要之处，所做桩木苇草逐层镶垫，均无偷减。又，沧州纤[11]桥一座，用银一百零五两，其木料现在坚固。又，吴桥、

---

① 口北道，清口北道驻宣化府，辖宣化府（辖宣化县、赤城、万全、龙关、怀来、阳原、怀安、蔚县、延庆、涿鹿）张家口、独石口、多伦诺尔三厅。

东光、交河、南皮、沧州、青县、静海、天津等八州县，共抢修过土工二十段，用银二千四百九十六两零。非因堤身单薄，即属往来纤[11]道，系必须培筑之工。其高厚长宽丈尺亦与册报相符。以上草土各工，共用银五千七百七十七两零。较四十六年报销银六千二百两计减用银四百二十余两。虽不及十分之一，然履勘各工，委系实用实销，并无浮冒。”又据霸昌道哲成额禀称：“北运河堤工系厅官承办，本年务关同知、杨村通判抢修过土工九段，草工三十二段，共用银一万二千八百二十两零。其未经蛰陷者，查勘丈尺相符。即汕刷残缺之处，亦现有工段可查，似无虚冒。又有临汛抢护工一百一段，用银四千八百五十六两零。系水长时相机抢挂席柳埽把，以护堤坝，水落则随溜漂淌，并无收回。惟钉橛之处可验。今细查抢挂之工，皆系逆溜险要，似属应办。比对工段丈尺亦尚无浮冒。惟查北运河，四十六年抢修用银一万七千六百九十四两零，本年水势较少，所用亦至一万七千六百七十六两零，竟至相去无几。逐一细加确核，本年所办临汛抢护工料，较上年尚减少银四百一十二两零。而抢修工程，较四十六年反多银三百九十余两。其中必有不应抢办之工，朦混请办致有浮多。随查至杨村北汛，老和尚寺迤南抢建月堤一道，用银一千五百九十五两零。虽称：‘因地处扫湾，缕堤坍劈，恐不足以资捍御。是以，详明于凌汛后预行抢修’等语。第查，该处缕堤本年抢挂席柳已属足资防护。是工虽实办，而事究可缓。应否删减禀请核示。各等情。”前来。臣覆查，四十五六七等年［1780、1781、1782］各河所报水势，惟四十五年盛涨较多，四十六、四十七雨水虽有多寡，而河水之涨则不相上下，惟立秋以后本年河水并未复涨，则抢修各工诚如圣谕，自应较少。至永定、南北运等三河抢修合算，虽较上年减少不及十分之一，然分而计之，有较上年少至十分之一，有余者。如永定河上年抢修用银一万一千九百一十余两，今岁仅用银一万六百三十六两，已减少十分之一有余。且据委员勘明所办各工，均系实用实销，应毋庸再议。至南运河上年抢修，用银六千二百两零，今岁用银五千七百七十七两零，虽减少不及十分之一，然为数本在额定抢修银六千两之内。且所做草、土桥坝均系必须应办之要工，尚无浮冒。惟查北运河上年抢修，用银一万七千六百九十四两零，本年亦用至一万七千六百七十六两零。其中显有浮混，现据霸昌道查明：“杨村北汛老和尚寺迤南，抢筑月堤一道，用银一千五百九十五两零。该处缕堤本年已用席柳抢护，而又预办抢修月堤，实属任意糜费。且岁修者系汛前所做，抢修者系临汛抢办之工。今以汛前应办之土工，捏设预办抢修之名，开入抢修钱粮之内。其为藉名，希冀多销钱粮可知。应将杨村北汛预抢月堤银一千五百九十五两零，不准开销。又，挂席、挂柳、挂埽统谓之抢险，然而非实险也。不过河水漫滩浸及堤根，因而藉此为抢护风浪之计，何至事后一料无存。明系该管厅怠玩成习，被人窃去所致。查，今年北运河挂柳等工，开销银四千八百五十六两零，其中应请核减三成，共减银一千四百五十七两零。连前月堤共应删减银三千五十二两零。请着落承办之前任务关同知黄体端，升任杨村通判康勔，署任通判刘楙，前任通永道李调元各名下赔补，并令该同知、通判各分赔十分之六。通永道分赔十分之四，仍交部分别议处，以示惩创。再，臣更有请者，河工定例三汛之后，遇有河身淤浅，堤工单薄，估报挑筑谓之岁修。预备料物于临汛之时，遇有危险随时抢办谓之抢修。向来无预办抢修之例。直隶永定、南运二河均系循例查办。而独北运河因另有抢护一项，作为临汛办理。遂将抢修之工改为预办。每年岁修内不及估办之工，凌汛后再行估报，于伏汛前预行赶办。今虽严查，系历久相沿，工段俱存实用，并无将岁修工段，朦混复开抢修之事。然循名责实，究属未协。而此端一开，则浮混由此而生，且抢挂席柳一项，水退后并无收回，亦难保无官吏藉端浮开情事。臣愚以为，嗣后，北运河每年应办岁、抢修工程，将应行预办者，均作为岁修临汛之抢办者。作为抢修，不致复存预办抢修之名，致滋浮混。至抢挂席柳一项，每年不得任意开销。如有实在危险，不及抢筑之处，始准挂用席柳。所销料价总不得过一千两之数。如此庶名实相符，而不肖官吏亦无所用其浮混矣。除将部驳原折咨送工部外，谨恭折据实覆奏。伏乞皇上睿鉴训示。谨奏。（奉朱批：“该部知道。钦此。”）①

乾隆五十年[1785]十月十一日　直[12]隶总督臣刘峨《为奏明请旨事》

据署永定河道陈琮②详称：“永定河水性带沙，全赖下口通畅，庶沙随水去，不致阻滞。昔年下口地面本属低洼，自乾隆二十年［1755］改移以来，历今三十载，水散沙停，日久渐成平陆。虽岁修案内，每年估报疏浚，然仅能抽槽顺水，汛后即淤。上游头、二、三等工，紧接卢沟出峡之水，势猛力劲，沙随水刷，停淤尚少；而附近下口之四、五、六等工，水缓沙停，河底日渐淤高，堤身益形卑矮。本年汛

---

① 本折记述署直隶总督英廉委派口北、霸昌、清河三道道员易地稽查永定河、南、北运河河防工程有无浮冒情形案例。

② “陈琮署永定河道”此记与职官表记载有异，该表记载为：“乾隆四十八年任永定河道，四川南部、副榜。”与李逢亨嘉庆《永定河志》卷十三职官表二记为乾隆四十八年任永定河道（四川南部、副榜），未言署。乾隆五十四年卸事。

水涨发，盈槽拍岸，水满堤顶。自四、五寸至尺作法不等，甚为危险。幸赖子堰挡护，极力抢救得免漫溢。伏思，下口与河身既已淤高，自当尽力挑挖。各使口门展宽，引渠畅达，以资宣泄。现在仍于岁修案内办理。惟两岸堤工，自乾隆三十七年［1772］大工案内加培以来，已十有余载。虽然屡经培修，究未曾大加修筑。今逐一查勘，南岸自四工三号起，至六工十九号止；北岸自三工十五号起，至六工十号止。现存旧堤比河滩仅高四、五尺至二、三尺不等，实属单矮。应请随其旧堤之高低，普律加高一、二尺至三、四尺，并帮宽一丈二、三尺至二丈余尺不等。如堤外地势洼下，需土较多，即于堤内加帮，倘堤内有险工埽厢，仍于堤外帮筑。又，南岸四工自一号至三号堤身，过于湾曲，现在河流偏趋旧堤，难以抵御。必须添筑直堤一道，计长四百一十五丈，以顺河流。以上加高培厚并添筑直堤，共估土四十一万七千一百七十五方零，需银三万九千二百十四两零”等情。绘图详请核[13]奏，前来。臣覆查，前在永定河防汛时，于水落归槽之后，会遍履两堤逐一查勘。南岸四工、北岸三工以下，委因下口受淤，河身渐高，以致两岸堤工日形单薄。当即谕令该道，务须加高培厚，以资巩固。其请筑直堤，亦因原堤过于湾曲，必须相宜添筑。今据该道勘明估报，所需土方臣又逐一确核，尚无浮冒。应请准其估报。惟需费较多，非岁修案内所能办理。相应专折奏请。如蒙圣恩俞允，即责成该道陈琮，督同南、北两岸同知，暨印汛各员，于明岁春融，分段上紧兴工修筑，务于伏汛前一律完竣。臣当亲往验收，据实核销，使工归实用，帑不虚糜。以仰副我皇上廑念、河防保卫民生之至意。至所需银两，查，有司库河工桩草籽粒等银一万四千八十九两零，永定道库各属，解交河淤地租银一万二千六百八十二两零；又，霸州等州县，解交隙地租银八千四百六十九两零；又，石景山历年节存工程银七千七百三十五两零。以上四项，原系留为河务工程之用，应请即于前项银内凑拨，无庸另请动项。至南、北岸三工以上，及石景山等处堤岸应需培修，以及疏浚中泓下口等工，仍饬该道循例于岁修案内估办。除将应修工段、丈尺、土方、银数，饬令分晰造册，另行照例题估外，是否有当，谨缮折具奏，并绘图贴说，恭呈御鉴。伏乞皇上睿鉴训示，谨奏。（奉朱批：“该部速议具奏。钦此。”）

乾隆五十年［1785］十月十八日　工部《为遵旨速议具奏事》

臣等议得，直隶总督兼理河道刘峨奏称：“永定河水性带沙，全赖下口通畅。庶沙随水去，不致阻滞。自乾隆二十年［1755］改移以来，历今三十载，水散沙停，

日久渐成平陆。虽岁修案内每年估报疏浚，然仅能抽槽顺水，汛后即淤。上游头、二、三等工，紧接卢沟，出峡之水势猛力劲，沙随水刷，停淤尚少；而附近下口之四、五、六等工，水缓沙停，河底日就淤高，堤身益形单矮。本年，汛水涨发，盈槽拍岸，水满堤顶，自四、五寸至尺余不等，幸赖子堰挡护，得免漫溢。伏思，下口与河身既已淤高，自当尽力挖挑，务使口门宽展，引渠畅达，以资宣泄。现在仍于岁修案内办理。惟两岸堤工，自乾隆三十七年［1772］大工案内加培以来，已十有余载。虽屡经培修，未曾大加修筑。今逐一查勘，南岸自四工三号起，至六工十九号止；北岸自三工十五号起，至六工十号止。现存旧堤，比河滩仅高四、五尺至二、三尺不等，实属单矮。应请随其旧堤之高低，普律加高一、二尺至三、四尺，并帮宽一丈二、三尺至二丈余尺不等。又，南岸四工自一号至三号，堤身过于湾曲，现在河溜偏趋旧堤，难以抵御。必须添筑直堤一道，计长四百一十五丈，以顺河流。共估土四十一万七千一百七十五方零，需银三万九千二百十四两零。于明岁春融，分段兴修。惟需费稍多，非岁修案内所能办理。请于司库河工桩草籽粒等项银内凑拨，无庸加请动项。除将应修工段、丈尺、土方、银数，饬令分晰造册，另行照例题估外，恭折具奏。”奉朱批：“该部速议具奏。钦此。”臣等伏查，永定河自卢沟桥以下头工至六工，长二万七千七百余丈，堤岸最关紧要。乾隆三十七年［1772］大工案内，经原任钦差大学士、两江总督高晋等奏准，加培动项兴修。钦奉朱批：“允行”在案。今据该督奏称：“下游之三、四、五、六工水缓沙停，河底日高，堤身益卑。本年汛水涨发，水满堤顶，幸赖子堰挡护。请将南岸自四工三号起，至六工十九号止，北岸自三工十五号起，至六工十号止。随旧堤之高低普律加高一、二尺至三、四尺，帮宽一丈二、三尺至二丈余尺不等。又，南岸四工一号至三号，堤身湾曲，添筑直堤四百一十五丈，共估需土方银三万九千二百十四两零，于明岁春融上紧修筑，工竣验收，据实核销，”等语。查，堤身卑薄，设遇盛涨之年难资抵御，自应预为加培高厚。其湾曲处所，未免河流偏趋，易致顶冲生险。若添筑直堤，可以顺势利导，自属应办之工。均应如该督所奏办理。仍行该督，将所做工段，照例核实，确估造具正、副清册，绘图贴说，具题查核。至所需土方银两，请于司库河土、桩草、籽粒等项银内动支之处，亦应如所奏动拨。恭候命下，臣部令该督钦遵办理，谨奏。（奉旨：“依议。钦此。”）

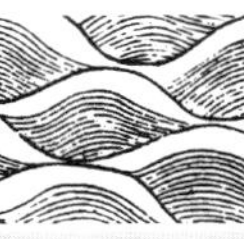

乾隆五十一年［1786］二月二十八日　工部《为遵旨速议具奏事》

臣等议得，直隶总督兼理河道刘峨疏称："永定河下游之三、四、五、六等工，河身淤高，大堤日形单矮。本年伏、秋汛水盛涨，盈堤拍岸，水满堤顶。幸赖子堰挡护得保无虞。经臣奏请，南岸自四工三号起，至六工十九号止，北岸自三工十五号起，至六工十号止，普律加高培厚。并南四工一号至三号，添筑直堤一道。接准部覆，令将所做工段，核实确估，造册绘图具题，转行遵照在案。兹据署永定河道陈琮详称：'前项工程，共估银三万九千二百十四两三钱，造册绘图详请察核、题估'等情。臣覆核无异，除册图送部查核外，理合恭疏具题。"等因，前来。查阅永定河南、北两岸堤工，加高培厚并添筑直堤等工，先据该督专折奏明，经臣部议覆准行在案。今据该督将估需土方银三万九千二百十四两三钱，造册具题。臣部查，册开工段与原奏相符，应准其办理。应行该督，将用过银两照例切实保题、造册、核销可也。（奉旨："依议。钦此。"）

乾隆五十一年［1786］五月十六日　直隶总督臣刘峨《为恭报永定河加培大堤完工日期仰祈圣鉴事》

窃查，永定河南岸四工、北岸三工以下，因下口受淤，河身渐高，以致两岸大堤日形单薄，必须加高培厚。又，南岸四工一号起至三号，堤身过于湾曲，须添筑直堤一道，以资捍卫。共估需土方银三万九千二百十四两零。在于河工桩草并河淤等租银内动拨。经臣于上年十一月内奏，蒙圣恩俞允，当即行。据永定河道陈琮派委，固安、永清、东安、武清、霸州、文安等六州县，及南、北两岸同知，共分为八段。于本年二月内，各按应办土方发给银两，饬令上紧雇夫兴工，赶筑在案。兹据该道陈琮禀称："南北二岸三、四工以下，加培大堤并添筑直堤等工，于本年四月二十八及五月十二等日，先后普律完竣。逐段查验，均系层土层硪，如式坚筑，并无偷减。从此，堤身一律高厚，足资防护"等情，前来。臣覆核无异。除俟亲往查验收工后，再行照例造册、出结、具疏题销外，所有永定河加培大堤完工日期，专折奏闻。伏乞皇上睿鉴。谨奏。（奉朱批："知道了。钦此。"）

乾隆五十一年［1786］十月十五日　工部《为遵旨速议具奏事》

臣等查得，直隶总督兼理河道刘峨疏称："永定河下游三、四、五、六等工，大堤加高培厚，并南四工一号至三号，堤身过于湾曲，添筑直堤一道。经臣据册题估，接准部咨，令将用过银两照例切实保题，造册核销，等因。行据署永定河道陈琮详称：'加培大堤并添筑直堤，共用银三万九千二百一十四两三钱。拟合造册绘图，详送察核，题销，'等情。臣覆查无异，除册图送部查核外，理合恭疏具题，"等因。前来。查，永定河南、北两岸三、四、五、六等工，加培大堤，并添筑直堤工程。先据该督奏明，并估需银两造册具题，经臣部覆准在案。今据该督将用过银三万九千二百十四两三钱，造册题销。臣部按册查核，内所开土方价值与例相符，应准其开销可也。（奉旨："依议。钦此。"）

乾隆五十二年［1787］十二月十二日　直隶总督臣刘峨谨奏《为钦奉上谕事》

十一月三十日，承准大学士和珅字寄，乾隆五十二年十一月二十九日奉上谕："直隶永定河堤工，朕于庚午、乙亥年［1750、1755］间，曾经亲临阅视，明春巡幸天津，亦当顺道经临。但该处堤岸工程，近年以来是否稳固之处，著刘峨详细查明具奏。并将该处堤工情形，开具略节，绘图呈览。所有庚午、乙亥御制诗，并著抄寄阅看。将此谕令知之。钦此。"遵旨抄发御制诗章二首，寄信到臣。伏查，永定河工程，上自石景山，下至沙家淀，历年恪遵定例，督率修防疏浚。自乾隆四十六年［1781］以来，迄今七载，仰托圣主福庇，连庆安澜。上年，复蒙发帑另案加培，南、北两岸堤工更觉稳固。至于下口，自乾隆二十年［1755］荷蒙皇上亲临阅视，指授机宜。于北岸六工洪字二十号，开堤放水，改为下口东入沙家淀，由凤河入大清河，达津归海。下口两岸有南堤、北堤以为保障，中宽四、五十里不等，足以散水匀沙。至今三十余年，河南、河北岁获有秋，黎民乐业，洵万世永赖之利也。乃复上廑圣怀，垂询该处堤岸工程，仰见我皇上勤求民隐，慎重河防之至意。伏念明春，圣驾巡幸淀津，辇辂经由卢沟桥，凡永定河之上源石景山一带石工，及下游南、北两岸堤工，均在圣明睿照之中。臣谨将永定河近年工程稳固情形，开具略节绘图贴说，恭呈御览。伏乞皇上睿鉴。谨奏。奉朱批："知道了。钦此。"

谨查，永定河发源山西马邑县，本名桑干。行万山中夹岸奔驰，至石景山卢沟桥以下，散漫无定。康熙三十七年［1698］，蒙圣祖仁皇帝轸念民依，创建南、北两岸堤工，赐名永定。自卢沟桥之石堤起，接筑至永清县之郭家务，水由安澜城河入淀。康熙三十九年［1700］，又接筑至霸州柳岔口，水归东淀。雍正四年［1726］，因东淀受淤，于永清县冰窖村改筑南、北两岸，至武清县王庆坨，水归三角淀。乾隆十五年［1750］，又因三角淀淤平，冰窖草坝漫溢，水行南岸之外，入叶淀达津。遂将乾隆三年［1738］所筑之格淀、坦坡埝，普律加培，改称南埝。乾隆四、五年所筑之北大堤，改称北埝，移员驻守。乾隆十五、十八年［1750、1753］，仰蒙圣驾临阅。乾隆二十年［1755］，又因旧南堤以外地面窄狭，不能容全河之水。复蒙圣驾亲临北六工，指授机宜。于洪字二十号开堤放水，改为下口河流东入沙家淀，会凤河入大清河。达津南面，以南埝旧南堤、旧北堤为重门保障。北面，节年加筑遥埝、越埝各一道，河流每患北漾。经前督臣方观承奏明，以越埝改称北埝，移员驻守。北埝至南埝，相距四、五十里不等，地面宽广，听其荡漾，足资散水匀沙。三十七年［1772］大工案内，南、北两岸及两埝，俱间段加培，并于下口条河头之南，挑挖引河，引下口之水，由毛家洼入沙家淀。三十八年［1773］，蒙圣驾临阅。改南、北埝为南、北堤，作为七、八、九工。是年，汛水涨发，条河头引河淤平，河流北徙，由东安县响口村入沙家淀。以上下口情形六次改移，均经奏明在案①。四十四年［1779］因南三工十五号、北工六号以下，堤形紧束河身，窄狭难资畅泄，于南、北岸三工各展宽，筑直堤一道。将临河旧堤酌量废去，河身一律宽展。五十一年［1786］，臣因南岸四工一号至三号，河形过于湾曲，奏请添筑直堤一道。又，自南岸四工三号起，至六工十九号止，北岸三工十五号起，至六工十号止，请加高培厚。现在南、北两岸，上、下堤工，一律巩固。至下口南堤上接南岸大堤，自二十年改移以来，已三十余年，南堤久为浑水所不到。又，下口北堤上接北岸大堤，三十七年大工以后，虽河渐北徙，但继复南漾。近年，北堤已为浑水所罕经。现在，下口河流仍循旧北堤，迤东入沙家淀。即系乾隆二十年［1755］皇上指授，改移下口之旧路，安流顺轨，会凤河入大清河，达津归海。谨遵旨开具略节。恭呈御览。（奉朱批：“览。钦此。”）

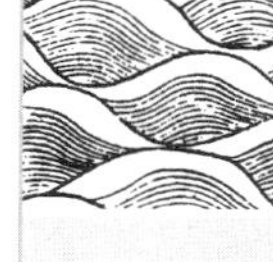

乾隆五十三年［1788］六月十三日　直隶总督臣刘峨奏《为遵旨驰赴督催帮船先行覆奏事》

本年六月十二日，臣前赴长安城防汛，十三日途次定兴，承准大学士伯和珅字

① 此即乾隆三十七年［1772］直隶总督周元理奏折（卷十七收录）开列清单。卷二《六次改河图》及图说亦同。

寄内开，乾隆五十三年六月十一日奉上谕："此次粮船浅阻，总在临清至天津一带。昨苏凌阿等，奏南粮又有脱帮之事，已经谕令该督等，设法儹办。临清至天津河道，绵长共九百余里，恐管幹珍、和琳二人尚有照料不到之处。着传谕刘峨，此时已赴永定河防汛，永定近年平安顺轨，着该督即起程，速驰赴天津一带酌量水势，或多调浚船，轮番起运，或添雇牵失，迅速挽行。总期帮船衔尾北上，克期抵通。勿致再有脱空，方为妥善。仍各将勘办情形，及近日曾否一律得有透雨，帮船能否遄行之处，迅速覆奏。将此由五百里谕令知之。钦此。"遵旨寄信前来。伏查，各帮粮艘自入直境，均系随到随行，尚无逗遛、脱帮之事。臣复经谆饬该镇道，严督催攒，毋稍稽迟。业经奏明在案。至天津以至青县地方，河道深通，向无淤浅。惟自青县以至景州间，有淤浅处所。逐处添备浚船，随时随运。亦不致有顶阻。近据天津道庆章禀报，初八、九两日得雨之后，查[14]探水势已长四寸有余，更宜遄行无阻。兹臣钦承谕旨，自应即由定兴先赴景州，自南而北逐处查勘。或尚应多调浚船，或需添雇纤夫，随宜酌办，加紧督催，务期南来漕艘连樯，北上不致脱帮。以仰副圣主轸念重运之至意。至永定河水势，臣接据永定河道陈琮禀称："未入伏以前，卢沟桥水深三尺余寸，随长随消。至初八、九两日，共长水四尺四寸。两岸堤工均抢护稳固，现在溜走中泓，河水渐退。"臣又札饬该道："倍加小心，敬谨防护，务保无虞。俟督办漕运妥善，再赴永定河工次驻守。"所有臣遵旨前赴督催漕船缘由，理合恭折具奏。伏祈皇上睿鉴训示。谨奏。（十九日奉朱批："今已得水，仍回防汛可也。钦此。"）

乾隆五十三年［1788］七月初二日，直隶总督臣刘峨夹片附奏："永定河水势于六月二十八、九等日连次增长。卢沟桥连底水共深一丈一尺二寸。因天气晴明，至七月初一日即消退二尺，现连底水共深九尺二寸。南岸三工水深四尺一寸。瞬[15]届立秋，臣惟有督率道厅各官敬谨防守，不敢稍涉懈忽，以仰副圣主慎重河防之至意。理合附折奏部。"谨奏。（七月初七日奉到朱批："加慎，加谨可也。钦此。"）

［卷十八校勘记］

〔1〕"入"字脱，据原刊本增补。

〔2〕"束"字旁有"朱笔点"，据原刊本增补。

〔3〕原刊本有朱批："既称办不及，汝来时面奏可也。"下一折也提及此朱批，据此增补。

〔4〕原刊本有朱批："好"，增补"好"。

〔5〕原刊本为"时"，误为"进"，据原刊本改。

〔6〕"埽个"为"埽箇（个）"，误为"归固"，形近而，据文意改正。

〔7〕"埽"误为"归"，据文意改正。

〔8〕"览"误为"鉴"，据文意改正。

〔9〕"议"误为"方"，据文意改正。

〔10〕"衔"原刊本为异体字"御"，易误为"御"，故改为"衔"。

〔11〕"纤"［qiàn］或作"牵"［qiān］，常用为"纤"。纤桥、纤道是河道船工纤拉船只行走的桥和堤岸。改排常用字。

〔12〕"直隶"误为"赴隶"，径改为"直隶"。

〔13〕"核"字脱，原刊本及李逢亨《（嘉庆）永定河志》卷二十六同折均有"核"字，故增补。

〔14〕原刊本"查"字不清，根据前后文当为"查"。

〔15〕"瞬"字原刊本字迹不清，根据前后文确认为"瞬"。

卷十九　附　录

古迹　碑记

凡修郡县志，每采名流著述及金石之文，以矜博雅。《永定河志》，则以工程为要领。其情形之屡更，规画之尽善，谕旨宸章，臣工奏议，无不备具，允堪法守矣。固，无取于文人墨士摛华掞藻为也。顾或游历所经，探奇览胜，或稽考所及，沿流溯源；与夫断碣残碑，纪当时之实事，苟有关于河务者，皆足以资参考也。爰录古迹、碑记二册于简末。

古　迹

《魏书》："裴延儁转平北将军、幽州刺史。范阳郡有旧督亢渠五十里，渔阳郡有故戾陵堰，广袤三十里，皆废毁多时，莫能兴复。乃[1]表求营造，遂[2]躬自履行，相度水形，随力[3]分督，未几而就。溉田百万余亩，为利十倍，百姓至今赖之。"

《北齐书》："斛律羡转幽州刺史。导高梁水，北合易荆[4]，东会于潞，因以灌田。边储岁积，转漕用省[5]，公私获[6]利焉。"（谨按：以上诸水，与桑干河会入潞河。在今京城北，宛平、大兴、武清、通州境。）

《通典》："隋大业七年［611］征高丽，炀帝遣诸将于蓟城南桑干河上，筑社、稷二坛。"

《通鉴》："炀帝八年［612］春正月，四方兵皆集涿郡。宜于桑干水上，类上帝①于临朔宫南，祭马祖于蓟北②。"

---

① 类上帝："类"通"禷"，祭祀名，即祭祀上帝。

② 马祖：马祖马神之名《周礼·夏官·校人》："春祭马祖"注："马祖，天驷［房星］也。"《孝经说》"房为龙马"，一说马祖即妈祖，非是。妈祖又称天妃，宋朝以后民间始有祭祀。

《唐书·韦挺传》："挺遣安州司马王安德，行渠作漕舻转粮。自桑干河抵卢思台，行八百里，渠塞不可通。"（顾炎武《北平古今记》按[7]："今京城西三十里卢师山，相传，为隋沙门卢师驯伏青龙之处。以《唐书》考之，当即卢思台。师乃思之误也。"）

《宋史》："端拱二年［989］，宋琪疏：'从安祖寨西北，有卢师神祠，是桑干出山之口。东及幽州四十余里，赵德钧作镇之时，欲遏西冲，曾堑此水。河次半有崖岸，不可轻渡。'"

《册府元龟》："裴行方检校幽州都督。引卢沟水，广开稻田数千顷，百姓赖以丰给。"

《辽史·地理志》："宋王曾上契丹事。幽州南门外永平馆，即桑干河。"

《金史·礼志》："大定十九年［1179］，有司言，卢沟河水势泛决，啮民田，乞官为封册神号，礼官以祀典不载，难之。已而，特封安平侯，建庙。二十七年［1187］奉旨，每岁委本县长官，春秋致祭。如令。"

《金史·徒单克宁传》："初卢沟河决，久不能塞，加封安平侯。久之，水复故道。上曰：'鬼虽不可窥测，即获感应如此。'徒单克宁奏曰：'神之所佑者，正也。人事乖，则勿享矣。报应之来，皆由人事。'上曰：'卿言是也'。世宗颇信神仙浮图之事，故克宁及之。"

《元史·郭守敬传》："至元二十八年［1291］，有言，滦河自永平挽舟，逾山而上，可至开平。有言，卢沟至麻峪，可至寻麻林①。遂遣守敬相视，滦河既不可行，卢沟舟亦不可通。"

《元史·河渠志·三》[8]载："有壬议阻创开金口河新河"。条奏略曰："大德二年［1298］，浑河水发为民害。大都路都水监，将金口下闭闸板。五年间，浑河水势浩大。郭太史②恐冲没田、薛二村，南、北二城，又将金口以上河身，用砂石杂土尽行堵闭。至顺元年［1330］，因行都水监郭道寿言：'金口引水，过京城至通州，其

---

① 寻马林，又名洗马林，元时称荨麻林，在河北省万全县西北七十里。明代于此建洗马林堡。

② 郭太史指郭守敬，元代天文学家、水利家，曾任太史令。于至元二年［1265］任都水少监，建言开金口漕运，上致西山之利，下广京畿之漕。为营建元大都运送西山木材、石料。至元年间［1264—1294］，他主持修筑的漕运河道曾发挥良好效果，后因浑河水势过大，怕威胁京师安全，于大德五年［1301］将金口河堵闭。

利无穷。’工部官并河道提举司，大都路及合属官员、耆老等，相视议拟，水由二城中间窒碍。又，卢沟河自桥至合流处，自来未尝有渔舟上下，此乃不可行船之明验也。且，通州去京城四十里，卢沟止二十里，此时若可行船，当时何不于卢沟立马头，百事近便。却于四十里外通州为之？又，西山水势高峻，金时在都城之北，流入郊野。纵有冲破决漫，为害亦轻。今则在都城西南，与昔不同。此水性本湍急，若加以夏、秋霖潦涨溢，则不敢必其无虞。宗庙社稷之所在，岂容侥幸于万一？若一时成功，亦不能保其永无冲决之患。且金时，此河未必通行。今所有河道遗迹，安知非作而复辍之地乎？又，地形高下不同，若不作闸，必致走水浅澁；若作闸以节之，则沙泥浑浊，必致淤塞。每年每月专人挑洗，盖无穷尽之时也。且郭太史初作通惠河时，何不用此水，而远取白浮①之水，引入都城，以供闸坝之用？盖白浮之水澄清，而此水浑浊不可用也。”

《明宣宗实录》：“七年［1432］十一月辛酉初，行在户部右侍郎王佐言：‘通州至河西务河道狭浅，漕船动以万计，兼四方商旅舟楫往来，无港汊可泊。张家湾之西，旧有浑河。若疏浚，近京师一二十里，更加开广。潴为巨浸，令可泊船，公私俱便。’命都督冯斌、尚书李友植同佐审视。斌等以图进。上览之，谓役重大，命姑止[9]之。”

范成大《石湖集》：“卢沟去燕山三十五里，宋敏求谓之卢菰河，即桑干河也。”②

《燕山纪游》：“石径山孤峰特立，洞皆凿石而成。最上为金阁寺，有塔宜远眺。东南行至林衡署，有古松数百株，参错平野。问其地，盖先朝果园也。”

刘侗《帝京景物略》③：“山而石其骨者，皆有峰岩壁穴也。每蹴山有声，应杖

---

① 白浮水，据《元史·河渠志·一》“白浮泉水在昌平县界，西折而南，经瓮山泊［今昆明湖］，自西水门入都城焉”，注积水潭。

② 范成大［1126—1193］南宋诗人，字致能，号石湖居士。苏州吴县［今属江苏］。绍兴进士，历任知处州、知静江府等，累官至参知政事。曾出使金国，坚强不屈，几被杀。晚年退居故乡石湖。著述甚丰，有《石湖居士诗集》、《石湖词汇》、《桂海虞衡志》、《吴船录》、《吴郡志》等传世。

宋敏求［1019—1079］北宋文学家、文献学家。字次道，赵州平棘［今河北赵县］人。宝元中赐进士第，官至史馆修撰，龙图阁直学士。藏书及著述甚丰。

③ 《帝京景物略》明地方志。八卷，刘侗、于奕正合撰。列目凡一百二十九。内容包括北京园林寺观、陵墓祠宇、名胜古迹、山川桥堤、草木鱼虫、间及人物故事。有明刊本和清记的删削本。

及履，琅然而弦，其下峰壁也。翁然而钟，其下岩洞也。即事涤凿，实罕人工，无有全乎人事者也。积土曰岳。潴水曰海。穿顽石曰洞天。迩身而远思，为奇焉而已。出阜成门而西二十五里，曰石景山。故石耳，无景也。土人伐石，岁给都人，石田是耕，不避坚厚。久久，岩若，洞若焉。万历中，董常侍建元君庙，栖羽士，而石景山以著。山最上金阁寺。寺最宜远眺，望苍黄一道如带，南缀者浑河也。浑河，古桑干水。从保安旧城，过沿河口，过石港口，达卢沟。浑河如云浊河也。卢沟如云黑沟也。浊且黑，一水也。水雷殷而云涌，亦曰小黄河。河迅岸危，石不得止。而桥之以板，行板者，委身空中，无傍藉，踏踏闪闪，无详步。而自下见水，水势慑目，桥则蜿蜒，强者欲趋，苦前；怯者欲蹲，苦后。万历戊子［1588］九月十六日，驾还自寿宫，驻跸功德寺。明日幸石景山，观浑河。上先登板桥，诸臣翼而趋。中流顾问辅臣：'水从何来?'申时行对曰：'从大漠，经居庸，下天津，则朝宗于海矣。'上曰：'观此水则黄河可知。'因敕河臣亟修堤岸，毋妨漕计。诸臣顿首谢。"

《明神宗实录》："万历十六年［1588］九月甲子，驾幸石景山。欲观浑河。趋召辅时行等三人，及定国公文璧、临淮侯言恭，飞骑而至。上已御河岸，幄次叩头毕。起乘桥。桥为二道，诸臣从上异道而行。上命同道。后随监流纵观。目时行前曰：'朕每闻黄河冲决，为患不常。故欲一观浑河。今水势汹涌如此，则黄河可知。'时行对：'浑河来自西北，古称桑干河是也。从此出卢沟桥，至直沽入海。水涨时亦多汹涌。至如黄河发源昆仑，自积石、龙门会淮入海。冲决之势，不啻数倍。黄河每一溃决，远至数千里。自徐州至淮安，属当运道，所关最重。'上曰：'行河官应恪乃职'。时行对：'近奉诏，委任贵成，并知警惕。'上曰：'经理须要得人'。时行对：'皇上留意河道，拔用旧人，一时在任，皆称谙练，不敢轻率误事。'上首[10]肯，言：'须得人者再'。时行对：'如谕'。立良久乃下。命从官先诣功德寺候驾。赐酒馔。"

张舜民《使辽录》："过卢沟河，伴使云恐乘桥危，以车渡极安而速济。不晓其法。"

宋启明《长安可游记》："自南山磨[11]石口登海会寺，寺当山缺。远见卢沟桥，在数十里之外，桥柱历历可数。"

许亢宗《奉使行程录》："卢沟水极湍激，每候水浅，深置小桥以渡，岁以为常。近年，于此河两岸造浮梁，建龙祠，仿佛如黎阳三山制度。"

《金史·河渠志》：世宗大定二十八年［1188］五月，诏："卢沟河，使旅往来之津要，令建石桥。"未行，而世宗崩。大定二十九年［1189］六月，章宗"以涉者病河流湍急，诏命造舟。既而，更命建石桥。明昌三年［1192］三月成。敕命名曰广利。"有司谓："车驾之所经行，使客商旅之要路。请官建东、西廊，令人居之。"上曰："何必。然民间自应为而。"左丞守贞言："但恐为豪右所占。况罔利之人多止东岸。若官筑，则东、西两岸俱称，亦便于观望也。"遂从之。

戴洵《司成集》："卢沟本桑干河，俗名浑河，在都城西南四十里，有石桥横跨二百余步。桥上两傍皆石栏雕刻石狮，形状奇巧。金明昌间所造。两崖多旅舍。以其密迩京师，驿通四海；行人使客，往来络绎；疏星晓月，曙景苍然。亦一奇也。"

《元史·百官志》："延祐四年［1317］，卢沟桥泽畔店、琉璃河，并置巡检司。"

《元史·惠宗本纪》："至正十四年［1354］四月，造过塔于卢沟桥。"

《明仁宗实录》："洪熙元年［1425］七月，水决卢沟桥东狼窝口岸一百余丈。命行后军都督府行部，发军民修筑。"

《明英宗实录》："正统元年［1436］七月，命行在工部左[12]侍郎李庸，修狼窝口等处堤。二年［1437］二月，李庸请建龙神庙于堤上。且令宛平县复民二十户，自石径山至卢沟桥往来巡视，从之。四年［1439］六月，小屯厂西堤决。诏发附近丁夫修筑。七年［1742］十一月，筑浑河口。九年［1744］三月，修卢沟桥。"

蒋一葵《长安客话》："卢沟桥，金明昌初建。正统间重修，长二百余步。左右石栏刻狮子数百枚，情态各异。"

陆嘉淑《辛斋诗话》："卢沟河畔元有苻氏雅集亭。蒲道源诗'卢沟石桥天下雄，正当京师往来冲。苻家介厕厂亭构，坐对奇趣供醇醲。'又有野亭。见贡仲章《云林诗集》。"

《畿辅通志》："卢沟桥在府西南三十里。每早波光晓月，上下荡漾，为京师八景之一。曰卢沟晓月。"

（谨按：卢沟桥自金明昌间建造以来，屡有粘补。本朝康熙七年［1668］、雍正十年［1732］复两次修整。乾隆五十一年［1786］，因桥之洞门间有鼓裂下垂者。钦命大学士和珅等，勘估重葺。并将桥之两陲取坡加长。俾辎重行走，不致陡然颠仆摇震。洞门石工御制碑记，以纪之。同文、同轨洵万国，梯航之要津也。）

张燧《经世挈要》："燕南之地，以水为固。畿内千里之水，皆会于直沽。武清之三角淀，即古之雍奴，长阔百余里。宝坻之七里海，亦渺然巨浸。皆在直沽之内。

《水经注》南极虖池，西至泉州、雍奴，东极于海，谓之雍奴。薮其泽野有九十九淀。（四面有水曰雍，不流曰奴。）又曰畿辅东、南诸淀，钩连会于直沽。武清有三角淀，宝坻有七里海，足以浸灌千顷田。今皆弃为汙池。诚师卢集海田之议，用脱脱营田之规，垦之岁可得粟百万斛也。”

徐昌祚《燕山丛录》：“武清三角淀，云是旧城。阴晦之旦，渔人多见城堞，市里人物填集。”

徐贞明《潞水客谭》①：“口外诸山之水，自京西卢沟桥而下，经固安、永清至于信安，汇于三角淀，达于直沽，入于海。良涿九川之水，会于胡良河。自杨家务而下，经北乐店，东过辛店，至于信安。此霸州以北之水也。宣府、紫荆、白沟诸水，自新城面下，汇于茅儿湾。经保定玉带河，达于苑家口，至于信安、直沽入于海。易、安、苑、肃、唐、蠡九河之水，自雄县而下，东过茅儿湾，入于苑家口。山西五台之水，自河间而下，经任邱汇于五官淀，亦入于苑家口。此霸州以南之水也。南、北二川束狭淤浅，堤岸荡蚀，不足以容万派之流。水至则弥漫无际，溢入文安、大城，积为巨浸。民不得耕。治之之法，不以壅而以导，不先于决口，而始于下流。按直沽之上有大淀，有小淀，有三角淀，广延六十七里，深止四、五尺。若因而增益之，又为之堤，以停蓄众水，而以委输于海，水有所受。然后浚治旧川，为长堤以束之，高广倍于前功。使水有所行。又多开支河，联络相属，使水有所分。见在洼淀，不下数十处，各深而堤之，使水有所积。则虽有淫潦，大川泻之，支河析之，诸淀潴之，高堤防之，可以无患矣。”

顾祖禹《方舆纪要》：“永清县南拒马河，自霸州流经东安县境。又东入县界，而注于武清县之三角淀。即卢沟河及易水之下流也。又云，东沽港在东安县南五十八里。水自县西，浑河分流而东，入武清县三角淀。”

《武清县志》：“三角淀一名笥沟，一名苇甸，周围二百余里，即雍奴水也。盖数千年东南薮泽之雄，而近今畿辅诸水所藉以停蓄游衍者也。永定、子牙、中亭、玉带会同之流，无不入焉。数年以来，永定河流迁徙无常，浊水灌入，日渐阗淤。”

---

① 徐贞明及《潞水客谭》，徐贞明［？—1590］明江西贵溪人，字伯继，号孺东，隆庆进士。万历三年［1575］任工科给事中，上书建议兴修北方特别畿辅水利。著《潞水客谭》一卷，因著于潞河旅次，以宾主问答为体裁故名。主张开发畿辅水利、营田种稻，以节省东南漕运，并从东南移民，调剂人口密度，对当时社会经济的恢复与发展有积极意义。曾于京东试行，有成效，但因宦官权臣阻挠，后辞官归里。

（谨按：古雍奴，薮包京东南诸淀而言。故水经注曰："南极虖池，西至泉州雍奴。"此雍奴，武清县旧名也。又曰："其泽野有九十九淀"，非今之三角淀也。今之三角淀在雍奴县境耳。诸志遂谓三角淀即古雍奴水，其实，汇归之水虽多，而名胜志所谓范瓮口、王庆坨、六道口、鱼儿里诸地。现在，周回止六、七十里，安所得二百余里耶！自雍正四年［1726］引永定河水注之，迨至乾隆十五年［1750］已淤为膏壤。不惟诸水皆淤涸，即永定河流亦不能漫及矣。）

碑　记

魏建城乡侯刘靖碑①

晋司隶校尉　王密

魏使持节、都督河北诸道军事、征北将军、建城乡侯沛国刘靖，字文恭。登梁山以观源流，相瀿[13]水以度地形。嘉武安之清渠，羡秦氏之殷富。乃使帐下丁鸿，督军士千人，以嘉平二年［250］立遏于水。导致高梁河，造戾陵遏，开车箱渠。其遏表云：高梁河者，出自并州，潞河之别源也。长岸峻固，直截中流。积石笼以为主遏，高一丈，东西长三十丈，南北广七十余步。依北岸之水门。门广四丈，立水十丈。山水暴发，则乘遏东下；平流守常，则自门北入，灌田岁二千顷。凡所封地，百余万亩。至景元二年［261］，诏书以民食转运，陆费不瞻。遣谒者樊晨，更制水门，限田千顷，刻地四千三百一十六顷。出给郡县，改定田五千九百三十顷。水流乘车箱渠，自蓟[14]西北迳昌平，东尽渔阳潞县。凡所润涵四五百里，灌田万有余顷。高下孔齐，原隰底平，疏之斯溉，决之斯散。导渠口以为涛门，洒彪池以为甘泽。施加当时，敷被后世。晋元康四年［294］，君少子骁骑将军平乡侯宏受命，使持节监幽州诸军事，领获乌丸校尉宁朔将军，遏立积三十六载。至五年［295］夏六月，洪水暴出，毁损四分之三，剩北岸七十余丈，车箱所在漫溢。追惟前立遏之勋，亲[15]临山川，指授规略。命司马關内侯逄恽，内外将士二千人，起石岸，立石渠，修主遏，治水门。门广四丈，立水五尺。兴复载利通塞之宜，准遵旧制。凡用功四

---

① 据《三国志·魏书》刘馥传附子刘靖传："黄初［220—225］从黄门侍郎迁卢江太守……后迁镇北将军，假节都督河北诸军事……又修广戾陵渠大堨、水溉灌蓟南北。三更种稻，边民利之。嘉平六年［254］薨，追赠征北将军，建城乡侯。"故知刘靖碑首句即有误。"持节"误为"使持节"。又与《水经注》原碑文字句也有异，见校勘〔13〕。

万有余焉。诸部王侯不召而自至，襁负而事者盖数千人。《诗》载："经始勿亟"，《易》歌"民忘其劳"，其斯之谓乎。于是二府文武之士，感秦思郑国渠之绩，魏人置豹祀之义。乃遐慕仁政，追述成功。元康五年［295］十月十一日，刊石立表，以纪勋烈。并记遏制度，永为后式焉。（水经鲍邱水注：鲍邱水入潞，通得潞河之称矣。高梁注之水，首受灅[16]水于戾陵堰。水北有梁山，山有燕刺王旦之陵。故以戾名堰。水自堰枝分，东径梁山南，又东北径刘靖碑北。）

右碑旧在蓟[17]县大城东门内。今无考。

重修卢沟河堤记　正统元年［1436］十月　　明礼部尚书　张昇

卢沟河在京西郭外，乃桑干河所经。原自云中桑干山，流至京师横迤而南，又折而东。跨河有桥，并陕、河、蜀、赵、魏、番、羌悉出于是，乃京西要途也。其河通塞外云中，钜木财货，公私所资，乃京西要津也。河合太行诸山之水。其流峻急，涨则动成冲突，散漫奔溃，漂庐舍，伤人畜，坏田畴园亩，不可为数。而往来之人，阻滞旷日，患不可胜言。近年尤甚。上廑宵旰忧。正统元年［1436］春，有司以河决，闻两堤计十有一所，延袤千有二百丈。上惕然兴嗟，即命内官监太监萧公通，襄城伯李公鄌，工部尚书曹公鉴，偕奉玺书往治之。乃遣官属，随地远、近分治。役官兵三千，庸借工八百。肇于是年［1436］三月十一日，不数月而堤就功成。缺者以完，坏者以复，横流者以息，修筑者以固。农有耕获之利，居无漂荡之虞，行无阻滞之忧。众喜而胥告曰，此河昔非不修也，然而随修而随坏者，无实功故也。岂有如今日之坚密而根固者乎！昔非不役众也，然而用力多而成功缓者，无要法故也。岂有如今日之役省而功速者乎！是皆公辈措画之宜，葺理之善，而笃励之精也。皆以手加额而称颂之不容口。工已，又以桥北东堤故有河神庙颓圮不支，无以扬虔而妥神。太监公谋欲新之而树碑。于是以纪岁月，以请诏曰可。于是河堤完固，而民得以无虞；庙宇焕然，而神得以安静。斯举也，非皇上忧民之切，诸公督理之勤，亦安能以成功耶！沿书公间过属记于余，余喜而道之。且津要之地，众出之途，民生之系，当务之急，政不可后也，功尤可述也，乃不辞而次第其语，以告诸来者。

（右碑在卢沟桥回龙庙）

固安堤记 正统三年［1438］七月 明大学士 杨荣

天下之难治者，莫逾于水。而治水之先者，尤莫逾于京师。故大禹之迹，首在冀州。岂非以水之利害所系者大。而帝畿之内，宜慎其防，以为宏远之图也欤！卢沟之河，发源太原之天池，伏流至朔州马邑，从雷山之阳，发为浑泉，而为桑干河。雁门、应州、云中、山西诸水皆会焉，愈远益大。过怀来行两山间，拘束龃龉而不得肆。至京城西四十里石景山之东，地势平而土脉疏，冲激震荡迁徙弗常。后魏都督河北道诸军事建城侯刘靖及子平乡侯宏，筑戾陵堰以防之水患。稍息后人思其功，谓之刘师堰。历世既久，水势渐更。下流十五里，距卢沟不远有曰狼窝口，时复冲决，漫流而东，浸没田庐，民弗安业。圣朝建北京，视河为襟带。永乐间屡常修筑，辄复颓圮。今圣天子嗣位，命工部侍郎李庸、内宫监少监姜山义往任厥事。复命太监阮公安少保、工部尚书吴公中总其事。且敕其务存坚久，勿为苟且，庶几暂劳永逸。群公效命，材谋具济，经始于正统元年［1436］冬，毕工于二年［1437］夏。凡用夫匠二万余，月给粮饷以万计。累石重甃，培植加厚，崇二丈三尺，广如之，延袤百六十五丈，视昔益坚。既告成，赐名固安堤。命置守获者二十家。建神祠于上，有司以时修祀礼。凡督事者，悉赐钞币以劳之。其视筑戾陵堰役费加倍，而坚实亦过之。仰惟圣明至德，蟠际穹壤，而于京畿益图巩固，以宁济斯民于千万年。诸公亦能同寅协恭，用成厥功，盖可久可固，而利益于世者不小，皆所当书。于是叙其始末，俾勒诸石，庶后之人有考焉。

（右碑在卢沟桥回龙庙）

重修卢沟桥河堤记略 嘉靖 年 明 袁炜

卢沟襟带都城之西。顷年沙洲突起，下流填阏，水失故道，溃堤决衢，走西南百余里。事闻，遣工部尚书雷礼、暨掌工部尚书徐杲，相度规划条上事宜。上遂发帑银三万五千，敕太监张崇、侍郎吕光洵，指挥同知张铎，御史雷稽古董其役。仍令礼月一往视。经始于嘉靖壬戌［1562］秋九月，报成于癸亥［1563］夏四月。凡为堤延袤一千二百丈，高一丈有奇，广倍之。较昔修筑，坚固什伯矣。于是臣礼请立石记其事，乃命臣炜为之记。

（右记见《袁文荣集》）

固安县修堤建龙王庙碑记　万历三年［1575］六月　　明都给事中　尤懋

燕南诸郡邑为九河下流，地势洼下，土壤轻脆，无高山大麓之限。横流易于冲决，贻民之害其来旧矣。三辅环京，固安尤为重地。川渎经入其境内者，一曰浑河，一曰清河。浑河去县北数里，东流至永清界，即古之桑干河是也。清河出县之西南，亘二十余里，合榆水入县境。平时伏流，各循故道。夹河之民，虽未藉其利，而害未及之。迄于夏秋之交，积雨淋潦，洪涛迅奔，汪洋弥漫，潴而为渊，拥而为沙，蔽原塞野，莫知底止。即有咫尺退滩，可容耕佃，已转膏腴之旧，而为瘠薄之区，岁复岁焉。莫可谁何，浸以垫溺。□□[18]城郭，将来之势可畏也。已然水性慓悍，固不能使之挽回故道。修筑堤堰，以为民防，宁作司牧者之责，而济民之一术哉。乃兵宪钱公下车，未及观风问俗，视此有隐忧焉。始为谕下，其议于县令。时县侯①李公，直以今之为害于境内者，莫如二河，栅堰防堤，何敢不力。顾今百姓困敝极矣，常征固已难之，重之经费以扰农事，不将益难乎。今计忙议募工，顾值出以公帑。于勾稽版筑之间，而默寓赈恤抚摩之意。一方百姓闻之，无不欢呼称便者。乃遂条书上之钱公，钱公大加叹称焉。即为具白，都抚王公报曰可。侯方布令申谕，出公贮，趣办顾直，而且应募者，殆数千百人。乃约以度工授金，标示法式，即卜日肇事。以督工官五十三人，分工守视。即其所庐焉。侯则一日二日必至，有公事出则必至，即风雨无辍。于是赴工者大奋，事益集，筑益坚。无何，堤岸迤逦起。北障浑河三十四里许，动公贮，以银计五百四十九两，以谷计五百石有奇。南障清河堤二十余里。其银谷费俱侯特设处。工肇于万历三年［1575］三月三十日，告成于本年四月十七日。又其卒也，于浑河堤口创建一龙王神像，而岁时祠之。若谓茫茫川渎，必有以主之者。祈神之佑，河伯效灵，而永相吾民焉。夫以数百年未举之事功，而与于一旦；以千百年无穷之大业，而成于期月。侯之上承德意，而下恤民情，可谓亟矣。又，其器具、用度无一烦民，而出纳之间不经吏胥。故其制用有纪，民不知劳，诸治理始末皆可以风。告官守而逖垂政模也。使后之为令者，得循其嗣，续而时举之。其所以裨补于此方之民者，岂其微哉。是年春，余家居还朝。道经是邑，方渡浑水，而异其堤垣之固，遂得侯言其梗概。若此因，请余文以纪其事。余也乐观厥成。遂不量其鄙朴，僭为之记，以识其岁月云。

（右碑在固安北堤口古河神庙）

---

① 县侯，即知县，为敬称。

固安县刱[①]修重堤暨龙王庙碑记 万历四十三年［1615］六月

明右副都御史　郭光复

固安之苦，浑河也。□□□□古称桑干河是也。□卢沟桥下分两□□□漂悍喜迁，一过黄沙漫野。四十一年［1613］间，□□数日，暴□□□河水□堤平。少顷，建□而下射城西门，怒涛奔浪，吼雷战马，城几沼，而民几鱼矣。会今□侯孙公号太素，奉命从武清移兹邑。炯炯福□□□□车即部俗考政，遍察利弊，所在而兴厘之。自捐金，置办大小木料，虽竹头木屑，靡不广为储蓄，邑人不之知也。□□□月庶品交饬城工修缮之余，率群僚问诸水滨，曰旧堤崩陁几成平地矣。安在一线土，足蔽此万顷波盍！再修一堤，重加保障，可恃以无恐也。亟立期会□□锸畚，夫役虽征之马头，而觅直悉出帑中金。复旦夕勤□□，以不常之格□，是以欢声如雷。子来趋事才十日，而堤成矣。既而曰凭河有神栖，神有庙与其弭患，而沈璧于中□□□若建祠，而□□□于崇陛。况此神，从至正间［1341—1368］业封为灵应洪济公，岂至今日而反成缺典。于是□□□前所储之材木，鸠工建庙而塑之以像。计前后费二百五十金，成功三十日。当明神呵护而然哉。堤长五百四十丈，高一丈八尺，厚阔狭薄不等。两傍密树以柳，计万余，本坚完倍。昔庙凡三楹，下有台，前厦后又构禅堂三间，傍有树，围以垣。最前门大高而取象昂其首，美哉庙制乎。栋甍宏丽，金碧辉煌，珠旒公穹然高峙，两堤拥抱如环带然，岂不巍巍形胜，足以妥神灵而徼崇觋哉！役竣，父老庆其成，刲羊击豕为歌舞之会。公合群寮而展拜其前。祝之曰：司民命者，明有职，幽有神。职不忍厉民而祝神，神亦当鉴职而福民。自此泽润千里，浪偃重层。有灌溉而无虞奔射，惟神之灵。亦免职之戾。不然泛滥如故，冲决如故，齧田畛而漂庐舍，使民荡析于洪涛巨浪中。无论非筑堤、建祠之本意，而自顾庙貌能无惭斯民血食乎！于是酹酒于地，击鼓而颜其门，复记事于碑。记毕系以歌曰：卷地长河古岸东，双堤迢递势如虹。蕊宫高插半天中，明德千年兮祀常丰。又歌曰，福星来此遁长鲸，白沫翻□□□□。□□柳浓烟云气横，问谁垂荫兮勒石永贞。

（右碑在西惠济庙）

---

① 刱，“创”的古体字，碑文原文如此，故不改为简化字。

奉修固安县浑河堤岸碑记　康熙三十一年［1692］　涿州知州　秦毓琦

浑河之水其派甚远。脉发天池，大于桑干，渐衍溟海，为京都之总汇。实天府之雄流，由来旧矣。岁在壬申［1692］春二月，钦奉上谕："浑河堤岸久未修筑，各处冲决，河道渐次北移。永清、霸州、固安、文安等处，时被水灾，为民生之忧。可详加勘察，估计工程，动正项钱粮修筑。不但民生永远有益，贫民借此工值亦足以赡养家口。钦此。"钦遵。直隶巡抚郭世隆率属亲履踏勘，查明浑河故道在固安、永清之北，向有旧堤七十二里。今河滩移民徙，每遭冲决，常罹水患。此堤之亟修也。又查，地势北高南下，旧堤既修，北水无归，居民受患。永清东北向有旧河五十四里，年久未浚，间有淤塞成途者。欲使顺流归淀，此河之亟宜浚也。确经估计，题明浚筑。飞檄遴员，迅赴分办，择日兴工。兹固安县属之堤六千八百七十九丈，爰奉饬委，即集村民父老，宣扬圣谕，酌量举行。夫兴修除患，本图乐利于久远。给值论工，更足赡养于斯日。圣天子因民之所利而劳之，因民之所劳而即利之。宸衷至意，溥被无遗。赤子幸生尧舜之世，居于畿甸之间。有不踊跃爱戴欢呼从事者乎。今愚者殚其力，达者挚其心，胼手胝足，登登然竟趋坚峻，勿事虚糜。一望新程，宛如带砺，不越月而堤工告成。是役也，康熙三十一年［1692］四月十二日工兴，五月初五日事竣。计夫一十三万五千九百八十四工。给值银五千四百三十九两三钱六分。琦等躬际盛事，撰文刻石，冀与日星海岳永垂天壤不朽，俾千万世后，登览是堤者，知圣朝无事不蒙恩也。已是为记。

（右碑旧在固安县十里铺河神庙。乾隆三十六年［1771］五月二十三日，将移于北岸二工新建河神庙竖立。舁至南三工六号上船过河水发沈溺。）

固安县太平庄东河神庙碑记　康熙三十九年［1700］八月

固安县知县　杨龙

固安县北旧堤一道。东至龙王堂、永清县交界起，西至本县米各庄、宛平县交界止。共计长三十八里五分一厘七毫。康熙三十一年［1692］奉旨发帑修筑。自本年二月内兴工，四月内告竣。经修官署县事三河县知县张鼐，署典史事永清县典史郎应璧，监修官涿州知州秦毓琦。康熙三十七年［1698］九月，内蒙前任抚院督令，前任固安县知县修补，至三十八年三月竣工。详明抚院，交给河工分司为南岸管理讫。

（右碑在南岸五工太平庄河神庙）

西惠济庙碑　雍正十一年［1733］　　永定河道　定柱

永定河发源山西太原之天池。伏流至朔州马邑，会雁[19]门、云中诸水。经宣化府之怀来，夹山而下，曲折盘旋，而至京西宛平县境，土疏冲激，数徒善溃，颇坏田庐，为居民患。康熙三十七年［1698］，圣祖仁皇帝轸念滨河百姓，图维捍御之策。特命直隶巡抚于成龙，筑堤浚河，以奠民业。由宛平之卢沟桥、朱家庄，汇安澜城，河注西沽，以达于海。顾新河放水之后，溜急汹涌，两岸堤防多致坍卸。安澜城河口淤垫。是以，康熙三十八年［1699］，圣祖仁皇帝亲幸永定河，相度地势高下情形，特授方略。于三十九年［1700］，自永清县郭家务以下地方，另开新河一道，改河口于霸州之柳岔口，而可患卒矣。乃后，河身渐致淤高，出水又复壅滞。我皇上御极念切苍黎，兴修水利。雍正三年［1725］，怡贤亲王、大学士朱轼钦遵谕旨，历勘河[19]形，悉心区画。自柳岔口引河流稍北，绕至王庆坨之东北入淀，使河水有所归宿。雍正九年［1731］，定柱恭应简命职任监司。下车三载，水流顺轨，岁庆安澜，滨河禾稼悉获丰登。此由圣主德盛，故河神默佑俾成厥功也。固邑城外，向建有东、西河神庙两座。柱因而敬葺之神像，庄严殿宇崇焕矣。但明神供奉，不可不为远计。查，东庙有地五十亩，西庙有地连庙基共五十亩，只敷僧道饔飧之费，而岁需香火缺焉。钦惟我皇上于永定河上游石景山新建北惠济庙。御赐碑文匾额，现在交部议拨香火地，圣心诚敬，至密至详也。

柱暨各属均沐皇恩，神灵护佑。于因安东、西两庙，悉愿捐资，置段德名下入官地，并赎回旧地共三十顷。坐落永清县第六里、柳坨、大惠家庄等村，与固安县之小西湖、张家场、吕家营等村存取租息，缴存道库。为每岁香灯祭祀之需，稍展报享微忱，垂之永久。所有捐赀各员弁姓名揭诸碑阴。

永定河道定柱、永定河道八十，南岸同知黄煐、北岸同知李坛、石景山同知齐格，南岸头工杨振清、南岸二工袁松龄、南岸四工王熊采、南岸五工刘启、南岸六工蔡学颐、南岸七工李泰阶、南岸八工王元卿，北岸一工朱明琦、北岸二工张大宏、北岸三工洪时行、北岸四工葛士达、北岸五工顾广生、北岸六工朱云林、北岸七要陈琦、北岸八工陈培。

（右碑在固安县城外西庙）

东惠济庙碑文 乾隆二十二年［1757］ 永定河道 鲁成龙

永定，本无定，乃我朝嘉赐之名。即古称桑干河也。溯其河源，由山右太原之天池，伏见经流，袤长几及千里。穿西山地界，而达石景山，过卢沟桥。水势奔突，迁徙靡常。

国初以来，任其散涣不事修防。迨中丞于成龙建议创筑堤堰，疏浚并施；继经怡亲王同大学士朱轼兴修水利，浑流容衍，属之于淀。荡漾澄澈，归津入海。自石景山以至三角淀，绵亘二百余里。金堤屹立，安流循轨，保卫田庐。比来物阜民殷，兴歌乐利。且岁需帑金数万，工料所资，咸取给焉。每逢凌、麦、伏、秋诸汛，固资人事之修防，尤赖神明之显佑。是以，附郭沿堤敬建河神各庙，召募僧道司其香火，甚盛典也。顾每年补葺祠宇，洎住持衣食，需费累累。查，石景山南、北岸各庙，虽旧有香火地一顷至二、三顷不等，租息入不敷出。夫以神灵赫奕，有感斯通，凡职任河防者，悉心经理，仰酬神贶。于巡视河道数载以来，浪静波恬，普庆安澜之福。每于朔望展谒，以及轮蹄阅历之处，思欲即其已成之局，更肇不朽之业。岁在丙子［1756］，查出河滩地一百六十余顷，具牍详请每庙添拨地一顷至三、四顷。嗣今以往岁入充拓，僧道得所补葺有项。俾庙貌祀典，攸赖答神庥而垂久远，意在斯乎。诚恐阅时既久，复被豪强兼并，僧道侵渔。用是勒诸贞珉，庶后之览者，得以考焉。

（右碑在固安县城外东庙）

三角淀惠济庙碑 乾隆二十二年［1757］ 永定河道 鲁成龙

永定河挟云中、上谷崇山峻岭之水，奔腾湍悍，环绕畿南数县，约束于两堤之间。至三角淀，而逶迤荡漾，渐次澄澈。由凤河注大清河，以入于海。是三角淀为全河下游所恃以停蓄而宣泄者也。下壅，则两岸辄虞淤垫，下游畅，则河底并资刷深。是以，讲求河防，惟下口为急务。往者下口屡移无常，处岁乙亥［1755］，总督方观承相度形势，秉承睿谟。于北岸六工洪字二十号，作为全河尾闾导之。而波涛注瀦之而风浪恬。数年以来，水之出河而入淀也，循轨徐赴无冲激之行。其由淀入凤河以达海也。澮淹渊澄有朝宗之势。绕埝村民，服畴力穑共庆生成。余职司监河，周回巡视，睹水光天色，流既远而气已静恍见。神明怡悦，金支翠节，隐现于清波恍漾中也。惟神功在生，民灵爽昭布，固无处而不通其肸蛮者。圣朝典秩有加，聿

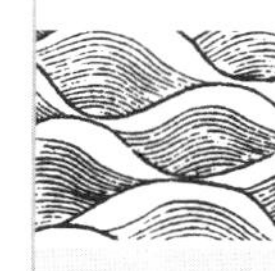

卷十九 附录

隆报祀。自石景、卢沟以及南、北两岸，皆建庙致祭，岁时展诚。而三角淀为水所归宿之乡，即神所妥绥之地。独无栋宇，以致馨香可乎？爰率所属，择孙家坨之高原建庙一所。内正殿三楹，前后围房二十间。鸠工庀材，群力毕赴。经始于乾隆丁丑［1757］五月，越两月落成。庙貌斯崇，弦匏具举。余随直隶总督入庙瞻拜，肃处将事。惟思益励精诚，永邀神贶。自兹以往，因水性为节宣，恒先机而利导。匀沙而沙宽，让地而地广。官弁兵夫趋事其间，皆有定向而无岐虑。民生永赖，宸念以纾神之灵长宁有既哉。因书其事，俾勒贞珉，以著兴建之意云。

碑阴

永定河道鲁成龙捐银五十两，南岸同知王锡命捐银二十两，北岸同知满保捐银二十两，三角淀通判卫德炘捐银五十两，霸州知州张士权捐银十两，永清县知县蒋式瑜捐银二十两，东安县知县庄钧捐银二百两，武清县知县狄咏篪捐银八十两，南埝工汛东安县县丞仇致远捐银四两，南埝中汛武清县县丞赵曾裕捐银五两，南埝下汛武清县县丞高文谟捐银五两，北埝上汛东安县主簿陈龙文捐银十两，北埝中汛武清县主簿萧拔捐银十两。北埝下汛东安县主簿虞炳捐银十两，拨给得火地一段计二顷，坐落永清县属安澜城北旧河身内。东至东安县交界，南至柳园，西至双营香火地，北至旧北岸十丈外。

（右碑原在北埝上汛孙家坨堤上，后碎裂。）

重修南岸五工河神庙记　乾隆三十三年［1768］　　前署永清县　陈琮

南岸五工汛内旧建河神庙两处，一在曹家务村西，一在董家务堤上。向有香火地二顷，分作两庙焚修之资。历因住持不能节俭，所得地租徒滋花费。西庙则全行倒塌，神像露出。东庙则脊顶漏坏，墙垣倾圮。余自二十八年［1763］腊月来守此汛。目击心伤，细询其故。知神灵竟为庙祝累也。彼时即欲逐旷僧，另召住持，缘庙内欠历年官租约二十余金，他僧皆不愿来，是以迟迟。三十二年［1767］冬，旧住持以负欠逃。余因将两庙香火地亩并作一处，分七十五亩召住持隆怀租种。令其兼管两庙焚扫。所余一顷二十五亩之地，每亩酌定租价京钱三百文。自三十三年［1768］为始，所得租钱，先将二十八、九，三十、三十一、二年，旧欠官租陆续完毕。余钱为两庙岁修报赛之用。凡一切招佃、收种、完粮暨修补等事，择交本工诚实委目经管，本汛于年终清查核算。谨序。

禁河身内居民添盖房屋碑

（乾隆十八年［1753］三月直隶总督兼理河道臣方观承敬刊）

上谕（恭录卷首）

南岸头工至六工河滩内村庄，南岸头工除高岭一村系在堤头山坡外。

宛平县属：

大宁村居民五十三户，瓦土房三百六十间。

南岸四工固安县属：

小仁厚庄居民四户，草房二十七间。

大仁厚庄居民四十八户，瓦土、草房一百五十九间。

白家新庄居民十三户，瓦土房三十九间。

南岸五工固安县属：

太平庄居民二十户，土、草房七十一间。

南岸六工永清县属：

董家务居民二十三户，瓦土、草房五十三间。

惠元庄居民三十一户，土、草地房一百十一间。

右碑建南岸四工五号，自北埝头起，至范瓮口一带北埝以内村庄。

东安县属：

淘河村居民二百一户，瓦土房一千七百六十三间。

于家堤居民一百一十八户，瓦土、草房四百二十八间。

葛渔城居民六百五十六月户，瓦土房四千一百六十四间。

武清县属：

大范瓮口居民七十八户，瓦土、草房三百三十八间。

右碑建北埝工头今被淤。下口南埝以内村庄。

永清县属：

安澜城居民五十四户，瓦土、草房二百七间。

霸州属：

堂二铺居民一千一百五户，瓦土、草房三千五百四十九间。

黄家铺居民十三户，土、草房五十四间。

外郎城城民三十一户，瓦土、草房一百四十六间。

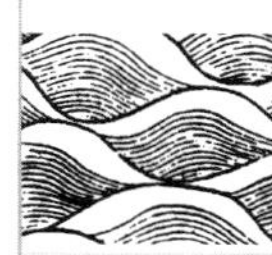

疙疸上居民一百三十二户，瓦土、草房七百七十五间。

王家铺居民七户，土、草房十四间。

毕家铺居民一户，土房十间。

东安县属：

外郎城居民三户，瓦土、草房三十五间。

得胜口居民一百四十五户，瓦土、草房七百三间。

王家圈居民四十六户，瓦土、草房一百九十九间。

东沽港居民二十三户，瓦土、草房二百八十八间。

马家口居民四十八户，瓦土房一百二十六间。

磨义港居民一百十七户，瓦土房五百五十四间。

里安澜城居民一百二十八户，瓦土房四百四十二间。

武清县属：

东沽港居民一百八户，瓦土房二百七十九间。

小范瓮口居民一百四十六户，瓦土房四百八十一间。

王庆坨居民七百一户，瓦土房三千二百八十间。

明家场居民十户，草房二十九间。

辛庄居民四十户，瓦土、草房一百二间。

右碑建南堤五号，自范瓮口至凤河东堤北埝以内村庄。

东安县属：

闫家庄居民六户，草房十三间。

郑家楼居民三十一户，土、草房九十间。

武清县属：

刘家铺居民七户，土房二十六间。

西萧家庄居民三十七户，土、草房一百一十九间。

六道口居民二百三十七户，瓦土房八百三十二间。

敖子嘴居民六十三户，瓦土房三百三十五间。

李家铺居民五户，土、草房十五间。

王家铺居民十三户，土、草房二十七间。

汉光村居民五百十三户，瓦土房一千七百三十七间。

鱼坝口居民一百二十七户，瓦土房七百八十二间。

陈家嘴居民五户，土、草房十五间。

西南庄居民五十八户，瓦土房二百七十七间。

二光居民二十四户，土房七十八间。

东萧家庄居民十七户，土房五十四间。

天津县属：

安光居民一百零四户，土、草房三百七十五间。

双口村居民一百零六户，瓦土房四百七十九间。

（右碑建石各庄村前北埝上）

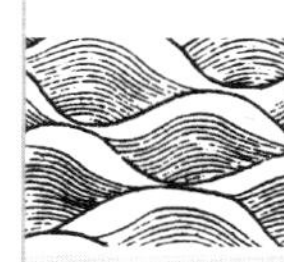

永定河事宜碑 （乾隆三十八年［1773］）

乾隆三十五、六两年［1770、1771］，永定、北运河水盛涨决堤为患。

钦命大学士两江总督高晋、工部尚书裘曰修、直隶总督周元理会同查办，发帑五十万两兴举大工。永定一河疏筑等工，共用银十三万六千五百余两。于三十七年［1772］汛前工竣。三十七年春，皇上亲临永定河，自北岸二工九号渡河，循南岸二工至头工，驻跸黄新庄，恭谒西陵，由天津回銮，复至下口条河头，阅视全河。以河南巡抚何煟，素习河务现在扈从。命同尚书裘曰修、总督周元理，寻流而上，再加讲求，具议以闻。巡抚何煟奏，永定河下口已蒙皇上指示，开展宽阔疏导有方，既不阻下达之势，更可免侵运之虞。上游河身虽窄，而中泓每岁挑挖，一律深通，可以畅导其流。且有金门闸、求贤、北村等灰坝，以分其出山汹涌之势。其六工现有之堤埝，随时增高培厚，捍卫有资。即此补偏救弊之中，实具永久安宁之道。守此成法，岁岁实力疏浚修防，可以永垂利赖。惟是疏导修防，原属治水不易之法。而人情厌常好异，每视为平淡无奇。诚恐数十年后，或有妄为高论，别立奇谋，转致变坏成法。应请将现奉上谕及议定章程，摘叙简明条款，刊勒丰碑。昭示来兹，庶成法永垂勿替，等因。具奏。经部议行，知照办理。伏查，圣驾阅视永定河，皆有御制诗章，治河要议，具载诗内。及屡次所奉御旨，业已恭镌碑碣，树立堤顶，永昭法守。现在疏筑宣防，俱系恪遵圣训，随时请示办理。兹再摘叙简明章程，勒石记载，以垂不朽云。

石景山同知经管土石堤工。自石景山起，东岸长二十二里八分，西岸长十四里，每年额设岁修银二千两。乾隆二十七年［1762］奏明，如有节省存贮，遇有不敷，于节存项内添补应用。三十七年［1772］大工，凡石工坍蛰、损裂段落，一律补修完固。

南、北岸同知分管堤工。南岸长一百五十四里，北岸长一百五十五里四分。两岸原各辖九汛，乾隆十六年［1751］改移下口，裁去下三汛。南岸同知辖州判、县丞六员。北岸同知辖主簿、吏目六员。乾隆十五年［1750］奏准，沿河各汛均兼巡检衔，分辖附近十里村庄。三十七年大工，将两岸大堤间段加培。复添筑月堤。

两岸额设岁修银一万两，抢修银一万二千两。每次于秋禾登场之时，两厅以各汛工程险易，酌估次年应需料物，开折送道核准。发银购办存贮各工，以备次年凌、伏、秋三汛之用。按月造送月报，据实请销。

中泓每年额设银五千两。凡有应行裁湾取直工程，预期估报，于河枯时赶办。均限汛前报竣。系动拨十里内民夫，每土一方给银四分。三十七年大工，疏挑引河每方给银七分。

闸坝工程。乾隆三年［1738］，南岸二工建金门石闸一座，金门宽五十六丈。乾隆六年［1741］，因坝面过高不能泄水，海墁中路二十丈，落低一尺五寸。至三十五年［1770］，河身渐次淤高，微涨即过。复添建石龙骨一道，高二尺五寸。三十七年大工补筑灰土坝。三十八年圣驾临幸，谕令“添筑拦水草坝”，俾水过有回溜之势。伏汛时谕令：“每过水后，即将金门及河流去路随时挑浚，务使积淤尽除，水道畅行。永远照此办理。钦此。”

南岸三工，旧有北村草坝。北岸三工，旧有求贤草坝。年久势须拆修。乾隆三十七年大工兴举，遂改建灰坝，以资永久。金门各宽十六丈。并遵旨于金门迤上，各建拦水草坝，亦使其回溜过水，后如有积淤，挑除净尽。

金门闸外引河，旧名牤牛河。至牛坨分为二股。一为牤牛支河，归中亭河；一为黄家河，入津水洼归淀。三十七年［1772］大工，将牤牛河暨黄家河一律挑浚。复于牛坨分流处，建草坝一座。俾水势三分归支河，七分归黄家河。北村坝外旧有引河，自米各庄归牤牛河。因形势向西不顺，改挑引河一道，自南柏村归牤牛河。北岸求贤坝减河一道，由北堤外归入母猪泊。三十七年大工，间段挑浚深通。以上各引河，每年地方官于农隙时劝民挑浚一次。

三角淀通判，经管南堤。自冰窖村接南堤起，长七十九里一十四丈。北堤自小荆垡接北岸起，长四十九里一百二十八丈。两堤各分七、八、九工，设县丞、主簿分管。又，管辖淀河州判一员，专司疏浚下口。额设银五千两，每年着看水势，疏浚引河归沙家淀，由凤河入大清河达津。乾隆三十七年大工，将南北堤间段加培，于条河头由毛家洼归沙家淀。三十八年［1773］春，圣驾临幸，亲加指示。谕令将望河亭改为龙神庙。是年伏、秋汛涨，河水改由条河头迤北，洛图庄南一带归沙家淀。奏奉朱批："足见无定矣。"现在用船多浚水沟，使水势向南一分，北堤即受一分之益。并将北堤培筑高厚，以资抵御。奉指准行。

凤河东堤，长五十九里九分，专设外委经管，隶三角淀通判管辖。三十七年大工，挑深凤河，培筑东岸堤工。

添设浚船事宜。乾隆三十七年，奏设五舱浚船八十只，三舱浚船四十只，共一百二十只。按工分给南岸，共五舱船四十只，三舱船五只；北岸共五舱船三十六只，三舱船五只。交两岸汛员经管。下口拨五舱船四只，三舱船三十只，系淀河州判并把总一员、外委一名经管。仍饬三角淀通判董率疏浚。每岁各汛将应挑淤嘴、淤滩于水涨之后，确估造报。土多则照中泓之例，按方给价，土少则令河兵挑浚。至兵丁驾船、排荡、疏浚，原不给价。惟两岸自麦秋至白露计八十日，兵丁上堤防汛，不能撑驾船只。议准添雇民夫驾船捞浚。所捞沙土，照每船丈尺折算，每方给银七分。即在额设中泓银内动支，分晰报销。

沿堤柳株，春融时河兵栽种。乾隆三十八年［1773］春，皇上阅视永定河，谕令两岸大堤内帮多种卧柳，以资捍御。当即钦遵办理。

河营官兵，乾隆四年［1739］，题设河营守备一员。辖石景山千总，南、北岸千总共三员，南、北岸把总二员。三十七年［1772］，复设浚船把总一员。额设河兵共一千二百三十名，拨各汛疏浚修防。

（右碑竖道署仪门左）

永定河记　（节录）

马丰

浑河之水，自古为患。魏时，于石景山之东，建修戾陵堰。水患少息。暨元至正二年［1342］，开金口河，欲引浑水东流，达于通州。河成，水急则决，水缓则塞，卒无成功。明季正统元年［1436］，河溃，发帑修治卢沟河堤。是年，卢沟之上狼窝复冲，漫流而东。遣官累石重甃，培植加厚，名为固安堤。厥后，卢沟以上堤防巩固。京师始免浑河之患。其治可谓美矣，而犹未尽也。自卢沟以下，畿辅之南平原广野，每遇霖雨水涨，湍流奔腾，洪洞无涯。其间数百里，居民田庐屡遭昏垫。荷蒙我皇上愍念民患，永图良谟，于康熙戊寅年［1698］，命抚臣于成龙董司厥事，发帑庀役，大加修治。疏河自良乡县之拦河坝，至永清县之朱家庄，汇郎城河，注西沽入海。筑堤自高店张庙场，迨朱家庄，两岸屹峙拦河坝。乃旧由河口虑有疏虞，建筑竹络坝一段，捍御顶溜。又设官分守，添兵防护，民享收获之利，幸免淹没之苦。然而堤防虽则告成，浊流奔狂，触处立溃。我皇上宵旰弗遑，驻跸河干，相视形势，图维万全。复于庚辰年［1700］，命官于竹络坝旁，改造天然石坝二百九十丈。又遣官发帑，接天然石坝至北村，建造石堤二十三里半。复命直隶抚臣李光地，委官发帑，复疏河自郭家务，由清凉寺至柳岔口，引水归淀。两岸改筑堤防，犹以南岸最险，恐致冲坍，又遣总河王新命督修。排桩九千七百九十五丈，保障堤工上下二百余里，湍波有归，蓄泄交资，民安物阜，岁登大有。我皇上更虑伏、秋之后，水缓沙停，不无淤垫。故于辛巳年［1701］三月内，简命郎中佛保，会同两岸分司色图浑、齐苏勒踏勘地势。自老君堂东开挖小清河一道。竹络坝北，建造束水草闸一座，引牤牛河清水入河。借清刷浑，大有裨益。丙戌年［1706］，分司齐苏勒，因小清河草闸不能经久，仰体皇上忧勤河工至意，捐造金门石闸一座，以资启闭。两岸大堤之外，又饬令有司，建筑遥堤两道，防范意外漫溢。迨丁亥岁［1707］，复赖督臣赵宏燮，整率河员加修防护。历年预发帑金，帮筑堤工，疏浚淤浅，至今河水安澜，工程巩固。涿、霸、固、永数州县，庐舍安堵，苍生利赖。即一浑河无定之水，而今使之既潴、既平，无复汤汤之患。不独奠安目前，更可砥柱无穷。名为永定，万世不易。举一浑河，而观宇宙内之大川巨泽，莫不安澜顺序。皆与永定河同行其无事治法，至今可谓尽善尽美，克继神禹而并传不朽矣。①

（右记无碑，仅有抄稿。得之散帙中。亦无年月可考。观其叙述情形，颇有条理，第详于初建堤挖河事。其康熙四、五十年间所作乎。或云东人曾游幕永定河官署。夫永定河情形非身历其境者，不能洞悉，亦难言之条畅乃尔。是殆幕友之拟作欤。以其有裨河务，节其烦冗而存之。）

① 《永定河记》所称“我皇上”是指康熙帝。

[卷十九校勘记]

〔1〕“乃”字原刊本字迹不可辨，据《魏书·裴延儁传》增补。

〔2〕“遂”字原刊本脱，据前引书增补。

〔3〕“力”字原刊本字迹不可辨，据前引书增补。

〔4〕“荆”字原刊本作“京”，误。按“易京水”为今“易水”，易荆水今温榆河与澔水合者当为易荆水，据《水经注》王先谦校注本改“京”为“荆”。

〔5〕“省”字原刊本脱，据《北齐书·斛律羡传》增补。

〔6〕“获”字原刊本脱，据上引书本传增补。

〔7〕原刊本“按”字不可辨，今据李逢亨《（嘉庆）永定河志》引用同条资料为“按”，从之。增补“按”。

〔8〕原刊作作《元史·许有壬传》，查《许有壬传》并无此条奏。条奏实载《元史·河渠志·三》，故改正。

〔9〕“止”字误为“正”，据《实录》为“止”，且文意也当为“止”，故改为“止”。

〔10〕“首”字误为“道”，据《实录》为“首”，文意应为“首”，故改为“首”。

〔11〕“磨”字误为“靡”，原刊本为“磨”，改为“磨”。

〔12〕“左”字误为“在”，据《实录》改为“左”。

〔13〕原刊本首句诸后脱“道”字，“城”误为“成”，靖字后脱“字文恭”三字。“灅”字误为“漯”，据《水经注》王先谦校注本改为“灅”。

〔14〕“蓟”误为“苏”，据《水经注》王先谦校注本改。

〔15〕“亲”误为“新”，据同上。

〔16〕“灅”误为“漯”。

〔17〕“蓟”误为“苏”，同上。

〔18〕□□原“碑”字缺，下同。

〔19〕原刊本“河”误为“何”，据李逢亨《（嘉庆）永定河志》同条资料改。

增补附录

诰授中宪大夫永定河道韫山陈公墓志铭

清代官府文书习惯用语简释

清代诏令谕旨简释

清代奏议简释

清代水利工程术语简释

永定河流经清代州县沿革简表

《（乾隆）永定河志》、《（嘉庆）永定河志》和《（光绪）永定河续志》三部志书，是清代记载永定河文字最多、内容最丰富、涉及最全面的专业文献。其中重要的收录了当时有关治理永定河的大量皇帝谕旨，主要管理河务大臣的奏议和典章、制度等。书中涉及了当时官府行文的规矩、习惯，以及水利工程术语，令今人阅读多有不便。

在本套书整理过程中，我馆参与整理的专家学者和工作人员，针对三部书中集中涉及的不容易读懂和疑惑的行文及术语，查阅了大量的工具书和资料。借此，一并撰写成文，以“增补附录”之名增录于书后，仅供参考。

《诰授中宪大夫永定河道韫山陈公墓志铭》，是蒋超先生帮助审稿时提到并推荐给我们的。该文全面介绍了本书作者陈琮的生平事迹，非常难得。为此，我们进行标点、分段后，一并列入本增补附录之首，方便读者更好地了解作者和本书。

永定河文化博物馆

2012 年 12 月

诰授中宪大夫永定河道韫山陈公墓志铭

永定河即桑干河，古湿水也。以其水浊，故曰浑河；以其色黑，故曰卢沟河；又迁徙不常，故曰无定河。源出太原天池，伏流至朔州马邑，从雷山发为浑泉，合云中诸水，经太行山东下，会卢沟河入宛平县界。流注固安县，至燕丹口分而为二，其一至通州，入白河；其一经小直沽，入运河，俱入海河。自南山以来，水势湍激，亦资灌溉，固未尝肆。自出石景山东，地平土疏，至固安而下，则大肆奔驶，分和靡常，屡为民患。

自金、元、明以来，时修时决。至我朝顺治八年辛卯［1651］，河遂迁徙，固安迤西几七十里，嗣是岁有冲决。康熙三十七年［1698］，命抚臣于成龙筑堤疏浚，自卢沟挖新河，由固安北十里至永清朱家庄，延褒二百余里，广十五丈。始赐名永定河，并设南、北岸分司各一员，后复命北岸兼理。雍正四年［1726］，始升为永定河道，总理浑河，驻固安县，以专责成。河员十八名，虽隶于直督，而权独归道，得人自安，不得人则危，任至重也。

历任河道，亦皆治绩卓著，而求其不负任使守膺宠眷者，为吾蜀陈公一人。公讳琮，字华国，号韫山。高祖起祥，始卜居南部，遭献贼之乱，以父迎宾，病不能行，负匿山洞，得免于难，遂失谱序。起祥生惠畴，惠畴生策三，俱邑庠生。策三生子四，长璜、三璧、四璿，璧璿俱早卒，次即公也。公生而右手骈指，为人沉毅，慷慨多智，略好读书，尤熟习诸史。其为文渊深、雄伟、甫弱冠，即游泮。中丙子副车，先予肄业锦江书院，交最深余后与。已卯乡荐入都。公亦赴国子监，肄业于适官崇志堂，学录相与劘切，琢磨以图科举。公忽谓余曰："吾父母春秋高，急须禄仕大夫，要当赤手搏功名，安能从文字间讨生活乎?"遂就职州判。

乾隆二十八年［1763］，适直隶河工请员赴部，应挑发永定河，委用补永清县丞。遇事敢为，于河工尤留心，胼手砥足，不辞劳瘁，每有建白輙中，肯綮同官，皆异之。三十四年［1769］，升固安县知县。茂著循声，浦任三载，两遭河决，民田被灾，俱亲身履勘，代请赈济。凡支放钱米，必令部屋均沾实惠，奸胥蠹役失其侵渔。上虑以为能。三十七年［1772］，升南岸同知，承修玉皇庙钦工。次年，皇上巡幸天津，便道阅视永定河堤。时户部尚书新建裘公日修久任总河，深器之，谓公曰："君当以河员，显吾有替人矣"。后金门闸接驾，裘公密表公能，奏对称旨，即于天津行在召见，谕令总理永定河工程，盖异数也。四十年［1775］，丁祖忧，即奔丧回籍。上谕总督周元理曰："河工不比军功，此人断不可少。准回家治丧，百日即赴直听用。"公九月抵里，葬事毕，即于四十一年春来直。次年，服阕，仍补南岸同知。时承修戒坛寺钦工方竣。次年十二月，复丁祖母丧，而元配何恭人复卒。四十六年［1781］服阕，仍赴直候补。恭逢皇上巡幸热河，委查密云一带道路，因得随班恭迎圣驾。上谕军机大臣曰："永定河同知陈琮，熟习河工，今安在？令查取职名，盖昔年新建公业，经审荐，已蒙天子记名屏风，而公不知也。"大吏闻之，即于四十七年，委署东安县事，十二月即题补务关同知。务关，通永道属也。

先是，公为固安令，余方赴京候补主事，负债二百，不能偿。赴固求次，适一瞽者赵铁嵩，能布算知星。公密令互换八字，以示之，赵以手拨算盘而笑曰："此二命，一京官六品，一外官七品，然外官终为京官属员"。人俱不信，公笑曰："若是，则愈可借也"。遂若数交余而去。至是，予由广东学政复命授通永道，谒予道署，相见欢甚。谓公曰："赵铁嵩之言验矣。"

四十九年［1784］春，圣驾南巡，于新城召见，问河工事宜。俱称旨。是日，赐宴，赏贡缎二疋、荷包一对、貂皮一对。回銮，复于赵北口召见，问堤工水势。奏对如前。五十年，上自热河回銮，于亭子召见，详问河工。公面请加培堤。奉旨估办。五十一年，巡幸五台，于半壁店召见。回銮时，又于新城召见，问河工平安否，公奏对俱如圣裁。是年秋，上自热河回銮，复于南石槽召见，问水势大小、工程等项，及新修堤工有益与否。公一一奏对称旨，天颜大悦。五十三年［1788］二月，巡幸天津，与赵北口召见，问凌汛水势。奏如前。于左各庄赐宴。又与王家厂召见，面奏永定河下口情形，并呈永定河全图。蒙恩赏黄缎一疋、袍料二件、貂皮一对。圣驾至桐柏村，由军机处传旨，取永定河简明图。五月上赴热河，于密云召见，问下口情形及永定河平安。公为陈奏，如圣意。

公在永定既久，以永定河源流、分合、险夷、迁徙，即在河年久者亦难深晰，若骤易生手，必茫然失措。乃沿岸履勘，准今与酌，多方采集，汇为《永定河志》。俾后之观斯土者，了如指掌，殚心考究，三年乃成。总督刘公峩见之，叹曰："浑河工程，莫备于是矣。"五十四年［1789］三月初十，圣驾驻跸汤山，奏陈所辑《永定河志》已告成。上曰："他去年所进图就好，着军机大臣阅看，即日召见奖慰。"十八日，军机处奏覆："陈琮所辑《永定河志》，分门别类，体例尚属整齐，恭录历年皇上亲临指示论旨，亦皆详备。"奉旨："着交懋勤殿藏贮。"方谋刊志，得疾旋归，至五月初八日卒。

其卒时，犹谆谆以君恩未报为言。大吏以闻，上嗟悼久之，连称："可惜！可惜!"谕军机大臣曰："陈琮自任永定河以来，今经五年，浑河安澜无恙，皆琮之力，不料其遽溘逝也。"先是，蜀人在外任无为大僚者，惟予与公俱少同寮，仕同省，又俱为观察。邀圣恩宠眷，乃予任通永，不克称职，深负圣恩。所属望补报者惟公一人。而前任永定河道兰第锡，升山东总河，以公代之，人皆谓公受上知，有过于兰，指日总河可冀。孰知竟止于此，岂非蜀之不幸乎？

初太翁生公时，梦一老翁，自言固安人，寤而生公。公由县丞至道，皆固安斯，亦奇矣。人疑前身应此地土神云，公善相度形势。永定道署旧在固安城中，缘地势低洼，前宪奏改城外。公适为固安令，相度修建，轮奂一新。及累升是职，后见四面軒厂，初无关局，乃鸠工集事，于东、西二面挑成水渠，中设一桥，以通往来。外为筑堤垠，署后地逼民产，有愿鬻者，即为覯之。于四围广植杨柳，春夏之交，畅茂荫翳。堤既坚固，景亦宜人，迄今称善。公素疎财好义，固安进京百里，凡在都门京官，以及守铨、空乏、来告者，无不倾囊以赠，毋稍吝色。于亲戚尤加厚焉。更喜急人之难，予被议发伊犁当差，公以百金，走后余赎。还有部核河工银二千两，槩然代余完纳。余有所刻函海丛书，共二百六十种，以负梓人三百刻资，扣板不发，亦公代为赎回。及公卒之日，所借贷者无论有券无券，皆携金至灵前，还其子官林，恸哭而去。其乐善感人如此，而尤与予莫逆。乾隆辛巳，余由通归里，道出固安，公方受上眷赫奕甚，乃不鄙弃。欣然出子女各一，指示予曰："君亦当出子女各一，互为朱陈。"余笑而从之。及公卒后，予家居十余年，公子官林、余子朝龙，皆毕婚嫁惜，公不得见云。

公生于雍正九年［1731］七月初四巳时，卒于乾隆五十四［1789］年五月初八日申时，享年五十有九。诰授中宪大夫、直隶永定河道。配何氏，诰封恭人。邑庠生世文。公次女先卒。祖惠畴，祖妣何氏。父策三，母赵氏，俱以公贵，赠如其官。子六，长中林，先卒，娶杜氏，监亭太学生英公长女，守节不嫁。次、三、四、五，俱早卒。六官林，刘孺人出，即吾第六女婿也。女二，长字原，任邻水县教谕。元炜，犹公长子二字。

吾次子朝龙，有诗文集二卷，藏于家。铭曰：

舜咨四岳，禹作司空；熙帝之载，惟克畚庸。

太行以南，桑干以东；谁其继哉，蕴山之功。

贯让留疏，平当尽职；谁其迈哉，蕴山之德。

阆山峩峩，阆水汤汤；佳城永固，世泽锦长。

（摘自《续修四库全书·集部》录清代李调元[①]著《童山文集》卷十六，上海古籍出版社出版，1995—2001 年版。）

① 李调元［1734—1803］，清代戏曲理论家、诗人。字美堂，号雨村，别署童山蠢翁。四川罗江［今属德阳］人。与陈琮为同乡好友。其与遂宁张向陶、眉山的彭端淑合称为清代四川三大才子。乾隆二十八年（1763）进士，历任翰林院编修、广东学政和直隶通永道道员，因得罪和珅，遭诬陷，遣戍伊犁。后经袁守侗搭救，回乡终老。其一生著述丰富，著有《童山文集》四十卷，编印《函海》三十集，以及一些戏曲理论著作。

清代官府文书习惯用语简释

清代，是中国历代封建王朝官府设置的集大成者，既有满族专设的一些府衙官称，同时继承了明代中原正统王朝的基本体制，因此官府衙署设置复杂，且不断创新发展。由于清代官府设置纷杂，本文难于遍举，只能对三部《永定河志》涉及的常见官府及行文习惯用语略加诠释。

一、清代官府的设置和分类

清代官府整体上分为朝内官和外官两部分。

朝内官：首述六部，次及九卿，大学士和王大臣等。六部当从“三省六部”说起。三省是指中央朝政的三个枢要官署，因文章篇幅关系不便尽溯其源，仅从唐宋说起。据宋朝王应麟《玉海》卷一二一《台省》：“政归尚书，汉事也，归中书，魏事也；元魏时归门下……后世相承，并号三省。”（广陵书社2003年7月影印版）隋唐时，以三省长官尚书令、中书令、侍中为宰相，最终形成中央朝政以“三省六部”为中枢的国务管理体制。三省互为表里，相互制衡。中书省掌管皇帝诏令的起草，传达、宣布，即决策；门下掌诏令的审议、奏章签署，并有对诏令“封驳”权，即审议；尚书省掌诏令、政务实施，即执行。尚书省下设六部，唐朝正式定为吏部（掌管文官的选拔、任免、考绌），户部（掌土地、户籍、赋税、财政收支等），礼部（掌礼仪、祭享、贡举），兵部（掌武官选用、兵籍、军械、军令），刑部（掌国家法律、刑狱等事务），工部（掌工程、工匠、屯田、水利、交通等事务）。各部下设四司，故史称二十四司（宋以后各部司官远突破二十四司之数）。宋元丰年间前，以中书门下（政事堂）实际掌握国政，元丰年间改革官制，重振三省之职。到元朝废门下省，尚书省时废时立，以中书省代行尚书省事。六部改隶中书省，设左右丞相总揽朝政，六部尚书分掌政务。明洪武中，废丞相及中书省，六部独立。六部长官称尚书，侍郎副之。清沿明制，六部设满汉尚书各一员，满尚书位在汉尚书之上。下设左、右侍郎各一。尚书官一品，侍郎三品。同为一部之长官。因尚书、侍郎坐衙署大堂办公，均称堂官。各部堂官之下属称司官，满汉蒙各有定员，有郎中（四品）、员外郎（五品）、主事（六品）各员，七品以下称小京官。各衙署还有掌管翻译满汉蒙藏奏章文书的笔帖士（多为旗人），也属小京官之列。

在清朝，审议内外官员奏疏，须有一个部或几个部会商，六部与九卿会商，称议奏、会议。是否准许官员奏议所请称议复，有议准、议驳、毋庸议三种审议结论，皆由参与审议部院的资深主管司官一人草拟议复奏折，称作主稿。其余司官称帮稿。（有的部如户部、刑部的司官以汉郎中或员外郎充任者，直接称“主稿”。有的部，如吏部、礼部则称“汉掌印”，他们往往充当主稿。参见《清史稿·职官志一》）

九卿，历代不同，在明清又有大九卿和小九卿之分。如果称大九卿，包括前述六部，外加大理寺（掌复核外地奏劾、疑狱罪及京师百官的刑狱。主官称卿，下设少卿及丞等员属。），都察院（监察机关，清以左都御史、左都副都御史为主官，右都御使、右副都御使为总督、巡抚的加衔，下设吏、户、礼、兵、刑、工六科给事中，为最高监察弹劾、议参机关。），通政使司（简称通政司，长官为通政使，下设副使及参议等佐官，掌内外章奏、封驳、臣民密封申诉之件）。而列入小九卿的，明清有多种说法。其一光禄寺卿（掌管皇室膳食），鸿胪寺卿（掌少数民族首领的朝贺迎送、仪式典礼的赞导、相礼等事。），太卜寺卿（掌舆马及马政），太常寺卿（掌祭祀礼乐），国子监祭酒（国子监简称国子学，与太学同为国家最高学府，又兼教育管理机关，长官简称祭酒。）。翰林院掌院学士（翰林院是清朝人才储备之所，清大臣多出身于翰林院学士，其长官为掌院学士，下设侍读学士、侍讲学士，侍读、侍讲、修撰、编修、检讨、庶吉士等官。），宗人府宗令（掌皇家宗族事务，以亲王以下皇族充任，事务长有府丞、理事官等。），銮仪卫，是为小九卿；或以钦天监（掌天文历算）、顺天府尹、詹事府（太子属官、长官为詹事、少詹事、下设左、右春坊、司经局等。清代常为翰林院转升之地，多为三四品，无实职。）等入小九卿，此时大理寺、都察院、通政司则不在九卿之列，有清一朝并无明确规定。在清代上谕中常有“六部九卿议奏”，此处九卿是指小九卿。若上谕单指“九卿议奏”，则九卿是大是小不能确指。单凡有九卿参与议奏的议题多为朝政、河防的重大事项。九卿议奏的程序亦如前述，要形成议复奏折，呈皇帝裁夺。

清承明制，不设丞相，以内阁为名义上的最高国务机关。有三殿（保和、文华、武英）三阁（文渊、体仁、东阁）大学士入阁。权力掌握在满洲贵族手中。参与机要政务的多由皇帝指派，不一定为内阁成员，内阁权力渐趋低落。至雍正七年（1729）军机处成立后，内阁虽保留最高国务机关之名，而无其实。内阁设稽查钦奉上谕事件处（上谕档案存管）中书科（掌缮书诰敕、翻译满汉章奏文书），内阁实际成为上谕、奏疏议复的记录、存档、转发（仅限机密程度较低的“明发上谕”，机密程度高的上谕由军机处承办称“廷寄”。见后文）机关。

三殿三阁大学士，学士初无定制。乾隆十年（1745）后，定制入阁大学士各殿、阁，满汉各二员（保和殿不常设），协办大学士满汉各一人。大学士往往兼管各部尚书事，称管部，或录尚书事。入阁大学士资深者或视为首相，但无明文规定。军机处成立后，军机大臣权力日重，大学士仅为重臣的荣衔而已。

军机处，为雍正帝处理西北紧急军务和保密之需而建立，是辅佐皇帝处理军政事务的机构，设军机大臣。初无定员，多时六七人，由大学士、尚书、侍郎充任，（咸丰年间始有亲王为军机大臣）权力日重，超过内阁。僚属为小军机（或称军机章京），掌管缮写谕旨，记录档案，查核奏议等。到光绪年间，多达四班三十六人。凡重要军政奏报及密折，报由通政司，递至军机处，转呈御前。机密上谕下发由军机大臣直接承办，称廷寄。其封签写：“军机大臣某字寄，某官开拆”。密封加印，由兵部捷报处递送，并有时限送达。（如四百里或六百里加急——指驿马日程）。一般上谕下发给内阁明发。

外官：包括各省地方的总督、巡抚、河道总督、漕运总督、提督、布政使、按察使及道府以上官员，也是官府文书收发主体。

总督，全称为：“总督某处地方、提督军务、粮饷兼巡抚事”（《清史稿·职官志》三《总督》），为一省或数省最高军政长官。“总治军，统辖文武、考核官吏、修饬封疆”（《清通典》三三《职官典》十一《总督巡抚》）。清总督秩为从一品，多有右都御使加衔。其别称有总阃，制台，因统帅绿营兵而称督标（标为团级编制单位），兼右都御史而称总宪，或因兼兵部尚书而称部堂（自称本本堂），或尊称为大帅。

巡抚，清代省级地方政府长官，总揽一省的军政、吏治、刑狱等，地位略低于总督，但仍属平行。别称抚台、抚军、抚标，又例行兼衔右副都御史，也叫抚院和副宪。有时巡抚加总督衔。

承宣布政使司，明洪武九年（1376）改元行中书省为承宣布政使司。长官省称承宣布政使，又省称布政使。各府州县统辖于两京和十三省布政使，每司设左、右布政使各一员，为一省最高行政长官。后因设巡抚、总督，权位渐轻。清朝则正式定为总督或巡抚的属官，每省布政使一员。江苏省分设江宁、苏州布政使司，故为二员。布政使别称藩台、藩司，掌一省人事、财政，与提刑按察使司并称“两司”。与督（抚）、按察使合称一省之“三大宪”。其衙门通称藩署（亦可代指布政使）。

提刑按察使司，长官省称按察使。清承明制为一省司法长官，掌法律、刑狱，别称臬司。臬司衙门通称臬署，亦可代指按察使。

道，本为明清时在省与府之间设置的监察区。作为行政监察区的道，明清时发展为省级派出机构。清代又区分为分守地方道（省称分守道，由省布政司派驻）和分巡地方道（省称分巡道，由省按察司派驻）。位在督抚和府之间，一般为正三品。清代为治理永定河的需要，在直隶省设置永定河道，位在直隶河道水利总督与分司（厅）之间。乾隆十四年［1749］裁直隶河道总督，永定河道归直隶总督管理。原来设置天津分巡道、清河分巡道（大顺广分巡道）、通永分巡道，又都赋予兼管水利河防之责。（嘉庆《永定河志》卷十六奏议，雍正四年二月九卿议复，和硕亲王、大学士朱轼奏《为请设河道官员以专责成》折。）此处还有兵备道。其后分巡、分守、兵备道界线趋混，道遂为一级行政长官。

府，宋时中央官员任府一级地方行政长官为“权知某府事”，省称知府，明正式定名为知府，清相沿不改。府管辖州县。清顺天府和奉天府长官独称府尹。

州，宋派中央官员任州一级地方行政长官，称“权知某军、州事”，省称知州。明清正式为州级行政长官。州又分直辖于省的直隶州和辖于府的散州，前者略低于府，后者略高于县。

县，同前述，宋中央派任县级行政长官，称“权知某县事”，省称知县，明清正式定为县级行政长官为知县。

清代文献中，上自布政使下至知县，因各级行政长官使用的印信为正方形，故称为正印官。在《永定河志》中，称沿河的府、州、县的行政长官为“印河长官”，实指沿河正印长官。

府、州、县的属官和佐官通称佐贰，或称丞倅。府州的佐官同知，宋辽金时全称“同知某府事，同知某州事”，省称同知。明清相沿仍称同知，分掌督粮、辑捕、海防、江防、河防水利、屯田，分驻指定地点（如《永定河志》中提及“直隶南路同知，西路同知”等）。清州同知又称州同。

府、州的佐官通判，宋时始设于诸州府，称“通判某府事、通判某州事”，省称州、府通判。其职位略低于州府长官，为州、府长官副职。有与州、府长官连署公事和监察官吏之权。明清时通判定位州府长官的佐贰，分管州府事项与同知略同，权位较宋时为轻。清州通判别称州同，并专有管河州判、州同，隶属河道。

州属官吏目，唐宋有孔目之官，金元沿用。明于太医院（由医士升任）和州设吏目，分掌州出纳、文书、衙署事。清沿袭明制，州吏目专管辑捕、守狱及衙署等事。雍正年间又于永定河道下设管河吏目，后废为巡检。

县属官县丞、主薄，分管粮运、矿山、农田、水利、河防等事。以上沿河府、州、县的佐贰，丞倅官员，原为地方协同河务的官员，后调任永定河道，构成永定河道文官系列。

永定河道属官另有巡检官一职，原为州县掌管地方治安、镇压民众反抗的州、县属官，多设于远离州县城的市镇、关隘、河津要道。参见（清顾炎武《日知录》八乡亭之职）。永定河道设巡检是为掌管附堤十里村庄民伕的雇募、社会治安、协调河工与地方关系，因而永定河道所属厅汛的汛员，往往多兼巡检衔。

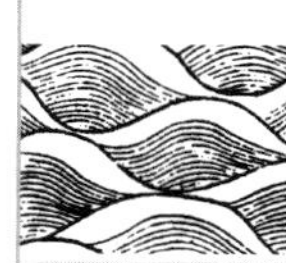

永定河武官系列，《永定河志》称之河营员弁。原为绿营兵调派至河工担任守堤、抢险重任，后专设河营兵，其体制与绿营大略相同。有都司、守备、协备、千总、把总、外委及额外外委各职，多为中低级武官充任。如都司四品，位在游击之下，守备五品，协备六品，千、把总七八品，外委九品、从九品。其中把总、外委，常随高级官员于行辕办差，称“随辕差委”。以上各官或由直隶总督、河道总督节制（详见《永定河志》职官表，在此不赘述）。

二、文书的称谓和分类

文书一词起源很早，在汉代史籍中已经出现。《史记·秦始皇本纪》引贾谊《过秦论》云：“禁文书而酷刑法，先诈力而后仁义。”（本文引用二十四史，均为中华书局标点本，以下不再注明。）此外，文书是指诗书古籍。文书又指公文、案卷。《汉书·刑法志》：“文书盈于几阁，典者不能偏睹。”由此引申出：文书是以文字为主要方式记录信息的书面文件，是人们记录、传递和贮存信息的工具。在此，文件和文书视为同义词，不涉及其现代形式。

文书也称简牍、文牍。前者是因古代在纸张未发明和普遍用于书写时，文书或写于绢帛、羊皮、树叶，或刻灼于龟甲牛骨、铭刻于铜器等之上，而春秋战国至魏晋时期，更多用竹木简牍来书写，因此后世将文书习称为简牍。后者专指官方文书，而私人书或信则称尺牍，书信用的竹木简一般长约一尺，故称。类此，绢帛用于书信则称尺素。

作为官方文书的专称“文牍”流传至清代，派生出一些词语：专管文书的人员称“文牍”、“文书”；又有“文案”一词。其一指公文归档备案，又指专管草拟文牍、掌管档案的幕僚为“文案”，如“内文案”。

文牍经长期发展，演变形成多种文体类别，举其要大致有：

1. 诏令谕旨及奏议类。详见本志增补附录《清代诏令谕旨简释》、《清代奏议简释》，此处从略。

2. 上行公文类。下级官府或官员上报给高级官府官员的文书有：呈文、呈子，简称呈。呈有下级报上级之意。禀文，又称禀告、禀陈、禀帖、禀白、禀本，意为下对上言事，故有前列短语。清代，州县地方官员对上级报告有所请示的文书称详文，有时不便或不必见于详文的，便用禀帖。详文，详字本来有审慎、周备、知悉、说明诸意，作为官方文书是下级官员对上级长官报告请示。例如《（光绪）永定河续志》卷十五附录中，先后收录了：知县邹振岳《上游置霸节宣水势禀》、同知唐成棣、通判桂本诚《堪上游置坝情形禀》。请详又称申详，是指详细说明，请求示下的文书，例该志河道李朝议《酌添麻袋、兵米等项详》。下对上的公文中还有一种叫申文。申字有表达、表明、明白、重复诸意，因之对上公文多有申报、申请、申明、申详、申诉等词语，都是陈述情况、说明理由的文书。此种文书若向帝王陈述、申请就称作申奏。

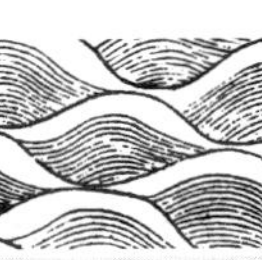

3. 同级传递类。主要有咨文，一作谘文，省称咨或谘。咨字有征询、商量、访求之义。作为官方文书主要适用于同级官府或同品级官员。有时也用于对下属官员，或民间野老。咨文在同级间传递起到通知、知会、查询、商议等作用。

4. 檄文和移文类。檄文是古代官府用于征召、申讨的带有军事性质的文书；移文是晓谕、责备、劝说性质的文书，有时也与军事相关，与移文性质相近、作用略同，常并称“檄移”类。古代军情紧急时，檄文插上羽毛，需紧急传递，称作“檄羽”，亦称“飞檄”。在清代河防文献中因总督、巡抚、河道总督等军政长官，常用“檄饬”、“飞檄”等词语下达河防命令。如《（光绪）永定河续志》卷十五附录了直隶总督李鸿章的《饬照堪钉志桩筑埝檄》。

5. 告示、露布、晓谕类。此类官方文书包括：布告，特指由官府发布，告知民众重大事项或禁令之类文书；露布，指不缄封、公开宣示内容的文书，如邸报（又称“宫门抄”，是朝廷传知朝政和臣僚了解朝政的古代报纸。在明清之际已有刊印本。清代披露内阁明发上谕、臣僚奏议（密折除外），各部院、地方高级官员均可到宫廷门口抄录或由内阁抄出下发；露劾或称露章、弹章，指弹劾官员时，公开弹劾奏章的内容，迫使被弹劾官员服罪；晓谕，是告知、告诫各级官员的文书。上述露劾弹章也可归入“奏议类”。

6. 甘结、印结类。此类文书，本指古代司法诉讼案中由受审人出具自称所供属实或甘愿接受处分的文书。如南宋人宋慈《洗冤录》中说“仍取苦主，并听一干人等联名甘结。”（清光绪乙未［1895］上海醉经楼石印《四库全书》本）是为甘结一词最早出处。后也指写给官府的保证书。在清代文献中甘结是指由官府给当事人担保的文书。如出任河工的笔帖式，须由其所在旗藉都统出具担保印结“家道殷实”，方可赴任。这里所说印结，是指加盖官府印章的担保文书。如清制，凡外省人在京应科举考试、捐官，都需在京同乡京官出具保结——保证文书叫结，加盖六部官印，《清会典》事例四三《吏部投供验到》：“初选官投互结，并同乡京官印结。”

7. 札（劄、扎）子类。札的本意是书写用的小木片，后也用来称书信，并逐渐成为对上级、对下属都可使用的一类公文。这类公文又分为两类，其一用于发布指示，又称堂帖，宋代由中书省或尚书省制定，凡非正式诏命发布的指令称作札子，领兵的各路统帅向部属发指令也称札子。此种称谓清朝也沿用。其二，臣子或部属向皇帝或长官上书议事称札子。扎子在后世主要用于下行文书，清朝河工文献中常见〝扎饬〞一语，即用扎子下达及时执行的命令。

8. 敕，制命、令、诰类。敕、也作勅、劝和饬。敕有告诫、命令、授职、勉励等多义。古代官府文书中常见的敕戒（又称教戒）、敕命（特指天命或帝王的诏令。又指明清赠六品以下官职的命令。）、敕授（唐时封三品以上为册（或策）授，五品以上称制授，六品以下称敕授）、敕令等用语。这些用语，多用于皇帝和高级官员对臣下及部属的命令。制、令多用于帝王对臣下，如皇帝的命令称为“制”，皇后及太子的命令称为“令”。命、令两字可合用如一，也可分用如前述。清朝部院、地方官员可用命令一词对下属发布指示、命令，但不能用“制”，因为从秦朝以来“制”成为皇帝专用词（参见《史记·秦始皇本纪》）。在清代河防文献中，敕、命、令多与札、檄连用，如札饬、札令、札命、檄敕、檄令等情况。此外，还有特别用于对官员及其亲属封赠的命令称为诰命，其中授与本人称“诰授”，推恩及于父母、祖父母、曾祖父母及妻，存者称“诰封”，逝者称“诰赠”。官吏受封的敕书称“诰敕”，而且有严格的定式，按品级填写，不得增减一字。（详见《永定河志》增补附录《清代诏令谕旨简释》）

三、各类官府文书中人称、官称和常见用语

各类官府文书的收发人或文书相关人，本人姓名之外，其称往在不同场合下有所不同。

1. 人称：

第一人称：我、吾、余、予，是自称单数形式；加上复数语尾，如等、辈、侪、人等字，有我等、我辈、吾侪、吾人，变为第一人称复数形式。现代汉语通称我们。

第二人称：你、尔、汝（也写做女，读 rú），加上复数语尾，如有你等、尔等、尔辈、汝等、汝侪、汝辈。现代汉语统称你们。

第三人称：他、伊（有时也作第二人称）；加上复数语尾，如他等、伊等。现代汉语统称他们。另外，伊字后加人字——伊人，指这个人；加等字——伊等，又有“这些人”之意。

2. 官称：清代官府行文或官方场合人们的称呼，为官称。有敬称和谦称之分。

敬称多不直接称呼对方，而说陛下（指皇帝，陛指宫殿的台阶丹陛）；殿下（指亲王或太子），阁下（指大学士，军机大臣、督抚等高级官员），麾下（高级将领），足下（平辈或同僚）。

谦称：对长官，我称“在下、下官、卑职或职”；我们，则称在下等、下官等、卑职等或职等；对皇帝，汉人官员自称臣、微臣或臣等；满、蒙、汉军旗人，自称奴才、奴才等。谦称中还有：窃，表示“我自已”或“我私下”；愚，“我以为”说成“愚以为”；“鄙人”（鄙本指边远小邑或郊外、郊野，鄙人，是自称郊野之人，与俗语“乡巴佬”同义。）同辈、同僚间谦称，还有仆、下走等语。同一年中科举举人、进士称同年，互称年兄。在清代河工文献中，常涉及内外官署、各级官员，其称谓既有全称（或本称）又有省称、别称、敬称、谦称、自称。

3. 对皇帝行文：有具奏、题奏（此特指书写奏疏。题奏，与题本、奏本二词合称有别）、题请、题参、参核、奏参、奏请等词语，都是指奏疏起草、誊清，形成正式文本。具、题二字本意就有书写形成之意。一般由官员本人书写，也有文案师爷、幕僚代笔。行文中常见，“奏闻在案”，“奏达圣听”，“谨奏以闻”……是表示奏疏通过通政司转呈内阁或军机处，再递送到皇帝御前。所谓在案，是指已经在通政司内阁、军机处记录存档。官员在奏疏行文末尾，往往套用一些“仰乞圣鉴”、“伏乞皇上睿鉴训示”、“伏候圣裁”、“谨奏”之类恭维用语。（详见《永定河志》增补附

录《清代奏议简释》)。

4. 下级对上级官府或官员行文：有具禀、具详、具陈、禀告等词语。都是写成正式文书（禀告可能是口头，也可用面禀一词）上呈（送达）。而上级官府、官员在转述收到此类官文书时，行文惯用“具禀（或具详）前来”。上级回复则称：“来文（或来禀）已悉”，“接据来禀”。

5. 上级对下级官府或官员行文：有行文、行令、札饬、檄饬、飞檄等词语，表示发出命令、指示给下属。向皇帝或上司转述此类文书已发出，在上述词语后加“去后”等语尾。下级回复则称“札饬奉接”，“奉命”、“奉敕”等。

6. 平级官府、官员文书往来，多用咨文一语。如：（督抚）咨（文）到部院，（部院）咨（文）某督抚，行某督抚；行咨某部院，咨到某司，行咨某司，行咨顺天府尹。司指藩司（布政使）、臬司（按察使）。顺天府尹、藩司和臬司与督抚虽有品级差别，往来公文有时也用“咨”。在奏议或议复中，六部、九卿官员，若是建议由皇帝下谕旨时，请旨“行令该督抚”、“饬令该督抚”，或等皇帝示下“臣部行令该督抚”、“臣部饬令该督抚”。若是在奏议或议复中转述六部、九卿与督抚间公文往来，有“咨到督抚”，或“咨到部院”。上述文书的记录备案已如前述。

7. 清代官府文书中还有专用于行文开头的词语，如窃照、窃查、照得、查得等。在这类词语中，窃字是第一人称的谦称，意为“我私下”、或者为“我暗中”；照得、查得都有“经查察而得”之意。此类词语既可用于上行文书，也可用于下行文书和告示之中。例如照得一词，也称照对，自宋以来公文布告常用，宋以后专用照得。清代一般上行公文多用窃照、窃得，而下行公文多用照得。在《永定河志》中奏议、告示中不乏此类用法之例。

在清代官府文书中檄文、札饬、布告，还有特殊结尾用语，如切切此布、切切此令、切切特札。切切，其意为急迫，多用官府文书告示的结尾。如《永定河续志》卷十五收录，永定河道朱其诏光绪五年《饬各协防委员点验兵数按旬结报札》：“转饬所属协防各员一体遵照，本道为慎重河务起见，万勿视为具文，自干未便，切切特扎。”即是一例。

清代诏令谕旨简释

清代的诏令和谕旨制度是我国古代封建帝王行文制度的继承和发展。本文仅对三部《永定河志》中经常出现的诏令谕旨类文书常用语加以简释。

一、诏令谕旨释义

诏令、谕旨为多义词，又为近义词，古代先是不分上下均可通用，自秦汉始为帝王专用词语。

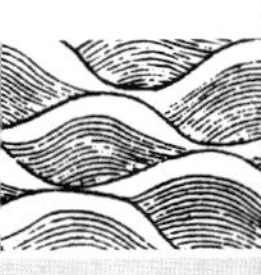

1. 诏令

诏的本义是“告”，多用于上级对下属。如《周礼·春官·大宗伯》：“诏大号，治其大礼，诏相王之大礼”。《礼记·曲礼》：“出入有诏于国。”屈原《离骚》：“诏西皇使涉予。”（《楚辞》时代文艺出版社 2001 年版 26 页）以上引文前二诏字义为告，后一诏字又多一“令”之义。东汉许慎《说文》中概而言之“诏，告也。”作为一种文体的诏书，在先秦也是泛指上级对下级的命令文告。秦汉以后才专称帝王的命令文书为“诏书”或“诏令”。《史记·秦始皇本纪》记载李斯等建议：“臣等昧死上尊号，王曰‘泰皇’，命为‘制’，令为‘诏’，天子自称曰‘朕’。”注引蔡邕曰：“制书，帝者制度之命也。其文曰：‘制’；诏，诏书，诏告也。”《后汉书·光武帝本纪上》：“辛未，诏曰：‘更始破败，弃城逃走’。”李贤注引《汉制度》曰：“帝之下书有四，一曰策书，二曰制书，三曰诏书，四曰戒敕……诏书者，诏，告也……”东汉蔡邕《独断上》也将皇帝的命令分为四类：“一曰策书，二曰制书，三曰诏书，四曰戒书。”（《后汉书·光武帝本纪上》中华书局标点本）可知，诏令，诏书都是指皇帝的命令文告。秦汉以后相沿为定制，凡朝廷有大政事，大典礼，须布告臣民的称为诏书或诏令。由诏书派生出一系列词语：“诏策”，用诏书征询臣下建议因书写在简策（册）上，故称诏策。“诏条”，诏书的条款。“诏对”，奉诏答对。“诏狱”，奉诏拘禁罪犯入狱。“诏谕”，诏书晓谕臣民。“手诏”，皇帝手书诏令，又称诏记。

2. 谕旨

谕字本义为上告下的通称，如“面谕”、“谕示”。《周礼·春官·讶士》：“掌四方之狱讼，谕罪刑于邦国。”引申为理解、知道。唐白居易《买花》诗：“低头独长叹，此叹无人谕。”谕又有使人知道、理解之义。汉司马相如《谕巴蜀檄》：“故遣信使晓谕百姓以发卒。”（《史记·司马相如传》）。旨字有上级、尊长的意见、主张或命令之义，又特指帝王的诏谕。如《后汉书·曹褒传》：“今承旨而杀之，是逆天心，顺府意也。”此处旨是指上级的主张。《汉书·孔光传》：“数使录冤狱，行风俗，振赡流民，奉使称旨。”此处旨是指帝王的诏谕。故历代文献中奉旨、承旨、圣旨的多指帝王的诏谕。如用钧旨则是指长官的指示命令。

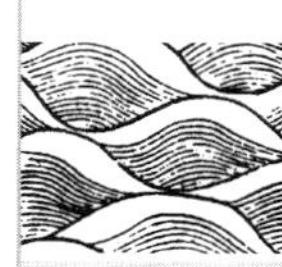

谕旨二字连用，是帝王对臣下的命令文告的通称；二字单独使用时，又各有特殊含义。清朝制度，凡是皇帝晓谕中外，京官侍郎以上，外官知府、总兵以上的任免、升降、调补的命令文告由军机处拟稿进呈，称作“谕”或“上谕”；而皇帝批答内外臣工的题本，（奏议区分为奏本、题本，可参见《清代奏议简释》。）如系例行公务，由内阁拟稿进呈称作“旨”。

二、几种特殊的命令文书

如前述，自汉以来帝王的命令文书区分为“策书”、“制书”、“诏书”、“戒书（即敕书”）。清朝也大体沿用此种分类。《光绪会典》卷二载：“凡纶音下达者，曰制、曰诏、曰诰、曰敕，皆拟其式而焉。凡大典宣示百寮则有制词。大政事，布告臣民，垂示彝宪，则有诏有诰。覃恩封赠五品以上官，及世袭罔替者，曰诰命。敕封外藩、覃恩封赠六品以下官，及世袭有袭次者，曰敕命。谕告外藩及外任官坐名敕、传敕，曰敕谕。”（转引自陈同茂《中国历代职官沿革史》，百花文艺出版社2005年1月版）。

1. 制，又称制书。《后汉书·光武帝本纪上》李贤注引《汉制度》：“制书者，帝制度之命，其文曰‘制告三公’皆玺封，尚书令印重封，露布州郡也。”后历代相沿，凡行大赏罚，授大官爵，改革旧政，赦免降虏，都用制书。清代又泛称皇帝书写的诗、文，如御制诗、御制文等。

2. 策书，即册书。册的本义是用于书写的竹木简编连成册。古代帝王祭祀天地神祇的文书称册书。授土封爵、任免三公，也都要用册书。历代皇帝以封爵授予属国君长、少数民族首领、异姓王、宗族、后妃等都要举行册封仪式，在受封者面前宣读授予爵号的册文，连同印玺授予受封人。清代赐予亲王及其世子、以及他们的福晋的册为金质，封郡王及福晋用银质饰金的册，妃嫔有册无宝，册上鉴有封爵册文。册有时作策，册书实际上是策书的一个类别。

至于策问、对策、策试等词语中的策字，其含义与上述策书之策含义略有不同，是指政见的征询、应对以及仕人选举考试，这些活动都要用策（册）来书写，故都冠以策字。

3. 敕（饬、勅、勑）书，又称诫书，用于告诫、诫饰臣下及部属的文书。古代官长告诫部属、长辈告诫子孙都可称敕。敕又通假为勑，有整饬、警诫之义，常见敕正、敕身、敕戒等词语。后来才成为专称帝王的诏命为敕书。在清代河防文献中这些用法都有。

敕命，原指天命或帝王的诏令。明清时赠六品以下官职的命令文书称敕命。参见《清会典·事例十六·中书科建制》

4. 诰命（诰封、诰赠、诰授），诰的本意是上告知下，有又告诫之义。《尚书》中有《康诰》、《酒诰》等篇，即此类文书。由诰的告知、告诫衍生出的文书诰命是诏书的一个类别。清代授予五品以上官员的命令诏书称诰命。其中授予官员本身者称诰授。如推恩及于其父母、祖父母、曾祖父母及妻，存世者称诰封，已亡故者则称诰赠。如《（嘉庆）永定河志》编纂人李逢亨，死后诰赠为“兵部侍郎兼都察院右副都御使、总督河南、山东河道、提督军务加三级”，其父李莲村诰赠为“荣禄大夫，崇祀乡贤于兴安府（今陕西安康市）”。诰命涉及官员本人称命身，涉及其妻称命妇。清代诰命封赠命妇也有品级和称谓，一、二品称夫人，三品称淑人、四品称恭人、五品称宜人、六品称安人、七品以下称孺人，不分正从。

三、诏令谕旨的草拟、发布、记录和存档

如前所述，“凡纶音下达者，曰制、曰诏、曰诰、曰敕，皆拟其式而进焉”，所谓纶音是指帝王诏谕的总称，语出《礼记·缁衣》：“王言如丝，其出如纶。”疏：“王言初出微细如丝，及其出行于外其大如纶也。”后来称帝王的诏谕为丝纶。清制内阁为掌丝纶之地。每天钦奉上谕，由六部承旨，凡应发抄者，皆送内阁。由内阁记载纶音，所载事项分为三册：一为丝纶簿（详录圣旨），二为上谕簿（特降谕旨），三为外记簿（内外臣工奏折奉旨允行或交部院议覆者）。这三类诏谕分别由内

阁、六部相关官员草拟。如御制文拟撰，包括制、诏、诰、敕、册文、祝文、封号由内阁汉票签房承担。经诰敕房审核后，缮写定本，用宝（玉玺）颁发。

雍正年间军机处成立后，诏谕草拟、颁发的权限部分转归军机处。如官员上奏的文书，凡请旨定夺的由军机处办理，例行公务的题本仍归内阁办理。遇有重要政务、密折奏闻、皇帝难以裁夺的，或由军机处密议，或交部院议覆后，或由军机处主稿，或由参与议覆的部院主稿，临时决定。在清代文献中常见“明发”和“廷寄”二词语，前者是指机密程度较低、或应公开露布的谕旨，可由内阁在邸报上公开发布，或由内阁抄出；后者是指重大军政要务、不宜公开的密旨，下发外官，采用“廷寄”。即由军机处办理，所发谕旨密封贴签，上写“承准大学士某某字寄，某某官开启。”交兵部捷报处限时（四百里、五百里、六百里加急）送达（四百里等指驿站马日行里程）。

京内官员的奏折经皇帝批阅（包括朱批、特旨、批覆）后应交在京各衙门知道或办理的，由军机处交内阁满票签处，再经满本房领出交红本处，每日由六科给事中（隶属都察院）来处领取，到科后抄发各衙门执行。故三部《永定河志》河防文献中常见“抄出到部”等语句。到年终，六科给事中缴回红本处，再经典籍厅入红本库（该库在皇史宬）存档。外官将军、督、抚的奏章及皇帝的朱批谕旨，均于年终按程序交内阁存档备案。后又建副本库，专贮藏题本。

清代奏议简释

为帮助普通读者阅读《永定河志》，现将有关奏议特别是清代奏议的相关知识简释如下：

一、奏、奏记和奏议

奏字的本意之一是："奉献"，包括进言、上书、呈进财务等。《尚书·舜典》："敷奏以言"（《尚书》，书海出版社2001年9月版）；司马迁《史记·廉颇蔺相如列传》："相如奉璧奏秦王"（《史记》中华书局1959年点校本）；《汉书·丙吉传》："数奏甘毳食物"（《汉书》中华书局1962年点校本）。

由奏有进言的含义引申为"奏记"。在汉朝一般朝官对三公、州郡的百姓或所属僚佐对主官呈进书面意见，叫做"奏记"。《后汉书·班彪传附子班固传》："时固始弱冠，奏记说（东平王刘）苍曰……"李贤注曰："奏，进也，记，书也。前《（汉）书》待诏郑朋奏记于萧望之，奏记自朋始。"《汉书·萧望之传》也记载"朋奏记望之"。奏记到魏晋南北朝仍沿用。如刘勰《文心雕龙》："公府奏记、郡将奏笺。"（《文心雕龙》清黄叔琳辑校本）。奏记、奏笺词义相同。

到了后代，奏记逐渐演变成一种文体，即臣属进呈给帝王的奏议（奏疏和奏章）的总称。包括：表、奏（书面、口头）、疏、议、上书、封事、弹章、对策、札子、条陈、条奏等。例如，李斯《谏逐客书》（《史记·李斯传》中华书局1959年点校本）、贾谊《治安策》（《贾谊集》上海人民出版社1976年排印本）、晁错《论贵粟疏》（《汉书·食货志》中华书局1962年点校本），诸葛亮《前出师表》（《诸葛亮集》中华书局1960年排印本）、李密《陈情表》（《昭明文选》中华书局1977年印本），都是古代奏章言事的名篇。

古代奏章呈递路程遥远，或需防泄密，对简牍奏章捆扎之处用胶泥封固，并加盖印章，谓之"泥封"，而用皂囊封缄的奏章称"封事"。清雍正朝设"密匣奏事"，因此泥封、密匣所封装的奏章都属于封事类（保密性强）的奏章。"弹章"是专指弹劾大臣的奏章。"对策"，又称"策问"，是应对皇帝征询臣下建议的奏章。如汉武帝时董仲舒的《天人三策》（见《汉书·董仲舒传》载）是其中的名篇。在历代文献中常见的"条陈"、"条奏"之类的奏章，例如在乾隆《永定河志》收录《元史

·河渠志三》载许有壬谏阻开金口河条奏，属于“逐条分晰”所言之事的奏章。而“札子”一语比较宽泛，进呈给皇帝议论朝政的奏章也可以称作“札子”，如苏轼《乞校正陆贽奏议进御札子》（见《宋学士文集》《四部丛刊》影印本），而下达所属官员的政令、指示也可以称作“札子”。这两种情形三部《永定河志》都有所见。

二、题本和奏本，通本和部本的区别

明清时期奏议有“题本”和“奏本”的区别。明制凡有军事、刑狱、钱粮、地方民务，大小公事的奏议，称“题本”，加盖官印；若属私事启请，如到任、升转、加级记录、代下属官员官谢恩赏等奏章，称“奏本”，而且不准用印。清朝也有“题本”、“奏本”之分，但不同时期侧重不同。清雍正三年（1725）开始重视题本，轻奏本。清初，府道及在京满汉官员的奏折可直接到宫门递交通政处，转内阁进呈御前。雍正十年，清廷因重要军政事务的奏折由内阁（设在故宫太和门外）传递，容易泄密，因而另外专设军机处（在隆宗门内）来处理机密军政要务。凡重要的题本由军机处转呈御前；而报送内阁转呈的题本多为例行公事，以及私事启请的奏本。到了清晚期光绪二十六年（1900）后，题本渐废而又转重奏本。

由题本一语还衍生出一系列奏议中习惯用的词语，如“具题”，具字有陈述、开列等意。具题是指缮写成正式的奏章文本；“题请”是“题本请旨”，或“题本请示”的省略语，“题参”，参又称参奏、参本，参有弹劾之意，其实施要经题本这道程序，故称题参。“保题”，即题本保奏。

在清朝，奏议还有通本和部本的区别。所谓“通本”是指凡各省的将军、督抚、提镇、学镇、顺天府尹，盛京五部（指清军人关后在盛京设户、礼、兵、刑、工五部留守衙门）等官员的奏议，须经过通政司转送内阁。而京官各部、院、府、寺衙门的奏章则称“部本”。一般通本到内阁以后因其无满文，须由汉本房翻译为满文，再转满本房校阅后与满汉文合璧的部本一并交汉票签处，由中书草拟票签，经侍读学士校对，送大学士审阅后，再交满、汉票签处缮写满、汉文正签，经内奏处进呈御览。皇帝批阅后，交批本处，由汉学士批汉字于正面，翰林满人中书批满字于背面，到此即成为可以下发执行的“红本”。随后由满本房领出，交红本处，再由六科给事中来处领取，回科后抄发各衙门执行。年终再由六科给事中收回交红本处，再转红本库分类（包括详细记录圣旨的为“丝纶簿”，特降谕旨为“上谕簿”，内外臣工奏议奉旨准行，及交部议覆者为“外记簿”）存档。以上是内阁处理奏议本章基本程序。

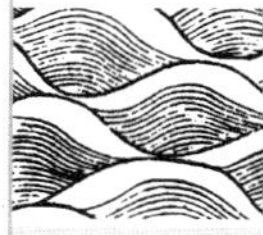

三、奏议的题目与奏章缮写的格式

奏议的题目由三个要素构成：即具题的年月日；具题人（包括官员个人；合词会奏的众官员；参与议奏的各部、九卿、大学士、总理王大臣等）；具题的事由。

其中具题人的资格有严格限定，并非任何一级官员都可具题奏章。我们查阅三部《永定河志》所收录的奏章，具题人绝大多数为四五品以上官员，很少有低品级官员具题。低品级官员陈述请求，报告事项，乃至感恩谢赏都要由高品级官员代奏。

具题人的称谓：自称臣，或臣等；他称该臣，该臣等；后者是转述他人奏章。二者不应混淆，若不加区分会造成不知何人所奏。

具题事由，在三部《永定河志》中所收录奏章简繁不一，其中长的多达数十近百字，其间夹杂着许多恭维皇帝的套语，短的只四个字，如“为奏闻事”，一般格式为“奏《为……事……》，书名号前的奏字可有可无，如有当与具题人连属。例如“雍正四年十月和硕贤亲王、大学士朱轼奏《为敬陈各工告竣情形等事》”。一般以书名号内的文字（事由）为奏章的正题，它提示奏章的主要内容。

缮写奏章有很严格的要求，包括使用折页式稿本，正楷誊写，每行字数都有规定。其中最重要的是，遇到书写皇帝尊号、谕旨、宸章、朱批等文字内容，该行抬升三格，比其他行高出三个字，甚至与皇帝沾边的字词如“国帑”、“陵糈”也要抬一格，皇帝名讳用字要避开，称“避讳”，如“玄烨（康熙帝名）”的“玄”改写为“元”。“弘历（乾隆帝名）”的“弘”写成“弘”（缺末笔）；而具题人名讳前的臣字，要小写，并且避让于右侧，以显示对皇帝的尊崇。如有违反被视为“大不敬”而招致惩处。

四、有关奏议行文的用语举要

清代奏议中常见奏议文本送达用语有：其一，“‘……’，等因，具奏前来。”‘……’引语后的文字表示本奏折因上述原因具奏（题），送达某部（院），对部（院）来说为“前来”；其二，“内阁抄出到部”，是指由内阁发出的抄件或部（院）主动到内阁抄录件；其三，皇帝点名下达，即谕旨、口谕、朱批所指示的“该部知道”、“著该部议奏”。上述三种情况都离不开内阁记录、备案、抄件送达到部院，或发还给原题奏人等程序环节。

清代奏议结尾也有较为固定的套语，例举如下：“……各缘由，理合谨先具折奏闻，伏乞皇上睿鉴训示。谨奏。”或“……另行奏闻，理合附片陈明，伏乞恩鉴。谨奏。”；“所有臣等遵旨核议缘由，理合恭折具奏。是否有当，伏候训示遵行。为此谨奏。”如果奏折附有地图及其说明、代奏附片、核销账册、清单、保荐人名单等，都要在结尾中例行声明。“谨奏”表示奏议正文终结。上述附件随奏折文本报送。

关于“奉旨：依议、钦此”、“奉朱批：……”，此类语句如果出现在奏议正文当中（一般紧随其后会有“钦遵在案”等语句），这是具题人援引以前皇帝的批语，当属奏议正文。如果出现在奏议正文两行之间，红字（朱批，也写作硃批）字迹较小，则属于皇帝阅览时的批示语。在谨奏后出现当然属于批示。需要说明的是：“奉旨”“奉朱批”等字样显然是内阁记录存档时添加的，并非都是皇帝亲笔。

最后，奏议的原件，议复原件都要在内阁备案存档，而其抄件发还奏议具题人、议复具题人分别存档。奏议的全过程至此完结。

五、议奏的常用语

议奏是清廷对奏议的审议。参与审议的人和部门，一般有直接主管的部院、九卿、内阁、军机处、大学士、总理王大臣等，以会议形式对奏议内容进行审核，评议、提出是否准行的意见，供皇帝做最后决断。其过程称“议奏”，其结论称“议复”。也要写成奏章呈送御览裁夺。议复的结论有以下几种情况：

“议准”，同意具题奏章的请求，如“应如所请”，“应如所议行”等。如果议准得到皇帝首肯，行文称作：“部复奏准”或“准部议复”。书于原奏末尾。

“议驳”，不同意具题奏折的请求，包括全部或部分驳回，称“议驳”。例如河工工程经费请旨报销，可能有部分经费“浮冒不实”，工部议复该浮冒部分“驳减”不准报销。其余部分“议准”。

“毋庸议”，即某项议题已有结论，或目前该问题不应列入审议范围，予以搁置，议复为“毋庸议”。有时还因具题奏章所提供审议的情况资料不全，要求补充全面，下次再审议。

因为参与议奏由多人或多个部门会议，议复的奏折需指定一人负责起草，该人称“主稿人”。一般由直接主管部门资深司官充当。

此外还有一种特殊处理奏议的方式，称作“留中”，即皇帝接到奏章既不直接批答，也不下交主管部院、内阁、军机处等议奏，留在御前，“以不处理为处理”，搁置此事。这是少见的处理方式。

清代水利工程术语简释

清代三部《永定河志》，行文中使用了当时通行的大量河工术语。现根据水利水电科学研究院水利史研究室所编《清代海河滦河洪涝档案史料》（中华书局1981年出版）一书附编的《清代档案中水利术语浅释》，结合三部志书，选编了部分术语词条。简释对一些词条文字有所增删或改动，有的词条予以合并，还酌情增添了少量书中常用的术语。

【汛期】河水季节性地盛涨称汛。永定河每年因为上游或本地降雨、融冰来水所引起的季节性涨水，其时期相对稳定一致。这些涨水时期称之为汛期。永定河每年的汛期分为凌汛、春汛、麦汛、伏汛和秋汛。

【汛长】即汛涨。指汛期的河水盛涨。

【汛水骤长】指汛期河水突然暴涨。

【异涨】指不常见的涨水，往往是多年不遇的河水盛涨。

【凌汛】指永定河在冬季或早春（通常在霜降后至次年清明前）时所发生的洪水。其主要原因和表现，一是因冰雪遇气温上升融化形成淌凌，冰块随水下流时，在河身浅窄处或闸坝前发生壅积，致使水位抬高，形成盛涨。一是因上游的下流冰块在下游遇到气温骤降，又被冻结，成为冰坝，堵塞流水，不能下泄，致使水位暴涨。当地把每年的河冰融化流动称之为“开河”。并有“开河不出冬，（冬至）至后七九中”的谚语，以及为开河举行祈祷仪式。永定河开河按流动水量及流速大小，被分为“文开河”和“武开河”。武开河常会导致凌灾。

【春汛】也叫桃汛，指清明前后桃花盛开的永定河春季涨水。

【麦汛】指夏季入伏前的涨水。永定河古名桑干河。前人（例如乾隆皇帝）曾误以为，桑干河名的由来，是因为桑椹成熟时，河水往往断流干涸一时。后来发现，许多年份，麦黄之时，也会出现夏水（叫麦黄水）涨发。这一汛期称为麦汛。

【伏汛】指夏季入伏后的涨水时期。这一时期，往往降雨较多较猛，使河水量骤增，形成涨水。

【秋汛】指立秋以后至霜降时期。这一时期，降雨较多较大，也会形成涨水。尤其是立秋后还有一个末伏时期，当降雨造成河水量过大时，便常形成秋季大汛。

【水志】又称制桩、立水。均指用于观测河流水位涨落的标尺，相当于现代的

"水尺"。现代一条河流的各个水尺的"零点"都是统一的，并且直接或间接地与海拔高程相联系。而旧水志的"零点"并不统一。即使是同一条河流，各个水尺的"零点"也是因地制宜，各不相关。旧式的水志、制桩、立水，仅仅测量该点位水面的相对涨落。嘉庆《永定河志》记载，在清代，永定河及上游干流沿途设有若干处水志，并据此建立了水情观测及传递、报告制度。

【签簿】观测河流水位涨落的纪录本。

【锨手】锨即锹。锨手即河工中的挖掘土方工人。

【土夫】即做土工的夫役。多指从事填土或供应运输土料的工人。

【山水陡发】永定河上游的桑干河发源于晋西北高原，中游流经北京西山，与平原河道的落差很大。昔日，当上游爆发山洪，倾泻直下，浪大流急，往往使下游平原地区发生洪涝灾害。陡发即从陡峭的高山上快速爆发激流。据史料记载，辽金以来，永定河多次因上游山水陡发成灾，祸及京师北京城和畿南州县。

【沥水】河水流域低洼地区因雨后蓄积难消的水称沥水，又叫沥涝。

【全河正溜】溜指水流，正溜指水的主流，全河正溜指永定河流水整体中的主流。永定河的平原河段河身宽阔，河中主流的水流速度一般大于两侧流速。

【溜走中泓】泓指深水。永定河主河槽一般较深。最深处多在主河槽的中部，叫中泓。河水主流顺着主河槽下流，称溜走中泓。溜走中泓在抗洪抢险中，是河防形势恢复正常的一种主要标志和用语。

【水势循轨】指河水顺着主河槽畅流。水势循轨在抗洪抢险中，是溜走中泓的表现方式。

【顺轨安流】指泛滥的河水经过抢护，顺着主河槽平稳流动，恢复正常。

【陡长平槽】指河水水面突然急剧上涨，迅速达到与河槽齐平的程度和形势。

【出槽】又叫出槽漫溢。清康熙三十七年（1698）兴筑堤防后，永定河在石景山以下为人造河道，河两岸所筑防堤分布在河滩地的外侧。如果河水大涨以后，溢出河槽，涌向河滩地漫流，逼近堤身，即叫出槽或出槽漫滩。

【水长平岸】河水在出槽、漫滩后继续上涨，达到岸堤堤身上半部，几乎与堤顶齐平，称为水长平岸。在非石堤河段，这是永定河洪水即将溃堤泛滥的危险标志。

【河溜顶冲】又叫顶冲大溜，指河水大涨时迎头直冲的汹涌主水溜。

【坐湾】河水运行过程中由于地势或堤埝的阻挡形成很大的弯曲河道，其影响水流的地势或堤埝所处地方称坐湾。

【兜湾】与坐湾相对的兜形河湾称兜湾。

【势坐兜湾，形同入袖】袖指滩地中的沟港、低洼处，在涨水灌入后不能回流，势坐兜湾，形同入袖，是说洪峰的冲击力造成较直的河段冲出兜湾，致使水流曲折，不易流出，好像入袖情形。

【扫湾】水流顺堤岸疾行，前遇兜湾阻拦，使水激成浪，冲刷堤岸，称为扫湾。永定河岸堤多沙土，扫湾往往造成溃堤。

【大溜上提】溜势改向上游称为上提，移向下游则称之为下坐或下挫。发生上提变化的原因，是永定河平原河道曲折，当大溜直射，崖岸坍塌处产生深湾，下游流水速度减缓，致使源源来水溜势汹涌，在深湾的上游直射堤岸。还有一种情况是，当深湾险处已被抢护，形成阻挡，迫使大溜迁移到上游，直冲堤岸。

【回溜】指水流在遇到堤坝等水工建筑物，或其他障碍物阻拦，或吸引后，发生向相反方向的回旋逆流。

【背溜】水流在转弯时，发生一侧水流的流向与主流相反，称为背溜。

【断溜】即水流断绝。永定河发生断溜的原因主要是：枯水季节，上游无来水；河水改道它流，废弃河道即断溜；河堤溃口（称为口门）被堵筑后，由溃口外流的水道也会断溜。

【顶阻不消】下流河水流入海、湖、淀或另一条河，在洪水涨发时，受海潮顶托，或由于湖、流入河河水面高涨的顶阻，使其无法顺利宣泄下注，即为顶阻不消。

【倒灌】支流汇入永定河或永定河汇入淀泊时，若遇永定河或湖泊水位高涨，顶阻上游来水，反而使正流河水或湖水发生倒流，进入支流或永定河逆而上溯。

【漫溢】即漫堤、漫顶、漫越、满溢。指河水盛涨，溢出河水槽，漫滩之后继续上涨，平漫过堤岸的顶部，但尚未冲开缺口。

【口门】抢险时指河堤被冲决的缺口被堵渐窄，尚未完全封堵的缺口仍然称之为口门。在水工建筑中也指在闸和滚水坝顶设置的过水通道。

【漫口】即河堤溃口、溢涨出水口的总称。永定河自兴筑堤防以来，河水流向受到人为约束。但在凌汛及洪水爆发时节，堤内河道不能容纳，水流漫过堤顶溢出，进而冲决成口。漫口有大有小。有时单处溃决，有的年份在上下游会发生多处漫口。

【决口】又叫冲决，也称溃口，即漫口的一种。是河堤被水冲开了的口子。决口是由于河堤堤身不能堵挡洪水，直接被冲开口子而发生。由于旧时永定河人工堤身多由泥土或草秸之类松散物料构成，往往不能抗拒溜水冲刷，发生决口及漫口。决口发生的原因是筑堤质量低劣，纯属责任事故，三部《永定河志》中，河工诸臣往往因此予以掩饰隐瞒，以逃避更严重的财政贪污及偷工减料的刑事责任追究，而多记作漫口，即所谓“人力难施”的不可抗力事件。它们所造成的共同后果是洪水冲垮堤防，夺路狂泻，在平原肆虐为祸，使永定河在历史成为一条洪水猛兽的害河。决口和漫口行洪，还往往使永定河发生全部或部分改道。

【漫漾】 指河流发生漫溢、漫口、决口之后，水流继续保持高水位，向高处侵淫，形成大水荡漾的状态。

【旁溢】 一是指河流上涨，河水不由原河床下泄，而是从旁侧的堤岸漫溢出去。另一义是指已溃口后，河水发生再次盛涨时，水流并不由该溃口下泄，而是选择了旁侧甚至对岸漫溢。

【掣溜】 又称夺溜，即夺河。当河流发生溃口后，主流迁移离开了正河河道，改行新口，或者改行人为开辟的引河或新的河道。

【漫水流注】 指发生漫口或决口后，流水离开原河道，通过漫口或决口向堤外的低洼处涌流，如注入一样。

【漫漶盈溢】 指漫口或决口发生后，水势仍然很大，到处漫流，发生由此产生的逐渐的大面积满溢。盈为多之意。

【冲坍】 由于洪水冲刷，致使堤坝或其他建筑物发生坍倒。

【冲塌】 由于洪水冲刷，致使堤坝或其他建筑物发生坍塌倒落。这比冲坍造成的后果更严重一些。

【漫坍】 由于大水漫涨的浸蚀，致使堤坝或其他建筑物发生逐渐坍倒。

【溜缓沙停】 永定河古又名浑河，汛期上游来水泥沙含量极大。出山到达平原河段，河道陡然展开并变平缓。流速降低，致使携带的泥沙沿途停滞沉积。亦指洪水过后，主水势逐渐趋平缓，下流的沙泥沉停。

【浮淤】 即淤滩边际和面表的漂浮物。指洪水过后，河滩地或滩地表面留下一层新的沉积物。有时，也把水流中悬浮的泥沙造成的淤滩称为浮淤。

【淀滩】 即有较多存水的淤滩。指河槽之外，河堤之内，由于长期淤淀所产生的较大水坑或小湖泊的滩地。

【淤垫】 溜缓沙缓导致河床或淀泊长期淤积，底部逐渐垫高，称为淤垫。历史上，永定河平原河段由于淤垫久之，河床抬升，成为为害成患的地上河。

【淤淀】 溜缓沙缓形成的结果，是产生大量的淤积水淀。北京湾小平原及北京城所在冲洪积扇，就是永定河淤淀为主所造成的。

【壅淤】 又称聚成横埂。指在洪水或风浪作用下，湖边河口的所挟沙砾很快停积，相壅形成一个坎埂。

【沙嘴】 又名沙吻或滩嘴。指河湾对岸的滩地突进湾侧，形成钝尖。

【旱滩】 指河道中久不过水的滩地。昔日，永定河的河床两侧或河心，都有旱滩产生。河心旱滩又称心滩或沙洲。

【堤】 除天然形成的沙土堤外，主要是永定河自古以来最主要使用的一类人造防护设施的总称。人工堤又称堤防，筑堤用以约束水流。它建于河道或引水渠的一侧或两侧，用以阻挡洪水外泄，保障堤外地区的安全。历史上，也有堤防建在特定地区，以资防护，免遭水害。也有用来引导水流，或拦蓄贮水。永定河岸堤大多用泥土修筑，有的地段用石料砌筑或镶筑。

【缕堤】 指距离河槽较近的堤防。它用来约束河流，稳定平水时期的河槽，并防御一般性的洪水。与缕堤相对应的是遥堤。相比遥堤，缕堤大多较为低矮。

【遥堤】 遥堤又叫遥埝，指修筑在缕堤的外侧，距离河槽较远的堤防。遥堤通常比缕堤高大宽厚，形成第二道堤防，用以防备较大的洪水来临时，缕堤被溢决后的漫水。因为遥堤与河道之间堤距较远，形成的容水面积较大，致使水势减缓，由此来提高防御能力。

【重堤】 包括遥堤和夹堤两种。夹堤是夹在缕堤和遥堤之间的又一道堤防，目的是在顶冲危急时，防备缕堤失事后的洪水浸袭。

【月堤】 又叫圈堤、圈堰或套堤。在单薄或险工处的大堤背后，圈筑一道半月形的堤，称为月堤。月堤两端与大堤相接，用以增强这一段大堤的防御能力。尤其是在决口堵塞后，有时仍发生水流渗漏。为防止漏洞加大溃堤，前功尽弃，有一种补救措施是，在堤外再建一道半月形的堤埝，将堵口处进行又一道的堵截圈闭。

【老堤】 指相对于新筑堤，修筑时间较早的旧堤。包括一些废堤。

【隔淀堤】 清代的永定河下游进入天津、河北的淀泊地区。为约束水流和防止流沙进入湖淀，在邻湖与河道之间兴筑隔堤，称为隔淀堤。为防止永定河水与它河发生袭夺，有时也在两河之间建筑隔河堤。

【堤坦】 又叫堤坡、坦坡。通常把大堤两面的斜坡都称之为堤坦。但在《永定河志》中，有时也单指临河面堤坡。因为临河面坡比背坡平坦宽大得多。

【钦堤】 特指历代皇帝准许动用官费兴筑的堤防。自清代康熙三十七年（1698）

兴筑新河堤防之后至清亡，永定河两岸堤防，包括从卢沟桥逐渐上延至石景山北金口，都属于钦堤。与钦堤相对的是民堤。民堤由民间出钱出力修建，并由民众自行防守。而钦堤由官府组织防守，并用官费维护修补。

【民修土埝】 属于民堤。它是民间自修自守的小土堤。自永定河修筑钦堤后，河道两侧的民修土埝均被取代。它仅存在于村边地旁。

【子埝】 又叫堤上小埝。它是正堤，堤身较低，为防御盛涨，提高堤防高度，而在堤顶上加筑的小土埝。子埝经常是在涨水将平堤顶时，为防止漫溢及漫口，临时在堤顶上紧急加筑。

【碎石埝】 用碎石堆砌成的堤埝。《永定河志》文中记载，石景山区的八角山长期大量开采碎石，用以堆砌堤埝。其后果是八角山几乎被逐渐削平而消失。

【后戗】 当大堤或坝因单薄不足以防渗御险时，在堤坝背水面加帮土或石，用来支撑加固，称为后戗或外戗。后戗常比大堤或坝为低。用土筑者称后土戗。其中，如果大堤系石筑，则称石堤背后土戗。

【填土加硪】 修堤等土工，在填新土时，每厚若干寸，需用夯硪等工具打实。并且要同样层层填土夯筑，直至完成。硪多为石质，形式多种。夯多为木质。

【层土层料】 指进行修筑河工时，使用一层土一层料相间来增筑，循环作业。永定河水工使用的料又名料物，指芦苇、秸杆、树枝等。

【柴工、草工、砖工】 以柴为主，杂以土石等修筑坝、埽等水工建筑，称柴工。同样，以草为主，并用木桩、土料修筑坝、埽等水工建筑，称为草工。草工所称的草有芦苇、秸杆、树枝等。使用砖来修筑堤、闸、坝，称为砖工。

【草闸】 用草工、秸秆、柳枝临时修筑的闸。

【坝】 又称作堰，是截河拦水的一类水工建筑物。根据用料及工用的不同，例如有灰坝、土坝、石坝、灰草坝等。旧时永定河工采用过多种坝型。

【灰坝】 即三合土坝。三合土一般为石灰 1 分、黄土 1 分、沙 1 分，筛细和匀，填筑时加适量水。也有用石灰、黄土、江米汁、白矾和匀后用于筑坝。另外，筑坝用石或用草土、柴土的，则称石坝、草坝、柴土坝。草坝多用在临时工程。

【竹络坝】 使用竹络修筑的坝体。络即笼，用毛竹篾编成。内装碎石，然后一个个挨次排彻成坝。

【柳囤坝】 使用柳干、柳枝条编成囤形，但上无盖，下无底，大小高低依需要决定，通常为各数尺。囤内装石，垒筑成坝。

【滚水坝】一种坝顶能够让水流过的溢水坝。当上游的来水在坝前涨过坝顶时，便可以从此泄流而过，或称为坝面过水。建在河中的滚水坝可以拦蓄部分河水，抬高水位至一定高程。建在堤段间的滚水坝，坝顶低于堤顶，以便分泄洪水，防止堤坝漫溢、溃口。

【减水坝】是滚水坝的一种，二者在《永定河志》文中有时不加区分。但减水坝仅建筑在堤段之间，功能单一，为保护堤防整体安全，防止及减轻其他险情。减水坝坝顶常有控制，例如平时堵塞，需要时再行开启。也有人只把与坝顶齐平的滚水坝称为减水坝。

【金门】在水工建筑中把闸及滚水坝顶设置的过水通道（即口门）称之为金门或金口。抢险堵筑缺口时，把剩下的，准备一举堵塞的最后那道口门，叫作龙口，也叫金门。

【龙骨】大体相当于人或动物的“脊梁骨”。在旧时河工中，常用来指在堤坝建筑结构当中相当脊骨的那个部分。如在闸或减水坝的过水面，使用石料或三合土、灰土等砌筑的坝脊。

【海漫】《永定河志》文中又作海墁。在河工中，当闸或减水坝向下游的水流较急，为防止冲蚀河床，而在与口门上下游相接的迎水面和出水面，于河床设置的防护构筑物，目的是加固河床。大多用石料或三合土砌筑。闸、坝相接处称为护坦或坦水。联结护坦的是海漫。这二者作用相似。但护坦修筑更坚固。当闸或减水坝水流过急，而在更远处河床上也进行的加固砌筑，过去也叫海墁。

【雁翅】减水坝、闸、涵洞等的河渠两岸所砌的翼墙，分别与河床过水的海漫、护坦左右边缘联接，有时两侧的翼墙长度还超出它们的外缘。其形状犹如展开的雁翅双翼，故得名雁翅。位于下游出水口门的两侧翼墙，因修筑得更长一些，有时另称为燕尾。这也是因其形似而得名。

【坦水簸箕】设计、建造闸和减水坝口门的上下游设施，其迎水面和出水面都构筑得外宽内窄，包括海漫、护坦，连同其旁的翼墙，形状颇像簸箕一样。其迎水面的叫迎水簸箕，石料砌的叫石簸箕，三合土夯筑的叫灰土簸箕，粘土或一般泥土夯筑的叫素土簸箕。

【束水坝】在非汛时期，位于平原上的永定河河宽水浅。为便于此时的浚泥船操作，或利于河槽刷沙，在有的河段筑束水坝。束水坝从两侧向河中筑坝，或垂直于河岸，或向下游修筑，来约束河水尽行正槽。两侧坝头相对，称对坝或对口坝。根据需要，可建若干对。

【挑水坝】这种水工坝一头接河岸，另一端伸入河中。其作用是改变溜向或位置，挑溜下行，以利于防护坝基和保护下游岸堤。也有用埽来挑溜的。

【顺埽坝】一种用埽来建筑成的坝。这种坝的一端筑在旧河岸上，另一端斜伸入河中。因其与旧河岸夹角不大，并且是顺水流方向斜伸入河，所以叫顺埽坝。

【东西两坝】永定河的下游河流大体呈东西向。堤岸决口处，其断堤的上游一端通常在口门西侧，下游一端在口门东侧。堵口时，大多从断堤的东西两端分别向口门进筑堵坝。习惯上，这两端的堵坝便分别称为东、西两坝。对河势发生曲折改向的，“东西两坝”的名称不变。

【大小坝】堵口埽工坝的最简单做法，是从决口的口门一侧开始起筑，然后节节进占，直到与对面联结。这种做法叫“独龙过江”。所筑坝叫单坝。通常，构筑单坝同时从口门两侧向中间来接筑，合龙在中间。为保证堵口合龙成功，在决口大坝内侧的下游一二百丈内，同此再筑一道较小的坝。这称为二坝。这对大、二坝合称大小坝。

【正边坝】堵口埽工筑坝时，决口大坝又称正坝。同时，在正坝内侧上游不远处，更做一坝，用以逼溜，称上边坝。正坝内侧下游有时也做一坝，称下边坝。堵口埽工坝，合东西、大小（大、二）、正边，最多时需做五道。因做大小二坝时，都无同时再做下边坝的。在施工中，最常用的是做正坝、上边坝两道。其次是再加上小坝，共三道。在《永定河志》文中，有时可见，因大坝与二坝相距不远，也把它们分称为正、边坝。有时还可见，在无二坝时，也把边坝叫成二坝。

【坝台】在《永定河志》文中，有时把短坝称为坝台。有时则在埽工堵口时，用埽来连接断处的，也叫坝台。还有一种情况是，捆卷埽个筑坝时，在堤的将要相接处，先筑一个土平台，或架一个木平台，以备卷埽之用，称埽台，也叫坝台。

【土柜】堵口的正坝与边坝之间用土夯填，称为土柜。如果正坝与上下边坝均夯填，行文中即出现二边柜的说法。

【楞木】使用柳、榆等树的枝条编成圆囤，内放石块，进行修筑时，为联结柳囤，往往还要使用楞木。加固囤用的楞木，断面是正方或长方形。

【四路桩】在河工中，把1排称之为1桩。四路桩指第4排的桩木。以此类推。

【险工】指已经发生险情，必须紧急进行抢修的堤防工段。永定河险工通常发生在堤岸被洪溜顶冲及冲刷，发生坍落，有决口危险时，必须依托堤岸来抢修。

【抢筑】当水利工程出现危急状况，必须紧急处理。永定河在平原是人工河，依赖堤坝等进行约束。一旦出险，都必须火急修筑。在永定河年度经费中有一项抢修银。

【蛰裂】指水工建筑物（如闸坝）或构筑物（如埽工）因水流冲击和沉陷而发生的坼裂。

【埽工】埽是永定河河工在抢险、护岸、堵口、筑坝时大量使用的构筑物，又叫埽个。它是把树枝、秫秸杆、苇草等较为柔性的材料，其中夹杂大量泥土或碎石，用桩、橛、绳缆等捆扎而成。《永定河志》文中，依所使用的材料、用途、位置、做法和形状的不同，把埽分为很多种类。埽工原义指使用埽的水利工程。但在公文的行文中，习惯上也把埽或埽个写作埽工。反过来，行文中，有时也把埽工，以及用埽来进行抢护的险工、地段简称为埽。

【埽由】指尺寸较小的埽个。也简称为由。

【正埽】指筑埽工坝中，所下的形成坝身主要部分的埽个。它是相对于边埽而言。另外，在堵口时，正坝的埽也叫正埽。

【边埽】指紧靠主要水工建筑物所构筑的埽工。如紧贴堤崖的埽个，以及在埽工坝两边起辅助作用，都可称为边埽。它是相对于正埽而言。边埽有时可能由若干层埽个构成。有的边埽埽身较窄。另外，在堵口时，边坝的埽也叫边埽。

【关门埽】在抢修埽工大坝堵口时，把金门东西的两占（占即埽）称为金门占或关门占，也叫关门埽。这是因为，在合龙时，上边坝的最后两面要对下两埽，来实现闭口。这好像关门一样。关门埽也简称门埽。又因为关门埽恰在大坝合龙占（堵塞金门的一占）之前，两边又必须压护左右金门占，所以又被称作门帘埽。

【单埽】又名龙门埽。指堵筑决口，或堵塞支河、建筑围埝等堤坝上最后留下的缺口合龙时，所下的最后一埽。

【走埽、跑埽】走埽，即埽工发生移动。埽工被水冲走，称为跑埽。

【埽厢沉蛰】埽厢沉蛰指埽工走动。这里的埽厢泛指所下的埽及所厢的料，可以解释为埽工。埽上加埽，或加料，称之为加厢，即加镶的异写。当埽料腐朽，或被水流冲刷移动，引起沉陷的，都叫沉蛰，或蛰陷、蛰动。

【签桩】有两义。一是指较短小的桩木。另一义是钉桩，这里将签作为动词“钉”用。钉桩作为埽工，施工的几个步骤是：1. 下埽，即把埽个或由沉放入水中；2. 厢柴，即在放下的埽上填铺薪柴。《永定河志》文中，此类的厢字多为镶的误写；

3. 压土，即当厢柴高出水面后，在上面铺以厚土并予压实，或重复压土，使其层层加高；4. 签桩，指埽工用较长的木桩从上埽签入到下埽，或者直接插入水底，用以稳定加固埽身。

【软厢】 埽工的一种施工方法。这种方法不是捆好埽个，搬运到施工处去沉放，而是在现场边做边沉放下埽。软厢最早可能仅使用在浅水处筑坝及抢险。从《永定河志》文中得知，清代中叶的永定河工中，软厢也用于堵口施工中的所谓进占，由此扩大其使用场合。软厢推广后，先捆大埽的做法被逐渐淘汰。

【软厢筑坝】 软厢筑坝又叫捆厢，是先在堤上钉橛，再在每一橛系一条绳。用绳的另一头系在船上，船停在下埽处的浅水上。然后在绳上铺卷秸料成埽个。船松绳外移，埽个即沉入水中。最后在埽的上面用软草薪柴夹土，镶压出水。以此用来截流、缓溜。

【硬埽软厢】 是硬厢埽和软厢埽两种手段的合称。硬厢埽工的做法是在厢工两侧各钉一排桩，用以联结加固。

【苇土软垫】 芦苇柔软但韧性较强，用在埽工时具有一定的御水作用。因此，在埽与所护堤间，或在两个平放埽之间的缝隙处，常用苇草夹土来进行镶垫。这称之为苇土软垫。

【厢垫】 在一层或几层埽上，用根梢颠倒的秸柴等散料夹土平垫，然后钉实，称为厢垫。

【抢厢】 是水工汛期抢筑险情的一种。指埽段发生沉蛰，进行紧急厢垫处理。

【暗串鼠穴】 堤身内部出现外面看不见的鼠穴通道，叫暗串鼠穴。暗串鼠穴会破坏堤身整体坚固，成为堤防隐患，甚至会造成溃堤的极大危害。

【两面受水浸激】 指堤埝内外都遭受水的浸泡。这种危险多发生在多雨、大水年份，堤内水势汪洋，而堤外沥涝又不能排泄。

【土牛】 在大堤顶上堆积的泥土堆。土牛平时作为储备，用于汛期抢险。

【买土】 指购买抢险用土。分为购买牌子土和购买现钱土。牌子土又叫包方号土。包方指包筑一段堤坝等，预先估计土方量，统一确定给价标准，而不进行零碎计价。号土是在工地上，对运到一车或一筐，发给一个签或牌，作为付价凭证。每日按签、牌数量来结算给价。相反，购买现钱土是当紧急抢险时，对运到现场的每一车或一筐土，都当场单独给付土价。

【减河】 即减水河。减河是在正河向外另开汊河，用来分泄洪水，以防止正河不能容纳洪水，而发生漫溢、溃口。永定河的减河进水口多建有泄水闸或滚水坝，以控制水量分泄。

【引河】在永定河水工中，凡进行裁湾取直、堵筑决口或改河等工程时，必须先在干涸的河槽内或在平地上，用人工开挖一条引水通路，由此引导主流改循此道。这种人工引水道称为引河。

【挑水护崖】在《永定河志》文中“崖”写作“厓”。指堤岸。通过埽或挑水坝来把溜挑开，以防止冲刷堤岸，称为挑水护崖。

【骑马】指一种用于埽工的十字架固件。用两根方约两寸，长四五尺的木桩钉成十字架，再用绳缆的一头系在十字木架中间，又立于埽工的迎水面或下水面。将绳缆的另一头系住堤顶的木橛。每镶料一二层（称为一坯、二坯），便安放一排，用来稳定埽身。这种十字木架便叫骑马。骑马的形制及用法各有不同，种类很多。

【大坝盘头金门】堵口埽工大坝的坝头盘有裹头，中留金门。盘头就是盘裹坝（断）头。盘裹头的做法是，在埽工的上水迎溜下斜横的埽个，包裹埽头。盘裹头其实就是金门占。这种盘筑法所筑质量，远比各占所筑坚实。

【合龙】指堵筑决口，或堵塞支河、建筑围埝等堤坝上最后留下的缺口，即俗称的龙口，使用埽占或其他物料截断龙口的水流。

【大坝兜子】就是堵塞大坝金门的兜子。堵口合龙时，合龙缆（又名合龙绠）以及上盖之龙兜（又名龙衣），组成承接所加埽料的兜子。

【挂缆合龙】在抢修堵口工程到将合龙时，要进行挂缆。即在金门两侧占上对头钉桩橛后，上挂绳缆称合龙缆，多至百余条。缆上盖以绳网，称为龙衣或龙兜。在网兜上加料进行厢（镶）埽，压土。逐渐松缆到底，直至最后堵合。挂缆合龙，就是指自挂缆到堵闭的这一系列工序。

【闭气断流】堵口合龙后，有时原缺口处还会渗漏乃至细流不断。这时一般还会再采用加筑埽工或月堤等，并填土阻塞。对较小的渗流，可用粘土等防渗材料来填筑后戗。这类办法称之为闭气。如果闭气成功，堤内河水不再渗流，即称为断流。

【跌塘、养水盆】在决口的口门外，因大溜迅急，时常冲刷出深塘。这称为跌塘。在堵口合龙后，对于这种跌塘的处理，有一种措施是筑堤来圈围，称为养水盆。养水盆的功用还在于，大坝堵口处发生渗漏细流，使盆内水位升高，便可以平衡大坝临河一侧的水压力。在适当时机对养水盆进行填筑，即可对大坝断流闭气。

【裁湾取直】即裁弯取直。依河流在平地上流动规律，会自然形成河道弯曲，称为河湾。不受约束的河湾，其发展是弯曲度越来越大，变成两弯相近的湾颈。湾颈的存在会阻碍河水流动，降低流速，极大地危害河道畅通。为畅通河道，可在上下湾颈之间人工挖通两端，取消弯段，开辟出新的径直河道。这称为裁湾取直，是永定河治理中使用的一种手段。有时，上下湾颈随弯曲的增大，其间越来越狭，会使两端自然联通。尤其是有时洪水会冲决湾颈，使上下两端自然联通。从而使弯段自然淤废，被新河道取代。这称为河道的自然裁湾取直。在北京的平原大地上，永定河古旧废道因自然裁湾取直，遗留了大量淤废的弯段。

【抽槽】在未放水的引河中，或在干涸的河槽内挖一条或数条尺寸较小的引沟，用以引导水流，这称为抽槽。

【放淤】利用永定河水泥沙含量大的特性，有计划地开挖淤沟，引导河水穿过堤岸，在预定地区减缓流速或停流，沉降泥沙，淤积于低洼或盐碱荒滩，来产生可供农业及居住的优良土地。这称为放淤。放淤还可用于填高堤后地区，加固堤防。。

【迎溜上唇】流水引河的引水河头，以及口门上游引溜处的滩唇，称为迎溜上唇，简称上唇。

【切滩】用人工挖去河道旁的部分滩地，以利抗洪或引溜导水。这称为切滩。

【淤沟】自正河中穿堤引浊水放淤的挖沟，以及所挖引出淤后清水的排放沟，均称为淤沟。

【汕口】河沟之口因冲刷而扩大，称为汕口。淤沟之口因汕坍而扩大，称为汕坍淤口。

【垡船】这是永定河工中所使用过的一种特制捞淤浚船，用作挖泥疏浚。原名清河龙式浚船。

【水利工程尺度】清代永定河水利工程所使用的尺度单位，包括长度、宽度、高度、深度。所用的寸、尺、丈、里等单位，均为清代营造尺度。所折合的今制公制米（公尺）、市尺、里分别是：

1 营造寸 = 公制 0.032 米 = 市制 0.96 市寸

1 营造尺 = 公制 0.32 米 = 市制 0.96 市尺

1 营造丈 = 公制 3.2 米 = 市制 9.6 市尺

1 营造里 = 公制 0.576 公里 = 市制 1.152 市里

永定河流经清代州县沿革简表

(一)山西省

序号	今　名	古　名	沿　革	备　注
1	宁武县	楼烦国、楼烦县、石城县、敷城县、静乐县、宁化军、宁化州、宁武营、宁武府、宁武县	春秋战国楼烦国地*汉置楼烦县属雁门郡,东汉及魏晋因之。北魏属肆州秀容郡石城县和敷城县地。隋楼烦郡静乐县地。唐属岗州静乐县。北宋至宁化军。元升为宁化州。明设宁武关、宁武营。清设宁武府,改宁武营为宁武县。民国初废府留县。现为忻州市辖县。境内西部管涔山分水岭为桑干河上游恢河发源地。	*楼烦国为北狄游牧民族,春秋战国时在内蒙南部及山西北部与赵国为邻。战国赵武灵王攻占其地。秦末楼烦国服属匈奴。
2 3	朔州市区含:朔城区、平鲁区	马邑县、朔州、新城县、代郡、马邑郡、招远县、鄯阳县、朔县。中陵县、平鲁卫、平鲁县	秦置马邑县*,治今朔州市地。北齐置朔州,治所新城县,在今朔州市西南。隋置代郡,旋改马邑郡,治所鄯阳。唐复名朔州,治所招远,后改名鄯阳*治今朔州市。明以州治鄯阳为朔州。清朔州不辖县。民国初改为朔县。1985年朔县与平鲁县合并为朔州市,改称朔城区和平鲁区。恢河流经朔州市朔城区南部。 平鲁地汉置中陵县地,东汉后废。明置平鲁卫。清改为平鲁县。1985年改市后称平鲁区。桑干河河源*之一源子河(又称元子河)流经朔州市平鲁区东境,入朔城区,与恢河汇流,以下称桑干河(曾称浴水、治水、灅水、湿水等名)。	*马邑县故治在朔城东西四十里,清嘉庆元年(1796)废为乡。 *北齐置朔州辖招远县。隋之善阳、唐之鄯阳,实为北齐之招远。 *桑干河河源之一的古灅水(又称治水)发源于洪涛山(又称累头山),在朔城区东北马邑乡北十里。《水经注》以此为桑干河正源。

序号	今　名	古　名	沿　革	备　注
4	山阴县	汪陶县、桑干郡及桑干县、河阴县、忠州、山阴县、广武县	汉置汪陶县,治所在今山阴县东。辽置河阴县,治所在今山阴县西南。金改称山阴县,升为忠州。元、明、清山阴县治在今山阴县古城镇(一称山阴城,在桑干河南)。今县治在岱岳镇(桑干河北)。又,山阴县东有北魏置桑干郡和桑干县*。境内有广武城为汉置县地。现为朔州市辖县。桑干河、黄水河流贯县境中部。	*按《魏书·地形志》有载。此处据《水经注》及谭其骧《中国历史地图集》四。另有桑干县,见本表(三)河北省蔚县条。
5	应　县	剧阳县、金城县、应州、繁畤县	汉置剧阳县,晋省,故城在今应县东北。唐置金城县,并置为应州治所,即今应县治所金城镇。五代后唐仍旧。明省金城县入应州。民国初改应州为应县。现为朔州市辖县。桑干河、黄水河、浑源河(浑河)流经县境。	县城东有古繁畤城遗址,北魏置繁畤县地。
6	代　县	雁门郡、楼烦乡、阴馆县、代州、雁门县、代县*	战国赵国雁门郡地,秦仍置雁门郡。汉属楼烦乡地,后设阴馆县。东汉自善无县(今右玉县南)移雁门郡,未治,后废。北周移肆州未治,隋改为代州,治雁门县,后又改雁门郡。唐改为代州、又称雁门郡。宋改称代州雁门郡,金称代州。元雁门县省入代州。明废州为县,后又复为州。清仍为代州。民国改为代县至今。县境西北有雁门关,两山夹峙,形势险要。自古为戍守重地,故以雁门名郡县。现为忻州市辖县。 桑干河支流雁门关水发源于县西北境。	*以代名郡、县或国者另有:1.河北蔚县境有战国末代国,后为汉诸侯国,遗址代王城仍存;2.北魏初建代国在内蒙南部及山西北部;后改为魏国,都平城。后置代郡,后废,故城在今大同县东。

续表

序号	今　名	古　名	沿　革	备　注
7	繁峙县	繁畤县、葰人县、繁畤郡、坚州、繁畤县、繁峙县	西汉置繁畤县，东汉末废。晋复置，故址在今浑源县西南。西汉置葰人县。又，北魏置繁畤郡及繁畤县，故址在今应东古繁畤城遗址。北周废繁畤郡县。隋复置繁畤县，故址在今繁峙县东六十里，后移治武周城。唐移置今繁峙县治。金升为坚州。明复为县，畤讹为峙，属代州辖地。现为忻州市辖县。	北部山地有桑干河支流发源。
8	怀仁县	怀仁县、大同县、大仁县	辽置怀仁县，故城在今怀仁县西。金置怀仁县，移治今怀仁县治。明、清隶属大同府。清顺治六年(1649)移大同县，治于怀仁县之西安堡，怀仁县部分地区隶大同县。1954 年与大同县合并为大仁县。1958 年撤销并入大同市。1964 年复置怀仁县。县治云中镇。现为朔州市辖县。	桑干河斜贯县境。
9 10 11 12	大同市城区 新荣区 南郊区 大同县	平城县、恒州、代郡、云州、大同团练使、大同节度使、云中县、大同府、云中府。平城县、云中县、大同县、大仁县	秦置平城县，(故址在今大同市城区北)。北魏置恒州、代郡，皆以平城为治所，并曾建都于此。唐置云州，大同团练使、大同节度使，皆以云中县为治。辽建西京，升为大同府。宋称云中府，后入金，置为西京大同府，清因之。民国废大同府留县。1949 年由大同县析置大同市，建城区、新荣区、南郊区。 辽分大同府置大同县，(故址在今大同市城区北)。明清时为大同府治所。清顺治六年(1649)大同县移治怀仁县西安堡，怀仁县部分地区属焉。1954 年大同县与怀仁县合并为大仁县，1958 年撤销并入大同市。1964 年复置大同县，县治在西坪镇。现为大同市辖县。	桑干河支流如浑河(下游玉河，今御河)、十里河＊流经大同市原府县境。 ＊十里河一名武州塞水，见左云县条。 桑干河支流御河流经大同市新荣区、大同市城区东部、南郊区东部和大同县西南部。

序号	今名	古名	沿革	备注
13	浑源县	崞县、繁畤县、云中县、浑源县、浑源州	汉置崞县(故址在今浑源县西,浑源河北),汉末废。汉置繁畤县(故址在今浑源县西南、浑源河南),汉末废。两县均属汉并州雁门郡。唐属云中县地,后分置浑源县。金于浑源县置浑源州,元省县入州。明、清时浑源州隶属大同府。民国改州为县。县治永安镇。现为大同市辖县。	北岳恒山在浑源县南。桑干河支流浑源河发源于恒山东南麓,西流至应县与桑干河相会。
14	左云县	武州县、云川县、云川卫、镇朔卫、大同左卫、左云川卫、左云卫、左云县	西汉置武州县(故城在今左云县北古城,一说在左云县南),属雁门郡。晋省。北魏复置,属代郡,隋省。金置为云川县,元废入大同府。明置镇朔卫,后改设为大同左卫,后又移云川卫并入,改称左云川卫。清初改为左云卫,又升为左云县。县治云兴镇。现为大同市辖县。 桑干河河源之一源子河(又称元子河)发源于县南境,东南流,又东流入朔州市平鲁区境。	桑干河支流十里河(又称武州塞水)发源于县西南,一说另有一源发源于内蒙古自治区和林格尔县菱角海;北流又东北流,入大同府境。
15	阳高县	高柳县、长清县、白登县、阳和卫、阳高卫、阳高县	汉置高柳县,在今阳高县西北,属代郡。汉末为代郡治,寻省。北齐废。辽置长清县。金改为白登县。明置为阳和卫,清初改称阳高卫,后升阳高县,属大同府。现为大同市辖县。	桑干河支流南洋河、白登河流经境内。
16	天镇县	阳原县、天成军、天成县、天成卫、镇虏卫、天镇卫、天镇县	汉置阳原县。唐置天成军。辽置天成县,金改为天城县。元省。明置天成卫和镇虏卫*。清合为天镇卫,后改卫为县,属山西大同府。今县治城关镇。为大同市辖县。 西洋河、南洋河流经县境。	*《大清一统志》:天成、镇远二卫,清合为天镇卫。《明史·地理志》与天成卫同治者为镇虏卫。

序号	今　名	古　名	沿　革	备　注
17	广灵县	平舒县、兴唐县、广灵县、狋氏县、广灵县	汉置平舒县＊，故城在今广灵县西。唐为兴唐县。五代后唐置为广灵县。金改称广灵县，（一说辽置广灵县，误，据谭其骧《中国历史地图集》，辽仍为广灵县，今从其说。）元仍为广灵县。明清因之，属大同府。又，汉置狋氏县，在今广灵县西，属代郡，晋省。今广灵县治壶泉镇，为大同市辖县。 桑干河支流壶流河发源于县西，东流入河北省蔚县境。	＊汉置平舒县有二，此为西平舒；东平舒县在今天津市静海县。另有一说汉置狋氏县在河北阳原县东南。

（二）内蒙古自治区

序号	今　名	古　名	沿　革	备　注
18	丰镇市	雁门郡、马邑郡、云州、大同府、大同路、兴和路、丰川卫、镇宁所、丰镇厅、丰镇县、正红旗察哈尔	汉雁门郡，东汉末年为鲜卑所据。隋属马邑郡，唐属云州，辽、金属大同府，元为大同路、兴和路地，明属大同府，为阳和、天成卫的边境。清康熙十四年（1675）迁察哈尔正红旗蒙古部众驻此。雍正十二年（1734）置奉川卫、镇宁所。乾隆十五年（1750）改设丰镇厅，代郡地。1912年改置为丰镇县。1990年改设为丰镇市，现为乌兰察布市辖县级市。丰镇县北部地区原为正红旗察哈尔牧地＊。	＊清康熙十四年（1675年）置察哈尔八旗，其中正红旗察哈尔部分牧地在今丰镇市北部。桑干河支流如浑河发源于丰镇市北部，南流入山西大同市境，称玉河（今名御河）。

序号	今　名	古　名	沿　革	备　注
19	太仆寺旗	太仆寺左翼旗牧场;太仆寺右翼牧群、太仆寺左右两旗、太仆寺联合旗	清初置太仆寺左翼牧群(一称牧场),太仆寺右翼牧群,后改为太仆寺左右两旗。1950年太仆寺左旗,与明安太仆寺右旗合并为太仆寺联合旗,1956年又将宝昌旗(今宝昌镇)大部分并入,改称太仆寺旗。现属西林格勒盟。	西洋河(古延乡水)源于原太仆寺右翼牧场。
20 21	察哈尔右翼前旗、察哈尔右翼后旗	正黄旗察哈尔、四子王旗	正黄旗察哈尔*为清康熙十四年(1675)置察哈尔八旗之一。现分属于察哈尔右翼前旗,察哈尔后翼右旗,在今乌兰察布盟东部。察哈尔右翼前中后三旗是1954年由正黄旗察哈尔、四子王旗及其它县地合并,分置三旗。现为乌兰察布市(盟)辖县级旗。	*察哈尔一语是蒙古语“边”的译音。东洋河(古于延水)发源于正黄旗察哈尔东部兆哈岭。
22	兴和县	兴和路、兴和厅	元为兴和路辖地。明废。清置兴和厅。1912年改为兴和县至今。现为乌兰察布市辖县。	洋河的三源东洋河、西洋河、南洋河皆出此县境。

(三)河北省(上)

序号	今　名	古　名	沿　革	备　注
23	阳原县	阳原县、永宁县、弘州、襄阴县、西宁县	西汉阳原县地,故城在今天镇县南*,东汉省。辽置永宁县,兼为弘州治。金改县为襄阴县。元省县入弘州。明初废州,筑城名为顺圣西城,清改置西宁县。民国初改为阳原县。今县治西城镇。现为张家口市辖县。桑干河流经县中部。	*又有阳原故城在今阳原县南十里说。阳原县境还有汉置狋氏、道人二县在阳原县东南。

续表

序号	今　名	古　名	沿　革	备　注
24	怀安县	夷舆县、怀安县、怀安卫。	汉夷舆县地＊。唐置怀安县，在今怀安县南。明废县置怀安卫，移治今治柴沟堡镇。清改置怀安县。现为张家口市辖县。东洋河、西洋河、南洋河在柴沟堡东先后相会，后称洋河。	＊怀安县境还有马城县，汉置晋废。
25	万全县	宁县、广宁、大宁、文德县、宣平县、万全右卫、万全县	汉属宁县地＊。唐文德县地。元宣平县地。明置德胜堡，移万全左卫于此，与万全左卫（在今怀安县东北今左卫镇）同为万全都指挥使司辖地。清初废卫置万全县。民国初移治张家口下堡。今县治在孔家庄镇。现为张家口市辖县。 洋河为万全县与怀安县界河。	＊故城在宣化县西北（张家口西）。晋置广宁郡，北魏因之，又名大宁郡。
26 27	宣化县 宣化区	广宁县、文德县、宣德县、宣德府、宣府左、右、前卫，宣化府、县	汉置广宁县，故城在宣化县西北（张家口），晋省。唐置文德县，金改称宣德县，并为宣德府治。元为宣德府治。明废宣德府，改置宣府左右前三卫、清改三卫为宣化府，置宣化县为府治＊。1949—1955 年由宣化县析置宣化市，后并入张家口市，为张家口市辖区。1960—1963 年复设为市，后又撤并，入张家口市辖区和辖县，至今。 桑干河、洋河流经县境。	＊宣化府、宣化县同城而治。又，宣化县东六十里有汉且居县故城，宣化县南鸡鸣山西十里有汉置茹县故城，二县东汉皆省。
28	张北县	张北县	明筑张家口堡，清置张家口厅，张北县 1913 年置县。现为张家口市辖县。	支流黑城川水（即今清水河）源于县境

序号	今　名	古　名	沿　革	备　注
29 30	张家口市桥东区、桥西区	张家口堡、张家口厅、万全县	明筑张家口堡,清置张家口厅,民国为万全县治。1928—1952年间为察哈尔省会。1939年设张家口市。1955年宣化市并入。现为张家口市城区。	支流黑城川水流经张家口市内东西两区之间,南入洋河。
31	蔚县	代国、当城县、雊瞀县、桑干县、灵丘县、安边县、兴唐县、灵仙县、蔚州、蔚州卫	战国代国地,今蔚县城东有代王城,为古代国旧址。当城县汉置,在今蔚县,晋以后废。雊瞀县,汉置晋废,在蔚县东。代王城北九十里为桑干县地,汉置,代郡治所,后郡治移至高柳,县属。隋灵丘县地。唐开元中分置安边县,天宝初自灵丘移蔚州来治,改安边县为兴唐县。五代后改县名为灵仙。明以州治,灵仙省入蔚州,并增置蔚州卫。清初蔚州卫改为县,后裁县留州。民国初改为蔚县。今县治在蔚州镇。现为张家口市辖县。	又,古蔚州有三:北魏置,治所在山西平遥;北周至唐,蔚州在山西灵丘;唐天宝后移蔚州至今蔚县。桑干河支流壶流河斜贯县中部。
32	涿鹿县	涿鹿县、下洛县、潘县、平原郡、永兴县、奉圣州、德兴府、德兴县、永兴县、保安州、保安县	汉在涿鹿县境置涿鹿(今涿鹿)县、下落县(今涿鹿西)、潘县(今涿鹿西南之保岱)。北魏置"侨郡"平原郡于涿鹿县东南。(异地重建同名郡,称侨郡)。唐置永兴县,为新州治所。辽改称奉圣州。金改为德兴府、德兴县。元又降为奉圣州,德兴县改称永兴县。旋改为保安州,保安县。明保安州、县俱废。后又复置保安州。清属宣化府。民国初改为保安县,后改为涿鹿县。今县治为涿鹿镇。现为张家口市辖县。	《史记·五帝本记》:"黄帝邑于涿鹿之阿"。今涿鹿县城东四十里有土城遗址,内有黄帝庙。明《涿鹿志》谓之轩辕城。桑干河流经县北境。洋河流经县东北与怀来县为界。

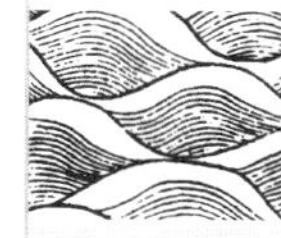

序号	今　名	古　名	沿　革	备　注
33	怀来县	沮阳县、泉上县、怀戎县、怀来县、妫川县、怀来卫	汉置沮阳县，北魏省，治地在今怀南县官厅水库南。泉上县，汉置，在怀来县地。北齐怀戎县地，故址在涿鹿县西南七十里，唐移治旧怀来县治，在今怀来县官厅水库地。辽改称怀来县，金改称妫川县，元复称怀来县。明改置怀来卫，清复置怀来县。现为张家口市辖县。	桑干河会洋河后与妫河在怀来东部相会，现没于官厅水库。以下进入北京市，称永定河。
34	尚义县	商都县、尚义设治局	1934 年由商都县析，置尚义设治局。1936 年改设为尚义县。现为张家口市辖县。	处洋河上游
35	崇礼县	张家口堡、张家口厅、崇礼设治局	明清为张家口堡、张家口厅地，1913 年置张北县，1934 年由张北县析，置崇礼设治局。1936 年改设为崇礼县。现为张家口市辖县。	洋河支流清水河源于县境。

（四）北京市

序号	今　名	古　名	沿　革	备　注
36	延庆县	居庸县、夷舆县、妫川县、缙山县、龙庆州、延庆州	汉置居庸县，故城在今延庆县东，北齐废。夷舆县西汉置，后汉省，故址在延庆东北。唐置妫川县，唐末改称缙山县。元升为龙庆州。明初仍为龙庆州；后改称延庆州。清因之，隶属于宣化府。民国初改为延庆县，属河北省。1958 年划归北京市。	境内妫河发源于县东北，西流入怀来县境，与桑干河相会，下游没入官厅水库。

续表

序号	今　名	古　名	沿　革	备　注
37	门头沟区	古幽州、上谷郡、渔阳郡、广阳郡、广阳国、蓟县、沮阳县、怀戎县、广平县、广宁县、幽都县、矾山县、玉河县、宛平县	西周前古幽州地。春秋、战国属燕国上谷郡、渔阳郡。秦大部属上谷郡。西汉属广阳郡、国，东汉广阳国一度并入上谷郡，后复置广阳郡，区东部广阳郡蓟县，西部属上谷郡沮阳县。北齐西部属怀戎，东部仍属蓟县。唐天宝年间析蓟县置广平县，区大部分属广平县，部分仍属怀戎县。唐建中年间析蓟县地置幽都县，区东部属幽都县，西部仍属怀戎县。唐末刘仁恭控制幽州地区，改广平县为玉河县，区西部沿河城地区仍属矾山县，历五代、辽、金各朝。金天眷元年(1138)废玉河县并入宛平县，历元、明、清、民国。抗战时期，中国共产党领导下建立以斋堂为中心的抗日民主政权，先后设宛平县、昌宛县、昌宛房联合县，1944 年改为宛平县。新中国成立前后，门头沟地区大部分属河北省宛平县，门头沟镇等东部地区属北京(平)市。1952 年撤宛平县，并入北京市，组建京西矿区，1958 年改为门头沟区至今。	桑干河出河北省怀来县境入门头沟区境，在西山峡谷穿行至卧龙岗出区。新中国成立后，称官厅以下为永定河［原自清康熙三十七年(1698)起，丰台区(原称宛平县)卢沟桥以下称永定河，以上称浑河。］现称全河为永定河，官厅水库以上称上游，仍用原河名，官厅水库至三家店为永定河中游，三家店以下，进平原地区达海，为永河下游。
38	石景山区	蓟县、幽都、广平县、玉河县、宛平县	原为宛平县地，沿革同门头沟区东部。1950 年为北京市第十五区。1952 年改为石景山区。永定河在石景山区麻峪分为两股，折向东南或南流，后又合汇南流，入丰台区境。为石景山区与门头沟区东部界河。 在元、明、清文献中，石景山往往称作石径山、石迳山、湿经山或孟门山等，石景山。金元开金河口，置闸门于山之北麓。	※魏晋时北京最早的大型水利工程戾陵堰、车厢渠在石景山境内之梁山区，一说即今老山。尚无定论。

序号	今　名	古　名	沿　革	备　注
39	丰台区	幽都县、宛平县	唐代析蓟县地置幽都县。辽代改幽都县为宛平县。历金、元、明、清、民国，一直为宛平县地。1950 年为北京市第十二区。1952 年改为丰台区。卢沟桥、宛平城在区境内。丰台一说为金拜郊台。 永定河穿境而过。	清康熙三十七年(1698)自丰台区(原称宛平县)卢沟桥以下称永定河。
40	大兴区	蓟国、燕都、蓟县、广阳郡、广阳国、蓟北县、幽都府、析津府、大兴府、大兴县	周初蓟国地，在今北京城西南。春秋时为燕国都。秦置为县，属广阳郡。汉属广阳郡或国。辽初改为蓟北县，与幽都县同为幽都府治。后幽都府改为析津府。金贞元元年(1153)改析津府为大兴府，蓟北县为大兴县，与宛平县同为大兴府治。金定大兴府为中都，大兴与宛平同为附郭县、大兴管辖中都东部、宛平管辖中都西部。元至元二十一年(1284)改为大都路，大兴、宛平仍同为附郭县，并以丽正门(即今正阳门)为界，大兴管大都东部，宛平管大都西部。明、清为顺天府治，一府两县同城而治仍旧不变。1928 年大兴县划归河北省。1958 年划归北京市，2001 年改设大兴区。	清朝时期宛平县南部连接涿州与固安一带。宛平县撤销后，大兴县以永定河与涿州、固安县为界。 元、明、清浑河(今永定河)多次于境内泛滥、改道，永定河水系的凉水河、凤河也流经大兴县。

序号	今名	古名	沿革	备注
41	房山区	燕中都、良乡县、燕郡、蓟县、涿郡、固节县、万宁县、广阳县、奉先县、房山县	春秋属燕国中都。汉置良乡县属涿郡。北魏属燕郡。北齐省,并入蓟县,后又复置良乡县。隋属涿郡,唐一度改称固节县,又复称良乡县,治地在圣水河(即今大石河)东岸。后唐时移治阎沟(盐沟)东南,旧城遂废。金在旧城以西,今城关置万宁县,后更名为奉先县。元改称房山县。又,在良乡县东部有汉置广阳县,属广阳国,习称小广阳,唐时并入良乡县,故址在盐沟以东的广阳河畔,今有南、北广阳村即是。房山、良乡两县自元、明、清至民国同时并存。明清属顺天府,民国属河北省。1958年划归北京市。房山县改为周口店区,良乡县撤销,并入周口店区,1960年周口店区改为房山县,1986 年改为房山区。	清康熙三十七年(1698)赐名永定河,一说起自良乡县之张各庄。 永定河流经原良乡县东南,金门闸就在该处。圣水河、盐沟广阳河原为琉璃河上源和支流,属拒马河水系,清时永定河改道夺琉璃河河道东流,琉璃河及其支流成为永定河支流。
42	通州区	潞县、通州、通县、漷州、漷县	汉置潞县,属渔阳郡。金置通州,治所即潞县,辖地相当今通州区、三河县地。明又扩大至今天津市武清区、宝坻县地。清时通州不辖县。民国初改通州为通县,辖地缩小为今通州区。又通州东部有古漷县,原属汉泉州县地,辽置漷阴镇,后改为漷县,元升为漷州,明改为漷县,清废漷县并入通州,故城在通州东南漷县镇。通县 1958 年划归北京市。1997年改设通州区。	通州辖地有永定河水系的凉水河、大清河水系的凤河流经。

（五）河北省（下）

序号	今　名	古　名	沿　革	备　注
43	涿州市	涿县、涿郡、涿州、范阳县、涿水郡	春秋燕国地。秦为上谷郡涿县；西汉为涿郡涿县。唐置涿州，改涿县为范阳县。宋称涿州涿水郡。金称涿州范阳县。明省范阳县，以涿州入顺天府，清因之。民国初改涿州为涿县，属河北省。1986年改设涿州市。东北偶永定河畔的长安城，是清直隶总督永定河汛期驻扎地，清朝时属宛平县，今属涿州市。为保定市辖县级市。	拒马河、白沟河流经县境。永定河流经县东境，为涿县与清宛平县的界河。
44	高碑店市	新城县、新泰州	战国时燕国督亢地。唐置新城县。五代后晋入辽国。元置为新泰州，后又复称新城。明清属直隶保定府。民国因之，属河北省。1996年撤销新城县，改设高碑店市，为保定市辖县级市。	白沟河纵贯市境中部，清时为永定河支流。
45	固安县	方城县、阳乡县、临乡县、固安州、固安县	汉置方城县，本为燕防城邑。北齐废故城在今固安县南。汉置阳乡县，侯国封邑，后汉省，故城在固安县西北。汉置临乡县，侯国封邑，后汉省，故城在固安县南五十里。隋于方城县故地置固安县，元升为固安州。明降为固安县，清因之。今县治为固安镇。现为廊坊市辖县。	地处北洋淀、文安洼北部，永定河流经北境与北京市相邻。
46	永清县	武隆县、会昌县、永清县	唐析安次县地置武隆县，后改称会昌县，再改永清县。明清属顺天府，县治为永清镇。现为廊坊市辖县。	永定河由县北境流过。

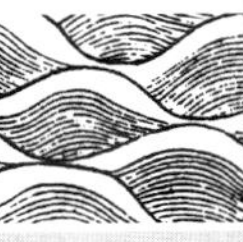

续表

序号	今　名	古　名	沿　革	备　注
47	霸州市	霸州、霸城、永清郡、霸县	五代后周置霸州，三国称霸城。宋政和三年(1113)称永清郡，后长期称霸州。清雍正六年(1728)霸州由直隶州将为散州。民国二年(1913)改霸州为霸县。1990年撤县改为省辖县级霸州市，由廊坊市代管。	永定河流经霸州东北部。胜芳、杨芬港均为清代永定河治理的重要地点。
48	廊坊市安次区	安次县、安城县、东安州、东安县、安次县	西汉置安次县，故城在今廊坊市西北古县村。北魏改置安城县，唐初移治城东南五十里。后又移治西北常道城(现有北常道村)，元升为东安州，故址在今廊坊西旧州乡。明初降州为县，属顺天府。清代沿之。因避浑河水患，移治今廊坊市安次区。1981年从安次县析廊坊镇，改设廊坊市。1983年撤销安次县并入廊坊市。1989年廊坊地区改称廊坊市，原廊坊市区改称安次区。	龙河、永定河、永定河故道贯穿市境。清朝永定河在境内改道多次。市境西南调河头乡旧名条河头。清初130来年，于此改道六次，河道南北摆动五六十里。

(六)天津市

序号	今　名	古　名	沿　革	备　注
49	武清区	雍奴县、泉州县、武清县	西汉始置雍奴县、泉州县，县治今武清东南大空城。东汉移治武清西北旧县村；或说移治北京通州区南境德仁务，晾鹰台即其城东门旧址。泉州县旧址在武清区治杨村西南城上村。东汉时移治武清区西北邱古庄(旧县村西北)。北魏省泉州县并入雍奴县。唐改雍奴县为武清县。明清因之，属顺天府。县治在今武清区西北城关镇。民国时武清县属河北省。1973年划归天津市。2000年撤县，改为天津市辖区。	永定河、永定河中泓故道、永定新河流贯区境。县西南王庆坨之三角淀为古雍奴薮中最大的淀泊。

续表

序号	今 名	古 名	沿 革	备 注
50 51 52 54 54 55 56 57	天津市城区，含：北辰区、河北区、和平区、河东区、河西区、东丽区、津南区、塘沽区	天津卫、天津州、天津府、天津县。章武县、泉州县、静海县	汉为章武县、泉州县地，元为静海县地、明永乐年间置天津卫、天津左卫、天津右卫于此。清雍正年间撤并天津三卫，改置为天津州，后又升为天津府，并置天津县为府治。旧址在天津市狮子林桥西三汊口。清直隶总督、天津镇总兵等驻扎于此。民国初废府留县。1928 年改为直辖特别市，后改河北省辖市。1935 年改特别市。1949 年改为中央直辖市。	天津市城区仅列出永定河、永定新河及海河流经的市辖区。 市境内永定河、子牙河、大清河、南运河、北运河、五河交汇入渤海，历代为河防重地。

本表依据《汉书》、《后汉书》、《魏书》、《隋书》地理志（或地形志）、《元和郡县图志》、《辽史》、《宋史》、《金史》、《元史》、《明史》地理志及《天府广记》、《顺天府志》等书记载，并采用《辞海》、《辞源》、《中国古今地名大辞典》（商务印书馆香港分馆，1981 年重印本）相关辞条资料，参照谭其骧主编《中国历史地图集》（中国地图出版社，1982—1987 年版），郭沫若主编《中国史稿历史地图册》（中国地图出版社 1990—1995 重印本），《北京文物地图集》（北京市文物局编，科学出版社 2009 年 7 月版），中国地图出版社山西、河北、内蒙、天津等省市地图（2005—2007 版）资料编订。编号顺序按永定河及主要支流流向排列。

跋

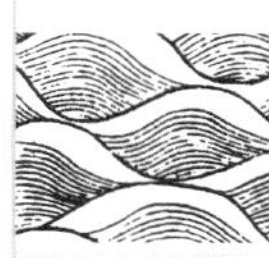

《永定河文库》的第一批三部清代《永定河志》的整理工作结束了，真正体会了一把古代文献整理工作之严谨费力。仅仅是版本的选择和校对，就用去了我们多半年的时间。校稿一共经过了六校，每一部书都校对了六个多月以上的时间，而且是加班加点。可以说，参加本次整理工作的同志们辛苦了。本馆奉献给读者的是三部经过认真、严谨、细致劳动的，通过精心整理、方便当代读者阅读使用的古代典籍。

本次整理最早起于2007年初，北京地方志办公室筹建北京方志馆，该办公室副主任谭烈飞先生约请北京著名水利专家原市水利局老局长段天顺先生校点乾隆《永定河志》，准备出版。段老考虑给新馆馆藏做点事，就爽快地答应下来，并于当年完稿。2011年夏天，永定河文化博物馆组织永定河源头考察，邀请北京地方志办研究室的副主任刘宗永同志参加，谈到收集和整理永定河资料文献议题。刘宗永回到单位，在向谭烈飞汇报时，谈到段老标点的书稿是否可以放到永定河文化博物馆出版。经过谭烈飞先生与段老协商同意，促成永定河文化博物馆2012年收集整理永定河资料文献——编辑《永定河文库》首批古籍计划的启动。

本志的出版，是门头沟区区委、区政府和各级领导坚强领导及支持的硕果，全书的整理工作不仅资金充裕，而且得到领导多次过问和关怀。

本志的出版，是集体劳动的结晶。本套志书的原刊印本复印、录入、标点、校对、注释、勘误和总审工作，除本馆自己内部的几名工作人员外，还在社会上聘请了一些专家和学者，包括北京市原水利局（现水务局）老局长、著名水利专家段天顺先生、北京市地方志编纂委员会办公室副主任研究员谭烈飞先生、该办公室研究室副主任刘宗永博士、中国水利部国际防沙研究所研究员蒋超先生、北京文博交流馆原馆长安久亮先生、北京永定河文化研究会原副会长刘德泉先生、原门头沟区文委整理嘉庆《永定河志》主要点校学者易克中先生和著名学者李士一、师菖蒲两位老先生等。

本套志书的出版，得到了学苑出版社领导和编辑们的大力支持和把关，请到了与该出版社长期合作的古籍专业录入排版公司和专业校对人员操作，保证了整理工作较高质量地顺利进行。

此外，本套志书的整理工作还得到了国家图书馆、北京大学图书馆、首都图书馆等单位和个人的大力支持。在此，我仅代表永定河文化博物馆，对于参加本套志书整理工作的各兄弟单位和各位先生学者以及支持单位和个人，表示衷心的感谢。

永定河文化涉及的古籍和科技资料丰富多彩，作为研究、收藏、展示和弘扬永定河文化的专业单位，为了尽到自己的社会职责，服务本地区和永定河流域社会经济、文化事业的发展进步，服务人民群众日益多样化的生活需要，我馆将依据自己单位的业务安排和本地区的工作需要，不断推出《永定河文库》更多的新书问世。欢迎社会各界踊跃提出新的课题建议和批评。

永定河文化博物馆馆长

谭勇

2012 年 12 月

图书在版编目（CIP）数据

（乾隆）永定河志／（清）陈琮纂；永定河文化博物馆整理. —北京：学苑出版社，2013.5
ISBN 978－7－5077－4266－4

Ⅰ.①乾… Ⅱ.①陈…②永… Ⅲ.①永定河－水利史－清代 Ⅳ.①TV882.81

中国版本图书馆 CIP 数据核字（2013）第 082870 号

责任编辑：洪文雄　杨　雷
封面设计：朝麦设计
出版发行：学苑出版社
社　　址：北京市丰台区南方庄 2 号院 1 号楼
邮政编码：100079
网　　址：www.book001.com
电子信箱：xueyuan@public.bta.net.cn
销售电话：010－67675512、67678944、67601101（邮购）
经　　销：新华书店
印 刷 厂：北京彩蝶印刷有限公司
开　　本：880×1230　1/16
印　　张：42.25
字　　数：766 千字
版　　次：2013 年 5 月北京第 1 版
印　　次：2013 年 5 月第 1 次印刷
定　　价：280.00 元（精装）